水体污染控制与治理科技重大专项"十三五"成果系列丛书
北运河流域水质目标综合管理示范研究
（水环境承载力动态评估与预警技术标志性成果）

北运河流域水环境承载力动态评估与预警

曾维华　等/著

中国环境出版集团·北京

图书在版编目（CIP）数据

北运河流域水环境承载力动态评估与预警 / 曾维华
等著. -- 北京 ： 中国环境出版集团，2024.9
（水体污染控制与治理科技重大专项"十三五"成果
系列丛书）
ISBN 978-7-5111-5676-1

Ⅰ．①北… Ⅱ．①曾… Ⅲ．①运河－流域－水环境－
环境承载力－预警系统－研究 Ⅳ．①X143

中国国家版本馆CIP数据核字(2023)第215817号

审图号：GS京（2024）1959号

责任编辑　宋慧敏　林双双
封面设计　宋　瑞

出版发行　中国环境出版集团
　　　　　（100062　北京市东城区广渠门内大街 16 号）
　　　　　网　　　址：http://www.cesp.com.cn
　　　　　电子邮箱：bjgl@cesp.com.cn
　　　　　联系电话：010-67112765（编辑管理部）
　　　　　发行热线：010-67125803，010-67113405（传真）
印　　刷　北京中献拓方科技发展有限公司
经　　销　各地新华书店
版　　次　2024 年 9 月第 1 版
印　　次　2024 年 9 月第 1 次印刷
开　　本　787×1092　1/16
印　　张　36.25　彩插 40
字　　数　740 千字
定　　价　149.00 元

中国环境出版集团郑重承诺：
中国环境出版集团合作的印刷单位、材料单位均具有中国环境标志产品认证。

《北运河流域水环境承载力动态评估与预警》
著作委员会

前　言

随着人口增加、科技进步和经济社会的飞速发展，北运河水系统的使用功能也在不断发生变化。由于上游地区水资源的开发利用强度不断增加，北运河来水量日益减少乃至河流断流，其航运功能已经基本丧失。沿河城镇生活污水与工业废水以及种植业、养殖业与城市地表径流等面源废水的排入，致使北运河地表水污染严重、河道自净能力下降。由此可见，不断加强的人类活动给北运河水系统带来的压力与水环境承载力之间的矛盾变得日益尖锐，水环境承载力超载也严重危及北运河流域水系统持续健康发展。

北运河属于城市内河，人为干预大，河道补水以污水处理厂退水为主。北运河已受到严重污染，污染状况为下游重于上游、支流重于干流；呈现典型的有机污染特征，点源污染对水体水质影响较大，河流水质季节性变化明显。由于自然补水逐年减少，水环境质量不断恶化；北运河水生态系统结构已被破坏，水生态功能已经退化；常年超采地下水导致地下水位不断下降，地表水污染又导致地下水严重污染，已对沿岸居民身体健康与流域社会经济可持续发展构成威胁。根据《北京城市总体规划（2016年—2035年）》的要求，到2020年重要江河湖泊水功能区水质达标率由现状约57%提高到77%，到2035年达到95%以上，逐步恢复水生态系统功能。北运河水系统持续健康发展任重道远。

社会经济发展与水环境承载力不匹配是导致北运河流域水资源短缺、水环境污染与水生态破坏的主要原因；水环境承载力超载已成为流域（区域）可持续发展的主要制约因素。党和国家对此高度重视，早在2013年党的十八届三中全会印发的《中共中央关于全面深化改革若干重大问题的决定》中就明确提出建立资源环境承载能力监测预警机制的要求。2014 年修订的《中华人民共和国环境保护法》第十八条提出"省级以上人民政府应当组织有关部门或者委托专业机构，对环境状况进行调查、评价，建立环境资源承载能力监测预警机制"。2015 年，国务院印发的《水污染防治行动计划》（"水十条"）中明确提出"建立水资源、水环境承载能力监测评价体系，实行承载能力监测预警，已超过承载能力的地区要实施水污染物削减方案，加快调整发展规划和产业结构"。2016 年，国家发展和改革委员会联合 12 部委印发了《资源环境承载能力监测预警技术方法（试行）》，阐述了资源环境承载能力监测预警的基本概念、技术流程、指标体系、指标算法与参考阈值、集成方法与类型划分等技术要点，指导各省（自治区、直辖市）形成承载能力监测预警长效机制。同年，国土资源部办公厅印发了《国土资源环境承载力评价技术要求（试行）》、水利部办公厅印发了《全国水资源承载能力监测预警技术大纲（修订稿）》。2017 年 9 月，中共中央办公厅、国务院办公厅印发《关于建立资源环境承载能力监测预警长效机制的若干意见》。水环境承载力评价与预警是促进水环境质量管理、"倒逼"经济发展方式转变的重要支撑手段，推动制定科学合理的发展规划、实现可持续发展。

综上所述，流域水环境承载力是表征流域水系统所能承受的社会经济活动压力的阈值，是指导流域水系统规划管理工作的重要依据。自党的十八届三中全会提出建立资源环境承载能力监测预警机制以来，国家相关部门不断加强承载力评价与预警的研究，并出台了相应评价、预警技术方法与预警机制，水环境承载力评价与预警已成为保障经济社会与环境协调发展的重要抓手。

尽管如此，目前我国流域水环境承载力评价仍存在概念不清、评价对象不明确、指标选取过于随意、评价标准与权重制定不合理等问题；到目前为止，尚未形成一整套公认的可复制、可推广且科学的流域水环境承载力评价技术方法体系及其规范。在水环境承载力监测预警方面，现有流域水环境承载力预警大多停留在评价层面，尚存在预警概念内涵不清，警限、警度划分不科学，重预警、轻排警和预警技术方法未成体系等问题。因此，有必要在科学界定流域水环境承载力概念及内涵、明确评价对象及目的的基础上，完善流域水环境承载力评价技术方法体系，制定可推广且科学的流域水环境承载力评价规范，科学分析流域水环境承载力评价的时空变化特征，为健全流域水环境监管考核机制提供科学支撑。在流域水环境承载力预警方面，亟须进一步明确流域水环境承载力预警内涵，针对不同时空尺度及其管理需求，提出流域水环境承载力预警方法体系，提升流域水生态环境规划管理能力。

与此同时，北运河流域水环境承载力评价与预警研究及实践工作也进展缓慢，有待进一步加强。"十一五"时期和"十二五"时期，水体污染控制与治理科技重大专项（以下简称"水专项"）在北运河流域虽然设置了一些项目（包括"十一五"时期的通过水质水量联合调度课题研究，保障河道生态需水，确保水环境质量持续改善；"十二五"时期则更关注水质改善成套整装技术集成示范等，为流域水环境质量持续改善提供了技术支撑），但是均没有涉及北运河流域水环境承载力评估与预警研究，无法满足党中央、国务院提出的关于水环境承载力评价与预警的相关要求。

为响应党中央、国务院关于流域水环境承载力评价与预警的要求，针对目前流域水环境承载力评价与预警在理论方法与实践中存在的不足与诸多问题，确保北运河流域水环境质量与水生态系统持续健康发展，本书在系统归纳总结国内外流域水环境承载力评估及其监测预警研究成果的基础上，全面系统地构建包括大小评估、承载状态评估与开发利用潜力评估在内的流域水环境承载力动态评估，以及包括基于景气指数与基于人工神经网络的水环境承载力短期预警和基于系统动力学的中长期预警技术方法体系。在流域水环境承载力大小与承载状态评估过程中，构建了具有一定物理意义的量化评价方法体系，突破了传统以层次分析法（Analytic Hierarchy Process，AHP）为代表的主观权重确定方法与以熵权为代表的客观权重确定方法，构建了基于路径分析与结构方程的更为科学合理的权重确定方法。

针对流域水环境承载力动态评估与预警的规划管理需求以及数据来源不同的情况，本书所建立的技术方法包括面向行政单元与控制单元的水环境承载力动态评估与预警技术方法体系。前者面向流域水环境管理考核需求，基于统计数据，无需核算水资源供给能力与水环境容量等水环境承载力分量，而是通过构造水环境容量相对指数表征水环境容量相对大小。后者面向流域水系统规划；相对于面向流域水环境管理考核的基于行政单元的水环境承载力评估与预警，面向控制单元的要复杂得多，需要在收集水文、气象数据，构建分布式水文模型与水环境质量模型基础上，核算水资源供给能力与水环境容量的绝对量，并确定其在流域水污染控制单元中的空间分布特征。

在所构建的流域水环境承载力动态评估与预警技术方法体系的基础上，进一步开展北运河流域水环境承载力超载状态评估、预警实证案例研究。根据不同水环境承载力超载类型区的特点与超载致因，识别水环境承载制约因素和薄弱环节，提出缓解水环境超载态势的水环境承载力双向（增容与减排）调控策略与分区管理政策，从"以水定城、以水定地、以水定人、以水定产"角度，提出北运河流域社会经济发展科学布局的具体建议，避免过度开发，科学地指导、决策未来北运河流域的协调、持续、健康发展。

最后，为确保北运河流域水环境承载力监测预警工作顺利实施，在综合考虑流域水环境承载力监测预警系统组成、工作流程与利益相关方等基础上，构建北运河流域水环境承载力监测预警机制，具体包括预警工作协调机制、分工协作机制、考核监督机制、奖惩机制与双向调控响应机制等；从水环境承载力动态评估与预警角度，建立健全流域河长制责任体系与考核奖惩机制，从水环境承载力监测预警角度，为北运河流域落实河长制提供支撑。并在此基础上，利用先进的信息技术、数据处理技术，构建流域水环境承载力评估和预警系统，在大幅提升水环境承载力动态评估与预警技术体系的运行能力、社会价值转化能力等的同时，通过系统的可持续运行，逐步形成以"持续健康水系统"为主线的知识、数据与应用实践积累，提高北运河流域水环境承载力评估与预警能力。

全书共15章，第1章和第2章由曾维华、解钰茜、卓越、李瑞、崔丹、张可欣、王立婷、马俊伟、王东、蒋洪强、王明阳、傅婕、马美若、张立英完成，第3章由曾维华、卓越、崔丹、李瑞、王明阳、傅婕与马美若完成，第4章和第5章由曾维华、李瑞、解钰茜完成，第6章由曾维华、李瑞完成，第7章由曾维华、胡官正、李晴、卓越、马鹏宇完成，第8章由曾维华、解钰茜、张可欣、陈馨完成，第9章和第10章由曾维华、解钰茜完成，第11章和第12章由曾维华、张可欣、曹若馨完成，第13章由曾维华、胡官正完成，第 14 章由曾维华、王明阳完成，第 15 章由曾维华、李少恒、付春江、马协强、纪艳旭与朱年欢完成。全书最终由曾维华、解钰茜、李瑞、王立婷、傅婕、卓越完成统稿，由曾维华、马俊伟、王东、蒋洪强、马冰然、卓越完成校稿。王明阳、傅婕、高涵、冷卓纯、李佳颖、李晴、李少恒、李瑞、刘年磊、马鹏宇、彭彦博、王泉、吴文俊、徐雪飞、姚瑞华、张瑞珈、张文静与卓越（排名不分先后）参与了数据收集、方法体系构建与指标核算等工作。

本书是作者在对课题组承担的国家自然科学基金面上项目"城市水代谢系统辨识、模拟与优化调控方法集成——以北京市为例"、水体污染控制与治理科技重大专项（水专项）"北运河流域水质目标综合管理示范研究"（2018ZX07111003）等课题研究成果进行综合提炼整合的基础上完成的，并受到以上课题的资助。本书是研究团队集体智慧的结晶，同时还得益于北京师范大学环境学院求实创新的学术氛围，并通过与环境学院其他"973 计划""863 计划"研究团队的学术交流，使学术思想的火花得到启发和升华，在此一并表示衷心感谢。

本书侧重水环境承载力的基础理论方法研究与具体实践应用，可供从事环境科学研究的学者、水环境管理的工作者、高等学校与科研单位的老师与学生参考。由于著者水平和时间有限，书中不当之处在所难免，敬请读者批评指正。

作者

2023 年 10 月

目　录

第三篇　流域水环境承载力承载状态预警

第四篇　机制设计与系统开发

第一篇

总　论

第1章

绪　论

1.1　背景

1.1.1　北运河流域水系统持续健康发展的背景

随着人口增加、科技进步和经济社会的飞速发展，北运河水系统的使用功能也在不断发生变化。由于上游地区水资源的开发利用强度不断增加，北运河来水量日益减少乃至河流断流，其航运功能已经基本丧失。沿河城镇生活污水与工业废水以及种植业、养殖业与城市地表径流等面源废水的排入，致使北运河地表水污染严重、河道自净能力下降。由此可见，不断加强的人类活动给北运河水系统带来的压力与水环境承载力之间的矛盾变得日益尖锐，水环境承载力超载也严重危及北运河流域水系统持续健康发展。

北运河属于城市内河，人为干预大，河道补水以污水处理厂退水为主。北运河已受到严重污染，污染状况为下游重于上游、支流重于干流；呈现典型的有机污染特征，点源污染对水体水质影响较大，河流水质季节性变化明显。由于自然补水逐年减少，水环境质量不断恶化；北运河水生态系统结构已被破坏，水生态功能已经退化；常年超采地下水导致地下水位不断下降，地表水污染又导致地下水严重污染，已对沿岸居民身体健康与流域社会经济可持续发展构成威胁。根据《北京城市总体规划（2016 年—2035 年）》的要求，到 2020 年重要江河湖泊水功能区水质达标率由现状约 57% 提高到 77%，到 2035年达到 95% 以上，逐步恢复水生态系统功能。北运河水系统持续健康发展任重道远。

社会经济发展与水环境承载力不匹配是导致北运河流域水资源短缺、水环境污染与水生态破坏的主要原因；水环境承载力超载已成为流域（区域）可持续发展的主要制约因素。水环境承载力承载状态是衡量北运河流域持续健康发展状态的量化指标，系统开展北运河流域水环境承载力动态评估与预警是确保北运河流域水系统持续健康发展的重要手段之一，可为北运河流域水系统规划与考核监管提供科学依据。

1.1.2 政策需求与背景

随着我国社会经济的快速发展，人类活动对水环境的压力日益增大，超过了流域水环境承载力可支撑的阈值范围，由此导致了流域水质恶化、水资源短缺与水生态系统功能退化等一系列问题，严重危及流域水系统的可持续演替进化。

党和国家对此高度重视，早在 2013 年党的十八届三中全会印发的《中共中央关于全面深化改革若干重大问题的决定》中就明确提出建立资源环境承载能力监测预警机制的要求。2014 年修订的《中华人民共和国环境保护法》第十八条提出"省级以上人民政府应当组织有关部门或者委托专业机构，对环境状况进行调查、评价，建立环境资源承载能力监测预警机制"。2015 年，国务院印发的《水污染防治行动计划》（"水十条"）中明确提出"建立水资源、水环境承载能力监测评价体系，实行承载能力监测预警，已超过承载能力的地区要实施水污染物削减方案，加快调整发展规划和产业结构"。2016 年，国家发展和改革委员会联合 12 部委印发了《资源环境承载能力监测预警技术方法（试行）》，阐述了资源环境承载能力监测预警的基本概念、技术流程、指标体系、指标算法与参考阈值、集成方法与类型划分等技术要点，指导各省（自治区、直辖市）形成承载能力监测预警长效机制。同年，国土资源部办公厅印发了《国土资源环境承载力评价技术要求（试行）》、水利部办公厅印发了《全国水资源承载能力监测预警技术大纲（修订稿）》。2017 年 9 月，中共中央办公厅、国务院办公厅印发《关于建立资源环境承载能力监测预警长效机制的若干意见》。水环境承载力评价与预警是促进水环境质量管理、"倒逼"经济发展方式转变的重要支撑手段，推动制定科学合理的发展规划、实现可持续发展。

综上所述，流域水环境承载力是表征流域水系统所能承受的社会经济活动压力的阈值，是指导流域水系统规划管理工作的重要依据。自党的十八届三中全会提出建立资源环境承载能力监测预警机制以来，国家相关部门不断加强承载力评价与预警的研究，并出台了相应评价、预警技术方法与预警机制，水环境承载力评价与预警已成为保障经济社会与环境协调发展的重要抓手。

通过流域水环境承载力动态评价，可评判不同区域、不同时段的水环境承载力大小、承载状态与开发利用潜力；识别水环境承载力短板、超载问题，并提出弥补短板与解决超载问题的对策建议；在开发利用潜力分区基础上，指导流域空间布局；确保流域水系统协调持续发展。同时，针对流域河长制考核需求，基于流域水环境承载力承载状态评估，还可以建立流域水环境承载力考核机制。通过流域水环境承载力预警，可以及时对流域水环境承载力承载状态进行预判，提前发出警告，继而分析导致超载的原因，提出排警措施，由此避免由于水环境承载力超载而导致的重大损失，确保流域水系统协调持续发展。

1.1.3 研究需求与背景

尽管如此，目前我国流域水环境承载力评价仍存在概念不清、评价对象不明确、指标选取过于随意、评价标准与权重制定不合理等问题；到目前为止，尚未形成一整套公认的可复制、可推广且科学的流域水环境承载力评价技术方法体系及其规范。在水环境承载力监测预警方面，现有流域水环境承载力预警大多停留在评价层面，尚存在预警概念内涵不清，警限、警度划分不科学，重预警、轻排警和预警技术方法未成体系等问题。流域水环境承载力动态评价领域存在的问题包括以下几个方面。

（1）概念界定不清，缺乏对水环境承载力的系统认知

尽管生物承载力、土地人口承载力等承载力概念的提出已有百年历史，环境承载力概念提出已有 30 多年，但是目前对环境承载力概念的认知仍处于"百花齐放""百家争鸣"阶段，尚无统一认识。有些学者仍将环境承载力与环境容量等同起来，由此造成很大歧义。

30 多年前，"湄洲湾新经济开发区环境污染控制规划"课题提出的环境承载力概念是针对广义"环境"的概念，即以人为中心的所有物质的集合体，属综合承载力范畴，包括资源承载力与环境容量等；环境容量只是环境承载力的一个分量，主要表征环境的纳污能力。

目前开展的水环境承载力研究更多局限于单要素与个别分量，诸如水资源承载力或水环境容量，而缺乏对水环境承载力的系统认知，不能全面客观地反映流域水环境承载力大小、承载状态与开发利用潜力。即使有学者试图从水资源、水环境与水生态角度全面系统解析水系统，界定水环境承载力概念，但仍摆脱不了评价对象和目的不明确的问题，甚至用水质评价指数表征水环境承载力超载状态。

（2）评价对象或目的不明确，指标体系构建过于随意，缺乏针对性与目的性

尽管很多学者延续"湄洲湾新经济开发区环境污染控制规划"课题提出的水环境承载力大小量化方法，但是评价目的大多不是承载力大小，而是承载状态。即使是承载状态评价，所建立的水环境承载力评价体系也过于随意，缺乏针对性与目的性；如围绕"压力—状态—响应"等可持续发展状态（或能力）评价指标体系展开，而忽略了水环境承载力概念内涵及其承载状态表征。尽管流域水环境承载力承载状态评价从某个角度可以反映流域可持续发展状态，但是二者还是不能完全画等号。

（3）评价指标体系庞杂，指标选取与权重确定过程过于主观片面，导致评价结果的可解释性不足

流域水环境承载力评价指标体系是评价工作的核心，要能够表征评价对象（承载力

大小、承载状态与开发利用潜力）的特征。目前很多相关研究所建立的指标体系大多借鉴现有流域可持续发展或绿色发展等的指标体系，由此导致评价指标体系庞杂，物理意义与指向性不明确，对评价结果无法从水环境承载力概念内涵、承载状态及其开发利用潜力等方面进行解释。另外，尽管很多研究也采用聚类分析或主成分分析定量筛选指标，但由于指标体系过于庞杂，筛选出的指标体系也未必能客观反映评价对象的特征。此外，关于权重，目前仍有很多相关研究采用 AHP 赋权，该方法过于主观，对专家选择、打分过程与一致性检验有严格要求，很多评价工作并未严格按照规则执行；即使采用熵权等客观权重进行赋权，权重的物理意义也不明确，很多评价工作缺乏对水环境承载力大小、承载状态等物理意义的诠释，由此导致评价结果的可解释性不足。

（4）评价分级标准划分缺乏科学依据，评价结果可比性较差

除了大小量化与承载率等具有物理意义的量化指标外，大多水环境承载力评价为多属性评价，评价结果都是相对的；这就要求评价结果等级划分一定要有科学依据，否则就将导致评价结果不合理且无法解释。目前很多水环境承载力评价结果等级划分过于随意，加之评价数据样本大多局限于评价区范围，不具有整体代表性，由此导致评价结果不合理且无法与其他区域评价结果进行比较分析。

（5）亟待研发可推广、可复制、被广泛认可的流域水环境承载力评价技术规范

尽管关于流域水环境承载力的相关研究已有很多，无论是指标体系，还是评价方法，都已取得很多研究成果，但是很多研究被质疑，评价方法可推广、可复制以及评价结果可解释性都不足。到目前为止，流域水环境承载力评价工作尚处于"百花齐放""百家争鸣"阶段，该领域目前尚未出台被广泛认可、可推广的流域水环境承载力评价技术规范，这已严重制约我国流域水环境承载力评价工作的全面推广，导致无法为各流域水环境监管考核提供技术支撑。

流域水环境承载力监测预警领域存在以下几个方面问题。

（1）预警概念内涵不明确，很多"预警"仅停留在评价层面，缺乏对未来承载状态的预判

水专项相关课题研究发现，尽管我国学者及相关部门已广泛开展资源环境承载力预警技术方法与机制研究，但是很多研究并没有从已有预警概念、内涵及其理论方法入手，且受数据资料与技术方法限制，很多预警工作仍停留在现状评价层面，将预警与警情现状评价概念相混淆，甚至借用水质评价法开展水环境承载力超载状态预警，缺乏对未来承载力承载状态的预判，更谈不上提前警告及根据预警结果制定排警措施，没有实现真正意义上的预警。由于对承载力预警内涵与警义概念不清，很多研究以及发改、国土、水利与海洋等相关部门出台的资源环境承载力预警相关指导性政策文件所建承载力"预警"指标体系大多借鉴可持续发展状态综合评价，无法判断是对可持续发展状态（能力）的

评价，还是对承载力超载风险的预警。

（2）尚未形成流域水环境承载力预警技术方法体系，缺乏系统性、综合性的流域水环境承载力预警研究

尽管资源环境承载力预警工作已引起我国各级相关部门的高度重视，发改、国土、水利与海洋等相关部门都出台了资源环境承载力预警相关指导性政策文件，但是生态环境部等相关部门尚未出台环境承载力预警指导政策性文件，流域水环境承载力预警技术方法体系与预警机制也在探讨中。

另外，现有流域水环境承载力预警研究主要集中在水资源和水环境方面，缺乏对水生态因素的考量，从"三水"角度对流域水环境承载力进行系统性综合预警的研究较少。而流域水系统是一个包括水资源、水环境和水生态三个子系统的复合系统；流域水环境承载力是流域水系统在其结构不受破坏，可为人类生活、生产持续提供服务功能的前提下，所能承受的人类活动给其带来的压力（包括水资源消耗与水污染物排放等）的阈值，是水系统的自然属性。流域水环境承载力应包含水资源承载力、水环境容量与水生态承载力三个分量，是一个综合承载力概念。仅从水资源量短缺或水环境容量超载方面界定警情，都无法全面客观地反映流域水系统的超载状态。

（3）警限与警度划分的科学性与实用性有待加强，应充分考虑流域水环境承载力阈值与相关规划目标

从目前流域水环境承载力的相关研究成果来看，由于不同研究构建的警情指标（承载力的阈值或综合承载指标）不同，警限划分与警度界定往往是基于流域本身水环境承载力预警结果的系统综合分析，或对标相关规划管理目标，尚未形成一套兼顾普适性和地区差异性的划分方法。

首先，流域水环境承载力预警样本只覆盖研究流域，无法涵盖全国乃至全球其他流域，不同警限和警度划分后的预警结果无法进行横向比较，由此导致预警结果有些偏颇。其次，流域水环境承载力概念的核心是"阈值"，若完全脱离"阈值"，得到的超载状态只是相对的，对流域水环境集成规划管理的指导意义将大打折扣。最后，无论是流域水生态功能区与水环境功能区，还是国土空间规划中的主体功能区划，不同功能区的水环境承载力约束力度不同。因此，有必要兼顾流域不同功能区的差异性，结合相应流域规划目标，科学划分警限，确定警区。

（4）流域水环境承载力预警的实际应用价值有待进一步挖掘，要充分重视预警成果落地，使其真正在流域水生态环境管理工作中起到应有的作用

到目前为止，尽管承载力预警研究取得很大成效，但研究成果的实践推广工作有些滞后，在实际规划管理中没有起到应有的作用。以承载力评估为例，无论是国土空间规划"双评价"中的资源环境承载力评价，还是面向城市水生态环境考核工作的城市水环

境承载力评价，都因承载力概念内涵混乱和评价指标体系庞杂，导致评价结果的可解释性与合理性不理想，无法起到其在规划管理中的应有作用。流域水环境承载力预警更是如此，短期（年度）预警如何与流域水环境日常管理或应急管理结合起来，通过对承载力超载状态进行预判，提出排警措施，减少由于超载带来的损失？中长期预警如何与流域中长期规划结合，为其提供依据？这些都是摆在我们面前需要解决的问题。由此可见，流域水环境承载力预警的实际应用价值有待进一步挖掘，要充分重视预警成果落地，使其真正在流域水生态环境管理工作中起到应有的作用。

1.2 意义

1.2.1 理论意义

针对流域水环境承载力评价与预警理论方法和实践研究中存在的问题，有必要在科学界定流域水环境承载力概念及内涵、明确评价对象及目的的基础上，完善流域水环境承载力评价理论方法体系，制定形成可推广且科学的流域水环境承载力评价规范，科学分析流域水环境承载力评价的时空变化特征，为健全流域水环境监管考核机制提供科学依据。在流域水环境承载力预警方面，亟须进一步明确流域水环境承载力预警内涵，针对不同时空尺度及其管理需求，提出流域水环境承载力预警方法体系，提升流域水生态环境规划管理能力。

1.2.1.1 构建水环境承载力评价理论方法体系

（1）科学界定水环境承载力的概念及内涵，明确水环境承载力评价对象及目的

流域水系统是一个包括水环境子系统、水资源子系统和水生态子系统的自然水系统，同时也是包括社会经济子系统在内的复合开放系统。因此，水环境承载力既包括水环境容纳和消减污染物的能力（即水环境容量分量），也包括水系统供给水资源的能力（即水资源承载力分量），还包括维持水生态系统健康及水生态系统对人类社会经济活动支撑作用的能力（即水生态承载力分量）；由此可见，水环境承载力评价应紧紧围绕水环境、水资源、水生态及社会经济四个子系统展开。

水环境承载力是指在一定的社会、经济、技术等条件下，自然水系统结构不受破坏，可以为人类生活与生产活动持续提供服务功能的前提下，所能承受的人类社会经济活动的阈值，是流域自然水系统的属性。流域水系统是一个包括水资源、水环境和水生态三个子系统的复合水体系统；因此，流域水环境承载力包括水资源承载力、水环境容量与水生态承载力三个分量，也属于综合承载力研究范畴。

根据评价对象或目的的不同，可将流域水环境承载力评价分为大小评价、承载状态评价与开发利用潜力评价三类。流域水环境承载力大小量化的评价对象是水环境承载力大小，目的是识别短板，评价指标体系不涉及社会经济子系统中人类活动给流域水系统带来的压力；而承载状态的评价对象是人类活动给自然子系统带来的压力超过自然子系统为人类活动提供的水环境承载力的程度，目的是识别超载问题，评价指标体系包括压力指标；开发利用潜力的评价对象是水环境承载力开发利用潜力，目的是通过水环境承载力开发利用潜力评价，指导流域产业空间布局，评价指标体系不仅局限于超载状态，还包括反映技术水平的强度指标与反映区域开发利用能力的社会经济水平、基础设施与环境投资等指标。

（2）在明确评价对象的基础上，合理构建水环境承载力评价指标体系

不同的评价对象对应不同的评价指标体系，在明确评价对象的基础上，构建科学合理的水环境承载力评价指标体系。水环境承载力评价指标体系构建首先要明确"评什么"，其次是哪些指标能够表征要评价的对象。水环境承载力大小的评价对象是流域自然水系统能够为人类活动提供的支撑能力，大小评价是自然水系统的属性评价，与社会水系统给自然水系统带来的压力无关。根据水系统概念内涵，可以从水资源供给、水环境容量与水生态服务功能角度构建水环境承载力大小评价指标体系。水环境承载力承载状态的评价对象是水系统社会经济子系统人类活动给自然水系统带来的压力（污染物排放、水资源利用、生态服务功能破坏等）超过自然水系统提供的水环境承载力的程度，可以从水系统压力、承载力大小两个角度构建评价指标体系。开发利用潜力的评价对象是该区域提高承载力与减轻人类活动压力的能力，可以从流域水环境承载力大小、承载状态、污染物排放强度与水资源利用强度、区域发展能力四个角度构建开发利用潜力评价指标体系。

（3）科学确定权重，制定可推广的水环境承载力技术规范

水环境承载力评价大多属于多属性综合评价范畴，指标权重确定至关重要，建议尽量用客观权重；在有条件的情况下，最好利用结构方程方法，从水环境承载力大小或承载状态影响路径分析角度，确定各个评价指标对评价对象的贡献，由此确定权重；如此则可以从物理意义上进行解释，更具科学性。

（4）制定科学的评价分级标准，加强评价结果的合理性与可比性

水环境承载力评价分级标准制定也分主观与客观两种。主观分级标准通常是由专家根据经验及其对评价区水环境承载力承载状态的认知进行划分的。为提高评价分级标准的科学性与合理性，可采用德尔菲法等专家咨询方法，聘请多名了解评价区水环境承载力承载状态的专家完成。相较于客观方法，主观方法有其先天薄弱之处，即不可复制与重复，不同专家采用不同方法得到的分级标准不尽相同。为提高主观权重的一致性，可参考相关规划指标目标与相关考核标准，或者以国际领先、国际先进、国内领先、国内

先进、国内一般与国内落后水平等作为判别依据，对评价指标进行分级，在此基础上给出评价结果的分级标准。

典型的客观分级标准划分方法就是利用评价结果的统计分布规律划分评价等级，这是一种可复制、可重复的方法；但是评价样本仅限于评价区范围，不具代表性。也就是说北运河这样水环境承载力超载比较严重的地区按这种客观分级方法会导致评价结果偏好。为避免出现这种情况，可以引用评价区外具有代表性的样本（严重超载与超载较轻等）参与评价，如此得到的客观分级标准更具代表性，也更科学合理。

（5）规范水环境承载力评价技术体系，制定可推广、可复制的技术规范

为规范水环境承载力评价过程，构造一整套被广泛认同的评价体系，需要为流域水环境承载力评价工作创造一个辩论环境，从评价指标、权重确定、评价标准等方面，辨析哪些更科学、更合理，包括从对数据的需求与评价技术方法可操作性、论证方法的数据可获取性及方法的可行性及便捷性等。在此基础上，研发可推广、可复制的流域水环境承载力评价技术规范。

（6）科学分析水环境承载力承载状态，健全流域水监管考核机制

通过水环境承载力评价，确定流域（区域）水环境承载力承载状态的时空分异规律。科学分析这一规律，一方面可以识别一个流域（区域）水系统可持续演化的特征，及其可为人类持续提供服务的状况，也可以判别流域（区域）水污染防治监管效果，动态的水环境承载力评价结果可作为流域河长制定期考核的量化依据；另一方面，水环境承载力的时空差异性也可为流域（区域）分区管控政策的制定及"增容、减压"双向调控的改善实施提供科学指导，推进流域（区域）生态环境绿色健康发展。

1.2.1.2 构建流域水环境承载力预警理论方法体系

（1）明确流域水环境承载力预警内涵与警义，构建科学合理的流域水环境承载力预警指标体系

由于水环境承载力预警内涵与警义不明确、所构建预警指标体系无法客观表征水环境承载力预警的警义与警情问题，在明确水环境承载力预警概念内涵与警义基础上，从水环境承载力承载状态角度出发，兼顾组成水系统的水资源、水环境、水生态三个子系统，构建科学合理的、可以客观表征水环境承载力预警警义与警情的水环境承载力预警指标体系。

（2）明确水环境承载力评价与预警的区别，强化警情预测、警兆判别及排警措施制定

目前实施的承载力预警大多基于现状评价，即使融入趋势分析与恶化指标预测，也缺乏全面的警情预测、警兆判别及警度界定与警限划分，更谈不上排警措施。水环境承载力预警不同于现状或回顾性评价，是在未来超载警情预测与警兆判别基础上，划分警

限、界定警度、提出排警措施，以避免由于超载而导致严重损失。由此可见，警情预测、警兆判别与排警措施是流域水环境承载力预警的核心环节，也是目前我国水环境承载力预警体制机制建设的薄弱环节，有必要加强相关技术方法研究。

（3）针对不同层面的流域水环境规划与管理需求，构建具有针对性、可推广、可复制的水环境承载力预警技术方法体系

如何将流域水环境承载力预警研究成果应用于流域水环境规划管理工作，是摆在我们面前无法回避的问题。流域水环境承载力预警警情是以压力超过承载力的程度，即承载状态指数表征的。针对不同流域水环境规划管理需求，具体的数据收集与警情指数构建方式也有所不同。

针对一般的年度考核需求与宏观形势分析工作，可基于水资源公报、环境质量年报与统计年鉴等的统计数据，构造相对的水环境容量指数与超载指数来表征警情，利用基于景气指数或基于机器学习等的预警方法进行警情预测，以行政单元为预警单元进行预警。这种短期（年度）预警用于流域可持续发展形势分析，即通过预判流域水环境承载力承载状态，对流域可持续发展态势进行系统分析。

针对流域水环境中长期规划，基于行政单元统计数据的水环境相对容量指数就显得过于粗糙。需要基于水污染控制单元，利用分布式水文模型与水环境质量模型，对水环境承载力各分量阈值进行定量核算，构造绝对的警情指数，分析流域水环境承载力超载警情爆发的先兆，利用系统动力学等手段对其承载状态及其趋势进行预测，并判别警兆、划分警限、界定警度。服务于流域水环境中长期规划的水环境承载力预警可为中长期流域规划情景模拟与方案筛选提供技术支撑。

（4）科学界定警情指数，合理划分警限、界定警度

警度界定和警限划分是实现及时有效预警的关键。对于相对警情指数，为解决流域横向预警对标问题，在划分警限、界定警度过程中，首先需要扩大样本的覆盖范围，将全国最好水平样本与最差水平样本纳入预警样本；其次，在扩大样本的基础上，对基于统计学的样本分布进行划分，或者以全国或全流域最差、最好或平均水平为依据，进行警限划分。对于绝对警情指数，可以根据水环境承载力的"阈值"核算结果，并兼顾流域相关规划、功能分区及规划目标的差异性，科学划分警限、界定警度。

1.2.2　实践意义

北运河流域水系统属于人为干预强烈的城市水系。随着社会经济的高速发展，加之气候与下垫面等驱动因素不断变化，人水矛盾日趋突出，上游来水水量不断减少甚至河流断流，地下水位不断下降，水环境污染形势日趋严峻。这些都说明：人类活动给北运河水系统带来的压力与水环境承载力之间的矛盾变得日益突出，水环境承载力超载也严

重危及北运河流域水系统持续健康发展。

为了缓解北运河流域人水冲突，满足"水十条"第二条第（五）项"建立水资源、水环境承载能力监测评价体系，实行承载能力监测预警，已超过承载能力的地区要实施水污染物削减方案，加快调整发展规划和产业结构"，以及第二条第（六）项"优化空间布局"的相关要求，在系统归纳总结国内外流域水环境承载力评价及其监测预警研究成果的基础上，建立北运河流域水环境承载力评估与预警理论方法体系；进一步利用所构建的方法体系，开展北运河流域水环境承载力超载状态评估、预警实证案例研究。根据不同水环境承载力超载类型区的特点与超载致因，识别水环境承载制约因素和薄弱环节，提出缓解水环境超载态势的水环境承载力双向（增容与减排）调控策略与分区管理政策，从"以水定城、以水定地、以水定人、以水定产"角度，提出北运河流域社会经济发展科学布局的具体建议，避免过度开发，科学地指导和决策未来北运河流域的协调、持续、健康发展。

水环境承载力承载状态是北运河流域水系统持续健康发展的主要制约因素。判断流域水环境承载力承载状态是流域内建设项目环境影响评价和环境基础设施建设的重要参考，也是经济发展模式、产业结构调整与转型、优化空间布局等的科学依据之一，还为实施污染物排放总量控制、排污许可制度和排污权交易等现代环境管理制度提供决策依据和科学支撑。由此可见，对流域水环境承载力承载状态的量化评价与预警是流域水环境规划与管理的重要依据。首先，针对流域水系统考核管理需求，构建面向流域水环境考核管理的简化评估指标体系，基于统计数据，无需核算水资源供给能力与水环境容量等水环境承载力分量，而是通过构造水环境容量相对指数表征水环境容量相对大小与承载状态，为流域水系统考核监管提供科学依据。其次，是面向流域水系统规划，在收集水文、气象数据，构建分布式水文模型与水环境质量模型的基础上，核算水资源供给能力与水环境容量绝对量，并确定其在流域水污染控制单元中的空间分布特征；进一步开展基于水污染控制单元的流域水环境承载力动态评估与预警，为流域水系统管控单元划分与分区规划方案制定等流域水系统规划工作提供科学依据。

1.3 北运河流域概况

1.3.1 地理位置

北运河水系是海河流域重要的行洪排涝河道，在漕运、防洪除涝、供水、景观娱乐等方面发挥了巨大作用。北运河西接永定河，东临潮白河，是海河流域北三河系的主要水系之一，其上游支流南沙河、东沙河、北沙河交汇于沙河镇之后称沙河，沙河水库以下称温榆河，流至通州区北关闸以下称北运河。北运河发源于北京市昌平区燕山南麓（太行山脉的西山与燕山山脉的军都山居庸关附近），是北京市五大水系中唯一发源于本市的水系，自西北向东南流经北京市昌平区、顺义区、朝阳区、大兴区、通州区出境，经由河北省廊坊市香河县，天津市武清区、北辰区和红桥区汇入海河（见图 1-1）。北运河干流全长 186 km，流域面积为 6 166 km²，包括山区和平原区，其中山区面积为 952 km²，占 16%，平原面积为 5 214 km²，占 84%（韩宇平等，2014）。其中沙河闸以上流域面积 1 110 km²，北关闸以上流域面积 2 478 km²，北关闸至河北省香河县土门楼拦河闸流域面积 3 095 km²。北运河流域 70%在北京，干流总长 90 km（沙河闸—市界），北京市内的流域面积为 4 348 km²，是北京市平原流域面积最大的水系（荆红卫等，2013）。

图 1-1 北运河流域地理位置及水系

1.3.2 地形地貌

北运河流域地势西北高、东南低。山峰海拔高度约 1 100 m，山地与平原近乎直接交接，丘陵区过渡较窄，河流源短流急；中下游平原地势开阔，逐渐由山前平原过渡到滨海平原。平原区按成因分为山前洪积平原、中部湖积冲积平原和滨海海积冲积平原。

北运河干流位于湖积冲积平原上，地势平缓、广阔，由西北向东南微倾斜，河道两岸仅分布一级阶地，除通州城区段以外，河道滩地多为农田，堤防外侧为农田、村庄；下游两侧多洼地。河道蜿蜒曲折，堤外地面高程上游北关闸附近为 20 m 左右，下游屈家店附近为 3 m 左右，地面坡度为 1/5 000~1/10 000，滩地高程与堤外地面基本一致（见图 1-2）。

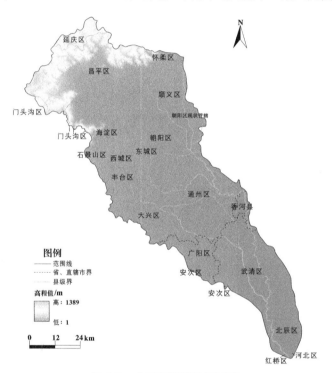

图 1-2　北运河流域地形地貌

（1）北京区域

北京区域呈现西北高、东南低的态势，按照地形、地貌特征可划分为山区、丘陵区和平原区。以昌平区南口关沟为界，西部山区属于太行山余脉，北部山区属于燕山支脉。山区与平原过渡地带的山前地区属低山丘陵，海拔高程为 100~300 m。平原区地势北高南低，由北向南倾斜，海拔为 20~50 m；通州区和顺义区交界处为北运河与潮白河冲积平原交汇处，地形由西北向东南倾斜，海拔高程为 15~30 m，平均坡度为 6/10 000，河流两侧零星分布有沙丘和残留台地。

（2）河北区域

香河县位于燕山南麓，呈西北高、东南低的态势，海拔高程为 4.9～15.7 m，坡度为 1/3 000。地貌类型由潮白河形成的北部冲积扇平原和南部冲积平原组成，处在由扇缘向冲积平原过渡的交接地带，除北部和中部有少数高出地面 1.5～2.5 m、面积很小的残丘以及北运河、潮白河两岸有少量沙丘外，其余均为平原。

（3）天津区域

武清区内为微度起伏的冲积平原，地面倾斜平缓，地势自西、北、南三面向东南方向倾斜，西北部海拔高程为 13.5 m，北部海拔高程为 11 m 左右，南部海拔高程为 5 m 左右，东南部海拔高程为 2 m 左右（大沽高程），地面自然纵坡坡度为 1/6 500。

1.3.3 气象气候

北运河流域处于暖温带半干旱、半湿润季风气候区，具有四季分明、冬季寒冷、夏季炎热、日照充足、降水集中、雨热同季、大陆性气候显著等特征。冬季受蒙古高压影响，盛行偏北风，天气晴朗而少雨雪；夏季受大陆热低压影响，盛行偏南风，多阴雨天气。年平均风速为 2～3 m/s。春季风速最大，平均达 3.5～4 m/s。极端最大风速为 23.8 m/s，为西北风向。

流域年平均气温为 11～12℃，1 月为最冷月，平均气温为–10～4℃，7 月为最热月，平均气温为 20～26℃；最高气温平均值为 15～18℃，最低气温平均值为 1.5～7℃；极端最高气温达 38～43.5℃，极端最低气温达–34～–19℃。气温较差大，其中年较差达 29～33℃，日较差达 10～13.4℃。历年 12 月、1 月、2 月的平均气温都在 0℃以下，不同气温每年出现的天数为：–10～0℃，平均为 128.4 天；–20～–10℃，平均为 31.8 天；–20℃以下，平均为 0.2 天。当一日的平均温度达到–5℃时，水面出现岸冰；当一日最低温度达到–10℃时，水面出现薄冰；当一日最低温度达到–12.5℃时，水面出现冰盖；水面结冰厚度平均为 40 cm，最厚时可达 45～50 cm。流域平均地面温度为 7.5～14.5℃；最高地面温度平均值为 27.5～31.5℃，最低地面温度平均值为–0.5～4.5℃；极端最高地面温度达 60.5～70.5℃，极端最低地面温度达–41～–22.5℃；地面温度年较差达 34～38℃；在这样的气温和低温作用下，季节性冻土发育，最大冻土深度一般为 90～115 cm。

年日照数 2 600～2 800 h。年平均相对湿度为 50%～70%。流域内多年平均水面蒸发量：北部山区在 1 000 mm 左右，平原区一般在 1 100 mm 左右，而平原区以市区为最大，均在 1 200 mm 左右。平均无霜期 176.8 d，平均霜日数 188.2 d；平均初霜日为 10 月 12 日；平均终霜日为 4 月 17 日；初霜最早期为 9 月 25 日；终霜最晚期为 5 月 16 日。

年际降水量分布不均匀，其中 2012 年、2016 年降水量丰富，局部降水量达 1 000 mm 以上，最大降水量高于 800 mm；2014 年、2015 年为枯水年，局部降水量最高不足 600 mm，最低低于 300 mm。流域降水量月际分布不均匀，降水量主要集中在夏季，6 月降水量最高。图 1-3 为北京站 2008—2018 年月度降水量时空变化。

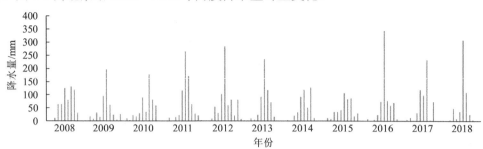

图 1-3　北京站 2008—2018 年月度降水量时空变化

1.3.4　土壤植被

（1）土壤特征

北京区域内平原与低山丘陵交壤地带的土壤以褐土为主，平原区以壤土、砂土、黏土和潮土为主。流域土地利用类型多样，包括有林地、灌木林、疏林地、其他林地、草地、河渠、水库坑塘、城镇用地、水田、旱地等。

河北省廊坊市香河区域的土壤形成主要受地貌类型影响，北部由潮白河冲积形成的冲积扇，发育为褐土类型；东南部由潮白河、北运河冲积形成的冲积平原，形成潮土类型；北运河沿河两岸分布有风砂土等。土壤类型：土类 3 个，亚土类 8 个，土属 10 个，土种 56 个。

天津市武清区域的土壤按质地分为砂土、砂壤、轻壤、中壤、重壤、黏土 6 类。砂性土和壤质土分布地区交叉，但以壤质土分布较广。黏性土主要分布在河间或交接平洼地。土壤耕层厚度为 5～10 cm，容量为 1.25～1.49 g/m³，耕层空隙度为 46%～54%。

（2）植被特征

北运河流域内西北部山区生长的植物以林地为主，其中海拔较高的地区自然肥力高，利于森林生长，以落叶阔叶林和针叶阔叶林为主；低海拔地区土层薄、有机质含量相对较低，适合灌木丛生长；丘陵地带植被多为草灌丛，部分被开垦为农田；平原区土地利用较为多样化，城市化水平高，人类生活居住大多集中于此，平原区是流域内的经济文化中心。平原区内的耕地面积所占比例较大，种植的作物以耐旱作物为主，主要有玉米、小麦与蔬菜等。

1.3.5　土地利用

北运河流域西北地区林草覆盖面积大，城镇用地少；流域中上游及下游地区城镇用地占比高，不透水面积大；流域中下游地区旱田面积占比大，农村居民点较多；从整体上分析，流域水体与林草面积占比小。从时间上分析，流域城镇面积逐渐增加，从中心城区向周围呈辐射状增加，流域旱田面积有减少的趋势，而流域山区的林草覆盖面积变化不大（见图 1-4）。

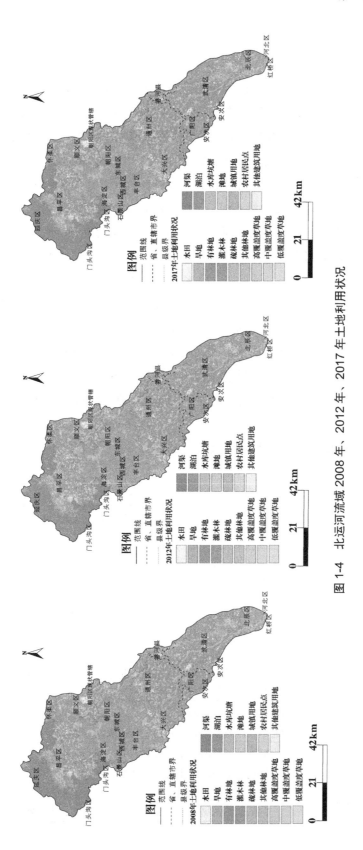

图 1-4 北运河流域 2008 年、2012 年、2017 年土地利用状况

1.3.6 水系水质

北运河干流径流主要来源于温榆河和北京城市污水,多年平均水量为 8.543 亿 m³,平均径流量为 4.81 亿 m³,平原地区年均径流量为 3.52 亿 m³,山区年均径流量为 1.29 亿 m³(韩宇平等,2014;郭文献,2014)。地表径流多被山前水库拦蓄,经社会水循环过程后,再以城镇污水处理厂退水的形式进入下游平原河道(王刚等,2016)。

北运河流域具有多闸坝、多水源补给和人为扰动程度高、污染程度高等特点。北运河流域有一级支流 19 条,主要二级支流、三级支流有 110 条(见表 1-1;郭文献,2014)。北运河自北关闸以下有通惠河、凉水河汇入,沿途接纳凤港减河、凤河、龙河等主要支流(见图 1-5)。北运河流域(北京段)主要包括昆玉河、长河、北护城河、南护城河等重要景观河流,有清河、坝河、通惠河、凉水河四大排水河流(系统),承担着中心城区 90% 的排水任务,市区内的雨水、生活污水、工业废水都经过这四个水系最终汇入北运河;远郊河流主要有温榆河、北运河、凤河、港沟河等,为一般景观用水和农业用水。其中,清河水系是市区西北部的排水河网,接纳肖家河、清河两座污水处理厂退水;坝河水系是市区东北部排水河网,接纳北小河、酒仙桥两座污水处理厂退水;通惠河是城区雨水管道的排水尾闾,接纳高碑店污水处理厂退水;凉水河水系是市区南部排水河网,接纳方庄、吴家村、卢沟桥、小红门、亦庄开发区 5 座污水处理厂退水(高晓薇等,2016;吉利娜等,2016;荆红卫等,2013;郭婧等,2012)。

表 1-1 北运河水系结构

序号	干流或一级支流	主要二级支流、三级支流
	北京	
1	东沙河	锥石口沟、上下口沟、老君堂沟、德胜口沟、德陵沟、十三陵水库补水渠
2	北沙河	四家庄河、高崖口沟、柏峪沟、北小营西河、南口西河、塘猊沟、水沟、白羊城沟、兴隆口沟、辛店河、关沟、辛店二道河、舒畅河、幸福河、邓庄河、涧头沟、旧县河、虎峪沟、中直渠
3	南沙河	沙涧沟、周家港河、十一排干、十三排干
4	蔺沟河	秦屯河、桃峪口沟、白浪河、牤牛河、苏峪沟、葫芦河、沙沟河、钻子岭沟、肖村河、西峪沟、八家沟
5	温榆河	孟祖河、唐土新河、方氏渠、龙道河、小场沟
6	清河	北旱河、万泉河、小月河、仰山大沟
7	坝河	土城沟、亮马河、平房灌渠、北小河
8	小中河	中坝河、潮白河引水渠、月牙河、七分干渠
9	通惠河	南护城河、永定河引水渠、南旱河、京密引水渠、昆玉河、长河、前三门暗河、内城水系、北护城河、二道沟、青年路沟等

序号	干流或一级支流	主要二级支流、三级支流
10	凉水河	莲花河、人民渠、新开渠、水衙沟、新丰草河、马草河、造玉沟、旱河、小龙河、大羊坊沟、通惠排干、半壁店沟、观音堂沟、大柳树沟、通惠北干渠、新凤河、黄土岗灌渠、葆李沟、凉凤灌渠、东南郊灌渠、萧太后河、双桥灌渠、大稿沟、玉带河
11	凤港减河	
12	凤河	旱河、岔河、官沟、通大边沟
河北		
13	港沟河	
14	北运河干流	
15	青龙湾减河	
天津		
16	龙凤河（北京排污河）	凤河西支、龙北新河、龙河、龙凤河故道、远东干渠、郎园引河、清污渠
17	永定河	新龙河、中泓故道
18	永定新河	机场排水河、北丰产河、增产河
19	子牙河	中亭河、永清渠
20	新开河—金钟河	永金引河、淀南引河
21	北运河干流	

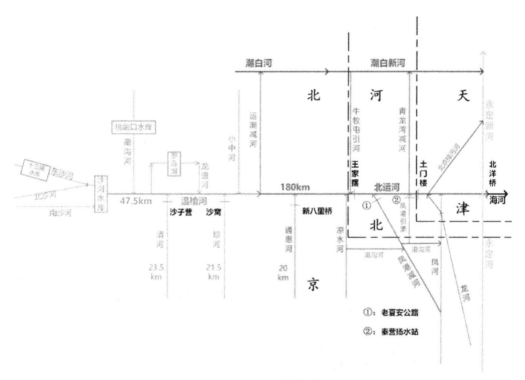

图 1-5 北运河水系概化图

注：摘自《京津冀区域水环境质量改善一体化方案》。

北运河流域河段大多为平原河段，又受多闸坝控制，闸坝阻断河流水力联系，水体流动缓慢，产生显著的水文水环境效应（王刚等，2016）。为了治理北运河流域洪涝灾害、开发利用水资源，20世纪50年代起先后在上游山区修建中小型水库12座，并在北运河干流修建防洪节制闸17座，其中北京市5座、河北省1座、天津市11座，并建有橡胶坝9座（郭文献，2014），分别为北京市的尚信橡胶坝、郑各庄橡胶坝、曹碾橡胶坝、土沟橡胶坝、潞湾橡胶坝与天津市的蒙村橡胶坝和黄庄橡胶坝等（见图1-6）。北运河主要闸坝基本情况见表1-2。

王家摆断面为北京市与河北省交界断面，水质目标为V类，土门楼断面为河北省与天津市交界断面，水质目标为Ⅳ类。通过对流域内跨界断面王家摆断面与土门楼断面2006—2017年水质监测情况进行分析（见图1-7～图1-18），可以看出，两个断面的水质超标严重，情况不容乐观。

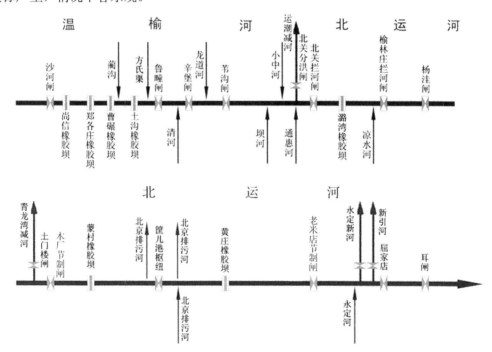

图1-6　各闸坝在温榆河和北运河干流河道的位置示意图

表1-2　北运河主要闸坝基本情况

名称	工程作用	建设地点	建设年份	所在河流	孔数	闸底高程/m	设计		校核	
							水位/m	流量/（m³/s）	水位/m	流量/（m³/s）
北关拦河闸	蓄洪	通州区	2007	北运河	7	15.77	22.40	1 766	23.14	2 030
榆林庄拦河闸	拦污	通州区	1969	北运河	15	11.70	18.31	1 346	18.86	1 835
杨洼拦河闸	防洪	通州区	2007	北运河	15	9.40	15.65	2 220	16.79	3 300

名称		工程作用	建设地点	建设年份	所在河流	孔数	闸底高程/m	设计		校核	
								水位/m	流量/(m³/s)	水位/m	流量/(m³/s)
木厂节制闸		调洪	香河县	1960	北运河	9	8.00	13.50	225	13.70	309
老米店节制闸		调洪	武清区	1972	北运河	16	1.70	5.43	160	7.63	200
筐儿港枢纽	六孔旧拦河闸	挡水、分洪	武清区	1960	北运河	6	5.00	8.20	65	—	100
	三孔新拦河闸	挡水、分洪	武清区	1972	北运河	3	4.00	8.20	86	8.80	141
	十一孔分洪闸	分洪	武清区	1960	北京排污河	11	4.00	6.50	237	7.26	367
	十六孔分洪闸	分洪	武清区	1960	北运河	16	6.20	8.00	256	—	—
	六孔节制闸	调节水位	武清区	1972	北京排污河	6	3.00	6.72	237	7.51	367
北运河节制闸		调洪、泄洪	北辰区	1971	北运河	6	0.80	5.75	400	6.50	400
大南宫节制闸		—	武清区	1972	北京排污河	10	1.69	6.23	256	7.02	378
里老节制闸		—	武清区	1972	北京排污河	4	—	8.46	50	10.58	72
大三庄节制闸		—	武清区	1971	北京排污河	12	—	4.50	268	5.21	398
龙凤河防潮闸		—	北辰区	1971	北京排污河	42	—	3.90	325	4.45	445

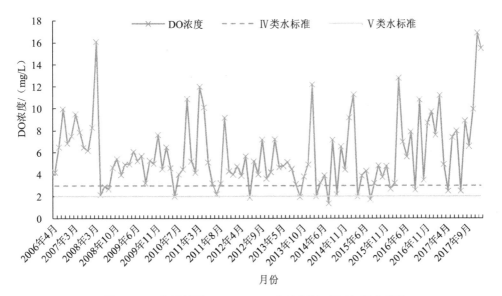

图1-7 王家摆断面2006—2017年溶解氧（DO）浓度变化

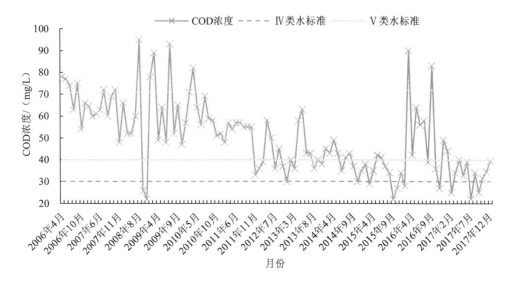

图 1-8　王家摆断面 2006—2017 年化学需氧量（COD）浓度变化

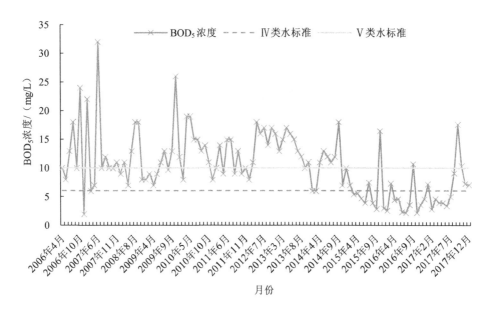

图 1-9　王家摆断面 2006—2017 年五日生化需氧量（BOD₅）浓度变化

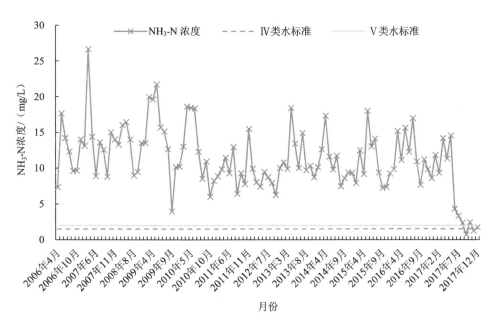

图1-10 王家摆断面2006—2017年氨氮（NH₃-N）浓度变化

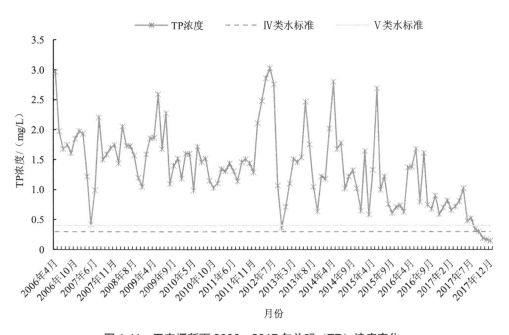

图1-11 王家摆断面2006—2017年总磷（TP）浓度变化

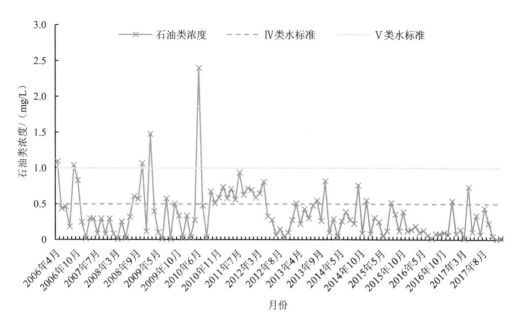

图 1-12 王家摆断面 2006—2017 年石油类浓度变化

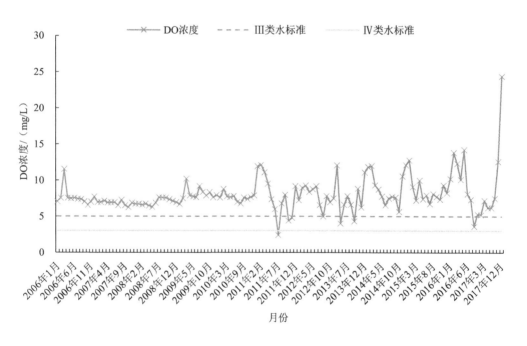

图 1-13 土门楼断面 2006—2017 年溶解氧（DO）浓度变化

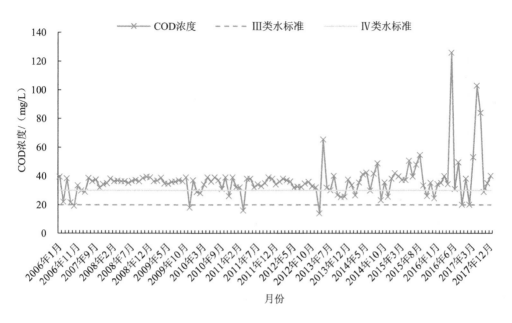

图1-14 土门楼断面2006—2017年化学需氧量（COD）浓度变化

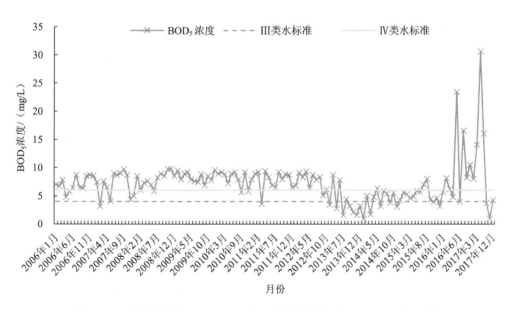

图1-15 土门楼断面2006—2017年五日生化需氧量（BOD₅）浓度变化

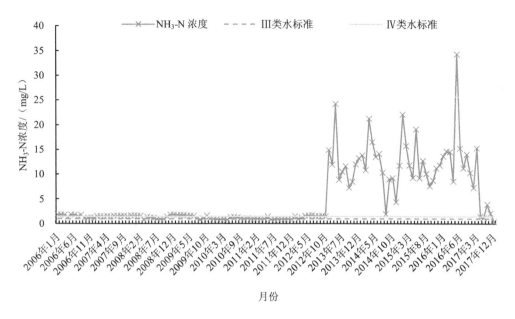

图 1-16　土门楼断面 2006—2017 年氨氮（NH₃-N）浓度变化

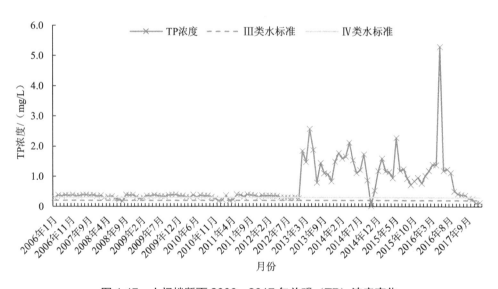

图 1-17　土门楼断面 2006—2017 年总磷（TP）浓度变化

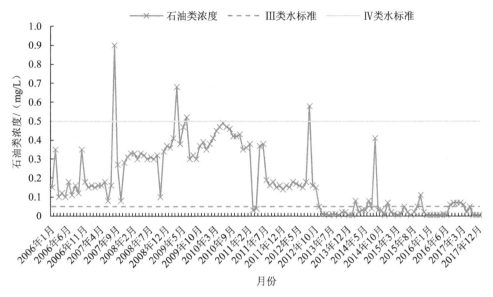

图 1-18　土门楼断面 2006—2017 年石油类浓度变化

1.3.7　社会经济

北运河流域覆盖昌平区、海淀区、朝阳区、东城区、西城区等 20 个区（县），流域人口众多，经济发达，城市化水平较高。2017 年北运河流域总人口约 1 887 万人，其中城镇人口占 85%以上；流域产业结构以第三产业为主。近年来流域经济发展迅速，2017 年GDP 达 2 万亿元以上，见图 1-19。

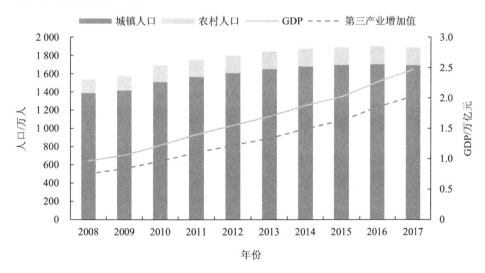

图 1-19　北运河流域社会经济概况

通过对 2008—2017 年流域内各地区的人口分布情况进行分析（见图 1-20），可以看出，北运河流域城镇人口数量最多的地区为朝阳区，其次是海淀区；流域内门头沟区、怀柔区、延庆区、香河县城镇人口最少，城镇化水平较低；而农村人口数量最多的地区为通州区，其次是武清区、昌平区；流域内东城区、西城区、丰台区、石景山区、红桥区、河北区城镇化水平较高。人口变化分析显示（见图 1-21），流域内大部分中心城区城镇人口变化较小，如东城区、西城区、朝阳区等，99%以上的常住人口为城镇人口；通州区、顺义区、昌平区、大兴区、安次区等的城镇人口变化比较大，城镇人口占比基本上先减少后增加；怀柔区、武清区城镇人口占比逐渐增加。

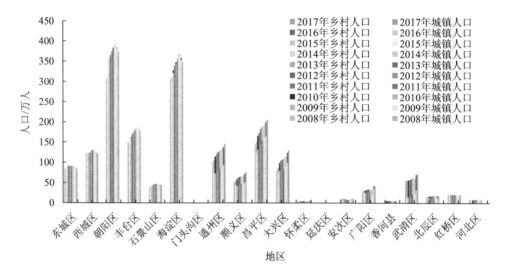

图 1-20 2008—2017 年流域内各地区人口

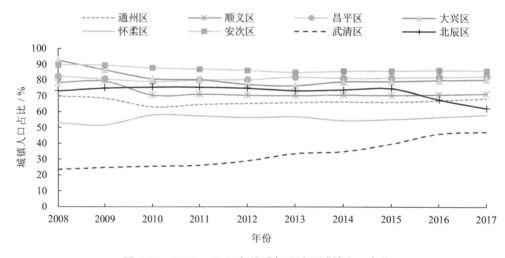

图 1-21 2008—2017 年流域部分地区城镇人口变化

通过对 2008—2017 年流域内经济总量等情况进行分析（见图 1-22 和图 1-23），可以看出，流域内各地区的 GDP 差别较大，海淀区、朝阳区、西城区、东城区 GDP 较高，怀柔区、延庆区、安次区、香河县、红桥区、河北区等地在流域内的面积较小、人口较少，因此产生的 GDP 也较低；人均 GDP 较高的地区为东城区、西城区、朝阳区、海淀区、顺义区、大兴区、北辰区，延庆区、昌平区、通州区、红桥区等地人均 GDP 水平较低。产业结构分析显示（见图 1-24），流域内第三产业占比较高的地区为东城区、西城区、朝阳区、海淀区、红桥区，第三产业占比在 80%以上，大兴区、怀柔区、安次区、香河县、武清区、北辰区第三产业占比较低，低于 50%。此外，环保投资情况分析显示（见图 1-25），流域内各地区环保投资占比逐年变化较大；总体而言，2013—2017 年环保投资占比逐年增加，其中环保投资较高的地区为通州区、安次区、广阳区，环保投资占比较低的是武清区、北辰区、红桥区、河北区。

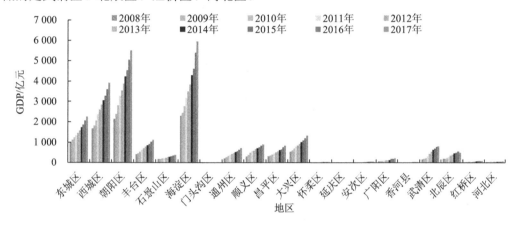

图 1-22 2008—2017 年流域各地区 GDP 变化

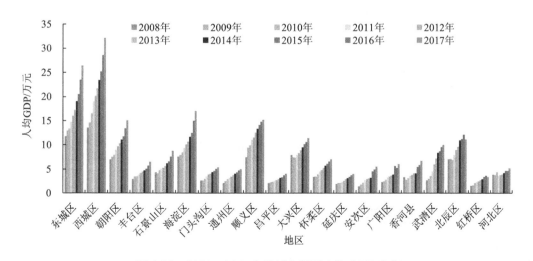

图 1-23 2008—2017 年流域各地区人均 GDP 变化

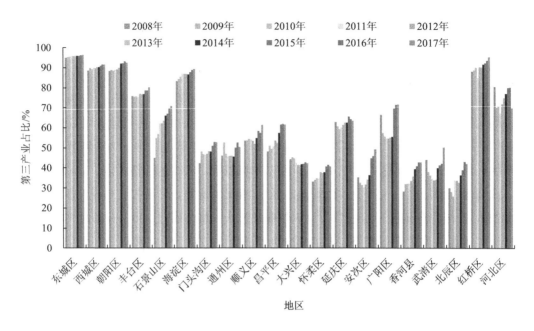

图 1-24　2008—2017 年流域各地区第三产业占比变化

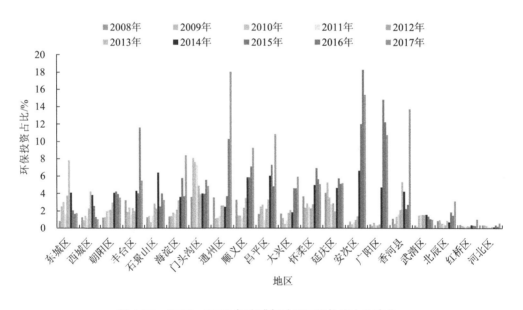

图 1-25　2008—2017 年流域各地区环保投资占比变化

1.4　本书内容与框架

本书的章节安排及相应内容安排如下。

第一篇为总论，包括 3 章内容。第 1 章绪论介绍了本书的研究背景与意义及北运河流域的概况；第 2 章对水环境承载力、水环境承载力评估及预警的相关进展进行了总结；第 3 章为水环境承载力概念辨析及内涵外延界定，主要是对环境、资源与生态的内涵及其关系的解析，并分析水系统组成及水系统中水环境、水资源与水生态三者的关系，明确了水环境承载力的概念内涵，提出了水环境承载力的表征方法及其研究的理论基础。

第二篇为流域水环境承载力动态评估，包括 4 章内容。第 4 章介绍了流域水环境承载力动态评估技术方法体系的构建；本书将水环境承载力评估分为水环境承载力大小评估、承载力承载状态评估及承载力开发利用潜力评估，分别构建了相应的指标体系，并考虑到流域水环境承载力时空分布特征及差异性，给出了评估时空的划分方法，以及短板法、熵权法、内梅罗指数法、路径分析法（结构方程）等一系列综合评估方法和评估分级方法。第 5 章为流域水资源、水环境、水生态分量指标核算方法及核算结果分析。第 6 章和第 7 章为基于不同管控单元的水环境承载力评估及相应的研究结论。

第三篇为流域水环境承载力预警，包括 6 章内容。第 8 章介绍了流域水环境承载力预警技术方法体系的构建，明确了水环境承载力预警的特点及内涵，提出了涵盖明确警义、识别警源、预测警情、判别警兆及评判警情、划分警限及界定警度、排除警情等多个步骤的预警框架体系；在此基础上，构建了适用于不同水环境规划管理需求的短期（1 年）与中长期（5～10 年）水环境承载力预警方法体系，具体包括基于景气指数的短期预警方法、基于人工神经网络的短期预警方法及基于系统动力学的中长期预警方法；第 9 章和第 10 章为基于景气指数的不同管控单元水环境承载力短期预警研究；第 11 章和第 12 章为基于人工神经网络的不同管控单元水环境承载力短期预警研究；第 13 章为基于系统动力学的流域水环境承载力中长期预警研究。

第四篇为机制设计与系统开发，包括 2 章内容。第 14 章为构建的北运河流域水环境承载力监测预警机制，包括预警工作协调机制、分工协作机制、考核监督机制、奖惩机制与双向调控响应机制等；并从水环境承载力动态评估与预警角度，建立健全流域河长制责任体系与考核奖惩机制，从水环境承载力监测预警角度，为北运河流域落实河长制提供支撑。第 15 章利用先进的信息技术、数据处理技术，构建了流域水环境承载力评估和预警系统，在大幅提升水环境承载力动态评估与预警技术体系的运行能力、社会价值转化能力等的同时，通过系统的可持续运行，逐步形成以"持续健康水系统"为主线的知识、数据与应用实践积累，提高北运河流域水环境承载力评估与预警能力。

本书内容结构框架见图 1-26。

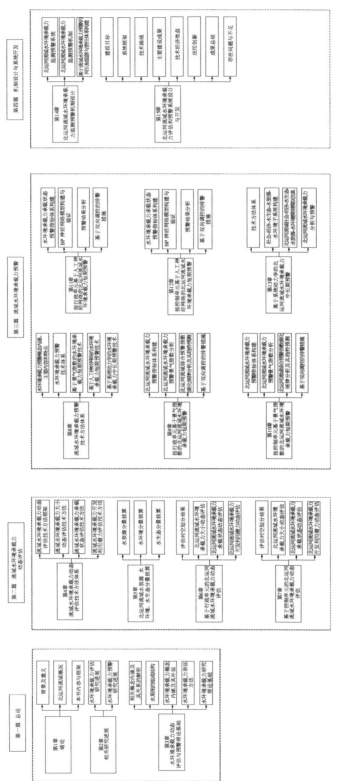

图 1-26　本书内容结构框架

第 2 章

相关研究进展

2.1 水环境承载力研究进展

2.1.1 水环境承载力整体研究概况

水环境承载力是在一定时期内、一定技术经济条件下，流域（区域）天然水系统支撑某一社会经济系统人类活动（生产与生活）作用强度的阈值，天然水系统因其所具有的水环境承载力而能够支持人类生存与活动。对流域（区域）水环境承载力进行研究，一方面可以表征流域（区域）的社会经济与水环境系统的结构和特征；另一方面，可以评估该流域（区域）的人口、经济规模与水环境协调发展的情况；进一步地，可以此为依据，提出流域（区域）社会经济与水环境稳定、协调、可持续发展的总体战略。水环境承载力概念的提出，为资源环境和人类的生产生活搭建了桥梁，为人类协调自身发展与环境承载状态、确保水生态安全提供了准则。

关于水环境承载力的研究，早期以研究水环境承载力概念为主，之后随着研究的深入，学者开始尝试探索基于评价指标体系定量评估水环境承载力，研究由对概念、内涵的探讨，逐渐转向构建定量化分析方法、预测评价模型。Web of Science 数据库统计结果表明（见图 2-1；数据截至 2021 年），关于水环境承载力研究的论文最早出现在 1990 年，1996 年以后关于水环境承载力的发文量快速增长。近年来水环境承载力研究越来越受到科研工作者的关注。其中发文量排名前三的国家分别是中国、美国、印度。相较于美国和印度，中国对水环境承载力的研究起步较晚，但后期发文量快速增长，2007 年反超美国和印度。

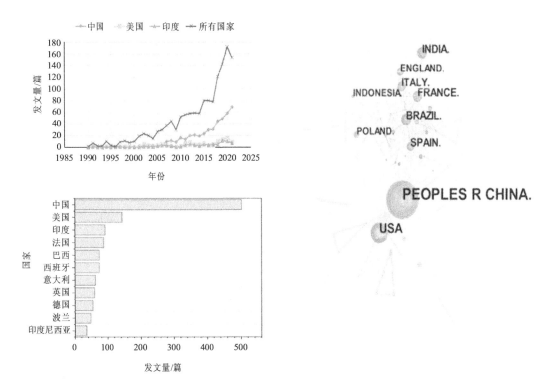

图 2-1　Web of Science 数据库水环境承载力研究发文概况

　　CNKI 核心数据库统计数据表明（见图 2-2；数据截至 2021 年），国内关于水环境承载力研究的发文量整体上呈上升趋势。第一篇关于水环境承载力的中文核心期刊论文于 1994 年发表。按时间分布，将我国水环境承载力的研究发文量及分布期刊大致划分为三个阶段：1979—1993 年为酝酿期，此时期尚未明确提出水环境承载力的概念，主要以容纳能力、生态极限等形式替代表征，多数研究为国家及区域层面宏观政策的支持，还未以学术论文形式呈现，研究方法以定性分析为主。1994—2010 年为平稳增长期，此阶段由于我国新经济开发区大量建设，亟须制订相应水环境规划，为此多个相关国家"九五"攻关计划和自然科学基金项目实施。2011—2021 年为迅速增长期，该阶段受国家环境保护与治理政策的影响，相关自然科学基金项目增长明显。

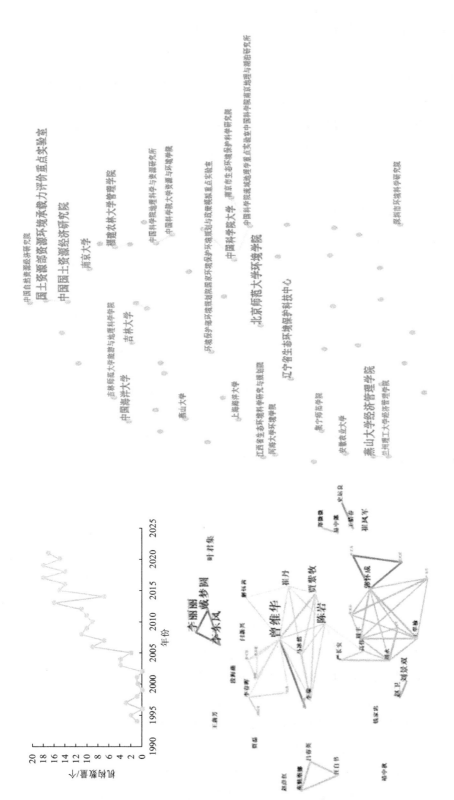

图 2-2　CNKI 核心数据库水环境承载力发文数量、机构分布与作者关系

水环境承载力的主要研究机构包括高校、中国科学院相关研究所和相关部委研究院所。其中，中国科学院地理科学与资源研究所在水环境承载力研究方面的热度较大。另外，中国科学院大学资源与环境学院、其他研究单位（如北京师范大学、四川大学、北京大学、中国科学院大学等）也热度显著。

曾维华、陈岩、郭怀成等形成了各自的研究团队。其中，曾维华团队的合作网络规模最大，曾维华与多名学者之间存在合作关系。曾维华团队与陈岩团队、郭怀成团队存在合作关系。

2.1.2　水环境承载力评估研究进展

水环境承载力评估是基于水环境系统，综合人口、经济、社会等多个因素，构建合理、科学、系统的指标体系，根据指标间关联程度选择科学的评估方法，然后对水环境承载力进行评估。随着环境可持续发展研究的深入，国内外学者已在水环境承载力评估方面进行了大量探索，并将水环境承载力评估应用于流域（Wang et al.，2013）、湖泊（Ding et al.，2015）、城市（徐志青等，2019）和工业（张姗姗等，2017）等各个领域。

通过对 Web of Science 与 CNKI 文献数据库进行统计，结果表明，水环境承载力研究重心逐渐由概念解析向承载力评价等定量研究转变。研究内容上，从单纯的"water"（"水"）到更加细化，逐渐开始综合考虑生物、重金属等因素和水环境之间的相互影响。聚焦到地下水、湖泊等更具体的区域，指标更加规范和详细具体。研究演变历程中经历了"承载力""城市环境""环境指标体系""水环境""水资源""评价指标""水生态""熵权法""环境容量""评估方法"等研究热点。

早期水环境承载力评估研究是从水环境承载力大小评估开始的，其原理为基于环境承载力的力学特征，采用矢量方法对环境承载力进行表征，用矢量模的大小对环境承载力进行评估。崔凤军（1998）从水资源利用量、污水排放总量等反映社会经济系统对水环境系统作用强度因子出发，通过构建 n 维空间矢量来评估水环境承载力大小。雷宏军等（2008）利用系统动力学模型对水环境承载力进行分析，然后采用向量模法对不同模拟发展方案进行评估。贾振邦等（1995）将水环境承载力看作 n 维发展变量空间的一个向量，其大小由表征发展因子和支持因子的指标来确定。黄海凤等（2004）利用一维水质模型，从污染物排放量角度计算水环境承载力。水环境承载力大小评估的方法主要是一般的矢量模法，当然在具体评估流域或城市地区的水环境承载力大小时所构建的指标体系也不一样。大部分的研究将水环境承载力作为一个向量，其分量主要包括发展变量（人口、社会经济、废水排放量、水资源需求量）和支持变量（水资源供给量、水环境容量等），但是水环境承载力大小主要是表征水环境对于社会经济子系统的支持能力，是一种自然属性，其大小与发展变量无关。根据水环境承载力定义，水环境承载力大小可分为 3 个分量，即水环境容量、水资源供给量和水生态功能；利用矢量模法对水环境承载力大小进行评估。

　　在矢量模法评估的基础上，水环境承载力评估方法也多种多样。梁雪强（2003）从水环境压力（水资源利用量、利用效率、污水排放总量及污染程度等）和水环境承载力（资源供给、承纳污染）两个角度出发，利用矢量模法对水环境承载力进行评估。赵然杭等（2005）利用模糊优选理论模型，从水资源供给量、需水量、废水排放量等方面评估水环境承载力。白辉等（2016）采用层次分析法和向量模法相结合的方法，从社会经济、资源利用等角度综合构建了胶州市水环境承载力评估指标体系。王留锁（2018）从水环境对于城市发展规模、产业结构及布局、城镇建设的支撑和约束双重角度出发，利用多目标优化模型对清河门区水环境承载力进行评估。黄睿智（2018）基于压力-状态-响应模型构建了水环境承载力评估指标体系，采用模糊综合评估法对南宁市水环境承载力进行评估。贾紫牧等（2018）从水环境承载力大小、水环境承载力承载状态、水系统脆弱程度及水环境承载力开发利用潜力 4 个角度构建了水环境承载力聚类分区指标体系。崔东文（2018）从水资源、水污染、社会经济角度构建区域水环境承载力评估指标体系，利用水循环算法（WCA）优化投影寻踪（PP）模型最佳投影方向，提出 WCA-PP 水环境承载力动态评估模型。总体来说，水环境承载力评估方法主要有指标评估法、承载率评估法和多目标评估法等。指标评估法是目前应用较为广泛的评估方法，其评估模式主要有模糊综合评估、状态空间法和主成分分析法等；承载率评估法引入了环境承载量（EBQ）和环境承载率（EBR）的概念，通过计算环境承载率来评估环境承载力的大小；多目标评估法综合考虑水环境各要素之间的作用关系，并在评估分析中综合考虑了不同目标和价值趋向，进行指标情景设置，通过计算来比较和评估各策略下的水环境承载力。

　　随着对水环境承载力的深入了解，其研究多集中在系统动态模拟与预测评估上。李如忠（2006）依据随机性和模糊优选原理，建立了适用于多指标、多因素的区域水环境动态承载力评估数学模型；唐文秀（2010）基于系统动力学方法，建立了流域水环境承载力量化模型；梁静等（2017）结合郑州市"十三五"规划，构建了基于环境容量的水环境承载力综合评估体系，预测了在优化发展和强化发展两种情景下的郑州市水环境承载力改善情况；马涵玉等（2017）利用系统动力学（SD）模型，模拟预测在现状延续型、节约用水型、污染防治型和综合协调型 4 种情景模式下，2020 年成都市的水生态承载力。然而，目前对于水环境承载力评估的研究大多是年度静态评估，无法表征水环境承载力的季节性以及水环境承载力承载状态的季节性动态变化。因此，必须基于水环境承载力的季节性特征，提出流域水环境承载力动态评估技术方法，并以此为工具识别流域水环境承载力承载状态的季节性特征，从而挖掘水环境承载力超载的致因及存在的问题，为流域水环境承载力季节性双向调控提供科学依据。

2.1.3 水环境承载力分区研究进展

区划既是一种划分，又是一种合并。区划的概念最早是由地理区域学派奠基人 Hettner 在 19 世纪初提出的，他指出区划是对整体的不断分解，这些部分是在空间上互相连接、类型上分散分布的。此外，还有学者指出区划是以地域分异规律学说理论为基础，以地理空间为对象，按区划要素的空间分布特征，将研究目标划分为具有多级结构的区域单元（傅伯杰等，2001）。区划的任务就是根据最终目的，一方面将地理空间划分为不同的区域，保持各区域单元特征的相对一致性和区域间的差异，另一方面又要按区域内部的差异划分具有不同特征的次级区域，从而形成反映区划要素空间分异规律的区域等级系统（张文霞，2008）。

不同区域社会、经济、环境、资源条件差异显著，导致人类活动规模与强度、水环境容量及水资源可开发利用量存在巨大差异，由此产生的水环境承载力及其承载状态也具有时空不均、动态变化等特征。因此，通过采取分区手段，明确水环境承载力的空间差异，因地制宜地制定水污染防治与水资源利用的政策措施，为实现区域水环境差异化、精细化管理提供科学依据（贾紫牧等，2018）。国内外学者对水环境承载力分区进行了大量的研究探索，综合来说，目前研究主要集中在水环境容量分区、水资源分区和水生态功能分区等水环境承载力单项分量的区划研究上。

水环境容量分区方面，从总量控制和水环境功能等角度提出了纳污能力相对一致性、使用强度相近性、季节变化程度相似性、相关区划成果继承性、行政单元完整性等区划原则；在此基础上，通过水环境容量的丰裕度指数、紧缺度指数、季节变差系数进行河流水环境容量区划（鲍全盛等，1996）；此外，徐海峰（2010）对枣庄市水环境功能和水环境容量进行了综合评价，在此基础上划分出不同的水环境功能分区；劳国民（2007）结合兰溪市的社会经济现状和水体水质状况划定水功能区，核定各区水环境容量，并根据区划提出总量控制的建议；赵琰鑫等（2015）对北海市水环境容量进行了核算，将研究区域按照水环境容量划分为超载区、一般区和富余区，进而根据分区结果提出总量控制对策，优化企业布局。水环境容量分区基于水环境容量核算，是科学合理地进行污染防治、生态恢复以及水环境容量利用的重要手段，但是由于其主要反映的是不同区域水体对污染物的消纳能力，因此不能反映区域之间水环境承载力的真实差异。

水资源分区方面，Hu 等（2016）从公平和效率的角度对曲江流域水资源的合理分配进行了研究；夏军等（2005）通过对滦河流域可调配水资源量的评估，进行了可用水资源量的区划；王强等（2012）根据新疆绿洲的特点，进行了基于水资源的主体功能区划，有利于干旱地区水资源的科学利用和管理。目前，基于水资源的分区研究还比较少，已有研究也是在水资源量或相关指标核算的基础上进行分区，分区过程相对简单。

水生态功能分区方面，相比于水环境容量分区和水资源分区，水生态功能分区的研究较多，并且形成了一定的体系。尹民等（2005）在水文区划的基础上，提出了生态水文区划方案，是我国生态区划向水生态区划方向发展的标志；周丰等（2007）对流域水环境区划的概念进行了解析，并剖析了已有研究存在的问题；李艳梅等（2009）分析并界定了水生态功能分区的概念，认为水生态功能分区是依据水域生物区系、群落结构和水体理化环境的差异、水生态服务功能以及水生态环境敏感性划分，用于完整地评价人类活动对水域环境的影响。目前，水生态功能分区一般是一级至四级的多级分区，所涉及的研究区范围较大，往往在流域尺度上，如孙然好等（2013；2017）针对海河流域进行多级水生态功能分区研究。其中，海河流域的一级分区从地貌类型、径流深、年降水量、年蒸发量等角度，反映水资源供给功能的空间格局特征；二级分区利用植被类型和土壤类型的空间异质性，反映流域生态水文过程及水质净化功能的空间格局特征。刘素平（2011）针对辽河流域进行了多级水生态功能分区，其一级分区和二级分区反映的是宏观尺度要素（气候、地形等）和中观尺度要素（土壤、植被、水文等）对流域水生态系统空间差异的影响，三级分区则在小尺度上突出河流生态系统支持功能（河道生境维持功能、生态系统多样性维持功能、珍稀物种维持功能和特征物种维持功能）。张许诺（2018）运用数据融合技术，对松花江流域的生境维持、水源涵养、生物多样性维持、农业生产维持和城市支撑维持 5 种水生态服务功能进行重要性等级评价并分区。此外，其他学者在巢湖流域（刘文来，2019）、凡河流域（刘冰等，2018）、丹江口水源区（胡圣等，2017）等根据不同流域的特点进行了水生态功能分区的研究，对相关区域的水生态保护起到了促进作用。进行水生态功能分区能够突出区域的主体功能，是流域分类指导、实现流域水环境分区、分级、分期和分类管理的基础（孙然好等，2013）。虽然水生态功能分区形成了一定的体系，但其更倾向于对不同区域生态特征和生态功能的划分，进而进行生态系统管理，但是对区域水环境承载力的反映并不够。

水环境承载力区划主要可分为"自上而下"和"自下而上"两种思路。其中，"自上而下"从宏观、全局着眼把握区划对象的特点，依据某个主导区划要素特征，考虑宏观地域分异规律进行区域的划分，是区域分割的过程。"自上而下"通常与一些定量的方法结合使用，如因子叠置分析法（韩旭，2008；汪宏清等，2006；李炳元等，1996）。王晶（2018）从生态支撑力和社会经济压力两个方面构建了栖霞市资源环境承载力的评价体系，通过叠置分析的方法，获得栖霞市资源环境承载力的评价结果。在此基础上，进一步将资源环境承载力评价结果与河流缓冲区进行叠置，根据资源环境承载力评价结果和与河流的距离将研究区划分为禁止开发区、限制开发区、优化开发区、重点开发区。"自下而上"则是在区划的最底层，按照区划各要素属性特征的相似性，进行"自下而上"合并的过程。"自下而上"的分区方法突破了行政界线的限制，能更好地反映区划对象的空间特征，定量的区划过程使区划小区的界线清晰准确（王平等，1999）。区划的最小单元可以是土地利用类型图、汇水单元，也可以是按照研究区划分的不同精度的网格。聚类分析是实现"自下而上"最常见的方法（王学山等，2005；包晓斌，1997），如陈守煜等（2004）通过径流总量、地下水总量、产水模数、人均水资源总量 4 个指标，运用模糊迭代聚类方法对我国 29 个省（自治区、直辖市）进行了水资源分区研究。

"自上而下"的分区可以宏观把握区划对象的某个主导特征，进行最高级别单元的划分，然后依次将已划分出的高级单元再划分成低一级的单位，但"自上而下"划分过程中考虑的区划要素比较单一，容易造成区划结果信息的缺失。"自下而上"的区划方法则恰恰相反，它通过对最小区划单元区划信息的综合集成，实现区划单元信息的最大化；在此基础上，进行最小单元区划要素特征相似性的聚类合并，逐步形成区划界线，实现区划对象空间分异规律的量化表达；但最小区划单元聚类组合图斑容易形成碎块区域，需要依据"自上而下"的宏观调整进行碎块的合并。鉴于两种区划方法的适用范围和特点，水环境承载力分区可使用"自上而下"和"自下而上"相结合的综合区划方法。综合区划方法能结合两种方法的长处，避免其短处，提高区划的水平，特别是提高区划的客观性水平。许多学者对"自上而下"和"自下而上"相结合的方法进行了探索研究（蒋勇军等，2003；王平，2000；吴绍洪，1998），但均未涉及水环境承载力分区研究。虽然孙然好等（2017；2013）在进行海河流域水生态功能分区时运用了"自上而下"的一级分区及二级分区和"自下而上"的三级分区，但是只有贾紫牧等系统运用"自上而下"和"自下而上"方法开展了综合水环境承载力分区研究（贾紫牧等，2018，2017）。

综上所述，目前水环境承载力分区研究主要集中在水环境容量、水资源以及水生态功能等水环境承载力单项分量的区划研究上，较少将水环境承载力作为一个复杂系统进行分区研究，研究思路仍较片面。水环境承载力与水系自然形成的供给水资源的能力、消纳污染物的能力、水生态服务、水体自身的脆弱程度、人类活动产生的外部压力及投资和技术变化导致的开发利用潜力息息相关。人口、经济、技术、自然禀赋及水环境管理目标等诸多影响因素都会对水环境承载力产生某种程度的正向反馈或负向反馈，仅依靠单项分量对水环境承载力进行分区研究是不充分的，容易忽略水环境承载力固有属性在空间分异上的特征，不能充分体现不同区域间的差别，不利于进行水环境承载力的差异性分区管控。此外，作为区划依据的指标权重确定偏向研究者的主观性，且缺乏主导指标项与其他指标项之间、不同水环境尺度之间指标体系的相互关系的确定。在水环境承载力分区的研究方法方面，还缺少综合应用"自上而下"和"自下而上"方法的分区研究，不利于更为客观地反映不同区域之间的差异。

　　本书从水环境承载力季节性变化特点出发，综合评估丰、平、枯 3 个时期的水环境承载力变化，并以此为工具识别流域水环境承载力承载状态的季节性特征，对水环境承载力季节性动态变化进行初步探索研究。同时，结合流域水环境承载力管理与规划需求，按照流域行政单元与控制单元对流域水环境承载力承载状态进行评估，从而完善水环境承载力评估与应用方法体系。

2.1.4　水环境承载力相关政策及法律、法规变迁

　　水环境承载力综合考虑了水环境系统、人口、社会、经济等方面的因素，能够在维持生态系统服务功能、满足人类需求和生态环境自净能力、调节功能等前提下，承载污物负荷和人类活动影响的能力。我国水环境承载力相关政策变迁可分为以下几个阶段：第一阶段（20 世纪 80 年代末至 21 世纪初）为排污许可制度阶段。20 世纪 80 年代末至90 年代初期，我国开始实行排污许可制度，对固定污染源企业进行许可控制。1996 年，国家环境保护局发布《大气、水和土壤污染物排放总量控制管理暂行办法》，正式确定了排放总量控制制度，并将其纳入国家法律和政策建设之中。当时的主要目标是通过排放总量控制来控制水环境承载力。第二阶段（21 世纪初至 2012 年）为综合治理阶段，进一步强调污染治理和水资源保护，强化区域综合治理和水利工程建设，推动污染源减排和水环境持续改善。第三阶段（2012 年至今）为生态文明阶段，我国的水环境承载力政策逐渐增强，其与环境保护、生态环境建设等结合起来，并已经成为国家生态文明的重要组成部分。在政策基础上，全国人民代表大会、国家发展和改革委员会、环境保护部、国土资源部、水利部等主要部门出台了一系列的法律法规及技术指南，涵盖了水环境承载力的相关政策制定、监测评估、污染控制、生态保护、水资源管理等方面。本书梳理了 2000 年之后相关的政策及法律、法规，见表 2-1。

表 2-1　我国水环境承载力政策及法律、法规梳理

年份	主要政策	发布机构	主要作用
2002	《中华人民共和国水法》	全国人民代表大会	合理开发、利用、节约和保护水资源，防治水害，实现水资源的可持续利用
2002	《中华人民共和国水土保持法》	全国人民代表大会	预防和治理水土流失，保护与合理利用水土资源
2002	《中华人民共和国水环境管理条例》	国家环保总局	重污染区严格管控、水环境质量总体平衡、污染源减排、优先防治、综合治理
2002	《全国重要江河湖泊水功能区划》	水利部	加强国家对水资源的保护和管理
2004	《入河排污口监督管理办法》	水利部	加强入河排污口监督管理，保护水资源

年份	主要政策	发布机构	主要作用
2008	《中华人民共和国水污染防治法》（第二次修正）	全国人民代表大会	强化水污染防治的地方责任，完善水污染防治的管理制度体系，扩展水污染防治工作的范围
2011	《全国重要江河湖泊水功能区划（2011—2030年）》	国务院	加强国家对水资源的保护和管理
2014	《水环境功能区划分与分级管理办法》	环境保护部	实现区域水资源的合理调整和均衡分配，促进水环境保护工作的规范化和科学化
2014	《中华人民共和国环境保护法》	全国人民代表大会	加强环境治理和保护、维护生态平衡、促进可持续发展
2015	《水污染防治行动计划》	环境保护部、国家发展和改革委员会、财政部、水利部	推进水污染防治工作，促进水资源保护和可持续利用
2017	《水功能区监督管理办法》	水利部	对水功能区加强管理，保证水资源的可持续利用
2019	《中华人民共和国地下水污染防治法》	全国人民代表大会	强化地下水资源的保护和管理

目前，国家层面涉及的水环境承载力法律法规包括《中华人民共和国水污染防治法》、《中华人民共和国水法》和《中华人民共和国水土保持法》等多部法律法规。这些法律法规从水管理体制、水资源保护与使用、水生态保护、水污染防治等方面做了详细规定。总体来说，我国在改善水环境承载能力方面取得了许多成就。然而，在应对工业化与城市化快速发展等一系列问题方面，还有很多需要改善的地方。未来，我国需要进一步加强对水环境的保护和管理，继续推动水环境治理和整治，实现可持续发展和水环境承载能力的提高。

2.1.5　水环境承载力评估相关标准研究进展

2.1.5.1　水环境承载力评估国外研究进展

（1）美国

1948年，美国根据《联邦水污染控制法》（Federal Water Pollution Control Act）首次制定了《水污染控制法》并于1972年进行了重大修订、重组和扩展。从1972年开始在美国全国范围内实行水污染排放许可证制度，并在该过程中不断完善和改进排污许可证制度的技术路线和方法。1972—1976年，实施第一轮许可证制度，主要采用以判断为依据的方法，即最佳专业判断（BU）方法。该方法在充分收集工业行业可利用的数据和资料的基础上，经过技术分析做出判断。当时，在确定污染物削减量中使用这种方法所占的比例达到75%，最终得到美国水法的承认。同时，美国针对工业行业及其子行业实施排放限值准则（ELGS）的方法。该方法在以后的阶段得到很快的推广，美国陆续颁布了各行业的排放限值准则，逐步代替了以判断为依据的方法。1977 年，《水污染控制法》被命名为《清洁水法》（Clean Water Act，CWA），该法是一项联邦立法，旨在规范排放到美国水域的污染物和规范地表水质量标准。国家污染物排放削减系统（National Pollutant Discharge Elimination System，NPDES）将《清洁水法》的一般要求转化为适合每个排放口的具体规定，约束了工业、市政以及其他设施的污水排放。NPDES 规定了直接向水体排放污染物的工厂排放各种污染物的浓度限值（允许排放量）。相关标准包括美国环境保护局颁布的对特定种类工业污染物的排放标准以及对水体的水质标准。但是由于与市政下水道系统相连的个人住宅使用的私人化粪池系统无需 NPDES 许可证便可以排放，因此仍会有地面排放问题。NPDES 许可证排放标准包括基于技术的排放标准、基于水质的排放标准和基于健康的排放标准。基于技术的排放标准分为最佳实用技术（Best Practicable Technology，BPT）排放标准、最佳控制技术（BCT）排放标准、最佳可行技术（Best Available Technology，BAT）排放标准和新点源绩效（NSPS）排放标准；如果遵循基于技术的排放标准未能满足受纳水体水质要求，则必须使用更为严格的基于水质的排放标准。

在美国，环境容量术语较少有人使用，与之相当的是同化容量（assimilating capacity）或最大容许排污负荷，即在设计流量（7Q10，30Q10）条件下核算的满足水功能目标的最大容许排放量。20 世纪 70 年代初，美国部分地区开始尝试建立动态的排污标准以及开展有关季节性总量控制（Seasonal Discharge Programs，SDP）的研究，对污染源的污染物排放行为进行动态管理。低流量 7Q10 法为水文设计中使用的平均周期，即 10 年内 90% 保证率下最枯连续 7 天的平均水量作为河流最小环境流量设计值，常被用作点源污染管理方法以确定满足 NPDES 许可的点源污染物允许排放水平。2018 年 10 月，NPDES 更新了《低流量统计工具手册》（Low Flow Statistical Tools Handbook）。这种基于概率的统计被用于确定河流设计流量条件和评价污染排放限值（即允许排放量）对水质的影响。给定相同的污染物负荷，较低的水流导致稀释更少、污染物浓度更高——因此低流量 7Q10 可以作为设定允许排放量的基准。

1972 年，美国首次提出了最大日负荷总量（Total Maximum Daily Loads，TMDLs）概念框架，但没有合适的模型条件适用于任何流域以实施 TMDLs 计划。美国于 1983 年 12 月正式立法，实施以水质限制为基础的排放总量控制，同时制定了 TMDLs 的立法，为 TMDLs 控制计划的实施奠定了法律基础。《清洁水法》303d 条款中提到基于水质的污染物总量控制方法，该方法标准主要由各州制定，考虑流量和季节变化，计算水体对各污染物的吸收容量，进行污染负荷分配。1984 年前后，美国环境保护局推出系列的总量分配技术支持文件《总量负荷分配技术指南》，并推广了相当多的水质计算软件。1992 年，提出了制定分配计划的规划，为各州及地方政府的总量分配工作提供了明确的技术指导，使总量分配的工作在美国全国各地全面开展。这一阶段，美国水污染物排放总量控制的主要污染物为 BOD、DO 与氨氮等，重点治理有机污染。TMDLs 可以理解为在不超过水质标准的条件下，水体能接纳某种污染物的最大日负荷量；包括将最大日负荷分解到不同污染源，同时还要考虑各种不确定性因素的影响，从而制订科学合理的流域管理计划。2001 年，美国国家科学研究委员会确定了 TMDLs 计划的科学基础以及 TMDLs 的评估方法，并将适应性管理和使用适应性分析过程结合到 TMDLs 计划中，包括点源污染和非点源污染。TMDLs 计划针对美国各州受损水体目录（303d List）中的各类水体，主要是河流和湖泊以及少量的海湾等。近年来，美国的 TMDLs 计划开始从相对简单的单个水体转向多个水体、多种污染物的流域尺度。该计划包括点源污染负荷分配（Waste-load Allocation，WLA）、非点源污染负荷分配（Load Allocation，LA），同时考虑不确定性因素导致的安全阈值（Margin of Safety，MOS）以及季节性变化。

2009 年，美国环境保护局对现行的《清洁水法》进行修正，拟定《清洁水法行动计划》（The Clean Water Act Action Plan），旨在解决当时严重的水污染问题、加强对各州的监管力度和问责制以及提高透明度。过去，《清洁水法》的执行主要集中在工厂和污水处理厂的点污染源上，2009 年起受监管范围从 10 万个传统的点源扩大到 100 万个分散源，其中包括雨水径流和畜牧业水污染源等。2020 年，美国环境保护局进一步考虑修订《清洁水法》，要求对任何可能排放到美国水域的项目必须颁发水质认证，以确保排放符合适用的水质要求。

（2）欧盟

欧洲的水污染情况相对世界大多数地区而言并非很严重，但是由于长期的工业开发利用以及社会经济的发展，其水体仍然遭受了不可忽视的影响，而且南欧和北欧面临的水问题各不相同。20 世纪 70 年代以来，欧洲相继出台了一系列相关的水政策，其目的就是缓解并逐步消除人类活动对水体的影响，保证民众和环境健康。

欧洲第一批水法集中在 1970—1980 年，主要是关于游泳、渔业、饮用等的特定用水的水质标准。20 世纪 90 年代开始的第二批水相关立法更加关注从源头控制市政污水、农业退水和大型工业污染排放对水体的污染。欧洲理事会于 1996 年颁布实施的《综合污染防治指令》（IPPC）在最佳可行技术（BAT）的基础上提出污染排放控制标准，主要是针对大型工业设施对水体、大气及土壤的污染进行控制。2000 年《水框架指令》的颁布实施标志着欧盟的水政策进入综合和全方位管理的新阶段。《水框架指令》从流域尺度提出流域水管理的基本步骤和程序，其总体目标是保护水生态良好。

欧盟对水环境容量的定义更接近从水量角度研究水环境的水资源供给能力，类似的概念如"可持续利用水量"（sustainable utilization of water）、"可获得的水量"（available water resources）等。"可持续发展"（sustainable development）一词最早出现在 1969 年由

33 个非洲国家在国际自然保护联盟（International Union for Conservation of Nature，IUCN）签署的文件中。欧洲议会（European Parliament）和欧盟理事会（Council of the European Union）于 2013 年通过了《第七次环境行动计划》（The 7 th EAP），该计划针对集约化农业生产活动造成水环境污染负荷不断增加的问题，为进一步加强水资源保护提供了机会。

在过去的几十年中，欧洲许多地区的水资源管理主要集中在防洪、航运、确保农业和城市排水角度。如今，水资源管理更倾向于生态问题与自然过程。英国在制定有机污染指标及悬浮物排放标准时参考了稀释容量的概念。

（3）日本

日本早在 1958 年就开始实施《水质保护法》《工业污水限制法》等水质管理法律，主要以浓度控制为核心，但收效甚微。20 世纪 60 年代末，日本为了改善水和大气环境质量状况，提出了污染物排放总量控制，即把一定区域内的大气和水中的污染物总量控制在一定允许范围内，这个"允许限度"实质上就是环境容量。1973 年，日本批准了《濑户内海环境保护特别措施法》，提出 COD 总量概念，同时提出了制定污染物削减指导方针。1978 年开始，在东京湾、伊势湾、濑户内海等实施总量控制计划，首次以政府令的形式指定污染负荷削减项目。制定并实施总量控制的流域和地域由内阁总理大臣审定，并由其制定项目的削减目标量。

之后，日本环境省委托研究机构提出《1975 年环境容量计算法的研究调查》报告，使环境容量的应用逐渐得到推广，环境容量成为污染物总量控制的理论基础，逐渐形成了日本的环境总量控制制度。日本环境省于 1977 年提出了水质污染总量控制方法，与此同时法律规定的浓度标准继续使用，以 COD 为对象，开始了总量控制的工作。在采取总量控制的过程中，日本环境省、相关部门、地方公共团体携手合作，建立了总体协调机制，主要措施包括整治城市下水系统和独立式净化槽、提高污水处理效率、优先向水质总量减排重点地区提供补偿金等。

2.1.5.2　水环境承载力评估国内研究进展

我国与《水环境承载力评估技术指南》相类似的有关标准、文件主要包括《资源环境承载能力和国土空间开发适宜性评价技术规程》（DB36/T 1357—2020）、《水生态承载力评估技术指南（征求意见稿）》、《流域生态健康评估技术指南（试行）》、《河流水生态环境质量评价技术指南（试行）》等。其中，《资源环境承载能力和国土空间开发适宜性评价技术规程》重点关注国土空间开发的适宜性；《水生态承载力评估技术指南》目的在于通过生态承载力评估，科学量化流域或区域水生态系统对人类社会活动的承载状态；《流域生态健康评估技术指南（试行）》旨在从流域尺度进行生态环境现状调查、问题分析和综合评估，全面识别人类活动对流域生态系统的影响范围和程度，为流域生态环境保护和可持续发展提供技术支撑；《河流水生态环境质量评价技术指南（试行）》规定了河流水生态质量评价的河流类型，使用生物评价方法和评价标准、生境评价方法和评价标准、水质评价方法以及综合三要素的水生态质量综合评价方法，为河流水生态环境保护和可持续发展提供技术支撑。

2.2 水环境承载力预警研究进展

2.2.1 预警来源及其发展

"预警"一词首先运用在军事领域。通过预警雷达、飞机和卫星等工具来预先发觉、评估和分析敌人的攻击信号，对其威胁程度进行判断，为指挥部门提前做好应对策略提供参考。随着预警在军事领域的发展，人们逐步把预警思想转向民用领域。最早的预警监测发生在宏观经济领域，源于 1875 年英国经济学家 Jevons 提出关于经济周期的理论假说——气象说（Knedlik，2014）。1909 年，美国经济统计学家 Babson 提出关于美国宏观经济状况的第一个指示器——Babson 经济活动指数，并正式称对未来经济态势预测为"经济预警"。1917 年，以 H. M. Peasons 为代表的哈佛研究会运用 17 项景气指标研究美国经济发展趋势，开启了西方关于预警的研究（徐美，2013）。预警思想和预警方法出现在 20 世纪 40 年代初期。随着雷达系统的诞生，人们才正式提出了预警系统的科学概念。随着社会进步的需要，预警所具有的信息反馈机制进入现代经济、政治、医疗、灾变、治安等自然和社会领域（闫云平，2013）。

1975 年，全球环境监测系统（Global Environmental Monitoring Service，GEMS）建立，是预警发展到环境领域的标志（袁进春，1986）。国外在以河流为典型的流域水污染预警方面进行了一些相关研究。德国和奥地利联合开发的多瑙河流域水污染预警系统（Danube Accident Emergency Warning System，DAEWS）是水质预警的一个典型案例，提供了关于水特性突然变化的信息，例如偶然的河流污染事件，协助下游国家主管部门和用水者及时采取预防措施。该系统于 1997 年 4 月投入运行（Printer，1999），纳入了沿岸各国的警报中心，还纳入了各国的学术研究机构作为支撑；该系统建成后，在分析多瑙河流域水质趋势变化、保障周边水质安全方面发挥了巨大作用。另一个众所周知的水质预警系统是莱茵河的生物预警系统，由德国开发，除了具有现有的化学-物理监测功能，还能监测到日益增加的有毒物质。该系统涵盖了广泛的生物杀灭剂，在不同营养水平上进行了连续工作的生物测试，并得到了证明（Puzicha，1994）。同时，预警在其他领域也不断开拓。Plate（2008）以湄公河为例，按照联合国减灾行动方案进行洪水预警，并提出了相关政策建议；Dokas 等（2009）通过故障树分析法和模糊专家系统构建了垃圾填埋应急预警系统；Bouma 等（1999）构建了农业预警系统；土耳其构建了环境辐射污染监测预警系统（Küçükarslan et al.，2004）；这些都从不同角度对环境预警进行了开拓性研究。在这个过程中，生态环境预警理论不断完善，技术方法和手段不断更新和提高，形成了较为完整的概念体系和系统的操作方法。但整体上，环境承载力监测预警方面的研究还比较少见。

2.2.2　水环境承载力预警研究进展

对 Web of Science 和 CNKI 数据库有关论文的统计结果表明，中国是目前将预警应用到环境承载力研究中最多的国家，美国紧随其后，见图 2-3。在 Web of Science 中第一次发表预警研究论文是在 1992 年。从 2003 年之后，尤其是 2010 年之后，发文数量开始出现显著增加，这是因为近年来，国家在环境承载力预警方面出台了一系列指导政策，我国学者对环境承载力在预警方面的研究逐步深入。

对 CNKI 数据库水环境承载力预警发文数量的统计表明（见图 2-4），在 2010 年之后，水环境承载力预警相关论文数量开始增加。在研究机构方面，中国科学院大学是对环境承载力预警研究最多的机构，其中包括中国科学院地理科学与资源研究所，中国科学院大学资源与环境学院等机构。在高校方面，北京师范大学、河海大学等对预警在环境承载力领域的研究较多。水环境承载力预警领域在国内形成了曾维华、修新田、袁国华和赵海霞等的研究团队。其中曾维华团队的论文最多，合作者也最多。

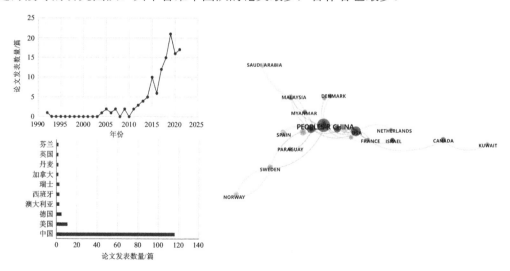

图 2-3　Web of Science 水环境承载力预警发文数量与国家分布

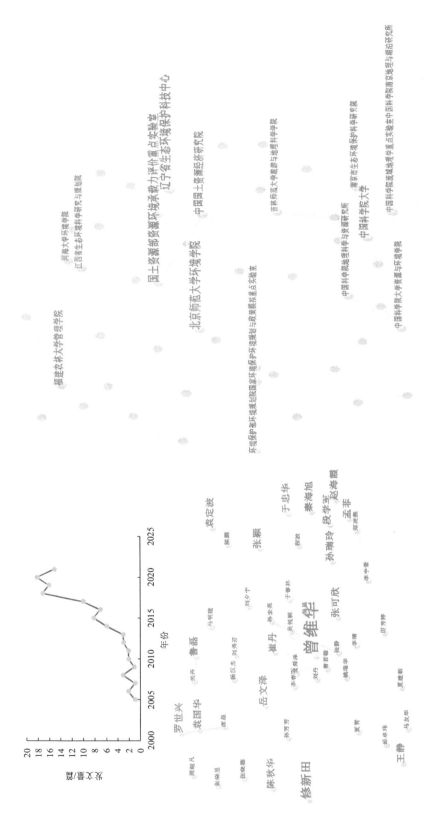

图 2-4　CNKI 数据库水环境承载力预警发文数量、机构分布与作者关系

近年来，随着我国生态文明建设不断推进，预警已经在环境领域得到了发展。CNKI 数据库的统计结果表明，预警在水环境承载力、资源环境承载力和旅游环境承载力方面的研究最多，见图 2-5。资源环境承载力方面的预警研究主要关注承载力的大小、评价。水环境承载力主要关注系统动力学和 BP 神经网络等方法的研究。旅游环境承载力关注的是预警系统、预警平台等技术方面的研究。

图 2-5　预警研究网络图

目前，针对水环境相关领域的预警研究主要集中于水资源短缺或水资源承载力预警、水环境容量或水质预警及水环境生态安全预警等，水环境承载力预警的研究相对较少。水资源短缺、水资源承载力预警方面，袁明（2010）运用人工神经网络模型，建立了区域水资源短缺预警模型；任永泰等（2011）构建了哈尔滨市水资源可持续利用预警指标体系（包括警源和警兆指标）；Li 等（2011）将水资源作为区域约束因子，构建了水资源承载力预警模型，对辽宁沿海经济带水环境承载力趋势进行模拟预测；Xu 等（2010）基于非线性动力学模型构建了预测模型，对济宁市水资源承载力进行预测；戴靓等（2012）以水资源约束下城镇开发阈值为依据，采用灰色预测模型对江苏省 13 个地级市的城镇开发安全进行状态、趋势和效应预警；李雨欣等（2021）采用时间序列预测的自回归滑动平均（ARMA）模型，对中国水资源承载力超载状态时空变化与趋势进行预警。在水环境容量或水质预警方面，Sim 等（2009）通过概率模型对水源污染进行预警；van Katwijk 等（2011）对印度尼西亚河流沉积与富营养化进行了预警指标的研究；王金南等（2013）基于 PSR 模型，评价长三角城市群水环境承载力，选择水环境容量为预警性指标，利用承载率对水环境进行预警；高丽云（2014）采用一维圣维南方程计算水流模型参数，通过 Street-Phelps 水质衰减公式和零维模型公式求解水环境容量，进而在此基础上分析水承载力并做出简单预警；Ding 等（2017）基于瞬时点源的二维水质模型及其安全性水质要求，提出了预警和预测模型，可以准确预测污染物的时空变化趋势；Jin 等（2019）通过集成用于水质变化预测的贝叶斯自回归（BAR）模型和用于水质异常检测的隔离森林（IF）算法，构建了开发框架，分析和检测美国西弗吉尼亚州波托马克河的地表水水质变化和异常，提了水质异常检测的准确性；Imani 等（2021）利用人工神经网络（ANN），对巴西圣保罗州 22 个流域的长达 17 年的水质数据集进行训练和测试，开发了一种新颖的应用程序来预测水环境质量演化趋势。在水环境生态安全预警方面，胡学峰（2006）利用层次分析法与综合判别法，对天津市水环境生态安全的现状进行评价及预警研究；韩奇等（2006）从社会经济系统、水资源与水环境系统以及二者相互联系的定量研究入手，建立社会经济-水安全系统动力学预警模型；谭立波等（2014）以辽河流域辽宁段内的三合屯、阿吉堡为研究区域，构建水环境质量等级与水环境综合影响指数之间的水环境预警模型，为确保流域水环境安全提供基础研究；王丽婧等（2016）构建了基于过程控制的流域水环境安全预警模型框架，设计了社会经济-土地利用-负荷排放-水动力水质（S-L-L-W）多个模块集。

　　尽管水环境承载力预警的相关研究起步较晚，然而近年随着国家一系列指导政策的出台，我国学者与相关部门对承载力预警高度重视，掀起了对承载力监测预警机制研究的热潮（段雪琴等，2019）。李海辰等（2016）认为承载力监测预警机制应包括监测层、预警层、决策层和反馈层；丁菊莺等（2019）认为监测预警机制应包含监测模块、方法体系模块、动态评价模块、预警模块和响应模块；金菊良等（2018）将预警过程进一步细分，分为影响因素识别及警度划分、警情根源分析、预警指标体系设计、承载力趋势预测评价及警度确定、调控及应对策略等 5 个环节。上述研究属于体制与机制研究的范畴，且大多只停留在定性分析阶段。崔丹等（2018）提出流域（区域）水环境承载力预警技术方法体系，包括明确警义、识别警源、预测警情、分析警兆、评判警情、界定警度与排除警情等 7 个阶段，并基于系统动力学构建了昆明市水环境承载力中长期预警技术体系。

　　预警方法的构建、指标的选择以及警度的划分是水环境承载力预警体系构建的关键。现阶段的预警主要分为黑色预警、黄色预警、红色预警、绿色预警与白色预警等。黑色预警法是通过对某一具有代表性的指标的时间序列变化规律进行分析预警，从系统序化的观点，确定代表性指标的警戒线，并与这些指标的现状、过去以及未来趋势进行对比，对现状预警进行评价，从而获得对策。黄色预警法是一种由因到果逐渐预警的过程，是目前最常用的预警分析方法，操作起来具体可分为以下 3 种：一是指标预警，这种方式是利用反映警情的一些指标来进行预警；二是统计预警，这种方式是对一系列反映警情的指标与警情之间的相关关系进行统计处理，然后根据计算得到的分数判断警情程度；三是模型预警，这种方式是在统计预警方式的基础上对预警进行进一步分析，实质是建立滞后模型进行回归预测分析，在形式上可以分为图形、表格、数学方程等。

在预警方法理论具体研究方面，中国科学院地理科学与资源研究所樊杰团队基于"短板原理"与"增长极限原则"，首次全面构建了国家层面资源环境承载能力监测预警综合评价理论体系与框架（支小军等，2020），并提出资源环境承载能力预警的目标是通过监测和评价各地区资源环境超载情况，诊断和预判各地区可持续发展状态，为限制性措施制定提供依据（樊杰等，2017，2015）。其核心内容是面向预警的综合评价，也是目前已开展的预警研究工作中广泛采用的预警思路，如广西北部湾经济区环境承载力预警系统研究（朱宇兵，2009）、广西陆海统筹中资源环境承载力监测预警（周伟等，2015）、四川省资源环境承载力预警（杨渺等，2017）、甘肃省资源环境承载力评估预警（陈晓雨婧，2019）等。但是承载力预警与评估是有本质区别的，预警是在对未来超载状态进行预判基础上，提前提出警告并及时采取排警措施，以避免严重损失。上述基于承载力的评价与预警不属于严格意义上的预警。也有学者根据警情的时间序列，采用自回归滑动平均模型（刘丹等，2019）、灰色模型（张乐勤，2019；鲁佳慧等，2019；史毅超等，2018；张国庆，2018；陈晨，2018；王艳艳等，2013）以及神经网络模型（陈文婷等，2021；曹若馨等，2021；徐美等，2020；胡荣祥等，2012）对未来趋势进行短期预测，或搭建系统动力学模型，结合经济社会发展的情景设计，进行承载力承载状态的中长期预警（薛敏等，2021；崔丹等，2018；高伟等，2018；崔海升，2014）。

预警指标应反映或影响承载力警情的变化，从明确警义到界定警度，都离不开预警指标。随着对环境承载力综合属性的不断认知，预警指标也逐渐从单一指标扩展为涉及社会、经济、资源、环境等多子系统的综合指标体系。缪萍萍等（2017）从河北省城市水环境纳污能力的角度出发，选取了水环境容量和污染排放量作为预警指标；刘丹等（2019）从水资源量和水环境容量两方面选取指标，并采用主成分分析确定预警指标；鲁佳慧等（2019）根据压力、状态、响应的关系，综合多方面因素，选取 20 个预警指标；史毅超等（2018）从水资源支撑、经济负荷、社会负荷和生态保护 4 个方面出发，并结合专家打分法，构建了包含 15 个指标的预警指标体系。车秀珍等（2015）在探讨建立深圳资源环境承载力监测预警机制时，提出设立资源环境承载力综合指数，构建集成土地、水环境、能源等承载力的监测评价指标体系。高小超（2012）从城市化子系统和水环境子系统角度构建了指标体系，进行了预警研究。薛洪岩（2020）通过对水环境承载力指标体系进行筛选，区分先行指标、一致指标和滞后指标，确定警兆和警情指标，以此为基础构建了武汉市水环境承载力预警指标体系。陈文婷等（2021）将预警指标按人口与经济、水资源、水环境与水生态 4 个子系统进行分类，构建了水环境承载力预警模型，预测了水环境综合承载力指数。但是上述大多研究并不明确承载力预警警义，而是以可持续发展状态综合评价指标替代承载力预警指标。承载力预警是承载状态预警，即对人类活动给生态环境系统带来的压力超过环境承载力的程度进行预警。解钰茜等（2019）分别从压力和承载力角度构建中国环境承载力预警指标体系，并采用时差相关分析法筛选出先行于承载状态的指标从而进行预警分析。曹若馨等（2021）从水环境容量承载状态和水资源承载状态两个方面选取了 13 个指标，构建了北运河流域水环境承载力预警指标体系。

警度界定及警限划分是实现及时、有效预警的关键。目前，警限划分的方法有控制图法，根据指标警度的隶属度、偏离度核算的划分方法，以及参考现有科学研究成果、国际（国家、地区）管理标准的校标法等。如崔丹等（2018）、解钰茜等（2019）、曹若馨等（2021）采用环境承载力超载状态临界值和控制图法相结合的方法确定警限，使被考察的指标值服从正态分布；史毅超等（2018）和陈晨（2018）通过模糊综合评判指标的预警等级隶属度进行警度划分；张乐勤（2019）运用偏离度模型，测算警情观测值与最优理想值的偏离指数，构建了"三类五级"分类预警体系；杨渺等（2017）根据已有研究成果，结合专家意见，将各指标得分值分为 5 个等级，分别对应 5 个预警级别；杨丽花等（2013）参考国际小康水平分别对 5 个预警指标的警限进行划分；陈晓雨婧（2019）在总结现有研究和文献资料的基础上，依据地方、国家和国际标准或准则对各单项预警指标进行警限阈值划分。

此外，随着我国对资源环境承载力的重视，近年各相关部委积极探索建立了各自的监测预警机制，出台了技术指导文件。国家发展改革委等 13 部委联合印发《关于印发〈资源环境承载能力监测预警技术方法（试行）〉的通知》（发改规划〔2016〕2043 号），阐述了资源环境承载能力监测预警的基本概念、技术流程、集成方法与类型划分等技术要点，但其核心是通过资源环境超载状态评价，对区域可持续发展状态进行预判，而不是在未来超载状态预判基础上，提出超载状态警告。图 2-6 为资源环境承载能力预警（2016 版）技术路线。

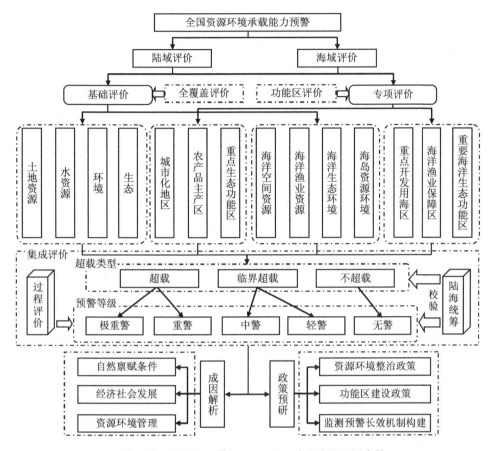

图 2-6　资源环境承载能力预警（2016 版）技术路线（樊杰等，2017）

　　水利部办公厅印发了《关于做好建立全国水资源承载能力监测预警机制工作的通知》（办资源〔2016〕57 号），并编制了《全国水资源承载能力监测预警技术大纲（修订稿）》，界定了水资源承载能力、承载负荷（压力）的核算方法及承载状况的评价方法，主要阐述了水资源承载能力评价的相关内容；而不是水资源承载能力监测预警技术方法。图 2-7 为水资源承载能力评价总体技术路线。

　　国土资源部办公厅印发的《国土资源环境承载力评价技术要求（试行）》（国土资厅函〔2016〕1213 号）中"土地部分"的土地综合承载力评价是在区域资源禀赋、生态条件和环境本底调查等基础上，通过识别国土开发的资源环境短板要素，开展综合限制性和适宜性评价，水资源承载指数和水环境质量指数仅作为综合承载能力评价的一部分；"地质部分"虽然提及了地下水资源承载能力预警，但本质是对自然单元地下水的水量（水位与控制水位或历史稳定水位）与水质（劣 V 类断面占比）的承载本底和承载状态的发展趋势进行分析及评价，也混淆了评价与预警。图 2-8 为国土资源环境承载力评价与监测预警（地质部分）技术路线。

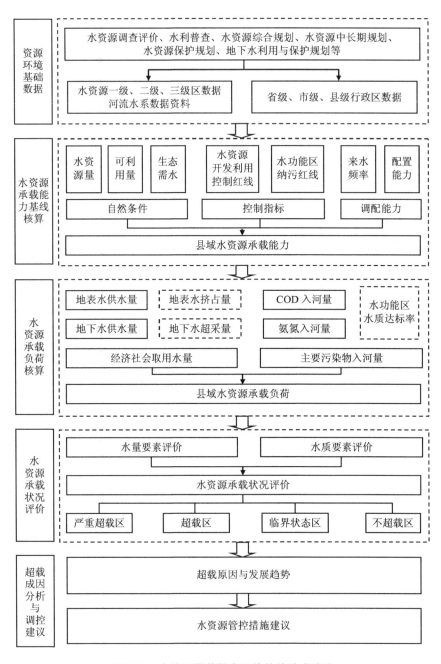

图2-7 水资源承载能力评价总体技术路线

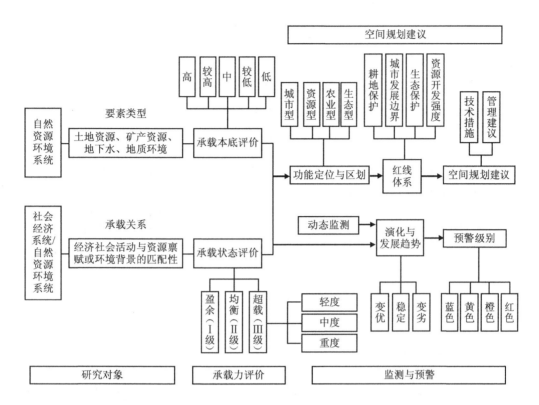

图 2-8 国土资源环境承载力评价与监测预警（地质部分）技术路线

国家海洋局发布的《海洋资源环境承载能力监测预警指标体系和技术方法指南》（以下简称《技术方法指南》）主要包括对现状超载状况的单要素及综合评价，对近 5 年或 5 年以上的二级指标评估结果开展趋势分析，并对具有显著恶化趋势的控制性指标进行预警，或采用灰色模型法对下一年度控制性指标的超载风险进行预警。尽管涉及了趋势分析与对显著恶化趋势指标的短期预测，但警义不清、不成体系，缺乏判别警兆、评判警情、界定警度与排除警情等，未能实现系统化的综合预警。图 2-9 为海洋资源环境承载能力评价与监测预警技术路线。

生态环境部为进一步加强区域水污染防治工作、建立水环境承载力监测预警长效机制，并支撑重点流域水生态环境保护"十四五"规划编制工作，组织编制了适用于县级以上行政区的《水环境承载力评价方法（试行）》。该评价方法提出了水质时间达标率、水质空间达标率两个评价指标以及所构造的综合承载力指数的计算方法和承载状态（超载、临界超载、未超载）判定标准，主要是通过水质达标情况反映水环境承载力超载情况，也未涉及水环境承载力预警相关内容。图 2-10 为水环境承载力评价方法技术路线。

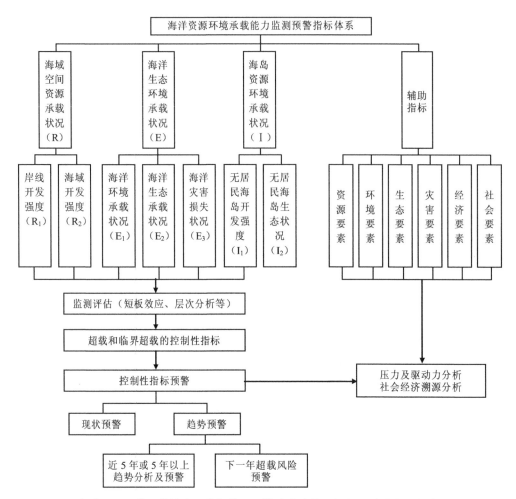

图 2-9　海洋资源环境承载能力评价与监测预警技术路线（根据《技术方法指南》绘制）

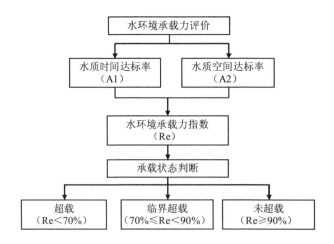

图 2-10　水环境承载力评价方法技术路线（根据《评价方法》绘制）

2.2.3　水环境承载力预警存在的问题

通过上述的研究进展可以看出，尽管国家对水环境承载力预警的重视日益加深，相关探索研究也逐步开展，但目前水环境承载力预警研究仍存在较多问题（曾维华等，2020）。

2.2.3.1　预警概念内涵不明确，很多"预警"仅停留在评价层面，缺乏对未来承载状态的预判

到目前为止，我国很多学者及相关部门已经广泛开展了资源环境承载力预警技术方法与机制研究，但是很多研究并没有从已有预警概念、内涵及理论方法入手，且受数据资料与技术方法限制，很多预警工作仍停留在现状评价层面，将预警与警情现状评价的概念相混淆，甚至借用水质评价法开展水环境承载力超载状态预警，缺乏对未来承载力承载状态的预判，更谈不上提前警告并根据预警结果进行排警措施的制定，没有实现真正意义上的预警。由于承载力预警内涵与警义不清，导致很多研究和相关指导性政策文件所建承载力"预警"指标体系大多借鉴可持续发展状态综合评价，无法判断是可持续发展状态（能力）评价，还是承载力超载风险预警。

2.2.3.2　尚未形成流域水环境承载力预警技术方法体系，缺乏系统性、综合性的流域水环境承载力预警研究

在党中央、国务院的倡导下，资源环境承载力预警工作已引起我国各级相关部门的高度重视，发改、国土、水利与海洋等相关部门都出台了资源环境承载力预警相关指导性政策文件，生态环境部只出台了基于水质达标情况的水环境承载力评价方法，尚未出台各要素的环境承载力预警指导性政策文件，流域水环境承载力预警技术方法体系与预警机制也在探讨之中。另外，现有流域水环境承载力预警研究主要集中在水资源和水环境方面，缺乏对水生态因素的考量，从"三水"（水资源、水环境与水生态）角度对流域水环境承载力进行系统性综合预警的研究较少。而流域水系统是包括水资源、水环境和水生态 3 个子系统的复合系统；流域水环境承载力是流域水系统在其结构不受破坏，可为人类生活、生产持续提供服务功能前提下，所能承受人类活动给其带来压力（包括水资源消耗与污水排放负荷等）的阈值，是水系统的自然属性。流域水环境承载力应包含水资源承载力、水环境容量与水生态承载力 3 个分量，是一个综合承载力概念。仅从水资源量短缺或水环境容量超载片面地界定警情，都无法全面客观地反映流域水系统的超载状态。

2.2.3.3 警限与警度划分的科学性与实用性有待加强，应充分考虑流域水环境承载力阈值与相关规划目标

从目前流域水环境承载力的相关研究成果来看，由于不同研究对警情指标（承载力的阈值或综合承载指标）的构建不同，警限划分与警度界定往往是基于流域本身水环境承载力预警结果的系统综合分析，或对标相关规划管理的目标，尚未形成一套兼顾普适性和地区差异性的划分方法。首先，流域水环境承载力预警样本只覆盖研究流域，无法涵盖全国乃至全球其他流域，不同警限和警度划分后的预警结果无法进行横向比较，由此导致预警结果有些偏颇。其次，流域水环境承载力概念内涵的核心是"阈值"，完全脱离阈值得到的超载状态只是相对的，对流域水环境集成规划管理的指导意义将大打折扣。最后，无论是流域水生态功能区与水环境功能区，还是国土空间规划中的主体功能区划，不同功能区水环境承载力约束力度不同，因此有必要兼顾流域不同功能分区的差异性，结合相应流域规划目标，科学划分警限、确定警区。

2.2.3.4 流域水环境承载力预警的实际应用价值有待进一步挖掘，要充分重视预警成果落地，真正在流域水生态环境管理工作中起到应有的作用

到目前为止，尽管承载力预警研究取得很大成效，但研究成果实践推广工作滞后，在实际规划管理中没有起到应有的作用。以承载力评估为例，无论是国土空间规划"双评价"中的资源环境承载力评价，还是面向城市水生态环境考核工作的城市水环境承载力评价，都由于承载力概念内涵混乱、评价指标体系庞杂，导致评价结果的可解释性与合理性大打折扣，无法起到其在规划管理中的应有作用。流域水环境承载力预警更是如此，短期（年度）预警如何与流域水环境日常管理或应急管理结合起来，通过对承载力超载状态进行预判，提出排警措施，减少由于超载带来的损失？中长期预警如何与流域中长期规划结合，为其提供依据？这些都是摆在我们面前需要解决的问题。由此可见，流域水环境承载力预警的实际应用价值有待进一步挖掘，要充分重视预警成果落地，使其真正在流域水生态环境管理工作中起到应有的作用。

为解决上述问题，本书将在明确流域水环境承载力预警内涵与思路的基础上，摒弃评估的思维方式，以预测为基础，提出预警思路与框架，并构建适用于不同流域水环境规划管理需求的水环境承载力预警方法体系。

第 3 章

水环境承载力动态评估与预警理论基础

3.1 相关概念内涵及其关系的解析

3.1.1 环境、资源与生态概念的解析

"环境"是指环绕某一中心事物的周围事物，是一个相对的概念，是针对某一特定主体或中心而言的。对不同的对象和科学学科来说，"环境"的内容也不同。"环境"是存在于系统之外的事物（物质、能量与信息）的总称，也可以说系统的所有外部事物就是环境。系统时刻处于环境之中，不断与环境进行物质、能量与信息的交换，环境变化必将对系统造成巨大影响。环境是一个更高级、更复杂的系统，系统与环境相互依存，在某些情况下环境会限制系统功能的发挥。

"资源"是一定地区内拥有的物力、财力、人力等各种物质要素的总称。广义的资源是指在一定时空条件下，能够产生经济价值、提高人类当前和未来福利水平的自然环境因素的总称；狭义的资源是指自然界中可以直接被人类在生产和生活中利用的自然物。资源是从人类可利用角度定义的，是一切可被人类开发和利用的客观存在，一般可分为经济资源与非经济资源两大类。经济学研究的经济资源不同于地理资源（非经济资源），它具有使用价值，可以被人类开发和利用。

"生态"（Eco-）一词源于古希腊语，意思是"家"（house）或者"我们的环境"。简单地说，"生态"就是一切生物的生存状态，以及它们之间和它们与环境之间环环相扣的关系。"生态"一词现在通常指生物的生活状态，指生物在一定的自然环境下生存和发展的状态，也指生物的生理特性和生活习性。生态学（Ecology）最早也是从研究生物个体开始产生的，它是研究动植物及其环境之间、动物与植物之间及其对生态系统的影响的

一门学科。生态学已经渗透到各个领域,"生态"一词涉及的范畴也越来越广:人们常常用"生态"来定义许多美好的事物,如健康的、美的、和谐的事物均可以"生态"修饰。不同文化背景的人对"生态"的定义会有所不同,多元的世界需要多元的文化,正如自然界的"生态"所追求的物种多样性一样,以此维持生态系统的平衡发展。

3.1.2 "生态环境"一词的来源

"生态环境"这个词在各种文献中出现的频率很高,但一直概念模糊、界定不明。关于我国"生态环境"一词用法的起源存在两种说法:一是王孟本在《"生态环境"概念的起源与内涵》中提及的,"生态环境"是 20 世纪 50 年代初期从俄文 экотоп 和英文 ecotope 概念翻译而来的,而学术界后来对该概念的译法规范为"生境(区)",其与常见的生态环境概念不同。二是认为"生态环境"从语源学上先有中文表达,后有外文译法,最早组合成为一个词需要追溯到 1982 年第五届全国人民代表大会第五次会议。会议在讨论《中华人民共和国宪法修改草案(1982 年)》和当年的政府工作报告(讨论稿)时均使用了当时比较流行的"保护生态平衡"的提法。黄秉维院士在讨论过程中指出平衡是动态的,自然界总是不断打破旧的平衡、建立新的平衡,所以用"保护生态平衡"不妥,应以"保护生态环境"替代"保护生态平衡"。会议接受了这一提法,最后形成了宪法第二十六条:"国家保护以及改善生活环境和生态环境,防治污染和其他公害。"政府工作报告也采用了相似的表述。

由于在宪法和政府工作报告中使用了这一提法,"生态环境"一词一直沿用至今。由于当时的宪法和政府工作报告都没有对名词做出解释,所以对其含义也一直争议至今。对于生态环境概念的争议主要集中在是将"生态环境"视为联合词组还是视为偏正词组,即究竟是"生态"与"环境"相并列还是视"生态"为"环境"的定语。1986 年,马世骏先生强调"生态环境不是生态学和环境学的加和而是融合,是传统污染环境研究向生态系统机理和复合生态关系研究的升华。"他指出"生态环境"一词中的"生态"是形容词,"环境"是名词。2003 年,黎祖交教授认为"生态环境"的提法无论从词组结构关系还是概念之间的逻辑关系来看都不科学。黄秉维院士在提出"生态环境"一词后查阅了大量的国外文献,发现国外学术界很少使用这一名词。在英文中"生态环境"没有与之对应的词,将其译为"ecological environment"容易引起误解,因此通常将"生态环境"译成外文时,只能改译为"生态与环境"。

钱正英院士等在 2005 年发表于《科技术语研究》的《建议逐步改正"生态环境建设"一词的提法》一文中,转述了黄秉维院士的看法,即"顾名思义,生态环境就是环境,污染和其他的环境问题都应该包括在内,不应该分开,所以我这个提法是错误的。"本书与黄秉维院士和钱正英院士等的观点一致,认为生态环境就是环境,这也是本书从水系统角度界定水环境承载力内涵,区分水环境承载力、水资源承载力和水生态承载力的理论基础。

总之，本书认为，从系统科学角度来看，"环境"总是相对于某一中心事物而言，围绕中心事物的外部空间、条件与状况，构成中心事物的环境。我们通常所说的"环境"是指人类的环境，即以人类为中心，围绕人类客观存在的物质世界中同人类、人类社会发展相互影响的所有因素的总和。"资源"是指人类在生产与生活中可以利用、相对集中的物质资料，是人类生产和生活资料的来源。"生态"是指一切人类的生存状态，以及与环境之间环环相扣的关系。因此，"资源"和"生态"是"环境"内涵中的一部分。

3.1.3 环境、资源与生态之间的关系

目前学术界对"环境"、"资源"与"生态"3 个概念间关系的认知有些混乱，针对其中之一的研究常常包括了另外两项。

"资源"和"环境"这两个词常常并列使用，但没有区分其关系和差别。有的学者认为"资源"包括"环境"，也有学者认为"环境"包括"资源"，致使两个词表述不清。本书认为，"资源"是指人类在生产与生活中可以利用、相对集中的物质资料，是人类生产和生活资料的来源。"环境"则是围绕人类客观存在的物质世界中同人类、人类社会发展相互影响的所有因素的总和。也就是说，"资源"是对人类有用的一种环境要素，是"环境"内涵中的一部分。

对于"生态"和"环境"的关系，国内外学者也常常探讨其含义。"生态"与"环境"的基本含义存在一定程度的区别："生态"偏重于生物方面或者关系方面，是以生物为中心的，且其定义中的环境是与生物有关的环境，从而在描述与生物有关的问题或在强调生物之间的相互关系时，往往使用"生态"一词；而"环境"一词更多地针对人类的周围环境而言，是以人类为中心的，从而在偏重于描述与人类有关的污染问题时，往往使用"环境"一词。由此可见，"生态"与"环境"既相互联系又有所区别，"生态"偏重于生物与其周边环境的相互关系，更多地体现系统性、整体性和关联性，而"环境"更强调以人类生存发展为中心的外部因素。

对于"生态环境"这一词，有的学者认为"生态"和"环境"是并列的关系，也有学者认为"生态"和"环境"是偏正的关系，即"生态"包括"环境"或"环境"包括"生态"。本书认为，并列关系是不成立的。从英语的词源来说，英文中有 3 个词描述环境，即 environmentology（环境学）、environment（环境）、environmental（与环境有关的）。但是描述生态的只有两个词，即 ecology（生态学）和 ecological（有关生态的）。也就是说，没有专门表示"生态"含义的英语名词与 environment（环境）对应。因此，将"生态"和"环境"并列是说不通的。从两者的定义来说，"生态"是生物与环境、生命个体与整体间的一种相互作用关系，落脚点在"关系"上，这个"关系"连接的是"环境"和"生物"这两个客体，从这个意义上来说，将"关系"和"客体"归结为并列关系显然是说不通的。

而偏正关系是可以接受的。"环境"是围绕人类客观存在的物质世界中同人类、人类社会发展相互影响的所有因素的总和。这里的"因素"可分为多种类别：涉及社会，这种环境就是社会环境；涉及经济，这种环境就是经济环境；涉及地理，这种环境就是地理环境；涉及生态，这种环境就是生态环境。"生态环境"强调生态关系，只有具有一定生态关系构成的系统整体才能称为"生态环境"。因此，本书认为"生态环境"是偏正关系，是"环境"内涵中的一部分，"生态"描述的是"环境"的一种功能，是功能性的定语。应该说，环境是包括人在内的生命有机体的环境，是有生物网络、有生命活力、有进化过程、有人类影响的环境。

总的来说，目前学术界对于"环境"、"资源"与"生态"3个概念间关系的认知有些混乱，针对其中之一的研究常常包括了另外两项。本书认为环境是以人为中心、客观存在的物质世界中同人类、人类社会发展相互影响的所有因素的总和；"资源"是指人类在生产与生活中可以利用、相对集中的物质资料，是人类生产和生活资料的来源；"生态"是指一切人类的生存状态，以及与环境之间环环相扣的关系。也就是说，"资源"和"生态"是对人类有用的环境要素，是"环境"内涵中的一部分。

尽管环境科学是一门问题导向的学科，其形成之初更关心的是环境污染问题，即狭义的环境保护问题，但随着环境科学研究的不断深入，其外延也在不断拓展，已不仅仅局限于环境污染问题。本书研究的水环境不是狭义的水环境概念，即只涵盖水环境质量，而是针对人类赖以生存的水系统而言的，是以人为中心、为人类生活与生产提供支撑、影响人类生存发展的水系统的水环境，是广义的水环境概念，既涵盖水环境质量，又包括水资源与水生态。这也符合在20世纪80年代末、90年代初提出环境承载力概念的初衷。

目前学术界从系统科学的角度来理解"资源"、"环境"与"生态"之间的关系，提出了系统生态范式（System Ecology Paradigm，SEP）这一新概念。系统生态范式（SEP）由 Woodmansee 在 *Natural Resource Management Reimagined* 一书中提出。系统生态范式在理解资源、环境、生态和社会挑战并提出解决方案方面具有重要的价值。一方面，系统生态范式是为了更严谨地研究生态系统而开发的整体、系统的观点和方法；另一方面，系统生态范式运用大量的生态系统方法，是系统方法论的生态系统科学应用。

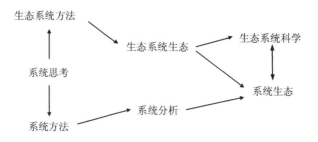

图 3-1　SEP 中涉及的思维过程和概念的关系

"生态系统"一词最早由 A. G. Tansley 用来定义"特定类别的物理系统，由处于相对稳定平衡、开放且大小和种类各异的有机体和无机成分组成"，Tansley 认为人类是影响环境的行为者，他暗示了生物物理系统和人之间的互惠关系。E. P. Odum 将这一概念扩展为意味着生物群落通过系统的营养结构、生物多样性和过程连接来控制能量和质量的流动，从而与物理环境相互作用。直到最近，对"无人"生态系统的研究一直是了解生态系统结构和功能的主要基础。Van Dyne 组织了一场名为"自然资源管理中的生态系统概念"的研讨会，他和其他著名生态学家在研讨会上进一步扩展了该概念在牧场、森林、野生动物和流域管理中的重要性，并指出人是其中的一部分的"生态系统"。

SEP 将人类作为生态系统的组成部分，并强调具有重要社会相关性的问题，如牧场、林地、农业生态系统管理、生物多样性和全球变化影响。SEP 方法能够解决从地方到全球社会面临的环境和自然资源挑战，其关键要素是自然生态与社会系统的整体视角、系统思维以及应用于现实世界、复杂的环境和自然资源问题的生态系统方法。

图 3-2 描绘了在生态系统背景下，人和社区（社会）与生物物理组分和过程相互作用（土地、水和空气）的关系。在生态系统边界内，人们为生态系统服务而管理生物物理系统（土地和水），从中获得产品（供应服务，包括食物、纤维、木材和其他建筑材料），生物物理系统提供调节服务（包括水和空气净化、有害化学物质的降解等）以及支持服务（包括土壤形成、养分循环和初级生产）。人从中获得包括娱乐享受等在内的文化服务。

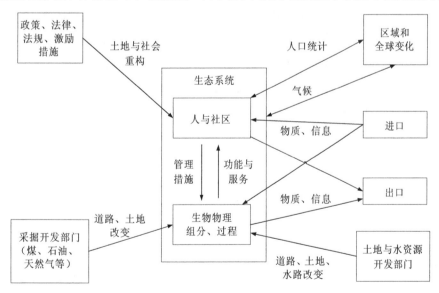

图 3-2 生态系统——在生态系统背景下，人和社区（社会）与生物物理组分和过程相互作用（土地、水和空气）的关系

3.1.4 环境承载力相关概念的对比分析

环境承载力这一概念是由承载力概念派生而来的。承载力概念最早来自力学，本身是一个力学概念，是指物体在不产生任何破坏时的最大载荷。环境承载力概念描述了环境系统支持人类活动的阈值，表达了环境系统由时间、空间和人类社会经济活动所决定的功能。环境承载力是环境系统功能的外在表现，即环境系统具有依靠能流、物流和负熵流来维持自身的稳态，有限地抵抗人类系统的干扰并重新调整自组织形式的能力。环境承载力是描述环境状态的重要参量之一，即某一时刻的环境状态不仅与其自身的运动状态有关，还与人类作用有关。环境承载力既不是一个纯粹描述自然环境特征的量，也不是一个描述人类社会的量，它反映了人类与环境相互作用的界面特征，是研究环境与经济是否协调发展的一个重要判据。

选择 Web of Science 核心合集作为英文文献的统计来源，设置检索条件 TS=（"environmental" or "ecological" or "resource"）AND（carrying capacity）语种：（English）AND 文献类型：（Article），时间跨度为 1990—2021 年，共检索出 4 603 篇英文文献。对 4 603 篇英文文献的年度发文量进行初步统计分析（见图 3-3），可以看到，1997—2021 年总体呈上升趋势，1997—2005 年呈现平稳波动特征，这期间年发文量较为稳定；2006—2016 年，年发文量呈稳定增长趋势，在这一阶段增长较为稳定；2017—2021 年，年发文量呈快速上升趋势，表明近几年承载力领域研究受到国内外学者的关注较多。对 4 603 篇英文文献的领域进行分析（见图 3-4），可以看到 Ecology 领域的文献最多，为 1 889 篇，其次是 Environmental Sciences 领域，为 1 674 篇，还可以看到，对承载力的研究主要集中在生态学、环境科学、地球系统科学等领域。对检索的英文文献的关键词进行分析（见图 3-5），英文文献关键词最大的关键节点为 "carrying capacity"，与之相关的是 "model" "systems" "dynamics" "China"。由此可见，英文文献研究偏向于承载力的方法学研究层面，主要研究其评价的机制、模型等，且中国的研究较多。

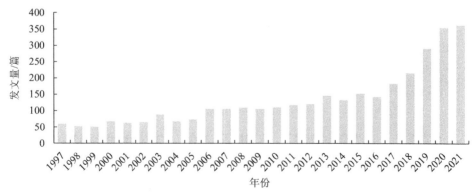

图 3-3　1997—2021 年 Web of Science 发文量年度变化

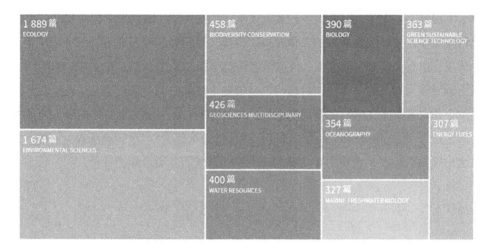

图 3-4　Web of Science 研究领域分析

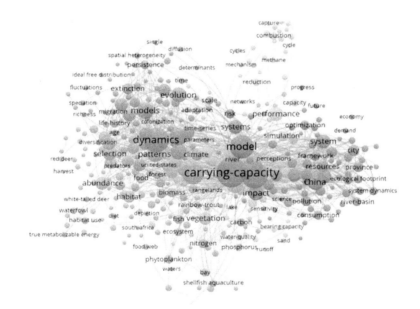

图 3-5　Web of Science 发文关键词分析

选择 CNKI 作为中文文献的统计来源，在高级检索中将主题设定为含"环境"、"资源"或"生态"，并含"承载力"，时间跨度为 1990—2021 年，共检索出 4 389 篇文献。对 4 389篇中文文献的年度统计分析（见图 3-6），可以看到，1990—2000 年，发文量较少且增长缓慢，主要原因是 1990 年后承载力研究在我国处于起步阶段，发展较缓；2000—2010 年，年发文量呈快速增长趋势，年发文量由不足 30 篇增长至超过 300 篇；2010—2021 年，年发文量呈先下降后平稳增长趋势，尤其近几年，年发文量稳定在 200～300 篇。对中文文献的发文机构进行分析（见图 3-7），排名前十的单位分别为中国科学院地理科学与资源研究所、北京师范大学、中国科学院大学、河海大学、北京大学、兰州大学、南京大学、西北师范大学和西北农林科技大学，大多数为北方的大学及科研机构，这可能与我国北方资源环境压力更大、人地矛盾更突出有关。对中文文献的发文学者进行分析（见图3-8），发文量较多的均为国内在承载力领域较为知名的学者，如封志明、金菊良、曾维华、刘景双等人，且他们之间存在着广泛的合作。对中文文献的关键词进行分析（见图3-9），中文文献关键词最大的关键节点为"生态足迹"，与之相关度较大的关键词有"水资源承载力""水环境承载力"等；此外，各地方名出现次数较多，表明中文文献偏向于不同区域的各类承载力评价。

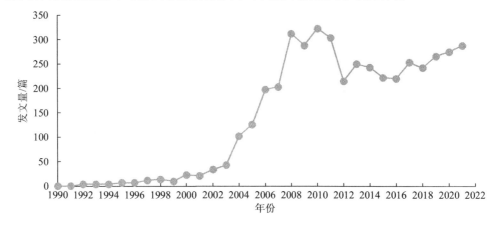

图 3-6　CNKI 发文量年度变化

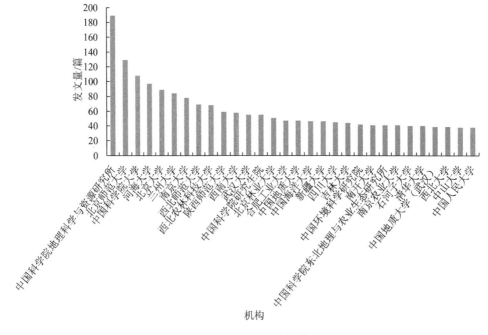

图 3-7　CNKI 发文机构分析

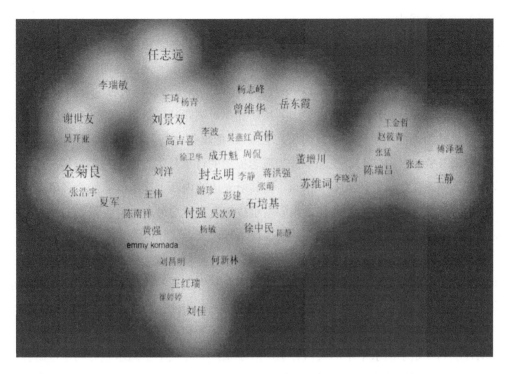

图 3-8　CNKI 发文学者分析

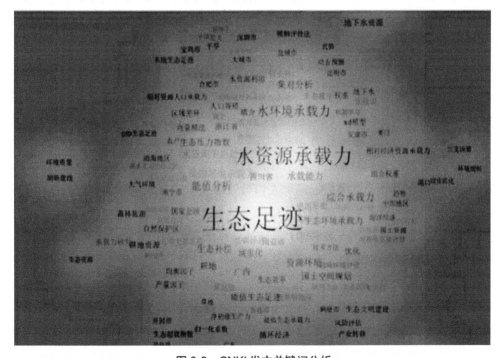

图 3-9　CNKI 发文关键词分析

（1）生态承载力

在承载力的众多衍生概念中，生态学领域的承载力即生态承载力（Ecological Carrying Capacity，ECC）较早受到关注。1920 年，Hawden 与 Palmer 两人确切阐述生态承载力的概念，即指"在不被破坏的情况下，一个牧场特定时期内所能支持放牧的存栏量"。该定义基于 Hawden 和 Palmer 于 1922 年在美国阿拉斯加州对驯鹿种群数量变化的观察研究。Odum 进一步将承载力表征为"种群数量增长之上限"，把承载力概念和逻辑斯谛（Logistic）方程联系起来（Young，1998）。生态承载力概念提出的背景是生态或生态系统被破坏。尽管生态承载力概念在定义表述上不尽相同，但其所表达的内涵大同小异。综合各家之言，生态承载力可定义为特定栖息地所能最大限度承载某个物种的最大种群数量（maximum），且不对所依赖的生态系统构成长期破坏并减少该物种未来承载相应数量的能力。

发展至今，生态承载力已经成为对资源承载力、环境承载力的拓展与完善。目前，生态承载力的研究内容和范围已远远超出承载力概念产生之初的种群生态学领域，其内涵更丰富、更系统、更复杂，研究内容兼顾资源、环境、生态和社会经济等方面。高吉喜（2001）定义生态承载力为生态系统自维持、自调节能力，资源和环境承载能力及其能够维育的人类活动强度和一定生活水平下的人口数量。近年来，国外关于生态承载力的定量研究主要通过生态足迹法测算并比较生态足迹与生态承载力（刘子刚等，2011）。我国对生态承载力的研究始于 20 世纪 90 年代初，王家骥等（2000）认为生态承载力体现了自然系统的自我调节能力，地球上不同层级的自然系统都具有维持自身生态平衡的功能，其原因在于生物是系统功能的核心，而生物具有适应周边环境变化的功能，这种生物适应性源于其个体在演化过程中与环境互相作用产生的结果。杨志峰等（2005）在生态承载力研究中引入了生态系统健康概念，并提出生态承载力是生态系统在自身健康的前提下维持服务功能的潜在能力。生态承载力研究已成为承载力相关研究的前沿（付会，2009）。

（2）资源承载力与环境承载力

承载力概念提出一个世纪后，承载体依旧为自然系统，但是当承载的研究对象由生物体或者自然系统上升到人类后，基于人口与资源关系的资源承载力概念就应运而生，其突出代表是土地（资源）承载力和水资源承载力。资源承载力是指本地能源、资源在一定条件（技术、经济、生活水平等）下所能持续承载的人口数量（贾嵘等，2000）。美国学者 William Vogt 首先明确了土地承载力概念，即土地为人类提供食物和住所的能力，其大小取决于土地生产潜力（罗贞礼，2005）。20 世纪 80 年代末期，中国科学院自然资源综合考察委员会牵头开展了"中国土地资源生产能力及人口承载量研究"，认为我国土地理论的最高人口承载量可能是 15 亿～16 亿人，并且在相当长的时间内会处于临界状态。与"资源承载力"概念较为接近的一个专业术语是"人口承载力"（Human Carrying Capacity）。就水资源承载力而言，"Water Carrying Capacity"这一术语最早出现在 1886 年《灌溉发展》（*Irrigation Development*）一书中，是指美国加利福尼亚州 Sacramento 与 San Joaquin 两条河流的最大水量。确切地讲，这还是停留在承载力的概念借用层面，类似用法还有关于岩层持水能力的描述。

一般地，资源环境承载力被认为是对资源承载力、环境容量、生态承载力等概念与内涵的集成表达（樊杰等，2015）。资源环境承载力研究是关注地球系统内的人-资源-环境等问题，即资源环境对人的"最大负荷"问题。一般认为资源环境承载力是从分类到综合的资源承载力与环境承载力（容量）的统称（封志明等，2017）。如有学者认为"一个包括大气资源、水资源、土地资源、海洋生物以及大气环境、水环境稀释自净能力等方面综合因素的环境承载力可称为资源与环境综合承载力"（刘殿生，1995）。因此，资源环境承载力是一个涵盖资源和环境要素的综合承载力概念已成共识。资源环境承载力作为社会和自然环境平衡发展的重要依据之一，将社会环境和经济系统相互衔接。在现有的评价体系中，承载力在资源环境领域存在多种局限，例如，承载力的概念内涵不统一、评价尺度多样性等（董文等，2011）。另外，现有的承载力评价方法多样，难以科学量化，且缺乏系统总结和科学体系，承载力体系存在评价指标不系统、不统一、不全面的问题（张向武等，2022）。对承载力未建立科学系统的评价体系，因此承载力的应用滞后于国家政策导向和基础应用，从而对承载力理论的完善和方法的创新起到了阻碍作用。对资源环境领域承载力的研究不仅对区域资源环境禀赋具有认知作用，还对国土空间的分区管控和合理规划具有协调作用。《全国国土规划纲要（2016—2030 年）》规定以国土集聚开发、分类分级保护和综合整治为主要内容，针对各区域差异条件进行空间划分，根据各地区资源环境条件因地制宜引导人口和产业集中合理布局，依据资源环境承载压力进行分类分级管控和协调，对国土利用效率低下区域进行国土综合整治，为实现国土空间开发保护、空间布局优化和国土空间的优化协调可持续发展服务。

（3）环境承载力

环境承载力的雏形最初于 1968 年由日本学者提出（洪阳等，1998）。环境承载力的定义当前也尚无统一的规定。近 20 年来，这一概念被广泛应用，1991 年福建湄洲湾环境规划研究报告开启了环境承载力在我国的应用研究（曾维华等，1998；曾维华等，1991）。2002 年，美国环境保护局（USEPA）开展了湖泊及镇区环境承载力研究，从承载力视角提出改善水质的建议。刘仁志等（2009）提出环境支持能力不仅包含资源供给和环境纳污，还应包括生态服务等方面，拓展了环境承载力的内涵和研究范围。曾维华等在 1991 年发表的《人口、资源与环境协调发展关键问题之一——环境承载力研究》一文中给出了较严格的环境承载力概念，即"在某一时期、某种状态或条件下，某地区的环境所能承受人类活动作用的阈值"；并建立了环境承载力的矢量表征方法与矢量评价模型，以及基于多目标优化的适度人口与经济规模（表征人类活动作用阈值）的概念模型。这里，"某种状态"或"条件"是指现实的或拟定的环境结构不发生明显改变的前提条件,"所能承受"是指不影响环境系统发挥正常功能为前提。环境承载力概念内涵被拓展,不仅涉及环境污染问题,还包括资源与生态问题,是广义环境承载力概念,而环境容量则可理解为狭义环境承载力。目前,国内外有关环境承载力的研究热点为环境承载力概念和理论体系、环境承载力的影响因素及提高环境承载力的有效途径,环境承载力评价方法体系包括评价指标体系的选取、建立表征环境承载力的数学模型及定量化研究。但是由于环境承载力本身的复杂性和影响因素的多样性,人们对环境承载力概念的界定尚处于"百花齐放""百家争鸣"阶段,这严重限制了环境承载力研究的进展。

通过环境承载力相关概念对比分析,本书要研究的主要承载力是环境承载力,而并非生态环境承载力、资源(与)环境承载力。原因如下:

"资源环境"这个词在各种文献中出现的频率很高,"资源"和"环境"常常并列使用,但没有区分其关系和差别。有的学者认为"资源"包括"环境",也有学者认为"环境"包括"资源",致使两个词表述不清。"资源"是指人类在生产与生活中可以利用、相对集中的物质资料,是人类生产和生活资料的来源。"环境"则是客观存在的物质世界中同人类、人类社会发展相互影响的所有因素的总和。也就是说,"资源"是对人类有用的一种环境要素,是"环境"内涵的一部分。

"生态环境"这个词在各种文献中出现的频率也很高,但一直是概念模糊、界定不明的状态。国内外学者也常常探讨其含义:究竟是并列关系,表述"生态和环境",还是偏正关系,表述"生态的环境"。并列关系是不成立的,从两者的定义来说,生态是生物体的生存状态,及其与环境、生命个体与整体的一种相互作用关系,落脚点在"关系"上,这个"关系"连接的是"环境"和"生物"这两个客体,从这个意义上说,将"生存状态"、"关系"和"客体"归结为并列关系显然是说不通的。

环境承载力源于生态学中的承载力与土地承载力以及环境容量的概念。1974年A. Bruce Bishop于《区域环境管理中的承载力》一书中指出:"环境承载力表明在维持一个可以接受的生活水平前提下,一个区域所能永久地承载的人类活动的强烈程度"(毛汉英等,2001)。环境承载力主要分为广义环境承载力与狭义环境承载力,自20世纪80年代末、90年代初,"湄洲湾新经济开发区环境污染控制规划"课题提出"环境承载力"以来(曾维华等,1998,1991),环境承载力概念内涵被拓展,不仅包括资源承载力,还包括环境纳污能力(即环境容量)等,这可以理解为广义环境承载力。狭义环境承载力仅指"环境容量",即在保证环境可被持续利用的条件下,在人口增长、社会经济发展下,通过自身调节净化不超过环境系统弹性限度内的上限阈值(杨艳等,2018;吴国栋等,2017)。选择广义环境承载力概念使本书中的环境承载力概念内涵更科学且逻辑更清楚,构建环境承载力概念体系,广义环境包括资源、环境与生态,广义环境承载力包括资源承载力、环境容量与生态承载力3个分量。

3.2　水系统的组成结构

3.2.1　水系统的概念及其内涵

按照系统科学的观点，宇宙万物虽千差万别，但均以系统的形式存在和演变（曾维华等，2011；苗东升，1990）。从系统的观点考察水环境问题，可知水环境问题不是孤立的水体污染、水土流失、河道淤积等问题，而是自然、经济、社会诸多过程的统一体现；水环境的变化是社会经济和工程技术一体运作的结果。因此，不可能脱离社会、经济和环境因素孤立地去研究水环境系统。《水文基本术语和符号标准》（GB/T 50095—2014）中界定水环境是指围绕人群空间及可直接或间接影响人类生活和发展的水体，其正常功能的各种自然因素和有关的社会因素的总体。国外对水环境概念的定义也是逐渐从狭义的水体污染拓展到基于广义环境观的"生态系统中的水"的概念。比如在日本（片冈直树等，2005），定义"河川环境"为包括水量、水质、生态、人类活动的自然场所、景观、水文化等多方面的自然、社会、经济要素的复杂系统。

综合考虑人类学的环境观和生态学的环境观，即以人为主体，同时兼顾对生物的保护，那么水环境的主体应是以人为核心的生命系统；作为与之对应的客体，水环境就是与人类经济社会活动和生物生存有关的"水的空间存在"。因此，广义的水环境是围绕人群空间、直接或者间接影响人类生活和社会发展的水体的全部，是与水体有反馈作用的各种自然要素和社会要素的总和，是具有自然和社会双重属性的空间系统。这样定义的水环境系统是一个复杂巨系统，其每一个动态变化都伴随大量的物质、能量和信息的传递和交换。从系统科学的研究成果可以发现，对于此类系统的研究，仅靠分析个别的现象与局部的规律是远不足以达到理想目标的，而应该站在系统整体的高度，运用系统科学的理论和方法，从系统的组成机理入手，在本质上把握水环境复合系统发展演化的机制，才能为水环境承载力的研究提供理论基础。

在水环境的概念中，有一个问题需要辨析，就是水资源、水环境与水生态的关系（曾维华等，2017）。水资源、水环境和水生态是从不同角度对水的理解和定义。从科学的真实性而言，它们的主体是一致的，即水体；它们的内涵也有相当大的一部分内容是重叠的，如水量和水质。但是如果从不同的角度去看，三者之间的关系将有所不同（崔丹等，2018）。从资源的角度来看，水资源重点强调在一定技术条件下，自然界的水对人类社会的有用性或有使用价值。这里所指"有用"主要是经济学上的有用。基于这样的角度，狭义的水环境因为有用而成为一种资源，水环境也因此成为水资源的一部分。水环境的状态恶化会使其作为资源的价值下降甚至消失，这是水环境改变资源的一个重要方面。

从环境的角度来看，水环境是供人类和生物生存的水的空间存在，即生存环境，此时，水资源是水环境的一部分。水资源条件不同，给予人类的生存环境也就不同；随着社会生产水平的提高，对资源的开发利用能力提高，生存环境也将随之得到改善。生存环境改善的同时也造成自然资源的一些不利变化，如水资源的短缺和污染问题。如果从生存环境去看水资源、水环境和水生态的关系，水资源对人类社会的物质贡献是来源于水环境和水生态的，水资源开发利用是改变水环境和水生态的一个重要方面。

系统方法（system approach）意为系统的处理方法、系统的研究方法或系统的解决方法；系统分析（system analysis）包括分析系统的结构和功能、研究环境对系统的影响等（曾维华等，2011）。即以水环境的整体为研究对象，注重各部分间的关系和相互作用，并将各部分综合，用低层次现象解释高层次规律。水环境系统中各要素相互作用、相互影响，关系复杂。水环境问题又与经济发展、人类生活和公众政策之间存在高度复杂的联系，这样的复杂问题就需要用综合的、整体的系统分析方法进行解决，综合考虑水环境系统的结构与功能，系统分析影响水环境系统的各关键因素，同时考虑水环境与可持续发展的关系。

3.2.2　水系统的构成要素

水系统可划分为社会经济子系统、水资源子系统、水环境子系统和水生态子系统，是相互促进、相互制约而构成的具有特定结构和功能的，开放的、动态的和循环的复合系统（见图 3-10）。

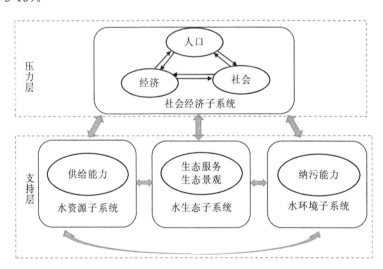

图 3-10　水系统构成示意图

（1）水资源子系统

资源是人类生存和发展的物质基础，具有客观存在性。水资源是众多资源中最不可或缺的重要资源。水是生命之源，是生物生存不可缺少的物质之一，是人类社会发展、生物进化的宝贵资源。水是自然界中最活跃的因子，又是生态系统联系的载体。地球上所发生的一切生态过程（物理的、化学的、生物的）都离不开水的参与。生态系统的平衡，营养物质的循环，土地利用的性质、方向以及各种资源的利用均与水有密切关系。

水资源子系统既是水系统的基本组成要素，又是社会经济子系统和水生态子系统、水环境子系统存在和发展的支持条件；水资源子系统的承载状况对区域的发展起着重要的作用，水资源状况的变化往往导致区域环境的变化、土地利用和土地覆被的改变、社会经济发展方式的变化等。

（2）水环境子系统

环境是人类赖以生存的场所，环境包括自然环境和社会环境。水环境的主要特征是具有自净化能力，即水环境在接纳社会生产、生活排放的各种污染物质后，能够通过自身复杂的物理、化学和生物过程将污染物变成无害或低害物质，以减轻其对环境和人体健康的危害。但水环境的自净化能力又是有限的，也就是说，水环境的承载力是有限的。水环境的承载力是水环境功能的外在表现，即水环境子系统依靠能流、物流和负熵流来维持自身的稳态，有限地抵抗社会经济子系统的干扰并重新调整自组织形式，但当超出其容量限制时，环境就会遭到破坏。

（3）水生态子系统

水生态子系统的组成要素有水生微生物、植被与动物等，水生态子系统与各子系统之间物质、能量和信息的交流不断地协同进化。当社会经济子系统发生变化时，会通过耦合作用机制将压力传到水生态子系统。只要压力不超过水生态子系统的弹力限度，水生态子系统就能发挥自我维持和自我调节作用，使得水生态子系统与周围环境形成一个新的动态平衡。随着知识技能的不断积累，人类能够通过提高科技水平、完善机制体制等不断使复合水生态系统的结构和功能得到优化，从而使水生态承载力不断提高。水生态子系统是复合水系统的重要组成部分，是社会经济子系统发展的重要支撑条件，水生态的好坏是衡量水系统协调与非协调的重要指标，水生态子系统的健康与否影响社会经济是否可持续发展。

（4）社会经济子系统

社会经济子系统是人类利用水资源子系统、水环境子系统和水生态子系统提供的资源进行物质资料生产、流通、分配和消费活动的系统，其主要功能是保证物质商品的生产满足人类的物质生活需要。社会经济子系统是水系统的核心，社会经济发展是人类社会永恒的追求，只有经济发展才能使人类摆脱贫困，而且经济发展又是解决资源和环境问题的根本手段，可以为水环境保护和水资源开发提供资金和技术支持。

社会经济子系统是水系统的最终发展目的，也是该系统的压力层；社会经济子系统的发展动力来源于水资源子系统、水环境子系统和水生态子系统，该子系统的发展状况反过来影响水资源子系统、水环境子系统和水生态子系统的承载力。

水环境复合系统的各子系统之间存在相互作用关系，一是某子系统的发展对其他子系统的发展起促进和保障等正作用关系，二是某子系统的发展对其他子系统的发展起阻碍等负作用关系，这两种作用关系决定着系统的发展状况。根据系统发展的态势，可以将复合系统分为良性循环型复合系统、恶性循环型复合系统和过渡型复合系统。良性循环型复合系统就是各子系统间相互促进，从而实现复合系统整体目标最优，这也是水环境承载力所支撑的经济社会发展的最终目标。

3.2.3　水系统的结构与功能

系统与外部环境相互作用过程中所反映的系统具有的能力称作系统功能。它体现系统与外部环境之间物质、能量与信息的输入与输出转换关系。系统结构说明系统内部状态与内部作用，而系统功能说明系统的外部状态与外部作用。结构是"组成的秩序"，"内部描述本质上是结构的描述"；功能是"过程的秩序"，"外部描述本质上是功能的描述"。系统功能对结构具有相对独立性与绝对依赖性：系统功能是系统内部固有能力的外部表现，是由系统内部结构决定的；系统功能并非机械地依赖于系统结构，具有相对独立性；系统功能的发挥受外部环境制约。

结构是功能的内在依据，功能是要素与结构的外在表现。一定结构总是表现一定功能，一定功能总是由一定结构系统决定的。系统结构决定系统功能，因为结构使系统成了不同于其诸要素的新系统，要素间的协同与约束是由系统赋予的。正是由于系统存在某种结构，它对外表现一种不同于其组成各要素的新质。结构与功能不是一一对应的，不同结构可以表现出相同功能（异构同功）；功能对结构不仅具有相对独立性，还对结构具有一定反作用。因此，结构能够决定功能，功能对结构有反作用，它们相互作用而又相互转化。

组成水系统的各部分、各要素在空间上的配置和联系称为水系统的结构，它是描述系统有序性和基本格局的宏观概念。水系统中的水资源、水环境、水生态、经济生产部门、人口、科技、制度等要素之间相互影响、相互作用，构成水资源、水环境、水生态和社会经济各子系统的结构。水资源子系统、水环境子系统和水生态子系统是水环境复合系统的基础，它们为社会经济子系统提供可利用资源、生态需求；同时，还要承担社会经济子系统的生产废水、生活垃圾造成的水环境污染。社会经济子系统是整个水环境复合系统的核心，它不仅为人类提供经济收入和消费输出，还为保护和修复水生态子系统与水环境子系统提供资金保障。4 个子系统密不可分，在一定的管理与监控下，形成一种有序而相对稳定的结构。

水系统的功能就是水系统内部各子系统以及各元素结合起来以后达到的共同目的，也是人类社会发展对水系统提出的要求。水作为一种特殊的生态资源，是支撑整个地球生命系统的基础，水系统不仅提供了维持人类生活和生产活动的基础产品，还具有维持自然生态系统结构、生态过程与区域生态环境的功能。以人为核心，结合水系统的组成，水系统具有以下三方面功能。

（1）资源供给功能

水系统的资源供给功能是指水系统为区域的生产、生活提供水资源，不仅包括产品的生产需求（包括生物生产和非生物生产），还包括区域人口生存空间和生存条件的水资源需求。水的循环使水环境能够为生活和生产提供各种形式的水资源，并能够不断补充和再生，保障这种资源供给功能。

（2）纳污功能

人类生产、生活产生的污水排放进入自然水系统，水的流动使水环境具有接纳污染物的能力，同时水的物化反应使水环境能够在一定程度上净化和恢复水质、维持这种纳污功能。

（3）生态服务功能

水系统的生态服务功能是水环境系统为区域的居民提供生活消费的功能和为居民提供一定质量的生态环境的功能的总称。水中的生命组分使水环境通过生物链的物质循环和能量流动为水生态系统提供生态用水、滋养水生生物，保持水生态系统的自我组织和自我调节能力。生态功能通过供给和消费、满足和满意程度进行调节控制。水环境系统应具有资源再生功能和还原净化功能，它不仅提供自然物质来源，而且能在一定限度内接纳、吸收、转化人类活动排放到生态环境中的有毒有害物质，达到自然净化的效果。自然环境中物质和能量以特定的方式循环或流动，如碳、氢、氧、磷、硫、太阳辐射能等的不断循环流动，维持自然生态系统的永续运动。水环境系统中的水、矿物、生物等通过生产进入经济系统，参与高一级的物质循环过程。

水生态系统服务是指水生态系统及其生态过程所形成及所维持的人类赖以生存的自然环境条件与效用，它不仅是人类社会经济的基础资源，还维持了人类赖以生存与发展的生态环境条件。根据水生态系统提供服务的机制、类型和效用，把水系统的生态服务功能划分为提供产品、调节功能、文化功能和生命支持功能四大类。

①提供产品：生态系统产品是指生态系统所产生的，通过提供直接产品或服务维持人的生活生产活动、为人类带来直接利益的因子，包括食品、医用药品、加工原料、动力工具、欣赏景观等。水生态系统提供的产品主要包括人类生活及生产用水、水力发电、内陆航运、水产品生产、基因资源等。

②调节功能：调节功能是指人类从生态过程的调节作用中获取的服务功能和利益。水生态系统的调节功能主要包括水文调节、河流输送、水资源蓄积与调节、侵蚀控制、水质净化和气候调节等。

a. 水文调节：湖泊、沼泽等湿地对河川径流起到重要的调节作用，可以削减洪峰、滞后洪水过程，从而均化洪水，减少洪水造成的经济损失。

b. 河流输送：河流具有输沙、输送营养物质、淤积造陆等一系列的生态服务功能。河水流动中，能冲刷河床上的泥沙，起到疏通河道的作用，河流水量减少将导致泥沙沉积、河床抬高、湖泊变浅，使调蓄洪水和行洪能力大大降低；河流携带并输送大量营养物质，如碳、氮、磷等，是全球生物地球化学循环的重要环节，也是海洋生态系统营养物质的主要来源，对维系近海生态系统高的生产力起着关键的作用；河流携带的泥沙在入海口处沉降淤积，不断形成新的陆地，一方面增加了土地面积，另一方面可以保护海岸带免受风浪侵蚀。

c. 水资源蓄积与调节：湖泊、沼泽蓄积大量的淡水资源，从而起到补充和调节河川径流及地下水水量的作用，对维持水生态系统的结构、功能和生态过程具有至关重要的作用。

d. 侵蚀控制：河川径流进入湖泊、沼泽后，水流分散、流速下降，河水中携带的泥沙会沉积下来，从而起到截留泥沙、避免土壤流失、淤积造陆的功能。此功能的负效应是湿地调蓄洪水能力下降。

e. 水质净化：水提供或维持了良好的污染物质物理化学代谢环境，提高了区域环境的净化能力。水生生物从周围环境吸收的化学物质主要是它所需要的营养物质，但也包括它不需要的或有害的化学物质，从而形成了污染物的迁移、转化、分散、富集过程，污染物的形态、化学组成和性质随之发生一系列变化，最终达到净化作用。另外，进入水生态系统的许多污染物质吸附在颗粒物表面并随颗粒物沉积下来，从而实现污染物质的固定和缓慢转化。

f. 气候调节：指水体中的绿色植物通过光合作用固定大气中的二氧化碳，将生成的有机物质储存在自身组织中的过程。同时，泥炭沼泽累积并储存大量的碳作为土壤有机质，一定程度上起到了固定并持有碳的作用，因此水生态系统对全球二氧化碳浓度的升高具有巨大的缓冲作用。此外，水生态系统对稳定区域气候、调节局部气候有显著作用，不仅能够提高湿度、诱发降水，对温度、降水和气流产生影响，还可以缓冲极端气候对人类的不利影响。

③文化功能：指人类通过认知发展、主观印象、消遣娱乐和美学体验，从自然生态系统获得的非物质利益。文化功能主要包括文化多样性、教育价值、灵感启发、美学价值、文化遗产价值、娱乐和生态旅游价值等。水作为一类自然风景的灵魂，其娱乐服务

功能是巨大的；同时，作为一种独特的地理单元和生存环境，水生态系统对形成独特的传统、文化类型影响很大。

④生命支持功能：指维持自然生态过程与区域生态环境条件的功能，是上述服务功能产生的基础。与其他服务功能类型不同的是，生命支持功能对人类的影响是间接的，并且需要经过很长时间才能显现出来，如土壤形成与保持、光合产氧、氮循环、水循环、初级生产力和提供生境等。以提供生境为例，湿地以其高景观异质性为各种水生生物提供生境，是野生动物栖息、繁衍、迁徙和越冬的基地，一些水体是珍稀濒危水禽的中转停歇站，还有一些水体养育了许多珍稀的两栖类和鱼类特有种。

一般来说，资源供给功能的缺乏会导致水体纳污功能的降低和区域各类生态关系的失调，降低水系统的水环境质量和生态服务功能；纳污功能的降低会导致可利用水资源的减少和生态服务功能的削弱；而生态服务功能的降低会导致水质的恶化和可利用水资源的减少。对于水系统来说，资源供给功能、纳污功能和生态服务功能具有统一的特征，主要表现在水系统生产、纳污功能的良好发挥和区域各类生态关系的协调可持续发展。只有创造种种条件，实现水系统资源供给功能、纳污功能和生态服务功能的统一，才能使水系统的基本功能趋于完善。

基于以上分析，本书对水环境承载力的界定包含了水资源、水环境与水生态 3 个方面，将之定义为全面考察了水质、水量和水生态以及与之相应的人类活动的综合承载能力。

3.3　水环境承载力概念内涵及其外延

3.3.1　水系统对人类活动的承载机理

水环境承载力作为协调社会、经济与水环境关系的中介，它是一个横跨人类活动与资源、环境的概念。因此，其研究对象包括两方面。不仅要对承载力对象（人类的社会经济活动）进行研究，也要研究人类活动的载体（水资源、水环境和水生态）。

承载力可以理解为承载体对承载对象的支持能力，承载的可持续性可以理解为承载体能够接纳承载对象施加的荷载，并保持在系统自我调节的范围之内。对于水环境承载系统而言，水资源子系统、水环境子系统和水生态子系统作为承载体，也就是水环境承载力的支持层；社会经济子系统作为被承载的对象，也就是水环境承载力的压力层（见图 3-11）。

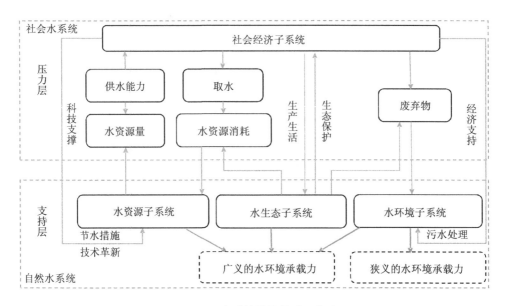

图 3-11   水系统承载关系示意图

社会经济子系统是水系统的最终发展目的，就是水系统的压力层。社会经济子系统的发展动力来源于水资源子系统、水环境子系统和水生态子系统，它一方面通过从水资源子系统、水环境子系统及水生态子系统提取水资源及其他物资和能源，开展生产活动，满足人类社会生活的需要，另一方面又将生产和生活的废弃物和污染物排放到水资源子系统、水环境子系统和水生态子系统，对承载的子系统造成"资源消耗"和"接纳污染"的双重压力。但是社会经济子系统通过先进的科学技术和大量的资金支持反过来又能增强水资源子系统、水环境子系统、水生态子系统的支撑能力。

在社会的发展进程中，水环境的承载状态不断地发生变化，这与自然演变、社会经济影响、技术进步、环境保护措施的进展情况等都有关系。提高水环境的承载力，保障水环境支持社会经济发展的"永续"能力，是可持续发展的必要条件。

3.3.2   基于水系统功能的水环境承载力概念界定

由以上辨析可知，水环境是"与水有关的空间存在"，其主体是人，是以人为核心、周边所有涉水物质的集合，它具有以下三方面功能。

①资源供给功能：水的循环使水环境能够为生活和生产提供各种形式的水资源，并能够不断补充和再生，保障这种资源供给功能。

②纳污功能：水的流动使水环境具有接纳污染物的能力，同时水的物化反应使水环境能够在一定程度上净化和恢复水质、维持这种纳污功能。

③生态服务功能：水中的生命组分使水环境通过生物链的物质循环和能量流动为水

生态系统提供生态用水，滋养水生生物，保持水生态系统的自我组织和自我调节能力。

　　水资源强调的是水的资源供给功能，水生态强调的是水的生态服务功能。由此可见，水环境综合了水量、水质和水生态 3 个方面，包含了水资源和水生态的含义（见图 3-12）。

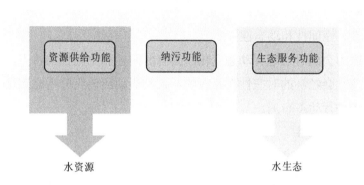

图 3-12　水环境、水资源、水生态的关系

　　基于水环境、水资源与水生态三者的关系，本书将水环境承载力的定义表述为：在某一流域（区域）内，在某一时期特定技术经济水平和社会生产条件下，由水资源、水环境与水生态 3 个子系统构成的水系统，在水系统功能、结构不发生明显改变情况下所能承受的社会经济活动的阈值；它全面考察了水质、水量和水生态以及与之相应的对人类活动的综合承载力。该定义是对水环境容量、水资源承载力、水生态承载力三者的综合，既强调水环境消纳污染物的能力和水环境供给水资源的能力，又强调水环境支撑水生态系统的能力，并将水环境与人类活动有机联系在一起。

　　水环境承载力是环境系统结构特征的一种抽象表示。水环境作为一个系统，在不同地区、不同时期会有不同的结构。水环境系统的任何一种结构均有承受一定程度外部作用的能力，在这种程度之内的外部作用下，其本身的结构特征、总体功能均不会发生质的变化。水环境的这种本质属性是其具有水环境承载力的根源。此外，水环境承载力可以因人类对水环境的改造而变化。水环境承载力既是环境系统的客观属性，又是动态变化的。水环境承载力的概念从本质上反映了环境与人类社会经济活动之间的辩证关系，建立了环境保护与经济发展之间的联系纽带，为环境与经济活动的协调提供了科学依据。

　　水环境承载力的特点主要包括以下几个方面。

　　（1）可调控性

　　人类可以发挥主观能动性，对水环境承载力实行干预和控制，水体的水质、水量也会因人类影响而产生变化，既可能往好的方向转变，也可能往坏的方向转变。这种干预控制是有限的，也和自然条件以及生产水平息息相关。

（2）可更新性

自然界的水体具有自我净化、更新、组织和再组织的能力。此外，科学技术和经济的发展可以使人发挥主观能动性去提高水体的更新和再生能力，如采取污水再生、区外调水等措施。水环境承载力在水体更新速度大于被污染速度时会逐渐提高，反之则会逐渐下降。

（3）时间性、空间性和动态性

水环境承载力会随时空进行动态变化，具有时间性和空间性的特点，这是基于水环境的时空性以及社会经济的时空性而存在的。人类活动应该充分考虑到这种动态差异，对水环境承载力进行动态布局。

（4）客观性和模糊性

水环境承载力是一个客观阈值，但其涉及的各个系统内部的要素具有不确定性，人类对自然的认识也有局限，水环境又是一个非常复杂的系统，造成了水环境承载力的各个指标和数值存在模糊性。

3.3.3 水环境承载力相关概念之间关系解析

水环境承载力是一个与水资源承载力、水环境容量、水生态承载力既有联系又有区别的概念。联系体现在它们的表征对象都是水系统，区别在于水资源承载力、水环境容量与水生态承载力只是考察了水系统的某一方面的功能和特性，而水环境承载力是全面考察了水量、水质与水生态以及与之相应的对人类活动的综合承载能力。

水资源承载力一方面指水体供应水资源的能力；另一方面指人类能从水体中获取的、在生活生产中利用的水资源，即可利用水资源量。后者往往受限于人类社会的技术经济条件，且在涉及具体的水资源承载力问题时，更常以可利用水资源量来表示水资源承载力。水资源承载力体现了水环境在"水量"上的要求，同时也是水环境容量和水生态承载力的物质基础。水的循环再生体系使得水在自然环境和社会环境中不断地被消耗、补充和再生，水资源承载力也随之发生动态变化。

水环境容量则体现了水环境的纳污能力。水环境容量一般指水体在满足一定水环境质量的条件下，天然消纳某种污染物的量。水环境容量是客观存在的值，人类活动和自然过程会造成水环境容量的变化，不同种类的污染物在同一水体环境下的水环境容量也不同。水环境容量体现了污染物在水体迁移、转换等物化规律，也反映了水体对污染物的承载能力，反映了水环境在"水质"上的要求。虽然水环境容量是客观量值，但在实际操作中，水环境容量常因不同的水质目标、水功能分区等人为设定的标准而不同。

水生态承载力强调的是水体的生态功能，即水体在维持自身生态系统健康发展条件下支撑人类活动的能力。良好的水生态承载力一方面意味着应对人类生产生活带来的压力时，水生态系统可以较好地进行自我维持和调节，达到一定的水质水量目标，不至于崩溃；另一方面指水生态系统可以为人类活动提供良好的生态服务功能，如防洪、景观娱乐、维持生物多样性、调节气候、保障农林牧渔业健康发展等。可以明显看出，水生态承载力体现了水环境在"水量"和"水质"两方面的要求，水体不仅需要保障自身的生态需水，还需要满足水生生物以及人类活动对水质水量的要求，提供生态系统服务。

水环境承载力强调自身的综合属性，而水环境容量、水资源承载力和水生态承载力在概念内涵上都有各自不同的侧重点：水环境容量侧重的是水环境消纳污染物的能力，即"水质"方面的承载能力；水资源承载力指水环境供给水资源的能力或人类在生产生活中利用水资源的能力，即"水量"方面的承载能力；水生态承载力强调的是水体在维持自身生态系统健康发展条件下支撑人类活动的能力，侧重的是水环境为生态系统提供生态用水、滋养水生生物的能力，即"水生态"方面的承载能力。因此，水质、水量、水生态代表了水环境的 3 个方面，水环境承载力、水资源承载力、水环境容量和水生态承载力之间既有区别，又相互联系；其中，水资源承载力、水环境容量和水生态承载力分别是水环境承载力这一整体概念的分量表征，都是水环境承载力必不可少的一部分（见图 3-13）。

水环境承载力

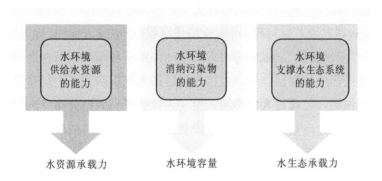

图 3-13　水环境承载力与水资源承载力、水环境容量、水生态承载力的关系

总体来说，水环境承载力是水资源承载力、水环境容量和水生态承载力三者合一的综合概念；在水功能上，既要求水体满足资源功能，也要求水体具有消纳污染物的能力，还强调了水体对生态系统的支撑能力；在水属性上，对水质和水量都进行了要求。水环

境承载力不只是一个自然概念，也无法脱离自然环境或社会环境而独立存在，其中的每一个方面都是自然环境和人类活动共同作用的结果。此外，水环境承载力是随着时间空间动态变化的，如自然因素和社会因素对水环境承载力所在的系统造成影响，水环境承载力会随着系统达到新的动态平衡而改变，所以对水环境承载力的研究应落脚于具体的时空条件下，并根据一定的社会经济发展程度和技术条件进行具体分析。综上可知，水环境承载力的外延分为水资源承载力、水环境承载力（狭义）、水生态承载力、社会经济承载力四个维度（见图3-14）。

图 3-14　水环境承载力外延的四个维度

3.4　水环境承载力表征方法

为了进一步探讨环境承载力的物理意义与数学表述，曾维华等在 1991 年发表的《人口、资源与环境协调发展关键问题之一——环境承载力研究》一文中，定义了两个新概念："发展变量"与"限制变量"，以此说明人类活动作用与环境约束条件之间的关系。人类活动作用包括直接作用与间接作用，直接作用是指人类生活直接消耗自然资源、排放废弃物等对环境的作用，可通过人口作用强度（人口数量与人口分布）度量；间接作用则是人类为提高生存条件，通过一些间接手段利用自然资源、排放废弃物对环境的作用，可通过投资强度（投资方向、总额与规模）度量。在经济、技术高度发达的当今社会，后者往往占主导地位。发展变量是人类生活活动与经济开发活动作用的一种度量，它是一个多要素的集合体，其全体构成了一个集合——发展变量集（D），集合中元素（d_i，$i=1$，…，n）称为发展因子。可以设法量化这些发展因子。因此，发展变量可表示成 n 维空间的一个矢量，如式（3-1）所示：

$$\vec{d} = (d_1, d_2, \cdots, d_n) \tag{3-1}$$

限制变量是环境约束条件的一种表示，是环境状况对人类活动的反作用。应当说明的是，这里的环境约束条件不是仅指大气、水体及土地等的环境质量状况，而是泛指对人类活动起不同限制作用的环境条件，它还包括自然资源的供给条件、居住与交通条件等。与发展变量一样，限制变量的全体构成一个限制变量集 D，其中元素（c_i，$i=1$，$\cdots$，n）称为限制因子，通过量化后，限制变量构成 n 维空间的一个矢量，如式（3-2）所示：

$$\vec{c} = (c_1, c_2, \cdots, c_n) \tag{3-2}$$

一般来讲，限制因子可分为以下 4 类：

①环境类限制因子，指大气与水体环境质量，以及生态稳定性与土壤侵蚀等条件限制因子；

②资源类限制因子，指土地资源、水资源等自然资源利用条件限制因子；

③工程类限制因子，指公路、供水及污水处理系统等市政工程设施限制因子；

④心理类限制因子，指人们根据对其周围环境的感受（如居住拥挤、交通与购物不便等）所提出的生活条件限制因子。

这 4 类限制因子并不是完全独立的，而是既相互联系，又相互依赖、相辅相成的统一体。在研究过程中，正确选择因子很重要，应避免其间关联性太大。另外，环境承载力研究所需工作量与所选限制因子的数目成正比；因此，一般来讲，在研究中只需考虑少数几个限制作用最强的限制因子。

在进行环境承载力分析之前，首先必须确定所选限制因子的限度，即在维持环境系统功能前提下，限制因子的最大值或最小值，它在限制变量 n 维空间中占有特殊位置。

$$\vec{c}^{\,*} = (c_1^{\,*}, c_2^{\,*}, \cdots, c_n^{\,*}) \tag{3-3}$$

这些限度值 $c_i^{\,*}$ 通常通过行政手段或专家研究确定。

发展变量集与限制变量集之间存在某种对应关系。发展变量集中每一发展因子均可在限制变量集中找到一个或多个限制因子与之对应，并且它们之间存在某种映射关系 f。

$$d_i = f_i(c_1, c_2, \cdots, c_n) \tag{3-4}$$

这一映射关系可以是一组方程（差分方程或微分方程等），也可以是一个计算程序，它的确定是环境承载力分析的关键与主要障碍。通常，这些映射关系均是可逆的，即存在其逆映射 f_i^{-1}：

$$c_i = f_i^{-1}(d_1, d_2, \cdots, d_n) \tag{3-5}$$

前已叙及，发展变量是人类活动作用的某种度量；发展变量集中每一发展因子均与人类活动作用强度（可由人口作用强度与投资强度表示）存在某种映射关系 g_i：

$$d_i = g_i(o, p) \tag{3-6}$$

式中：o——投资强度；

p——人口数量。

所谓环境承载力，即为限制因子分别达到其限度值时，环境所能承受人类活动作用的阈值，它可由以下两个层次描述。

①以各发展因子的阈值表示，由下面规划模式确定：

$$\begin{cases} \mathrm{CCE}_i = \max d_i \\ c_i = f_i^{-1}(d_1, d_2, \cdots, d_n) \leqslant c_i^* & (i=1,2,\cdots,n) \end{cases} \tag{3-7}$$

式中：CCE_i——环境承载力在发展因子 d_i 方面的分量。

由此可得一个地区的环境承载力：

$$\overline{\mathbf{CCE}} = (\mathrm{CCE}_1, \mathrm{CCE}_2, \cdots, \mathrm{CCE}_n) \tag{3-8}$$

它实质上为发展变量空间中占有特殊位置的一个 n 维矢量。

②由人类活动作用强度表示，利用以下规划模式确定：

$$\begin{cases} \max p \\ \max o \\ c_i = f_i^{-1}(d_1, d_2, \cdots, d_n) \leqslant c_i^* \\ d_i = g_i(o, p) & (i=1,2,\cdots,n) \end{cases} \tag{3-9}$$

由此可得维持环境系统功能（限制因子不超过其限度值）前提下，人类活动作用强度的阈值。

同理，水环境承载力的承载对象是人类活动，包括取水、排水、居住和观赏等，有方向、强度和规模等属性，这就决定了水环境承载力的力学矢量特征。对水环境承载力进行量化，即需要寻求发展变量与限制变量之间的关系。在这里，发展变量表示人类社会与经济发展对水环境作用的强度，通常利用水资源利用量和污染物排放量进行描述；限制变量表示水资源禀赋和水环境容量对人类活动的约束，是水环境对人类活动反作用的表现。

3.5 水环境承载力研究理论基础

3.5.1 可持续发展理论

可持续发展的思想在中国古代就早有提出。先秦时期儒家代表人物之一孟子提出了"鱼鳖不可胜食，林木不可胜用"的思想，战国末年的政治家、思想家吕不韦也曾引经据典，提出"竭泽而渔，岂不获得，而明年无鱼；焚薮而田，岂不获得，而明年无兽"的思想，这些都是可持续发展思想在现实资源利用方面的体现。但可持续发展这一概念的明确提出要追溯到 20 世纪 80 年代。1987 年，世界环境与发展委员会（WCED）在《我们共同的未来》（*Our Common Future*）中正式对可持续发展的概念进行了定义。在这之后，可持续发展才对世界发展政策及思想界产生重大影响。1992 年 6 月在里约热内卢举行的联合国环境与发展大会（UNCED）是继联合国人类环境会议后，环境与发展领域规模最大、级别最高的一次国际会议，大会取得的最有意义的成果是两个纲领性文件——《里约热内卢宣言》（又称《地球宪章》）和《21 世纪议程》，标志着可持续发展从理论探讨走向实际行动。自此，针对可持续发展的研究成为各国专家学者的热点话题之一，其研究也经历了由定性到定量的变化。

可持续发展理论的"外部响应"表现在对人与自然之间关系的认识：人的生存和发展离不开各类物质与能量，离不开环境容量和生态服务的供给，离不开自然演化过程所带来的压力和挑战，如果没有人与自然之间的协同进化，人类社会就无法延续（牛文元，2012）。可持续发展理论的"内部响应"表现在对人与人之间关系的认识：可持续发展作为人类文明进程的一个新阶段，其核心内容包括对社会的有序程度、组织水平、理性认知与社会和谐的推进能力，以及对社会中各类关系的处理能力，诸如当代人与后代人的关系、本地区和其他地区乃至全球之间的关系，必须在和衷共济、和平发展的氛围中才能求得整体的可持续进步。总体上可以用以下 3 点来概括可持续发展的内涵：只有当人类对自然的索取与人类向自然的回馈相平衡；只有当人类在当代的努力与对后代的贡献相平衡；只有当人类思考本区域的发展时能同时考虑其他区域乃至全球的利益时，此三者的共同交集才使得可持续发展理论具备坚实的基础（牛文元，2012）。相对于传统发展而言，在可持续发展的突破性贡献中，提取出以下 5 个最基本的内涵（牛文元，2002；牛文元，1994；牛文元，1989）：①可持续发展内蕴了"整体、内生、综合"的系统本质；②可持续发展揭示了"发展、协调、持续"的运行基础；③可持续发展反映了"动力、质量、公平"的有机统一；④可持续发展规定了"和谐、有序、理性"的人文环境；⑤可持续发展体现了"速度、数量、质量"的绿色标准。

可持续发展强调 3 个主题：代际公平、区域公平以及社会经济发展与人口、资源、环境间的协调性。全球可持续发展理论的建立与完善一直沿着 4 个主要的方向去揭示可持续发展实质，力图把当代与后代、区域与全球、空间与时间、环境与发展、效率与公平等有机地统一起来，这 4 个方向分别为经济学方向、社会学方向、生态学方向以及系统学方向（牛文元，1999）。可持续发展的生态学方向一直把"环境承载力与经济发展之间取得合理的平衡"作为可持续发展的重要指标和基本原则。在可持续发展理论的指导下，资源的可持续利用、人与环境的协调发展取代了以前片面追求经济增长的发展观念。

可持续发展强调自然资源的持续利用、生态环境的持续改善、生活质量的持续提高、经济的持续发展，即强调人的全面发展。而生态承载力、环境承载力与资源承载能力是可持续发展必须面对的两个重要变量，确立生态承载力、环境承载力与资源承载能力的评价指标，分析二者对经济发展的影响，对可持续发展理论的完善以及政府部门的宏观决策管理都具有重要意义。可持续发展是一种哲学观，是关于自然界和人类社会发展的哲学观，可作为水环境承载力研究的指导思想和理论基础。

中国在可持续发展方面的理论体系有着自己独特的思考，即在吸取经济学、社会学和生态学 3 个主要研究方向精华的基础上，开创了可持续发展的第 4 个方向——系统学方向：它是将可持续发展作为"自然、经济、社会"复杂巨系统的运行轨迹，以综合协同的观点，探索可持续发展的本源和演化规律，将其"发展度、协调度、持续度在系统内的逻辑自洽"作为可持续发展理论的中心思考，有序地演绎了可持续发展的时空耦合规则并揭示了各要素之间互相制约、互相作用的关系，建立了人与自然关系、人与人关系的统一解释基础（牛文元，2007）。水环境作为一个复杂系统，与社会、经济、政策、科技、法律等系统密切联系，相互进行物质、能量与信息的交流，涉及水资源的开发与利用，水污染的防治，人口与生活质量，工业布局、规模、结构和管理，农业种植结构与覆盖水平等（郭怀成等，1995）。国内学者先后从不同学科的角度，提出了"复合生态系统理论""环境承载力理论""生态控制论""可持续水平判定要素论"等理论和评价方法。有的学者考虑社会、经济、环境之间的关系，探讨部门可持续发展论，如资源可持续发展论、人口可持续发展论、经济可持续发展论和系统可持续发展论等。在可持续发展背景下，环境和资源不仅是经济发展的内生变量，而且是经济发展规模和速度的刚性约束，经济发展的规模和速度必须控制在环境容量和资源承载能力范围内，若超越环境容量和资源承载能力，不仅不经济和不可持续，而且还将导致整个经济系统和人类生存系统的崩溃（余春祥，2004）。

3.5.2 水–生态–社会经济复合系统理论

流域（区域）是具有层次结构和整体功能的复合系统，由社会经济子系统、水生态子系统、水环境子系统和水资源子系统组成。水资源既是该复合系统的基本组成要素，又是社会经济子系统和水生态子系统、水环境子系统存在和发展的支持条件。水环境承载力对地区的发展起着重要的作用，水资源状况的变化往往导致区域环境变化、土地利用和土地覆被的改变、社会经济发展方式的变化等。水-生态-社会经济复合系统理论也是水资源承载力研究的基础，应将水资源作为生态经济系统的一员，从水资源系统、自然生态系统、社会经济系统耦合机理上综合考虑水资源对地区人口、资源、环境和经济协调发展的支撑能力。

所谓系统，就是相互作用和相互依赖的若干组成部分结合而成的、具有特定功能的有机整体。在自然界和人类社会的发展和演变过程中，任何事物都是以系统的形式存在的。系统按其功能或层次可划分为一些相互关联、相互制约的组成部分。如果这些组成部分本身也是系统，则称这些部分为原系统的子系统，而原系统又可以是更大系统的组成部分，这就是系统概念的相对性或层次性（王慧敏等，2007）。本书所研究的系统是由水环境与水资源子系统、水生态子系统、社会经济子系统组成的复合系统。各系统的演化总是在一定的时间内和一定的空间中进行。复合系统中每个子系统都是多要素、多结构、多变量的系统，具有复杂关联关系的要素按一定的方式作用。复合系统中各子系统之间相互作用。一方面，某一子系统的发展对其他子系统的发展起促进和保障等正作用关系；另一方面，某一子系统的发展可能对其他子系统的发展起阻碍等负作用关系。复合系统中存在的这两种正负作用的关系决定着系统的发展状况。因此，本书在研究北运河流域水环境承载力动态评估与预警时充分考虑了由水环境与水资源子系统、水生态子系统和社会经济子系统组成的复合水系统，并使其协调发展。

（1）水环境与水资源子系统

水环境与水资源子系统（蒲晓东，2007；刘廷玺等，2002）包括资源的形成、转化、演变以及利用等方面，水环境与水资源子系统是整个复合系统的核心。水环境与水资源子系统支撑水生态子系统和社会经济子系统中的一切生命活动和非生命活动。研究这一子系统不仅要研究水资源数量与分布，同时要研究水资源质量状况。对于任何一个区域的水资源而言，质与量总是密切相关的，数量与分布状况一经确定，水资源子系统也就有了相应的质量状况，水环境的状况决定了人类生存环境的好坏，任何用水都有量的要求，同时也对质有相应的要求。

水资源在区域中是广泛分布的，水资源系统具有时序性的特征，一方面水资源在年内和年际间是变化的，另一方面水资源的开发利用受到经济发展和科技水平的限制，不同阶段水资源的可利用程度是不同的。不同的区域水资源子系统有着不同的分布特征。相同数量的水资源在不同的区域上，由于地形地貌、水文地质、气象条件、经济发展、生态环境等不同，分布特征也是不同的。由此形成发展中的不平衡和矛盾（文俊，2006）。

（2）水生态子系统

水生态子系统（蒲晓东，2007）是生物群落与非生命环境相互作用的功能系统，生态环境系统的良性循环既需要水资源的保障和良好的经济社会行为规范；同时，水生态子系统的状况也会对水资源的供给状况产生一定的影响，进而对社会经济子系统发展产生一定的影响。水生态子系统是水资源子系统和社会经济子系统发展赖以生存的物质基础。

水生态子系统对水的需求存在胁迫响应机制。从广义上讲，生态用水维持全球生物地理生态系统水分平衡，包括水热平衡、水沙平衡、水盐平衡等所需的水，都是生态用水。但从狭义上讲，目前，人们对生态用水的理解不尽相同。一般来说，生态用水是指水环境所能分配于生态系统的，为维持生态环境不再恶化并逐渐改善所需消耗的最小水资源总量。对一般流域或区域，生态环境需水可分为河道生态环境需水、湖泊生态环境需水、湿地生态环境需水、植被生态用水、城市生态用水和供水系统的生态用水等（任波，2008）。

（3）社会经济子系统

社会经济子系统（蒲晓东，2007；吴志强等，2004）是以水为主体构成的一种特定子系统。社会经济子系统是水环境-水资源-水生态系统支撑的主体，是水环境-水资源-水生态系统的重要服务对象，也是驱动资源开发利用的动力之一。社会经济发展离不开水，同时又给水资源子系统形成压力；而水资源既是社会经济子系统的主要生产要素，也是其发展的制约因素之一。社会经济子系统主要包括人口、政策、法律、宗教等内容。其中，人口是社会经济子系统的核心，具有自然和社会双重属性。人既是生产者，又是消费者。人具有主动的能动作用，不仅可以能动地调节控制人口，而且是进行社会活动、改造和利用自然的主体，也是水资源开发利用的主体。人本身离不开水，水是一切生命新陈代谢的活动介质；生命活动的联系和协调、营养物质的运输、代谢物的运送、废物的排泄都与水密切相关。因此，区域人口的数量、质量、构成、迁移及分布等都会对区域的发展产生影响，也会对区域水资源的开发和利用产生相应的影响（任波，2008）。

3.5.3　天然-人工二元模式下的水文循环过程与机制

随着人类活动对大自然干预能力的加强，流域水循环的演变十分显著，原有的一元流域（区域）天然水循环模式受到严重挑战，人类活动不仅改变了流域（区域）降水、蒸发、入渗、产流、汇流特性，而且在原有的天然水循环内产生了人工侧支循环，侧支循环通量已占到水资源总量的 20%。形成了天然循环与人工循环此消彼长的二元动态水循环过程。具有二元结构的水资源演化不仅构成了社会经济发展的基础，是生态环境的控制因素，同时也是诸多水问题的共同症结所在，因此二元水循环也是进行水环境承载力研究的基石。现代环境下水循环呈现出明显的"天然-人工"二元特性（王建华等，2005；王浩等，2004），一是循环驱动力的二元化（王浩等，2004），即流域水循环的内在动力已由过去一元自然驱动演变为现在的"天然-人工"二元驱动；二是循环结构的二元化，即人类聚集区的水循环过程往往由自然循环和人工侧支循环耦合而成，两大循环之间保持动力关系，通量之间此消彼长；三是水资源服务功能的二元化，即水分在其循环转化过程中，支撑了同等重要的社会经济系统和生态环境系统。

"天然-人工"二元水循环模式是指自然力综合作用下形成的水循环，可分为全球循环、海上循环和大陆循环三类。大陆水循环中，流域尺度的水循环和区域可持续发展的关系最为密切。传统研究的视角是将各人类活动影响"还原"后，形成纯自然状态下的水循环，然后在还原后的一元水循环模式下，将人类活动影响作为外部输入进行研究。在人类活动影响程度较小的情况下，一元水循环模式符合实际情况，研究成果能够指导实践；但由于人类社会的发展，用水量不断增加。各类用水的取水源来自地表和地下，使用后一部分消耗于蒸发并返回大气，另一部分则以废水、污水形式回归于地表或地下水体，这就形成另一个小循环，称为用水侧支循环；再加上人类活动改变了下垫面，使得水分循环发生改变，形成了"天然-人工"二元水循环（蒋晓辉，2001）。

（1）自然水循环

在太阳辐射和地心引力等自然驱动力的作用下，地球上各种形态的水通过蒸发蒸腾、水汽输送、凝结降水、植被截留、地表填洼、土壤入渗、地表径流、地下径流和湖泊海洋蓄积等环节，不断地发生相态转换和周而复始运动的过程，被称为水循环（或水文循环）。水循环是地球上一个重要的自然过程，因此又被称为自然水循环。自然水循环将大气圈、水圈、岩石圈和生物圈联系起来，并在各圈层之间进行水分、能量和物质的交换，是自然地理环境中最主要的物质循环。与人类最直接相关的是发生在陆地的水循环，发生在陆地一个集水流域的水循环被称为流域水循环。流域尺度的水循环是陆地水循环的基本形式，除了大气过程在流域上空输入、输出外，陆地水循环的地表过程、土壤过程和地下过程基本上都以流域为基本单元（王浩等，2016）。自然状态下，"降水—坡面—河道—地下"四大路径形成自然水循环结构，这一结构是典型的由面到点和线的"汇集结构"。自然水循环的功能比较单一，主要是生态功能，自然水循环养育着陆地植被生态系统、河流湖泊湿地水生生态系统。随着人类社会发展，一元自然水循环结构被打破，社会水循环的路径不断增多，"自然-社会"二元水循环结构逐步形成（王浩等，2016）。

（2）二元水循环

水是人类生存和经济社会发展的重要基础资源。随着人类活动的加剧，如土地利用的改变、水利工程的兴建和城市化的发展，打破了流域自然水循环系统原有的规律和平衡，极大地改变了降水、蒸发、入渗、产流和汇流等水循环过程，使原有的流域水循环系统由单一的受自然主导的循环过程转变成受自然和社会共同影响、共同作用的新的水循环系统，这种水循环系统被称为流域"天然-人工"或"自然-社会"二元水循环系统（王浩等，2000）。而二元水循环除了受自然驱动力作用外，还受机械力、电能和热能等人工驱动力的影响。更重要的是人口流动、城市化、经济活动及其变化梯度对二元水循环造成更大、更广泛的直接影响。因此，研究二元水循环必然要与社会学和经济学交叉，水与社会系统的相互作用与协同演化是研究焦点（王浩等，2016）。水多、水少、水脏、水浑等流域水问题背后的科学基础是"自然-社会"二元驱动力作用下的流域水循环及其伴生的水环境和水生态过程的演变机理，有效解决这些水问题需要一套流域"自然-社会"

二元水循环理论来支撑（王浩等，2016）。王浩等（2000）提出了内陆干旱区的"天然-人工"二元水循环模式，用于指导西北地区水资源合理配置和承载力研究，并从多尺度区域水循环过程模拟的角度论述了二元水循环模式（王浩等，2000）。国际上虽然没有提出"二元水循环"的概念，但研究了流域水循环中自然系统与人工系统或社会系统的相互作用与协同演化问题，关注焦点实质上与国内是一致的。

初期，社会水循环有取水、用水、排水三大主要环节，现在发展成取水、给水、用水装置内部循环、排水、污水收集与处理、再生利用等复杂的路径。与自然水循环的四大路径相对应，社会水循环也形成了"取水—给水—用水—排水—污水处理—再生回用"六大路径，是典型的由点到线和面的"耗散结构"。自然水循环的四大路径与社会水循环的六大路径交叉耦合、相互作用，形成了"自然-社会"二元水循环的复杂系统结构（王浩等，2016）。

（3）"自然-社会"双向调控

由于气候的自然变异、全球气候变化、下垫面的改变和社会经济的发展，未来的流域二元水循环系统与水资源本底条件将进一步演变，因此需要耦合气候模式、水文模型、水资源配置模型与宏观经济多目标决策模型等以建立定量分析工具，对未来水循环进行预测并分析其不确定性，为流域水循环调控提供支撑依据。流域水循环调控方案要基于社会、经济、资源、环境和生态五个维度，要遵循公平、高效与可持续原则，在促进经济社会发展的同时，保持健康的水循环和良好的生态环境，即上游地区的用水循环不影响下游水域的水体功能，水的社会循环不损害水的自然循环规律（减少冲击），社会物质循环不切断、不损害植物营养素的自然循环，不产生营养素物质的流失，不积累于自然水系而损害水环境，以维系或恢复全流域乃至河口海洋的良好水环境。从自然（提高承载力）和人工（减少压力）双向调控后，要分析调控效果并提出政策建议（王浩等，2016）。

已有的关于水循环、水环境、水资源与水生态的研究是相对独立的，对彼此之间的效益转换缺少量化分析手段，因而难以进行综合评判分析。"天然-人工"双向调控是综合社会经济、生态和环境等多重因素分析，从不同属性角度考虑的调控需求，进而综合评判水资源利用的综合高效性，实现水资源利用低效到高效的转换。按照不同属性特征，"天然-人工"双向调控优势可以简单归纳为以下几方面（游进军等，2016）。

①资源属性。强调水循环规律，调控需求是水循环的稳定性和水资源的可再生性。自然水循环是承载经济活动和环境容量的基础，通过合理的调控，保障水资源满足社会经济和生态环境两个子系统的均衡，保证流域内部的经济用水和生态用水的总体合理配置格局。

②社会属性。强调公平性，调控需求是水资源分配利用的公平性，包括区域间水量配置的公平性、行业间水量配置的公平性、代际间水量配置的公平性。通过社会属性调控实现水权分配的公平，满足社会的均衡发展和资源的可持续开发利用需求。

③经济属性。强调用水效率和效益，调控需求是均衡水供求关系，实现最大化的经济

收益。水供求关系包括控制需求和增加供给。经济社会发展水平决定了用水需求，水利工程建设水平决定了供给能力。在宏观经济层次上，抑制水资源需求需要付出代价，增加水资源供给也要付出代价，二者间的平衡应以全社会总代价最小（社会净福利最大）为准则。在微观经济层次上，需要分析投入与产出效益之间的经济平衡关系，控制需求和增加供给的边际成本均具有动态变化特征，二者的平衡应以边际成本相等或大体相当为准则。

④生态属性。强调水的生态服务功能，保障"水"作为自然系统的基本服务价值。调控需求主要是在水利工程建设和水资源系统运行调度中尽量考虑对生态保护目标水量需求的满足，减少对生态的负面影响。

⑤环境属性。强调用水安全、人群用水健康及其效应，调控需求关注的是水环境质量对社会的综合效益。水环境质量对水环境功能效应具有重要影响，因此对水质的控制和对水量的调控同等重要，调控的目标是使水环境质量满足水环境功能要求。

"自然-人工"双向调控是按照自然规律和经济规律对流域水循环及受其影响的自然、社会、经济和生态诸因素进行整体分析，从经济用水与生态用水的效益均衡、行业用水公平与效益均衡、用水排水控制与水污染控制治理均衡等多方面的效用评价入手，遵循水平衡原则、经济决策机制和生态效益评价机制，提出水资源开发利用与保护的合理模式和措施，实现综合社会福利最大化（游进军等，2016）。

3.5.4　水生态服务功能理论

生态系统服务功能可以理解为各类生态系统在各个环节中行使的有益于人类存在和起支持作用的环境要素和效用。而水生态系统服务功能即水生态系统在生物的进化发展过程中显示出的功能和贡献。多年研究资料表明，对水生态系统服务功能的分类各具特色，并无相关导则和标准规范，但大致都与欧阳志云等（1999）和赵同谦等（2003）所提出的分类结果和功能类型有关。

（1）生物多样性与生物栖息地维持功能

水生态系统不仅为各种水生生物和陆生生物等提供相应的生存条件和环境，也为生物物种的进化和繁殖提供了适宜的条件，为生物多样性的维持提供了重大的保障。由于水生态系统在总体上为各类生物物种的繁衍提供舒适、温度适宜的场所和生境条件，因此生态系统的健康发展关系着生物栖息地的完整和保存。不同的物种和种群在受外界环境的影响下形成了不同的抵抗力和适应能力，而其栖息地的适宜程度是关键。因此，生态系统对于生物和栖息地维持功能意义重大，对于物种的保存和避免物种的灭绝具有十分重大的意义。

水作为维持生物多样性中最基本但也是最重要的自然因素，是生物生存不断进化的前提，因此水生态系统的生物多样性维持功能是保证生态平衡和自然界中一切生物生存发展、繁衍生息的重要基础。而生物生境栖息地的维持也是水生态系统健康的重要保证，强调对生态系统中各类生物生存繁衍空间场所的保障。

（2）产品提供与农业生产功能

生态系统中，由低营养级生物生产者和次级生产者为各类高营养级的生物提供生产和合成相应的有机质、产品，为生物的基本生存提供了物质保障。生态系统不仅为人类生活提供重要的物质基础，同时也是基本的能源来源。产品提供与农业生产功能是水生态系统的直观生产功能，反映了水生态系统的产出能力，也是其他生物生存的基础条件，主要是为地区提供粮食、肉类、蛋、奶、水产品和棉、油等产品，在提供产品的同时，支持第一产业的发展。

（3）水源涵养与水文调蓄功能

水是万物生存的基础自然资源，同时水质的优劣程度和水量的丰裕程度对生物的生存和繁衍有着重要的影响。自20世纪以来，人类逐步完成了工业时代的跨越和科技的发展，社会文明和科技文明达到了相当发达的程度。但是由于发展的同时没有考虑到环境的问题，水资源、水环境和水生态系统在人们无止境开发的过程中也受到了严重的干扰和损害。水文条件逐年变差，水环境被污染，而水资源所拥有的涵养功能和调蓄功能也在不断的开发和利用中不断被削弱，造成生物栖息地不断被破坏、水源地不断被干扰，一些流域的自身稳态也被打破。

（4）人居保障与城市发展功能

人居保障与城市发展功能是水生态系统最基本的生态功能之一，为人类的生产、生活提供水资源，包括提供饮用水、工业用水、农业用水等。水环境功能分区是人们根据水资源在不同生态系统或社会条件下的利用方式，进行功能的整合，再由各自的水资源功能类型进行整理叠加，最后对各河流河段进行表示的过程。水作为一种资源，为人类的基本生活和社会交流提供了保障；同时，城市作为人口密集的地区，水资源的丰裕程度也影响着当地的发展。人类自身的认知和体验能力使水资源也作为其生活娱乐活动中的重要组成部分。水资源具有十分重要的文娱功能，其具有十足的自然魅力，让人们在其中陶冶自身、放松心境，对人类的文明发展具有长远的影响。

（5）水土保持与生态修复功能

水土保持是维护水生态安全的主体措施，而流域（区域）的安全系统也离不开当地生态系统的水土保持能力。因此，对于流域（区域）的综合治理关系着总体功能的强弱和水土保持能力的优劣。水土保持与生态修复功能是水生态系统的最后一种功能类型，也是最关键的一项功能，流域（区域）水土保持与生态修复功能的强弱关系着区域的稳定和平稳发展，也是地区长治久安、和谐进步的关键因素，因此对于此项服务功能的关注要着力提高。

第二篇

流域水环境承载力动态评估

第 4 章

流域水环境承载力动态评估技术方法体系

4.1 流域水环境承载力动态评估技术方法框架

随着社会经济的快速发展，流域水系统中社会经济子系统与水环境子系统、水资源子系统以及水生态子系统之间的矛盾越发突出，主要体现在社会经济发展导致水环境质量下降、水资源短缺、水生态恶化等，反之水质（水环境）、水量（水资源）与水生态问题限制了社会经济的发展。通过流域水环境承载力评估，可以系统客观地了解流域水系统内部水环境子系统、水资源子系统、水生态子系统与社会经济子系统之间的关系，识别影响水质、水量与水生态的主控因素，分析不同时空情景下的水环境承载力大小与承载状态，并根据评估结果指导本地区社会经济与自然系统的可持续健康发展，即在保证水质良好、水量充足以及水生态健康的情况下，依据自身社会经济发展水平、发展目标对水系统进行调整，如加强节水和治污措施、污水回用、环保投资等，加大对水系统的管理力度，以此降低水系统压力、提高水环境承载力，实现社会经济可持续健康发展的目标。

根据评估对象不同，可以将流域水环境承载力评估分为流域水环境承载力大小评估、流域水环境承载力承载状态评估以及流域水环境承载力开发利用潜力评估。通过流域水环境承载力评估可以识别影响水环境承载力的关键因子，根据水环境评估结果，并利用水系统特点调控社会经济行为，达到充分利用流域水环境的承载力、保证流域水系统健康和社会经济可持续健康发展等目的。除此之外，由于流域水系统具有动态变化的特点，流域水环境承载力也具有时空变化的特点；通过对流域水环境承载力进行动态评估，可以比较不同时期、不同空间尺度下流域水环境承载力的变化情况，为环境管理提供更加科学可靠的参考依据。流域水环境承载力动态评估流程见图 4-1。

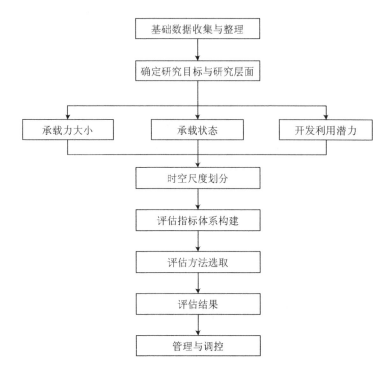

图 4-1 流域水环境承载力动态评估技术方法框架

4.1.1 基础数据收集

根据水环境承载力的概念和内涵，可以从水环境因素、水资源因素、水生态因素以及社会经济因素四类识别其影响因子，因此在进行流域水环境承载力评估之前，必须了解整个流域的水环境、水资源、水生态以及社会经济基本状况。

（1）水环境

水系统具有容纳和消减污染物的能力，从水环境因素进行分析，水环境承载力的主要影响因子包括水环境容量、流域水污染物排放量及其排放强度、水体污染物负荷量、水质状况等。

（2）水资源

水系统具有供给水资源的能力，从水资源因素进行分析，水环境承载力的主要影响因子包括水资源供给量、水资源开发利用程度、用水量及其用水强度、降水量以及生态需水量等。

（3）水生态

水系统具有维持生态系统健康以及支撑人类社会经济活动的能力，从水生态因素分析，水环境承载力的主要影响因子包括河流蜿蜒度、河流连通性、陆域的土地利用及其土地覆盖情况（如不透水面积、湿地面积、林草面积、耕地面积等）、流域涵养水源和净化水质的能力等。

（4）社会经济

水环境承载力既包括自然条件（水系统）对社会经济活动的支撑能力，又包括社会经济活动对水系统的压力，从社会经济因素进行分析，水环境承载力的主要影响因子包括社会经济发展目标与政策、城乡结构、产业结构、经济发展程度、环保意识、环保投资情况等。

4.1.2　确定研究目标与研究层面

流域水环境承载力评估不是从水系统组成及其开发利用角度建立各指标体系、选择各综合评估方法就能实现的，必须在充分理解水环境承载力概念的基础上，明确评估对象并构建反映评估对象的具有清晰物理意义的指标体系。否则，将很难明确解释最终的评估结果，也很难针对评估过程识别水环境承载力超载致因与开发利用过程中的主要制约因素、提出具有针对性的双向调控（减轻压力与提高水环境承载力）对策。根据系统科学理论以及水环境承载力内涵，本书将流域水环境承载力评估按照评估对象分为水环境承载力大小评估、水环境承载力承载状态评估以及水环境承载力开发利用潜力评估。流域水环境承载力大小是指流域天然水系统能够为人类活动提供的支撑能力，与社会水系统给自然水系统带来的压力无关；流域水环境承载力承载状态是指流域水系统社会经济子系统中的人类活动给自然水系统带来的压力超过自然水系统能够提供的水环境承载力的程度；流域水环境承载力开发利用潜力是指基于社会经济发展条件，流域水环境承载力所能开发利用的潜力。

流域水环境承载力大小评估的对象是水系统对人类社会经济活动的支持能力，如供给水资源、容纳污染物等能力，与社会经济发展目标以及本地区的自然条件相关，但与社会经济活动给水系统带来的压力无关。一般而言，水环境容量越大、水资源越丰富、水生态服务功能越高，水环境承载力越大。水环境承载力大小的影响因子包括本地区的水质目标与污染现状（污染物浓度）、降水量与水资源量、水源涵养能力与水质净化能力等。

流域水环境承载力承载状态评估的对象是水系统内部的社会经济子系统对流域水系统其他子系统（包括水环境子系统、水资源子系统与水生态子系统）的压力超过水环境承载力大小的程度，可以用水污染负荷与水环境容量之间的比值及水资源利用量与水资源供给量之间的比值（称为承载率）表征，是一种流域水系统可持续健康发展状态的评估方法。其中，水污染物主要来源于人类生活、社会生产活动、陆域水土流失、大气降尘等，水资源利用主要分为生活、生产和生态三方面。当水污染负荷超过水环境容量，或者水资源利用量超过水资源供给量时，水环境承载力承载状态显示"超载"。一般而言，水环境承载力越大，水系统压力越小，水环境承载力承载状态越好，反之亦然。

流域水环境承载力开发利用潜力评估是指在水环境承载力大小与承载状态的评估基础上，兼顾评估承载状态与减轻人类活动压力的能力；对评估单元水环境承载力开发利用潜力进行综合评估。区域的污染物排放强度与水资源利用强度越大，减压能力越大，水环境承载力开发利用潜力越大；区域的社会经济发展水平越高，基础设施的建设越完善，水环境承载力开发利用潜力越大；水环境承载力越大，承载率越低，水环境承载力开发利用潜力越大。

4.1.3 时空尺度划分

流域水环境承载力大小、承载状态以及开发利用潜力具有时空分布特征，自然条件和社会条件不同的地区的评估结果也会有所差异，同一地区不同发展年、不同季节评估结果同样会有所差异，因此在进行流域水环境承载力动态评估研究时必须考虑时空差异性特点，然后再进行相关的流域水环境承载力大小、承载状态、开发利用潜力评估。

在时间尺度上，流域水环境承载力评估可分为年际动态评估、季节性动态评估和月际动态评估；在空间尺度上，流域水环境承载力评估可分为流域整体水环境承载力评估以及流域各个控制单元的水环境承载力评估。因此，在进行流域水环境承载力动态评估之前必须确定评估的时空尺度。

4.1.3.1 空间尺度

从流域尺度出发，基于国家控制单元划分成果，根据研究流域的地形、水文、水功能区、排污口等实际情况，将研究流域控制区细化为若干控制子单元。流域尺度水环境承载力评估是面向流域水系统规划的需求，评估周期相对长一些，精度要求也相对高一些；需要利用分布式水文模型核算水资源可利用量，利用水环境容量核算模型计算水环境容量的大小，其评估结果可以为流域水系统规划提供科学依据与技术支撑。

从管理尺度出发，基于国家"河长制"分区或者行政边界，按照相关管理需求将流域控制区划分为若干控制单元。区域尺度水环境承载力动态评估是面向"河长制"考核或者行政单元水环境管理需求的，评估周期短，精度要求不高，无须核算具体的水环境容量与水资源可利用量，可以利用社会经济统计数据、环境统计数据与水资源公报等公开数据完成评估。其评估结果可以为区域水环境监管考核提供科学依据。

4.1.3.2 时间尺度

从年际变化出发，流域水环境承载力评估可以采用逐年水环境承载力大小、承载状态、开发利用潜力评估；也可以选取降雨时空分布较大的年份（如典型的丰水年、枯水年、平水年）进行评估、对比分析；或者选取社会经济政策变化较大的年份进行评估、对比分析。

从季节变化出发，根据降雨时空分布、水文特征等特点，判断该地区是否适合进行季节性分析。如果适合，需采用基于月际显著性的季节划分方法或者聚类分析方法将 12 个月划分为平水期、丰水期、枯水期 3 个时期，最后分别评估并比较分析不同季节的水环境承载力大小以及水环境承载力承载状态变化情况。

（1）基于月际显著性的季节划分方法

通常情况下，将一年划分的"季节"数量越多，越能充分利用水体的水资源和自净能力。但是划分的"季节"数越多，管理过程就越复杂，管理费用也随之提高，同时也不利于水域的污水处理系统运行。在进行基于月际水环境承载力的季节划分方法中，通常将一年分为雨季、旱季两个季节，划分的方法可分为两种：一是根据研究对象 12 个月的月设计流量值，凭经验确定 1 个流量临界值，流量低于（或等于）临界值的月份归为枯水季，流量高于（或等于）临界值的月份归为丰水季，最后形成季节划分方案；二是先将 12 个月中最枯月划为旱季，剩下 11 个月为雨季；然后将靠近最枯月的 2 个月中流量小的那个月与最枯月并为旱季，剩下 10 个月为雨季；依此方法，直至将 12 个月都划分为旱季为止，共有 12 种方案（其中 12 个月都为旱季的划分方案即为传统的水环境承载力核算方法，作为对照方案）。并对各季节划分方案的月流量进行差异显著性分析，若差异显著，则该划分方案适合进行季节性动态水环境承载力核算；若差异不显著，则不适合进行季节性动态水环境承载力核算，并从 12 种方案中剔除该方案。

（2）基于聚类分析的季节划分方法

聚类分析是根据变量之间存在的不同程度相似性，将变量划分为若干类，同类变量之间的"距离"较小。基于聚类分析的季节划分方法中，首先要核算该地区的水环境容量、水资源供给量、主要污染物的排污量、水资源开发利用量，然后以 12 个月作为聚类对象，以上述 4 类数据作为聚类变量进行聚类分析。

4.1.4 评估指标体系构建

在指标体系构建过程中，由于评估的层级及对象不同，需要构建相应指标体系。

流域水环境承载力大小与水系统承载力因子相关，可以从水环境容量、水资源可利用量以及流域水生态服务功能供给三个角度构建综合评估指标体系。其中，考虑到一些地区的水环境容量无法核算，需要构造表征水环境容量相对大小的指标，在流域水环境承载力大小评估指标体系构建过程中可分为两种情况，即水环境容量等分量可以进行核算与不可进行核算。具体构建方法详见 4.2 节。

流域水环境承载力承载状态不仅与水系统承载力因子相关，还与压力因子相关，但考虑到水生态压力因子无法具体量化，本书仅从水环境与水资源两个方面着手构建指标体系。其中，当水环境容量等分量可以进行核算时，可以从水环境承载率以及水资源承载率两个角度构建流域水环境承载力承载状态评估指标体系；当水环境容量等分量不可进行核算时，则基于水环境承载力的影响因子路径分析结果，从水资源子系统和水环境子系统的承载力和所承受的压力两个角度构建指标体系。具体构建方法详见 4.3 节。

在流域水环境承载力大小及承载状态研究的基础上，流域水环境承载力开发利用潜力的指标体系可以从承载力大小、承载状态、污染物排放能力以水资源开发利用能力、区域发展能力等 4 个方面构建。具体构建方法详见 4.4 节。

4.1.5　评估方法选取

目前流域水环境承载力动态评估主要是通过构建评估指标体系，采用不同的评估方法（如短板法、内梅罗指数法与综合评价方法）进行评估，综合评价方法中权重确定方法可以选取结构方程、突变级数法、熵权法、状态空间法和主成分分析法等方法，然后，根据评估结果对水环境承载力进行分析。

4.1.5.1　短板法

1983 年，社会学与人类学家威廉·卡顿（William Catton）出版《超越》（*Overshoot*）一书，书中指出盛世时代已经过去，人口已经超越承载力，挥霍的人类已经耗尽地球的储蓄余存；工业革命使我们危险地依赖日益减少的不可再生资源；承载力是有限的，不仅在食物供给方面，而且在任何不可或缺且不充足的资源方面。卡顿给出以下两个基本原则。

（1）最小法则

环境承载力是由最不充足且不便于获取的生活必需品（相对于人均需求）决定的。这个法则很难克服，但却可以通过一些手段改变其限制性，诸如贸易可以扩大最小法则的运用。

（2）范围扩大法则

两个或两个以上资源禀赋不同的地区组合起来的承载力可能大于单个地区承载力的总和。为提高承载力，人类不断试图利用范围扩大法则，提高环境承载力。

短板法源于短板理论，短板理论又称"木桶原理""水桶效应"，即木桶的整体效应是由最短的木板来决定的，短板的尺寸越小，整体效应越差。流域水环境承载力最关键的影响因子限制了其大小以及承载状态，因此可以采用短板法评估水环境承载力大小与承载状态，具体评估方法如式（4-1）所示。

$$\begin{cases} 当 P_i 为正向指标：P = \min(P_1, P_2, \cdots, P_n) \\ 当 P_i 为负向指标：P = \max(P_1, P_2, \cdots, P_n) \end{cases} \quad (4\text{-}1)$$

式中：P——流域水环境承载力评估结果；

　　P_i——第 i 种因子评估结果；

　　n——影响因子个数。

4.1.5.2　内梅罗指数法

内梅罗指数法克服了平均值法各要素分担的缺陷，兼顾了单要素污染指数的平均值和最高值，可以突出水环境承载力大小以及承载状态中最主要的影响因子，计算公式如式（4-2）所示。

$$P = \sqrt{\frac{\overline{P}^2 + P_{max}^2}{2}}$$
$$\overline{P} = \frac{1}{n}\sum_{i=1}^{n} P_i$$

（4-2）

式中：P——综合承载率；

　　$\overline{P}$——各要素承载率的平均值；

　　P_{max}——各要素承载率的最大值；

　　P_i——第 i 种要素承载率。

4.1.5.3　综合评价方法

综合评价方法包括很多，常用的包括层次分析方法、模糊综合评判、数据包络分析、人工神经网络评价方法与灰色综合评价方法等。本书水环境承载力综合评价方法采用的是线性加权综合评价模型（也可以采用非线性加权综合评价模型）。

$$P = \sum_{i=1}^{n} \omega_i \times x_i$$

（4-3）

式中：P——流域水环境承载力评价综合指数；

　　ω_i——第 i 个指标的权重；

　　x_i——第 i 个指标标准化结果；

　　n——指标个数。

其中权重确定方法包括突变级数法、熵权法、模糊综合评价法与基于路径分析（结构方程）的权重确定方法等。

（1）突变级数法

突变级数法是一种对评价目标进行多层次分解，然后利用突变理论与模糊数学相结合产生突变模糊隶属函数，再由归一公式进行综合量化运算，最后归一为一个参数，即求出总的隶属函数，从而对评价目标进行排序分析的一种综合评价方法。突变级数法的应用需要判断系统控制变量间的互补关系，若各变量间显示互补，则对应的突变级数值取其平均数；若各变量间不存在互补关系，则按照"大中取小"原则取值。突变级数法基本步骤如下。

第一步：根据评价目的，对评价总指标进行多层次分解。

将目标层次的结构排列成倒立树状，并进行重要性排序，重要指标排在前面，次要指标排在后面[①]。

第二步：确定突变评价指标体系的突变系统类型。

突变系统类型一共有 7 个，最常见的有 3 个，即尖点突变系统、燕尾突变系统和蝴蝶突变系统。

尖点突变系统模型：

$$f(x) = x^4 + ax^2 + bx \tag{4-4}$$

燕尾突变系统模型：

$$f(x) = \frac{1}{5}x^5 + \frac{1}{2}ax^3 + \frac{1}{3}bx^2 + cx \tag{4-5}$$

蝴蝶突变系统模型：

$$f(x) = \frac{1}{6}x^6 + \frac{1}{4}ax^4 + \frac{1}{3}bx^3 + \frac{1}{2}cx^2 + dx \tag{4-6}$$

其中，$f(x)$ 表示一个系统的状态变量 x 的势函数，状态变量 x 的系数 a、b、c、d 表示该状态变量的 4 个控制变量。若 1 个指标可分解为 2 个子指标，该系统可视为尖点突变系统；若 1 个指标可分解为 3 个子指标，该系统可视为燕尾突变系统；若 1 个指标可分解为 4 个子指标，该系统可视为蝴蝶突变系统。

第三步：由突变系统的分歧方程导出归一公式。

根据突变理论，尖点突变系统的归一公式为 $x_a = a^{\frac{1}{2}}$，$x_b = b^{\frac{1}{3}}$，式中 x_a 表示对应 a 的 x 值，x_b 表示对应 b 的 x 值。

燕尾突变系的归一公式为

$$x_a = a^{\frac{1}{2}}, \quad x_b = b^{\frac{1}{3}}, \quad x_c = c^{\frac{1}{4}} \tag{4-7}$$

蝴蝶突变系的归一公式为

$$x_a = a^{\frac{1}{2}}, \quad x_b = b^{\frac{1}{3}}, \quad x_c = c^{\frac{1}{4}}, \quad x_d = d^{\frac{1}{5}} \tag{4-8}$$

---

① 注意：因为一般突变系数某状态变量的控制变量不超过 4 个，相应地，一般各层指标分解也不要超过 4 个；原始数据只需要知道最下层子指标的数据即可。

在这里，归一公式实质上是一种多维模糊隶属函数。

第四步：利用归一公式进行综合评价。

根据多目标模糊决策理论，对同一方案，在多种目标情况下，如设 A_1，A_2，$\cdots$，A_m 为模糊目标，则理想的策略为：$C = A_1 \cap A_2 \cap \cdots \cap A_m$，其隶属函数为 $\mu(x) = \mu_{A_1}(x) \cap \mu_{A_2}(x) \cap \cdots \cap \mu_{A_m}(x)$，式中 $\mu_{A_i}(x)$ 为 A_i 的隶属函数，定义为此方案的隶属函数，即为各目标隶属函数的最小值。

对于不同的方案，如设 $G_1, G_2, \cdots, G_n$，记 G_i 的隶属函数为 $\mu_{G_i}(x) > \mu_{G_j}(x)$，则表示方案 G_i 优于方案 G_j。因而，利用归一公式对同一对象各个控制变量（即指标）计算出的对应的 x 值应采用"大中取小"原则，但对存在互补性的指标，通常用其平均数代替。

（2）熵权法

熵权法是一种根据各项指标观测值所提供的信息的大小（即信息熵）确定指标权重的客观赋权方法。指标的离散程度越大，该指标对综合评价的影响越大，其权重也就越大。因此，可以利用熵权法确定水环境承载力评价指标的权重，进而确定流域水环境承载力大小、承载状态以及开发利用潜力，如式（4-9）所示。

$$P_i = \sum_{j=1}^{m} \omega_j x_{ij}$$

$$\omega_j = \frac{1 - E_j}{\sum_{j=1}^{m}(1 - E_j)}$$

$$E_j = -\frac{1}{\ln n} \sum_{i=1}^{n} \delta_{ij} \ln \delta_{ij} \qquad (4\text{-}9)$$

$$\delta_{ij} = x_{ij} \bigg/ \sum_{i=1}^{n} x_{ij}$$

式中：P_i——第 i 个评价单元或第 i 年流域水环境承载力综合评价指标；

　　　ω_j——第 j 个指标的权重；

　　　E_j——第 j 个指标的信息熵；

　　　δ_{ij}——指标标准化后的占比；

　　　x_{ij}——指标标准化结果；

　　　n——指标个数。

（3）模糊综合评价法

模糊综合评价法是一种基于模糊数学的综合评价方法，即用模糊数学对受到多种因素制约的事物或对象做出一个总体的评价。该方法具有结果清晰、系统性强的特点，能较好地解决模糊的、难以量化的问题，适合解决各种非确定性问题。对于区域水资源利用、污染物排放强度、区域发展能力的评价，也就是判断哪些区域水环境承载力开发水平"大"、哪些区域相对"小"，哪些区域水环境承载力发展能力"大"、哪些区域相对"小"。而对于"大"与"小"的这个概念界定中，并没有明确的界限。这就需要应用模糊数学的方法，通过确定模糊集合和隶属度函数，并与权重之间进行适当的运算，对区域水资源利用、污染物排放强度、区域发展能力做出综合评价。模糊综合评价的计算步骤如下。

第一步：确定评价因素（指标）集 U。

设 $U = \{u_1, u_2, \cdots, u_n\}$，其中 $u_1, u_2, \cdots, u_n$ 为被评价对象的各个因素。首先建立因素集合，将指标层分为因素集，其中因素集 $U = \{U_1, \cdots, U_p\}$，表示指标体系中的 p 个准则层，这里只有 1 个指标层，即开发水平（或发展能力）。子因素集 $U_i = \{U_{i1}, U_{i2}, \cdots, U_{im}\}$，其中 m 为每个准则层下的指标个数。U_{im} 即为万元工业增加值耗水量、万元工业增加值 COD 排放量、万元工业增加值氨氮排放量等指标。

第二步：确定评价等级（评语）集 V。

设 $V = \{v_1, v_2, \cdots, v_n\}$，其中 $v_1, v_2, \cdots, v_n$ 为各个等级（评语）。

第三步：确定模糊（关系）矩阵 $\boldsymbol{R}$。

对每个单评价因素 $u_i (i=1, 2, \cdots, n)$ 进行评价，得到 V 上的模糊集 $(r_{i1}, r_{i2}, \cdots, r_{im})$。它是从 U 到 V 的一个模糊映射 f，由 f 可以确定一个模糊关系矩阵 $\boldsymbol{R}$，即：

$$\boldsymbol{R} = \begin{bmatrix} r_{11} & r_{12} & \cdots & r_{1m} \\ r_{21} & r_{22} & \cdots & r_{2m} \\ \vdots & \vdots & & \vdots \\ r_{n1} & r_{n2} & \cdots & r_{nm} \end{bmatrix} \tag{4-10}$$

实际上，在之前分类进行指标数据无量纲化处理时，就已经建立了模糊关系。因此，直接用处理后的数据即可。通过隶属度函数的计算，得到一个模糊评价矩阵 $\boldsymbol{R}_{m \times n}$，其中 m 为评价指标的个数，n 为评价对象个数。

第四步：确定评价权重集 W。

通过熵值法确定的权重 W，设各个因素 $u_1, u_2, \cdots, u_n$ 所对应的权重分别为 $w_1, w_2, \cdots, w_n$，则 $\boldsymbol{W} = (w_1, w_2, \cdots, w_n)$，可看作 U 的模糊集。

第五步：综合评价。

设 $\boldsymbol{B} = \boldsymbol{W} \circ \boldsymbol{R}$，其中运算关系"○"由评价函数所确定。根据 $\boldsymbol{B}$ 各分量的大小可对被评对象进行评价。一般情况下，$\boldsymbol{B}$ 中大的分量所在的等级可作为被评对象的评价等级。

令 $\boldsymbol{B} = \boldsymbol{W} \circ \boldsymbol{R} = (b_1, b_2, \cdots, b_m)$，其中"○"是模糊综合运算符，在模糊数学中称为模糊算子。模糊算子有多种形式，其中最常用的情况是"取大取小算子"和"乘与和算子"。结合熵值法确定的权重 W，选择常用的矩阵乘法为运算法则。

（4）基于路径分析（结构方程）的权重确定方法

路径分析的概念于 20 世纪 20 年代由 Wrights 提出，主要目的是检验一个假想的因果模型的准确性和可靠程度，成为后来结构方程模型的思想启蒙。到 20 世纪 70 年代中期，结构方程模型问世，由瑞典心理测量学家和统计学家 Jereskog 首次提出。结构方程模型（Structural Equation Model，SEM）是一种基于变量的协方差矩阵来分析变量之间关系的统计方法，是验证性因子模型与因果模型的结合。不仅如此，SEM 整合了路径分析与多元回归等方法，能够处理多个因变量，能够进行流域水环境承载力影响因子的路径分析。与传统的分析方法相比，结构方程模型具有以下 5 个方面的优势。

1）同时处理多个因变量

使用结构方程模型分析时，可以同时考虑并处理多个因变量。在传统的计量模型中，一般方程的因变量只有一个，但是在许多研究领域中，其研究的因变量常常多于一个，例如环境行为的影响因素。对于有多个因变量的分析，在传统的回归分析方法或者路径分析方法中，看似是对多个因变量同时考虑，实际上仍然是针对每一个因变量逐一地计算其路径系数或者回归系数，这样很可能会忽略其他因变量的存在及其影响。但在结构方程模型中，这些变量是同时被处理的，在模型拟合时对所有变量信息都进行了考虑，因此可以增加模型的有效性。

2）容许自变量和因变量含测量误差

在传统的计量模型中，自变量一般是可以直接观测的，因此不存在观测误差。但许多研究课题的模型所涉及的自变量常常是不能被直接观测的，这样就会有一定的观测误差存在。而结构方程模型在估算参数的时候允许变量误差的存在，因此相较于传统方法，结构方程模型可以加强对实际问题的解释。

3）同时估计因子结构和因子关系

在传统的分析方法中，估算因子负荷和因子之间的关系分为两个步骤。首先对每个潜变量利用因子分析计算其与题目（或观测变量）的关系，对因子负荷进行测量，评估其信度与效度，然后计算因子得分。这两个步骤是相互独立的，而在结构方程模型中，这两个步骤则是一起进行的，即将因子间的结构关系和因子、题目（或观测变量）间的结构关系同时纳入模型中进行拟合，因此可以增加估算结果的精确性。

4）容许更大弹性的测量模型

在传统的分析方法中，对模型的设定有较多的限制，例如每一个指标只能隶属于单一的因子，不允许高阶因子的存在。而在结构方程模型中，不存在这样的限制，其允许单一指标隶属于多个因子，允许高阶因子的存在。在处理因子结构关系拟合时，也允许自变量之间存在共变方差的关系。

5）估计整个模型的拟合程度

在传统的因子分析或者路径分析中，只能估计每个路径的因子载荷，估算变量之间的强弱。而在结构方程模型中，除了可以估算传统因子分析中的参数外，还可以估算不同模型对于同一范本数量的整体拟合情况，进而判定哪一个模型更加靠近数据所呈现的关系。

正是基于以上这些优点，本书将结构方程模型（SEM）运用到土地利用/覆盖变化与水环境承载力（减压/增容）和水质状况的关联性研究中。主要步骤如下。

第一步：因果路径分析及测量变量选择。

水环境的承载状态直接决定了水环境质量的好坏，而流域水环境承载力承载状态由水环境承载力（容量大小）和水环境压力共同决定；容量越大，压力越小，则水环境承载力状态越趋于安全，水环境质量越好。因此，本书从水环境承载力大小、用水与排污强度和区域发展能力三方面出发，深刻讨论各环节及水环境承载力承载状态之间的相互影响关系，以进一步讨论对水环境质量的影响。图4-2为水环境承载系统结构方程模型构架图，也称影响路径图。

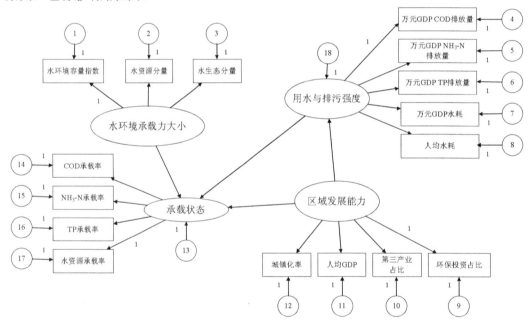

图4-2　水环境承载系统结构方程模型构架图（例）

第二步：模型建立及检验。

基于因果路径分析及潜变量、测变量的选择结果，初步构建结构方程模型；将处理好的测变量原始数据标准化后，形成SPSS数据格式，导入AMOS软件中，进行SEM模型的量化计算，以确定模型结构、标准化系数与相互作用系数。

结构方程模型分为测量模型和结构模型两个部分，分别是测量方程和结构方程。测量方程以因子分析的方式描述潜变量与测量指标之间的关系；结构方程则通过一种路径关系图直观地描述潜变量之间的关系。在结构方程模型中，用潜变量表征无法直接测量的变量；用测量变量来表征可直接测量的变量。

测量模型：

$$X = \Lambda_X \xi + \delta$$
$$Y = \Lambda_Y \eta + \varepsilon \tag{4-11}$$

式中：ξ——外生潜变量矩阵；

X——ξ 的测量变量矩阵；

Λ_X——X 和 ξ 之间的关系测量系数矩阵；

δ——方程残差矩阵；

η——内生潜变量矩阵；

Y——η 的测量变量矩阵；

Λ_Y——Y 和 η 之间的关系测量系数矩阵；

ε——方程残差矩阵。

其中，δ 与 ξ、η 及 ε 之间不存在相关性，ε 与 η、ξ 及 δ 之间也不存在相关性。

结构模型：

$$\eta = B\eta + \Gamma\xi + \zeta \tag{4-12}$$

式中，ξ——外生潜变量；

η——内生潜变量；

B——内生潜变量间关系的内生潜变量系数矩阵；

Γ——外生潜变量对内生潜变量影响关系的系数矩阵；

ζ——方程残差矩阵，即方程中 η 未被解释的部分。

模型运行后，需要对模型的计算结果进行评价，以确定所建模型的准确性和可信性。评价一个刚建成或修正的模型时，主要检查的内容包括以下几个方面：

①结构方程的解是否合适，包括迭代估计是否收敛、各参数估计值是否在合理范围内；

②参数与预设模型的关系是否合理；

③检视多个不同类型的整体拟合指数，如绝对拟合指数 x^2、RMSEA（root mean square error of approximation，近似误差均方根）、SRMSR（standardized root mean square residual，标准化残差均方根）、GFI（goodness of fit index，拟合优度指数）、AGFI（adjusted goodness of fit index，调整拟合优度指数）以及相对拟合指数 NNFI（non-normed fit index，非范拟合指数）、NFI（normed fit index，赋范拟合指数）、CFI（comparative fit index，比较拟合指数）等，以衡量模型拟合程度。

第三步：模型运行结果分析与权重计算。

经过修正且符合模型评价标准后，即可对模型的计算结果进行解读分析，确定各路径之间的影响关系。根据结构方程模型的输出结果，可以看出各变量间的关系大小和正负效应。潜变量之间的计算数值表示各潜变量之间相互影响的大小；潜变量与测变量之间的计算数值表示各测变量对潜变量的因子载荷，计算数值越大则影响作用越显著。

贡献率的大小是不同变化路径对水环境承载力（减压/增容）和水环境质量影响大小的量化。可根据各潜变量之间的路径关系和作用系数、各测变量对潜变量的因子载荷计算不同指标对水环境承载力（减压/增容）和水环境质量的贡献率大小，进而确定各个指标的权重，最后确定水环境承载力大小与承载状态，也可为双向调控（减压/增容）的路径设计及其效果模拟提供基础。

$$P = \sum_{i=1}^{n} \omega_i x_i$$
$$\omega_i = \frac{|\lambda_i|}{\sum_{i=1}^{n} |\lambda_i|} \tag{4-13}$$

式中：P——流域水环境承载力评估结果；

ω_i——第 i 个指标的权重；

λ_i——第 i 个指标的路径系数；

x_i——第 i 个指标标的准化结果；

n——指标个数。

4.1.6 评估结果分析

评估分级标准分为评估指标分级标准和评估结果分级标准，根据评估指标分级标准可以确定评估结果分级标准，为定量定性研究水环境承载力状况提供科学依据。流域水环境承载力评估指标分级标准值的拟定遵循以下原则：

①对于目前公认的单项分级指标，可以参考国家标准对数据进行分级，如 COD 浓度、TP 浓度、NH_3-N 浓度等；

②对于无参考的指标，可以对流域自身或者与相邻、相似地区进行比较，选取最优值和最劣值，作为评估指标的上下限，然后进行相应分级。

不同的评估方法对应的评估结果分级标准也有所差异，可以根据评估指标的节点数值，按照与水环境承载力评估相同的方法确定最终的评估结果标准。

4.1.7 分区调控措施设计

从流域尺度上，按照国家控制单元或者行政区边界将流域划分为多个子单元，不同子单元的水环境承载力大小、承载状态以及开发利用潜力均不同。因此，流域水环境管理必须从分区的角度，进行"从下而上"的管理，达到提高流域水环境承载力、改善水环境质量、恢复流域水生态环境健康的目的。

　　流域水环境承载力评估对象分别是承载力大小、承载状态以及开发利用潜力。综合流域水环境承载力评估结果，选取对水环境承载力影响较大的影响因子作为分区指标，按照不同的分级标准将流域各个子单元划分为不同的管理区域。如按照流域水环境承载力承载状态评估结果，可以将流域分为承载状态良好区域、承载状态一般区域、临界超载区域、一般超载区域、严重超载区域；也可以从水环境承载力大小、承载状态、水资源脆弱度等多个角度进行分区，将子单元分为重点保护区、限制开发区、控制开发区和优化开发区等，不同的管理目标也对应不同的分区标准。

4.2　流域水环境承载力大小动态评估技术方法

4.2.1　影响因子分析

　　社会经济的发展离不开自然系统的支持，水系统为人类社会经济活动提供水资源、容纳和消减生活及生产污染物，又维持社会经济以及自然系统稳定，从而满足社会经济可持续健康发展的需求。一方面，承载力影响因子与区域内的自然条件相关。水量丰盈、水质情况良好、陆域林草覆盖率高、水生态服务功能高，则该地区水环境承载力较高。另一方面，承载力影响因子与社会条件相关。随着人们对社会经济可持续健康发展的需求越来越高，对水系统的要求也随之升高，如提高水质目标、保证生态需水、增加水资源利用能力、恢复流域生物多样性等，导致水环境容量降低、可利用水资源量减少，水系统支持能力下降，水环境承载力大小也相应降低。因此，流域水环境承载力大小受社会经济发展目标与自然条件的共同约束，其约束关系见图4-3。

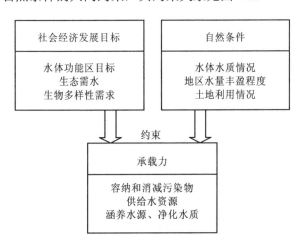

图 4-3　流域水环境承载力约束条件

流域水环境承载力大小的评估对象是流域天然水系统能够为人类活动提供的支撑能力，是自然水系统的属性评估，与社会水系统给自然水系统带来的压力无关。流域水环境承载力大小偏重于流域水体对社会经济的承载力，如容纳污染物、供给水资源。不仅如此，流域具有水质净化、水源涵养等能力，间接影响流域水环境承载力大小。流域水环境承载力大小影响因子分析模型见图4-4。

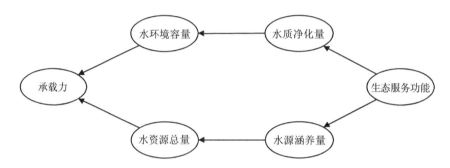

图4-4 流域水环境承载力大小影响因子分析模型

从水环境容量角度出发，流域水体的水环境质量越好，所能容纳的污染物越多。流域水环境承载力大小与水质功能区划的水质目标、污染物特性相关。由于流域水环境污染情况复杂多变，需要根据流域水系统污染特性选择多种典型污染物，分别计算水环境容量大小，如计算 COD 环境容量、NH_3-N 环境容量、TP 环境容量等。

从水资源总量角度分析，流域水资源分为地表水和地下水，但随着跨区域调水、再生水利用等科技手段的出现，流域的水资源供给能力也在逐步提高，区域调水量、再生水量都可以作为本流域的水资源量，尤其是发达地区的再生水已经用于河道补给等多种途径。

从生态服务功能角度，流域水环境承载力大小以人为中心，偏重于水生态系统对陆域人类生存生活的承载力，流域水生态主要与陆域土地利用以及水体自然条件相关。水循环是一个复杂的过程，陆域降水会通过地表径流、地下径流等多种途径汇入流域水体。不仅如此，陆域污染物也会随着径流进入水体，从而污染水体。尤其是降水后，部分地区的河流水质会出现明显恶化情况。在水循环过程中，流域植物具有截留污染物、净化水质、涵养水源的能力，间接提高流域水系统承载力。而且流域水质净化能力和水源涵养能力越高，承载力越大。

4.2.2 评估指标体系构建

4.2.2.1 基于控制单元的流域水环境承载力大小评估指标体系构建

根据流域水环境承载力大小路径分析结果，可以直接从流域水环境容量、水资源总量与水生态分量角度构建基于控制单元的流域水环境承载力大小评估指标体系，见表4-1。

表4-1　基于控制单元的流域水环境承载力大小评估指标体系

目标层	指标层	分指标	单位
水环境承载力 大小评估	水环境容量	COD 环境容量	t
		NH₃-N 环境容量	t
		TP 环境容量	t
	水资源总量	年均降水量	mm
		地表水量	m³
		地下水量	m³
		退水量	m³
	水生态分量	水源涵养量	mm
		水质净化能力	%
		水文连通性	%
		水域面积占比	%
		林草覆盖度	%

水环境容量是指在满足水环境功能区划目标前提下，水体所能容纳的最大污染负荷量，如 COD 环境容量、NH₃-N 环境容量、TP 环境容量；水资源总量表征在一定的水资源开发利用能力下，既能满足居民生活、生产等社会经济发展用水需求，又能满足生态需水的水资源承载力，包括地表水量、地下水量等；水生态分量表征水生态系统对人类社会经济发展的支持能力，主要体现为水生态系统的供给能力、调节能力和支持能力等，选择对水环境质量以及水资源影响大的因素作为评估指标，包括水源涵养量、水质净化能力等。

4.2.2.2　基于行政单元的流域水环境承载力大小评估指标体系构建

根据流域水环境承载力大小因子路径分析结果，从水环境容量、水资源总量、水生态分量 3 个角度出发，选取污染物浓度、降水量、水源涵养量等指标，构建基于行政单元的流域水环境承载力大小评估指标体系，见表4-2。

流域水环境容量与水质、污染物特性有关，可以选择对水环境质量影响大的污染物作为研究对象，如 COD 浓度、TP 浓度、NH₃-N 浓度。水资源总量与区域的降水、自然地理等条件有关；随着跨区域调水、水库建设以及再生水利用等科学技术的发展，区域的水资源供给能力也在提高，因此可以根据地区实际供水情况，选择降水量、地表水量、地下水量、再生水量等作为评估指标；流域水生态分量与流域陆域土地利用、河流自然条件相关，可以选取水源涵养能力、水质净化能力、河流蜿蜒度等指标表征水生态承载力的大小。

表 4-2 基于行政单元的流域水环境承载力大小评估指标体系

目标层	指标层	分指标	单位
水环境承载力大小评估	水环境容量	本地 COD 浓度	mg/L
		本地 NH_3-N 浓度	mg/L
		本地 TP 浓度	mg/L
		COD 水质目标	mg/L
		NH_3-N 水质目标	mg/L
		TP 水质目标	mg/L
	水资源总量	降水量	mm
		地表水量	m^3
		再生水量	m^3
		地下水量	m^3
	水生态分量	湿地面积占比	%
		水文连通性	%
		水源涵养量	mm
		水质净化能力	%
		河流蜿蜒度	%

流域水环境承载力与流域的水环境子系统、水资源子系统、水生态子系统以及社会经济子系统息息相关。通过对水环境承载力进行路径分析，定量分析承压因子对水环境承载力的影响程度，可以识别主要影响因子，更加全面地构建水环境承载力大小评估指标体系。

4.2.3 评估方法选取

流域水环境承载力大小量化是物理意义最明确的，建议选用短板法、内梅罗指数法以及结构方程模型，具体评估方法参照 4.1.5 节以及其他评估方法。

4.2.4 评估结果分级标准设计

按照 4.1.6 节的方法，确定水环境承载力大小评估结果标准。对流域水环境承载力大小评估结果标准而言，可以按照评估结果分为承载力最小、承载力较小、承载力一般、承载力较大、承载力最大共 5 个级别。

4.3 流域水环境承载力承载状态评估技术方法

4.3.1 影响因子分析

社会经济发展需求是水系统压力的主要来源，如污染物的排放、水资源的消耗、生态破坏等都源于社会经济发展需求。在社会经济发展需求驱动下，出现了污染物排放、用水与生态空间挤占等人类耗水与污染行为，使得水系压力越来越大，水环境承载力承载状态越来越差。与此同时，随着技术进步、环保意识提高、环保投资增加、各种节水和治污措施施行，污染物入河量减少，水资源利用效率提高，使得水系统的压力不断降低，水环境承载力承载状态逐渐向好。因此，社会经济发展对水系统的压力是双向的，见图 4-5。

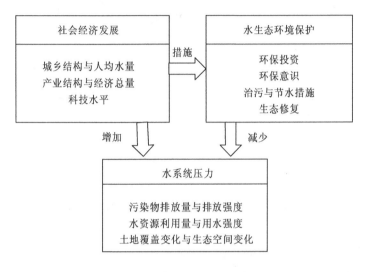

图 4-5　水系统压力来源分析

依据水环境承载力的概念和内涵，水环境承载力的本质反映了自然系统与社会经济系统的承载阈值。当社会经济系统对水环境、水资源与水生态的开发利用超过了水系统的承载能力时，水环境承载力承载状态显示超载，因此水环境承载力大小与压力之间的关系反映了水环境承载力承载状态，见图 4-6。然而，由于水环境承载力具有时空动态变化的特征，并且具有可调控性，因此随着社会经济的发展以及生态环境保护措施的施行，水系统的压力也将逐步降低，承载能力不断提高，承载状态得到改善。

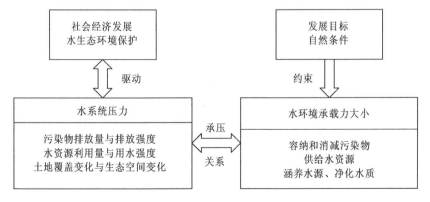

图 4-6　水环境承载力承载状态影响因子分析

流域水系统压力主要来自人类社会生产生活污染物的排放以及水资源利用，流域水系统压力可以用污染负荷以及水资源利用量进行表征。其中，污染负荷是指陆域点源以及面源污染物入河量，水资源利用量是指人类生产用水、生态用水以及生活用水。流域水系统压力因子路径分析模型见图4-7。

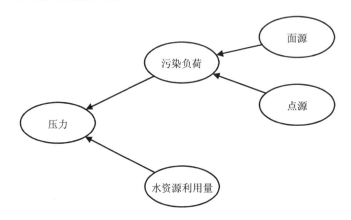

图 4-7   流域水系统压力因子路径分析模型

从污染负荷角度分析，点源和面源是影响流域水体水环境质量的主要来源。点源主要包括污水处理厂等集中式处理设施、工业污水处理设施等，面源主要包括生活面源、农业面源以及地表径流源等。常见污染物有 COD、NH$_3$-N、TP、TN 等，点源污染物排放量可以通过排污口的监测数据获得。面源相较于点源来说，排污口位置不可测，污染物排放量不可监测，主要与降水径流、城镇不透水面积、农作物种植面积、化肥施用量、牲畜量等因素相关。

从水资源利用量角度分析，居民的生产、生活离不开水资源。水资源主要用于居民生活、农业种植、农业养殖、工业生产等用途。水资源利用量与人均水耗、居民数量、农作物种植面积以及牲畜量相关。不仅如此，城市发展程度不同，节水措施以及节水量也不同。

综合流域水系统压力因子，搭建流域水系统压力路径分析模型，见图4-8。

流域水环境承载力承载状态是指流域水系统社会经济子系统人类活动给自然水系统带来的压力（用水与排水等）超过自然水系统提供的水环境承载力的程度，从某种角度可以反映人类活动与水环境功能结构间的协调程度，是判断水系统能否持续健康发展的重要手段。流域水环境承载力承载状态路径分析模型见图4-9。

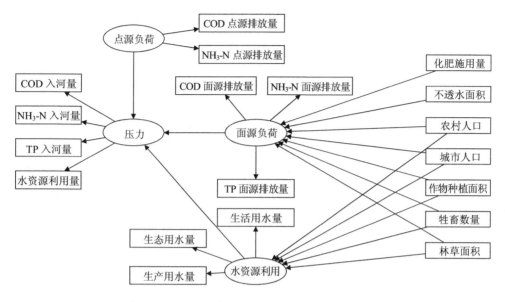

图 4-8　流域水系统压力路径分析模型

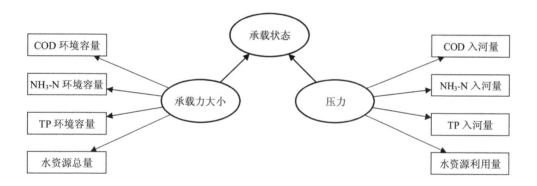

图 4-9　流域水环境承载力承载状态路径分析模型

4.3.2　评估指标体系构建

4.3.2.1　基于控制单元的流域水环境承载力承载状态评估指标体系构建

根据水环境容量、水资源总量、污染负荷以及水资源利用量核算结果，计算水环境承载率（污染负荷与水环境容量的比值）与水资源承载率（水资源利用量与水资源总量的比值）。依据水环境要素对人类生存与活动影响的重要程度，从水环境承载率、水资源承载率方面构建基于控制单元的流域水环境承载力承载状态评估指标体系，见表 4-3。

表 4-3 基于控制单元的流域水环境承载力承载状态评估指标体系

目标层	指标层	分指标
流域水环境承载力 承载状态评估	水环境承载指数	COD 承载率
		NH$_3$-N 承载率
		TP 承载率
	水资源承载指数	水资源承载率

结合污染源污染物的排放情况，选取 COD 承载率、NH$_3$-N 承载率、TP 承载率表征水环境质量状况；水资源承载率是水资源利用量与水资源总量的比值，水资源利用量主要包括居民生活用水、工业生产用水、农业生产用水、旅游业用水、畜牧业用水、生态环境用水等，通过核算不同用途的水资源利用量，确定水资源承载率；最后，结合各分量评估结果，采用合适的评估方法来评估流域水环境承载力承载状态。

4.3.2.2 基于行政单元的流域水环境承载力承载状态评估指标体系构建

根据流域水环境承载力承载状态因子路径分析结果，从流域水系统压力以及承载力大小两个角度构建基于行政单元的流域水环境承载力承载状态评估指标体系，见表 4-4。其中，流域水系统压力主要包括点源排放量和面源排放量以及水资源利用量，流域水系统承载力主要分量包括水环境容量、水资源总量以及水生态分量。

4.3.3 评估方法选取

流域水环境承载力承载状态量化物理意义明确，建议选用短板法、内梅罗指数法以及其他综合评价方法，也可以构建结构方程确定指标权重的结构方程，具体评估方法参照 4.1.5 节以及其他评估方法。

表 4-4 基于行政单元的流域水环境承载力承载状态评估指标体系

目标层	指标层	分层	分指标层	单位
流域水环境承载力 承载状态	水环境压力	点源排放量	COD 点源排放量	t
			NH$_3$-N 点源排放量	t
			TP 点源排放量	t
		面源排放量	COD 面源排放量	t
			NH$_3$-N 面源排放量	t
			TP 面源排放量	t
		水资源利用量	生活用水量	m^3
			生产用水量	m^3
			生态用水量	m^3

目标层	指标层	分层	分指标层	单位
流域水环境承载力承载状态	水环境承载力大小	水环境容量	本地 COD 浓度	mg/L
			本地 NH$_3$-N 浓度	mg/L
			本地 TP 浓度	mg/L
			COD 水质目标	mg/L
			NH$_3$-N 水质目标	mg/L
			TP 水质目标	mg/L
		水资源总量	降水量	mm
			再生水量	m^3
			地表水量	m^3
			地下水量	m^3
		水生态分量	湿地面积占比	%
			水文连通性	%
			水源涵养量	mm
			水质净化能力	%
			河流蜿蜒度	%

4.3.4　评估结果分级标准设计

按照 4.1.6 节方法，确定水环境承载力承载状态评估结果标准。对流域水环境承载力承载状态而言，可分为承载状态良好、承载状态一般、临界超载、一般超载、严重超载。

4.4　流域水环境承载力开发利用潜力评估技术方法

4.4.1　影响因子分析

流域水环境承载力开发利用潜力评估在水环境承载力大小与承载状态的评估基础上，兼顾评估提高承载力与减轻人类活动压力的能力，可以从流域水环境承载力大小、水环境承载力承载状态、污染物排放强度与水资源利用强度、区域发展能力 4 个方面构建流域水环境承载力开发利用潜力评估指标体系。

4.4.2　评估指标体系构建

基于控制单元的流域水环境承载力开发利用潜力评估指标体系与基于行政单元的流域水环境承载力开发利用潜力评估指标体系一致，均是从水环境承载力大小、水环境承载力承载状态、污染物排放强度与水资源利用强度、区域发展能力 4 个方面构建，具体情况见表 4-5。

表 4-5　流域水环境承载力开发利用潜力评估指标体系

目标层	准则层	指标层		单位
流域水环境承载力开发利用潜力	水环境承载力大小	—		—
	水环境承载力承载状态	—		—
	污染物排放强度与水资源利用强度	水资源	人均生活用水量	m³/万人
			万元 GDP 水耗	m³/万元
		污染物	万元 GDP COD 排放量	t/万元
			万元 GDP NH₃-N 排放量	t/万元
			万元 GDP TP 排放量	t/万元
	区域发展能力	城镇化率		%
		人均 GDP		万元/人
		第三产业占比		%
		环保投资占比		%
		污水处理率		%

一般而言，流域水环境承载力越大，承载状态越好，流域水环境承载力开发利用潜力越大；流域的社会经济发展水平越高，污染物排放量以及水资源开发利用量越大，压力越大，但是一些发达地区第三产业占比较高，流域的污染物排放强度和水资源利用强度较低，万元 GDP 污染物排放量和水耗可下降的区间较小，水系统压力降低的空间较小，则流域水环境承载力开发利用潜力较低；城镇化率高、科学技术水平较高的地区的流域生态环境保护投资较高，社会环保意识较强，区域发展能力强，而流域水资源开发利用潜力也大。

4.4.3　评估方法选取

水环境承载力开发利用潜力物理意义较清楚且评估指标偏多，建议利用基于主观或客观权重的综合评价方法，如熵权法等，具体评估方法参照 4.1.5 节。

4.4.4　评估结果分级标准设计

按照 4.1.6 节方法，确定水环境承载力开发利用潜力评估结果标准。对流域水环境承载力开发利用潜力而言，可以分为开发利用潜力最小、开发利用潜力较小、开发利用潜力一般、开发利用潜力较大、开发利用潜力最大。

第 5 章

北运河流域水资源、水环境、水生态分量核算

5.1 水资源分量核算

5.1.1 SWAT 产汇流模型

水资源量是水环境承载力分量之一。在水资源缺乏地区，利用分布水文模型 SWAT 对水资源量进行换算。SWAT（Soil and Water Assessment Tool）模型是美国农业部（USDA）农业研究局（ARS）开发的基于流域尺度的一个长时段的分布式流域水文模型。其主要基于 SWRRB（Simulator for Water Resources in Rural Basins）模型，并吸取了 CREAMS（Chemicals Runoff and Erosion from Agricultural Management Systems）、GLEAMS（Groundwater Loading Effects on Agricultural Management Systems）、EPIC（Erosion Productivity Impact Calculator）和 ROTO（Routing Outputs to Outlet）的主要特征。SWAT 模型具有很强的物理基础，能够利用地理信息系统和遥感系统提供的空间数据信息模拟地表水和地下水的水量和水质，用于协助水资源管理，即预测和评估流域内水、泥沙和农业化学品管理所产生的影响。该模型主要用于长期预测，对单一洪水事件的演算能力不强，模型主要由 8 个部分组成：水文、气象、泥沙、土壤温度、作物生长、营养物、农业管理和杀虫剂。SWAT 模型拥有参数自动率定模块，其采用的是 Q. Y. Duan 等在 1992 年提出的 SCE-UA 算法。模型采用模块化编程，由各水文计算模块实现各水文过程模拟功能，其源代码公开，方便用户对模型的改进和维护。

在用 SWAT 模型进行模拟时，首先根据数字高程模型（Digital Elevation Model，DEM）把流域划分为一定数目的子流域，子流域的大小可以根据定义形成河流所需要的最小集水区面积来调整，还可以通过增减子流域出口数量进一步调整。然后，在每一个子流域

内划分水文响应单元（Hydrologic Response Unit，HRU）。HRU 是同一个子流域内有着相同土地利用类型和土壤类型的区域。每一个水文响应单元内的水平衡是基于降水、地表径流、蒸散发、壤中流、渗透、地下水回流和河道运移损失来计算的。地表径流估算一般采用径流曲线法（Soil Conservation Service，SCS）。渗透模块采用存储演算方法，并结合裂隙流模型来预测通过每一个土壤层的流量，一旦水渗透到根区底层以下，则成为地下水或产生回流。在土壤剖面中壤中流的计算与渗透的计算同时进行，每一层土壤中的壤中流采用动力蓄水水库来模拟。河道中流量演算采用变动存储系数法或马斯京根演算法。模型中提供了 3 种估算潜在蒸散发量的计算方法：哈格里夫斯（Hargreaves）、普里斯特利-泰勒（Priestley-Taylor）和彭曼（Penman-Monteith）。每一个子流域内侵蚀和泥沙量的估算采用改进的通用土壤流失（Universal Soil Loss Equation，USLE）方程，河道内泥沙演算采用改进的 Bagnold 泥沙运移方程。植物吸收的氮采用供需方法进行计算，植物的氮日需求量是植物与生物量中氮浓度的函数。土壤向植物供给氮，当需求超过供给时，出现营养物压力。地表径流、壤中流和渗透过程运移的硝态氮量由水量和土壤层中的平均硝态氮浓度来估计。泥沙运移的有机氮采用 McElroy 等开发的负荷方程，后得到进一步改进。该负荷方程基于土壤表层的有机氮浓度、泥沙量和富集率来估计径流中的有机氮损失。植物吸收的磷采用与氮相似的供需方法。径流带走的可溶解磷采用土壤表层中的不稳定磷、径流量和磷土分离系数来计算。泥沙运移的磷采用与有机氮运移相同的方程。河道中营养物的动态模拟采用 QUAL2E 模型（The Enhanced Stream Water Quality Model）。

模型中采用的水量平衡表达式为

$$\mathrm{SW}_t = \mathrm{SW}_0 + \sum_{i=1}^{t} \left(R_{\mathrm{day}} - Q_{\mathrm{surf}} - E_{\mathrm{a}} - W_{\mathrm{seep}} - Q_{\mathrm{gw}} \right) \tag{5-1}$$

式中：SW_t——土壤最终含水量，mm；

SW_0——土壤前期含水量，mm；

t——时间步长，d；

R_{day}——第 i 天的降水量，mm；

Q_{surf}——第 i 天的地表径流，mm；

E_{a}——第 i 天的蒸发量，mm；

W_{seep}——第 i 天存于土壤剖面底层的渗透量和侧流量，mm；

Q_{gw}——第 i 天的地下水量，mm。

SWAT 模型水文循环陆地阶段主要由水文、天气、沉积、土壤温度、作物产量、营养物质和农业管理等部分组成。模型产流计算流程见图 5-1。

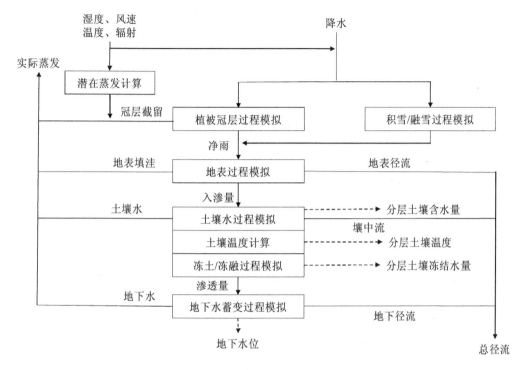

图 5-1 SWAT 模型产流计算流程

（1）地表径流

当落到地表的降水量多于入渗量时产生地表径流。SWAT 模型采用径流曲线法（SCS）计算。

SCS 模型自 20 世纪 50 年代逐渐得到广泛使用，属于经验模型，是对美国小流域降水与径流关系 20 多年的研究成果。模型能反映不同土壤类型和土地利用方式及前期土壤含水量对降水径流的影响，是基于流域的实际入渗量（F）与实际径流量（Q）之比等于流域该场降水前的最大可能入渗量（S）与最大潜在径流量（Q_m）之比的假定建立的。

SCS 模型的降水-径流基本关系表达式如下：

$$\frac{F}{Q} = \frac{S}{Q_m} \tag{5-2}$$

式中：假定最大潜在径流量（Q_m）为降水量（P）与由径流产生前植物截留、初渗和填洼蓄水构成的流域初损（I_a）的差值。由此可得式（5-3）：

$$Q = \frac{\left(P - I_a\right)^2}{S + P - I_a} \tag{5-3}$$

初损（I_a）受土地利用、耕作方式、灌溉条件、冠层截留、下渗、填洼等因素的影响，与最大可能入渗量（S）呈一定的正比关系。美国农业部土壤保持局在分析了大量长

期实验结果的基础上，提出了二者最合适的比例系数为 0.2，即

$$I_a = 0.2S \tag{5-4}$$

由此可得 SCS 模型为

$$Q = \frac{(P - 0.2S)^2}{P + 0.8S} \qquad P \geqslant 0.2S \tag{5-5}$$

$$Q = 0 \qquad P \leqslant 0.2S \tag{5-6}$$

最大可能入渗量（S）在空间上与土地利用方式、土壤类型和坡度等下垫面因素密切相关，模型引入的 CN 值可较好地确定 S，公式如下：

$$S = \frac{25\,400}{CN} - 254 \tag{5-7}$$

CN 是一个量纲一参数，是反映降水前期流域特征的一个综合参数，是前期土壤湿度、坡度、土地利用方式和土壤类型状况等因素的综合。

（2）蒸散发

模型的蒸散发是指所有地表水转化为水蒸气的过程，包括树冠截留的水分蒸发、蒸腾和升华及土壤水的蒸发。蒸散发是水分转移出流域的主要途径；在许多流域，蒸发量都大于径流量。准确地评价蒸散发量是估算水资源量的关键，也是研究气候和土地覆盖变化对河川径流影响的关键。

1）潜在蒸散发量

模型提供了 Penman-Monteith、Priestley-Taylor 和 Hargreaves 这 3 种计算潜在蒸散发量的方法，另外还可以参考实测资料或已经计算好的逐日潜在蒸散发量资料。一般采用 Penman-Monteith 方法来计算流域的潜在蒸散发量。

2）实际蒸散发量

实际蒸散发量以潜在蒸散发量为计算基础。在计算流域实际蒸散发量时，模型首先计算植物冠层截留水分的蒸发量，然后计算最大蒸腾量、最大升华量和最大土壤蒸发量，最后计算实际的升华量和土壤水分蒸发量。

3）冠层截留蒸发量

模型在计算实际蒸发时假定尽可能蒸发冠层截留的水分，如果潜在蒸发量 E_0 小于冠层截留的自由水量 E_{INT}，则：

$$E_a = E_{can} = E_0 \tag{5-8}$$

$$E_{INT(f)} = E_{INT(i)} - E_{can} \tag{5-9}$$

式中：E_a——某日流域的实际蒸发量，mm；

E_{can}——某日冠层自由水蒸发量，mm；

E_0——某日的潜在蒸发量，mm；

$E_{INT(i)}$——某日植被冠层自由水初始含量，mm；

$E_{INT(f)}$——某日植被冠层自由水终止含量，mm。

如果潜在蒸发量 E_0 大于冠层截留的自由水量 E_{INT}，则：

$$E_{can} = E_{INT(i)} \quad\quad\quad (5\text{-}10)$$

$$E_{INT(f)} = 0 \quad\quad\quad (5\text{-}11)$$

当植被冠层截留的自由水被全部蒸发，继续蒸发所需的水分就会从植被和土壤中得到。

4）植物蒸腾量

假设植物生长在一个理想的条件下，植物蒸腾可用式（5-12）、式（5-13）计算：

当 $0 \leqslant \text{LAI} \leqslant 3.0$ 时

$$E_t = \frac{E_0' \times \text{LAI}}{3} \quad\quad\quad (5\text{-}12)$$

当 $\text{LAI} > 3.0$ 时

$$E_t = E_0' \quad\quad\quad (5\text{-}13)$$

式中：E_t——某日最大蒸腾量，mm；

E_0'——植被冠层自由水蒸发调整后的潜在蒸发 $E_0' = E_0 - E_{can}$，mm；

LAI——叶面积指数。

因为没有考虑植物下垫面土层的含水量，由此公式计算出的蒸腾量可能比实际蒸腾量大。

5）土壤水分蒸发量

在计算土壤水分蒸发量时，首先区分不同深度土壤层所需要的蒸发量，土壤深度层次的划分决定土壤允许的最大蒸发量，可由式（5-14）计算：

$$E_{\text{soil},z} = E_s'' \frac{z}{z + \exp(2.347 - 0.007\,13 \times z)} \quad\quad\quad (5\text{-}14)$$

式中：$E_{\text{soil},z}$——z 深度处蒸发需要的水量，mm；

z——地表以下土壤的深度，mm。

式中的系数 E_s'' 是为了满足 50% 的蒸发所需水分来自土壤表层 10 mm 以及 95% 的蒸发所需水分来自 0～100 mm 土壤深度范围内的要求。

土壤水分蒸发所需要的水量是由土壤上层蒸发需水量与土壤下层蒸发需水量决定的：

$$E_{\text{soil},ly} = E_{\text{soil},zl} - E_{\text{soil},zu} \quad\quad\quad (5\text{-}15)$$

式中：$E_{soil, ly}$——土壤蒸发需水量，mm；

$E_{soil, zl}$——土壤下层蒸发需水量，mm；

$E_{soil, zu}$——土壤上层蒸发需水量，mm。

土壤深度的划分假设 50%的蒸发需水量由 0～10 mm 内土壤上层的含水量提供，因此 100 mm 的蒸发需水量中 50 mm 都要由 10 mm 的上层土壤提供，显然上层无法满足需要，这就需要建立一个系数来调整土壤层深度的划分，以满足蒸发需水量，调整后的公式可以表示为

$$E_{soil, ly} = E_{soil, zl} - E_{soil, zu} \times esco \qquad (5-16)$$

式中：esco——土壤蒸发调节系数，该系数是调整土壤中毛细作用和土壤裂隙等对土层蒸发量的影响的系数，不同的 esco 值对应着相应的土壤层划分深度。

（3）土壤水

渗入土壤中的水有多种运动方式。土壤水可以被植物吸收或蒸腾而损耗，可以渗透到土壤底层、最终补给地下水，也可以在地表形成径流，即壤中流。由于主要考虑径流量的多少，因此对壤中流的计算简要概括。模型采用动力蓄水方法计算壤中流。相对饱和区厚度 H_0 计算公式为

$$H_0 = \frac{2 \times SW_{ly, excess}}{1\,000 \times \Phi_d \cdot L_{hill}} \qquad (5-17)$$

式中：$SW_{ly, excess}$——土壤饱和区内可流出的水量，mm；

L_{hill}——山坡坡长，m；

Φ_d——土壤可出流的孔隙率。

Φ_{soil} 表示土壤层总孔隙度，土壤可出流的孔隙率（Φ_d）即 Φ_{soil} 与土壤层水分含量达到田间持水量的孔隙度 Φ_{fc} 之差。

$$\Phi_d = \Phi_{soil} - \Phi_{fc} \qquad (5-18)$$

山坡出口断面的净水量为

$$Q_{lat} = 24 \times H_0 \times v_{lat} \qquad (5-19)$$

式中：v_{lat}——出口断面处的流速，mm/h。其表达式为

$$v_{lat} = K_{sat} \times slp \qquad (5-20)$$

式中：K_{sat}——土壤饱和导水率，mm/h；

slp——坡度。

总结以上公式，模型中壤中流最终计算公式为

$$Q_{\text{lat}} = 0.024 \times \frac{2 \times \text{SW}_{\text{ly, excess}} \times K_{\text{sat}} \times \text{slp}}{\varPhi_{\text{d}} \times L_{\text{hill}}} \tag{5-21}$$

（4）地下水

模型采用式（5-22）计算流域地下水：

$$Q_{\text{gw},i} = Q_{\text{gw},i-1} \times \exp(-\alpha_{\text{gw}} \times \Delta t) + w_{\text{rchrg}} \times \left[1 - \exp(-\alpha_{\text{gw}} \times \Delta t)\right] \tag{5-22}$$

式中：$Q_{\text{gw},i}$——第 i 天进入河道的地下水补给量，mm；

$Q_{\text{gw},i-1}$——第 i–1 天进入河道的地下水补给量，mm；

α_{gw}——基流的退水系数；

Δt——时间步长，d；

w_{rchrg}——第 i 天蓄水层的补给流量，mm。

其中，补给流量由式（5-23）计算：

$$w_{\text{rchrg},i} = \left[1 - \exp(-1/\delta_{\text{gw}})\right] \times W_{\text{seep}} + \exp(-1/\delta_{\text{gw}}) \times w_{\text{rchrg},i-1} \tag{5-23}$$

式中：$w_{\text{rchrg},i}$——第 i 天蓄水层补给量，mm；

δ_{gw}——补给滞后时间，d；

W_{seep}——第 i 天通过土壤剖面底部进入地下含水层的水分通量，mm/d；

$w_{\text{rchrg},i-1}$——第 i–1 天蓄水层补给量，mm。

5.1.2　水资源可利用量核算

一个地区的水资源可利用量主要包括地表水可利用量与地下水可开采量，计算时可采取两者之和减去重复计算量。估算公式为

$$W_{\text{水资源可利用量}} = W_{\text{地表水可利用量}} + W_{\text{地下水可开采量}} - W_{\text{重复量}} \tag{5-24}$$

$$W_{\text{重复量}} = \rho\left(W_{\text{渠渗}} + W_{\text{田渗}}\right) \tag{5-25}$$

式中：ρ——可开采系数。

流域水资源量主要取决于降水、蒸发、气温等气象条件变化。从水资源来源角度，降水与蒸发之差越大，则水资源越丰富，反之则匮乏。因此，水资源量可根据月际的降水量与蒸发量之差的比例，将全年的水资源量分配到各月。

根据流域气候特点，蒸发量可采用高桥浩一郎公式进行核算：

$$E = \frac{3100R}{3100 + 1.8R^2 \exp\left(\dfrac{344t}{235+t}\right)}$$ （5-26）

式中：E——月地面实际蒸发量，mm；

R——月平均降水量，mm；

t——月平均气温，℃。

由此可得到各月的水资源量：

$$W_i = W \times \frac{R_i - E_i}{\sum\limits_{i=1}^{12}(R_i - E_i)}$$ （5-27）

式中：i——月份；

W_i——第 i 月的水资源量；

W——全年总水资源量；

E_i——第 i 月的蒸发量；

R_i——第 i 月的降水量。

5.1.3 水资源利用量核算

一个地区的水资源利用量主要包括居民生活用水与生产用水（包括第一产业、第二产业与第三产业），计算时需要用生活用水与生产用水之和减去重复用水量，估算公式为

$$Z_{水资源利用量} = Z_{居民生活用水} + Z_{第一产业用水} + Z_{第二产业用水} + Z_{第三产业用水} - Z_{重复用水量}$$ （5-28）

5.1.4 水资源分量核算结果

5.1.4.1 行政单元水资源分量核算结果

（1）水资源可利用量

根据水资源统计数据，确定流域内地表水资源量、地下水资源量、再生水量等，结果见图 5-2～图 5-5。

如图 5-2 所示，从时间尺度看，各地区水资源年际分配不均匀，水资源量与降水量相关。其中 2012 年是丰水年，各地区地表水资源量明显高于其他年份，2014 年是枯水年，该年地表水资源量明显低于其他年份。从空间分布看，各地区之间水资源量分配不均匀，其中主河道北运河经过的地区（如昌平区、通州区、大兴区、武清区）地表水资源较为丰富，流域边缘地区（如怀柔区、延庆区、安次区、广阳区等）地表水资源量较为匮乏。

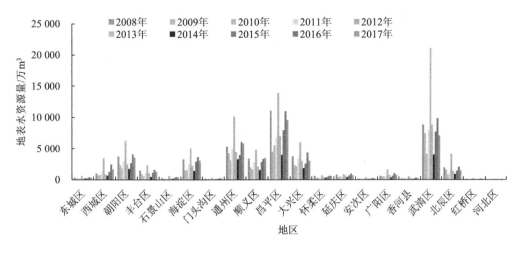

图 5-2　各地区地表水资源量（2008—2017 年）

如图 5-3 所示，从时间尺度看，各地区水资源年际分配不均匀，年际差别较小，地下水资源量与降水量略有关。2008 年、2012 年与 2016 年降水量要略高于其他年份，地下水较为丰富，2010 年、2013 年与 2014 年降水量要略低于其他年份，这几年地下水资源量明显低于其他年份。从空间分布看，各地区之间水资源量分配不均匀，其中位于流域上游地区的昌平区地下水资源较为丰富，流域边缘地区以及下游地区地下水水资源量较为匮乏。

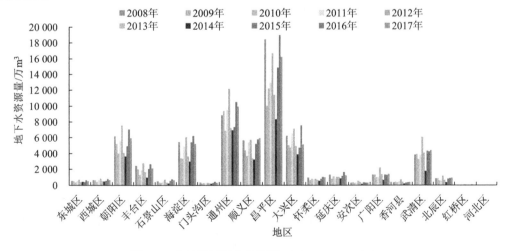

图 5-3　各地区地下水资源量（2008—2017 年）

如图 5-4 所示，从时间尺度看，各地区再生水量年际变化较小，并逐年缓慢增加，再生水量主要与社会经济相关。从空间分布看，再生水量与当地再生水厂的建设相关，朝阳区的污水处理厂以及再生水厂主要收集处理东城区、西城区、朝阳区三区的生活生产废水，再生水资源丰富；东城区、西城区、河北区、红桥区等地区并未建设再生水厂，生活生产废水在相邻城区处理，因此这些地区再生水量为 0；怀柔区、延庆区、安次区等的再生水厂出水并不在流域范围内，不属于本流域的水资源量，因此流域内的各地区再生水量为 0。

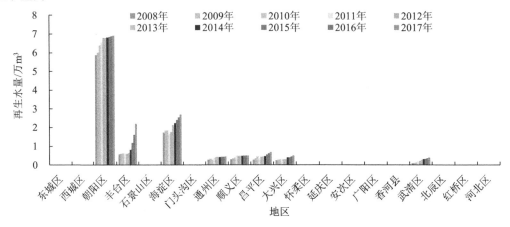

图 5-4　各地区再生水量（2008—2017 年）

如图 5-5 所示，从时间尺度看，各地区水资源年际分配不均匀，水资源总量与降水量相关。从空间分布看，各地区之间水资源总量分配不均匀，其中主河道北运河经过的地区（如昌平区、通州区、大兴区、武清区）水资源总量较为丰富，流域边缘地区（如怀柔区、延庆区、安次区、广阳区等）水资源总量较为匮乏。

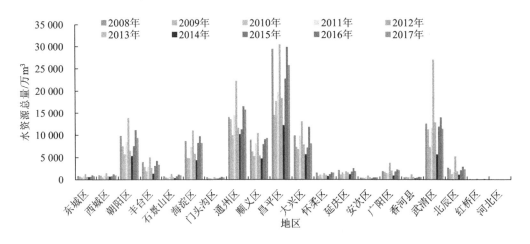

图 5-5　各地区水资源总量（2008—2017 年）

（2）水资源利用量

如图 5-6 所示，从时间尺度看，各地区万元 GDP 水耗逐年下降，其大小与社会经济发展相关，随着社会经济的发展，GDP 增加，节水量增加，用水量也增加，但是万元 GDP 水耗逐年降低；从空间尺度看，各地区万元 GDP 水耗值相差较大，主要体现在经济发达且第三产业占比较高的地区的万元 GDP 水耗低，经济发展水平较低且第一产业与第二产业占比较高的地区的万元 GDP 水耗高。

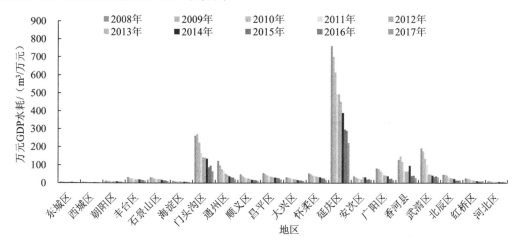

图 5-6 各地区万元 GDP 水耗（2008—2017 年）

如图 5-7 所示，从时间尺度看，除门头沟区与延庆区外，其他地区人均水耗逐年缓慢下降，其大小与节水效率相关，随着社会经济的发展，节水措施增加，节水效率上升，因此人均水耗逐年降低；从空间尺度看，除个别地区外，各地区人均水耗值相差较小，主要体现在经济发展水平较低或者以工业为主的地区的水资源消耗较高，人均水耗较高；经济发展水平较高的地区城市密集，节水效率高，人均水耗较低。

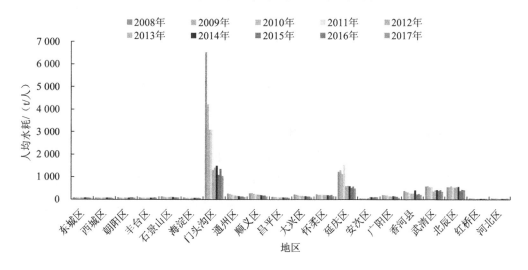

图 5-7 各地区人均水耗（2008—2017 年）

5.1.4.2 控制单元水资源分量核算结果

（1）SWAT 模型径流模拟

模型所需数据分为空间数据和属性数据。空间数据主要包括 DEM 数据、河网图、土地利用图、土壤图和气象站点、排水口、水文站点分布等。属性数据主要包括土地利用属性数据库、土壤属性数据库、气象数据库等，以及验证需要的水文站点径流量等。北运河流域径流模拟输入数据见表 5-1。

表 5-1　输入数据

类型	精度及来源
DEM 数据	90 m，中国科学院资源环境科学数据中心
土壤类型	1：100 万，世界土壤数据库（FAO 及 IIASA 构建）
土壤数据库	根据 HWSD 数据库及 SPAW 软件制作
土地利用	30 m 遥感解译
降水、气象数据	CMADS 大气同化驱动数据集 v1.2（2008—2018 年）
水文数据	沙河闸、大红门闸、通县闸下 3 个水文站点 2011—2015 年逐月流量

SWAT 模型根据土壤类型、土地利用和坡度信息将子流域划分为若干个水文响应单元——模型内最小的水文计算单元。其中土壤类型图层的建立是按照世界土壤数据库提取本地区的土壤类型，并用 SPAW 软件得到土壤质地的参数。本书在水文响应单元划分时设定土地利用、土壤分类和坡度分类的最小阈值分别为 5%、20% 和 20%。

依次加载土地利用数据库及查询表、土壤类型数据库及查询表并设置坡度，最终将北运河流域划分为 661 个水文响应单元（见图 5-8）。

SWAT 模型参数的敏感性分析是评估不同的参数对模拟结果的影响程度，其输出结果中排列顺序在前、灵敏度较高的参数常用于模型的校准。本书分别选用上游的沙河闸、中游的大红门闸、下游的通县闸下 3 个水文站点 2011—2015 年逐月径流实测值，并根据环境统计资料将点源流量去除，对水文站点的实测值进行矫正。采用 SWAT-CUP 软件对影响模型径流模拟结果的参数进行灵敏度分析，根据排序在前的参数敏感性分析结果（见图 5-9）可以看出，径流曲线数（CN2）、土壤蒸发补偿系数（ESCO）、基流消退系数（ALPHA_BF）和主河道水力传导度（CH_K2）的灵敏度较高，可作为模型校准的率定参数，率定结果见表 5-2。

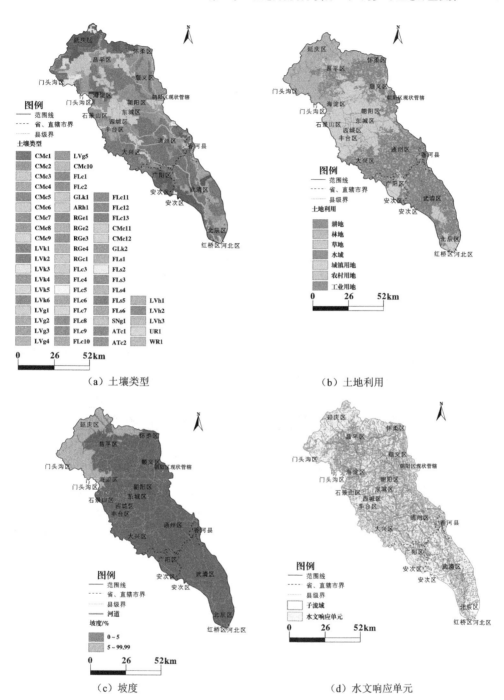

（a）土壤类型　　　　　　　　　　（b）土地利用

（c）坡度　　　　　　　　　　　（d）水文响应单元

图 5-8　水文响应单元划分

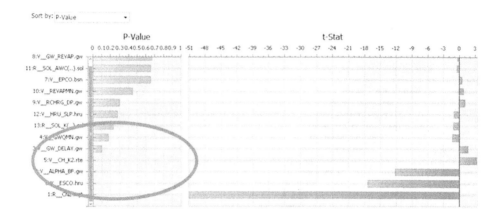

图 5-9   参数敏感性分析

表 5-2   参数率定结果

序号	参数	率定值	最小值	最大值	替换方法
1	径流曲线数（CN2）	−0.863 362	−1.000 154	−0.692 757	与原始值相乘
2	土壤蒸发补偿系数（ESCO）	0.001 462	−0.084 687	0.085 905	替换原始值
3	基流消退系数（ALPHA_BF）	0.005 000	0	1.000 000	替换原始值
4	主河道水力传导度（CH_K2）	347.496 948	−0.010 000	500.000 000	替换原始值

本书选取相关系数 R^2 和纳什效率系数（Nash-Sutcliffe efficiency coefficient，NSE）对模型的模拟效果进行评价。R^2 越接近 1，表示模拟效果越好；纳什效率系数（NSE）越接近 1，表示模拟效果越好，模型可信度越高；NSE 越接近 0，表示模拟结果越接近实测值的平均值水平，总体结果可信但过程模拟误差大；NSE 远小于 0，则模型不可信（见图 5-10）。采用 3 个水文站点 2011 年 1 月—2015 年 12 月逐月流量实测数据进行模拟（去掉点源流量后），可以看出，其中沙河闸的模拟效果最好，其次是通县闸下（见图 5-11）。

```
Goal_type= Nash_Sutcliff    No_sims= 100    Best_sim_no= 31

Variable         p-factor  r-factor  R2     NS     bR2
FLOW_OUT_19      0.43      5.73      0.18   0.01   0.0577
FLOW_OUT_36      0.18      4.70      0.00   −0.09  0.0000
FLOW_OUT_45      0.12      1.34      0.11   0.03   0.0194
```

图 5-10   模拟效果

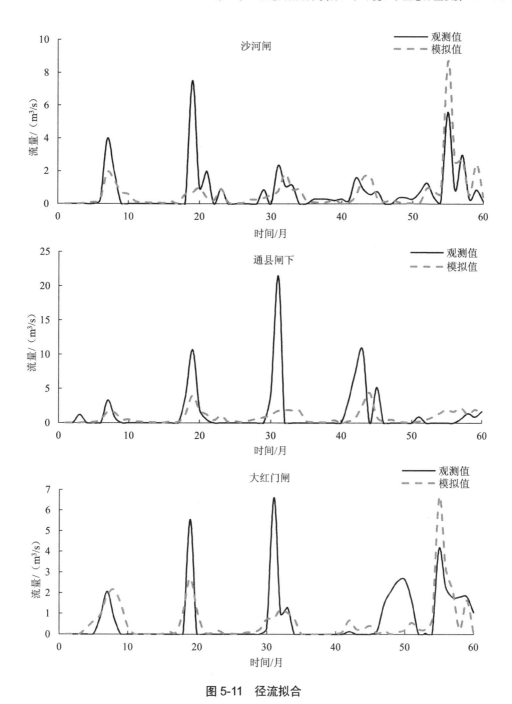

图 5-11 径流拟合

将率定参数带回原模型进行校正，得到模拟结果。结果显示，流域不同水平年及不同空间的自然产水量分布差异较明显（见图 5-12）。流域年均水资源总量为 10.37 亿 m³，年均自然产水量为 2.73 亿 m³，仅占年均水资源总量的 1/4，此运河为典型的再生水补给型河流（见表 5-3）。

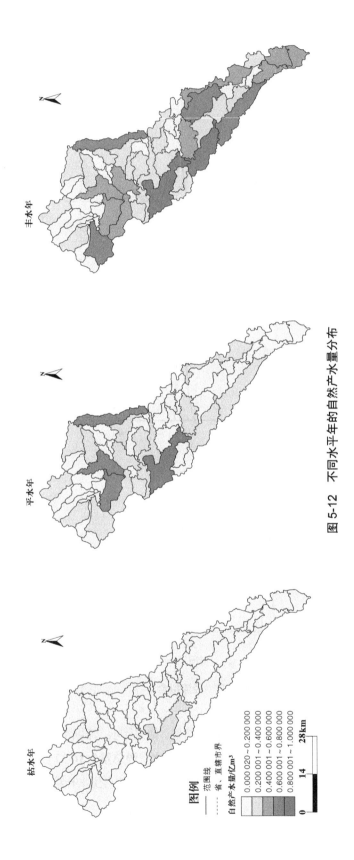

图 5-12 不同水平年的自然产水量分布

图例

—— 范围线

------ 省、直辖市界

自然产水量/亿m³

0.000 020 ~ 0.200 000
0.200 001 ~ 0.400 000
0.400 001 ~ 0.600 000
0.600 001 ~ 0.800 000
0.800 001 ~ 1.000 000

0   14   28km

表 5-3　流域逐年水资源总量

年份	自然产水量/亿 m³	水资源总量/亿 m³
2008	2.42	10.06
2009	1.58	9.23
2010	1.56	9.20
2011	2.16	9.81
2012	6.20	13.84
2013	1.86	9.50
2014	1.41	9.05
2015	2.75	10.39
2016	4.05	11.70
2017	3.31	10.95
年均值	2.73	10.37

（2）水资源可利用量

如图 5-13 所示，从时间尺度看，各控制单元水资源总量年际分布不均，水资源总量与降水量相关，丰水年 2012 年的水资源总量较大，枯水年 2014 年的水资源总量较小；从空间分布看，各控制单元水资源总量分配不均匀，其中老夏安公路、秦营扬水站和北洋桥等控制单元水资源总量较为丰富，清河闸、白石桥、花园路、鼓楼外大街、罗庄等控制单元水资源总量较为匮乏。

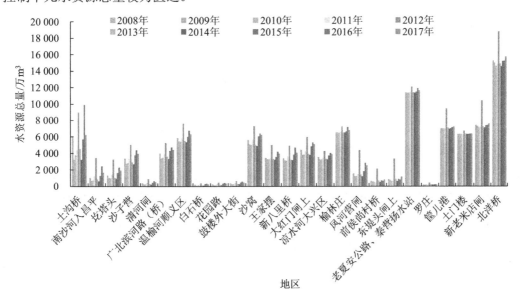

图 5-13　各控制单元水资源总量（2008—2017 年）

（3）水资源利用量

如图 5-14 所示，从时间尺度看，各控制单元万元 GDP 水耗逐年下降，其大小与社会经济发展相关，随着社会经济的发展，GDP 增加，用水量增加，节水量也增加，但万元 GDP 水耗逐年降低；从空间尺度看，各控制单元万元 GDP 水耗值相差较大，主要体现在经济发达且第三产业占比较高的区域的万元 GDP 水耗低，如土沟桥、南沙河入昌平等控制单元的万元 GDP 水耗较低；经济发展水平较低且第一产业与第二产业占比较高的地区的万元 GDP 水耗高，如东堤头闸上、罗庄、筐儿港等控制单元的万元 GDP 水耗较高。

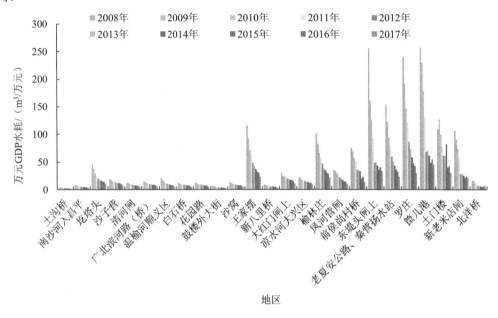

图 5-14　各控制单元万元 GDP 水耗（2008—2017 年）

如图 5-15 所示，从时间尺度看，各控制单元人均水耗大体呈逐年下降趋势，其大小与节水效率相关，随着社会经济的发展，节水措施增加，节水效率提高，因此人均水耗逐年降低；从空间尺度看，除个别控制单元外，各控制单元人均水耗值相差不大，主要体现在经济发展水平较低或者以工业为主的控制单元的水资源消耗较高，人均水耗较高，如东堤头闸上、罗庄、筐儿港等控制单元的人均水耗较高；经济发展水平较高的地区节水效率高，人均水耗较低。

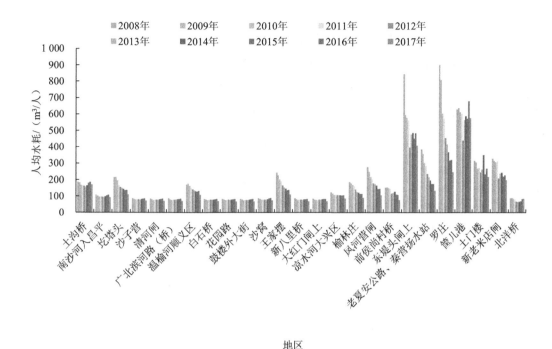

图 5-15　各控制单元人均水耗（2008—2017 年）

5.2　水环境分量核算

5.2.1　MIKE HYDRO River 及相关核算模块

MIKE HYDRO River 是全面、强大的河流水动力学和水环境模拟软件，在全世界被广泛应用，已成为多个国家河流水动力模拟的标准工具。MIKE HYDRO River 提供多个水动力学和水文学模拟引擎，以及各式各样的模块插件，可以根据需求选择适宜的模块组合。

（1）对流扩散（AD）模块

水质计算采用对流扩散（AD）模块，水质方程以对流-扩散模型为基础，该方程考虑水环境中污染物的对流扩散过程及污染物线性消解。对流扩散模型可以模拟在水流运动及污染物存在浓度梯度的影响下，物质传输扩散过程中的溶解物质或悬浮物在时间和空间上的分布情况。AD 模块方程采用三阶精度有限差分法，通过 QUICKEST-SHARP 方案或 ULTIMATE-QUICKEST 方案来求解，可以有效避免对流扩散模块中质量守恒、偏高值和偏低值的问题。

（2）水动力（HD）模块

该模块可根据不同地区的水流条件及亚临界水流，对从陡峭山区性河流到感潮河口的各种垂向均质水流条件进行模拟。AD 模块是基于 HD 模块对物质在水体中对流扩散过程的模拟，该模块考虑污染物推流迁移、分散和降解作用，属于一维水环境质量动态模型。在不考虑源项情况下，其基本微分方程形式如下：

$$\frac{\partial AC}{\partial t} + \frac{\partial QC}{\partial x} - \frac{\partial}{\partial x}\left(AD\frac{\partial C}{\partial x}\right) = -AKC \qquad (5\text{-}29)$$

式中：C——污染物浓度，mg/L；

D——污染物弥散系数，m^2/s；

A——断面过水面积，m^2；

Q——流量，m^3/s；

K——降解系数，s^{-1}；

x——空间步长，m；

t——时间步长，s。

水动力模块是水质模型、预测模型、水环境容量模型等其他模型的基础和应用前提。水动力模块包括模型控制方程组公式的简化、方程组的数值离散和求解、模型初始条件和边界条件的确定、水动力水质参数灵敏度分析、模型参数的率定和验证等一系列步骤。水动力（HD）模块可用于模拟一维河道及河口河网水流，采用隐式有限差分格式离散方程，同时模型可用于一维河道支流、河网及准二维的平原区水流。水动力（HD）模块是 MIKE HYDRO River 模型系统的核心程序，是大多数模块（如洪水预报、对流弥散、泥沙输移、水质模拟）的基础。该模块采用有限差分格式对圣维南方程组进行数值求解，模拟水文特征值（流量和水位）。水动力的模拟结果可作为后续对流扩散模拟的基础，圣维南方程组如下：

$$\begin{cases} \dfrac{\partial Z}{\partial t} + \dfrac{1}{B}\dfrac{\partial Q}{\partial s} = 0 \\[2mm] \dfrac{\partial Q}{\partial t} + \dfrac{\partial}{\partial s}\left(\dfrac{Q^2}{A}\right) + gA\dfrac{\partial Z}{\partial s} + gA\dfrac{Q|Q|}{K^2} = 0 \end{cases} \qquad (5\text{-}30)$$

式中：Q——流量，m^3/s；

A——过水断面面积，m^2；

t——时间，s；

s——距水道某固定断面沿流程的距离，m；

h——相应于 s 处过水断面的水深，m；

v——断面平均流速，m/s；

Z——水底高程，m；

g——重力加速度，m/s²；

K——谢才系数。

求解圣维南方程组基于以下假设：

①河床比降小，其倾角的正切值与正弦值近似相等。

②流速沿整个过水断面或垂线均匀分布，可用其平均值代替。不考虑水流垂直方向的交换和垂直加速度，从而可假设水压力呈静水压力分布，即与水深成正比。

③HD 模块计算水流为渐变流动，水面曲线近似水平。而超临界水流的模拟计算需要严格的限定条件。在计算不恒定的摩阻损失时，常假设可近似采用恒定流的有关公式。如果忽略运动方程中的压力项和惯性项，只考虑河床摩阻和底坡的影响，简化的方程组所描述的运动称为运动波。如只忽略惯性项的影响，所得到的波称为扩散波。运动波、扩散波及其他简化形式可以较好地解释某些情况的流动，同时简化计算后的方程便于实际应用。

（3）降水径流（RR）模块

RR 模块是在流域范围内模拟江水、蒸发、下渗、地下水与地表水的交换及地表径流等水文过程，以集水区为单位模拟计算地表降水径流量，模型的计算结果为河网水动力模型提供地表径流入河流量，基于水文循环的物理结构，又结合经验公式、半经验公式，通过连续计算积雪、地表、土壤或植物根区、地下水 4 个不同且相互影响的储水层的含水量模拟产汇流过程。该模块可以单独使用，也可以用于计算一个或多个产流区，产生的径流作为旁侧入流进入水动力模块的河网中。采用这种方法，可以在同一模型框架内处理单个或众多汇流区和复杂河网的大型流域。降水径流模型需要输入的数据包括气象数据、流量数据、流域参数和初始条件。基本的气象数据有降水时间序列和潜蒸发时间序列，如果要模拟积雪和融雪则还需要温度和太阳辐射时间序列，加入融雪模块，设温度低至 T 时，降水全部储存于积雪中，高于 T 时，积雪按一定速度融化并转化为流量进入河道。模型计算结果信息包含各汇水区的地表径流时间序列（坡面流、壤中流和基流）以及其他水文循环单元中的信息，如土壤含水量和地下水补给。

RR 模块通过连续计算 4 个不同且相互影响的储水层的含水量来模拟产汇流过程，这几个储水层代表了流域内不同的物理单元。这些储水层是积雪储水层、地表储水层、土壤或植物根区储水层、地下水储水层。另外，RR 模块还允许模拟人工干预措施，如灌溉和抽取地下水。

RR 模块带有一个自动率定的程序，可以自动率定模型参数。自动率定工具基于同时使 4 个不同率定目标达到最佳状态的原理，这 4 项是总水量平衡、过程线总体形状、高流量和低流量。RR 模块是概念性、集总型模型，所有参数都有一定的物理概念，但由于参数值反映的是各子流域的平均条件，无法通过实测获得，因此必须进行率定。RR 模块的率定通常需要 3～5 年长序列的水文、气象观测资料。

5.2.2　水环境容量核算

（1）基于一维水质模型的水环境容量核算

水环境容量模型在水环境质量模型的基础上，首先对水体进行控制单元划分、排污口调查与概化，并设定控制断面，最后根据研究需求选择确定条件和不确定条件下的水环境容量核算模型。其中，不确定条件下的水环境容量核算可分为随机水环境容量核算和季节性水环境容量核算。前者基于水文参数统计学上的不确定性，后者基于雨旱季节更替对水文水质参数的不确定影响，是确定条件下水环境容量核算的一种延伸。

河流一维模型的水环境容量如式（5-31）所示：

$$M = [C_S - C_0 \exp(-kx/u)](Q + Q_p) \tag{5-31}$$

式中：M——水环境容量，g/s；

　　　C_S——水质目标浓度值，mg/L；

　　　C_0——初始断面的污染物浓度，mg/L；

　　　Q——初始断面的入流流量，m³/s；

　　　Q_p——污水排放流量，m³/s；

　　　x——沿河段的纵向距离，m；

　　　u——设计流量下河道断面的平均流速，m/s；

　　　k——污染物衰减系数，1/s。

图 5-16 为北运河流域概化图。

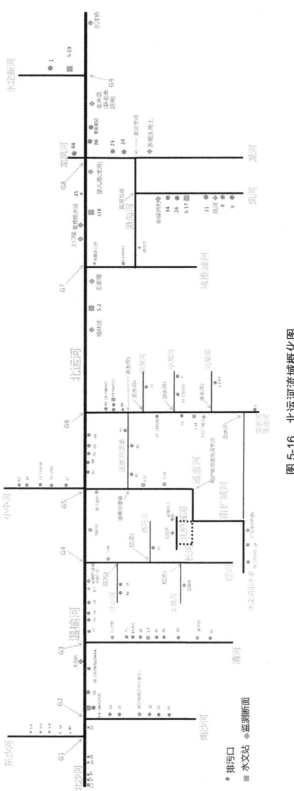

图 5-16　北运河流域概化图

（2）季节性水环境容量核算

季节性水环境容量是指在传统的全年水环境容量基础上，在水体水质超标风险可接受的前提下，充分考虑不同季节水环境容量参数的动态变化，由此达到科学且灵活地指导排污允许量的制定，以及更充分地利用水体自净能力的目的。

季节性水环境容量核算包括收集研究对象的相关信息，对其水环境现状进行评估，确定主要污染物以及水环境容量核算指标；分析研究对象是否适合进行季节性分析；设计季节划分方案；选择水质模型，划分计算单元；计算各季节划分方案的环境容量和水质超标风险；最后得出季节性的水环境容量。

（3）水环境容量指数计算

水环境容量指数是表征水环境容量大小的指数，在不计算具体水环境容量情况下，用影响水环境容量大小的相关指标来表征水环境承载容量的大小，从而可以对比各区水环境容量的相对大小，具有一定的实际意义。

水环境容量相对大小可以由地表水资源量、断面水功能目标及上游来水水质浓度决定。水资源量越大，断面水功能目标对应的污染物浓度越高，水环境容量越大，上游来水污染物浓度越高，水环境容量越小。据此，构建水环境容量指数的公式，如式（5-32）所示：

$$W = \frac{Q \times c_1}{c_0} \qquad (5-32)$$

式中：W——水环境容量指数；

Q——地表水资源量；

c_1——断面水功能目标对应的污染物浓度；

c_0——上游来水污染物浓度。

5.2.3 污染负荷核算

通过对北运河流域主要污染源进行调查分析，将污染源分为城镇居民生活源、工业源、农村居民生活源、种植业源、畜禽养殖源。

（1）城镇居民生活源

城镇居民生活污染物产生量为常住人口数量乘以每人每天污染物产生量：

$$G_{CL} = NF_1 \qquad (5-33)$$

式中：G_{CL}——城镇居民生活污染物产生量，g/d；

N——城镇居民常住人口数量，人；

F_1——污染物产生系数，g/（人·d）。

城镇居民生活污染物产生量扣除化粪池以及污水处理厂生活污水中污染物的去除量

即为城镇居民生活污染物排放量：

$$P_{CL} = G_{CL}\lambda\left[\delta_1(1-\mu_1)(1-\mu_2)+(1-\delta_1)(1-\mu_2)\right]+G_{CL}(1-\lambda)\theta \qquad (5-34)$$

式中：P_{CL} ——城镇居民生活污染物排放量，g/d；

　　　G_{CL} ——城镇居民生活污染物产生量，g/d；

　　　λ ——城镇居民生活污水处理率，%；

　　　δ_1 ——生活污水通过化粪池的人口比例，%；

　　　μ_1 ——化粪池污染物去除率，%；

　　　μ_2 ——污水处理厂污染物去除率，%；

　　　θ ——未经处理的污水的流失系数。

（2）工业源

工业污染物排放量可以根据第一次与第二次污染源普查所提供的系数进行核算，但是部分行业以及生产工艺偏差比较大，由此根据工业废水排放量进行反推，求出污染物的产生量。

$$G_I = W_D / \left[1-\lambda+\lambda(1-\mu)\right] \qquad (5-35)$$

式中：G_I ——工业废水污染物产生量，t；

　　　W_D ——工业废水污染物排放量，t；

　　　λ ——工业废水处理率，%；

　　　μ ——工业废水中污染物的去除率，%。

$$P_I = \sum_{i=1}^{n} Q_i C_i \qquad (5-36)$$

式中：P_I ——工业污染物排放量，kg；

　　　n ——工业点位个数，个；

　　　Q_i ——工业废水排放量，L；

　　　C_i ——工业废水污染物排放浓度，kg/L。

（3）农村居民生活源

农村居民生活污染物主要来自居民在日常生活中产生的垃圾、污水以及人粪尿等污染物。其中，生活垃圾主要来自日常生活中产生的有机垃圾、有害垃圾、可回收垃圾等；生活污水主要来自日常洗涤用水、淋浴等。计算公式如下：

$$G_{UL} = NWF_l C_l \qquad (5-37)$$

$$G_{UR} = NF_r C_r \qquad (5-38)$$

$$G_{Uf} = NF_f C_f \qquad (5-39)$$

式中：G_{UL}、G_{UR}、G_{Uf}——农村居民生活污水污染物产生量、生活垃圾污染物产生量、排泄物污染物产生量，g/d；

N——农村常住人口数量，人；

W——农村生活人均用水量，L/（人·d）；

F_1、F_r、F_f——人均生活污水产生系数［L/（人·d）］、生活垃圾产生系数［L/（人·d）］、排泄物产生系数［L/（人·d）］；

C_1、C_r、C_f——生活污水污染物浓度、生活垃圾污染物浓度以及排泄物污染物浓度，g/L。

$$P_{UL} = G_{UL}\lambda_1 \tag{5-40}$$

$$P_{UR} = G_{UR}\lambda_2\theta \tag{5-41}$$

$$P_{Uf} = G_{Uf}\lambda_3 \tag{5-42}$$

式中：P_{UL}、P_{UR}、P_{Uf}——农村居民生活污水污染物排放量、生活垃圾污染物排放量以及排泄物污染物排放量，g/d；

G_{UL}、G_{UR}、G_{Uf}——农村居民生活污水污染物产生量、生活垃圾污染物产生量以及排泄物污染物产生量，g/d；

λ_1、λ_2、λ_3——农村居民生活污水污染物流失系数、生活垃圾污染物流失系数以及排泄物污染物流失系数，%；

θ——堆存垃圾污染物释放系数，%。

（4）种植业源

本书认为种植业的化肥施用量为种植业污染物产生量，其中氮肥折纯量按照 N 折算，磷肥折纯量按照 P_2O_5 折算，复合肥折纯量按照主要成分 N、P_2O_5、K_2O 折算。

$$G_{ZN} = Q_N + 0.33Q_F \tag{5-43}$$

$$G_{ZP} = 43.66\%\left(Q_P + 0.33Q_F\right) \tag{5-44}$$

式中：G_{ZN}、G_{ZP}——农业化肥氮、磷的产生量，t/a；

Q_N、Q_P、Q_F——氮肥、磷肥、复合肥的施用量，t/a。

农田氮、磷面源污染负荷计算方法如下：

$$P_Z = (Q_f K_1 + K_2)S \tag{5-45}$$

式中：P_Z——种植业污染物流失量，kg；

Q_f——单位面积肥料投入量，kg/m²；

S——农田面积，m²；

K_1——当季肥料流失系数，%；

K_2——土壤中污染物存量流失量，kg/m^2。

（5）畜禽养殖源

畜禽养殖污染物主要来源于畜禽排泄物中所含的氮、磷。

$$G_X = NF_x \qquad (5\text{-}46)$$

式中：G_X——畜禽养殖污染物产生量，kg/a；

N——畜禽年出栏量或者存栏量，头（或只、羽）；

F_x——产污系数，kg/（头·a）［或 kg/（只·a）、kg/（羽·a）］。

畜禽养殖污染物排放包括两方面，一是在畜禽养殖过程中，有部分污染物随着养殖废水进入沟渠或者随降雨径流进入水体中，二是固体排泄物在还田过程中，随着农田流失进入水体中。

$$P_X = N[\lambda_1 F_y + (F_x - F_y)\delta\lambda_2] \qquad (5\text{-}47)$$

式中：P_X——畜禽养殖污染物排放量，kg/a；

N——畜禽出栏量，头（或只、羽）；

λ_1、λ_2——畜禽养殖污染物流失率、固体排泄物还田流失率，分别取 0.4、0.02 或 0.01；

δ——固体排泄物还田率，取 0.4；

F_x、F_y——畜禽养殖污染物产生系数、排污系数，kg/（头·a）［或 kg/（只·a）、kg/（羽·a）］。

5.2.4　水环境分量核算结果

5.2.4.1　行政单元水环境分量核算结果

（1）水环境容量指数

如图 5-17 所示，从时间尺度看，COD 水环境容量指数变化不均匀，除个别年份有所降低外，总体在升高，COD 水环境容量指数较低的年份为 2014 年，枯水年河道流量低，水质净化能力较差，污染物浓度偏高，COD 水环境容量指数较低；从空间尺度分析，上游地区昌平区等以及下游地区水质在逐渐改善，位于流域下游地区的广阳区的 COD 水环境容量指数较高，主要原因在于流域中游地区人口众多，COD 排放量高，河流中污染物浓度高，随着流域治理力度增加，下游地区水质逐渐恢复，COD 水环境容量指数呈现逐渐升高趋势。

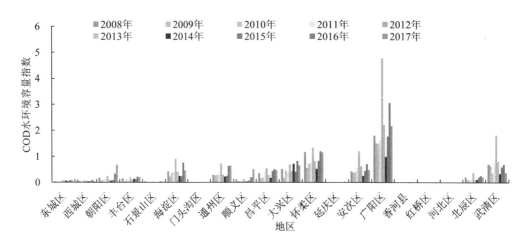

图 5-17　各地区 COD 水环境容量指数（2008—2017 年）

如图 5-18 所示，从时间尺度看，NH₃-N 水环境容量指数变化极其不均匀，朝阳区、海淀区 2016—2017 年 NH₃-N 水环境容量指数升高明显，武清区 2013—2017 年 NH₃-N 水环境容量指数降低明显。主要原因在于 2013—2017 年北京地区淘汰部分重污染高耗能企业，NH₃-N 排放量降低，海淀区 2016—2017 年污水处理率增加，污染物浓度降低，NH₃-N 水环境容量指数增加；而武清区 2013—2017 年发展较为迅速，污染物排放浓度逐渐增加，相应 NH₃-N 水环境容量指数也降低。

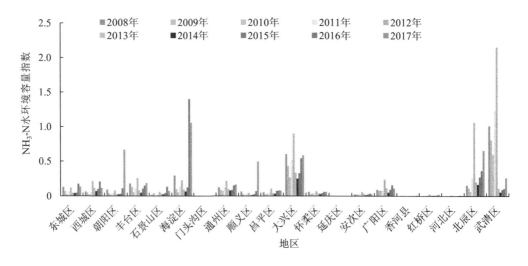

图 5-18　各地区 NH₃-N 水环境容量指数（2008—2017 年）

如图 5-19 所示，从时间尺度看，TP 水环境容量指数变化极其不均匀，海淀区 2016—2017 年 TP 水环境容量指数增加明显，武清区 2013—2017 年 TP 水环境容量指数降低明显，而大兴区 TP 水环境容量指数一直处于较高水平。2016—2017 年海淀区污染处理效率增加，水质逐步改善，大兴区位于流域中下游地区，水资源较为丰富，因此海淀区和大兴区 TP 水环境容量较高，而武清区 2013—2017 年经济发展，TP 污染物排放总量增加，TP 水环境容量指数降低。

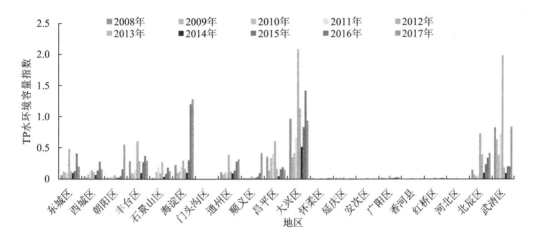

图 5-19　各地区 TP 水环境容量指数（2008—2017 年）

（2）污染负荷时空变化

1）污染物排放总量

由图 5-20 可知，从时间上分析，流域内各地区 COD 排放量基本上呈减少趋势；从空间上分析，流域各地区 COD 排放量相差很大，其中怀柔区、延庆区、安次区、东城区、西城区、石景山区、北辰区等地区的排放总量较小，朝阳区、海淀区、昌平区等地区的排放总量较大。

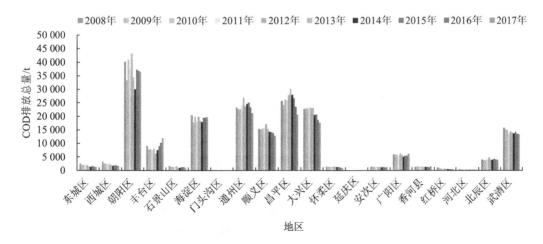

图 5-20　各地区 COD 排放总量（2008—2017 年）

朝阳区的污水处理厂处理范围较大，处理范围既包括朝阳区，也包括东城区、西城区，朝阳区点源产生的 COD 量约占总量的 80%，城市生活造成的面源污染排放量约占 17%，农村面源约占 2%，分散点源产生量较少；近年海淀区污水处理厂处理量增加，处理效率提升，城市生活污水以及工业废水收集效率提升，城镇生活面源污染占比从 37% 降至 17%，同时集中点源污染物排放量占比增加，从 54% 上升到 73%，但是污染物排放总量降低。

通州区、顺义区、昌平区和大兴区的污水收集效率较低，城市生活面源污染是主要的污染源，通州区城镇面源污染约占 50%，顺义区约占 30%，大兴区约占 60%，昌平区较高，约占 75%；与此同时，畜禽源也是污染物主要来源之一，通州区、顺义区、昌平区和大兴区畜禽 COD 排放量占排放总量的比例分别为 30%、40%、10%、20%。

东城区、西城区两地区生活污水以及工业废水均向外排放，污染物主要来自城市面源；安次区、广阳区等地区位于流域边缘地区，本地区污水处理废水的受纳水体均不是北运河，所以流域内污染物排放总量较低，COD 污染物主要来自面源污染，如农村农业源、生活源等。

由图 5-21 可知，从时间上分析，流域内各地区 NH$_3$-N 排放量基本上呈减少趋势；从空间上分析，流域各地区 NH$_3$-N 排放量相差很大，其中怀柔区、延庆区、安次区、东城区、西城区、石景山区、北辰区等地区排放总量较小，朝阳区、海淀区、昌平区等地区排放总量较大。

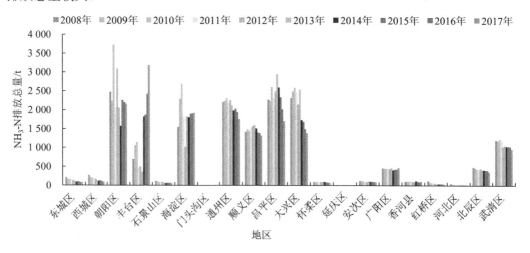

图 5-21 各地区 NH$_3$-N 排放总量（2008—2017 年）

朝阳区污水处理厂处理范围较大，处理范围既包括朝阳区，也包括东城区、西城区，朝阳区点源产生的 NH$_3$-N 量占比从 67% 升至 92%，城市生活造成的面源污染排放量占比从 17% 降至 4%，NH$_3$-N 处理率上升；海淀区生活污水以及工业废水收集效率提升，与

COD 不同的是 NH$_3$-N 点源排放量占比下降，城镇面源污染占比升高，由 20%升至 40%，但是污染物排放总量降低。

通州区、顺义区、昌平区和大兴区污水收集效率较低，城市生活面源污染是主要的污染源，通州区城镇面源污染约占 45%，顺义区约占 28%，大兴区约占 60%，昌平区较高，约占 80%；与此同时，畜禽源也是污染物主要来源之一，通州区、顺义区和大兴区畜禽 NH$_3$-N 排放量占总量的比例约为 20%。

由图 5-22 可知，从时间上分析，流域内各地区 TP 排放量基本上呈减少趋势；从空间上分析，流域各地区 TP 排放量相差很大，其中怀柔区、延庆区、安次区、东城区、西城区、石景山区、北辰区等地区排放总量较小，朝阳区、海淀区、昌平区等地区排放总量较大。

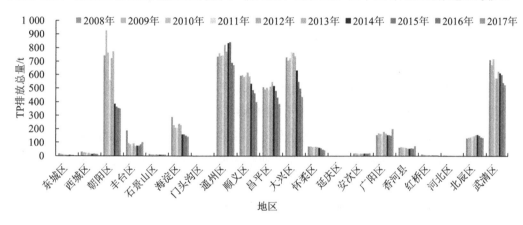

图 5-22　各地区 TP 排放总量（2008—2017 年）

随着污水处理效率的提升，虽然朝阳区和海淀区污水处理量增加，但是点源污染物排放量增加，朝阳区 TP 点源占比由 60%降至 40%，海淀区由 20%降至 5%。对于海淀区而言，城镇面源污染是 TP 污染物的主要来源，约占 80%。

通州区、顺义区、昌平区和大兴区的污水收集效率较低，城市生活面源污染是主要的污染源，通州区城镇面源污染约占 30%，顺义区约占 20%，大兴区约占 40%，昌平区较高，约占 60%；畜禽源也是污染物主要来源之一，通州区、顺义区和大兴区畜禽 TP 排放量占总量的比例分别约为 50%、60%、40%，昌平区农村生活源也是 TP 的主要来源，占排放总量的 20%左右。

2）污染物排放强度

由图 5-23 可知，从时间上分析，流域内各地区万元 GDP COD 排放量基本上呈递减趋势；从空间上分析，流域各地区万元 GDP COD 排放量相差很大，其中东城区、西城区、石景山区、北辰区等经济发达地区较小，武清区、延庆区万元 GDP COD 排放量最大，由此可见，各地经济发展水平以及产业结构是影响地区万元 GDP COD 排放量的主要原因。

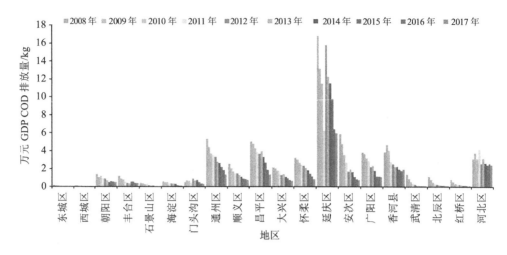

图 5-23　各地区万元 GDP COD 排放量变化（2008—2017 年）

由图 5-24 可知，从时间上分析，流域内各地区万元 GDP NH₃-N 排放量基本上呈递减趋势；从空间上分析，流域各地区万元 GDP NH₃-N 排放量相差很大，其中东城区、西城区、石景山区、海淀区等经济发达地区较小，武清区、延庆区万元 GDP NH₃-N 排放量最大，由此可见，各地经济发展水平以及产业结构也是影响地区万元 GDP NH₃-N 排放量的主要原因。

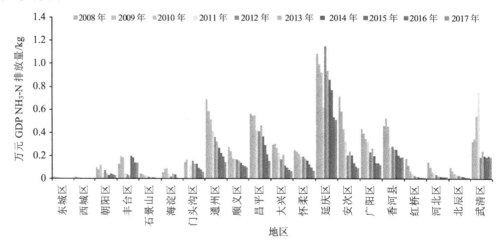

图 5-24　各地区万元 GDP NH₃-N 排放量变化（2008—2017 年）

由图 5-25 可知，从时间上分析，流域内各地区万元 GDP TP 排放量基本上呈递减趋势；从空间上分析，流域各地区万元 GDP TP 排放量相差较小，延庆区万元 GDP TP 排放量最大，由此可见，面源污染是影响地区万元 GDP TP 排放量的主要原因。

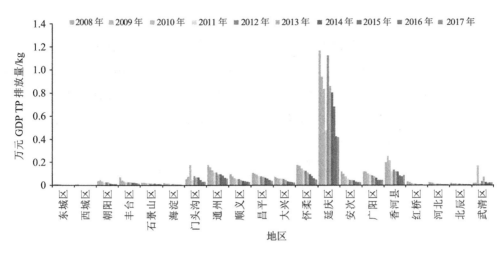

图 5-25　各地区万元 GDP TP 排放量变化（2008—2017 年）

5.2.4.2　控制单元水环境分量核算结果

（1）水环境容量

如图 5-26 所示，从时间尺度看，各控制单元 COD 水环境容量呈现丰水年较高、枯水年较低的特点，如 2012 年为丰水年，降水量较大，流域水环境容量较高，而 2014 年为枯水年，河道流量小，水质净化能力较差，污染物浓度偏高，COD 水环境容量较低；从空间尺度分析，位于流域中游的白石桥、花园路、鼓楼外大街等控制单元位于北京的城市中心，城镇化水平高，区域面积小，地区人口众多，河流中污染物浓度高，COD 水环境容量低；随着流域治理力度的增加，位于流域下游的老夏安公路、秦营扬水站和筐儿港、土门楼、北洋桥等控制单元的水质逐渐恢复，污染物浓度降低，COD 水环境容量升高。

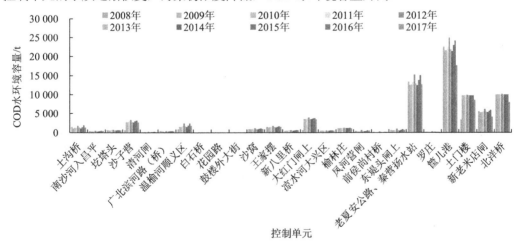

图 5-26　各控制单元 COD 水环境容量（2008—2017 年）

如图 5-27 所示，从时间尺度分析，控制单元 NH₃-N 水环境容量在丰水年 2012 年较高、枯水年 2014 年较低；从空间尺度分析，位于流域中下游农村地区的控制单元农业种植面积大，氮肥、磷肥的施用量大，且畜禽养殖数量较多，畜禽养殖业污染较大，NH₃-N 排放量高，河流中污染物浓度高，NH₃-N 水环境容量低；位于流域下游的控制单元受到较为完善的污水处理系统作用，污染物浓度较低，且较大的退水量稀释了中游的污染物浓度，NH₃-N 水环境容量升高。

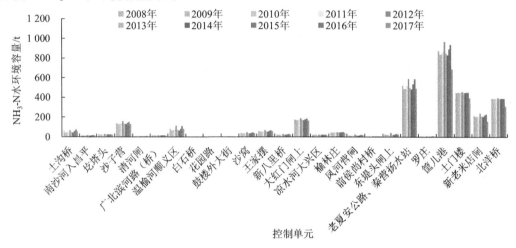

图 5-27　各控制单元 NH₃-N 水环境容量（2008—2017 年）

如图 5-28 所示，从时间尺度分析，控制单元 TP 水环境容量在丰水年较高、枯水年较低；从空间尺度分析，位于流域中游的控制单元 TP 排放量大，河流中污染物浓度高，TP 水环境容量低；位于流域下游的控制单元由于退水量大，稀释了中游的污染物浓度，且退水污染物浓度相对较小，河流污染物浓度较低；此外，随着环境治理的力度增加，受到较为完善的污水处理系统作用，下游污染物浓度降低，TP 水环境容量升高。

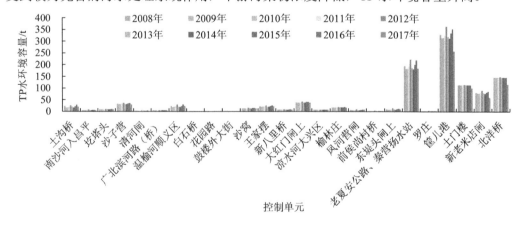

图 5-28　各控制单元 TP 水环境容量（2008—2017 年）

（2）污染负荷时空变化

1）污染物排放总量

由图 5-29 可知，从时间上分析，流域内各控制单元 COD 排放量年际分布不均；从空间上分析，流域各控制单元 COD 排放量相差较大，其中新八里桥、沙子营、沙窝、大红门闸上等控制单元的污水处理厂处理范围较大，污水收集量及处理量均较大，因此较其他控制单元的 COD 排放总量大，排放源主要为污水处理厂；其余控制单元 COD 排放总量相对较小，排放源包括污水处理厂及面源污染等。

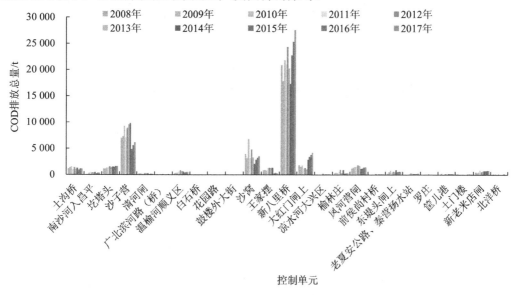

图 5-29　各控制单元 COD 排放总量（2008—2017 年）

由图 5-30 可知，从时间上分析，流域内各控制单元 $NH_3\text{-}N$ 排放量年际分布不均；从空间上分析，流域各控制单元 $NH_3\text{-}N$ 排放量相差较大，其中新八里桥、沙子营、大红门闸上、凤河营闸、沙窝等控制单元 $NH_3\text{-}N$ 排放总量较大，因为区域内污水处理厂处理规模较大，污水收集量及处理量均较大，因此较其他控制单元的 $NH_3\text{-}N$ 排放总量大，排放源主要为污水处理厂，此外还有部分为面源污染；其余控制单元 $NH_3\text{-}N$ 排放总量相对较小，排放源包括污水处理厂及面源污染等。

由图 5-31 可知，从时间上分析，流域内各控制单元 TP 排放量年际分布不均；从空间上分析，流域各控制单元 TP 排放量差异较大，其中新八里桥的 TP 排放量最大，其次是沙子营、凤河营闸、沙窝等控制单元，因为新八里桥所在区域的污水处理厂收集范围较广，污水处理规模较大，相比其他控制单元的污水收集量及处理量均大，因此 TP 排放量也相对较大，排放源主要为污水处理厂，此外还有部分为面源污染等。

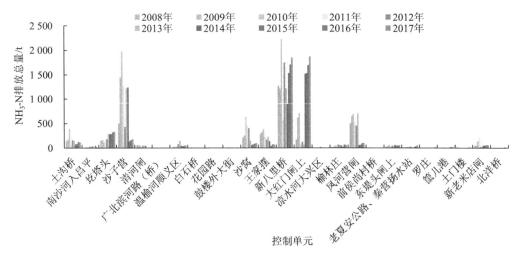

图 5-30　各控制单元 NH₃-N 排放总量（2008—2017 年）

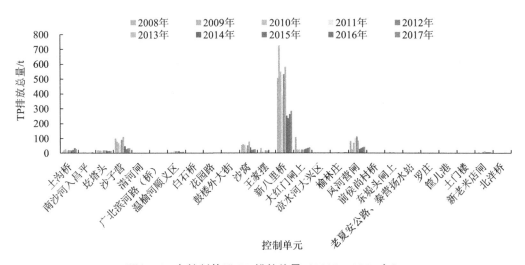

图 5-31　各控制单元 TP 排放总量（2008—2017 年）

2）污染物排放强度

由图 5-32 可知，从时间上分析，流域内各控制单元万元 GDP COD 排放量基本上呈减少趋势；从空间上分析，流域内各控制单元万元 GDP COD 排放量差异较大，其中沙子营、王家摆、新八里桥等控制单元的 COD 排放强度较大，主要原因在于这些区域内污水处理厂的纳污范围较广，污水处理规模较大，处理了大量其他地区的污染物，因此 COD 排放总量较大，从而导致控制单元的 COD 排放强度较大；白石桥、花园路、鼓楼外大街等控制单元 COD 排放强度较小，主要因为这些区域内无污水处理厂，COD 排放量仅来源于面源污染，因此 COD 排放总量较小，从而导致控制单元的 COD 排放强度较小；对于污水处理厂处理规模相差不大的控制单元，面源污染是影响地区万元 GDP COD 排放量的主要原因。

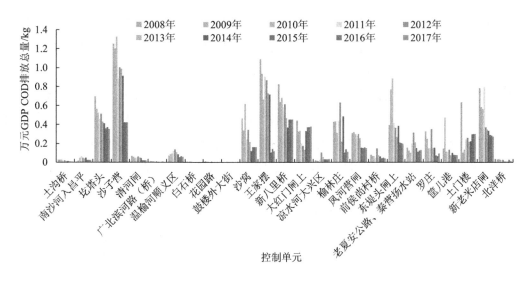

图 5-32　各控制单元万元 GDP COD 排放量（2008—2017 年）

由图 5-33 可知，从时间上分析，流域内各控制单元万元 GDP NH₃-N 排放量基本呈减少趋势；从空间上分析，流域内各控制单元万元 GDP NH₃-N 排放量差异较大，其中沙子营、王家摆、大红门闸上、凤河营闸等控制单元的 NH₃-N 排放强度较大，主要原因在于这些区域内污水处理厂的处理规模较大，处理了大量其他地区的 NH₃-N，因此 NH₃-N 排放总量较大，此外由于控制单元的地区生产总值较低，从而导致控制单元的 NH₃-N 排放强度较大；白石桥、花园路、鼓楼外大街等控制单元 NH₃-N 排放强度较小，主要因为这些区域内无污水处理厂，NH₃-N 排放量仅来源于面源污染，因此 NH₃-N 排放总量较小，从而导致控制单元的 NH₃-N 排放强度较小；对于污水处理厂处理规模相差不大的控制单元，面源污染是影响地区万元 GDP NH₃-N 排放量的主要原因。

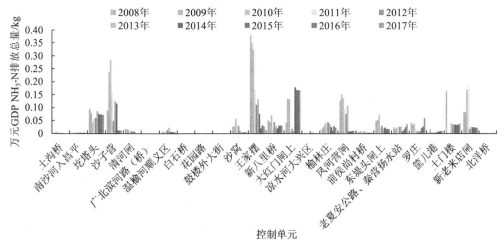

图 5-33　各控制单元万元 GDP NH₃-N 排放量（2008—2017 年）

由图 5-34 可知，从时间上分析，流域内各控制单元万元 GDP TP 排放量基本呈减少趋势；从空间上分析，流域内各控制单元万元 GDP TP 排放量差异较大，其中沙子营、王家摆、新八里桥、大红门闸上、凤河营闸等控制单元 TP 排放强度较大，主要原因在于这些区域内污水处理厂的纳污范围较广，处理了大量其他地区的 TP，因此 TP 排放总量较大，此外由于控制单元的地区生产总值较低，从而导致万元 GDP TP 排放量较大；白石桥、花园路、鼓楼外大街等控制单元 TP 排放强度较小，主要因为这些区域内无污水处理厂，TP 排放量仅来源于面源污染，因此 TP 排放总量相对其他地区较小，从而导致控制单元的 TP 排放强度较小；对于污水处理厂处理规模相差不大的控制单元，面源污染是影响地区万元 GDP TP 排放量的主要原因。

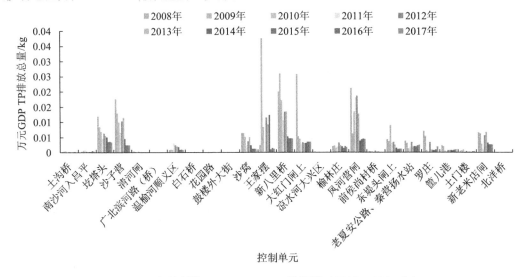

图 5-34　各控制单元万元 GDP TP 排放量（2008—2017 年）

5.3　水生态分量核算

5.3.1　土地利用解译

基于 2006—2018 年的 Landsat 30 m 的遥感影像，对数据进行预处理，并以 2015 年为基准，结合已有的地类调查数据做精确的土地利用分类，以该分类结果为底图，分别对 2018 年及 2006 年的建筑区、水域及植被的变化区域进行检测，最终与 2015 年的分类底图合并，并分别对数据进行质检，得到 2006—2018 年的土地利用覆盖数据。

根据 30 m 遥感影像将流域土地利用分为耕地、林地、草地、水域、建设用地共五类，解译结果见图 5-35。

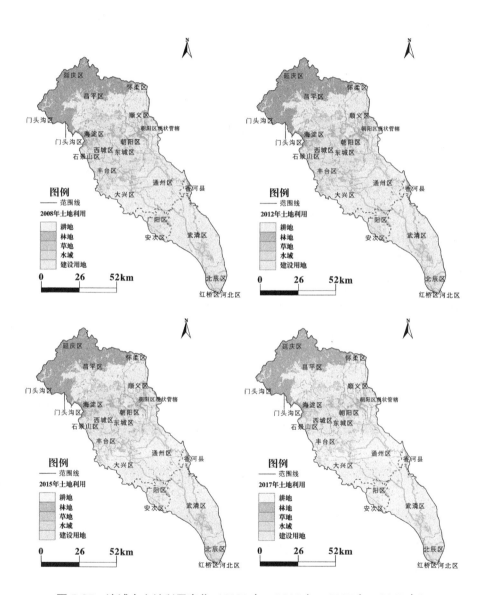

图 5-35　流域内土地利用变化（2008 年、2012 年、2015 年、2017 年）

5.3.2 水源涵养量核算

水源涵养量是评价陆域生态系统的重要指标，与降水量、地表径流量、蒸散发量、土地利用类型有关。可以基于 InVEST（Integrated Valuation of Ecosystem Services and Tradeoffs）模型，通过降水、植物蒸腾、地表蒸发、根系深度和土壤深度等参数计算获得产水量，再用地形指数、土壤饱和导水率和流速系数对产水量进行修正获得水源涵养量，如式（5-48）所示。

$$\text{Retention} = \min\left(1, \frac{249}{\text{Velocity}}\right) \times \min\left(1, \frac{0.9 \times \text{TI}}{3}\right) \times \min\left(1, \frac{K_{\text{sat}}}{300}\right) \times Y_{jx}$$

$$Y_{jx} = \left(1 - \frac{\text{AET}_{xj}}{P_x}\right) \times P_x \tag{5-48}$$

式中：Retention——水源涵养量，mm；

      Velocity——流速系数，量纲一；

      TI——地形指数，量纲一；

      K_{sat}——土壤饱和导水率，cm/d；

      Y_{jx}——年产水量，mm；

      AET_{xj}——土地利用类型 j 上栅格单元 x 的年平均蒸散发量，mm；

      P_x——年降水量，mm。

5.3.3 水质净化能力核算

流域水质净化能力评价陆域生态系统截留面源污染的能力，主要与土地利用类型相关，可以综合各土地利用斑块水质净化能力得到水质净化能力，如式（5-49）所示。

$$W = \frac{\sum_{i=1}^{n} W_i S_i}{\sum_{i=1}^{n} S_i} \tag{5-49}$$

式中：W_i——第 i 个斑块的水质净化能力，%；

      S_i——第 i 个斑块的面积，m²；

      n——斑块数量。

5.3.4 水生态分量核算方法及结果

水生态系统服务功能是指水生态系统及其生态过程所形成的维持人类赖以生存的自

然环境条件的效用。根据水生态系统提供服务的机制、类型和效用，把水生态系统的服务功能划分为提供产品、调节功能、文化功能和支持功能四大类。水生态系统可以提供人类生活及生产用水、水力发电、内陆航运、水产品生产、基因资源等，也可以进行水文调节、河流输送、侵蚀控制、水质净化、空气净化、区域气候调节等。不仅如此，水生态系统还具有教育价值、灵感启发、美学价值、生态旅游价值等文化功能，也具备光合产氧、氮循环、水循环、初级生产力和提供生境等支持功能。其中主要功能及其核算方法见表 5-4。

表 5-4　水生态服务功能核算指标及其核算方法

水生态服务功能	核算指标	核算方法
提供产品	生活用水	系数法
	生产用水	系数法
	水库水电生产	产水量评估模型
调节功能	水质净化	养分持留模型
	河流输送	泥沙输移比例模型
文化功能	旅游休闲娱乐	旅行费用法
支持功能	生境质量	生境质量模型

5.3.4.1　行政单元水生态分量核算结果

（1）水源涵养量

如图 5-36 所示，总体上看，流域总体水源涵养量平均为 61 mm 左右，其中 2012 年是丰水年，水源涵养量高于 100 mm；而 2014 年为枯水年，水源涵养量低于 30 mm，水源涵养能力弱。原因在于不同年份降水量分布不均匀，在降水量高的年份，森林与草地所能截留涵养的水量丰富，水源涵养量高；在降水量低的年份，蒸散发量高，水源涵养量低。从空间角度分析，水源涵养量最高的区域为流域西北山区，最低区域为西城区、东城区和丰台区，原因在于林草覆盖面积最大的区域的水源涵养量高，而城镇化水平较高的区域的城镇用地占比高，城市不透水面积占比高，水源涵养能力极弱。

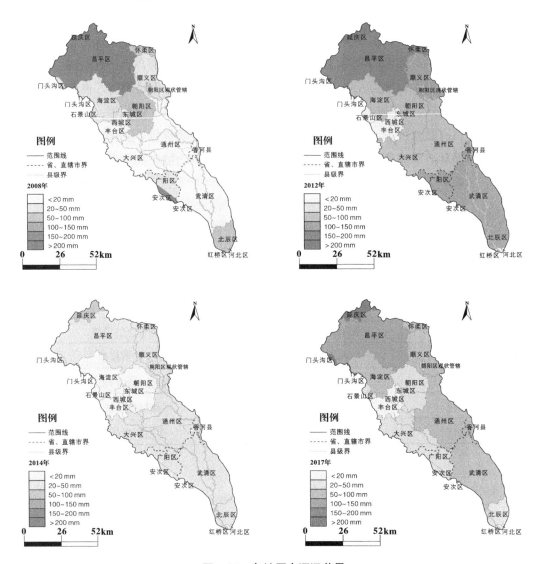

图 5-36　各地区水源涵养量

（2）水质净化能力

由图 5-37 可知，流域水质净化能力年际变化较小；昌平区、延庆区、怀柔区等地水质净化能力明显高于其他地区，主要原因在于流域上游地区林草覆盖面积大，截留面源污染能力强，则水质净化能力强；西城区、东城区、丰台区、朝阳区等地区城市不透水面积占比高，截留面源污染能力弱，则水质净化能力弱。

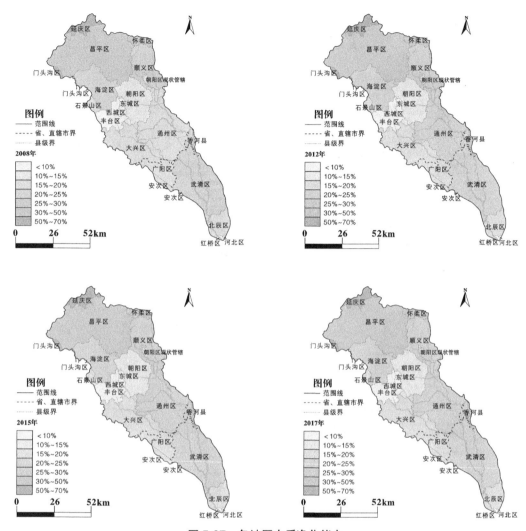

图 5-37 各地区水质净化能力

5.3.4.2 控制单元水生态分量核算结果

（1）水源涵养量

如图 5-38 所示，从时间角度分析，丰水年 2012 年的水源涵养量较高，而枯水年 2014 年的水源涵养量较低，原因在于不同年份降水量分布不均匀，在降水量高的年份，森林与草地所能截留涵养的水量丰富，水源涵养能力高，在降水量低的年份，蒸散发量高，水源涵养量低。从空间角度分析，水源涵养量最高的控制单元为土沟桥，此控制单元林草覆盖面积较大，水源涵养能力较强；位于流域中游的控制单元水源涵养量较低，控制单元城镇化水平较高，城镇用地占比高，城市不透水面积占比高，水源涵养能力较弱。

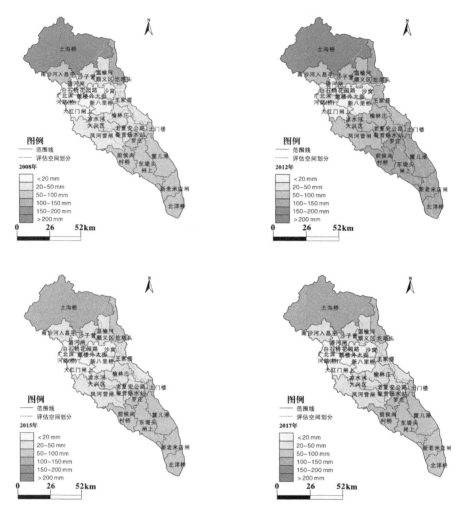

图 5-38　各控制单元水源涵养量

（2）水质净化能力

如图 5-39 所示，从时间角度分析，流域内各控制单元水质净化能力年际差异不大。从空间角度分析，位于流域上游的土沟桥控制单元水质净化能力较强，主要原因在于流域上游地区林草覆盖面积大，截留面源污染能力强，因此水质净化能力较强；位于流域中游的控制单元的城市不透水面积占比高，截留面源污染能力差，因此水质净化能力较弱。

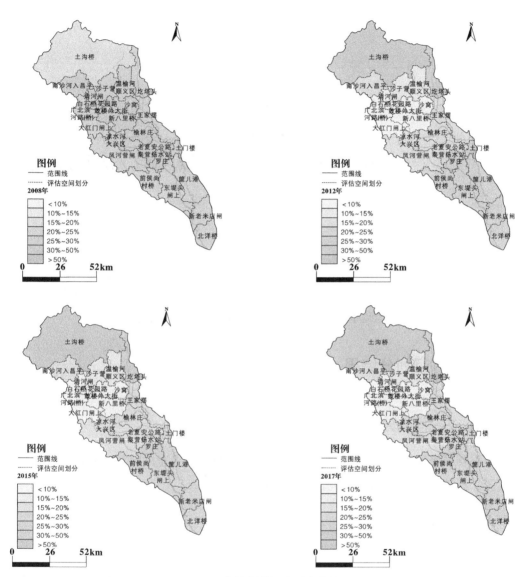

图 5-39　各控制单元水质净化能力

第6章

基于行政单元的北运河流域水环境承载力动态评估

根据流域水环境承载力动态评估方法体系，以及北运河流域水环境承载力相关影响因素时空分布特征的分析结果，以流域水环境承载力大小、承载状态以及开发利用潜力为研究对象，开展基于行政单元的北运河流域水环境承载力动态评估。

6.1 评估时空划分结果

6.1.1 评估空间划分

根据行政管理的需求，按照行政单元边界将流域划分为延庆区、昌平区、门头沟区、怀柔区、海淀区等20个评估空间，见图6-1。

6.1.2 评估季节性划分

降水量与地表水资源量、地下水资源量以及水质密切相关，降水多少直接影响水质好坏以及水量的丰贫程度。北运河流域地处温带季风气候区，降水量时空分布不均匀，地表水体水量、水质受降水量影响较为明显，因此选用降水量作为流域季节性划分依据。分析京津冀地区1999—2018年的降水量数据，将一年内12个月划分为平水期、枯水期、丰水期，划分结果见表6-1。除此之外，由于北运河流域年际降水量分配不均匀，选取2012年、2014年和2017年3个典型年，分析年际季节性差异，其中2012年为丰水年，降水量高于600 mm，2014年为枯水年，降水量低于400 mm，2017年为平水年，降水量为500 mm左右。

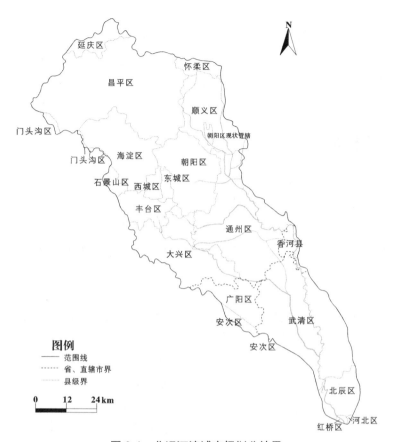

图 6-1　北运河流域空间划分结果

表 6-1　流域季节性划分结果

月份	季节性划分
12 月，1—3 月	枯水期
4—5 月，10—11 月	平水期
6—9 月	丰水期

6.2　北运河流域水环境承载力大小动态评估

北运河流域水环境承载力大小动态评估对象为流域水环境、水资源以及水生态 3 个水环境承载力分量，即水系统对流域内人类生产生活的支撑能力。根据流域水环境承载力大小评估方法体系以及北运河流域时空变化特征，评估 2008—2017 年北运河流域水环境承载力大小年际变化。根据流域水环境承载力评估方法体系以及北运河流域水环境承载力相关影响因素的时空变化分析结果，建立北运河流域水环境承载力影响因子路径，从而确定北运河流域水环境承载力大小动态评估指标体系。由于北运河流域地处温带季风气候区，年内降水量时空分布不均匀，地表水体的水量与水质也呈现一定的季节性分布特点，流域内水环境承载力大小呈现一定的规律性变化。为了进一步加强对流域水系统的管理，分别从年际、季节性、月际 3 个时间尺度评估北运河流域水环境承载力大小。

6.2.1　评估指标体系构建

流域水环境承载力大小评估的对象是流域天然水系统能够为人类活动提供的支撑能力，偏重于流域水体对社会经济的承载能力，根据本书 4.2 节流域水环境承载力大小评估指标体系构建方法，再结合北运河流域水系统状况，从水环境、水资源以及水生态 3 个方面，构建基于行政单元的北运河流域水环境承载力大小评估指标体系，具体评估指标体系见表 6-2。

表 6-2　基于行政单元的北运河流域水环境承载力大小评估指标体系

目标层	指标层	分指标	单位
北运河流域 水环境承载力大小	水环境分量	本地 COD 浓度	mg/L
		本地 NH$_3$-N 浓度	mg/L
		本地 TP 浓度	mg/L
	水资源分量	降水量	mm
		再生水量	m^3
		地表水量	m^3
		地下水量	m^3
	水生态分量	湿地面积占比	%
		水源涵养量	mm
		水质净化能力	%
		河流蜿蜒度	%

6.2.2　基于结构方程法确定权重

6.2.2.1　路径分析

根据流域水系统承载力因子路径分析，构建流域水环境承载力大小影响因子路径。水资源量、水环境容量、水生态服务功能决定了流域水环境承载力大小。基于因果路径分析及潜变量、测变量的选择结果，将变量数据进行标准化后，输入 AMOS 模型中，采用广义最小二乘法对模型整体进行模拟和校验，得到承载力大小影响因子路径及其系数，见图 6-2。

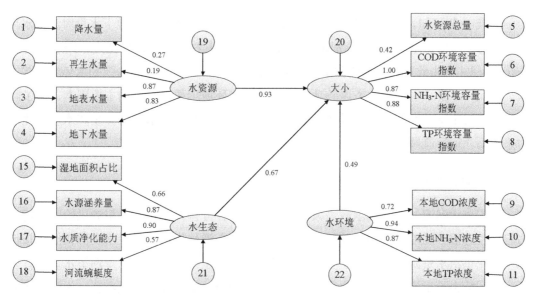

图 6-2 承载力大小影响因子路径及其系数

如图 6-2 所示，流域水资源量与流域水环境承载力大小呈显著相关，水生态服务功能以及水环境容量对水环境承载力大小的影响较小。流域水资源量越大、水环境容量越大、水生态服务功能越强，流域水环境承载力越大。

在水资源影响因子中，地表水量与地下水量对水资源直接作用的系数分别为 0.87 与 0.83，地表水量、地下水量与水资源量呈显著正相关；在水生态影响因子中，水源涵养量和水质净化能力对水生态作用系数最高，分别是 0.90 与 0.87，水源涵养量、水质净化能力与水生态服务功能呈显著正相关；在水环境影响因子中，本地污染物浓度是影响水环境容量最主要的因子，本地污染物浓度越低，水环境容量越高。各承载力影响因子对流域水环境承载力大小的贡献率见表 6-3。

表 6-3 承载力影响因子对流域水环境承载力大小的贡献率

影响因素	贡献率/%	影响因子	贡献率/%
水环境容量	23.4	本地 COD 浓度	6.7
		本地 NH₃-N 浓度	8.7
		本地 TP 浓度	8.1
水资源总量	44.5	降水量	5.6
		再生水量	3.9
		地表水量	17.9
		地下水量	17.1
水生态服务功能	32.1	湿地面积占比	7.1
		水源涵养量	9.3
		水质净化能力	9.6
		河流蜿蜒度	6.1

由表 6-3 可知，在流域水环境承载力影响因子中，地表水量与地下水量对流域水环境承载力大小的贡献率较高，分别是 17.9% 和 17.1%；其次是水质净化能力、水源涵养量，均在 9% 以上。由此可见，水资源丰富、水源涵养量大、水质净化能力强则水环境承载力大。因此，水资源量与水生态服务功能也是影响水环境承载力大小的主要因素。除了降低本地区污染物浓度外，还可以通过增加水资源量、提高地区水源涵养量和水质净化能力来提高北运河流域水环境承载力大小。

6.2.2.2 确定权重

根据北运河流域水环境承载力大小影响因子路径分析结果，从水资源供给、纳污能力与水生态服务功能角度构建流域水环境承载力动态评估指标体系。水资源供给是指流域水系统供给水资源的能力，主要用降水量、地表水量、再生水量以及地下水量进行表征。纳污能力是指流域对生活生产污染物的消纳能力，用水环境容量表征。由于流域内具体水环境容量核算比较困难，可以用本地水质目标和污染物浓度进行表征。水生态服务功能用湿地面积、水源涵养量、水质净化能力、河流蜿蜒度进行表征。

根据流域水环境承载力大小影响因子路径分析结果中各评估指标贡献率确定各指标权重，见表 6-4。

表 6-4　基于行政单元的北运河流域水环境承载力大小评估指标及权重

目标层	指标层	一级权重（路径系数）	分指标	二级权重
北运河流域水环境承载力大小	水环境分量	0.234	本地 COD 浓度	0.067
			本地 NH_3-N 浓度	0.087
			本地 TP 浓度	0.081
	水资源分量	0.445	降水量	0.056
			再生水量	0.039
			地表水量	0.179
			地下水量	0.171
	水生态分量	0.321	湿地面积	0.071
			水源涵养量	0.093
			水质净化能力	0.096
			河流蜿蜒度	0.061

6.2.3 评估结果等级划分

根据流域水环境承载力评估方法体系中的评估等级划分方法，可以将北运河流域水环境承载力大小分为 5 个等级，分别是承载力最小、承载力较小、承载力一般、承载力较大和承载力最大，等级划分结果见表 6-5。

表 6-5　水环境承载力大小评估等级划分表

分级标准	等级	颜色
$X \leqslant 0.234$	承载力最小	
$0.234 < X \leqslant 0.416$	承载力较小	
$0.416 < X \leqslant 0.584$	承载力一般	
$0.584 < X \leqslant 0.766$	承载力较大	
$X > 0.766$	承载力最大	

6.2.4　评估结果分析

6.2.4.1　北运河流域水环境承载力大小年际动态评估结果

根据北运河流域水环境、水资源以及水生态时空变化特征，确定各指标值并将指标标准化处理，评估 2008—2017 年流域水环境承载力大小年际动态变化，评估结果见表 6-6。

表 6-6　2008—2017 年北运河流域水环境承载力大小年际动态评估结果

地区	2008 年	2009 年	2010 年	2011 年	2012 年	2013 年	2014 年	2015 年	2016 年	2017 年
安次区	0.195	0.113	0.128	0.151	0.221	0.157	0.148	0.192	0.167	0.220
北辰区	0.350	0.330	0.311	0.328	0.402	0.232	0.226	0.252	0.238	0.283
昌平区	0.708	0.485	0.542	0.555	0.693	0.541	0.463	0.602	0.707	0.663
朝阳区	0.310	0.231	0.258	0.313	0.370	0.243	0.237	0.359	0.452	0.424
大兴区	0.252	0.205	0.236	0.290	0.341	0.232	0.215	0.309	0.326	0.341
东城区	0.136	0.094	0.129	0.163	0.173	0.110	0.117	0.301	0.307	0.306
丰台区	0.172	0.123	0.151	0.190	0.221	0.140	0.135	0.322	0.334	0.338
广阳区	0.208	0.185	0.198	0.220	0.302	0.231	0.215	0.265	0.243	0.295
海淀区	0.414	0.349	0.361	0.388	0.457	0.369	0.341	0.404	0.461	0.433
河北区	0.311	0.279	0.266	0.278	0.315	0.181	0.188	0.200	0.302	0.308
红桥区	0.299	0.271	0.259	0.270	0.308	0.174	0.180	0.192	0.295	0.301
怀柔区	0.375	0.333	0.362	0.366	0.402	0.358	0.334	0.399	0.391	0.388
门头沟区	0.366	0.340	0.367	0.359	0.416	0.362	0.337	0.397	0.402	0.423
石景山区	0.156	0.100	0.140	0.170	0.193	0.123	0.123	0.303	0.307	0.317
顺义区	0.269	0.203	0.241	0.301	0.331	0.222	0.216	0.329	0.374	0.386
通州区	0.344	0.314	0.315	0.359	0.449	0.295	0.288	0.376	0.397	0.449
武清区	0.452	0.445	0.407	0.441	0.625	0.365	0.299	0.370	0.367	0.413
西城区	0.146	0.093	0.128	0.163	0.175	0.110	0.116	0.301	0.308	0.306
香河县	0.181	0.175	0.190	0.211	0.275	0.218	0.213	0.252	0.232	0.280
延庆区	0.486	0.395	0.441	0.428	0.496	0.436	0.396	0.482	0.493	0.474

根据评估等级划分方法，北运河流域水环境承载力大小年际动态评估结果见图 6-3。

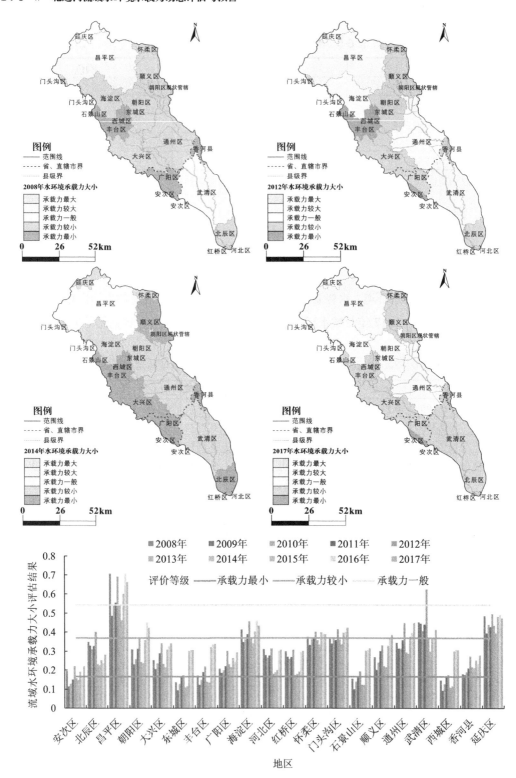

图 6-3　北运河流域水环境承载力大小年际动态评估结果

如图 6-3 所示，从时间角度分析，北运河流域水环境承载力大小的年际分布不均匀。2008 年与 2012 年流域水环境承载力较大，2014 年流域水环境承载力较小。2014 年，昌平区的水环境承载力大小评估结果为 0.463，而 2012 年与 2008 年的评估结果均高于 0.690。其主要原因在于丰水年的降水量大、地表水量以及地下水量较高，水资源供给较大；地表水量越充足，流域水环境容量越大，能容纳的污染物量越多；丰水年地表径流量大，则陆域涵养水源的能力越强，生态服务功能越强。综上可知，北运河流域在丰水年的水环境承载力最大，平水年的水环境承载力较大，而枯水年的水环境承载力最小。

从空间角度分析，在流域内，昌平区水环境承载力较大，其次是朝阳区、通州区等地，而东城区、西城区、丰台区等的水环境承载力较小。昌平区位于流域最上游，水量丰富，污染物浓度低，林草覆盖度高，水源涵养与水质净化能力强，因此昌平区的水环境承载力大小评估结果高于 0.584，较其他地区水环境承载力大。朝阳区位于流域中上游地区，与昌平区不同的是朝阳区城镇化水平较高，植被覆盖度低，生态服务功能低，并且西城区、东城区等的生活生产污水都进入朝阳区污水处理厂进行处理，因此水体污染物浓度较高，水环境承载力较小。但随着再生水的利用，水资源供给能力增强，水环境承载力逐渐增加。西城区、东城区、丰台区、石景山区属于北京城市中心，城镇化水平高，行政区面积小，水资源供给能力差，水环境承载力小。北运河干流经过大兴区、顺义区、通州区等中下游地区，流域内水面面积占比大，地表水量与地下水量较高，但是流域下游污染物浓度较高，水环境容量较低，因此流域水环境承载力较小。但随着环境治理力度的加大，中下游水环境不断改善，污染物浓度降低，水环境承载力逐渐增加。位于流域下游的北辰区水量较小，因此水环境承载力较小。而武清区水量丰富，但水环境承载力一般。但是近年随着区域发展，北辰区与武清区的水环境承载力都呈下降趋势。安次区、广阳区等流域边缘地区的水资源供给能力弱、纳污能力弱，则流域水环境承载力较小。

6.2.4.2　北运河流域水环境承载力大小季节性动态评估结果

由于北运河流域年际降水量分配不均匀，根据北运河流域时空划分结果，选取 2012 年、2014 年和 2017 年 3 个典型年，分析流域水环境承载力大小季节性差异。根据季节性划分结果，1—3 月以及 12 月为枯水期，4—5 月以及 10—11 月为平水期，6—9 月为丰水期。

根据北运河流域水环境、水资源以及水生态时空变化特征确定各指标值，经过指标标准化处理，对枯水年、丰水年、平水年的流域水环境承载力大小季节性动态变化进行评估，结果见表 6-7。

表 6-7 北运河流域水环境承载力大小季节性动态评估结果

地区	2012 年（丰水年）			2014 年（枯水年）			2017 年（平水年）		
	枯水期	平水期	丰水期	枯水期	平水期	丰水期	枯水期	平水期	丰水期
安次区	0.108	0.116	0.185	0.073	0.096	0.149	0.182	0.153	0.234
北辰区	0.280	0.294	0.396	0.154	0.204	0.241	0.233	0.208	0.274
昌平区	0.512	0.542	0.717	0.413	0.432	0.493	0.542	0.533	0.706
朝阳区	0.264	0.293	0.356	0.156	0.185	0.256	0.354	0.353	0.425
大兴区	0.234	0.268	0.321	0.134	0.163	0.234	0.270	0.247	0.372
东城区	0.116	0.139	0.142	0.045	0.072	0.126	0.276	0.269	0.308
丰台区	0.148	0.165	0.198	0.063	0.091	0.144	0.276	0.299	0.351
广阳区	0.185	0.194	0.269	0.138	0.162	0.217	0.255	0.221	0.307
海淀区	0.350	0.368	0.456	0.307	0.321	0.360	0.360	0.358	0.454
河北区	0.251	0.257	0.299	0.124	0.173	0.193	0.293	0.286	0.301
红桥区	0.243	0.250	0.292	0.116	0.165	0.186	0.286	0.278	0.294
怀柔区	0.299	0.319	0.386	0.292	0.299	0.336	0.305	0.298	0.387
门头沟区	0.310	0.322	0.411	0.306	0.314	0.339	0.322	0.310	0.420
石景山区	0.128	0.142	0.168	0.055	0.082	0.131	0.251	0.275	0.330
顺义区	0.225	0.263	0.306	0.130	0.158	0.237	0.347	0.339	0.425
通州区	0.323	0.367	0.435	0.201	0.229	0.322	0.372	0.343	0.493
武清区	0.378	0.403	0.639	0.207	0.259	0.324	0.345	0.296	0.397
西城区	0.116	0.139	0.143	0.045	0.071	0.125	0.276	0.269	0.308
香河县	0.173	0.180	0.247	0.137	0.161	0.216	0.236	0.200	0.289
延庆区	0.359	0.387	0.486	0.353	0.359	0.402	0.327	0.311	0.470

根据评估等级划分方法，北运河流域水环境承载力大小季节性动态评估结果见图 6-4。

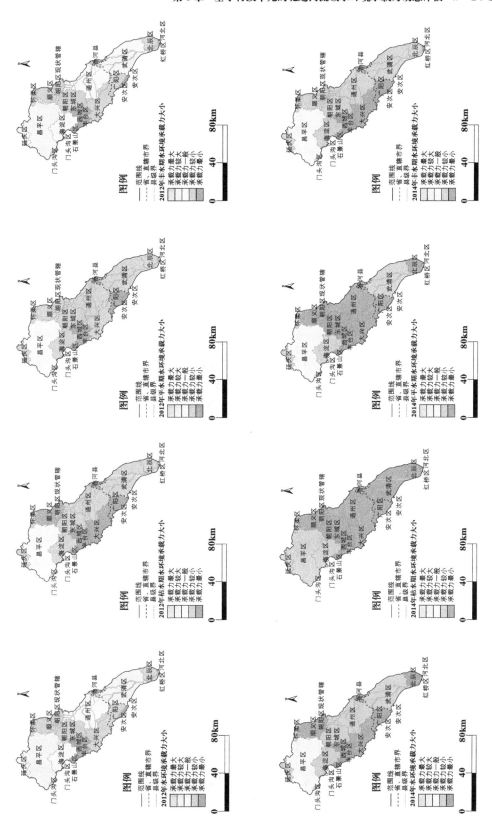

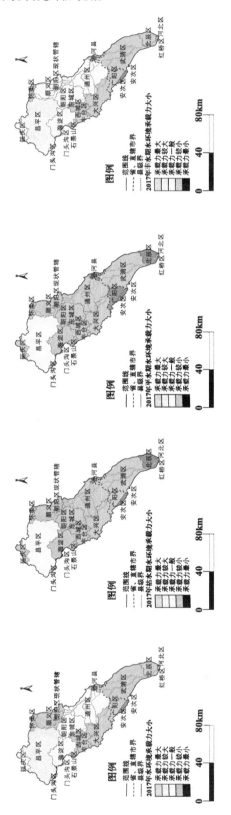

图6-4 北运河流域水环境承载力大小季节性动态评估结果

由图 6-4 可知，同一年中水环境承载力大小分别是丰水期＞平水期＞枯水期，主要原因在于在降水量较高的季节，地表水量以及地下水量丰富。不仅如此，水源涵养量增加，水面面积增加，则水环境承载力增大；降水量较低的时期，河流断流，水资源总量低，水环境容量较低，则水环境承载力较小，将季节性水环境承载力大小与当年水环境承载力大小进行比较，丰水期评估结果与当年结果相同，可以推断丰水期的水环境承载力大小决定了全年水环境承载力大小。

从不同年份来看，2017 年水环境承载力较大，其次是 2012 年，而 2014 年水环境承载力最小。虽然 2012 年属于丰水年，降水量较大，水资源量丰富，但是流域水环境质量较差。随着一系列环境保护政策与措施的落实，流域水环境质量明显改善，水环境纳污能力增强，水环境承载力增大。2014 年是枯水年，水环境承载力最小，并且 2014 年枯水期的流域水环境承载力最小；不仅如此，丰水期以及平水期的水环境承载力大小也低于其他年份。

从空间变化角度分析，昌平区水环境承载力较大，但是枯水期、平水年以及枯水年的水环境承载力一般；丰台区、东城区、西城区以及石景山区水环境承载力季节性变化不明显，承载力较小；由于朝阳区的可利用再生水资源量丰富，水资源总量的季节性变化较小，因此在枯水期与平水期的水环境承载力评估结果类似；顺义区、通州区、武清区、广阳区、北辰区等的水环境承载力大小的季节性变化较显著，主要表现在枯水期与平水期、丰水期相比，水资源量匮乏，水质变化较为显著，水环境承载力较小；门头沟区、怀柔区、延庆区水环境承载力大小的季节性变化较为显著，主要原因在于丰水期水源涵养量较高，水生态服务功能较高，水环境承载力较大；安次区、河北区、红桥区等流域边缘地区全年水环境承载力小，流域季节性变化较小。总体而言，流域水环境承载力大小季节性变化显著。

6.2.4.3　北运河流域水环境承载力大小月际动态评估结果

综合分析 2008—2017 年水环境承载力大小年际评估结果，2014 年的水环境承载力最小，选取 2014 年作为北运河流域水环境承载力大小月际动态评估的典型年，分析流域水环境承载力大小的月际差异。

根据北运河流域水环境、水资源以及水生态时空变化特征确定各指标值，经过指标标准化处理，对 2014 年的流域水环境承载力大小的月际动态变化进行评估，评估结果见表 6-8。

表 6-8　2014 年北运河流域水环境承载力大小月际动态评估结果

地区	1 月	2 月	3 月	4 月	5 月	6 月	7 月	8 月	9 月	10 月	11 月	12 月
安次区	0.126	0.127	0.126	0.086	0.144	0.160	0.166	0.190	0.179	0.177	0.181	0.158
北辰区	0.206	0.221	0.180	0.188	0.224	0.245	0.252	0.279	0.251	0.276	0.277	0.232
昌平区	0.436	0.428	0.436	0.434	0.445	0.488	0.448	0.446	0.458	0.441	0.433	0.409
朝阳区	0.224	0.215	0.194	0.216	0.261	0.303	0.280	0.293	0.255	0.279	0.234	0.290
大兴区	0.201	0.196	0.171	0.195	0.240	0.275	0.266	0.270	0.233	0.256	0.213	0.268
东城区	0.113	0.111	0.083	0.108	0.148	0.175	0.174	0.180	0.139	0.168	0.126	0.180
丰台区	0.130	0.127	0.100	0.124	0.168	0.204	0.182	0.205	0.145	0.186	0.143	0.197
广阳区	0.191	0.192	0.191	0.152	0.210	0.226	0.232	0.257	0.246	0.242	0.246	0.223
海淀区	0.330	0.326	0.330	0.329	0.335	0.369	0.336	0.340	0.337	0.331	0.328	0.302
河北区	0.176	0.192	0.151	0.158	0.192	0.207	0.218	0.238	0.221	0.246	0.247	0.203
红桥区	0.168	0.184	0.143	0.150	0.185	0.199	0.210	0.230	0.214	0.238	0.240	0.195
怀柔区	0.296	0.296	0.297	0.298	0.303	0.314	0.321	0.303	0.315	0.300	0.296	0.296
门头沟区	0.310	0.311	0.310	0.312	0.318	0.331	0.320	0.315	0.328	0.314	0.310	0.310
石景山区	0.122	0.120	0.092	0.116	0.159	0.190	0.180	0.189	0.138	0.177	0.135	0.189
顺义区	0.198	0.193	0.168	0.191	0.234	0.261	0.260	0.268	0.252	0.253	0.210	0.265
通州区	0.270	0.260	0.239	0.262	0.305	0.354	0.333	0.344	0.310	0.325	0.280	0.336
武清区	0.260	0.273	0.234	0.241	0.278	0.292	0.347	0.334	0.306	0.330	0.330	0.286
西城区	0.112	0.110	0.082	0.107	0.147	0.174	0.173	0.180	0.138	0.167	0.125	0.179
香河县	0.190	0.191	0.190	0.151	0.209	0.225	0.231	0.256	0.245	0.241	0.245	0.222
延庆区	0.357	0.356	0.357	0.358	0.363	0.376	0.384	0.363	0.378	0.360	0.356	0.357

　　根据评估等级划分方法，北运河流域水环境承载力大小月际动态评估结果见图 6-5。

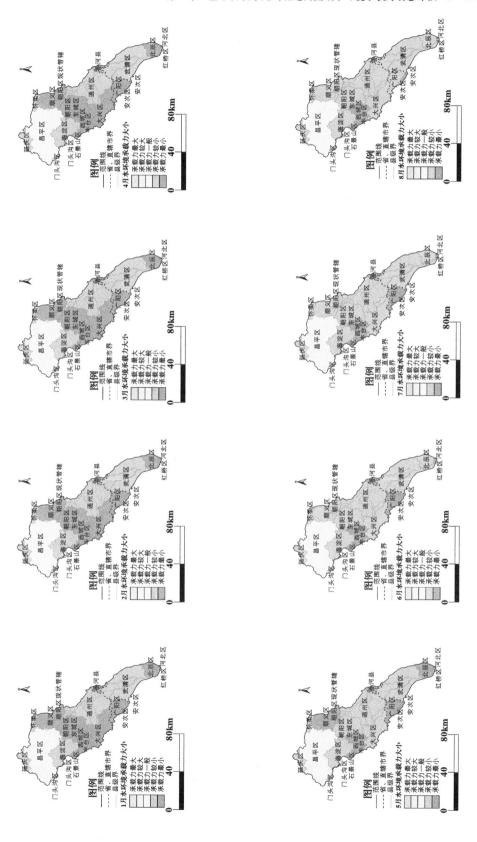

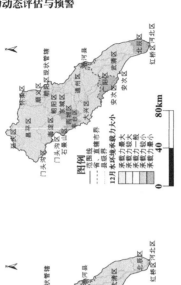

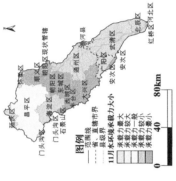

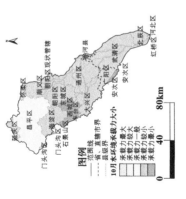

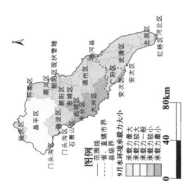

图6-5 2014年北运河流域水环境承载力大小月际动态评估结果

由表 6-8 与图 6-5 可以发现，2014 年 1—4 月的水环境承载力大小低于 0.234，承载力较小，主要原因在于 1—4 月的降水量低，河流断流，水质较差，地表水量少，水源涵养量少，因此水环境承载力较小；6—8 月的水环境承载力较小，虽然 6—8 月的降水量较其他年份的高，但 2014 年是枯水年，其降水量明显低于其他年份，降水量不充足，地表水量较低，则水环境承载力较小。总体而言，在枯水年，流域水环境承载力大小月际变化不明显。

从空间变化角度分析，流域内水环境承载力最大的地区为昌平区，但是昌平区的水环境承载力大小评估结果为"承载力一般"；流域水环境承载力较小的地区为东城区、安次区、西城区、石景山区与丰台区。2014 年，流域水环境承载力的月际变化较小，承载力较小；其中，朝阳区、安次区、通州区、武清区、海淀区等的水环境承载力大小无明显月际变化。昌平区、香河县、顺义区、大兴区等的水环境承载力大小变化较大，主要表现为 6—8 月的水环境承载力增大，即丰水期水环境承载力较大，其他月份水环境承载力较小。因此，就月际水环境承载力大小评估而言，流域水环境承载力大小月际变化不显著。

6.2.5　主要结论

从时间角度分析，北运河流域水环境承载力大小年际、年内处于动态变化中。2008—2017 年，丰水年的水环境承载力较大，枯水年的水环境承载力较小；同一年内比较，丰水期的水环境承载力较大，平水期次之，而枯水期最小，并且在枯水年内，水环境承载力大小月际变化较小。由此可以发现，北运河流域水环境承载力大小的年际与季节性动态变化较明显，且与降水量息息相关，主要是因为降水量较高的年份和季节的水资源供给能力较强，水源涵养等生态服务功能较强，水环境承载力也相对较大。

从空间角度分析，昌平区的水环境承载力较大，其次是朝阳区、通州区等，而丰台区、西城区以及东城区等的水环境承载力较小。昌平区的水环境承载力年内变化较大，而朝阳区、东城区、西城区等的变化较小。其主要原因在于，不同地区的水资源总量结构不同，如朝阳区的可利用水资源中再生水占比较高，水资源总量受降水量影响变化较小。不仅如此，2014 年流域内大部分地区的水环境承载力大小月际变化也不显著。

6.3　北运河流域水环境承载力承载状态动态评估

北运河流域水环境承载力承载状态年际动态评估对象为流域水环境、水资源以及水生态 3 个水环境承载力分量对流域内生产生活压力的承载状态，根据流域水环境承载力承载状态评估方法体系以及北运河流域时空变化特征，评估 2008—2017 年北运河流域水环境承载力承载状态年际变化。由于流域水环境承载力大小和点面源污染物排放量都呈现一定的季节性分布特点，流域内水环境承载力承载状态也呈现一定的规律性变化。为了进一步加强流域水系统管理，分别从年际、季节性、月际 3 个时间尺度评估北运河流域水环境承载力承载状态。

6.3.1 评估指标体系构建

流域水环境承载力承载状态评估对象是水系统内部社会经济子系统对流域水系统（包括水环境子系统、水资源子系统与水生态子系统）的压力超过水环境承载力大小的程度，根据本书 4.3 节流域水环境承载力承载状态评估指标体系构建方法，再结合北运河流域水系统状况，从水系统压力以及承载力大小两个方面，构建基于行政单元的北运河流域水环境承载力承载状态评估指标体系，具体评估指标体系见表 6-9。

表 6-9 基于行政单元的北运河流域水环境承载力承载状态评估指标体系

目标层	分层	指标层	分指标层	单位
北运河流域水环境承载力承载状态	水系统压力	点源排放量	COD 点源排放量	t
			NH₃-N 点源排放量	t
			TP 点源排放量	t
		面源排放量	COD 面源排放量	t
			NH₃-N 面源排放量	t
			TP 面源排放量	t
		水资源利用量	生活用水量	m³
			工业用水量	m³
			农业用水量	m³
		上游来水压力	上游来水 COD 浓度	mg/L
			上游来水 NH₃-N 浓度	mg/L
			上游来水 TP 浓度	mg/L
	承载力大小	水环境分量	本地 COD 浓度	mg/L
			本地 NH₃-N 浓度	mg/L
			本地 TP 浓度	mg/L
		水资源分量	降水量	mm
			再生水量	m³
			地表水量	m³
			地下水量	m³
		水生态分量	湿地面积占比	%
			水源涵养量	mm
			水质净化能力	%
			河流蜿蜒度	%

6.3.2　基于结构方程法确定权重

6.3.2.1　路径分析

依据流域水环境承载力内涵,从承载力大小以及水系统压力两个角度构建流域水环境承载力承载状态影响因子路径。基于因果路径分析及潜变量、测变量的选择结果,将变量数据进行标准化后输入 AMOS 模型中,采用广义最小二乘法对模型进行运行和校验,得到水环境承载力承载状态影响因子路径及其系数,见图 6-6。

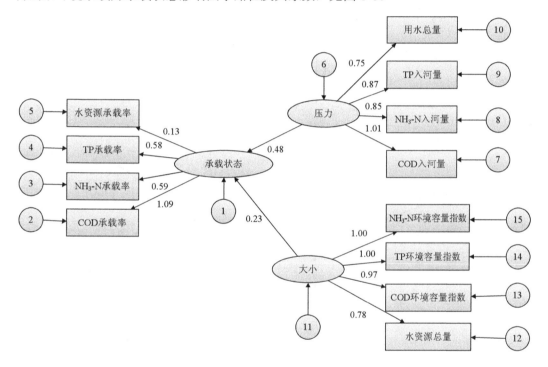

图 6-6　流域水环境承载力承载状态影响因子路径及其系数

如图 6-6 所示,流域压力因子对流域水环境承载力承载状态的作用系数最大,压力与承载状态呈显著正相关,水系统压力越大,流域水环境承载力承载状态越差;承载力大小对承载状态的作用系数最小,承载力大小与承载状态呈负相关关系,流域水环境承载力越小,水环境承载力承载状态越差;可以通过降低水系统压力、提高流域水环境承载力大小改善流域水环境承载力承载状态。其中,水系统压力影响因子路径分析结果见图 6-7。

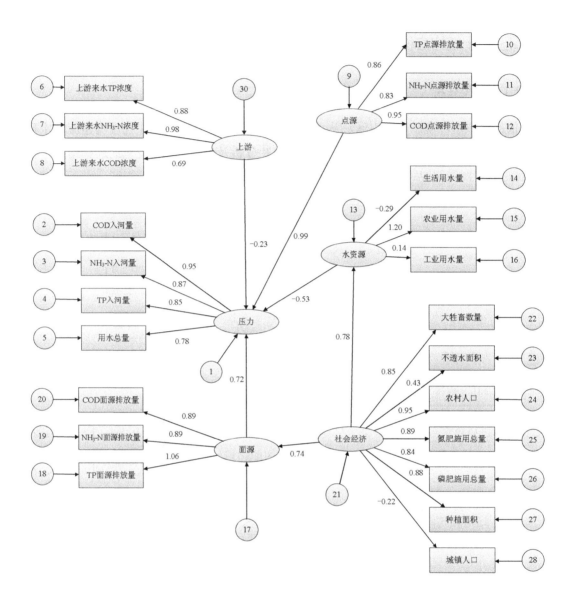

图 6-7 流域水系统压力影响因子路径及其系数

如图 6-7 所示，流域点源污染物排放对水系统压力影响最大，上游来水污染物浓度对水系统压力影响最小；而水资源利用量变化与压力变化相反，水资源利用量越大的地区，压力越小。因此，北运河流域中水资源利用量较大、点面源排污量较小、上游来水污染物浓度较低的地区的水系统压力较小。在上游来水污染物浓度影响因子中，上游来水 COD 浓度对上游来水污染物浓度的直接作用系数较小，上游来水 TP 浓度与上游来水 NH₃-N 浓度影响较大；在点源排放量影响因子中，COD 点源排放量作用系数最大，NH₃-N 点源排放量与 TP 点源排放量次之，作用系数均大于 0.8；在面源排放量影响因子中，TP

面源排放量对面源排放量作用系数最大，其次是 COD 面源排放量与 NH$_3$-N 面源排放量，作用系数均为 0.89；在水资源利用量影响因子中，农业用水量对其作用系数最大，生活用水量与工业用水量较小，尤其是农业用水量较大、生活用水量较大的地区的水资源利用总量较小；本地区的社会经济发展因素对水资源利用量与面源排放量作用较大，大牲畜数量越多、不透水面积越大、农村人口数量越多、氮肥施用总量、磷肥施用总量越大的地区，水资源利用量和面源排放量越高，因此可以通过控制畜禽养殖数量、增加氮肥与磷肥利用效率、减少不透水面积建设来降低面源排放量和农业用水量。各水系统压力影响因子对流域人类活动给水环境带来的贡献率见表 6-10。

表 6-10　水系统压力影响因子对流域人类活动给水环境带来的贡献率

影响因素	贡献率/%	影响因子	贡献率/%
点源排放量	40.1	COD 点源排放量	14.4
		NH$_3$-N 点源排放量	12.6
		TP 点源排放量	13.1
面源排放量	29.1	COD 面源排放量	9.1
		NH$_3$-N 面源排放量	9.1
		TP 面源排放量	10.9
水资源利用量	21.5	生活用水量	3.8
		农业用水量	15.8
		工业用水量	1.8
上游来水压力	9.3	上游来水 COD 浓度	2.5
		上游来水 NH$_3$-N 浓度	3.6
		上游来水 TP 浓度	3.2

由表 6-10 可知，在流域水系统压力影响因子中，点源排放量相较于其他影响因子而言贡献率最大，上游来水压力的贡献率最小。在流域水系统压力影响因子中，COD 点源排放量、NH$_3$-N 点源排放量与 TP 点源排放量、农业用水量以及 TP 面源排放量对水系统造成的压力贡献率较大，均在 10%以上；面源排放量相较于点源排放量而言，贡献率较小，为 29.1%；上游来水污染物浓度贡献率小，均在 5%以下。对北运河流域而言，点源排放量是影响水环境质量的最主要原因，尤其是生活污水的排放。随着流域污水处理厂的兴建，生活污水收集率以及处理率、点源排放量在逐渐增加，生活面源排放量、点面源排放总量则逐渐降低。因此，相较于控制点源排放量而言，可以通过控制面源污染物的排放、提高农业节水效率来减少社会经济活动对水系统的压力。

6.3.2.2　确定权重

根据流域水环境承载力承载状态评估对象，从水系统压力与承载力大小角度构建流域水环境承载力承载状态动态评估指标体系，见表 6-11。其中，流域水系统压力主要来源于点源排放量、面源排放量、水资源利用量以及上游来水压力；流域水系统承载力主要来自水环境分量、水资源分量、水生态分量；基于北运河流域水系统承载力大小以及压力的影响因子路径分析结果中各评估指标贡献率确定各指标权重，见表 6-11。

表 6-11　基于行政单元的流域水环境承载力承载状态评估指标及权重

目标层	分层	指标层	一级权重	分指标层	二级权重
北运河流域水环境承载力承载状态	水系统压力	点源排放量	0.271	COD 点源排放量	0.098
				NH₃-N 点源排放量	0.085
				TP 点源排放量	0.088
		面源排放量	0.198	COD 面源排放量	0.062
				NH₃-N 面源排放量	0.062
				TP 面源排放量	0.074
		水资源利用量	0.145	生活用水量	0.026
				农业用水量	0.107
				工业用水量	0.012
		上游来水压力	0.063	上游来水 COD 浓度	0.017
				上游来水 NH₃-N 浓度	0.024
				上游来水 TP 浓度	0.022
	承载力大小	水环境分量	0.076	本地 COD 浓度	0.022
				本地 NH₃-N 浓度	0.028
				本地 TP 浓度	0.026
		水资源分量	0.144	降水量	0.018
				再生水量	0.013
				地表水量	0.058
				地下水量	0.055
		水生态分量	0.104	湿地面积占比	0.023
				水源涵养量	0.030
				水质净化能力	0.031
				河流蜿蜒度	0.020

6.3.3　评估结果等级划分

根据评估等级划分方法以及北运河流域自身情况，将水环境承载力承载状态分为 4 个等级，分别是承载状态一般、临界超载、一般超载和严重超载，见表 6-12。

表 6-12　水环境承载力承载状态评估等级划分表

分级标准	等级	颜色
$X \leq 0.248$	承载状态一般	
$0.248 < X \leq 0.412$	临界超载	
$0.412 < X \leq 0.584$	一般超载	
$X > 0.584$	严重超载	

6.3.4　评估结果分析

6.3.4.1　北运河流域水环境承载力承载状态年际动态评估结果

根据北运河流域水环境、水资源以及水生态时空变化特征确定各指标值，经过指标标准化处理后评估 2008—2017 年流域水环境承载力承载状态年际动态变化，评估结果见表 6-13。

表 6-13　2008—2017 年北运河流域水环境承载力承载状态年际动态评估结果

地区	2008 年	2009 年	2010 年	2011 年	2012 年	2013 年	2014 年	2015 年	2016 年	2017 年
安次区	0.310	0.341	0.331	0.317	0.293	0.318	0.318	0.299	0.314	0.280
北辰区	0.265	0.271	0.277	0.271	0.250	0.329	0.329	0.318	0.329	0.291
昌平区	0.289	0.356	0.351	0.334	0.300	0.367	0.375	0.322	0.260	0.253
朝阳区	0.536	0.560	0.599	0.497	0.547	0.543	0.472	0.471	0.426	0.425
大兴区	0.513	0.536	0.521	0.497	0.472	0.521	0.479	0.418	0.409	0.365
东城区	0.324	0.338	0.322	0.308	0.306	0.328	0.323	0.247	0.239	0.237
丰台区	0.384	0.402	0.386	0.347	0.346	0.369	0.416	0.323	0.340	0.365
广阳区	0.355	0.369	0.358	0.343	0.314	0.339	0.338	0.316	0.331	0.298
海淀区	0.343	0.374	0.386	0.346	0.311	0.361	0.363	0.354	0.324	0.330
河北区	0.236	0.246	0.248	0.244	0.233	0.300	0.296	0.293	0.266	0.244
红桥区	0.244	0.251	0.253	0.249	0.237	0.304	0.300	0.298	0.270	0.248
怀柔区	0.218	0.231	0.221	0.220	0.209	0.223	0.230	0.208	0.209	0.209
门头沟区	0.208	0.216	0.207	0.210	0.191	0.209	0.217	0.197	0.196	0.189
石景山区	0.332	0.354	0.331	0.316	0.314	0.342	0.337	0.240	0.239	0.233
顺义区	0.448	0.479	0.455	0.433	0.430	0.465	0.450	0.391	0.363	0.335
通州区	0.508	0.525	0.510	0.488	0.465	0.501	0.497	0.450	0.416	0.371
武清区	0.467	0.472	0.480	0.444	0.345	0.460	0.480	0.435	0.458	0.405
西城区	0.346	0.366	0.344	0.327	0.327	0.352	0.346	0.245	0.240	0.239
香河县	0.327	0.336	0.321	0.308	0.291	0.315	0.317	0.285	0.298	0.267
延庆区	0.168	0.198	0.183	0.187	0.165	0.185	0.198	0.170	0.166	0.172

根据评估等级划分方法，北运河流域水环境承载力承载状态年际动态评估结果见图 6-8。

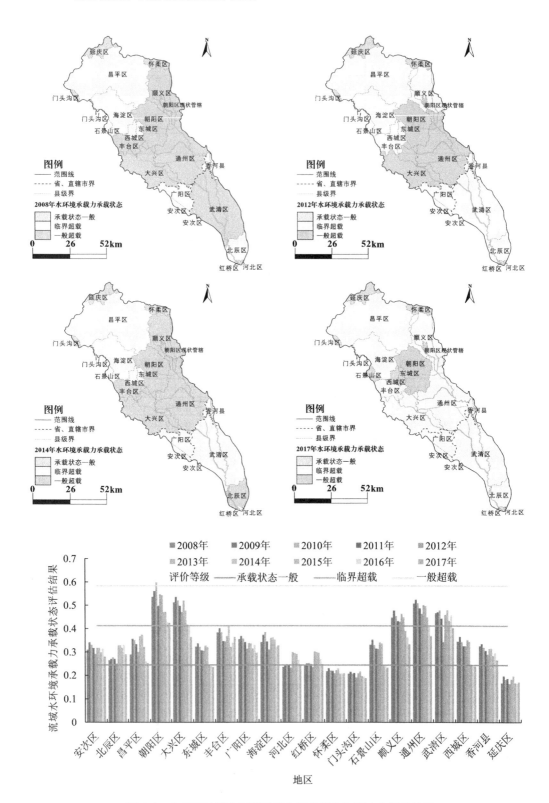

图 6-8　北运河流域水环境承载力承载状态年际动态评估结果

由图 6-8 可知，从时间角度分析，2012 年流域水环境承载力承载状态较好，如北辰区、安次区等的承载状态评估结果低于 0.248，超载风险较低；而 2014 年流域水环境承载力承载状态最差，顺义区等的评估结果高于 0.412，由临界超载状态变为一般超载状态；但总体而言，流域水环境承载力承载状态逐渐变好。2012 年降水量充足，流域水环境承载力较大，水环境承载力承载状态较好；2014 年降水量较少，则流域水环境承载力承载状态较差；除此之外，由于流域部分地区点面源污染物总量逐渐降低，水系统压力逐渐降低，因此流域大部分地区水环境承载力承载状态呈逐渐变好的趋势。

从空间角度分析，朝阳区、大兴区、顺义区、通州区以及武清区的水环境承载力承载状态较差，评估结果高于 0.412，属于一般超载状态；门头沟区、延庆区以及怀柔区评估结果低于 0.248，承载状态一般。大兴区、顺义区、通州区、武清区等地区的流域内农业种植面积大，氮肥与磷肥的施用量大，农业用水量大；不仅如此，区域内畜禽养殖数量较多，造成污染较大，水系统压力较大，虽然流域内地表水量与地下水量较大，但是流域水环境承载力依旧较小，承载状态为一般超载状态。但是随着污染物收集效率的提升，水环境承载力承载状态逐渐变好，部分地区成为临界超载状态。由于西城区、东城区等的生活污水需要进入朝阳区进行处理，朝阳区点源污染物量较高；不仅如此，朝阳区生活用水量较大，水资源利用量较大，又因为朝阳区水环境承载力较大，因此朝阳区水环境承载力承载状态为一般超载状态。昌平区位于流域最上游，生活面源以及农业面源污染较大，但是流域的水环境承载力较大，所以昌平区处于临界超载状态。虽然西城区、东城区、丰台区、石景山区的水环境承载力较小，但是由于本地区第三产业占比较高，农业生产活动极少，而且生活生产污水排放总量极低，因此水环境承载力承载状态处于临界超载。随着一系列环境治理措施的施行，水环境承载力承载状态逐渐变好。位于流域内的门头沟区、安次区等流域边缘地区虽然水环境承载力较小，但门头沟区等的污染物排放量与水资源利用量较小，水环境压力较低，水环境承载力承载状态一般；而安次区、广阳区等的水环境压力较大，水环境承载力处于临界超载状态。

6.3.4.2　北运河流域水环境承载力承载状态季节性动态评估结果

由于北运河流域年际降水量分配不均匀，根据北运河流域时空划分结果，选取 2012 年、2014 年和 2017 年 3 个典型年，分析流域水环境承载力承载状态季节性差异。根据季节性划分结果，1—3 月以及 12 月为枯水期，4—5 月以及 10—11 月为平水期，6—9 月为丰水期。

根据北运河流域水环境、水资源以及水生态时空变化特征确定各指标值，经过指标标准化处理后评估枯水年、丰水年、平水年的流域水环境承载力承载状态季节性动态变化，评估结果见表 6-14。

表 6-14 北运河流域水环境承载力承载状态季节性动态评估结果

地区	2012 年（丰水年）			2014 年（枯水年）			2017 年（平水年）		
	枯水期	平水期	丰水期	枯水期	平水期	丰水期	枯水期	平水期	丰水期
安次区	0.333	0.335	0.316	0.356	0.344	0.322	0.309	0.298	0.271
北辰区	0.281	0.282	0.261	0.360	0.336	0.327	0.317	0.309	0.302
昌平区	0.328	0.331	0.300	0.368	0.369	0.369	0.267	0.275	0.258
朝阳区	0.567	0.574	0.620	0.490	0.490	0.512	0.421	0.435	0.476
大兴区	0.480	0.481	0.482	0.498	0.492	0.464	0.380	0.378	0.363
东城区	0.322	0.317	0.324	0.355	0.343	0.326	0.245	0.250	0.240
丰台区	0.353	0.353	0.384	0.445	0.436	0.430	0.362	0.384	0.381
广阳区	0.348	0.354	0.331	0.371	0.362	0.335	0.322	0.315	0.287
海淀区	0.325	0.332	0.341	0.363	0.363	0.380	0.334	0.345	0.352
河北区	0.256	0.255	0.242	0.331	0.304	0.297	0.261	0.255	0.253
红桥区	0.260	0.259	0.247	0.335	0.308	0.301	0.264	0.259	0.257
怀柔区	0.245	0.239	0.217	0.246	0.244	0.233	0.241	0.239	0.213
门头沟区	0.230	0.226	0.197	0.231	0.229	0.220	0.230	0.226	0.194
石景山区	0.331	0.326	0.335	0.372	0.359	0.339	0.241	0.258	0.233
顺义区	0.448	0.441	0.427	0.479	0.468	0.433	0.327	0.329	0.316
通州区	0.472	0.471	0.460	0.511	0.505	0.480	0.377	0.379	0.360
武清区	0.412	0.413	0.312	0.515	0.501	0.411	0.441	0.432	0.349
西城区	0.341	0.336	0.350	0.381	0.368	0.350	0.246	0.247	0.245
香河县	0.323	0.320	0.305	0.357	0.343	0.313	0.301	0.287	0.258
延庆区	0.214	0.205	0.173	0.216	0.214	0.200	0.230	0.224	0.178

根据评估等级划分方法,北运河流域水环境承载力承载状态季节性动态评估结果见图6-9。

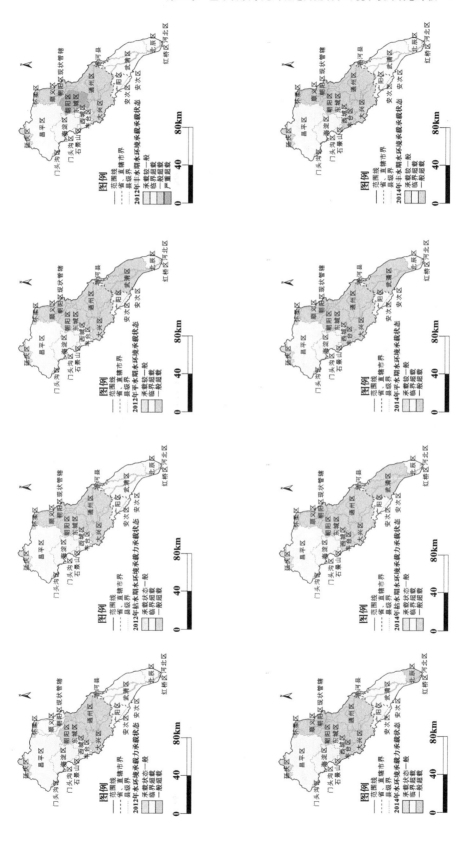

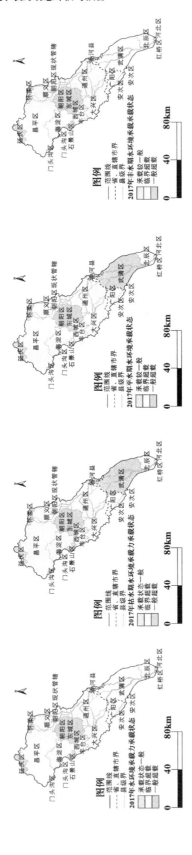

图6-9 北运河流域水环境承载力承载状态季节性评估结果

如图 6-9 所示，年内枯水期与平水期的水环境承载力承载状态较差，大部分地区评估结果高于 0.412。主要原因在于在降水量较高的季节，水资源供给能力强，水生态服务功能高，水环境承载力较大，水环境承载力承载状态较好，但是如昌平区、大兴区等部分地区农业种植活动强度较大，化肥的施用以及灌溉行为季节性变化较为显著，水环境压力呈现季节性变化；不仅如此，地表径流携带大量的污染物进入附近的河流，污染负荷量增加，水质显著恶化，因此丰水期的水环境承载力承载状态可能最差。总体而言，流域水环境承载力承载状态季节性变化较为显著，主要与水环境承载力大小、地区农业种植活动、城镇地表径流相关。

从不同年份相比的角度看，2014 年水环境承载力承载状态较差，大部分地区的评估结果高于 0.412，处于一般超载状态；2017 年的流域水环境承载力承载状态较好，评估结果低于 0.412，处于临界超载状态。虽然 2012 年丰水年的水环境承载力较大，但是随着水质明显改善以及污染物排放量降低，水环境承载力承载状态逐渐改善；2014 年是枯水年，水环境承载力最小，水环境纳污能力以及水质明显低于其他年份，因此流域水环境承载力承载状态较差，并且枯水期的水环境承载力承载状态明显低于其他月份。

从空间变化角度分析，门头沟区、延庆区、怀柔区的水环境承载力承载状态较好。朝阳区的水环境承载力承载状态最差，主要原因在于东城区、西城区等的生活生产污水均进入朝阳区进行处理，朝阳区点源排放量明显高于其他地区，且生活用水量较大，水系压力大，因此水环境承载力处于超载状态；又因为流域不透水面积占比高，丰水期水环境承载力承载状态较差，2012 年丰水期水环境承载力承载状态属于严重超载状态。但总体而言，朝阳区水环境承载力承载状态为一般超载状态，季节性变化较小。丰台区、东城区、西城区、石景山区、北辰区水环境承载力承载状态季节性变化较小，主要原因在于流域内工业生产活动较少，水环境承载力承载状态季节性变化不明显，水系统的压力主要来源于径流产生的城镇地表面源污染物的排放，因此水环境承载力承载状态变化较小。顺义区、通州区、武清区、广阳区、香河县等的农业生产强度较大，水系压力以及水环境承载力大小的季节性变化较大，主要表现在平水期种植业面源排放量较大、农业用水量较高，而枯水期水环境承载力较小，丰水期城镇面源污染较大，因此全年水环境承载力承载状态变化较小；相较于丰水年和平水年，枯水年水环境承载力承载状态明显更差。总体而言，流域水环境承载力承载状态季节性变化明显；上游地区水环境承载力承载状态为临界超载状态，季节性变化较小；中下游地区水环境承载力承载状态较差，为一般超载状态；由于农业种植面积大，水环境承载力承载状态季节性变化较大。

6.3.4.3 北运河流域水环境承载力承载状态月际动态评估结果

综合 2008—2017 年水环境承载力承载状态评估结果，2014 年水环境承载力最小，选取 2014 年作为北运河流域水环境承载力承载状态月际动态评估的典型年，分析流域水环境承载力承载状态的月际差异。

根据北运河流域水环境、水资源以及水生态时空变化特征确定各指标值，指标标准化处理后用于评估 2014 年的流域水环境承载力承载状态月际动态变化，评估结果见表 6-15。

表 6-15 2014 年北运河流域水环境承载力承载状态月际动态评估结果

地区	1月	2月	3月	4月	5月	6月	7月	8月	9月	10月	11月	12月
安次区	0.323	0.323	0.323	0.348	0.315	0.306	0.302	0.293	0.298	0.295	0.291	0.304
北辰区	0.325	0.314	0.343	0.339	0.322	0.310	0.305	0.294	0.302	0.289	0.282	0.310
昌平区	0.327	0.318	0.329	0.327	0.340	0.338	0.333	0.330	0.342	0.335	0.324	0.343
朝阳区	0.452	0.442	0.467	0.460	0.458	0.482	0.460	0.449	0.488	0.434	0.442	0.425
大兴区	0.437	0.432	0.457	0.448	0.431	0.396	0.400	0.380	0.452	0.409	0.426	0.397
东城区	0.320	0.321	0.334	0.324	0.306	0.297	0.299	0.292	0.315	0.295	0.314	0.293
丰台区	0.404	0.399	0.422	0.408	0.394	0.397	0.383	0.384	0.402	0.374	0.394	0.364
广阳区	0.334	0.333	0.335	0.362	0.329	0.308	0.303	0.299	0.316	0.308	0.301	0.316
海淀区	0.345	0.336	0.345	0.345	0.356	0.381	0.356	0.361	0.357	0.348	0.342	0.361
河北区	0.300	0.291	0.315	0.311	0.292	0.285	0.279	0.268	0.274	0.260	0.257	0.284
红桥区	0.303	0.294	0.319	0.315	0.296	0.290	0.283	0.272	0.277	0.263	0.261	0.288
怀柔区	0.242	0.242	0.242	0.242	0.241	0.236	0.234	0.239	0.237	0.241	0.242	0.242
门头沟区	0.229	0.229	0.229	0.228	0.226	0.222	0.225	0.227	0.223	0.228	0.229	0.229
石景山区	0.332	0.333	0.350	0.337	0.314	0.303	0.306	0.296	0.327	0.300	0.324	0.292
顺义区	0.424	0.418	0.444	0.430	0.410	0.371	0.377	0.364	0.431	0.395	0.413	0.384
通州区	0.446	0.439	0.472	0.462	0.438	0.408	0.406	0.392	0.474	0.426	0.435	0.406
武清区	0.466	0.455	0.490	0.494	0.464	0.351	0.352	0.343	0.459	0.448	0.430	0.446
西城区	0.340	0.341	0.358	0.345	0.323	0.312	0.316	0.305	0.337	0.309	0.332	0.300
香河县	0.320	0.320	0.329	0.336	0.306	0.288	0.287	0.275	0.301	0.290	0.299	0.292
延庆区	0.214	0.214	0.213	0.213	0.212	0.207	0.204	0.211	0.207	0.212	0.214	0.214

根据评估等级划分方法，北运河流域水环境承载力承载状态月际动态评估结果见图 6-10。

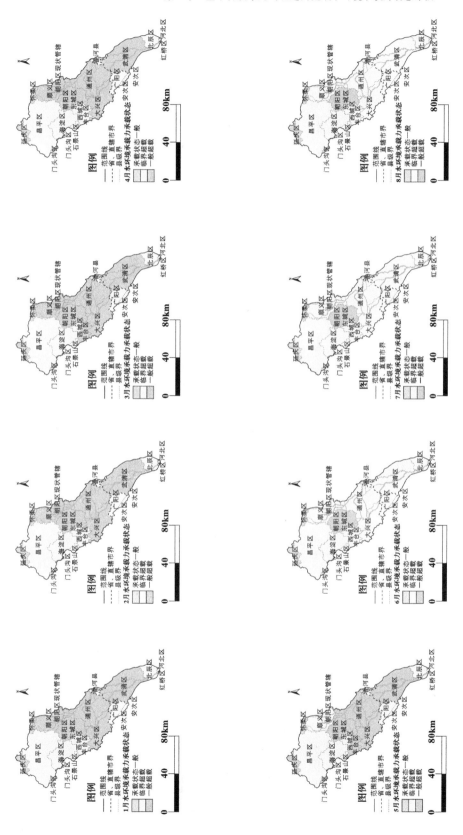

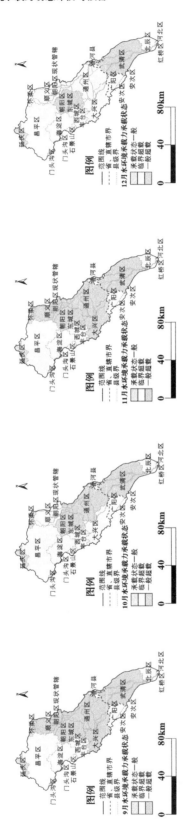

图6-10 2014年北运河流域水环境承载力承载状态月际动态评估结果

由表 6-15 与图 6-10 可以看出，在 2014 年的 12 个月中，9 月以及 1—4 月的水环境承载力承载状态较差，评估结果高于 0.412，处于一般超载状态；6—8 月的水环境承载力承载状态评估结果高于 0.248，处于临界超载状态，这与水环境承载力大小以及农业生产活动相关。3—4 月以及 9—10 月华北地区农作物主要种植时期，农业灌溉以及化肥施用量较大，则农业种植源污染物排放量较大，水系统压力较大；6—8 月处于收获季节，农业灌溉量较小，主要的污染物来源于城镇地表径流产生的城镇面源污染，但是由于 6—8 月的水环境承载力较大，因此流域总体处于临界超载状态；与其他月份不同，虽然 12 月水环境承载力较小，但是该月水系统面源污染物排放量较少，水环境承载力承载状态也处于临界超载状态，但是面临着超载风险。

从空间变化的角度进行分析，流域内水环境承载力承载状态变化较大的地区主要分布在流域农业生产强度较大的地区，如大兴区、通州区、武清区、顺义区等。在北方，每年 3—4 月以及 9—10 月为作物播种期，农作物用水量以及施肥量明显高于其他月份，水系统压力较大，则水环境承载力处于一般超载状态；而 6—8 月的城镇面源排放量较大，但是相较于其他月份，水环境承载力较大，则水环境承载力承载状态处于临界超载状态，但也存在超载的风险。门头沟区、怀柔区、延庆区等的水环境承载力较小，但是区域内人烟稀少，水系统压力极小，水环境承载力承载状态一般，并且月际变化不明显。东城区、安次区、西城区、石景山区与丰台区等的农业生产活动强度低，流域内的水系统压力主要来自城镇面源污染，虽然 6—8 月城镇面源排放量较大，但是相应的降水量较多的月份的水环境承载力较大，因此这些地区的水环境承载力承载状态较其他月份高，但是也面临超载的风险。而朝阳区与其他地区不同，朝阳区的承载状态始终是一般超载，并有严重超载的风险，主要原因在于朝阳区的污染物排放量以及生活用水量较大，水系统压力大，并且在污染物排放量占比中，点源排放占比达 70%以上，主要的污染物和用水均来自生活和工业，农业生产活动强度低，因此污染物排放量月际变化不显著。

6.3.5　主要结论

从时间角度分析，2008—2017 年水环境承载力承载状态变化中，丰水年水环境承载力承载状态明显优于枯水年，但总体而言，流域水环境承载力承载状态逐渐变好。年内枯水期与平水期的水环境承载力承载状态较差，丰水期水环境承载力承载状态较好，流域水环境承载力承载状态季节性变化较为显著；选取 2014 年枯水年进行水环境承载力承载状态月际评估，发现流域水环境承载力承载状态变化不显著。由此可见，北运河流域水环境承载力承载状态的年际与季节性动态变化较明显，与降水量、流域水环境承载力大小、农业活动以及城镇不透水面积相关。

从空间角度分析，流域上游地区水环境承载力承载状态较其他地区相对好，而河流主干道经过的地区的水环境承载力承载状态较差，主要原因在于河流流经的地区城市人口较多，城市化水平较高，污染物排放量较高，水资源利用量较大，流域水系统处于超载或临界超载的状态。总体而言，流域水环境承载力承载状态季节性和月际变化明显，而流域中下游地区的农业种植面积大，农业活动强度较大，水环境承载力承载状态季节性和月际变化明显，其他地区水环境承载力承载变化较小。

综上所述，水环境承载力较小但水系统压力较大的地区的水环境承载力承载状态较差，尤其是枯水期的水系统农业用水量增加，而水资源量又相对匮乏，则水环境承载力承载状态明显变差；水环境承载力较小但水系统压力较小的地区的水环境承载力承载状态一般，且月际变化不显著；水环境承载力较大但水系统压力较大的地区的月际变化较为显著；总体而言，枯水年水环境承载力承载状态变化较为显著。

6.4 北运河流域水环境承载力开发利用潜力动态评估

北运河流域水环境承载力开发利用潜力评估基于流域社会经济发展条件对水环境承载力的影响，评估水环境承载力开发利用潜力。根据流域水环境承载力开发利用潜力评估方法体系以及北运河流域时空变化特征，评估 2008—2017 年北运河流域水环境承载力开发利用潜力年际变化。虽然北运河流域水环境承载力大小以及承载状态季节性变化较为显著，但是对于流域水环境承载力开发利用潜力而言，社会经济子系统年际变化较大，季节性变化较小。因此，以年为时间尺度，评估北运河流域水环境承载力开发利用潜力。

6.4.1 评估指标体系构建

根据水环境承载力开发利用潜力评估体系，从流域水环境承载力大小、水环境承载力承载状态、污染物排放强度与水资源利用强度、区域发展能力 4 个层面构建基于行政单元的流域水环境承载力开发利用潜力评估指标体系，见表 6-16。

表 6-16 基于行政单元的流域水环境承载力开发利用潜力评估指标体系

目标层	指标层	分指标		单位
流域水环境承载力开发利用潜力	水环境承载力大小	—		—
	水环境承载力承载状态	—		—
	污染物排放强度与水资源利用强度	水资源	人均生活用水量	m³/万人
			万元 GDP 水耗	m³/万元

目标层	指标层	分指标		单位
流域水环境承载力开发利用潜力	污染物排放强度与水资源利用强度	污染物	万元 GDP COD 排放量	t/万元
			万元 GDP NH$_3$-N 排放量	t/万元
			万元 GDP TP 排放量	t/万元
	区域发展能力	城镇化率		%
		人均 GDP		万元/人
		第三产业占比		%
		环保投资占比		%
		污水处理率		%

6.4.2　基于熵权法确定权重

北运河流域水环境承载力开发利用潜力与流域水环境承载力大小、水环境承载力承载状态、污染物排放强度与水资源利用强度、区域发展能力相关。因此，根据水环境承载力大小、水环境承载力承载状态评估结果，考虑流域污染物排放强度与水资源利用强度，结合区域发展能力，构建基于行政单元的流域水环境承载力开发利用潜力评估指标体系，最后根据熵权法确定各指标权重，结果见表 6-17。

表 6-17　基于行政单元的流域水环境承载力开发利用潜力评估指标权重

目标层	指标层	一级权重	分指标		二级权重
流域水环境承载力开发利用潜力	水环境承载力大小	0.190 3	—		0.190 3
	水环境承载力承载状态	0.080 6	—		0.080 6
	污染物排放强度与水资源利用强度	0.609 9	水资源	人均生活用水量	0.139 0
				万元 GDP 水耗	0.125 9
			污染物	万元 GDP COD 排放量	0.096 7
				万元 GDP NH$_3$-N 排放量	0.109 2
				万元 GDP TP 排放量	0.139 1
	区域发展能力	0.119 2	城镇化率		0.017 1
			人均 GDP		0.034 3
			第三产业占比		0.017 5
			环保投资占比		0.041 7
			污水处理率		0.008 6

6.4.3　评估结果等级划分

根据评估等级划分方法，可以将北运河流域水环境承载力开发利用潜力分为 5 个等级，分别是开发利用潜力最小、开发利用潜力较小、开发利用潜力一般、开发利用潜力较大、开发利用潜力最大，见表 6-18。

表 6-18　水环境承载力开发利用潜力评估等级划分表

分级标准	等级	颜色
$X \leqslant 0.081$	开发利用潜力最小	
$0.081 < X \leqslant 0.361$	开发利用潜力较小	
$0.361 < X \leqslant 0.637$	开发利用潜力一般	
$0.637 < X \leqslant 0.919$	开发利用潜力较大	
$X > 0.919$	开发利用潜力最大	

6.4.4　评估结果与分析

由北运河流域水环境、水资源、水生态以及社会经济时空变化特征确定各指标值，经过指标标准化处理后对 2008—2017 年流域水环境承载力开发利用潜力年际动态变化进行评估，结果见表 6-19。

表 6-19　2008—2017 年北运河流域水环境承载力开发利用潜力年际动态评估结果

地区	2008 年	2009 年	2010 年	2011 年	2012 年	2013 年	2014 年	2015 年	2016 年	2017 年
安次区	0.265	0.216	0.211	0.207	0.223	0.203	0.172	0.150	0.111	0.139
北辰区	0.284	0.274	0.266	0.258	0.280	0.207	0.198	0.193	0.186	0.204
昌平区	0.563	0.461	0.488	0.462	0.505	0.458	0.383	0.405	0.424	0.362
朝阳区	0.196	0.154	0.178	0.171	0.192	0.128	0.123	0.167	0.197	0.182
大兴区	0.229	0.216	0.229	0.241	0.244	0.204	0.182	0.205	0.202	0.201
东城区	0.108	0.082	0.092	0.108	0.100	0.058	0.071	0.147	0.146	0.139
丰台区	0.173	0.165	0.177	0.163	0.168	0.132	0.160	0.233	0.211	0.238
广阳区	0.266	0.257	0.248	0.248	0.268	0.238	0.208	0.162	0.158	0.180
海淀区	0.236	0.220	0.223	0.216	0.226	0.194	0.179	0.189	0.211	0.176
河北区	0.208	0.197	0.188	0.196	0.206	0.149	0.150	0.150	0.188	0.195
红桥区	0.225	0.205	0.191	0.194	0.203	0.146	0.145	0.148	0.183	0.187
怀柔区	0.359	0.338	0.330	0.325	0.330	0.303	0.277	0.280	0.271	0.260
门头沟区	0.570	0.467	0.426	0.402	0.377	0.356	0.347	0.335	0.334	0.322
石景山区	0.158	0.129	0.144	0.149	0.150	0.122	0.104	0.190	0.182	0.185
顺义区	0.234	0.195	0.201	0.218	0.221	0.169	0.151	0.187	0.199	0.191
通州区	0.451	0.398	0.374	0.365	0.381	0.301	0.286	0.305	0.273	0.250
武清区	0.459	0.437	0.388	0.358	0.383	0.270	0.229	0.252	0.241	0.253
西城区	0.105	0.082	0.090	0.100	0.096	0.061	0.061	0.139	0.140	0.133
香河县	0.351	0.372	0.347	0.292	0.313	0.267	0.278	0.262	0.244	0.221
延庆区	0.903	0.778	0.744	0.603	0.797	0.681	0.621	0.580	0.511	0.478

根据评估分级结果，流域水环境承载力开发利用潜力年际动态评估结果见图 6-11。

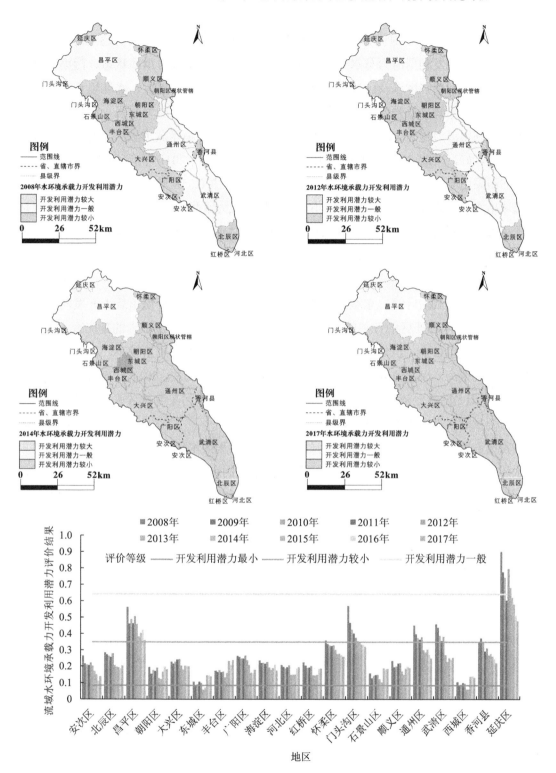

图 6-11　北运河流域水环境承载力开发利用潜力年际动态评估结果

由图 6-11 可知，从时间角度分析，流域水环境承载力开发利用潜力逐渐降低。流域水环境承载力开发利用潜力与水环境承载力大小、水环境承载力承载状态、污染物排放强度与水资源利用强度以及区域开发能力相关，水环境承载力越大、水环境承载力承载状态越好、污染物排放强度与水资源利用强度越高、区域开发能力越强，流域水环境承载力开发利用潜力越高。2012 年为流域丰水年，流域水环境承载力较大，水环境承载力承载状态较好，因此 2012 年水环境承载力开发利用潜力较 2011 年有所增加，如通州区的评估结果由 0.365 增加至 0.381，武清区的评估结果由 0.358 增加至 0.383；而 2014 年为流域枯水年，流域水环境承载力较小，水环境承载力承载状态较差，因此 2014 年水环境承载力开发利用潜力较 2013 年和 2015 年低；总体而言，2008—2017 年流域水环境承载力开发利用潜力在逐渐降低。

从空间角度分析，在流域内，延庆区水环境承载力开发利用潜力最大；其次是昌平区、通州区以及武清区等；东城区、西城区、石景山区等的水环境承载力开发利用潜力较小，如 2017 年昌平区的评估结果为 0.362，东城区为 0.139。流域内的延庆区、门头沟区、怀柔区人口稀少，虽然地区内污染物排放量以及水资源利用量较小，但是地区污染物排放强度较高，因此地区的水环境承载力开发利用潜力较大。2017 年延庆区评估结果为 0.478。但是随着经济的发展，区域发展能力逐渐增加，污染物排放强度降低，水环境承载力开发利用潜力逐渐降低。昌平区、通州区、大兴区、武清区、顺义区农业种植面积与畜禽养殖数量较大，污染物排放强度较高，而昌平区水环境承载力较大，如 2017 年的水环境承载力大小评估结果为 0.663，因此昌平区的水环境承载力开发利用潜力较其他地区高；而大兴区和顺义区污染物排放强度较低，水环境承载力开发利用潜力较小。但是随着经济的发展，水环境承载力开发利用潜力均逐渐变小。西城区、东城区、朝阳区、丰台区等地区的第三产业占比高，区域发展水平极高，污染物排放强度与水资源利用强度较小，则流域水环境承载力开发利用潜力较小；又因为朝阳区水环境承载力较大，因此该区水环境承载力开发利用潜力较其他地区高。而位于流域边缘地区的安次区、广阳区、香河县等的水环境承载力较小，水环境承载力临界超载，并且区域污染物排放强度与水资源利用强度一般，区域发展能力较低，因此水环境承载力开发利用潜力较小，但是随着区域发展能力的提高，水环境承载力开发利用潜力也在逐渐降低。

第 7 章

基于控制单元的北运河流域水环境承载力动态评估

根据流域水环境承载力动态评估方法体系，以及北运河流域水环境承载力相关影响因素时空分布特征的分析结果，以流域水环境承载力大小、承载状态以及开发利用潜力为研究对象，开展基于控制单元的北运河流域水环境承载力动态评估。

7.1 评估时空划分结果

7.1.1 评估空间划分

根据流域管理的需求，按照流域边界将流域划分为土沟桥、南沙河入昌平、圪塔头等 25 个评估空间，见图 7-1。

7.1.2 评估季节性划分

降水量与地表水资源量、地下水资源量以及水质密切相关，降水的多少直接影响水质的好坏以及水量的丰贫程度。北运河流域地处温带季风气候区，降水量时空分布不均匀，地表水体的水量、水质受降水量影响较为明显，因此选用降水量作为流域季节性划分依据。分析京津冀地区 1999—2018 年的降水量数据，将一年 12 个月划分为平水期、枯水期、丰水期，划分结果见表 7-1。除此之外，由于北运河流域年际降水量分配不均匀，选取 2012 年、2014 年和 2017 年 3 个典型年，分析年际季节性差异，其中 2012 年为丰水年，降水量高于 600 mm，2014 年为枯水年，降水量低于 400 mm，2017 年为平水年，降水量为 500 mm 左右。

图 7-1   北运河流域空间划分结果

表 7-1   流域季节性划分结果

月份	季节性划分
12 月，1—3 月	枯水期
4—5 月，10—11 月	平水期
6—9 月	丰水期

7.2   北运河流域水环境承载力大小动态评估

北运河流域水环境承载力大小动态评估对象为流域水环境、水资源以及水生态 3 个水环境承载力分量对流域内生产生活的承载能力，根据流域水环境承载力大小评估方法体系以及北运河流域时空变化特征，评估 2008—2017 年北运河流域水环境承载力大小年际变化。根据流域水环境承载力评估方法体系以及北运河流域水环境承载力相关影响因素的时空变化分析结果，建立北运河流域水环境承载力影响因子路径，建立北运河流域水环境承载力大小动态评估指标体系，开展北运河流域水环境承载力大小年际动态评估。

7.2.1　评估指标体系构建

流域水环境承载力大小评估的对象是流域天然水系统能够为人类活动提供的支撑能力,偏重于流域水体对社会经济的承载能力,根据本书 4.2 节流域水环境承载力大小评估指标体系构建方法,再结合北运河流域水系状况,从水环境、水资源以及水生态 3 个方面,构建基于控制单元的北运河流域水环境承载力大小评估指标体系,具体评估指标体系见表 7-2。

表 7-2　基于控制单元的北运河流域水环境承载力大小评估指标体系

目标层	指标层	分指标	单位
北运河流域 水环境承载力大小	水环境分量	本地 COD 浓度	mg/L
		本地 NH_3-N 浓度	mg/L
		本地 TP 浓度	mg/L
	水资源分量	年均降水量	mm
		地表水量	m^3
		地下水量	m^3
		退水量	m^3
	水生态分量	水源涵养量	mm
		水质净化能力	%
		河流连续性	%
		水域面积占比	%
		林草覆盖度	%

7.2.2　基于结构方程法确定权重

7.2.2.1　路径分析

根据流域水系统承载力因子路径分析,构建流域水环境承载力大小影响因子路径。水资源量、水环境容量、水生态服务功能决定了流域水环境承载力大小。基于因果路径分析及潜变量、测变量的选择结果,将变量数据进行标准化后,输入 AMOS 模型中,采用广义最小二乘法对模型整体进行模拟和校验,得到承载力大小影响因子路径及其系数,见图 7-2。

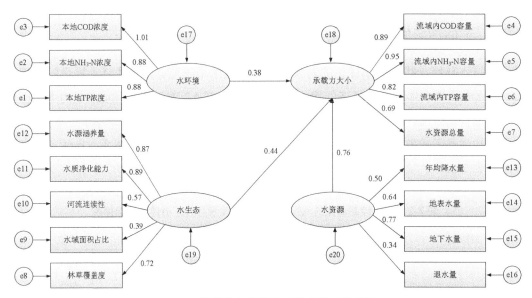

图 7-2　承载力大小影响因子路径及其系数

如图 7-2 所示，流域水资源量与流域水环境承载力大小呈显著相关，水生态服务功能以及水环境容量对水环境承载力大小的影响相对较小，流域水资源量越大、水环境容量越大、水生态服务功能越强，流域水环境承载力越大。

在水资源影响因子中，地下水量与地表水量对水资源的直接作用系数分别为 0.77 与 0.64，地表水量、地下水量与水资源量呈显著正相关；在水生态影响因子中，水质净化能力和水源涵养量对水生态作用系数最高，分别是 0.89 与 0.87，水质净化能力、水源涵养量与水生态服务功能呈显著正相关；在水环境影响因子中，本地污染物浓度是影响水环境容量最主要的因子，本地污染物浓度越低，水环境容量越高。各承载力影响因子对流域水环境承载力大小的贡献率见表 7-3。

表 7-3　承载力影响因子对流域水环境承载力大小的贡献率

影响因素	贡献率/%	影响因子	贡献率/%
水环境容量	24.2	本地 COD 浓度	8.8
		本地 NH₃-N 浓度	7.7
		本地 TP 浓度	7.7
水资源总量	48.1	年均降水量	10.6
		地表水量	14.0
		地下水量	16.4
		退水量	7.1
水生态服务功能	27.8	水源涵养量	6.9
		水质净化能力	7.2
		河流连续性	4.6
		水域面积占比	3.2
		林草覆盖度	5.9

由表 7-3 可知，在流域水环境承载力影响因子中，地下水量与地表水量对流域水环境承载力大小的贡献率最高，分别是 16.4% 和 14.0%，其次是年均降水量，在 10% 以上。由此可见，水资源丰富、降水量大的地区的水环境承载力大。因此，水资源量是影响水环境承载力大小的最主要因素，其次是水生态服务功能。除了降低本地区污染物浓度外，还可以通过增加水资源量、提高地区水生态服务功能来提高北运河流域水环境承载力大小。

7.2.2.2　确定权重

根据北运河流域水环境承载力大小影响因子路径分析结果，从水资源供给、纳污能力与水生态服务功能角度构建流域水环境承载力动态评估指标体系。水资源供给是指流域水系统供给水资源的能力，主要用降水量、地表水量、地下水量以及退水量进行表征；纳污能力是指流域对生活生产污染物的消纳能力，用水环境容量表征，本书采用当地污染物浓度进行表征；水生态服务功能用水源涵养量、水质净化能力、河流连续性、水域面积占比以及林草覆盖度进行表征。

根据流域水环境承载力大小影响因子路径分析结果中各评估指标贡献率确定各指标权重，见表 7-4。

表 7-4　基于控制单元的北运河流域水环境承载力大小评估指标及权重

目标层	指标层	一级权重（路径系数）	分指标	二级权重
北运河流域水环境承载力大小	水环境分量	0.241	本地 COD 浓度	0.088
			本地 $NH_3\text{-}N$ 浓度	0.077
			本地 TP 浓度	0.077
	水资源分量	0.481	年均降水量	0.106
			地表水量	0.140
			地下水量	0.164
			退水量	0.071
	水生态分量	0.278	水源涵养量	0.069
			水质净化能力	0.072
			河流连续性	0.046
			水域面积占比	0.032
			林草覆盖度	0.059

7.2.3　评估结果等级划分

根据流域水环境承载力评估方法体系中的评估等级划分方法，可以将北运河流域水环境承载力大小分为 5 个等级，分别是承载力最小、承载力较小、承载力一般、承载力较大和承载力最大，等级划分结果见表 7-5。

表 7-5 水环境承载力大小评估等级划分表

分级标准	等级	颜色
$X \leq 0.242$	承载力最小	
$0.242 < X \leq 0.417$	承载力较小	
$0.417 < X \leq 0.575$	承载力一般	
$0.575 < X \leq 0.759$	承载力较大	
$X > 0.759$	承载力最大	

7.2.4 评估结果分析

由北运河流域水环境、水资源以及水生态时空变化特征,确定各指标值,经过指标标准化处理,评估2008—2017年流域水环境承载力大小年际动态变化,评估结果见表7-6。

表 7-6 2008—2017 年北运河流域水环境承载力大小年际动态评估结果

控制单元	2008 年	2009 年	2010 年	2011 年	2012 年	2013 年	2014 年	2015 年	2016 年	2017 年
土沟桥	0.682	0.521	0.558	0.607	0.859	0.575	0.520	0.650	0.837	0.634
南沙河入昌平	0.423	0.370	0.372	0.400	0.551	0.375	0.354	0.405	0.481	0.401
圪塔头	0.387	0.344	0.353	0.381	0.525	0.333	0.314	0.390	0.439	0.386
沙子营	0.389	0.281	0.263	0.341	0.472	0.291	0.273	0.405	0.443	0.396
清河闸	0.336	0.282	0.288	0.303	0.339	0.284	0.271	0.313	0.328	0.314
广北滨河路（桥）	0.399	0.339	0.342	0.363	0.430	0.346	0.335	0.376	0.400	0.392
温榆河顺义区	0.444	0.392	0.395	0.410	0.528	0.391	0.384	0.421	0.466	0.418
白石桥	0.320	0.277	0.277	0.280	0.287	0.277	0.275	0.282	0.284	0.283
花园路	0.291	0.247	0.247	0.252	0.262	0.249	0.247	0.255	0.258	0.255
鼓楼外大街	0.336	0.293	0.290	0.293	0.304	0.289	0.288	0.295	0.300	0.301
沙窝	0.430	0.370	0.348	0.393	0.481	0.366	0.367	0.415	0.438	0.412
王家摆	0.416	0.385	0.384	0.402	0.497	0.387	0.382	0.412	0.447	0.420
新八里桥	0.240	0.166	0.130	0.252	0.283	0.164	0.218	0.234	0.282	0.237
大红门闸上	0.381	0.310	0.305	0.347	0.416	0.330	0.276	0.329	0.351	0.334
凉水河大兴区	0.411	0.380	0.381	0.396	0.434	0.382	0.376	0.398	0.416	0.409
榆林庄	0.442	0.418	0.416	0.415	0.452	0.405	0.400	0.413	0.440	0.423
凤河营闸	0.348	0.293	0.279	0.314	0.514	0.289	0.339	0.380	0.437	0.402
前侯尚村桥	0.381	0.370	0.368	0.375	0.462	0.376	0.359	0.379	0.382	0.382
东堤头闸上	0.402	0.382	0.364	0.381	0.529	0.384	0.349	0.390	0.387	0.403
老夏安公路、秦营扬水站	0.448	0.424	0.424	0.425	0.463	0.416	0.411	0.422	0.443	0.431
罗庄	0.358	0.351	0.352	0.360	0.388	0.354	0.346	0.354	0.361	0.349
筐儿港	0.420	0.412	0.409	0.417	0.564	0.411	0.400	0.413	0.421	0.419
土门楼	0.417	0.409	0.410	0.417	0.452	0.410	0.403	0.411	0.417	0.415
新老米店闸	0.444	0.429	0.419	0.428	0.604	0.423	0.411	0.432	0.438	0.440
北洋桥	0.510	0.492	0.473	0.490	0.691	0.482	0.466	0.501	0.505	0.518

根据评估等级划分方法，北运河流域水环境承载力大小年际动态评估结果见图 7-3。

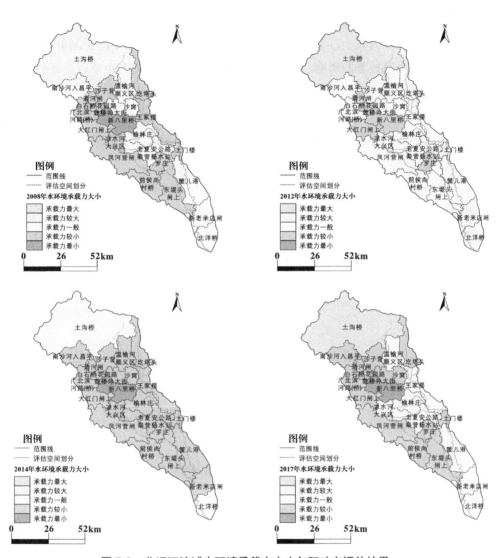

图 7-3　北运河流域水环境承载力大小年际动态评估结果

一般认为，丰水年流域水环境承载力较大，枯水年水环境承载力较小；随着环境治理力度的加大，流域大部分地区水环境承载力呈逐渐变大的趋势。为验证该结论在北运河流域是否成立，可采用无重复双因素方差分析法，首先通过分析典型丰水年、枯水年不同控制单元的承载力大小，论证丰水年、枯水年（因素 B）与不同控制单元（因素 A）对承载力大小是否有显著的影响，若结果表明因素 B 对承载力大小具有显著的影响，可进一步通过箱线图论证丰水年水环境承载力比枯水年水环境承载力大还是小；再通过分析典型平水年不同控制单元年际变化（因素 B）与不同控制单元（因素 A）对承载力大小是否有显著的影响，若结果表明因素 B 对承载力大小具有显著的影响，可进一步通过箱线图论证变化趋势是变大还是变小。

方差分析就是将总的方差分解为各个方差的成分，再利用显著性检验法进行分析判断和得出适当的结论。其中若同时考虑两个因素的影响，即为双因素方差分析。设有两个因素 A、B 作用于实验，A 有 r 个水平，B 有 s 个水平，各水平的组合 (A_i, B_j) 相应于一个总体 X_{ij}，假定 $X_{ij} \sim N(\mu, \delta^2)$ 且相互独立，若要分析因素 A、B 对实验指标的影响是否显著，可通过构建无重复实验双因素方差分析表来实现。在方差分析表中，若

$$F_A \geqslant F_\alpha[r-1, (r-1)(s-1)] \tag{7-1}$$

此时因素 A 对实验结果影响显著；若

$$F_B \geqslant F_\alpha[s-1, (r-1)(s-1)] \tag{7-2}$$

此时因素 B 对实验结果影响显著。方差分析表见表 7-7。

表 7-7　无重复实验双因素方差分析表

方差来源	平方和	自由度	均方	F
因素 A	S_A	$r-1$	$MSA = \dfrac{S_A}{r-1}$	$F_A = \dfrac{MSA}{MSE}$
因素 B	S_B	$s-1$	$MSB = \dfrac{S_B}{s-1}$	$F_B = \dfrac{MSB}{MSE}$
误差	S_E	$(r-1)(s-1)$	$MSE = \dfrac{S_E}{(r-1)(s-1)}$	
总和	S_T	$rs-1$		

在 Excel 表格中，依次单击"工具""数据分析""方差分析：无重复双因素分析"和"确定"，跳出对话框；在对话框中键入变量的输入范围，单击"标志"，规定 $\alpha = 0.05$，单击"确定"，显示结果的几张表中，最后一张为方差分析表。在方差分析表中，若 P 值小于 0.05，则拒绝原假设，认为其对应的因素对承载力大小有显著影响。

　　箱线图是由美国统计学家 Tukey 提出的一种绘图方法,显示了数据分布的 5 个关键位置点,包括 2 个边界点(上限和下限)和 3 个分位数点($Q_1 = 25\%$,$Q_2 = 50\%$,$Q_3 = 75\%$),以及一个介于 Q_1 和 Q_3 之间的箱形区域(四分位数范围),能较清楚地反映数据的整体分布情况。

　　在 SPSS 软件中,将数据输入对应表格中,选择"分析"→"描述统计"→"探索",将数据选择为因变量,输出选择"图",点击"绘制",选择"不分组",点击"确定",点击左上角的文件→导出,调节好需要的图片类型,点击"确定",就能较方便地实现箱线图的绘制。

　　采用双因素方差分析法论证丰水年、枯水年(因素 B)与不同控制单元(因素 A)对承载力大小是否有显著的影响以及典型平水年不同控制单元年际变化(因素 B)与不同控制单元(因素 A)对承载力大小是否有显著的影响,其中典型丰水年为 2012 年,典型枯水年为 2014 年,以前的典型平水年为 2008—2010 年,最近的典型平水年为 2015—2017 年。由于典型平水年是连续的若干年,在进行双因素方差分析时相当于进行了重复实验,故在 Excel 表格"工具""数据分析"中选择"方差分析:可重复双因素分析"这一项,其他步骤与无重复双因素方差分析一致,结果见表 7-8 和表 7-9。

表 7-8　丰水年、枯水年与不同控制单元方差分析结果

差异源	SS	df	MS	F	P-value
控制单元	0.453 701	24	0.018 904	5.707 644	$3.23×10^{-5}$
丰水年、枯水年	0.182 42	1	0.182 420	55.077 160	$1.16×10^{-7}$
误差	0.079 49	24	0.003 312		
总计	0.715 61	49			

表 7-9　人类活动造成的年际变化与不同控制单元方差分析结果

差异源	SS	df	MS	F	P-value
时间段	0.027 004	1	0.027 004	28.054 090	$7.03×10^{-5}$
控制单元	0.987 601	24	0.041 150	42.749 670	$4.07×10^{-42}$
交互	0.046 66	24	0.001 944	2.019 723	0.008 392
内部	0.096 258	100	0.000 963		
总计	1.157 523	149			

　　对表 7-8 结果进行分析,发现控制单元和丰水年、枯水年两个因素的 P 值均小于 0.05,故拒绝原假设,认为丰水年、枯水年和不同控制单元对承载力大小均有显著影响。对表 7-7 结果进行分析,发现时间段和控制单元两个因素的 P 值均小于 0.05,故拒绝 H_{01}、H_{02},认为年际变化对承载力大小有显著影响,不同控制单元对承载力大小有显著影响。由这两个

双因素方差分析结果可知，不同区域间存在承载力大小的差异性，全流域水环境承载力存在变化趋势，丰水年水环境承载力大小与枯水年水环境承载力大小存在显著差异，因此需对箱线图进行分析，判断全流域水环境承载力是增大还是减小、丰水年水环境承载力相对枯水年水环境承载力是更大还是更小等问题。

对各控制单元水环境承载力大小历年情况做箱线图，结果见图 7-4。由图可知，土沟桥控制单元水环境承载力较大；凤河营闸、东堤头闸上、凉水河大兴区、大红门闸上、新八里桥、王家摆、沙窝、温榆河顺义区、广北滨河路（桥）、清河闸、沙子营、南沙河入昌平等控制单元水环境承载力较小。从承载力大小年际波动情况分析，凤河营闸上、新八里桥、沙子营、土沟桥等控制单元年际波动较大，而前侯尚村桥、北洋桥、新老米店闸、土门楼、筐儿港、罗庄，老夏安公路、秦营扬水站、东堤头闸上、榆林庄、凉水河大兴区、鼓楼外大街、花园路、白石桥等控制单元年际波动较小。

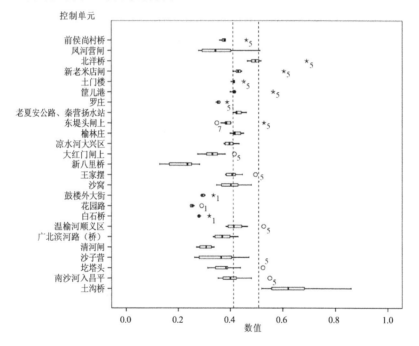

图 7-4　各控制单元水环境承载力大小箱线图

由此可知，从空间角度分析，水环境承载力较小的控制单元大多位于流域中游，而水环境承载力较大的控制单元大多位于流域上游或流域下游；年际波动较大的控制单元大多位于流域中上游，而年际波动较小的控制单元大多位于流域中下游。中游的水环境承载力较小，主要由于流域内植被覆盖度低，生态服务功能低，水资源供给能力差，并且水体污染物浓度较高，水环境承载力较小；上游的水环境承载力较大是因为流域内水量丰富，污染物浓度低，林草覆盖度高，水源涵养能力与水质净化能力强，地表水量与地下水量较大，因此水环境承载力较大；下游的水域面积占比大，地表水与地下水量较高，但是污染物浓度较高，水环境容量较低，但随着环境治理力度的加大，水环境质量不断改善，污染物浓度降低，水环境承载力逐渐增加，由较小转变为水环境承载力一般。年际波动较大的控制单元大多位于流域中上游，主要由丰水年与枯水年径流量大小不同所造成的；与中下游相比，中上游控制单元退水量较少，因此总水量与年径流量关系密切，而总水量越大，水环境承载力越大；中下游控制单元退水量较大，而退水中污染物浓度与水质净化能力紧密相关，因此污染物浓度变化较小，从而使中下游控制单元年际波动不大。

对以前的平水年（2008—2010 年）和最近的平水年（2015—2017 年）的流域水环境承载力大小情况做箱线图，结果见图 7-5。由图可知，相较于 2008—2010 年，2015—2017 年水环境承载力数值有变大的趋势、波动幅度有变小的趋势，结合双因素方差分析结果，此趋势显著，说明水环境承载力在往好的趋势发展，这与北运河流域开展多年的污染治理工作是密不可分的。

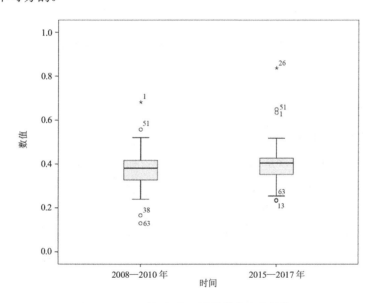

图 7-5　不同时间段水环境承载力大小箱线图

对全流域丰水年（2012 年）和枯水年（2014 年）水环境承载力大小做箱线图，结果见图 7-6。由图可知，相较于枯水年（2014 年），丰水年（2012 年）的水环境承载力数值明显更大，结合双因素方差分析结果，此差异显著，表明丰水年的水环境承载力更大，优于枯水年。这主要是因为丰水年的降水量大、地表水量以及地下水量较大，水资源供给能力较强；地表水量越充足，流域水环境容量越大，则容纳的污染物量越多；丰水年地表径流量大，则陆域涵养水源的能力越强，生态服务功能越高，由此导致丰水年水环境承载力大于枯水年水环境承载力。

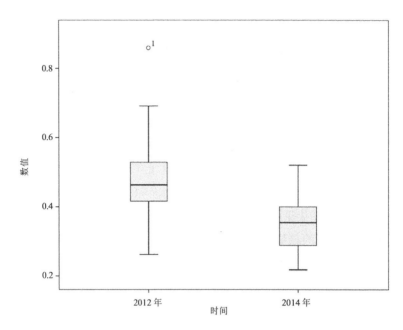

图 7-6　丰水年（2012 年）和枯水年（2014 年）水环境承载力大小箱线图

7.2.5　主要结论

从时间角度分析，北运河流域水环境承载力大小年际分布不均匀，在丰水年（2012 年），流域水环境承载力较大，其次是 2008 年与 2016 年；而在枯水年（2014 年），流域水环境承载力较小，如 2014 年，沙子营控制单元的水环境承载力大小评估结果为 0.273，而 2012 年与 2016 年的评估结果均高于 0.440。主要原因在于丰水年的降水量大、地表水量以及地下水量较大，水资源供给能力较强；地表水量越充足，流域水环境容量越大，则容纳的污染物量越多；丰水年地表径流量大，则陆域涵养水源的能力越强，生态服务功能越高。综上可知，北运河流域在丰水年的水环境承载力最大，平水年的水环境承载力较大，而枯水年的水环境承载力最小。由此可见，北运河流域水环境承载力大小与水资源量息息相关，水资源量较大的年份的水资源供给能力较强，水源涵养等生态服务功能较强，水环境承载力也相对较大。

从空间角度分析，流域上游和下游地区水环境承载力较流域其他地区大，而河流主干道经过的中游区域水环境承载力较小。在流域内，土沟桥控制单元水环境承载力较大，其次是北洋桥、新老米店闸等控制单元，而白石桥、花园路、鼓楼外大街、新八里桥等控制单元水环境承载力较小。土沟桥控制单元位于流域最上游，水量丰富，污染物浓度低，林草覆盖度高，水源涵养与水质净化能力强，因此土沟桥控制单元的水环境承载力大小评估结果高于 0.500，较其他控制单元的水环境承载力大；沙子营控制单元位于流域中上游地区，城镇化水平较高，植被覆盖度低，生态服务功能低，并且水污染物浓度较高，水环境承载力较小；白石桥、花园路、鼓楼外大街、新八里桥等控制单元属于北京的城市中心，城镇化水平最高，区域面积小，水资源供给能力差，水环境承载力小；凉水河大兴区、榆林庄、凤河营闸等控制单元位于北运河的中下游地区，流域内水域面积占比大，地表水量与地下水量较大，但是流域下游污染物浓度较高，水环境容量较低，因此流域水环境承载力较小，但随着环境治理力度的加大，中下游水环境不断改善，污染物浓度降低，水环境承载力逐渐增加；位于流域下游的新老米店闸、北洋桥等控制单元由于退水量大，退水污染物浓度相对较小，因此水环境承载力一般。流域中上游水环境承载力年际波动较大，主要是由于中上游水量大多来自产水量，因此受丰水年、枯水年径流量大小影响较大，与中下游相比，中上游控制单元退水量较少，因此总水量与年径流量关系密切，而总水量越大，水环境承载力越大；中下游水量大多来自农田和城市退水，年际间水量大小相对稳定，且控制单元退水量较大，而退水中污染物浓度与水质净化能力紧密相关，因此污染物浓度变化较小，从而使中下游控制单元年际波动不大，水环境承载力大小相对稳定。

综上所述，北运河流域在丰水年水环境承载力较大，枯水年水环境承载力较小；流域上游和下游地区水环境承载力较流域其他地区大，而河流主干道经过的中游地区水环境承载力较小；流域中上游水环境承载力年际波动较大，中下游水环境承载力年际波动较小。对比基于行政单元的和基于控制单元的水环境承载力大小评估结果，二者在时空趋势上基本保持一致，产生的差异主要源于行政单元的水资源量的统计数据方法，且其水资源量不包括退水量，而控制单元的地表水量和地下水量均通过 SWAT 模型进行模拟，且考虑了退水量，指标数据更加精确合理，评估结果的可靠性更高。

7.3　北运河流域水环境承载力承载状态动态评估

北运河流域水环境承载力承载状态年际动态评估对象为流域水环境、水资源与水生态 3 个水环境承载力分量的综合承载状态，根据流域水环境承载力承载状态评估方法体系以及北运河流域时空变化特征，评估 2008—2017 年北运河流域水环境承载力承载状态年际变化。

7.3.1　评估指标体系构建

流域水环境承载力承载状态评估对象是水系统内部社会经济子系统对流域水系统（包括水环境子系统、水资源子系统与水生态系统）的压力超过水环境承载力大小的程度，根据本书 4.3 节流域水环境承载力承载状态评估指标体系构建方法，再结合北运河流域水系统状况，从水系统压力以及承载力大小两个方面，构建基于控制单元的北运河流域水环境承载力承载状态评估指标体系，具体评估指标体系见表 7-10。

表 7-10 基于控制单元的北运河流域水环境承载力承载状态评估指标体系

目标层	分层	指标层	分层指标	单位
北运河流域水环境承载力承载状态	水系统压力	上游来水压力	TP 通量	t
			NH₃-N 通量	t
			COD 通量	t
		水资源利用量	工业用水量	m³
			农业用水量	m³
			居民用水量	m³
		面源排放量	COD 面源排放量	t
			NH₃-N 面源排放量	t
			TP 面源排放量	t
		点源排放量	TP 点源排放量	t
			NH₃-N 点源排放量	t
			COD 点源排放量	t
	承载力大小	水环境分量	本地 COD 浓度	mg/L
			本地 NH₃-N 浓度	mg/L
			本地 TP 浓度	mg/L
		水资源分量	年均降水量	mm
			地表水量	m³
			地下水量	m³
			退水量	m³
		水生态分量	水源涵养量	mm
			水质净化能力	%
			河流连续性	%
			水域面积占比	%
			林草覆盖度	%

7.3.2　基于结构方程法确定权重

7.3.2.1　路径分析

依据流域水环境承载力内涵，从承载力大小以及水系统压力两个角度构建流域水环境承载力承载状态影响因子路径。基于因果路径分析及潜变量、测变量的选择结果，将变量数据进行标准化后，输入 AMOS 模型中，采用广义最小二乘法对模型整体进行模拟和校验，得到水环境承载力承载状态影响因子路径及其系数，见图 7-7。

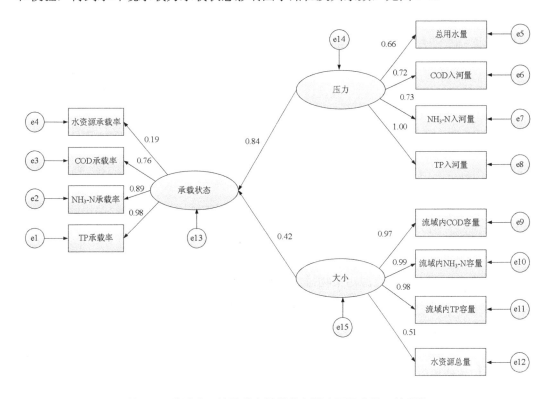

图 7-7　流域水环境承载力承载状态影响因子路径及其系数

如图 7-7 所示，流域压力因子对流域水环境承载力承载状态的作用系数较大，可达 0.84，压力与承载状态呈显著正相关，水系统压力越大，流域水环境承载力承载状态越差；承载力大小对承载状态的作用系数较小，为 0.42，承载力大小与承载状态呈负相关，流域水环境承载力越小，水环境承载力承载状态越差；可以通过降低水系统压力、提高流域水环境承载力大小改善流域水环境承载力承载状态。其中，水系统压力影响因子路径分析结果见图 7-8。

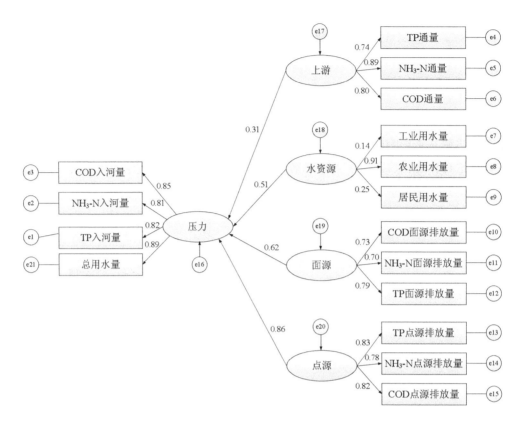

图 7-8　流域水系统压力影响因子路径及其系数

如图 7-8 所示，流域点源污染物排放对水系统压力影响最大，可达 0.86，其次是水资源利用量，为 0.51，上游来水压力对水系统压力影响最小，为 0.31。在上游来水压力影响因子中，COD 压力、TP 压力与 NH$_3$-N 压力影响均较大，均超过 0.70；在点源排放量影响因子中，TP 点源排放量作用系数最大，为 0.83，COD 点源排放量与 NH$_3$-N 点源排放量作用系数次之；在面源污染物排放量影响因子中，TP 面源排放量对面源污染物排放量影响最大，为 0.79，其次是 COD 与 NH$_3$-N；在水资源利用量影响因子中，农业用水量对水资源利用量作用系数最大，为 0.91，居民用水量与工业用水量影响较小，尤其是农业用水量较大、居民用水量较大的地区水资源利用量较小；本地区的社会经济发展因素对水资源利用量与面源污染物排放量影响较大，牲畜数量越多、不透水面积越大、农村人口数量越多、氮肥与磷肥施用量越大的地区的水资源利用量和面源污染物排放量越高，因此可以通过控制畜禽养殖数量、增加氮肥与磷肥利用效率、减少不透水面积建设来降低面源污染物排放量和农业用水量。各水系统压力影响因子对流域人类给活动水环境带来的贡献率见表 7-11。

表 7-11 水系统压力影响因子对流域水环境人类活动带来的贡献率

影响因素	贡献率/%	影响因子	贡献率/%
上游来水压力	13.4	TP 通量	4.1
		NH₃-N 通量	4.9
		COD 通量	4.4
水资源利用量	22.2	工业用水量	2.4
		农业用水量	15.5
		居民用水量	4.3
面源排放量	27.0	COD 面源排放量	8.9
		NH₃-N 面源排放量	8.5
		TP 面源排放量	9.6
点源排放量	37.4	TP 点源排放量	12.8
		NH₃-N 点源排放量	12.1
		COD 点源排放量	12.5

由表 7-11 可知,在流域水系统压力影响因子中,点源排放量相较于其他影响因子而言贡献率最大,为 37.4%,上游来水压力的贡献率最小,为 13.4%。在流域水系统压力影响因子中,农业用水量、TP 点源、NH₃-N 点源、COD 点源对水系统造成的压力较大,贡献率均在 10% 以上;上游来水压力、工业用水量、居民用水量贡献率较小,在 5% 以下。对北运河流域而言,点源排放量是影响水环境质量的主要原因,尤其是生活污水的排放。随着流域污水处理厂的兴建,生活污水收集率以及处理率在逐渐增加,点源排放量逐渐增加,生活面源排放量逐渐降低,点面源排放总量也在降低。因此,对于控制点源排放量而言,可以通过控制面源污染物的排放、提高农业节水效率来减少社会经济活动对水系统的压力。

7.3.2.2 确定权重

根据流域水环境承载力承载状态评估对象,从水系统压力与承载力大小角度,构建流域水环境承载力承载状态动态评估指标体系,见表 7-12。其中,流域水系统压力主要来源于点源排放量、面源排放量、水资源利用量以及上游来水压力;流域水系统承载力主要来自水资源供给、纳污能力与水生态服务功能;基于北运河流域水系统承载力大小影响因子以及压力影响因子的路径分析结果中各评估指标贡献率确定各个指标权重,见表 7-12。

表 7-12 基于控制单元的流域水环境承载力承载状态评估指标及权重

目标层	分层	指标层	一级权重	分指标层	二级权重
北运河流域水环境承载力承载状态	水系统压力	上游来水压力	0.088	TP 通量	0.027
				NH$_3$-N 通量	0.032
				COD 通量	0.029
		水资源利用量	0.147	工业用水量	0.016
				农业用水量	0.103
				居民用水量	0.028
		面源排放量	0.178	COD 面源排放量	0.059
				NH$_3$-N 面源排放量	0.056
				TP 面源排放量	0.063
		点源排放量	0.247	TP 点源排放量	0.085
				NH$_3$-N 点源排放量	0.080
				COD 点源排放量	0.082
	承载力大小	水环境分量	0.082	本地 COD 浓度	0.030
				本地 NH$_3$-N 浓度	0.026
				本地 TP 浓度	0.026
		水资源分量	0.164	年均降水量	0.036
				地表水量	0.048
				地下水量	0.056
				退水量	0.024
		水生态分量	0.094	水源涵养量	0.023
				水质净化能力	0.024
				河流连续性	0.016
				水域面积占比	0.011
				林草覆盖度	0.020

7.3.3 评估结果等级划分

根据评估等级划分方法以及北运河流域自身情况,可以将北运河流域水环境承载力承载状态分为 4 个等级,分别是承载状态一般、临界超载、一般超载和严重超载。为减少承载状态划分时的主观任意性,拟参考单因子评价法和内梅罗指数法实现等级划分。

首先采用单因子评价法对流域内水资源承载率、COD 承载率、NH₃-N 承载率、TP 承载率等 4 项指标进行评价，再结合内梅罗指数法进行综合评价。

$$C_i = \frac{C_p}{L_p} \tag{7-3}$$

$$PI = \sqrt{\frac{C_{imax}^2 + C_{iave}^2}{2}} \tag{7-4}$$

式中：C_i——第 i 种参数的承载率；

C_p——第 i 种参数的压力大小；

L_p——第 i 种参数的承载力大小；

PI——研究区的水环境综合污染指数；

C_{imax}——4 项指标中的最大单项值；

C_{iave}——4 项指标中的平均单项值。

由此对不同控制单元 2008—2017 年水环境综合污染指数进行评价。由内梅罗指数在环境承载力中的实际意义可知，当内梅罗指数处于[0，0.5)区间时，说明承载状态一般，承载力尚且能够承受所受压力；当内梅罗指数处于[0.5，1)区间时，说明临界超载，承载力虽能承受所受压力，但已临近极限；当内梅罗指数处于[1，1.5)区间时，说明一般超载，压力已大于承载力；当内梅罗指数处于[1.5，∞)区间时，说明严重超载，压力已远大于承载力。

统计处于承载状态一般、临界超载、一般超载、严重超载 4 种情况的出现频数，分别计为 n_1 次、n_2 次、n_3 次和 n_4 次。由此可以认为，在 N 年间 M 个控制单元共计 $N \times M$ 个承载状态中，综合污染指数中承载状态一般、临界超载、一般超载、严重超载 4 种情况的出现频率分别为 $\frac{n_1}{N \times M} \times 100\%$、$\frac{n_2}{N \times M} \times 100\%$、$\frac{n_3}{N \times M} \times 100\%$ 和 $\frac{n_4}{N \times M} \times 100\%$，从而实现对承载状态一般、临界超载、一般超载、严重超载等状态的等级划分。

要通过该方法实现对水环境承载力承载状态的划分，需先论证综合污染指数评价结果与基于结构方程的水环境承载力承载状态评估结果具有相关性，可采用相关性分析来实现。相关性分析是指对变量之间相关关系的分析，其中较常用的是线性相关分析，用来衡量相关性的指标是线性相关系数，又叫皮尔逊（Pearson）相关系数，通常用 r 表示，取值范围是[-1，1]，求解公式如式（7-5）所示。

$$r = \frac{\sum (x - \bar{x})(y - \bar{y})}{\sqrt{\sum (x - \bar{x})^2 \sum (y - \bar{y})^2}} \quad\quad (7\text{-}5)$$

式中： x——某年某控制单元的综合污染指数评价结果；

$\bar{x}$——所有综合污染指数评价结果的平均值；

y——某年某控制单元的水环境承载力承载状态评价结果；

$\bar{y}$——所有水环境承载力承载状态评价结果的平均值；

r——皮尔逊相关系数求解结果。

皮尔逊相关系数取值范围与相关程度之间的对应关系见表 7-13。

表 7-13 皮尔逊相关系数取值范围与相关程度之间的对应关系

取值范围	相关程度
$\|r\| \leqslant 0.3$	低度线性相关
$0.3 < \|r\| \leqslant 0.5$	中低度线性相关
$0.5 < \|r\| \leqslant 0.8$	中度线性相关
$0.8 < \|r\| \leqslant 1.0$	高度线性相关

首先进行分控制单元皮尔逊相关系数求解，分析低度线性相关、中低度线性相关、中度线性相关、高度线性相关的控制单元各有多少，再进行总体的皮尔逊相关系数求解，分析总体是否高度线性相关。若结果显示分控制单元高度线性相关的明显多于其他部分，即从总体来看，呈高度线性相关，则说明可依据综合污染指数中承载状态一般、临界超载、一般超载、严重超载等状态的出现频率来实现水环境承载力承载状态的分级。之所以不直接使用综合污染指数求解来实现承载状态分级，则是因为综合污染指数所考虑因素较少，分级时不如基于结构方程的流域水环境承载力承载状态评估全面。

一般认为，丰水年流域水环境承载力承载状态较好，超载风险较低；枯水年流域水环境承载力承载状态较差，超载风险较大；随着点面源污染物总量的逐渐降低，水系统压力逐渐降低，因此流域大部分地区的水环境承载力承载状态呈逐渐变好的趋势。为验证该结论在北运河流域是否成立，可采用双因素方差分析，若发现不同区域间承载状态具有显著性差异，可进一步通过箱线图论证哪些区域的超载问题更严重、哪些区域的超载问题相对较轻。

7.3.4　评估结果分析

由北运河流域水环境、水资源以及水生态时空变化特征，确定各指标值，经过指标标准化处理，评估 2008—2017 年流域水环境承载力承载状态年际动态变化，评估结果见表 7-14。

表 7-14　2008—2017 年北运河流域水环境承载力承载状态评估结果

控制单元	2008 年	2009 年	2010 年	2011 年	2012 年	2013 年	2014 年	2015 年	2016 年	2017 年
土沟桥	0.25	0.29	0.29	0.26	0.23	0.28	0.27	0.21	0.26	0.22
南沙河入昌平	0.22	0.23	0.23	0.23	0.18	0.24	0.24	0.22	0.27	0.24
圪塔头	0.30	0.30	0.29	0.28	0.29	0.32	0.31	0.27	0.27	0.28
沙子营	0.30	0.38	0.43	0.35	0.28	0.38	0.37	0.25	0.26	0.27
清河闸	0.24	0.26	0.26	0.25	0.24	0.26	0.26	0.24	0.24	0.24
广北滨河路（桥）	0.24	0.25	0.25	0.24	0.23	0.25	0.25	0.24	0.24	0.23
温榆河顺义区	0.26	0.27	0.27	0.26	0.27	0.28	0.28	0.24	0.25	0.26
白石桥	0.24	0.25	0.25	0.25	0.25	0.25	0.25	0.25	0.25	0.25
花园路	0.25	0.26	0.26	0.26	0.26	0.26	0.26	0.26	0.26	0.26
鼓楼外大街	0.24	0.25	0.26	0.26	0.26	0.26	0.25	0.25	0.26	0.26
沙窝	0.26	0.28	0.33	0.27	0.26	0.27	0.25	0.25	0.26	0.27
王家摆	0.31	0.33	0.31	0.29	0.27	0.28	0.28	0.25	0.30	0.28
新八里桥	0.55	0.58	0.65	0.47	0.59	0.57	0.46	0.51	0.57	0.60
大红门闸上	0.28	0.30	0.32	0.26	0.26	0.27	0.36	0.35	0.36	0.39
凉水河大兴区	0.22	0.23	0.23	0.22	0.21	0.23	0.23	0.22	0.21	0.22
榆林庄	0.26	0.27	0.26	0.26	0.25	0.25	0.25	0.24	0.30	0.28
凤河营闸	0.42	0.42	0.43	0.41	0.37	0.42	0.34	0.31	0.35	0.34
前侯尚村桥	0.28	0.28	0.28	0.27	0.27	0.27	0.28	0.27	0.28	0.26
东堤头闸上	0.33	0.33	0.33	0.32	0.26	0.32	0.34	0.31	0.34	0.32
老夏安公路、秦营扬水站	0.28	0.28	0.27	0.26	0.26	0.26	0.25	0.25	0.27	0.30
罗庄	0.26	0.26	0.25	0.24	0.24	0.24	0.24	0.24	0.24	0.26
筐儿港	0.31	0.32	0.31	0.31	0.25	0.31	0.32	0.30	0.33	0.32
土门楼	0.21	0.22	0.21	0.21	0.20	0.21	0.22	0.21	0.21	0.21
新老米店闸	0.25	0.26	0.26	0.26	0.20	0.26	0.26	0.25	0.27	0.26
北洋桥	0.21	0.22	0.22	0.21	0.15	0.20	0.21	0.20	0.24	0.20

对不同控制单元 2008—2017 年水环境综合污染指数进行评价，结果见表 7-15。统计表 7-15 中处于承载状态一般、临界超载、一般超载、严重超载 4 种情况的出现频数，分别为 31 次、35 次、48 次和 136 次。由此可以认为，在 2008—2017 年 25 个控制单元共计 250 个承载状态中，综合污染指数中承载状态一般、临界超载、一般超载、严重超载 4 种情况的出现频率分别为 12.4%、14.0%、19.2% 和 54.4%。

表 7-15　2008—2017 年综合污染指数评价

控制单元	2008年	2009年	2010年	2011年	2012年	2013年	2014年	2015年	2016年	2017年
土沟桥	2.51	4.79	6.53	3.49	2.01	3.61	5.22	3.37	2.16	3.13
南沙河入昌平	3.68	5.28	4.89	3.04	1.24	4.42	6.57	3.31	2.19	2.22
圪塔头	5.15	6.20	6.10	5.57	5.11	9.69	9.51	8.76	9.32	10.95
沙子营	7.91	8.65	11.57	7.08	2.65	7.44	7.64	2.76	2.47	2.42
清河闸	8.89	13.01	12.25	8.36	4.47	11.89	16.55	8.21	5.82	5.83
广北滨河路（桥）	2.22	2.48	2.43	2.25	1.78	2.58	2.95	2.36	2.14	1.86
温榆河顺义区	0.90	0.95	0.97	0.97	0.72	1.68	0.98	0.80	0.74	0.70
白石桥	6.69	12.33	10.92	7.66	4.32	10.77	16.20	6.39	5.59	5.22
花园路	8.06	14.53	12.94	8.93	4.97	12.73	18.89	7.58	6.26	5.99
鼓楼外大街	13.56	17.01	16.73	12.47	7.57	16.11	17.77	11.30	8.76	8.64
沙窝	4.83	6.08	14.13	8.78	6.75	5.25	2.84	2.46	2.64	3.21
王家摆	3.87	4.89	5.41	3.14	1.97	3.26	2.25	1.41	1.29	1.19
新八里桥	58.82	80.51	86.19	41.43	52.97	66.06	36.52	52.07	49.93	64.25
大红门闸上	2.61	2.92	3.36	2.30	1.79	2.70	6.87	6.50	7.02	8.44
凉水河大兴区	0.71	0.76	0.76	0.75	0.85	0.81	0.86	0.75	0.76	0.69
榆林庄	0.89	0.92	0.95	1.12	1.11	1.10	0.90	0.71	1.08	1.05
凤河营闸	25.55	37.32	40.38	29.22	14.10	39.17	8.82	5.46	4.66	5.29
前侯尚村桥	7.08	7.90	8.11	9.62	1.79	5.35	7.83	4.82	6.00	3.67
东堤头闸上	13.90	10.89	12.08	13.06	1.84	8.48	13.03	7.64	10.68	6.55
老夏安公路、秦营扬水站	0.49	0.48	0.46	0.45	0.36	0.36	0.33	0.30	0.30	0.25
罗庄	10.13	9.99	9.66	10.03	3.40	6.24	6.29	5.35	4.51	3.80
筐儿港	1.19	1.19	1.15	1.15	0.61	1.05	1.12	0.95	1.18	1.01
土门楼	0.17	0.16	0.15	0.15	0.13	0.14	0.19	0.13	0.15	0.12
新老米店闸	0.61	0.61	0.65	0.76	0.32	0.57	0.62	0.53	0.67	0.62
北洋桥	0.19	0.20	0.20	0.18	0.12	0.15	0.16	0.15	0.19	0.18

首先进行分控制单元皮尔逊相关系数求解,结果显示低度线性相关、中低度线性相关、中度线性相关的控制单元分别有 4 个,而呈高度线性相关的控制单元有 13 个。再进行总体的皮尔逊相关系数求解,结果显示相关系数为 0.85,为高度线性相关,见表 7-16。由此可知,2008—2017 年综合污染指数评价结果与 2008—2017 年基于结构方程的流域水环境承载力承载状态评估结果呈高度线性相关,将综合污染指数中承载状态一般、临界超载、一般超载、严重超载 4 种情况的出现频率作为水环境承载力承载状态评估中对应承载状态的出现频率较为可信。

表 7-16　皮尔逊相关系数评价结果

分区域皮尔逊相关系数			
低度线性相关区	4 个	中度线性相关区	4 个
中低度线性相关区	4 个	高度线性相关区	13 个
总体皮尔逊相关系数		0.848 104	
		高度线性相关	

由此可知,基于结构方程的流域水环境承载力承载状态评估中,可认为承载状态一般、临界超载、一般超载、严重超载 4 种情况的出现频率分别为 12.4%、14.0%、19.2% 和 54.4%。根据评估结果,北运河流域水环境承载力承载状态年际动态评估分级方法见表 7-17。

表 7-17　水环境承载力承载状态评估等级划分表

分级标准	等级	颜色
0~0.225	承载状态一般	
0.225~0.246 5	临界超载	
0.246 5~0.258 29	一般超载	
0.258 29~∞	严重超载	

根据评估等级划分方法,北运河流域水环境承载力承载状态年际动态评估结果划分见图 7-9。

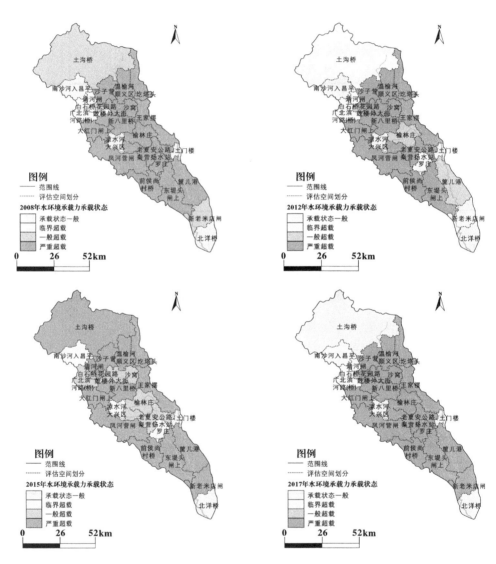

图 7-9　北运河流域水环境承载力承载状态年际动态评估结果

采用双因素方差分析论证丰水年、枯水年（因素 B）与不同控制单元（因素 A）对承载状态值是否有显著的影响、典型平水年不同控制单元年际变化（因素 B）与不同控制单元（因素 A）对承载状态值是否有显著的影响，其中典型丰水年为 2012 年，典型枯水年为 2014 年，以前的典型平水年为 2008—2010 年，最近的典型平水年为 2015—2017 年。由于典型平水年是连续的若干年，在进行双因素方差分析时相当于进行了重复实验，故在"工具""数据分析"中应选择"方差分析：可重复双因素分析"，其他步骤与无重复双因素方差分析一致，结果见表 7-18 和表 7-19。

表 7-18　丰水年、枯水年与不同控制单元方差分析结果

差异源	SS	df	MS	F	P-value
控制单元	0.205 941	24	0.008 581	7.826 544	1.8×10^{-6}
丰水年、枯水年	0.005 601	1	0.005 601	5.108 620	0.033 158
误差	0.026 313	24	0.001 096		
总计	0.237 855	49			

表 7-19　人类活动造成的年际变化与丰水年、枯水年方差分析结果

差异源	SS	df	MS	F	P-value
时间段	0.007 192	1	0.007 192	21.313 750	1.16×10^{-5}
控制单元	0.763 125	24	0.031 797	94.225 910	5.75×10^{-58}
交互	0.040 949	24	0.001 706	5.056 168	3.79×10^{-9}
内部	0.033 745	100	0.000 337		
总计	0.845 011	149			

对表 7-18 结果进行分析，发现控制单元和丰水年、枯水年两个因素的 P 值均小于 0.05，故拒绝原假设，认为丰水年、枯水年和不同控制单元对承载状态值均有显著影响。对表 7-19 结果进行分析，发现时间段和控制单元两个因素的 P 值均小于 0.05，故拒绝 H_{01}、H_{02}，认为年际变化对承载状态有显著影响，不同控制单元对承载状态有显著影响。由这两个双因素方差分析结果可知，不同区域间存在承载状态的差异性，全流域承载状态存在变化趋势，丰水年承载状态与枯水年承载状态存在显著差异，因此需对箱线图进行分析，判断哪些控制单元超载问题相对较轻、哪些控制单元超载问题相对严重、全流域承载状态是趋于好转还是恶化、丰水年承载状态相对枯水年承载状态是更优还是更差等问题。

对各控制单元水环境承载力承载状态历年情况做箱线图，结果见图 7-10。由图可知，筐儿港、东堤头闸上、凤河营闸、大红门闸上、新八里桥、沙子营等控制单元的超载问题较为严重，而北洋桥、土门楼、凉水河大兴区、南沙河入昌平、土沟桥等控制单元的

超载问题相对较轻。从超载问题的年际波动情况分析可知，凤河营闸、大红门闸上、新八里桥、沙子营、土沟桥等控制单元年际波动较大，而北洋桥、新老米店闸、土门楼、筐儿港、东堤头闸上、前侯尚村桥、凉水河大兴区、沙窝、鼓楼外大街、花园路、白石桥、温榆河顺义区、广北滨河路（桥）、清河闸、南沙河入昌平等控制单元年际波动较小。

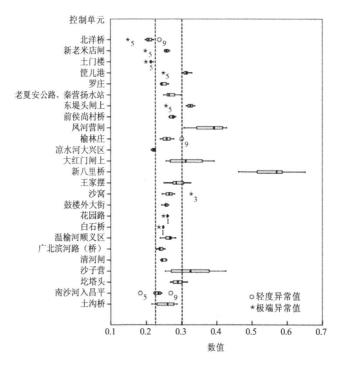

图 7-10　各控制单元水环境承载力承载状态箱线图

由此可知，从空间角度分析，超载问题严重的控制单元大多位于流域中游，而超载问题较轻的控制单元大多位于流域上游或流域下游；年际波动大的控制单元大多位于流域上中游，而年际波动小的控制单元大多位于流域中下游。中游水环境承载力承载状态较差的原因在于流域内农业种植面积大，氮肥、磷肥的施用量大，农业用水量大，而且畜禽养殖数量较多，畜禽养殖业污染较大，水系统压力较大，点源污染物量较高，生活用水量较大，水资源开发利用量较大，因此随着各种流域压力因子的累积，中游水环境承载力承载状态为严重超载。上游的水环境承载力承载状态较好是因为流域内地表水量与地下水量较大，且上游人类活动相对较少，所受压力较小，因此水环境承载力承载状态并不严重，为一般超载。下游的水环境承载力承载状态较好是因为在经济较发达的城区，生活污水得到了很好的处理，且第三产业占比较高，农业生产活动极少，而且生活生产污水排放总量极低，因此水环境承载力承载状态逐渐从严重超载恢复到一般超载。

年际波动大的控制单元大多位于流域中上游，主要由丰水年、枯水年径流量大小不同造成；与中下游相比，中上游控制单元退水量较少，因此总水量与年径流量关系密切，而总水量越大，则承载力越大，由于中上游区域年际间污染物排放变化并不明显，因此承载状态主要受承载力影响。中下游控制单元退水量较大，而退水中污染物浓度与污水净化能力紧密相关，因此污染物浓度变化较小，从而使中下游控制单元年际变化不大。

对以前的平水年（2008—2010 年）和最近的平水年（2015—2017 年）的流域水环境承载力承载状态情况做箱线图，结果见图 7-11。由图可知，相较于 2008—2010 年，2015—2017 年水环境承载力承载状态数值有变小的趋势，再结合双因素方差分析结果，此趋势显著，考察水环境承载力承载状态数值对应的实际含义，即表明水环境承载力承载状态有逐渐变好的趋势。

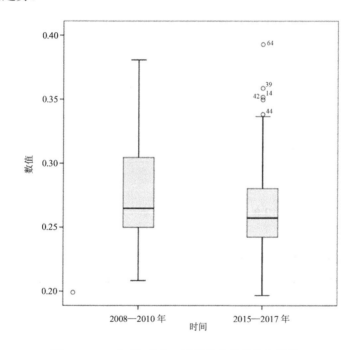

图 7-11　不同时间段水环境承载力承载状态箱线图

水环境承载力承载状态逐渐变好的原因首先在于农业源是流域内污染物贡献率最大的污染源，地表水与地下水水质状况不佳的主要原因在于大部分养殖场污水处理设施不能正常运行，产生的养殖废水与禽畜粪尿使环境难以消纳，此外农业上对土壤施用农药、化肥引起的面源污染也会对流域内的水体造成污染，而随着相关处理技术的提高，农业污染源污染状况得到缓解；其次，北运河流域已开展了多年的污染治理工作，围绕着"溯源治污、提升水质、提高水循环利用"这条主线，深入推进了污水处理、河道治理、农业面源污染防治及垃圾处理等工作，北运河干流河段基本解决了河道黑臭问题，为最终实现河道水生态修复的目标奠定了基础。

对全流域丰水年（2012 年）和枯水年（2014 年）水环境承载力承载状态情况做箱线图，结果见图 7-12。由图可知，相较于 2012 年，2014 年水环境承载力承载状态数值明显更大，再结合双因素方差分析结果，此差异显著，考察水环境承载力承载状态数值对应的实际含义，即表明丰水年水环境承载力承载状态明显优于枯水年水环境承载力承载状态。

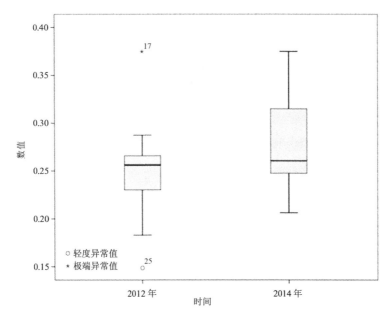

图 7-12　丰水年（2012 年）和枯水年（2014 年）水环境承载力承载状态箱线图

北运河流域降水年内和年际分配不均，由此导致其水环境容量年内与年际变化很大。一般而言，水环境容量为丰水年＞多年平均＞平水年＞枯水年＞特枯水年。因为水环境容量越大，水环境承载力越大，所以丰水年水环境承载力承载状态相对优于枯水年。

由此可知，从时间角度分析，2012 年流域水环境承载力超载问题相对较轻；而 2014 年，流域水环境承载力承载状态最差；但总体而言，流域水环境承载力承载状态逐渐变好。2012 年降水量充足，流域水环境承载力较大；2014 年降水量较少，则流域水环境承载力承载状态较差；除此之外，由于流域部分地区点面源污染物总量逐渐降低，水系统压力逐渐降低，因此流域大部分地区水环境承载力承载状态呈逐渐变好的趋势。

7.3.5　主要结论

从时间角度分析，在 2008—2017 年水环境承载力承载状态变化中，丰水年的水环境承载力承载状态明显优于枯水年，但总体而言，流域水环境承载力承载状态逐渐变好。同一年内相比较，枯水期与平水期的水环境承载力承载状态较差，丰水期水环境承载力承载状态较好，流域水环境承载力承载状态季节性变化较为显著。由此可以发现，北运河流域水环境承载力承载状态的年际变化较明显，与降水量、流域水环境承载力大小、农业活动以及城镇不透水面积相关。

从空间角度分析，流域上游和下游地区水环境承载力承载状态比流域其他地区相对较好，而河流主干道经过的中游区域水环境承载力承载状态较差，主要原因在于中游流经的城市人口较多，城市化水平较高，污染物排放量较大，水资源利用量较大，流域水系统处于超载或临界超载的状态；而在流域下游地区，受较好的废污水处理系统影响，退水污染物浓度相对中游污染物浓度更小，而由于退水量大，这样就稀释了中游的污染物浓度，使下游的超载问题得到缓解。中上游年际波动大主要是因为中上游水量大多来自产水量，因此受丰枯水年影响较大，而中下游水量大多来自农田和城市退水，故年际间水量大小相对稳定，所以超载状态相对稳定。

综上所述，水环境承载力较小但水系统压力较大的地区的水环境承载力承载状态较差，尤其是在枯水期的水系统农业用水量增加，而水资源量又相对匮乏，则水环境承载力承载状态明显变差；水系统压力较大但由于水量大导致水环境承载力相对较大的地区的水环境超载问题较小，但是总体而言，在枯水年，水环境承载力承载状态变化较为显著。

7.4　北运河流域水环境承载力开发利用潜力动态评估

北运河流域水环境承载力开发利用潜力评估基于流域社会经济发展条件对水环境承载力的影响，评估水环境承载力开发利用潜力。根据流域水环境承载力开发利用潜力评估方法体系以及北运河流域时空变化特征，评估 2008—2017 年北运河流域水环境承载力开发利用潜力年际变化。虽然北运河流域水环境承载力大小以及承载状态季节性变化较为显著，但是对于流域水环境承载力开发利用潜力而言，流域社会经济子系统年际变化较大，季节性变化较小，因此以年为时间尺度，评估北运河流域水环境承载力开发利用潜力。

7.4.1　评估指标体系

北运河流域水环境承载力开发利用潜力与流域水环境承载力大小、水环境承载力承载状态、污染物排放强度与水资源利用强度、区域发展能力相关，因此根据水环境承载力大小、水环境承载力承载状态评估结果，考虑流域污染物排放强度与水资源利用强度，结合区域发展能力，构建流域水环境承载力开发利用潜力评估指标体系，结果见表 7-20。

表 7-20　基于控制单元的流域水环境承载力开发利用潜力评估指标体系

目标层	指标层	分指标		单位
流域水环境承载力开发利用潜力	水环境承载力大小	—		—
	水环境承载力承载状态	—		—
	污染物排放强度与水资源利用强度	水资源	人均水耗	m³/人
			万元 GDP 水耗	m³/万元
		污染物	万元 GDP COD 排放量	t/万元
			万元 GDP NH₃-N 排放量	t/万元
			万元 GDP TP 排放量	t/万元
	区域发展能力	城镇化率		%
		人均 GDP		万元/人
		第三产业占比		%
		环保投资占比		%
		污水处理率		%

7.4.2　基于熵权法确定权重

结合基于控制单元的流域水环境承载力开发利用潜力评估指标体系，根据熵权法确定各指标权重，结果见表 7-21。

表 7-21　基于控制单元的流域水环境承载力开发利用潜力评估指标权重

目标层	指标层	一级权重	分指标		二级权重
流域水环境承载力开发利用潜力	水环境承载力大小	0.082 1	—		0.082 1
	水环境承载力承载状态	0.148 0	—		0.148 0
	污染物排放强度与水资源利用强度	0.578 6	水资源	人均水耗	0.109 8
				万元 GDP 水耗	0.113 5
			污染物	万元 GDP COD 排放量	0.086 5
				万元 GDP NH₃-N 排放量	0.137 0
				万元 GDP TP 排放量	0.131 6
	区域发展能力	0.191 3	城镇化率		0.026 6
			人均 GDP		0.050 2
			第三产业占比		0.036 0
			环保投资占比		0.075 8
			污水处理率		0.002 7

7.4.3　评估结果等级划分

根据评估等级划分方法，可以将北运河流域水环境承载力开发利用潜力分为 5 个等级，分别是开发利用潜力最小、开发利用潜力较小、开发利用潜力一般、开发利用潜力较大、开发利用潜力最大，等级划分表见表 7-22。

表 7-22　水环境承载力开发利用潜力评估等级划分表

分级标准	等级	颜色
$X \leq 0.148$	开发利用潜力最小	
$0.148 < X \leq 0.382$	开发利用潜力较小	
$0.382 < X \leq 0.614$	开发利用潜力一般	
$0.614 < X \leq 0.852$	开发利用潜力较大	
$X > 0.852$	开发利用潜力最大	

7.4.4　评估结果与分析

由北运河流域水环境、水资源、水生态以及社会经济时空变化特征确定各指标值，经过指标标准化处理，评估 2008—2017 年流域水环境承载力开发利用潜力年际动态变化，评估结果见表 7-23。

表 7-23　2008—2017 年北运河流域水环境承载力开发利用潜力评估结果

控制单元	2008 年	2009 年	2010 年	2011 年	2012 年	2013 年	2014 年	2015 年	2016 年	2017 年
土沟桥	0.354	0.388	0.448	0.270	0.332	0.294	0.292	0.303	0.340	0.319
南沙河入昌平	0.168	0.173	0.183	0.193	0.195	0.199	0.204	0.218	0.245	0.262
圪塔头	0.423	0.358	0.310	0.274	0.289	0.283	0.287	0.268	0.284	0.285
沙子营	0.488	0.578	0.626	0.439	0.399	0.481	0.422	0.265	0.262	0.284
清河闸	0.171	0.166	0.167	0.166	0.173	0.177	0.179	0.189	0.183	0.213
广北滨河路（桥）	0.149	0.147	0.149	0.150	0.162	0.161	0.173	0.178	0.181	0.198
温榆河顺义区	0.203	0.208	0.206	0.229	0.242	0.238	0.229	0.215	0.233	0.232
白石桥	0.145	0.144	0.148	0.149	0.154	0.161	0.165	0.183	0.175	0.207
花园路	0.146	0.144	0.148	0.149	0.155	0.161	0.165	0.183	0.176	0.208
鼓楼外大街	0.170	0.174	0.181	0.180	0.196	0.216	0.209	0.205	0.211	0.216
沙窝	0.290	0.277	0.340	0.248	0.270	0.249	0.221	0.225	0.233	0.230

控制单元	2008 年	2009 年	2010 年	2011 年	2012 年	2013 年	2014 年	2015 年	2016 年	2017 年
王家摆	0.544	0.698	0.471	0.334	0.372	0.348	0.319	0.171	0.250	0.279
新八里桥	0.495	0.517	0.503	0.369	0.455	0.428	0.330	0.355	0.380	0.384
大红门闸上	0.420	0.323	0.328	0.194	0.214	0.192	0.378	0.379	0.435	0.401
凉水河大兴区	0.131	0.123	0.115	0.117	0.135	0.127	0.123	0.141	0.144	0.151
榆林庄	0.228	0.216	0.194	0.199	0.225	0.176	0.183	0.155	0.237	0.266
凤河营闸	0.532	0.422	0.464	0.454	0.437	0.399	0.217	0.228	0.255	0.245
前侯尚村桥	0.167	0.155	0.151	0.139	0.150	0.139	0.168	0.225	0.241	0.213
东堤头闸上	0.453	0.387	0.440	0.322	0.277	0.283	0.302	0.265	0.283	0.267
老夏安公路、秦营扬水站	0.315	0.272	0.228	0.230	0.246	0.214	0.185	0.190	0.254	0.311
罗庄	0.592	0.485	0.380	0.335	0.340	0.269	0.242	0.235	0.289	0.374
筐儿港	0.439	0.500	0.389	0.365	0.288	0.316	0.326	0.309	0.355	0.321
土门楼	0.493	0.233	0.220	0.283	0.286	0.295	0.333	0.264	0.286	0.345
新老米店闸	0.316	0.291	0.331	0.366	0.221	0.243	0.227	0.215	0.223	0.218
北洋桥	0.121	0.120	0.118	0.119	0.124	0.116	0.121	0.132	0.155	0.149

根据评估分级结果，流域水环境承载力开发利用潜力年际动态评估结果见图 7-13。

一般认为，丰水年流域水环境承载力开发利用潜力较大，枯水年较小；随着环境治理力度的加大，流域大部分地区水环境承载力开发利用潜力呈逐渐变大的趋势。为验证该结论在北运河流域是否成立，可采用双因素方差分析法，若发现不同区域间水环境承载力开发利用潜力具有显著性差异，可进一步通过箱线图论证哪些区域的水环境承载力开发利用潜力更大、哪些区域的水环境承载力开发利用潜力更小。结果见表 7-24 和表 7-25。

对表 7-24 结果进行分析，发现控制单元的 P 值均小于 0.05，而丰水年、枯水年的 P 值大于 0.05，故认为不同控制单元对承载力开发利用潜力大小均有显著影响，而丰水年、枯水年对承载力开发利用潜力大小没有显著影响。对表 7-25 结果进行分析，发现时间段和控制单元两个因素的 P 值均小于 0.05，故拒绝原假设，认为年际变化对承载力开发利用潜力大小有显著影响，不同控制单元对承载力大小有显著影响。由这两个双因素方差分析结果可知，不同区域间存在承载力开发利用潜力大小的差异性，全流域水环境承载力开发利用潜力大小存在变化趋势，因此需通过对箱线图的分析，判断全流域水环境承载力开发利用潜力是增大还是减小。

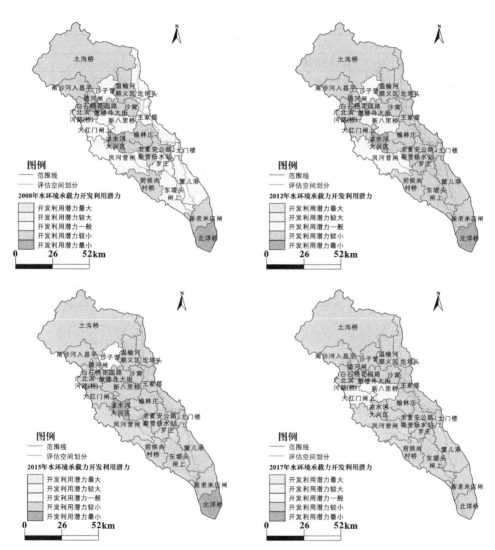

图7-13　北运河流域水环境承载力开发利用潜力年际动态评估结果

表 7-24 丰水年、枯水年与不同控制单元方差分析结果

差异源	SS	df	MS	F	P-value
控制单元	0.310 146	24	0.012 923	5.432 686	$4.95×10^{-5}$
丰枯水年	0.002 236	1	0.002 236	0.940 089	0.341 925
误差	0.057 089	24	0.002 379		
总计	0.369 471	49			

表 7-25 人类活动造成的年际变化与不同控制单元方差分析结果

差异源	SS	df	MS	F	P-value
时间段	0.112 576	1	0.112 576	59.602 06	$9.04×10^{-12}$
控制单元	1.393 072	24	0.058 045	30.730 97	$7.52×10^{-36}$
交互	0.473 015	24	0.019 709	10.434 65	$6.68×10^{-18}$
内部	0.188 880	100	0.001 889		
总计	2.167 543	149			

对各控制单元水环境承载力开发利用潜力大小历年情况做箱线图，结果见图 7-14。由图可知，沙子营控制单元的水环境承载力开发利用潜力较大；北洋桥、凉水河大兴区、前侯尚桥村、花园路、白石桥、广北滨河路（桥）等控制单元的水环境承载力开发利用潜力较小。从承载力开发利用潜力大小年际波动情况分析，凤河营闸、王家摆、大红门闸上、沙子营等控制单元年际波动较大，而北洋桥、凉水河大兴区、鼓楼外大街、花园路、白石桥、温榆河顺义区、广北滨河路（桥）、清河闸等控制单元年际波动较小。

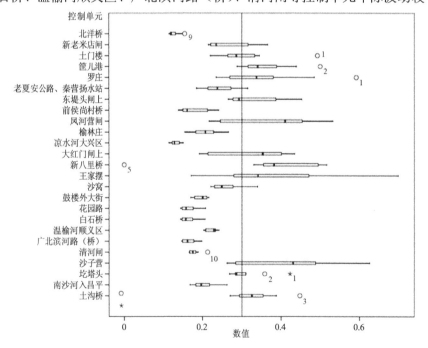

图 7-14 各控制单元水环境承载力开发利用潜力箱线图

对以前平水年（2008—2010 年）和最近的平水年（2015—2017 年）的流域水环境承载力开发利用潜力大小情况做箱线图，结果见图 7-15。由图可知，相较于 2008—2010 年，2015—2017 年水环境承载力开发利用潜力数值变小且波动幅度变小，结合双因素方差分析结果与影响开发利用潜力的因素权重，此趋势显著，说明水环境承载力开发利用潜力有变小的趋势，随着社会经济条件的发展，导致全流域水环境承载力开发利用潜力变小。

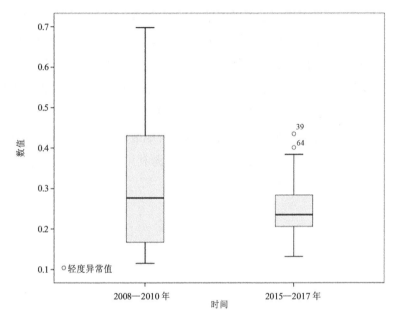

图 7-15　不同时间段水环境承载力开发利用潜力箱线图

7.4.5　主要结论

从时间角度分析，流域水环境承载力开发利用潜力逐渐降低。流域水环境承载力开发利用潜力与承载力大小、承载状态、污染物排放强度与水资源利用强度以及区域开发能力相关，水环境承载力越大、承载状态越好、污染物排放强度与水资源利用强度越高、区域开发能力越强，则流域水环境承载力开发利用潜力越大。2012 年为流域丰水年，流域水环境承载力较大，水环境承载力承载状态较好，因此 2012 年水环境承载力开发利用潜力较 2011 年有所增加，例如土沟桥的评估结果由 0.270 增加至 0.332，新八里桥的评估结果由 0.369 增加至 0.455；而 2014 年为流域枯水年，流域水环境承载力较小，水环境承载力承载状态较差，因此 2014 年水环境承载力开发潜力较 2013 年和 2015 年而言低；总体而言，2008—2017 年流域中游社会经济较为发达地区的水环境承载力开发利用潜力逐年增高，主要原因是污染物排放与水资源利用强度、区域发展能力逐年增高；而流域上游、下游水环境承载力开发利用潜力呈逐年降低的趋势。

　　从空间角度分析，在流域内，沙子营的水环境承载力开发利用潜力最大，其次是新八里桥、凤河营闸以及大红门闸上等地，北洋桥、凉水河大兴区、白石桥以及花园路等控制单元的水环境承载力开发利用潜力较小，如 2017 年新八里桥的评估结果为 0.384，白石桥为 0.207。新八里桥控制单元水环境承载力承载状态较好且区域发展能力强，因此该控制单元的水环境承载力开发潜力相对较大；2017 年大红门闸上控制单元的开发利用潜力为 0.401，随着经济的发展，区域发展能力逐渐增强，污染物排放强度较高，水环境承载力开发潜力逐渐升高；土沟桥控制单元农业种植面积与畜禽养殖数量较大，污染物排放强度较高，因此土沟桥控制单元的水环境承载力开发潜力较其他控制单元高；白石桥、花园路等控制单元服务业发达，第三产业占比高，区域发展水平极高，但污染物排放强度与水资源利用强度较小，流域水环境承载力开发利用潜力相对较小，如 2017 年花园路控制单元的评估结果为 0.208；而位于流域下游地区的新老米店闸、北洋桥控制单元虽然水环境承载力较大，但污染物排放强度与水资源利用强度较小，区域发展能力较低，因此水环境承载力开发利用潜力较小。

第三篇

流域水环境承载力承载状态预警

第8章

流域水环境承载力承载状态预警技术方法体系

8.1 水环境承载力承载状态预警概念内涵、主要内容和特点

8.1.1 水环境承载力承载状态预警的内涵

通过对国内外水环境承载力承载状态预警的研究进展进行总结分析、结合水环境承载力的概念厘定，提出水环境承载力预警的内涵。

（1）预测是预警的基础

预警应建立在水环境系统未来的发展趋势预测之上。当前研究多聚焦于现状评价，评价是对现状或历史的回顾性评述，而预警应做到提前得知未来社会经济和自然状态，对不理想的情况进行报警。预测需要分析清楚系统内各要素以及它们之间的关系，系统的发展及警情的变化可以通过趋势分析、机器学习、系统动力学等方法进行预测，预测是预警体系重要的组成部分。

（2）合理表征水环境承载力承载状态

水环境承载力承载状态是预警的对象，其与承载力不同，是由社会经济发展对水环境造成的压力与水环境承载力共同作用的结果。即如想合理表征水环境承载力承载状态，则必先对压力和承载力进行分析。压力、承载力、水环境承载力承载状态三者互相联系，但需要区分、不可混淆。如压力超出了承载力，则出现超载状态；如二者相等，则状态为恰可承载；如压力小于承载力，则属于可承载或负超载状态。承载状态并不是越趋"负超载"越好，而应该根据区域的经济发展时段、主体功能区划等的时空差异性，进行具体分析。比如对于重点开发区，应充分利用环境承载力，理想情况是恰不超载；对于禁止开发区，则应尽量减少环境压力，负超载状态则更安全。此外，水环境承载力承载状

态还应考虑社会经济与水环境二者的发展方向以及耦合协调的程度。预警的结果是对水环境承载力承载状态进行警情预判后对警度进行划分结果，所以合理表征水环境承载力承载状态也是预警的基础之一。

（3）制定科学合理的排警决策

预警最终的目的不仅是在预测未来发展趋势后进行警报，而且要根据警源和警兆的分析，排除警情。排警决策就是为了排除警情而提出措施。在提出措施之前，应该先对造成警情的源头和警情在累积过程中产生的先兆进行分析，确保措施能够对症下药。对警情结果和警源、警兆进行灵敏度分析，可以确保资源集中在最需要改善的位置，使措施最大限度地发挥效用。此外，排警措施需要从双向调控的角度改善水环境承载力承载状态，即从降压增容的角度，既考虑提高水环境承载力，又考虑降低水环境压力。

8.1.2　水环境承载力预警的主要内容

（1）如何准确监测当前复杂水环境承载力系统的发展状态

对水环境承载力系统的监测是预警的基础。如果不能准确监测当前复杂水环境承载力系统可持续发展的运行状态，那么就无法对未来发展的趋势进行预测，更无法进行水环境承载力监测预警。因此，构建一套能够合理、有效地反映经济社会发展以及水环境承载力系统状态的指标体系是水环境承载力承载状态监测的首要任务，水环境承载力承载状态指标需尽量包括反映经济运行情况和人类经济活动给水环境造成的压力的指标，以及水环境自身承载能力的指标，或只监测其中一方面的指标；同时，要注意指标的监测可行性和实际意义，并以此进一步完善经济、水环境监测系统。

（2）如何准确预测未来水环境承载力系统的运行趋势

水环境承载力监测预警系统应当在经济与水环境承载力发展不协调、发生超载或者即将发生超载情况下及时发出警报信息，且要包含警情、警限的确定及警源的回溯等一系列过程，并最终给出排警措施。因此，要对水环境承载力系统未来运行趋势进行准确的预测，提前获知水环境承载力系统和经济运行情况，合理输出水环境承载力预警状态，以便回溯警源和具体超载原因，制定合理的警情排除措施。这不仅需要对警情指标进行合理的选取，还需要构建基于经济社会运行与水环境承载力承载状态联动机制的监测预警理论和技术方法体系，进一步客观反映经济活动产生的压力与水环境承载力的变化情况，起到提前预警、防患于未然的作用。

8.1.3　水环境承载力预警的特点

结合水系统的特征、水环境承载力及预警的内涵，水环境承载力预警具有如下特点。

（1）警情的累积性

水环境承载力复杂系统出现的异常情况具有极强的累积性。目前出现的任何水环境问题都不是一朝一夕形成的，而是较长时期累积的结果。由于水环境是一个复杂巨系统，当前的研究依然没有弄清楚人类活动与环境受破坏之间具体的定量关系。人类越来越快的经济社会发展对环境造成的影响越来越大，然而这种影响也有量变到质变的累积过程，当环境问题出现的时候，水环境承载力系统往往已经经历了结构和功能的变动，难以逆转。因此，水环境承载力监测预警系统应实现质变前的洞悉与预警，防止出现的水环境承载力超载情况对环境造成不可逆的影响。

（2）警兆的隐蔽性

由于警情的累积性特征，经济发展对水环境承载力系统的压力显露要相对滞后一段时间，警兆并不易被观察到，因此当水环境承载力系统表现出超载导致的环境问题时，超载状态已经持续一段时间，警情的危害性也已经相当大。因此，在进行水环境承载力监测预警研究时，一定要构建先行指标，且先行指标的变动一定要领先于水环境承载力承载状态的变动，这样在超载情况出现之前可以发出警报，保障预警系统的有效性、排警决策的及时性。

（3）系统的复杂性

由于水环境承载力系统是一个复杂巨系统，其中人类活动造成的压力和水环境承载力的相互作用、系统运行中的问题与矛盾、超载状况的表征和体现往往是各种复杂因素共同作用的结果，所以在研究中很难定量分析。目前水环境承载力系统动力学方面的研究基本是通过已知的相关关系，基于不同的情景模拟，人为设置水环境承载力系统的运行情况。而这种人为设置的运行情况能否真实反映水环境承载力系统的运行是有疑问的，因此应着眼于水环境承载力系统本身来构建承载状态预警方法。在水环境承载力承载状态预警方法研究中，需要关注水环境承载力系统的变动，这主要是通过各指标值的变动来体现的，从对各指标值变动的分析中可以得到未来系统的发展趋势。

（4）警源的重要性

水环境承载力承载状态预警的最终目标是消除警情，维护水环境承载力系统的健康发展，那么在水环境承载力监测预警系统中识别警源是相当重要的。警源指的是警情的源头，水环境承载力监测预警的警情即承载状况，导致超载发生的原因即水环境承载力承载状态预警系统的警源。为了消除警情，必须先找出警源，再以合理的排警措施消灭警源。由于水环境承载力系统是一个复杂巨系统，警情的发生往往是各方面复杂因素共同作用的结果，加上管理者有时受到科学水平、知识水平的局限，短时间内要分清这些复杂的诱因是十分困难的。因此，水环境承载力承载状态预警方法必须可以有效识别警源，为管理者提供切实有效的排警决策，把警情消除在萌芽状态。

8.2 水环境承载力承载状态预警技术体系

8.2.1 水环境承载力承载状态预警框架及逻辑过程

水环境承载力承载状态预警是指对水环境未来的承载状态进行预测，预报不正常状态的时空范围和危害程度并提出防范措施。根据预警的内涵，预警逻辑实质上是"因—果—因"分析方法的具体化，水环境承载力承载状态预警的思路及体系框架应包含明确警义、识别警源、预测警情、判别警兆及评判警情、划分警限及界定警度、排除警情等多个步骤。

（1）明确警义

明确警义是水环境承载力承载状态预警的起点。警义即警情的含义。警义可以从警素和警度两个方面来考察，警素是指系统发展过程中出现了哪些问题，在实际中可以依据警情的来源或性质进行分类，警度则是警情的严重程度。明确警义实际上是对超载状态进行最基本的定性判别，综合分析水环境承载力承载本底和承载状态的发展趋势，界定不同承载状态，明确哪种状态下应当报警。

（2）识别警源

警源指警情的来源，水环境承载力承载状态预警警源主要是不合理的人类活动，是给水系统带来巨大压力的警情来源或风险源。识别警源是预警逻辑过程中的重要环节，一方面为警情预测模型的建立提供基础，另一方面为警度界定后的排警提供帮助。

（3）预测警情

警情是预警系统的信息来源，也是系统运行的前提。超载警情的预测是水环境承载力承载状态预警体系的核心，应根据不同的目的选取合适的方法，构建适用于不同水环境规划管理需求的短期（1年）与中长期（5~10年）水环境承载力承载状态预警的方法体系，如基于景气指数或人工神经网络的短期预警技术方法主要用于流域可持续发展形势分析，即通过预判流域水环境承载力承载状态（压力超过承载力的程度），对流域可持续发展态势进行系统分析。而基于系统模拟仿真的中长期预警技术方法主要是根据已知系统，结合研究目的、现状和历史数据、系统内要素关系等建立模型，动态跟踪警兆、警情发展的预警技术，可为中长期规划情景模拟与方案筛选提供技术支撑。

（4）判别警兆及评判警情

警兆即水环境承载力超载警情爆发的先兆，也可以说是警情演变时的一种初始形态，预示着警情有可能发生；需要根据其状态和趋势进行分析，判别是否有可能出现警情。对警兆进行分析判别，实际上是在评判警情前对系统做出预判，考察是否有可能出现警情，需不需要对预测结果进行下一步的评判。如判别警兆后得到了警情可能发生的结论，则需要进一步对预测得到的警情进行评判，结合警义，通过统一、客观的方法来量化表征警情，以便界定其所在的警度。

（5）划分警限及界定警度

警度即警情危急的程度，在确定预报警度时，警情并不能直接转化为可以预报的警度，而是要在划分警限及界定警度后，通过警限转化为警度，从而达到预报警度的目的。

警度通常用等级进行划分，重点在于在实际应用中根据实际情况划分警限，警限的阈值范围直接影响系统的预警状态判别。但是警限受空间地理位置的影响，很难在不同地区划定统一标准，同时进行预警研究需要警限在一定时间范围内保持相对稳定，但是实际上客观的警限应该是随着时间变化发展的。

一般来说，警限的确定有系统化方法、突变论法、校标法、专家确定法和控制图法。系统化方法是通过对大量的历史数据进行定性分析，总结各类预警方法的经验，根据各种并列的原则（多数原则、均数原则、半数或中数原则、少数原则、负数原则及参数原则等）或者标准对警限进行研究，综合多个方面的意见再进行适当调整，从而得出科学的结论。突变论是一种数学拓扑理论。突变论法确定警限的原理在于分析预警指标变化的内在规律，在此基础上建立数学模型，运用几何上的奇点、拓扑学、微分方程定性理论和稳定性数学理论，找到预警指标发生非连续性突变的临界点，即警限。校标法确定警限就是将预警管理取得较好成效的国家或地区作为标准，并将其所获得的结果作为警限划分的标准。专家确定法依靠各个领域专家的集体经验和智慧，对环境承载力承载状态预警的警限进行判断。控制图法即 3σ 法，其确定警限的原理是假定预警指标 X 服从正态分布 $N(\mu, \sigma^2)$，当指标质量处于正常状态时，其应以 99.73% 的概率落在 $[\mu-3\sigma, \mu+3\sigma]$ 范围之内；如果 X 落在 $[\mu-3\sigma, \mu+3\sigma]$ 范围之外，可以认为受到异常因素干扰而不在正常状态，系统需要报警来提醒操作者采取措施修正。

（6）排除警情

一旦有报警，就需要采取排警措施来消除警情，在确定排警决策时，不仅要考虑警情和警度，更要对警源进行分析，同时结合警兆提出有效缓解警情的对策。

水环境承载力预警的最终目的就在于排除警情。根据水环境承载力承载状态预警结果，在"增容与减压"双向调控与"守退补"理念指导下，根据不同的区域管理需求提出排警策略及分区调控措施：对于承载状态良好、没有出现警情的地区特别是上游源头水与水源地，需守住水生态底线；对于临近超载的地区，应尽量腾退生态空间，留出承载余量，防止水生态系统健康状态恶化；对于已严重超载地区，从提高水环境承载力与降低人类活动对水系统带来的压力（即双向调控角度）采取补救措施，极大恢复流域自然水生态系统。

8.2.2　预警常用方法比较

目前常用的预警方法主要包括指数法、计量模型法、概率模式分类法、判别式分析法、灰色预测法、人工神经网络和系统动力学等。

（1）指数法

景气指数法用有关经济变量相互之间的时差关系来指示景气的动向，通过构建合成指数和扩散指数对经济运行情况进行监测预警。其基本出发点是经济周期波动通过一系列经济活动来传递和扩散，任何一个经济变量本身的波动过程都不足以代表宏观经济整体的波动过程。因此，为了准确地反映宏观经济波动情况，必须综合考虑生产、消费、投资、贸易、就业等各领域的景气变动及相互影响。然而，各领域的周期波动并不是同时发生的，而是一个从某些领域向其他领域、从某些产业向其他产业、从某些地区向其他地区波及、渗透的极其复杂的过程。基于这种认识，从各领域中选择一批对景气变动敏感、有代表性的经济指标，用数学方法合成为一组景气指数（先行、一致、滞后），以此作为观测宏观经济波动的综合尺度。

（2）计量模型法

自回归滑动平均模型（Autoregressive and Moving Average Model，ARMA）是一种研究时间序列的重要方法，其核心思想是根据现象的过去预测未来，其基本原理是若时间序列可以被它的当前与前期的误差和随机项以及它的前期值构成的数学模型描述或模拟，便可以根据序列的过去现象预测未来，即可用该序列的过去值和当前值来预测未来值。由于该模型考虑因素较少、操作简单，被广泛应用于食品、建筑、经济、电力、能源等众多领域。ARMA 模型由自回归模型（简称 AR 模型）与滑动平均模型（简称 MA 模型）构成。ARMA 模型的具体形式如下：

$$y_t = c + \varphi_1 y_{t-1} + \varphi_2 y_{t-2} + \cdots + \varphi_p y_{t-p} + \mu_t + \theta_1 \mu_{t-1} + \theta_2 \mu_{t-2} + \cdots + \theta_q \mu_{t-q} \qquad (8-1)$$

式中：y_t——（p，q）阶自回归移动平均序列，记为 ARMA（p，q）；

p，q——滞后的阶数；

μ_t——白噪声序列；

φ_1，φ_2，$\cdots$，φ_p——自回归系数；

θ_1，θ_2，$\cdots$，θ_q——移动平均系数，均是模型的待估参数。

自回归条件异方差模型（Autoregressive Conditional Heteroskedasticity Model，ARCH）也是一种研究时间序列的重要方法，其基本思想是将当前一切可利用的信息作为条件，并采用某种自回归形式来刻画方差的变异。即在以前信息集下，某一时刻一个噪声的发生服从正态分布；该正态分布的均值为零，方差是一个随时间变化的量（条件异方差），并且这个随时间变化的方差是过去有限项噪声值平方的线性组合（即为自回归），这样就构成了自回归条件异方差模型。当已知信息增多时，模型预测的准确度会有明显的提高（数量级上的差别）。这一点是传统计量模型所不具备的——传统计量模型即使大量增加已知的信息量，预测的方差总是保持相对的稳定。ARCH 模型能准确地模拟时间序列变量的波动性变化，国外研究价格波动问题时常常采用 ARCH 模型，其在金融工程学的实证研究中应用广泛，使人们能更加准确地把握风险（波动性）。模型如下：

$$x_t = \phi_0 + \phi_{1x_{t-1}} + \phi_{2x_{t-2}} + \cdots + \phi_{px_{t-p}} + \varepsilon_t \qquad (8\text{-}2)$$

式中：随机误差项 ε_t 服从条件均值为零、条件方差为 σ_t^2 的正态分布。若 ε_t 的条件方差可以表述为 $\sigma_t^2 = E(\varepsilon_t^2) = \alpha_0 + \alpha_1 \varepsilon_{t-1}^2 + \cdots + \alpha_q \varepsilon_{t-q}^2 + \eta_t$，其中 η_t 为白噪声，且满足 $E(\varepsilon_t^2) = 0$，$D(\eta_t) = \lambda^2$。α_i 取值非负且 $\sum \alpha_i < 1$，则 ε_t 的条件方差模型称为自回归条件异方差模型，即 $\varepsilon_t \sim \mathrm{ARCH}（q）$。

（3）概率模式分类法

分类问题本质上属于有监督学习，给定一个已知分类的数据集，然后通过分类算法来让计算机对数据集进行学习，对数据进行预测。模式基于概率进行分类的方法称为概率分类法，是指对与模式所对应的类别的后验概率进行学习。其所属类别为后验概率达到最大值时所对应的类别。类别的后验概率可以理解为模式属于类别的可信度。如 Logistic 回归就是使用线性对数函数对分类后验概率进行模型化。Logistic 回归模型的学习是通过对数似然为最大时的最大似然估计进行求解，其基本思想为：寻找合适的假设函数，即分类函数，从而预测输入数据的判断结果；构造代价函数，即损失函数，表示预测的输出结果与训练数据的实际类别之间的偏差；最小化代价函数，用于获取最优的模型参数。

（4）判别式分析法

判别分析是在分类确定的条件下，根据某一研究对象的各种特征值判别其类型归属问题的一种多变量统计分析方法。其基本原理是按照一定的判别准则，建立一个或多个判别函数，用研究对象的大量资料确定判别函数中的待定系数，并计算判别指标，从而确定某一样本属于何类。判别分析常见的方法有距离判别、Bayes 判别和 Fisher 判别等。距离判别也称为直观判别，是计算样品到第 i 类总体的平均距离，哪个距离最小就将其判归哪个总体。因此，首先考虑是否能构造一个恰当的距离函数，通过样本与某类别之间距离的大小，判别其所属类别。Bayes 判别是假设对研究对象的总体已有一定的认知，常用先验概率分布来描述这种认知，然后抽取一个样本，用样本来修正已有的认知（先验概率的分布），得到后验概率分布，各种统计判断都是通过后验概率分布来进行。Fisher 判别就是通过投影，针对 P 维空间中的某点寻找一个能使其降为一维数值的线性函数。

（5）灰色预测法

灰色预测法是一种预测灰色系统的方法，通过鉴别系统因素之间发展趋势的相异程度，即进行关联分析，并对原始数据进行灰色生成来寻找系统变动的规律，生成有较强规律性的数据序列，然后建立相应的微分方程模型，从而预测事物未来的发展趋势。目前常用的一些预测方法（如回归分析等）需要较多的样本，小样本的情况就会造成比较大的误差，使预测目标失效。而灰色预测模型所需的建模信息少、运算方便、建模精度高，因此在各种预测领域都有着广泛的应用，是处理小样本预测问题的有效工具。

（6）人工神经网络

人工神经网络（ANN）是借助人脑以及神经系统存储和处理信息的某些特征，抽象出来的一种数学模型。在 ANN 的实际应用中，80%～90%的 ANN 模型是采用误差反传算法或其变化形式的网络模型，即 BP 网络（Back-Propagation Network）模型，此模型算法先进成熟、工作状态稳定，是前馈网络的核心部分，适合模式识别及数据分类。BP 神经网络是 Rmenlhart McClelland 等在 1986 年研究并设计的，它主要用于函数逼近、模式识别、分类、控制与优化、预测与管理等方面。

BP 神经网络模型由输入层、隐含层、输出层组成，其拓扑结构能够实现任意连续映射（见图 8-1），层间各种神经元实现全连接，即下层的每一个神经元与上层的每个神经元都实现全连接，而每层各神经元之间不连接。BP 神经网络的学习过程由正向传播和反向传播构成。当正向传播时，输入信息从输入层经隐含层单元逐层处理后传入输出层，每一层神经元状态只影响下一层的神经元状态。如果在输出层得不到预期的输出，则转入反向传播，将误差信号沿原来的神经元连接通路返回。在返回过程中，逐一修改各神经元连接的权值和阈值。这种过程不断迭代，最后使全局误差达到允许的范围。

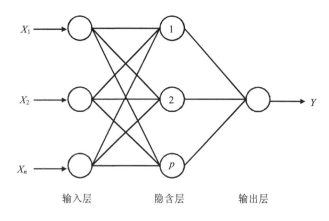

图 8-1　BP 神经网络拓扑图

（7）系统动力学

系统动力学是以控制论、信息论、决策论等有关理论为基础，以计算机仿真技术为手段，定量研究非线性、高阶次、多重反馈复杂系统的学科。系统动力学模型是一种因果关系机理性模型，强调系统与环境相互联系、相互作用的关系，随着控制参数调整，可实时观测变化趋势。系统动力学通过将研究对象划分为若干子系统，并且建立各个子系统之间的因果关系网络，建立整体与各组成元素相协调的机制，强调宏观与微观相结合、实时调整结构参数，多方面、多角度、综合性地研究系统问题，可用来模拟长期性和周期性系统问题。

表 8-1 是各类预警方法比较。

表 8-1　各类预警方法比较

类型	优点	缺点
景气指数法	通过构造特征指数反映系统整体变化趋势	指标选择需要合理
计量模型法（ARMA 模型、ARCH 模型等）	利用指标的历史时间序列来预测指标的未来趋势	仅对单个指标进行预测
概论模式分类法	模型清晰，输出值有概率意义，参数代表每个特征对输出的影响，可解释性较强	对特征空间大的预测模拟效果不好，容易欠拟合，精度不高
判别式分析法	适用于二元或多元目标变量分析	假定样本呈正态分布，多维相关性易导致模型不稳健
灰色预测法	数据需求小	只适合指数增长的预测
人工神经网络	输入可以有很多层，能够捕捉输入特征之间的关系	黑箱模型，需要数据量较大
系统动力学	结构模型，定性和定量相结合	对实际问题的抽象和概括过程较复杂、主观

8.2.3　水环境承载力承载状态预警的技术方法体系

针对生态环境管理部门对水环境承载力承载状态预警技术方法的需求，在涵盖明确警义、识别警源、预测警情、判别警兆及评判警情、划分警限及界定警度、排除警情等阶段的预警体系框架指导下，构建适用于不同水环境规划管理需求的短期（1 年）与中长期（5～10 年）水环境承载力承载状态预警技术方法体系，具体包括基于景气指数的短期预警技术方法、基于人工神经网络的短期预警技术方法及基于系统动力学的中长期预警技术方法等（见图 8-2）。

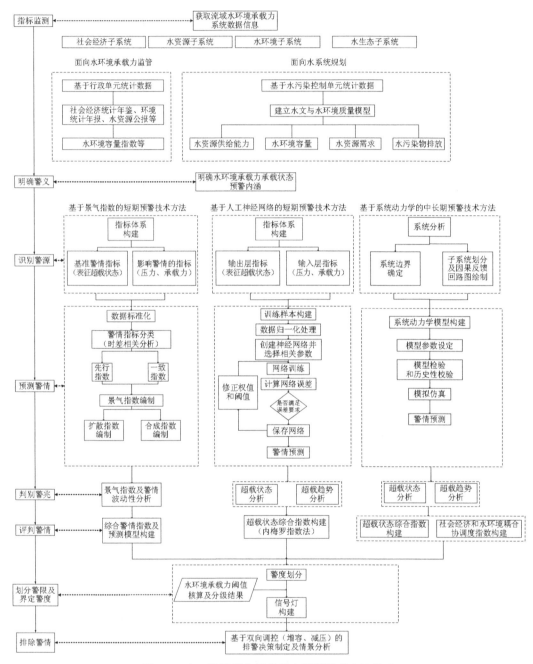

图 8-2 水环境承载力承载状态预警技术方法体系

（1）基于景气指数的短期预警技术方法

该预警技术是依据经济周期性及其导致的对水环境压力的波动性的原理，借鉴经济预警理论方法，利用景气指数法构造水环境承载力承载状态短期预警模型。首先，根据流域水环境承载力承载状况的周期规律，选取压力指标和承载力指标进行指标体系构建，并在基准警情指标确定的基础上，采用时差相关分析法将指标分为先行指标、一致指标。之后，编制扩散指数和合成指数两种景气指数，通过趋势分析判断先行指标选取的合理性，为后续综合警情指数构建做准备。其中，扩散指数是评价和衡量景气指标的波动和变化状态，反映了社会经济活动对水环境的影响状态；合成指数则是将各敏感性指标的波动幅度综合起来，表征社会经济指标的整体变化幅度，反映社会经济对水环境的影响程度，预测承载波动所处的水平。最后，为了对水环境承载力承载状态进行全面预警，用先行指标构建综合警情指数，并进行预警与分析。

（2）基于人工神经网络的短期预警技术方法

该预警技术是依据人工神经网络模型，通过拓扑模型学习、归纳水环境承载力输入指标及输出指标的非线性多重映射函数，获得水环境承载力承载状态的预测能力。首先，结合水环境承载力因素、特点构建指标体系，确定输入指标、输出指标及模式，并设计网络结构。其中，输入层为影响水环境承载力警情的指标因子（前 3～5 年影响水环境承载力承载状态的表征人类活动强度的系列压力指标与表征自然水系统为人类活动提供支撑的系列承载力指标），输出层为表征水环境承载力各分量（水资源、水环境、水生态）的超载状态指标。然后，利用构建好的样本集创建并训练网络，使网络得到系统给定输入、输出之间的映射关系；在此过程中，需要不断地测试和修改网络参数，使误差满足要求。最后，使用调整好的网络进行水环境承载力各分量及综合预警，并结合灵敏度分析，对排警措施进行模拟与选定。

（3）基于系统动力学的中长期预警技术方法

该预警技术以系统分析和因果反馈的理论为基础，根据已知系统，结合研究目的、现状和历史数据、系统内要素关系等建立模型，动态跟踪警兆、警情的发展。首先，对所研究的问题、系统边界和水环境承载力各子系统（社会经济子系统、水环境子系统、水资源子系统、水生态子系统等）进行分析，绘制因果反馈回路图。在此基础上，编写模型方程、设定参数，并对模型进行有效性检验（包括运行检验、直观性检验和历史性检验等）及灵敏度分析。最后，结合情景设计，对系统进行模拟仿真及预警，分析不同排警决策对系统的影响。

8.3 基于景气指数的水环境承载力承载状态短期预警技术方法

8.3.1 景气指数概述

8.3.1.1 经济周期与景气循环理论

在人们对经济活动进行长期考察时，经常会发现这样的事实：许多似乎独立的经济现象交互作用，引起或影响3～4年不等的宏观经济周期。这些经济周期在总体上表现出许多相似的趋势：经济总量和增长速度都会经历从高到低的趋势性变化，这些变化往往不受细微因素影响，有其自行运作的特征。通过这一发现，可以总结出经济周期的定义：经济总量的变化往往是周期波动的，某个时期总产出和经济增长速度处于上升趋势，而经过这个时期，又表现出下降的趋势，循环往复，周期运行。因此，把经济发展过程中这种周期性波动的现象称为经济周期。而对于水环境承载力系统，随着经济的周期波动，人类活动、经济发展对水环境的压力也表现出周期性波动的趋势，而水环境承载力在一定时期内相对不变或变化不明显，反映水环境承载力承载状况的"水环境承载周期"相应呈现。水环境承载力监测预警系统主要研究对象就是"水环境承载周期"。

景气循环的概念是在经济周期的研究中逐渐发现的，是指由于经济运行的波动性而形成的以景气形式表现的经济景气期与经济不景气期的交替出现的现象。实际上，景气循环只是利用景气与不景气的形式来描述经济周期，此外还有古典周期、增长周期等不同的经济周期描述方式。

目前对经济周期的理论研究比较丰富和细致，大概把经济周期划分为3～4年的基钦周期、9年的朱格拉周期和50年的康德拉季耶夫周期。导致经济不同的周期波动的原因也是不同的，一般认为基钦周期是企业库存投资变化导致的，因此也被称为存货周期；朱格拉周期是固定资产投资的波动导致的，因此也被称为固定资产投资周期；康德拉季耶夫周期是"创新理论"的发展导致的，也被称为长周期。不同的经济周期之间并不矛盾，一个个短周期组成了长周期。

在水环境承载力系统中，"水环境承载周期"的变动往往依存于经济周期。经济周期的波动直接导致了经济对水环境的压力的波动，同时经济的波动通过改变人们的生活水平又间接作用于水环境压力，而水环境承载力大体上变动并不大。因此"水环境承载周期"的波动有类似经济周期波动的趋势。

在景气循环理论中，经济周期一般分为景气扩张期和景气收缩期。从经济周期的谷值到峰值为扩张期，从峰值到谷值为收缩期，扩张期和收缩期涵盖了整个经济周期（见图8-3）。

对应到水环境承载力景气循环中，景气扩张期的特征为生产量逐步增加、经济对水环境造成的压力逐步增大、环境问题凸显等；景气收缩期的特征为生产量逐步减少、经济对水环境造成的压力逐步减小、水环境问题改善等。

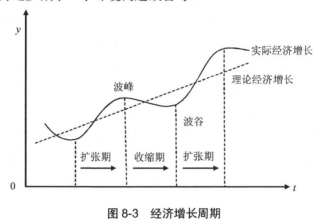

图 8-3　经济增长周期

8.3.1.2　景气预警的基本内涵及方法介绍

（1）景气预警的基本内涵

景气预警的内涵十分广泛，对不同的对象而言有不同的内涵。以宏观经济景气为例，企业、居民、政府、投资者等不同主体往往从不同的角度理解景气。对企业而言，如果其自身生产经营状况良好、销售收支情况满意，就认为经济是景气的，企业理解的景气预警是经营状况的预警；而对居民而言，其看重自身收入的高低、市场上商品的丰富度和价格，如果自身收入良好、商品市场价格在合理范围内，居民就认为经济是景气的，其理解的景气预警是收入和消费者物价指数（CPI）的预警；对政府而言，政府需要考虑宏观经济走势和政策效果、就业率、国内生产总值（GDP）、国际收支平衡、税收收入、通货膨胀率、社会稳定等各个方面，其理解的景气预警需要反映经济基本面和人民预期感受的变化；对投资者来说，如果投资能带来丰厚回报，经济就是景气的，其理解的景气预警是对投资风险的预警。

可见，对于不同的主体，景气预警的内涵有着巨大的差异。在实际研究中，研究者应该从政府角度出发，尽量全面地分析研究景气预警。景气预警的研究应该是针对基本面的研究，可以概括整体发展趋势，预报可能出现的各种警情。景气预警的研究对象往往包括系统的繁荣程度和活跃程度两部分。

（2）景气预警基本方法

宏观经济景气预警主要有两种方法：景气指数方法和景气调查方法。景气指数方法是在大量统计指标的基础上，筛选出具有代表性的指标构成经济监测指标体系，经数据处理后，既可以据此测算扩散指数、合成指数等综合指数来描述宏观经济运行状况并预测未来发展趋势，也可以建立预警信号系统，采用类似交通管制信号灯系统的方法来直观表现经济形势的综合变化状况和变化趋势。景气调查的基本方法是采用问卷调查的方式收集调查对象对于景气变动的判断，然后对调查结果进行量化，从而得到景气指数并由此推断调查总体的相关信息。由此可见，景气调查方法基于微观经济主体的判断决策和宏观经济发展趋势之间的紧密联系，受被调查者影响严重，因此景气调查的数据往往作为一种特定指标被纳入景气指数方法中，两种方法经常会联合使用。

景气指数方法基于景气波动的传导和扩散，即各领域的景气波动不会同时发生，会从一个或几个领域传导到其他各个领域。在经济学上，任何一个经济变动带来的景气波动都不足以反映整个宏观经济的景气状态，而是通过从各个领域选择出一些对景气变动敏感或有代表性的指标，利用数学方法构成景气指数体系，开展综合尺度的景气预警研究。

具体而言，景气指数方法预警的基本思路如下：①一定区域水环境承载力承载状况是周期循环的，其周期的峰值与谷值比较有规律；②规律可以通过不同指标及变动中的关系表现出来；③确定峰、谷、周期的具体方式是编制扩散指数（DI）和合成指数（CI），并且根据指标与水环境承载力承载状况的非同步变动，又把 DI、CI 分成先行指标和一致指标；④用先行指标反映并监测水环境承载力的当前态势，用一致指标反映并监测水环境承载力景气变化的当前态势。

8.3.2　基本思路与技术方法

预警逻辑和框架即明确警义—识别警源—预测警情—判别警兆及评判警情—划分警限及界定警度—排除警情。首先，明确警义，对于水环境承载力系统，随着经济的周期波动，人类活动和经济发展导致对水环境造成的压力表现出一定的周期性波动趋势，这种"水环境承载周期性"是基于景气指数的水环境承载力预警系统研究的主要理论基础，周期波动是水环境承载状态变化的指示器。其次，识别警源，要结合水环境承载力的概念内涵，选取可表征水环境承载力承载状态以及影响因素的指标，通过指标的变化体现水环境承载力预警的波动特征。再次，预测警情，是将水环境承载力承载状态的影响因素（指标）划分为一致指标或先行指标，其中先行指标可预测并监测水环境承载力的当前态势。一致指标可反映并监测水环境承载力景气变化的当前态势。然后，通过构造景气指数，对警情的波动和变化趋势进行初步分析，并选取先行指标构造综合警情指数对警情进行定性及定量的预测并判别警兆。之后，根据界定的警度及划分的警限，对警情进行更直观的表征及分析。最后，结合警源识别阶段的筛选指标及警情分析结果，提出减少压力或提升承载力的排警建议。

具体步骤如下：

①鉴于水生态承载力演化周期相对于水资源承载力与水环境承载力演化周期长，本书基于水环境承载力的"广义"概念，仅从水资源承载力以及水环境承载力两个方面选

取可表征水环境承载力承载状态的基准警情指标，以及水环境承载对经济活动变动敏感的压力或承载力指标，构建水环境承载力承载状态预警景气指标体系。

②采用时差相关分析法将水环境承载力承载状态影响指标分为先行指标、一致指标两类。

③编制景气指数，包括扩散指数和合成指数的编制。通过分析判断先行指标选取的合理性，根据峰、谷及周期波动分析，初步判断水环境承载力承载状态警情的波动及变化趋势，为后续综合警情指数构建做准备。

④选取先行指标，通过熵权法赋权等方法，构建综合警情指数，对水环境承载力承载状态进行全面预警，即定性和定量的警情预测。

⑤根据水环境承载力承载状态的定义，并考虑综合警情指数的统计学意义，构建预警信号灯及警限划分标准，并输出预警结果，进一步分析未来流域水环境承载力承载状况变化趋势。

⑥结合警源识别阶段筛选出的先行指标及警情分析结果，提出减少压力或提升承载力的排警建议。

图 8-4 是基于景气指数的短期预警技术方法路线。

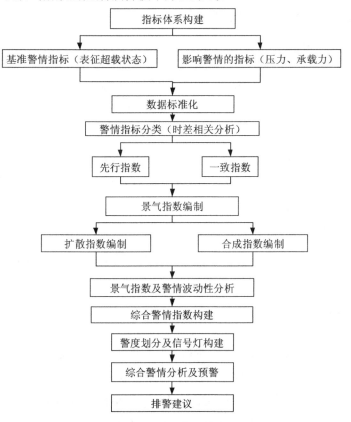

图 8-4　基于景气指数的短期预警技术方法路线

8.3.3 预警方法步骤

8.3.3.1 指标选取原则

（1）水环境承载力内涵表达原则

不同的指标反映水环境承载力的不同方面，并且对于不同的水环境承载力分量而言，不同的指标的反映程度也不同。因此，在选取指标时，需要选取可以反映水环境承载力内涵的指标，既要反映经济对水环境的压力，又要反映水环境具有的承载力。

（2）变动的协调性原则

研究水环境承载情况的波动就是研究各不同指标之间的相关关系，不同的指标变动应该与水环境承载情况的总体变动之间有着协调性，快于、慢于或同步于水环境承载情况的波动。

（3）变动的灵敏可靠性原则

不同的指标在反映水环境承载情况时有着不同的灵敏度和可靠度。对灵敏可靠的指标来说，水环境承载情况的轻微变化就会导致该指标的巨大变化，多选取这样的指标可以大大提高水环境承载力预警的敏感性。

（4）变动的代表性原则

在设置指标体系时，往往会有几个指标同时表征一个水环境承载力分量的情况发生，有时指标之间就会产生重复设置的问题。因此，应选取代表性强的指标，避免指标重复的现象发生。

（5）变动规则的稳定性原则

在选取指标时，应摒弃变动过大的指标，因为这往往意味着统计的不稳定性、数据的不可靠性。指标值应在一个合理范围内变化，这样的指标值更可信。

（6）指标数据的及时性原则

从各类数据的监测、统计到数据发布，中间往往需要一段时间，这段时间对不同指标来说长短不一。为克服统计工作的时滞性，应尽量选择公布快速的指标，尽快获取预警结果。

8.3.3.2 预警指标体系构建

水环境承载力承载状态预警指标体系主要考虑了经济活动对水环境压力的变动及水环境承载的状况，选取表征社会经济发展、污染排放等对环境造成压力的指标（如人口，第一产业、第二产业占比，用水量，COD 排放量，NH_3-N 排放量，TP 排放量等），以及表征水环境系统对压力的支撑能力的指标（如水资源量、污水处理量、水源涵养能力、节能环保支出占比等），并按照指标选取的原则，在考虑数据收集的情况下，构建水环境承载力承载状态预警指标体系。此外，由于基准指标是对水环境承载状况的直接反映，基准指标的确定是指标体系构建的关键步骤，同时基准指标也将决定其他指标的时序。基准指标选取的基础和依据主要是该指标记录时间需足够、周期性好、比较稳定。对应到水环境承载力预警，结合实际情况，选取能反映水环境承载状况的指标作为基准指标，如水质达标情况等。指标体系见表 8-2。

表 8-2　水环境承载力承载状态预警指标体系

分类	领域层	指标层	分类	领域层	指标层
压力指标	社会经济	总人口	承载力指标	社会经济	第三产业占比
		GDP			环境污染治理投资占比
		第一产业、第二产业占比			
	水资源压力指数（水资源消耗）	用水总量		水资源承载指数	年降水量
		工业用水量			水资源总量
		生活用水量			人均水资源量
		农业用水量			供水总量
		万元 GDP 水耗			—
		人均水耗			
	水环境压力指数（水污染排放）	废水排放量		水环境承载指数	污水处理厂个数
		工业废水排放量			污水处理厂处理量
		生活污水排放量			污水处理厂处理规模
		COD 排放总量			污水处理厂再生水量
		工业废水 COD 排放总量			污水处理率
		生活污水 COD 排放总量			
		$NH_3\text{-}N$ 排放总量			
		工业废水 $NH_3\text{-}N$ 排放总量			—
		生活污水 $NH_3\text{-}N$ 排放总量			
基准指标	环境质量	可表征水环境质量或水环境承载状态的指标			

8.3.3.3　警情指标分类

在水环境承载力系统运行中，不同变量不是同时变动的，反映在指标上就是指标的变动存在时间上的先后顺序。例如，有些指标变动与水环境承载力承载状况变动是一致的，有些指标变动是领先于水环境承载力承载状况变动的，这样构建的警情指标可以分为一致指标和先行指标（本书暂不考虑滞后指标）。

划分先行指标、一致指标、滞后指标的方法有时差相关分析法、KL 信息量法、峰谷图形分析法和峰谷对应分析法（BB 算法），判断指标相对于水环境承载周期基准循环的先行性、一致性和滞后性。其中，时差相关分析法、KL 信息量法为定量方法，能够计算指标序列的先行阶数、一致阶数、滞后阶数，具有简单易行的特点。时差相关分析法分别对不同的提前或滞后阶数求基准指标与所选指标的相关性，相关性最大的阶数对应所选指标的先行性或滞后性。KL 信息量法将基准序列和备选指标序列视作随机变量，用KL 信息量判断二者概率分布的接近程度，根据概率接近程度来判断先行阶数/滞后阶数。峰谷图形分析法通过画出两个序列的变化图，直观地比较两个序列峰谷出现的先行关系、一致关系和滞后关系。这种方法能够给人一种直观的感觉，但缺点是缺乏定量的计算，难以给出准确的阶数，而且主观性较强。峰谷对应分析法是通过 BB 算法计算出两个序列的峰和谷，再比较两个序列峰谷出现的对应关系，从而判断序列的先行性、一致性和滞后性。峰谷图形分析法直观，而峰谷对应分析法则能够直接给出分析结果和阶数。但峰谷图形分析法主观性较强，人为判断具有不准确性，人工干预过多，难以实现自动化。本书选取时差相关分析法。

时差相关分析法先确定基准指标，以其他指标较基准指标的时差序确定先行指标、一致指标与滞后指标，公式如下：

$$R_j = \frac{\sum_{i=1}^{N_i} \left(X_{ij} - \bar{x}\right)\left(Y_i - \bar{y}\right)}{\sqrt{\sum_{i=1}^{N_i} \left(X_{ij} - \bar{x}\right)\sum_{i=1}^{N_i}\left(Y_i - \bar{y}\right)}} \tag{8-3}$$

式中：j——移动的期数（年、月、日等），正数为前移，负数为后移。在 R_j 值中，选择其最大值，所对应的 j 即指标与基准波动最接近的移动期数。若 R_j 在 $j=0$ 最大，说明指标 X_{ij} 是 Y_i 的一致指标；若 R_j 在 $j<0$ 时最大，说明 X_{ij} 是 Y_i 的先行指标即警兆指标。

从表征上看，先行指标的波动先于系统波动发生，这主要是因为先行指标往往能体现未来经济发展的方向和趋势，对先行指标的研究也是水环境承载力承载状态预警研究的重点。但使用先行指标来预测水环境承载力承载状态景气情况有一个无法回避的问题，那就是统计时滞性，指标数据由监测到统计、公布需要一段时间，而这段时间如果长于先行指标对基准周期的领先时间，预警就只能变成现状评价。

8.3.3.4　景气指数编制

景气指数可综合反映各指标的情况，分为扩散指数（DI）和合成指数（CI）两种。扩散指数评价和衡量景气指标的波动和变化状态，反映社会经济对水环境的影响状态，其本质是在某一时刻（年、月、日），所有指标中增长指标的数量占比；在本书中，将压力增长或承载力下降表征为景气状态。故当扩散指数大于 50 时，说明半数以上警情指标处于景气状态，即半数以上指标较上一时刻有所增长，半数以上压力指标增长或承载力指标下降；当扩散指数小于 50 时，说明半数以上警情指标处于不景气状态，即半数以上指标较上一时刻有所减小，半数以上压力指标下降或承载力指标增长；此外，先行扩散指数对一致扩散指数的领先时间周期设为时差 t，可以认为先行扩散指数所预测的承载状态改变将在 t 年后出现。

合成指数是将各敏感性指标的波动幅度综合起来，不仅能反映景气循环的变化趋势、判断变化的拐点，还可以表征社会经济指标的整体变化程度，反映社会经济对水环境的影响程度。当合成指数上升，说明社会经济对环境影响大，水环境污染物有增加的可能，反之亦然。100 是合成指数的临界值，当合成指数大于 100 时，说明处于景气状态；当合成指数小于 100 时，说明处于不景气状态。

（1）扩散指数编制

扩散指数是扩散指标与半扩散指标之和占指标总数的加权百分比，计算公式如下：

$$\mathrm{DI}_t = \left[\frac{\sum_{i=1}^{n} I_\mathrm{P}\left(X_i^t \geqslant X_i^{t-1}\right) + \sum_{i=1}^{n} I_\mathrm{S}\left(X_i^{t-1} \geqslant X_i^t\right)}{n} \right] \times 100\% \tag{8-4}$$

式中：X_i^t——第 i 个变量在 t 时刻的波动值；

n——指标总数；

I——指标的数量（P 表示压力指标，S 表示承载力指标）；

DI_t——扩散指数。

（2）合成指数编制

计算合成指数时，首先需要根据指标原时间序列求出指标相对数循环波动时间序列的对称变化率：

$$C_{i(t)} = \frac{X_i^t - X_i^{t-1}}{\frac{1}{2}(X_i^t + X_i^{t-1})} \times 100\% \tag{8-5}$$

计算标准化因子 A_i：

$$A_i = \sum \frac{\left| C_{i(t)} \right|}{n-1} \tag{8-6}$$

式中：n——标准化期间的年份数。

用 A_i 将 $C_{i(t)}$ 标准化，得到标准化变化率 $S_{i(t)}$：

$$S_{i(t)} = \frac{C_{i(t)}}{A_i} \qquad (8\text{-}7)$$

计算平均变化率 $R_{(t)}$：

$$R_{(t)} = \frac{\sum S_i W_i}{\sum W_i} \qquad (8\text{-}8)$$

式中：W_i——第 i 项指标的权重，由各指标的时差相关系数决定。

令 $\overline{I}_{(0)} = 100$，则

$$I_{(t)} = I_{(t-1)} \times \frac{200 + R_{(t)}}{200 - R_{(t)}} \qquad (8\text{-}9)$$

得到合成指数计算公式：

$$CI_{(t)} = 100 \times \frac{I_{(t)}}{\overline{I}_{(0)}} \qquad (8\text{-}10)$$

用以上公式分别计算压力合成指数 $CI_{(t)P}$ 及承载力合成指数 $CI_{(t)S}$，并最终计算出综合合成指数 $CI_{(t)integrated}$：

$$CI_{(t)integrated} = \frac{CI_{(t)P}}{CI_{(t)S}} \qquad (8\text{-}11)$$

合成指数在预警中起到和扩散指数相似的作用，但需要注意的是，合成指数不仅能对水环境承载力承载状态进行预警，还可以预测承载状态的波动水平。

8.3.3.5　综合警情指数及预测模型构建

水环境承载力预警指标体系中每一个指标只能反映水环境承载力某一方面所面临的风险；要进行全面预警，必须构建综合警情指数。首先，选取先行指标反映综合承载情况，并采用极值法将指标标准化，将每个指标对应的时差相关系数与其同类（压力或承载力）指标相关系数之和的比作为各指标权重；其次，分别计算先行压力指标的预警指数及先行承载力指标的预警指数，并以比值作为综合警情指数，从而确定景气信号灯的输出。

采用极值法将指标标准化，计算公式：

$$T_{ij} = \frac{X_{ij} - X_{i(\min)}}{X_{i(\max)} - X_{i(\min)}} \qquad (8\text{-}12)$$

式中：T_{ij}——归一化后的警情指标；

$X_{i(\max)}$ 与 $X_{i(\min)}$ ——第 i 个警情指标的上限值和下限值。

将每个指标对应的时差相关系数与其同类（压力或承载力）指标相关系数之和的比作为各指标权重，分别计算先行压力指标的预警指数及先行承载力指标的预警指数，并以比值作为综合警情指数。

$$\text{EWI}_{j(\text{P或S})} = \sum_{i=1}^{m}\text{Coe}_i T_{ij} \tag{8-13}$$

$$\text{EWI}_j = \frac{\text{EWI}_{j(\text{P})}}{\text{EWI}_{j(\text{S})}} \tag{8-14}$$

式中：Coe_i ——指标时差相关系数，即每个警情指标的权重；

T_{ij} ——归一化后的警情指标；

$\text{EWI}_{j(\text{P或S})}$ ——压力或承载力警情指数；

EWI_j ——综合警情指数；

m ——压力或承载力先行指标的个数。

参考合成指数的计算公式，反向推导构建能够计算下一时刻的综合警情指数的预测模型。模型中，下一时刻的综合警情指数与下一时刻的合成指数变化率及前两时刻的综合警情指数有关，且由于合成指数变化率呈周期性变化，下一时刻的合成指数变化率可用时间序列模型进行预测。分别对下一时刻的压力警情指数和承载力警情指数进行预测，并按照综合警情指数计算公式，得到下一时刻的综合警情指数。

$$\text{CEWI}_{t+1} = \text{CEWI}_t \times \frac{1 + \dfrac{\left(\text{RCI}_{t+1}+1\right)\left(\text{CEWI}_t - \text{CEWI}_{t-1}\right)}{\text{CEWI}_t + \text{CEWI}_{t-1}}}{1 - \dfrac{\left(\text{RCI}_{t+1}+1\right)\left(\text{CEWI}_t - \text{CEWI}_{t-1}\right)}{\text{CEWI}_t + \text{CEWI}_{t-1}}} \tag{8-15}$$

式中：RCI——先行指标的综合合成指数变化率；

CEWI——警情指数。

采用综合警情指数预测模型对已发生年份进行计算，并与真实数据进行比较，对误差进行分析，并判断模型最终的预测效果。本书使用均方根误差（RMSE）和平均绝对误差（MAE）来评估预测模型的性能。RMSE 反映了预测值和实际值之间的绝对偏差；MAE 反映了预测值和实际值之间的相对偏差。通常，RMSE 和 MAE 越小，模型性能越好。

均方根误差 RMSE 计算公式如下：

$$\text{RMSE} = \sqrt{\frac{1}{n}\sum_{i=1}^{n}(d_i - D_i)^2} \tag{8-16}$$

平均绝对误差 MAE 计算公式如下：

$$MAE = \frac{1}{n}\left(\sum_{i=1}^{n}\left|\frac{d_i - D_i}{d_i}\right|\right) \tag{8-17}$$

式中：n——样本数；

d_i——预测值；

D_i——相应的目标值（真实值）。

8.3.3.6 景气信号灯及预警界限构建

预警信号灯是选取重要的先行指标作为信号灯指标的基础，从这些指标出发评判经济发展对水环境承载情况的影响，并综合这些指标构建综合警情指数，给出承载状态的判断。借鉴类似于交通信号灯的方法，预警信号灯系统用绿、黄、橙、红4种颜色代表整个承载状态中"无警""轻警""中警""重警"4种情形，所以预警信号灯给人的印象直观易懂；当预警信号灯出现"黄"色时，可以预先知道承载状况已经偏离了正常运行的情形，从而可以提前采取一些调控手段防止"超载"情形的发生。

综合警情指数是压力警情指数与承载力承载警情指数的比值，所以将1作为恰不超载状态，以0.5为一档，构建预警界限，见表8-3。

表8-3　景气信号灯及预警界限

信号灯	符号	范围	含义
绿灯	●	<0.5	表明目前的经济社会规模匹配水环境承载力，水环境承载力在负担当前经济社会规模下还有少量结余，经济社会与环境协调发展
黄灯		[0.5，1.0]	表明社会经济发展对水环境造成的压力较大，需要警惕经济社会进一步发展导致的超载状况，应加大水环境保护力度，控制经济发展速度
橙灯	●	(1.0，1.5]	表明社会经济发展对水环境造成的压力很大，经济社会过快发展，已经超出了水环境能承受的范围，各种环境问题开始出现，这时必须限制经济发展，采取有效措施减轻环境压力
红灯	●	>1.5	表明水环境承载力系统已处于严重超载状态，应采取紧急预警措施，防止水环境状况出现不可逆转的恶化

8.4　基于人工神经网络的水环境承载力承载状态短期预警技术方法

8.4.1　人工神经网络概述

8.4.1.1　人工神经网络基本理论

人工神经网络（Artificial Neural network，ANN）是借助人脑和神经系统存储和处理信息的某些特征，抽象出来的一种数学模型，是一个具有高度非线性的超大规模连续时间动力系统，是由大量神经元广泛互连而形成的网络，具有强大的自学习能力、联想存贮能力和高速寻找优化解能力等特性。人工神经网络不必事先知道变量间符合什么规律或具有什么样的关系（线性或者非线性），在应用中只需根据实际问题确定网络结构，通过典型样本数据的学习，获得有关该问题的知识的网络权值，具有建模方便、操作性强、适用性广等特点。BP 神经网络模型即前馈神经网络模型，是目前应用最广泛的一种人工神经网络模型，可通过输入层、隐含层和输出层间的非线性输入输出映射关系处理大规模的复杂非线性优化问题，在分析时间序列和无规律的数据上较传统的线性方法有更高的精度。基本 BP 算法包括两个方面：信号的前向传播和误差的反向传播。信号的前向传播是指输入信息从输入层经隐含层处理后传入输出层，每一层神经元状态只影响下一层的神经元状态。若输出响应与期望输出模式存在误差，则转入误差的反向传播，即将误差值沿接通路反向传送，在此过程中修正各层连接权值，当各训练模式满足要求时，学习结束。所以 BP 算法的实质是选取梯度搜索法，按照误差函数的负梯度方向修改权值和阈值，从而获得最合适的结果。

8.4.1.2　BP 神经网络的结构

BP 神经网络模型拓扑结构包括输入层、隐含层和输出层（见图 8-5）。

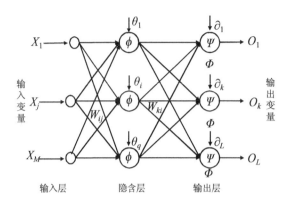

图 8-5 BP 神经网络示意图

图中：X_j——输入层第 j 个节点的输入；

W_{ij}——隐含层第 i 节点到输入层第 j 个节点之间的权值；

θ_i——隐含层第 i 个节点的阈值；

$\phi(x)$——隐含层的激活函数；

W_{ki}——输出层第 k 个节点到隐含层第 i 个节点之间的权值，$i=1$，$\cdots$，q；

∂_k——输出层第 k 个节点的阈值，$k=1$，$\cdots$，L；

$\Psi(x)$——输出层的激活函数；

O_k——输出层第 k 个节点的输出。

BP 神经网络算法包括两个方面的原理，如下所示。

①信号的前进传播过程。

输入信息从输入层经隐含层处理后传入输出层，每一层神经元状态只影响下一层的神经元状态。

隐含层第 i 个节点的输入 net：

$$\text{net} = \sum_{j=1}^{M} W_{ij} X_j + \theta_i \tag{8-18}$$

隐含层第 i 个节点的输出 y_i：

$$y_i = \phi(\text{net}) = \phi(\sum_{j=1}^{M} W_{ij} X_j + \theta_i) \tag{8-19}$$

输出层第 k 个节点的输入 net_k：

$$\text{net}_k = \sum_{i=1}^{q} W_{ki} y_i + \partial_k = \sum_{i=1}^{q} W_{ki} \phi(\sum_{j=1}^{M} W_{ij} X_j + \theta_i) + \partial_k \tag{8-20}$$

输出层第 k 个节点的输出 O_k：

$$O_k = \psi(\text{net}_k) = \psi(\sum_{i=1}^{q} W_{ki} y_i + \partial_k) = \psi\left[\sum_{i=1}^{q} W_{ki}\phi(\sum_{j=1}^{M} W_{ij} X_j + \theta_i) + \partial_k\right] \qquad (8\text{-}21)$$

②误差的反向传播过程。

误差的反向传播即首先由输出层开始逐层计算各层神经元的输出误差，然后根据误差梯度搜索法来调节各层的权值和阈值，使修改后的网络的最终输出能接近期望值。

第 p 个样本的二次型误差准则函数为 E_p：

$$E_p = \frac{1}{2}\sum_{k=1}^{L}(T_k - O_k)^2 \qquad (8\text{-}22)$$

系统对 P 个训练样本的总误差准则函数为

$$E = \frac{1}{2}\sum_{p=1}^{P}\sum_{k=1}^{L}(T_k^p - O_k^p)^2 \qquad (8\text{-}23)$$

目前最常用的激活函数是 S 型函数和双极性函数。

S 型函数（log-sigmoid）：

$$f(x_i) = \frac{1}{1 + e^{-x_j}} \qquad (8\text{-}24)$$

它的导函数为

$$f'(x_i) = f(x_i)[1 - f(x_i)] \qquad (8\text{-}25)$$

它们的输出范围都是[0，1]。

双极性函数（tan-sigmoid）：

$$f(x_i) = \frac{1 - e^{-x_j}}{1 + e^{-x_j}} \qquad (8\text{-}26)$$

它的导函数：

$$f'(x_i) = \frac{1}{2}\left[1 - f^2(x_i)\right] \qquad (8\text{-}27)$$

它们的输出范围都是[−1，1]。

8.4.1.3　BP 神经网络的特点

（1）信息分布存储

BP 神经网络模仿人脑处理信息的过程，通过神经网络内部神经元之间的连接参数值不断变化的方式将处理结果存储在网络中。

（2）信息并行处理

人脑在大规模并行与串行处理信息方面有着很大的优势，复杂的非线性信息可以在人脑中以并行的方式进行处理。系统通过多输入层、多隐含层以及反向传播和动态调整的方式，能够并行处理复杂信息。

（3）具有容错性

BP 神经网络通过众多神经元相互连接而成，即使局部或部分神经元遭到破坏，也不会对全局的训练造成太大的影响；BP 神经网络还可以通过系统内部连接参数值的动态调整来修正可能出现的误差。

（4）具有自学习和自适应能力

BP 神经网络可以利用"突触"去感受外界环境，主动去学习，自动提取输入数据、输出数据间的"合理规则"，并自适应地将学习内容记忆于网络的权值中，在解决推理、意识等的复杂问题上具有很大应用前景。

8.4.1.4　MATLAB 中神经网络工具箱的介绍

MATLAB 是一款功能强大的数学软件，能够将矩阵计算、数据可视化、模拟仿真、数值分析、大量的专业工具箱等功能集成在一个开发环境中，在数据分析、信号处理、声音降噪处理、图像仿真、工业控制系统、通信系统等领域有着广泛应用。MATLAB 集成的神经网络工具箱中提供了大量函数来直接创建模型，提供了很大的便利，避免重新对参数进行烦琐的设置，大大提升神经网络的运算效率。在 MATLAB 4.0 及以上的版本中，提供了常用的神经网络模型，可以用于信号的非线性预测和调制解调、视频的压缩、机器人的神经控制、工业模型的故障检测等领域。

本书采用 MATLAB R2016b 神经网络工具箱中的 BP 神经网络训练函数作为承载力预警系统的工具。BP 神经网络的常用函数如下。

（1）BP 神经网络创建函数

newff 函数用于创建前馈神经网络，其调用格式为

net=newff(P,T,[S1 S2 … SN1],[TF1 TF2 … TFN1],BTF,BLF,PF,IPF,OPF,DDF)

式中：net 创建的 BP 神经网络；

P——输入数据矩阵；

T——目标数据矩阵；

[S1 S2 … SN1]——创建的神经网络中隐含层的层数；

[TF1 TF2 … TFN1]——构建网络过程中使用到的传输函数；

BTF——网络训练函数；

BLF——网络学习函数；

PF——性能分析函数，包括均值绝对误差性能分析函数 mae，均方差性能分析函数 mse；

IPF——输入处理函数；

　　OPF ——输出处理函数；

　　DDF ——验证数据划分函数。

（2）BP 神经网络传递函数

传递函数是 BP 神经网络的重要组成部分。传递函数又称激活函数，必须是连续可微的。BP 神经网络经常采用 S 型的对数或正切函数和线性函数。S 型对数函数 logsig 的调用函数为

A=logsig(N)

Info=logsig(code)

S 型双曲正切函数 tansig 的调用函数与此类似。

（3）BP 神经网络学习函数

MATLAB 的神经网络工具箱中提供了若干函数，用于 BP 神经网络的学习。其中，常用的是 learngd 函数，其通过神经元的输入和误差，以及权值和阈值的学习速率，来计算权值或阈值的变化率，调用格式如下：

[dW,ls]=learngd(W,P,Z,N,A,T,E,gW,gA,D,LP,LS)

[db,ls]=learngd(b,ones(1,Q),Z,N,A,T,E,g W,g A,D,LP,LS)

info=learngd(code)

（4）BP 神经网络训练函数

BP 神经网络中常用的训练函数为 train 函数。该函数的调用格式如下：

[net,tr,Y,E,Pf,Af]=train(NET,P,T,Pi,Ai)

[net,tr,Y,E,Pf,Af]=train(NET,P,T,Pi,Ai,VV,TV)

训练过程中的常规测试配置包括：

net.train Param.epochs：训练次数，默认值为 100；

net.train Param.goal：网络性能目标，默认值为 10；

net.train Param.max_fail：训练过程中允许失败的最多次数，通常设置为 5；

net.train Param.show：训练次数的显示，间隔通常设置为 25；

net.train Param.time：最长训练时间，默认值为 inf。

（5）BP 神经网络性能分析函数

在 MATLAB 神经网络工具箱中提供了 mse 函数，用于实现 BP 神经网络的均方误差性能，其调用格式为

perf=mse(E,Y,FP)

dPerf_dy=mse(dy,E,Y,X,perf,FP)

dPerf_dx=mse(dy,E,Y,X,perf,FP)

info=mse(code)

（6）BP 神经网络显示函数

可以调用 plotes 函数绘制神经元误差曲面图。其调用格式如下：

E=errsurf(P,T,WV,BV,F)

plotes(WV,BV,ES,V)

式中：WV ——权值的 N 维向量；

　　　BV ——M 维的阈值向量；

　　　ES ——误差向量组成的 $M×N$ 维矩阵；

　　　V ——曲面的视角。

8.4.2　基本思路与技术方法路线

预警逻辑和框架即明确警义—识别警源—预测警情—判别警兆及评判警情—划分警限及界定警度—排除警情。首先明确警义，水环境承载力承载状态预警是指对水环境未来的承载状态进行测度，预报不正常状态的时空范围和危害程度并提出防范措施。将警情定义为水环境承载力承载状态的不理想，包括水环境承载力不同程度的超载及未能充分利用水环境承载力。在明确警义之后，需要对警源进行识别，应考虑影响水环境承载力因素、特点，数据可得性，筛选合适的表征指标。识别警源后，就是基于 BP 神经网络建模对水环境承载力承载状态进行预测，即预测警情。人工神经网络模型可通过输入层、隐含层和输出层间的非线性输入输出映射关系处理大规模的复杂非线性优化问题，以此为数学依据对水环境承载力承载状态进行预警。判别警兆是通过神经网络模型训练结果对水环境承载力承载状态及趋势进行分析，并构建综合的超载状态指数，考察是否有可能出现警情。最后，在划分警度后，结合预警结果，给出排警措施及建议。

具体步骤如下：

（1）指标体系构建

考虑影响水环境承载力承载状态的因素、特点以及数据可得性，选择输入指标，并构建输出层指标。模型输出为水环境承载力指数，在有水环境容量数据的情况下，水环境承载率作为输出指数。在没有水环境容量数据的情况下，水环境容量相对大小可以由地表水资源量、水质目标和上游来水浓度决定。地表水资源量越大，水质目标要求越高，理想水环境容量越大，而上游来水污染物浓度越高，可利用的剩余水环境容量越小。

（2）训练样本构建

在构建训练样本时，考虑到水环境指标数据与承载力承载状态指数的先行关系，即上一年或上几年的指标数据对下一年的承载力指数有影响，可以进行滚动预测，若以研究时间序列为 3 年进行研究，则用前 3 年的水环境指标数据预测第 4 年的水环境承载力承载状态指数和水资源承载力承载状态指数。样本构建方式为前 3 年的指标数据处理后作为输入神经元，对应的第 4 年承载力指数作为输出神经元，一一对应。

（3）样本数据处理

采用极大值、极小值标准化方法，对指标进行归一化管理。

（4）相关参数确定

BP 神经网络包括一个输入层、一个输出层和一个至多个隐含层。其中，输入层节点数即确定的指标个数，如以影响水环境承载力的 13 项指标数据作为输入数据，则确定构建的 BP 神经网络输入层节点数为 13；隐含层神经元个数是具体实现神经网络非线性功能的系统元素，考虑到所研究问题的复杂性和非线性因素，可以结合公式，通过"试错法"来确定隐含层节点数，即选取神经网络输出误差最小对应的隐含层节点数；输出层神经元的个数需要根据实际问题来确定，输出层的数据为水环境承载力承载状态指数，则输出层节点数为水环境承载力承载状态指数的个数。

（5）网络训练及保存

对传递函数，一般隐含层使用 Sigmoid 函数，也可选择线性函数，可根据数据归一化后的区间确定；算法选择梯度搜索法。

（6）警情预测

根据模型的模拟结果，对水环境承载力承载状态及趋势进行分析，并构建综合的承载状态指数，对水环境承载力承载状态进行预测。

（7）警限确定

在有水环境容量条件下，警限划分可采取控制图法（即 3σ 法），将综合警情指数值划分为 4～5 个等级：优秀（不超载）、良好（不超载）、轻度超载、中度超载和重度超载状态。在无水环境容量数据情况下，比较相对大小可采用几何间隔法或自然间断法。

（8）提出建议

结合警情分析结果，提出减少压力或提升承载力的排警建议。

图 8-6 是基于人工神经网络的短期预警技术方法路线。

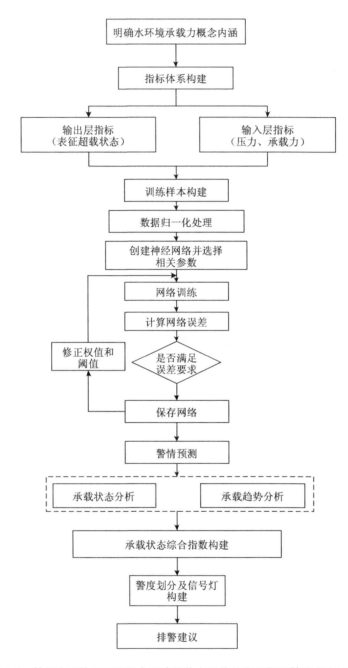

图 8-6 基于人工神经网络的水环境承载力承载状态短期预警技术方法路线

8.4.3　预警方法步骤

8.4.3.1　水环境承载力承载状态预警指标体系构建

在明确警义和识别警源的基础上构建预警指标体系，包括反映警情的指标和警情指标两部分。本书中将警情定义为水环境承载力承载状态的不理想，因此警情指标采用表征水环境承载力承载状态的指数，可以利用水环境承载率表示。反映警情的指标是指影响水环境承载力承载状态的诸多因子，可以参考相关文献、统计资料，采用具有代表性和高频率的指标。警情是水环境承载力和社会经济发展压力共同作用的结果，辨识各种可能对水环境承载力承载状态有影响的经济、人类社会活动，确定合适的反映警情的指标是保障流域预警精度的前提。选择指标时应注意以下原则。

（1）注重灵敏性和可操作性

灵敏性指所选取的预警指标要对水环境承载力系统安全运行变化的强弱有灵敏的反映能力，既能清晰反映当前承载状态，又能客观反映承载状态的未来变化趋势，还能及时反映承载力的调控效果。同时，要注重选取指标的数据可得性、可靠性和可比性，以保证可操作性。

（2）注重水环境承载力的内涵表达

不同的指标反映水环境承载力的不同方面，且对其的反映程度也不同。因此选择指标时，需要选择反映水环境承载力内涵的指标。

（3）注重指标的代表性

在设置指标体系时，往往会有几个指标同时表征一个水环境承载力分量的情况发生，有时指标之间就会产生重复设置的问题。因此，应选取代表性强的指标，避免指标重复的现象出现。

（4）注重指标数据的及时性

从监测到数据发布，中间往往需要一段时间，这段时间对不同指标来说长短不一。为克服统计工作的时滞性，应尽量选择公布快速的指标，尽快获取预警结果。

（5）具备实用性，能够切实运用于监测预警工作中

构建预警指标体系的最终目的是将其运用于流域水环境承载力实际承载状态预警中，因此指标的选取应做到监测方法和途径切实可行，能够方便有效地运用于实际承载状态预警工作中。

基于以上原则，在实际研究中，可以从压力和承载力两方面考虑影响水环境承载力承载状态的因子，再根据研究区的具体特点选择指标，见表 8-4。

表 8-4　反映水环境承载力承载状态警情的相关指标体系

准则层	指标层
压力	总人口
	GDP
	第三产业占比
	工业增加值
	耕地面积
	畜禽养殖规模
	万元 GDP 废水排放量
	万元 GDP NH_3-N 排放量
	万元 GDP TP 排放量
	万元 GDP COD 排放量
	万元 GDP 水耗
	人均水耗
承载力	水资源总量
	降水量
	林木绿化率
	水源涵养量
	水面面积占比
	水质净化能力
	节能环保支出占比
	节水量
	污水处理厂处理规模

8.4.3.2　基于 BP 神经网络的警情预测模型

（1）建模步骤

在利用 BP 神经网络构建模型时,首先要在构建的预警指标体系基础上确定时间序列的步长,得到输入输出模式。在本书中,水环境承载力预警的输入是反映警情的指标,输出是警情指标。然后设计网络结构,利用构建好的样本集创建并训练网络,使网络得到系统给定输入、输出之间的映射关系。训练好的、满足误差要求的 BP 神经网络就是之后根据新的输入数据进行警情预测的神经网络。

在 MATLAB 中创建 BP 神经网络和使用该网络进行预测的基本步骤可分为以下几步:

①设计模型输入输出样本。其中包括网络输入变量和输出变量的选择、训练样本和检验样本的选择、样本数据的预处理等。

②创建网络,并进行训练。调用 newff 函数创建 BP 神经网络,调用 train 函数对训练样本进行训练。需要确定神经网络的隐含层数、各层神经元个数、最大训练次数、最

大训练时间、目标误差、学习步长及学习算法等。

③测试和修改网络。调用 sim 函数对检验样本进行模拟，测试网络，如果网络输出与实际值误差过大，则需要根据实际情况重新构建训练输入输出样本、调整学习算法或网络结构。

④使用训练好的网络进行警情指标预测。

图 8-7 是 BP 神经网络工作流程图。

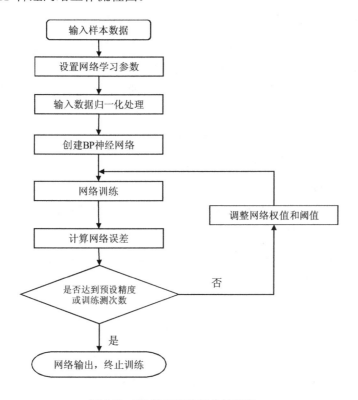

图 8-7　BP 神经网络工作流程图

（2）模型结构的设计

①网络的层数。理论上，只要隐含层节点数够多，一个 3 层的神经网络便可以任意精度逼近一个非线性函数。增加层数可以进一步降低误差、提高警度，但同时使网络复杂化，从而增加了网络权值的训练时间。而误差精度的提高实际上也可以通过增加神经元数目来获得，其训练效果也比增加层数更容易观察和调整。所以一般情况下，应优先考虑增加隐含层中的神经元数。

②隐含层的神经元数。可以通过采用一个隐含层和增加神经元数的方法来提高网络训练精度。在这一网络结构上实现，要比增加隐含层数要简单得多。但是究竟选取多少隐含层节点才合适并没有一个明确的规定。在具体设计时，比较实际的做法是通过对不

同神经元数进行训练对比，然后适当地增加一点余量。

③初始权值的选取。由于系统是非线性的，初始值对于学习是否达到局部最小、是否能够收敛及训练时间的长短关系很大。一般总是希望经过初始加权后使每个神经元的输出值都接近于零，这样可以保证每个神经元的权值都能够在神经元的 S 型激活函数变化最大之处进行调节。所以，一般取初始权值为（-1，1）之间的随机数。

④学习速率。学习速率决定每一次循环训练中所产生的权值变化量。大的学习速率可能导致系统的不稳定，但小的学习速率导致较长的训练时间，可能收敛很慢，不过能保证网络的误差值不跳出误差表面的低谷而最终趋于最小误差值。所以在一般情况下，倾向于选择较小的学习速率以保证系统的稳定性。学习速率的选取范围为 0.01～0.8。

⑤训练函数。BP 系统中最常用的算法为梯度搜索法，还有一些改进的训练算法，如 L-M 算法、共轭梯度反向传播算法等。不同算法的训练时间和精度差异较大，训练算法的选择与具体问题、训练样本数据量均有关。神经网络工具箱中包含若干函数，用于实现 BP 系统的训练，主要有 trainbfg、traingx、trainlm 等算法。

（3）数据的过拟合问题

为了防止过拟合问题，先把拥有的数据分为训练数据和测试集两部分，进一步将训练数据分为训练集和验证集，训练集用于对神经网络进行训练，验证集用于测试性能并调整超参数，测试集用于对模型性能做出最终评价。在划分训练集和验证集时使用交叉检验法，找到使得模型泛化性能最优的超参数，之后在全部训练集上重新训练模型。常见的交叉检验方法有留出法（Hold-Out Method）、K 折交叉验证（K-fold Cross Validation）、留一交叉验证（Leave-One-Out Cross Validation）等。本书采用 K 折交叉验证进行模型调优，原理是将原始训练集划分为 K 组大小相似的互斥子集，每次将其中的一组作为测试集，剩下的 K-1 组作为训练集，进行 K 次训练和检验，最终返回 K 个测试结果，使用 K 次测试返回结果的平均值作为评估指标。较常用的是 K 取 10（见图 8-8）。

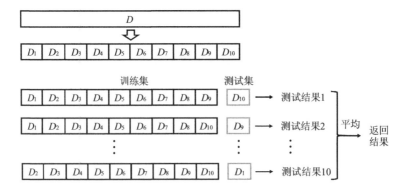

图 8-8　十折交叉验证图

（4）模型性能评价

在本书中，采用均方根误差（RMSE）、平均绝对误差百分比（MAPE）、相关系数（R）和分类正确率（CATS）来评价模型的性能。

均方根误差 RMSE

$$RMSE = \sqrt{\frac{1}{n}\sum_{i=1}^{n}(d_i - D_i)^2}$$ （8-28）

平均绝对误差百分比 MAPE

$$MAPE = \frac{1}{n}\left(\sum_{i=1}^{n}\left|\frac{d_i - D_i}{d_i}\right|\right)\times 100\%$$ （8-29）

相关系数 R

$$R = \frac{\sum_{i=1}^{n}(d_i - \overline{d_i})\left(D_i - \overline{D_i}\right)}{\sqrt{\sum_{i=1}^{n}(d_i - \overline{d_i})^2 \cdot \sum_{i=1}^{n}(D_i - \overline{D_i})^2}}$$ （8-30）

分类正确率 CATS

$$CATS = 1 - \frac{r}{n}$$ （8-31）

式中：n——样本数；

d_i——预测值；

D_i——相应的目标值；

r——预报警度错误的样本个数。

均方根误差反映了预测值与目标值之间的绝对偏离；平均绝对误差百分比反映了预测值与目标值之间的相对偏差程度；相关系数反映了预测值与真实值的线性相关程度；分类正确率反映了模型的学习能力。总的来说，均方根误差和平均绝对误差百分比越小，相关系数和分类正确率越大，模型性能越好。

8.4.3.3　水环境承载力承载状态预警警度界定

预警等级的确定要与研究区实际情况结合，不同情景下的警度代表不同的意义。在某些情况下，水环境承载力超载状态的发展趋势也是确定警度所需要考虑的。发展趋势向好说明该区域有警度变低的潜力，如果水环境承载力超载情况持续加剧，则需要加大调控力度、重点关注，这些也是预警需要体现的内容，应该在确定警度时得以体现。

本书将水环境承载力承载状态分为 4 个等级，结合交通信号灯设计原理，设置 4 个预警警度，分别用绿灯、黄灯、橙灯和红灯表示（见表 8-5）。

表 8-5　水环境承载力承载状态警度划分表

警限标准	承载力预警状态	警度	警示灯颜色
$(-\infty,\ a)$	不超载	无警	绿色
$[a,\ b)$	轻度超载	轻警	黄色
$[b,\ c)$	中度超载	中警	橙色
$[c,\ +\infty)$	重度超载	重警	红色

"绿灯"表示区域水环境承载力承载状态良好，水环境足以支撑目前的社会经济活动，经济社会与环境协调发展，是比较满意的状态。

"黄灯"表示区域水环境承载力出现轻微超载现象而产生轻警，但是水环境承载力超载状态是趋缓的，需要采取一定的措施让水环境持续向好、消除警情，最终回到安全状态。

"橙灯"表示区域水环境承载力处于较为严重的超载状态，各种环境问题开始出现，必须采取有效的措施来改善超载状况，防止情况进一步恶化。

"红灯"表示区域水环境承载力超载状态处于危险的水平，水环境系统可能会进入失调衰败的状态。

8.4.3.4　水环境承载力承载状态预警排警决策

当警情发生时，决策者需要采取一定的响应来解除警情，这种响应就是排警决策。但是排警决策的制定要有依据，应该从警情发生的角度进行分析，同时还应考虑决策的可行性和成本大小。实际中，可以考虑从双向操控的角度提出缓解水环境承载力承载状态的对策，一方面可以提高水环境承载力，另一方面可以降低社会经济活动给水环境带来的压力。最后综合考虑研究区域的实际情况，提出缓解水环境承载力超载状态的对策建议。

8.5　基于系统动力学的水环境承载力承载状态中长期预警技术方法

8.5.1　系统动力学概述

系统动力学（System Dynamics，SD）是由美国麻省理工学院（MIT）的 J.W.福瑞斯特（J.W. Forrester）教授提出的，以系统分析和因果反馈的理论为基础，可结合计算机模拟仿真来研究复杂系统的发展动态。近年来，系统动力学在总结运筹学的基础上，综合系统理论、系统工程学、信息反馈理论、决策理论、情景分析仿真与计算机科学等理论，逐渐发展成了一门崭新的科学。许多公司开发了相应的系统动力学软件，如 Stella、Vensim、iThink、DYNAMO、Powersim 等，也有仿真软件在内部集成了系统动力学模块，如 Anylogic。

系统动力学模拟是一种"结构—功能"的因果机理性模拟，一反过去常用的功能模拟（也称黑箱模拟）法，从系统的微观结构入手建模，构造系统的基本结构和信息反馈机制，进而模拟与分析系统的动态行为。系统动力学强调系统行为主要是由系统内部的机制决定的，擅长处理高阶次、非线性、时变的复杂问题；在数据不足及某些参量难以量化时，以反馈环为基础依然可以做一些研究，是定性分析与定量分析的统一。系统动力学根据现存的已知系统，结合研究目的、现状和历史数据、系统内要素关系以及前人的实践经验来建立模型。相较于其他预测方法，系统动力学对复杂系统在时间序列上的动态研究更有优势，可用于决策管理研究，并可根据输出结果对系统进行优化。环境系统动力学模型就是把系统动力学的相关理论和研究方法引入环境领域。英国科学家马尔科姆·斯莱塞（Malcom Sleeser）利用系统动力学方法，开发了提高承载力策略（Enhancement of Carrying Capacity Options，ECCO）模型。ECCO 模型综合考虑人口、资源、环境与发展之间的关系，可以模拟不同发展策略下人口与承载力之间的动态变化。ECCO 模型把承载力研究与持续发展策略相结合，强调长期性和持续性，为制订切实可行的长期发展计划提供了一条行之有效的途径。

系统动力学基于系统内在的行为模式与结构间紧密的依赖关系，通过建立数学模型，逐步发掘出产生变化形态的因果关系，对系统问题进行研究。系统动力学着眼于系统的反馈过程，物质和信息反馈的因果关系是构成其研究系统结构的基础。一般采用因果反馈回路图来表示这一反馈过程，并按照一定的规则从因果逻辑关系图中逐步建立系统动力学流图（stock and flow diagram）。流图内的主要参数有状态变量（又称水平变量或流位）、速率变量（又称流率）和辅助变量。这些变量可以组成 5 类方程式来构建系统流图，具体如下。

①状态变量方程（流位方程）：状态变量是速率变量的差值和初始值经过时间累积后的量，在流图中以矩形表示，方程通常为微分方程。

$$L_j = L_i + \mathrm{d}t \times (\mathrm{FI}_{ij} - \mathrm{FO}_{ij}) \tag{8-32}$$

式中：L_j ——j 时刻状态变量值；

L_i ——j 的前一时刻 i 的状态变量值；

$\mathrm{d}t$ ——时刻 i 至时刻 j 的时间长度，又称时间步长；

FI_{ij} ——$\mathrm{d}t$ 内的状态变量 L 流入速率；

FO_{ij} ——$\mathrm{d}t$ 内的状态变量 L 流出速率。

②速率变量方程（流率方程）：状态变量和辅助变量构成的函数决定了速率变量，此函数即速率变量方程。方程得到的速率变量对状态变量会进行新的增减，从而又影响下一个时间步长后的方程和速率变量。

③辅助方程：辅助方程是设定速率变量的"转换器"，用来描述状态变量对速率变量的影响，但在速率变量方程之前计算。此方程既不符合状态变量方程，也不符合速率变量方程，是两者之外的对流率的额外描述。辅助方程中可使用表函数来表示变量随时间的非线性变化。

④常量方程：为了使系统尽可能的简化，常使用常数作为参量。给常数赋值的方程即常量方程。

⑤表函数：表函数是一种可以表示变量之间的非线性关系的函数，在系统动力学模型中得到了非常普遍的应用。应变量和自变量的关系可以随时间变化，比如在模拟政策影响时，可通过从某一时刻开始改变表函数中的参数值来进行考察。

8.5.2　基本思路与技术方法路线

预警逻辑和框架，即明确警义—识别警源—预测警情—判别警兆及评判警情—划分警限及界定警度—排除警情。首先明确警义，结合预警内涵，本书将警情定义为超载状态的不理想。在明确警义之后，需要对警源进行识别。警源即警情的来源，识别警源是预警方法的起点，本书通过系统分析，基于系统内的因果反馈回路来识别警源，一是为预测警情时模型的建立提供基础，二是对警度界定后的排警进行帮助。识别警源后，需要依据系统动力学建模对水环境承载力超载状态进行预测，即预测警情。警情的预测是预警系统的信息来源，也是系统运行的前提。然后，对警兆进行分析判别。警兆即警情的预兆，也可以说其是警情演变时的一种初始形态。警兆预示着警情有可能发生，需要根据其状态和趋势进行分析，对警兆进行分析判别，实际上是在评判警情前对系统做出的预判，考察是否有可能出现警情，需不需要对预测结果进行下一步的评判。如判别警兆后得到了警情可能发生的结果，则需要进一步对预测得到的警情进行评判，结合警义，通过统一、客观的方法来量化表征警情，以便界定其所在的警度。警度即警情危急的程度，界定并预报警度时，警情不能直接转化为可以预报的警度，而是要在划分警限、界定警度后，通过警限来转化为警度，从而达到预报警度的目的。对警限的确定不仅需要根据系统化的理论，还应结合研究区域的规划情况进行确定。最后，需要对警情进行排除，即排除警情。排警决策是指应对警情的响应手段，在确定排警决策时，不仅要考虑警情和警度，更要对警情的"火种"——警源进行分析，同时结合警兆提出有效的缓解警情的对策。

系统模拟的预警技术以系统分析和因果反馈理论为基础，根据已知系统，结合研究目的、现状和历史数据、系统内要素关系等建立模型，动态跟踪警兆、警情的发展。首先，对所研究的问题、系统边界和水环境承载力各子系统（社会经济、水环境、水资源、水生态等）进行分析，绘制因果反馈回路图。其次，在此基础上，编写模型方程、设定参数，并对模型进行有效性检验（包括运行检验、直观性检验和历史性检验等）及灵敏度分析。最后，结合情景设计，对系统进行模拟仿真及预警，分析不同排警决策对系统的影响。

具体步骤如下：

①明确警义。对水环境承载力承载状态进行最基本的定性判别，结合预警内涵，兼顾主体功能区划和水环境系统的发展态势，将警情定义为水环境承载力承载状态的不理想，包括水环境承载力超载、未能充分利用水环境承载力，以及水环境和社会经济发展不耦合、不协调等不正常情况。

②识别警源。实质是考察社会经济发展对水环境造成的影响，从系统分析角度，确定系统边界，对社会经济及水环境系统进行结构分析，包括分析系统的层次和子模块，确定变量和变量之间的因果关系，建立变量之间的因果反馈回路图。

③预测警情。建立系统动力学模型，编写模型方程并输入其中的系统参数，利用历史数据对模型的有效性进行检验，对灵敏度进行分析。

④判别警兆。将水环境承载率作为警兆指标，从状态和趋势两个方面判别警兆。

⑤评判警情，构建内梅罗指数及社会经济与水环境耦合协调度，对水环境承载力承载状态进行评判。

⑥划分警限及界定警度。对水环境承载力超载状态进行评判后，得到的计算值即警情指标；在警情指标标准化的基础上，采用控制图法划分警度的界限值，并设立警灯。

⑦排除警情。排警决策要基于对警源、警兆、警度的分析，同时应考虑手段的可行性和措施成本。可从双向调控角度提出水环境承载力承载状态的缓解对策，一方面需要提高水环境承载力，另一方面需要降低社会经济发展带来的压力，考虑研究区的特性，对可行的手段进行筛选；进一步，可基于排警决策情景对排警后的系统进行模拟仿真，考察警情是否能得到排除。

图 8-9 是基于系统动力学的中长期预警技术方法路线。

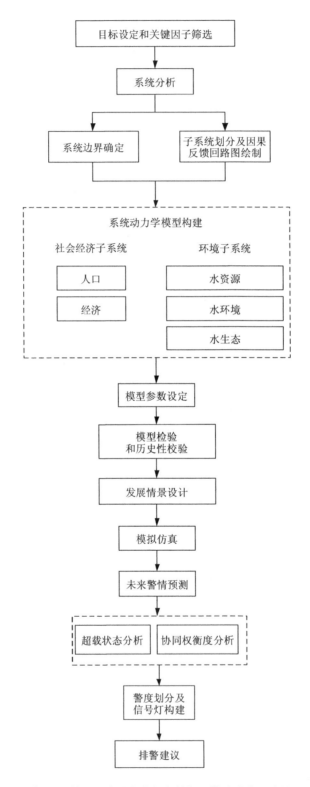

图 8-9　基于系统动力学的中长期预警技术方法路线

8.5.3 预警方法步骤

8.5.3.1 基于系统分析的警源识别方法

系统思考是一种分析综合系统内外反馈信息、非线性特性和时滞影响的整体动态思考方法，是分析研究和处理复杂系统问题的一种方法架构。区域社会经济和水环境在相互影响和相互作用下形成了一个非线性、高阶次的复杂系统。对警源的识别，实质是考察社会经济发展对水环境造成的影响，因为发展带来的压力正是警情的来源。

在识别警源的实际操作中，可以按照以下步骤进行：

①调查收集系统的背景资料，在此基础上认识问题、确认目标。这一步需要和警义明确相结合，明确水环境承载力超载状态是研究的主要矛盾。

②确定系统边界，分析系统运行的主要影响因素，并确定相关变量。根据警义确定系统边界，与警情相关的重要因素皆应纳入边界内。系统边界确定后，可决定系统的内生变量、外生变量以及输入量。

③对系统进行结构分析，包括分析系统的层次和子模块，确定变量和变量之间的因果关系，建立变量之间的因果反馈回路图。分析系统总体和局部的反馈机制，从而确定系统回路和回路之间的反馈耦合关系，最终得到系统的因果反馈回路图。通过因果反馈回路图，即可识别警情产生过程的影响因素。

④由于警情是水环境承载力和社会经济发展压力共同作用的结果，承载力在一定时空范围内又处于相对稳定的状态，所以在得到因果反馈回路图后，可从压力的"终点"要素（如污染物排放量、水资源总需求量、生态需水量等关键变量）逆着因果反馈回路回溯，寻找源头，最终回溯得到的对"终点"要素产生正反馈的要素便是值得关注的警情来源——警源。

基于系统分析的警源识别是警情预测的基础。其识别的步骤也是下文利用系统动力学建模预测警情的先导步骤。在警源识别得到的因果反馈回路图基础上，可以勾画系统动力学流图，进行模型构建。由于社会与环境结构复杂，相互作用多样，应将其组织为经济、人口、水生态、水资源、水环境等多个子系统。在此类研究中，应考虑所有子系统，尽管在其他研究中忽略这些子系统可能是合理的，因为它们不是关注的焦点。各子系统之间的关系也应被充分考察。基于子系统构造父系统，以显示在更大的尺度上会发生什么。

8.5.3.2 基于系统动力学的警情预测方法

系统动力学对复杂系统的研究是定性和定量相结合的，系统动力学根据现存的已知系统，结合研究目的、现状和历史数据、系统内要素关系以及前人的实践经验来建立模型。相较于其他预测方法，系统动力学对复杂系统在时间序列上的动态研究更有优势，可用于决策管理研究，并可根据输出结果对系统进行优化。采用此方法进行警情预测，可以动态跟踪警兆、警情的发展，此外结合情景分析，还可考察不同的排警决策对系统的影响。

系统动力学认为系统内的运动都是随着要素关系链进行的流动，因此在具体建模过程中，以流图来表示系统结构。系统动力学的建模步骤主要包括：确定目标，划分系统边界；综合分析系统，描绘因果反馈回路图；绘制流图，建立模型；模型有效性检验；灵敏度分析；模型应用。

在子系统中提出水环境承载率、水资源承载率和水生态承载率的计算方法。将这些比率以及一些相关指标与社会指数相结合，可以提出一种量化社会与环境之间功效的方法。通过这种方法，可以根据承载率、相关指标以及社会与环境之间的平衡来预测预警信号。

（1）社会子系统构建

人口指标和经济指标用来分析社会与环境的平衡程度。人口指数由城市化率和总人口组成，前者代表城市人口比例，城市人口越多，环境行为越容易控制，后者是代表人口的关键指标。首先，将负向指标正向化，然后用3σ方法定义和规范化指标的最大值和最小值。通过熵权法为每个指标分配一个权重，人口指数是所有指标的总和。其他子系统也采用了使指标为正、确定最大值和最小值、标准化值和分配权重的方法。

$$x_i' = \frac{1}{x_i} \tag{8-33}$$

$$\sigma = \sqrt{\frac{1}{N}\sum_{i=1}^{N}\left(x_i' - \bar{X}\right)^2} \tag{8-34}$$

$$x_i'' = \frac{x_i' - 3\sigma}{6\sigma} \tag{8-35}$$

式中：x_i——负向指标的第i个指标值；

x_i'——某个指标为正后的第i个值；

$\bar{X}$——所有x_i'的平均值；

N——某个指标的数据量；

σ——某个指标的标准差；

x_i''——某个指标归一化后的第i个值。

经济指标包括人均GDP、GDP和第三产业比重。在这些指标中，GDP通常用来反映地区经济实力和市场规模，人均GDP则侧重于个人生活水平。此外，第三产业比重是衡量产业结构的关键指标，改善产业结构是确保环境保护与经济增长不矛盾的关键。计算方法与人口指数相同。

（2）环境子系统构建

以水生态承载率、水环境承载率、水资源承载率为主要指标，分别描述水生态指标、水环境指标和水资源指标。这些指标可以用来检验水环境承载力（Water Environmental Carrying Capacity，WECC）以及社会与环境之间的合作。其中，水生态承载率包括水域生态足迹承载率和生态需水保证率。它们采用内梅罗指数法进行组合，如式（8-36）所示。该指数在加权过程中既考虑了平均值，又考虑了极值。水域生态足迹承载率是生态足迹的延伸，也是水域生态足迹和生态承载力的比值。前者在以往直接关注区域生态承载力的文献中已有记载，后者是流域生态承载力和一个因子的乘积。已有文献记载北运河流域的生态承载力，但大多数研究并未考虑渤海的承载力。然而，渤海对北运河流域生态足迹的承载不容忽视。首先，为北运河流域提供承载力的渤海区域被指定，如式（8-37）所示。然后可以计算出渤海为北运河流域提供的总净初级生产力（总 NPP），如式（8-38）所示。最后，可以指定系数，如式（8-39）所示。这样就可以计算出水域的实际生态足迹承载力，如式（8-40）所示。

$$R = \sqrt{\frac{[\text{MAX}(I_i, I_j)]^2 + [\text{AVG}(I_i, I_j)]^2}{2}} \tag{8-36}$$

$$\text{SA} = \frac{C}{\text{TC}} \times \text{TSA} \tag{8-37}$$

$$\text{STNPP} = \text{SANPP} \times \text{SA} \tag{8-38}$$

$$f = \frac{\text{TNPP} + \text{STNPP}}{\text{TNPP}} \tag{8-39}$$

$$\text{REFCC} = f \times \text{EFCC} \tag{8-40}$$

式中：I_i——水域生态足迹承载率；

I_j——生态需水保证率；

R——水生态承载率；

REFCC——水域的实际生态足迹承载力；

EFCC——不考虑附近渤海水产品的水域生态足迹承载力；

f——水域生态足迹因子；

TNPP——流域河流提供的总 NPP；

STNPP——附近海域提供的总 NPP；

SANPP——渤海单位面积平均 NPP；

SA——向研究区域提供水产品的附近海域的面积；

C——研究区域的海岸线长度；

TC——渤海区域的总海岸线长度；

TSA——提供水产品的渤海区域面积。

水资源承载率由总用水量与水资源总量计算得出。前者包括民生、旅游、工农业用水，后者包括地表水资源、地下水资源和再生水资源，如式（8-41）所示。水资源承载力通常采用总用水量和总水量。通过综合水资源承载率和社会用水量的归一化值，提出水资源指数。

$$WRCR=\frac{LWC+TWC+IWC+AWC}{SWR+GWR+RWR}$$ （8-41）

式中：WRCR——水资源承载率；

　　　LWC——民生用水量；

　　　TWC——旅游用水量；

　　　IWC——工业用水量；

　　　AWC——农业用水量；

　　　SWR——地表水资源量；

　　　GWR——地下水资源量；

　　　RWR——再生水资源量。

水环境承载率包括 COD 承载率、NH_3-N 承载率和 TP 承载率，这些是评价水环境最具代表性的指标。为了强调污染的严重性，选择最大的一个作为水环境承载率，如式（8-42）所示。通过综合水环境承载率、污染排放、污染治理、环境投资等的归一化值，可以提出水环境指数。

$$WECR=max\left(\frac{CODc}{ACCOD},\frac{NH_3\text{-}Nc}{ACNH_3\text{-}N},\frac{Pc}{ACP}\right)$$ （8-42）

式中：WECR——水环境承载率；

　　　CODc——COD 浓度；

　　　ACCOD——COD 允许浓度；

　　　NH_3-Nc——NH_3-N 浓度；

　　　$ACNH_3$-N——NH_3-N 允许浓度；

　　　Pc——TP 浓度；

　　　ACP——TP 允许浓度。

（3）可靠性分析

应选择具有代表性的变量对每个子系统进行可靠性分析，以检验历史数据与仿真结果之间的差异。一般来说，由于社会子系统和环境子系统的复杂性，如果大多数相对误差控制在 15% 以内，则这些结果是可信的。

（4）未来情景模拟

模型的结果被用于量化每个子系统是如何随时间发展的。由此可以预测水环境、水资源和水生态的超载状况。

8.5.3.3 水环境承载力承载状态警兆判别方法

警兆是警情演变过程中显现的兆势，如能观察到警兆，便说明警情可能已经发生。由于警情有累积性的特点，可以在对警情进行报警之前先判别警兆，预先考察系统目前态势是否安全，明确有无必要进行下一步的预警。根据环境子系统的承载率和环境与社会子系统之间的关系计算警兆。当警兆出现时，有必要采取措施。如果不采取措施，情况就不会好转，现状仍将维持。

8.5.3.4 水环境承载力承载状态警情评判方法

社会功能被定义为人口指数和经济指数的几何平均值，表征了社会子系统是如何发展的。同样，将环境功能定义为水环境指数、水资源指数和水生态指数的几何平均值，它们都表征了环境子系统演化的趋势。根据社会和环境函数，可以计算耦合度，如式（8-43）所示，这个指数反映了两者是密切相关的还是相对独立的。如式（8-44b）所示，可以指定社会与环境和谐程度的调和指数，这一指数反映了社会与环境是相互促进的还是相互制约的。耦合协调度指定为式（8-44a），如下所示，它考虑了这两个方面，反映了社会和环境功能协同工作的程度。

$$C = \left[\frac{U_1 U_2}{\left(\frac{U_1 + U_2}{2} \right)^2} \right]^2 \qquad (8\text{-}43)$$

$$\begin{cases} D = \sqrt{C \times T} & (8\text{-}44a) \\ T = aU_1 + bU_2 & (8\text{-}44b) \end{cases}$$

式中：C——耦合度，$C \in [0,1]$，且越高越好；

U_1 和 U_2——社会功能和环境功能；

D——耦合协调度；

T——社会与环境和谐程度的指数；

a 和 b——社会经济发展和水环境保护的重要性。考虑到它们同样重要，取 $a=b=0.5$。

通过对水环境承载力、水生态承载力、水资源承载力和耦合协调度的预测，可以推断预警信号是否出现或何时出现。

8.5.3.5 水环境承载力承载状态警度界定方法

根据对承载率和耦合协调度的预测，提出一种预警信号的调整方法，如表 8-6 所示。

警告标志的严重程度按以下顺序排列：蓝色、绿色、黄色、橙色和红色。蓝色表示无警告，而在范围的另一端，红色表示警告非常严重。

表 8-6　警度与耦合协调度综合报警表

警度与耦合协调度分类	[0，0.3)	[0.3，0.5)	[0.5，0.7)	[0.7，1.0)
安全	红灯	黄灯	绿灯	蓝灯
轻警	红灯	橙灯	黄灯	绿灯
中警	红灯	橙灯	橙灯	黄灯
重警	红灯	红灯	橙灯	橙灯
巨警	红灯	红灯	红灯	红灯

蓝灯表明水环境承载力承载状态不仅处于安全状态，且社会经济和水环境高度耦合协调，整个系统向有序且高水平协调的方向发展，是最令人满意的状态。

绿灯说明目前情况较为安全，即使出现一定强度超载现象而产生轻警，由于社会经济和水环境的高度耦合协调，在短期内警情可随系统发展而消除，是令人较为满意的状态。

黄灯说明由于耦合协调水平一般，系统发展趋向不定，水环境承载力超载状态的警情无法依靠系统自我发展而消除，此时必须采取一定的排警决策，消除警情。

橙灯说明耦合协调度和水环境承载力超载状态都处于较危险的水平，警情可能由于系统的拮抗作用而更加严重，整体系统有可能往衰退方向发展，必须采取很高强度的排警措施才可改善此状态。

红灯说明水环境严重超载或者社会经济系统已经开始衰退，如不采取措施，系统会进入严重失调、衰退的状态。

8.5.3.6　水环境承载力超载状态警情排除方法

当警情发生时，决策者需要对此进行响应来排除警情，这种响应就是排警决策。排警决策要有依据，要基于对警源、警兆、警度的分析，同时应考虑手段的可行性和措施成本。在实际操作中，可从双向调控角度提出水环境承载力超载状态的缓解对策，一方面需要提高水环境承载力，另一方面需要降低社会经济发展带来的压力，考虑研究区的特性，对可行的手段进行筛选；进一步，可基于排警决策情景，对排警后的系统进行模拟仿真，考察警情是否能得到排除。理论上，如排警决策的实施无法使系统回到安全（无警）的状态，应该采取进一步的措施。而在实际操作中，可采取的措施往往受到社会经济发展以及时间和空间上的限制，此时需对排警的结果进行详细的分析和讨论，并提出对今后决策的建议。

第9章

按行政单元基于景气指数的北运河流域水环境承载力承载状态短期预警

本研究通过构建水环境承载力承载状态预警指标体系，并借鉴景气指数的编制及计算方法，以北运河流域内的行政单元为研究区，针对 2008—2017 年的水环境承载力承载状态扩散指数和合成指数进行编制，分析北运河流域水环境承载力承载状态整体的景气变化，并对 2018 年流域的水环境承载力承载状态进行预警，最终从双向调控角度给出流域未来水环境承载力排警措施。

9.1 北运河流域水环境承载力承载状态预警指标体系构建

9.1.1 指标体系构建及数据来源

本研究从人口规模、产业结构、水资源量及用水量、污染排放及处理等不同方面选取 39 个指标构建预警指标体系。指标数据主要来自 2008—2017 年的《北京区域统计年鉴》《天津统计年鉴》《廊坊经济统计年鉴》《河北农村统计年鉴》等的统计数据，北京市、天津市、廊坊市工业企业排污等的统计核算数据，以及水环境监测数据等。指标体系见表 9-1。

表 9-1 水环境承载力承载状态预警指标体系

分类	领域层	指标层	分类	领域层	指标层
压力指标	社会经济	总人口	承载力指标	社会经济	第三产业占比
		GDP			节能环保支出占比
		第一产业、第二产业占比		水资源承载力指数	年降水量
	水资源压力指数（水资源消耗）	用水总量			水资源总量
		工业用水量			地表水资源量
		生活用水量			地下水资源量
		农业用水量			水面面积占比
		万元 GDP 水耗			水源涵养量
		人均水耗			林草覆盖率
	水环境压力指数（水污染排放）	工业废水 COD 排放量		水环境承载力指数	污水处理厂个数
		工业废水 NH$_3$-N 排放量			污水处理厂实际处理量
		农业 COD 排放量			污水处理厂处理规模
		农业 NH$_3$-N 排放量			污水处理厂再生水量
		农业 TP 排放量			
		生活污水 COD 排放量			
		生活污水 NH$_3$-N 排放量			
		生活污水 TP 排放量			
		污水处理厂 COD 排放量			
		污水处理厂 NH$_3$-N 排放量			
		污水处理厂 TP 排放量			
		COD 排放总量			
		NH$_3$-N 排放总量			
		TP 排放总量			
		万元 GDP COD 排放量			
		万元 GDP NH$_3$-N 排放量			
		万元 GDP TP 排放量			
基准指标	水环境质量	水环境综合承载率指数			

水环境质量达标情况能综合反映水环境承载的状态特征，但考虑到流域各地区没有进行单独的河流水质达标率的统计，本研究将构造水环境综合承载率指数，将其作为基准指标，并采用内梅罗指数法进行计算，公式如下：

$$\text{CWECRI}=\sqrt{\frac{\left[\text{Average}(R_{\text{WE}}, R_{\text{WR}})\right]^2+\left[\text{Max}(R_{\text{WE}}, R_{\text{WR}})\right]^2}{2}} \tag{9-1}$$

$$RI_{WR} = \frac{U_{WR}}{Q_{WR}} \qquad (9\text{-}2)$$

$$RI_{WE} = \text{Average}\left(\frac{\bar{C}_{COD}}{C_{S\text{-}COD}}, \frac{\bar{C}_{NH_3\text{-}N}}{C_{S\text{-}NH_3\text{-}N}}, \frac{\bar{C}_{TP}}{C_{S\text{-}TP}} \right) \qquad (9\text{-}3)$$

式中：CWECRI ——水环境综合承载率指数；

$\quad$ RI_{WR} ——水资源承载率指数；

$\quad$ RI_{WE} ——水环境承载率指数；

$\quad$ U_{WR} ——水资源利用量；

$\quad$ Q_{WR} ——水资源量；

$\quad$ $\bar{C}_{COD}$、$\bar{C}_{NH_3\text{-}N}$、$\bar{C}_{TP}$ ——区域内河流监测断面平均的 COD、NH_3-N 和 TP 实际浓度（用水质监测数据计算）；

$\quad$ $C_{S\text{-}COD}$、$C_{S\text{-}NH_3\text{-}N}$、$C_{S\text{-}TP}$ ——对应污染物的区域内水环境功能区平均的水质目标浓度。

计算结果见表 9-2。

表 9-2　基准指标序列表

年份	水环境综合承载率指数	年份	水环境综合承载率指数
2008	3.14	2013	3.05
2009	3.59	2014	3
2010	3.15	2015	2.66
2011	2.65	2016	2.44
2012	2.71	2017	1.7

9.1.2　指标分类

利用时差相关分析法，对预警指标时间序列进行验证，划分先行指标、一致指标，结果见表 9-3。

从预警指标分类结果可以看出，北运河流域共划分 11 个先行指标（7 个压力先行指标、4 个承载力先行指标）、21 个一致指标（15 个压力一致指标、6 个承载力一致指标）。一致指标与当前的水环境承载力承载状态有关，可以看出，北运河流域的社会经济压力来源较多，其中农业的污染排放以及排放强度对水环境承载力承载状态影响较大；先行指标可以提前反映并预测未来的水环境承载力承载状态，可以看出工业和生活的水资源消耗和污染排放等压力来源将会对水环境承载力承载状况产生影响，并且根据选取的先行指标，应尽早提高林草覆盖率及地表水资源量、增加污水处理厂建设和再生水回用量，在一定程度上可以提前改善水环境承载力承载状况。

表 9-3　北运河流域水环境承载力承载状态预警指标分类

压力指标			压力指标		
指标	时差	相关系数	指标	时差	相关系数
总人口	−1	0.675	GDP	0	0.822
工业用水量	−6	0.551	第一产业、第二产业占比	0	0.794
生活用水量	−1	0.711	农业用水量	0	0.796
污水处理厂 COD 排放量	−5	0.541	用水总量	0	0.719
污水处理厂 NH$_3$-N 排放量	−7	0.631	万元 GDP 水耗	0	0.777
工业废水 NH$_3$-N 排放量	−6	0.597	人均水耗	0	0.815
生活污水 TP 排放量	−1	0.676	污水处理厂 TP 排放量	0	0.726
承载力指标			农业 COD 排放量	0	0.692
林草覆盖率	−1	0.539	农业 NH$_3$-N 排放量	0	0.768
地表水资源量	−5	0.530	农业 TP 排放量	0	0.812
污水处理厂个数	−1	0.677	生活污水 COD 排放量	0	0.651
污水处理厂再生水量	−1	0.506	TP 排放总量	0	0.795
承载力指标			万元 GDP COD 排放量	0	0.765
第三产业占比	0	0.794	万元 GDP NH$_3$-N 排放量	0	0.798
节能环保支出占比	0	0.784	万元 GDP TP 排放量	0	0.773
水源涵养量	0	0.615			
水面面积占比	0	0.621			
污水处理厂处理规模	0	0.692			
污水处理厂实际处理量	0	0.704			

（左侧纵向标注：先行指标、一致指标；右侧纵向标注：一致指标）

9.2　北运河流域水环境承载力承载状态预警景气指数分析

9.2.1　扩散指数分析

通过峰谷分析可以看出，先行扩散指数在 2010 年、2012 年、2014 年和 2016 年达到波峰，在 2011 年、2013 年和 2015 年落入波谷，而一致扩散指数在 2010 年、2013 年和 2016 年达到波峰，在 2011 年和 2015 年落入波谷，先行扩散指数的波峰及波谷均领先一致扩散指数 0～1 年，表现出较好的先行性。

一致扩散指数反映当前水环境承载力承载状况的变化趋势。计算结果显示，2009—2012 年一致扩散指数的数值一直在 50 以下，在 2013 年达到峰值、超过 50，后又回落到

50 以下，处于不景气状态，并在波动中呈下降趋势；结合所选取的一致指标的变化可以看出，整体上农业用水和人均水耗逐年下降，且产业结构不断优化，污染排放减少，污染处理能力提升较快，但在 2012 年和 2013 年产业结构调整放缓，污水处理厂污染排放量出现了明显的反弹，导致 2012 年和 2013 年水环境承载力承载状况出现了一定程度的恶化，但随着产业继续优化、环保投入逐年增加，各来源的污染排放不断降低，水环境承载力承载状况有所好转。

先行扩散指数可以提前预判水环境承载力承载状况的变化趋势。除 2009 年和 2015 年，先行扩散指数的数值都处于 50 及以上，处于景气状态；结合所选取的先行指标的变化情况，生活用水逐年增加，工业和生活污染减排缓慢，且地表水资源量在不同年份的增减不稳定，预示着水环境承载力承载状况有变差的风险。根据先行扩散指数和一致扩散指数的时差分析，一致扩散指数滞后先行扩散指数 0~2 年，所以一致扩散指数在 2017 年为波谷，即一致扩散指数在 2018 年将会回升，尽管仍在 50 以下，但说明 2018 年水环境承载力承载状况有变差的风险或改善不大（见图 9-1）。

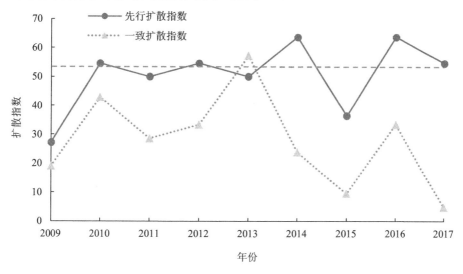

图 9-1　先行扩散指数和一致扩散指数

9.2.2　合成指数分析

通过峰谷分析可以看出，先行综合合成指数在 2012 年和 2016 年达到波峰，在 2010 年和 2014 年落入波谷，而一致综合合成指数在 2009 年和 2014 年达到波峰，在 2012 年和 2015 年落入波谷，先行综合合成指数的波峰领先一致综合合成指数的波峰 2 年，先行综合合成指数的波谷领先一致综合合成指数的波谷 1~2 年，表现出较好的先行性。

合成指数能综合反映水环境承载力承载状况变化的趋势和程度，可以对照基准指标——水环境综合承载率指数进行分析。根据合成指数运行情况可以看出，一致综合合成指数除在 2008 年、2012 年、2015 年、2016 年和 2017 年都小于 100 以外，其他年份数值均在 100 以上，说明在 2012 年及 2015 年以后水环境承载力承载状况有所好转；结合水环境综合承载率指数的情况，其在 2008—2017 年的数值都在 2.0 以上，说明水环境承载力承载状况一直较差，但在 2011 年、2012 年、2016 年和 2017 年有明显下降，表明一致综合合成指数的变化与水环境综合承载率指数变化基本相符，可以在一定程度上反映水环境承载状况。

另外，先行合成指数可以提前预判水环境承载力承载状况的变化趋势。根据先行综合指数和一致综合指数的时差分析，一致综合合成指数的波峰滞后先行合成指数的波峰 2 年，所以一致综合合成指数在 2018 年将会继续呈上升趋势，说明 2018 年水环境承载力承载状况有变差的风险（见图 9-2）。

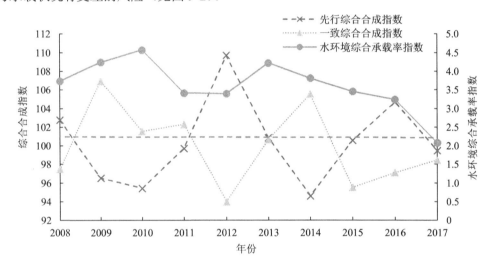

图 9-2 先行综合合成指数和一致综合合成指数

9.3 北运河流域综合预警指数演化规律分析及其趋势预测

经过对扩散指数和合成指数的分析，可以发现先行指标对水环境承载力承载状态的景气循环的预警效果较好。采用极值法对原始指标数据进行标准化，分别计算压力预警指数和承载力预警指数，并得到各地区 2008—2017 年的综合预警指数。最后根据预测模型对 2018 年的综合预警指数进行预测。2008—2017 年的综合预警指数计算结果见表 9-4。

表 9-4　北运河流域 2008—2017 年各地区综合预警指数

年份	东城区	西城区	朝阳区	丰台区	石景山区	海淀区	门头沟区	通州区	顺义区	昌平区
2008	14.34	70.87	3.68	4.30	3.33	5.07	0.00	2.09	2.76	1.10
2009	15.34	96.85	3.26	4.83	3.17	5.30	0.00	2.15	2.81	1.25
2010	17.34	150.08	3.82	4.91	3.09	4.98	0.00	2.52	2.28	1.24
2011	14.78	75.44	5.54	5.02	3.31	4.39	0.00	1.95	1.93	0.87
2012	11.83	36.89	5.47	4.42	2.92	3.55	0.00	1.31	1.66	0.79
2013	15.07	85.23	6.15	3.02	3.40	4.67	0.00	1.58	1.77	0.89
2014	15.93	112.29	3.39	3.83	3.32	4.33	0.00	1.72	1.95	0.95
2015	15.59	85.42	4.17	2.59	2.78	3.47	0.00	1.32	1.58	0.85
2016	13.75	55.24	3.92	2.54	2.66	3.31	0.00	1.27	1.62	0.83
2017	13.24	59.97	3.79	2.41	2.52	3.10	0.00	1.30	1.58	0.83
年份	大兴区	怀柔区	延庆区	安次区	广阳区	香河县	武清区	北辰区	红桥区	河北区
2008	3.11	0.09	0.00	1.97	3.75	3.01	1.86	5.90	6.48	5.41
2009	3.07	0.09	0.00	2.21	4.26	2.39	2.25	7.06	6.54	5.67
2010	2.98	0.09	0.00	1.98	4.45	2.42	3.37	12.00	6.92	6.03
2011	2.95	0.09	0.00	2.00	4.20	2.67	2.45	9.49	5.80	5.48
2012	2.45	0.10	0.00	1.55	2.28	1.42	0.46	4.30	4.75	4.99
2013	3.46	0.10	0.00	1.86	3.57	1.81	0.76	9.90	5.22	5.72
2014	3.37	0.10	0.00	2.27	4.62	5.60	0.97	13.34	5.31	6.01
2015	3.10	0.10	0.00	2.06	3.72	2.71	0.72	6.62	5.11	5.78
2016	2.77	0.10	0.00	1.98	3.70	2.36	0.86	5.33	4.84	5.41
2017	3.17	0.10	0.00	2.13	4.36	2.91	1.01	6.12	5.35	6.38

　　箱线图可以更直观地反映多组数据整体波动和分布情况。通过对不同年份及不同地区的综合预警指数做箱线图，从箱线图［见图 9-3（a）］可以看出，整体上，北运河流域在 2008—2017 年综合预警指数呈波动趋势，且 100% 的数值在 1.0 以上（箱形整体都在 1.0 以上），说明水环境承载力承载状况较差。从中线的位置（中位数）可以看出，由于 2012 年和 2014 年分别为典型的丰水年、枯水年，水资源禀赋差距较大，导致整体水环境承载力承载状况在 2012 年最好、在 2014 年最差。从数据的分布情况（箱形的高度）可以看出，北运河流域不同地区的综合预警指数的差距在 2011—2014 年较其他年份明显，

尤其是 2011 年和 2013 年，上下限距离较大，说明有局地的水环境承载力承载状况恶化的情况发生（先行指标增大明显），对未来的水环境承载力承载状态产生了负面影响。尽管在 2014 年后，北运河流域的综合预警指数整体呈下降趋势，但 2017 年的中位数和上限数值都较 2016 年有所升高，仍需警惕局地水环境承载力承载状况变差的风险。

另外，从不同地区的箱线图［见图 9-3（b）］可以看出，门头沟区、延庆区和怀柔区由于在流域内包含的区域各指标数据统计结果较小，导致计算出的综合预警指数较小外，其他 17 个地区的水环境承载力承载状况都不乐观，尤其是西城区的综合预警指数严重超出范围，未能在图中显示。其次，东城区、北辰区、红桥区和河北区等中心城区的综合预警指数都在 5.0 以上，亟须采取措施减少对水环境系统造成的压力。此外，从箱形的高度可以看出东城区、丰台区、朝阳区、海淀区、武清区、红桥区和北辰区的综合预警指数的变动范围较大，说明 2008—2017 年水环境承载力承载状况变化较大，可继续分析变化的原因，有针对性地提出对地区水环境承载力承载状况进行改善的对策。另外，昌平区、大兴区和安次区的综合预警指数波动较小，说明这些地区在短期内水环境承载力承载状况进一步提升的潜力不大，需要通过一些长期结构性调整手段，实现水环境承载力的改善。

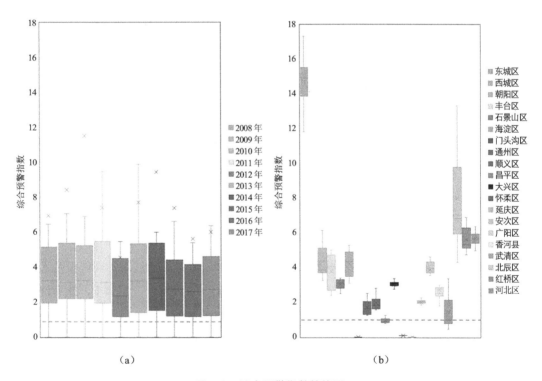

图 9-3　综合预警指数箱线图

在对下一时期（2018 年）的综合预警指数进行预测之前，需要使用历史数据验证模型，对预测模型的有效性进行分析。由于图 9-3 的箱形图结果显示综合预警指数在 2015 年之后波动较小，因此预测 2015—2017 年 20 个地区的综合预警指数（总共 60 个样本），并对照 2015—2017 年的实际值，进行了误差分析，结果见图 9-4，平均绝对误差（MAE）为 0.243 6，均方根误差（RMSE）为 8.147 5，预测值与实际值之间具有较好的拟合度，表明本研究建立的预测模型的预测效果较好。

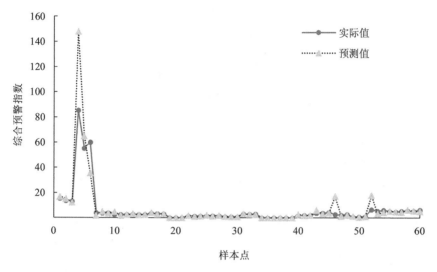

图 9-4　预测模型有效性检验

通过预测模型得到 2018 年的综合预警指数（见图 9-5 和表 9-5）。结果显示，门头沟区、延庆区和怀柔区由于在流域内包含的区域各指标数据过小导致结算结果较小而不参加分析外，北运河流域内其他地区都有超载风险或已严重超载。对照 2017 年的综合预警指数来看，昌平区、东城区、朝阳区、丰台区、石景山区、海淀区和顺义区的水环境承载力承载状况都有所改善，但整体变化不大，预警等级未降低，而其他 10 个地区的水环境承载力承载状况都出现了恶化，北运河流域水环境承载力承载状况不容乐观。从空间分布上看，北运河流域干流上游和中游区域的水环境承载力承载状况好于下游及中游人口密度大、水资源消耗多的城区和工业或农业污染排放量大的地区，主要是由于上游地区植被覆盖多、水源涵养量大、人为干扰少，且干流径流量大、水量充足，使得这些区域的社会经济压力较小或水环境承载力较大。

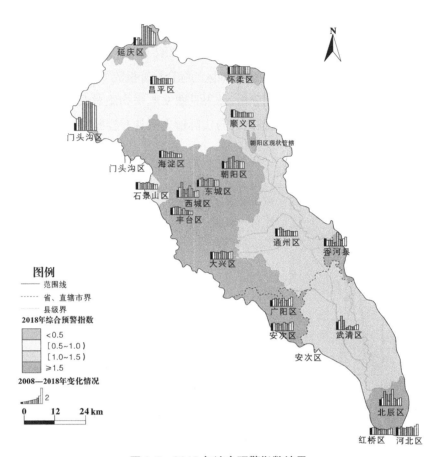

图 9-5 2018 年综合预警指数结果

表 9-5 2018 年综合预警指数

年份	东城区	西城区	朝阳区	丰台区	石景山区	海淀区	门头沟区	通州区	顺义区	昌平区
2018	12.75●	65.15●	3.67●	2.28●	2.39●	2.90●	0.00●	1.33●	1.55●	0.83
年份	大兴区	怀柔区	延庆区	安次区	广阳区	香河县	武清区	北辰区	红桥区	河北区
2018	3.61●	0.10●	0.00●	2.30●	5.14●	3.59●	1.20●	7.04●	5.91●	7.52●

9.4 基于双向调控的排警措施

对橙色及红色警情地区的先行指标中的压力来源进行分析，并将各地区分为 4 组；由图 9-6 可以看出，东城区、西城区、通州区、大兴区、朝阳区、海淀区和丰台区需要重点控制人口、生活用水量及生活污水 TP 的排放，尤其是朝阳区、丰台区和海淀区生活源的减排压力较大，并且朝阳区和丰台区需抓紧减少污水处理厂中 NH_3-N 及 COD 的排放。

尽管流域内其他地区的减排重点也主要集中在人口控制、生活用水量和生活源污染排放等，但减排压力较小。此外，北辰区和香河县应更关注工业源的减排，尽快采取措施降低工业用水量，减少工业废水 NH_3-N 的排放。

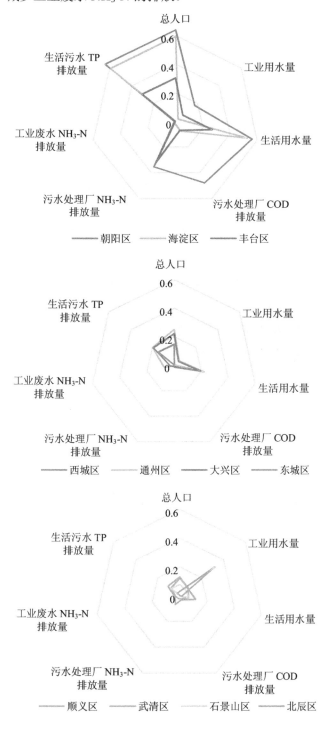

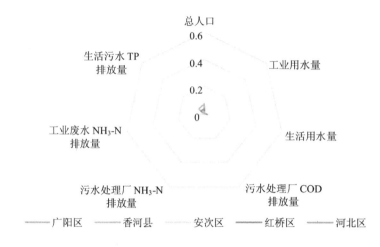

图 9-6　各地区压力指标分布情况

对橙色及红色警情地区的先行指标中的承载力来源进行分析，并将各地区分为 4 组；由图 9-7 可以看出，现阶段通州区、海淀区、丰台区和武清区的污水处理厂建设较充足，朝阳区和丰台区的污水资源化工作较好，再生水量相较其他地区高。但目前，各地区林草覆盖率和地表水资源量都严重不足，尤其是中心城区（如东城区、西城区、北辰区、河北区等）城市化严重、植被覆盖较少，且与经济欠发达的安次区、广阳区和香河县等地区一样，地区内的污水处理能力不足，导致下一年承载力较差，应采取措施全面提升承载力。

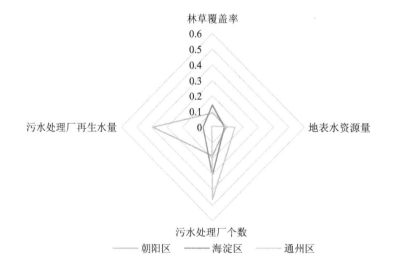

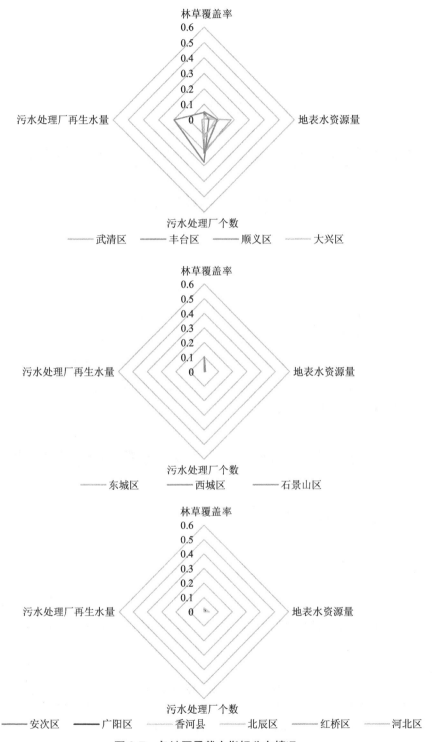

图 9-7　各地区承载力指标分布情况

第 10 章

按控制单元基于景气指数的北运河流域水环境承载力
承载状态短期预警

本研究通过构建水环境承载力承载状态预警指标体系，并借鉴景气指数的编制及计算方法，以北运河流域内的控制单元为研究区，针对 2008—2017 年的水环境承载力承载状态扩散指数和合成指数进行编制，分析北运河流域水环境承载力承载状态整体的景气变化，并对 2018 年流域的水环境承载力承载状态进行预警，最终从双向调控角度给出流域未来水环境承载力超载排警措施。

10.1　北运河流域水环境承载力承载状态预警指标体系构建

10.1.1　指标体系构建及数据来源

从人口规模、产业结构、水资源量及用水量、污染排放及处理等不同方面选取 33 个指标构建预警指标体系。指标数据主要来自 2008—2017 年的《北京区域统计年鉴》《天津统计年鉴》《廊坊经济统计年鉴》《河北农村统计年鉴》等的统计数据，北京市、天津市、廊坊市工业企业排污等的统计核算数据，水环境监测数据以及课题参与单位的研究成果等。指标体系见表 10-1。

表 10-1　水环境承载力预警指标体系

分类	领域层	指标层	分类	领域层	指标层
压力指标	社会经济	总人口	承载力指标	社会经济	第三产业占比
		GDP			节能环保支出占比
		第一产业、第二产业占比			

分类	领域层	指标层	分类	领域层	指标层
压力指标	水资源压力指数（水资源消耗）	用水总量	承载力指标	水资源承载指数	水资源总量
		工业用水量			地表水资源量
		生活用水量			地下水资源量
		农业用水量			污水回用率
		万元 GDP 水耗			水源涵养量
		人均水耗			林草覆盖率
	水环境压力指数（水污染排放）	点源 COD 入河量		水环境承载指数	COD 理想水环境容量
		点源 NH₃-N 入河量			NH₃-N 理想水环境容量
		点源 TP 入河量			TP 理想水环境容量
		面源 COD 入河量			污水处理厂个数
		面源 NH₃-N 入河量			污水处理率
		面源 TP 入河量			水质净化能力
		万元 GDP COD 排放量			
		万元 GDP NH₃-N 排放量			
		万元 GDP TP 排放量			
		工业废水排放量（直排）			
基准指标	水环境质量	水环境综合承载率（水资源承载率及水环境承载率平均值）			

由于控制单元可以计算水环境容量，所以将水环境综合承载率作为基准指标，并采用内梅罗指数法进行计算，公式如下：

$$\text{CWECR} = \sqrt{\frac{\left[\text{Average}(R_{\text{WE}}, R_{\text{WR}})\right]^2 + \left[\text{Max}(R_{\text{WE}}, R_{\text{WR}})\right]^2}{2}} \tag{10-1}$$

$$R_{\text{WR}} = \frac{U_{\text{WR}}}{Q_{\text{WR}}} \tag{10-2}$$

$$R_{\text{WE}} = \text{Average}\left(\frac{P_{\text{COD}}}{W_{\text{COD}}}, \frac{P_{\text{NH}_3\text{-N}}}{W_{\text{NH}_3\text{-N}}}, \frac{P_{\text{TP}}}{W_{\text{TP}}}\right) \tag{10-3}$$

式中：R_{WR} ——水资源承载率；

R_{WE} ——水环境承载率；

U_{WR} ——水资源利用量；

Q_{WR} ——水资源量；

P_{COD}、$P_{\text{NH}_3\text{-N}}$、P_{TP} ——COD、NH₃-N 和 TP 的入河量；

W_{COD}、$W_{\text{NH}_3\text{-N}}$、W_{TP} ——COD、NH₃-N 和 TP 的水环境容量。计算结果见表 10-2。

表 10-2　基准指标序列表

年份	水环境综合承载率	年份	水环境综合承载率
2008	1.48	2013	1.56
2009	1.63	2014	1.58
2010	1.76	2015	1.35
2011	1.45	2016	1.33
2012	1.13	2017	1.36

10.1.2　指标分类

利用时差相关分析法，对水环境承载力承载状态预警指标时间序列进行验证，划分先行指标、一致指标，结果见表 10-3。

表 10-3　北运河流域水环境承载力承载状态预警指标分类

	压力指标				压力指标		
	指标	时差	相关系数		指标	时差	相关系数
先行指标	总人口	−1	0.555	一致指标	农业用水量	0	0.596
	工业用水量	−2	0.544		面源 COD 入河量	0	0.633
	生活用水量	−1	0.528		万元 GDP NH$_3$-N 排放量	0	0.729
	点源 NH$_3$-N 入河量	−1	0.755		承载力指标		
	点源 TP 入河量	−2	0.723		水源涵养量	0	0.850
	万元 GDP TP 排放量	−1	0.699		地表水资源量	0	0.936
	工业废水排放量（直排）	−1	0.507		地下水资源量	0	0.756
	承载力指标				污水回用率	0	0.641
	水质净化能力	−2	0.616				
	林草覆盖率	−1	0.652				
	污水处理厂个数	−1	0.557				

从预警指标分类结果可以看出，北运河流域共划分 10 个先行指标（7 个压力先行指标、3 个承载力先行指标）、7 个一致指标（3 个压力一致指标、4 个承载力一致指标）。一致指标与当前的水环境承载力承载状态有关，可以看出北运河流域的压力主要来源于农业用水量、面源 COD 排放以及 NH$_3$-N 排放强度；先行指标可以提前反映并预测未来的水环境承载力承载状态，可以看出人口、生活水资源消耗、工业水资源消耗及废水排放、点源 NH$_3$-N 及 TP 的排放及排放强度将会对水环境承载力承载状况产生影响，并且根据选取的先行指标，应尽早提高林草覆盖率、增加污水处理厂建设以增强水环境承载力。

10.2 北运河流域水环境承载力承载状态预警景气指数分析

10.2.1 扩散指数分析

通过峰谷分析可以看出，先行扩散指数在 2010 年、2012 年和 2016 年达到波峰，在 2011 年和 2015 年落入波谷，而一致扩散指数在 2010 年和 2014 年达到波峰，在 2011 年和 2015 年落入波谷，先行扩散指数的波峰领先一致扩散指数的波峰 0～2 年，表现出较好的先行性。

一致扩散指数反映当前水环境承载力承载状况的变化趋势。计算结果显示，一致扩散指数的变化幅度较大，2009 年、2010 年、2014 年和 2017 年均超过 50，处于景气状态；结合所选取的一致指标的变化可以看出，2010 年和 2014 年面源 COD 入河量增加，造成对水环境系统的压力上升，而 2009 年、2010 年、2014 年和 2017 年水资源供给及水源涵养量、再生水回用量的减少导致水环境系统的承载力下降，水环境承载力承载状况出现了一定程度的恶化。

先行扩散指数可以提前预判水环境承载力承载状况的变化趋势，除 2009 年、2010 年、2011 年和 2015 年外，先行扩散指数的数值都处于 50 及以上，处于景气状态，结合所选取的先行指标的变化情况看，总人口和生活用水量逐年增加，工业用水及废水排放量在 2014 年后回升，点源污染减排缓慢并在 2016 年后呈上升趋势，预示着水环境承载力承载状况有变差的风险。根据先行扩散指数和一致扩散指数的时差分析，一致扩散指数滞后先行扩散指数 0～2 年，所以一致扩散指数在 2018 年将会继续上升，说明 2018 年水环境承载力承载状况有变差的风险（见图 10-1）。

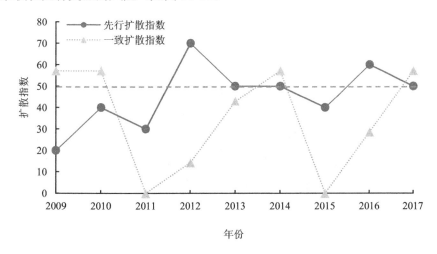

图 10-1 先行扩散指数和一致扩散指数

10.2.2 合成指数分析

通过峰谷分析可以看出,先行综合合成指数在 2009 年和 2012 年达到波峰,在 2011 年和 2015 年落入波谷,而一致综合合成指数在 2010 年和 2014 年达到波峰,在 2012 年和 2015 年落入波谷,先行综合合成指数的波峰领先一致综合合成指数的波峰 1~2 年,先行综合合成指数的波谷领先一致综合合成指数的波谷 0~1 年,表现出较好的先行性。

合成指数能综合反映水环境承载力承载状况变化的趋势和程度,可以对照基准指标——水环境综合承载率进行分析。根据合成指数运行情况,可以看出,一致综合合成指数除在 2012 年、2015 年、2016 年和 2017 年小于 100 以外,其他年份数值均在 100 以上,说明在 2012 年及 2015 年以后水环境承载力承载状况有所好转;结合水环境综合承载率的情况,其在 2012 年落入谷底,并在 2015—2017 年数值降到 1.4 以下,说明水环境承载力承载状况一直较差,但在 2012 年、2016 年和 2017 年有明显下降,并且从图 10-2 也可以看出,一致综合合成指数的变化与水环境综合承载率变化基本相符,可以在一定程度上反映水环境承载状况。

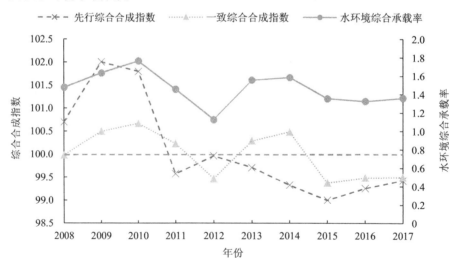

图 10-2 先行综合合成指数和一致综合合成指数

另外,先行合成指数可以提前预判水环境承载力承载状况的变化趋势。根据先行指数和一致指数的时差分析,一致综合合成指数的波峰滞后先行综合合成指数的波峰 1~2 年,所以一致综合合成指数在 2018 年将会继续呈上升趋势,说明 2018 年水环境承载力承载状况有变差的风险。

10.3　北运河流域综合预警指数演化规律分析及趋势预测

通过对扩散指数和合成指数的分析，可以发现先行指标对水环境承载力承载状态的景气循环的预警效果较好。采用极值法对原始指标数据进行标准化，分别计算压力预警指数和承载力预警指数，并得到各控制单元 2008—2017 年的综合预警指数（见表 10-4）。最后根据预测模型对 2018 年的综合预警指数进行预测。

表 10-4　北运河流域 2008—2017 年各控制单元综合预警指数

年份	土沟桥	南沙河入昌平	圪塔头	沙子营	清河闸	广北滨河路（桥）	温榆河顺义区	白石桥	花园路	鼓楼外大街	沙窝	王家摆	新八里桥
2008	0.88	0.34	2.98	2.38	0.43	1.25	0.48	0.25	0.49	1.07	1.76	1.33	5.87
2009	0.70	0.42	2.70	3.10	0.72	2.24	0.95	0.99	8.08	15.31	3.56	5.12	14.24
2010	0.78	0.38	2.16	3.63	0.75	2.30	0.86	1.04	8.46	15.36	4.17	2.64	14.30
2011	0.55	0.44	0.73	2.18	0.78	2.14	0.73	1.07	8.95	14.23	3.05	1.36	11.51
2012	0.56	0.43	0.78	1.93	0.82	2.50	0.69	1.10	10.70	14.43	3.69	2.06	15.20
2013	0.52	0.41	0.80	2.55	0.79	2.25	0.73	1.14	9.82	14.51	3.53	1.94	14.49
2014	0.52	0.39	0.79	2.28	0.75	2.55	0.65	1.19	10.25	14.67	3.09	2.07	10.93
2015	0.56	0.36	0.72	1.32	0.77	2.55	0.58	1.21	10.41	14.75	3.35	1.21	10.19
2016	0.62	0.36	0.78	1.35	0.77	2.53	0.59	1.19	10.24	14.43	3.33	1.32	10.53
2017	0.58	0.31	0.77	1.28	0.68	2.28	0.56	1.04	9.03	12.75	3.17	1.35	10.30

年份	大红门闸上	凉水河大兴区	榆林庄	凤河营闸	前侯尚村桥	东堤头闸上	老夏安公路、秦营扬水站	罗庄	筐儿港	土门楼	新老米店闸	北洋桥	
2008	3.23	0.33	1.35	2.93	0.36	2.40	0.56	0.73	0.67	0.30	0.78	0.44	
2009	5.09	0.45	2.04	2.38	0.38	0.99	0.72	0.56	1.01	0.09	0.66	0.45	
2010	5.77	0.41	2.63	3.15	0.36	1.08	0.54	0.12	0.46	0.14	0.69	0.45	
2011	4.11	0.42	2.02	3.61	0.37	0.38	0.68	0.12	0.31	0.17	0.90	0.44	
2012	4.37	0.69	1.96	3.23	0.39	0.50	0.87	0.41	0.41	0.21	0.54	0.42	
2013	3.39	0.69	0.99	3.02	0.38	0.41	0.62	0.42	0.17	0.63	0.42		
2014	5.42	0.75	1.06	1.53	0.36	0.39	0.64	0.12	0.40	0.18	0.44	0.41	
2015	4.87	0.74	0.64	1.60	0.36	0.33	0.65	0.12	0.32	0.35	0.39	0.42	
2016	5.07	0.82	0.70	1.74	0.46	0.38	0.71	0.13	0.38	0.41	0.44	0.43	
2017	5.03	0.83	0.68	1.73	0.44	0.40	0.73	0.25	0.40	0.48	0.45	0.44	

箱线图可以更直观地反映多组数据整体波动和分布情况。对不同年份及不同控制单元的综合预警指数做箱线图，从箱线图［见图 10-3（a）］可以看出，整体上，北运河流域在 2008—2017 年综合预警指数呈波动趋势，虽然各年的中线（中位数）均不大于 1.0，但水环境承载力承载状况仍不乐观。从数据的分布情况（箱形的高度）可以看出，北运河流域不同控制单元的综合预警指数的分布范围在 2009—2014 年较其他年份明显，说明控制单元间的水环境承载力承载状况差距较大。尽管在 2014 年之后，北运河流域的综合预警指数整体降低，但 2016 年和 2017 年的中位数仍有波动，仍需警惕水环境承载力承载状况变差的风险。

另外，从不同控制单元的箱线图［见图 10-3（b）］可以看出，鼓楼外大街、新八里桥、大红门闸上、沙窝、凤河营闸、沙子营、广北滨河路（桥）、王家摆、白石桥等 9 个控制单元的综合预警指数在 2008—2017 年都超过了 1.0，水环境承载力承载状况较差，需采取措施减少对水环境系统造成的压力。此外，从箱形的高度可以看出圪塔头和榆林庄控制单元的数据变动范围跨越了 1.0 的超载线，结合这些控制单元的综合预警指数计算结果可以看出，这些控制单元水环境承载力承载状况改善明显。另外，广北滨河路（桥）、鼓楼外大街、白石桥和沙窝等 4 个超载控制单元的综合预警指数数据波动较小，也说明这些控制单元在短期内水环境承载力承载状况进一步提升的潜力不大，需要通过一些长期的结构性调整手段，实现水环境承载力的改善。

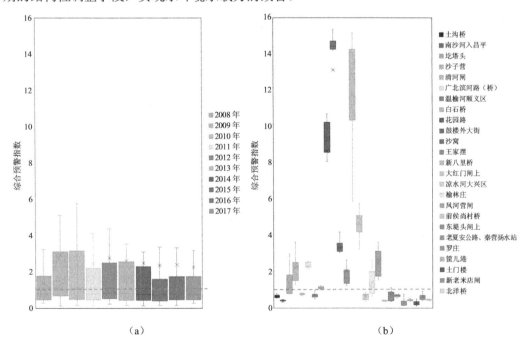

图 10-3　综合预警指数箱线图

在对下一时期（2018 年）的综合预警指数进行预测之前，需要使用历史数据验证模型，对预测模型的有效性进行分析。由于图 10-3 的箱型图结果显示综合预警指数在 2015 年之后波动较小，因此预测 2015—2017 年 25 个控制单元的综合预警指数（总共 75 个样本），并对照 2015—2017 年的实际值，进行误差分析，结果见图 10-4，平均绝对误差（MAE）为 0.170 9，均方根误差（RMSE）为 0.604 2，预测值与实际值之间具有较好的拟合度，表明本研究建立的预测模型的预测效果较好。

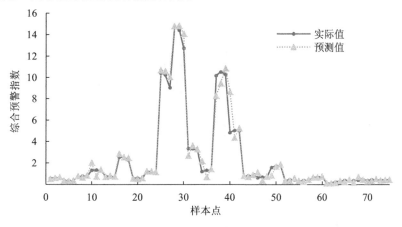

图 10-4　预测模型有效性检验

通过预测模型得到 2018 年的综合预警指数（见图 10-5 和表 10-5）。结果显示，广北滨河路（桥）、白石桥、花园路、鼓楼外大街、沙窝、新八里桥、大红门闸上、凤河营闸、沙子营、王家摆等 10 个控制单元已严重超载，土沟桥、圪塔头、清河闸、温榆河顺义区、凉水河大兴区及老夏安公路、秦营扬水站等 6 个控制单元存在超载风险。对照 2017 年的综合预警指数，大部分控制单元的水环境承载力承载状况都有所改善，但东堤头闸上、罗庄、筐儿港、土门楼控制单元有变差的趋势，尤其是土门楼控制单元的警灯从绿灯变为黄灯，需要在解决其他超载控制单元问题的同时，关注该控制单元的超载风险防控。从空间分布上看，北运河流域的下游地区水环境承载力承载状况较好，上游及干流地区的水环境承载力承载状态也好于中游人口密度大、水资源消耗多的城区以及工业或农业污染排放量大的地区，主要是由于控制单元计算中模拟核算了流域的再生水补给量，使得下游干流径流量大、水量充足，这些区域的水环境承载力较大。

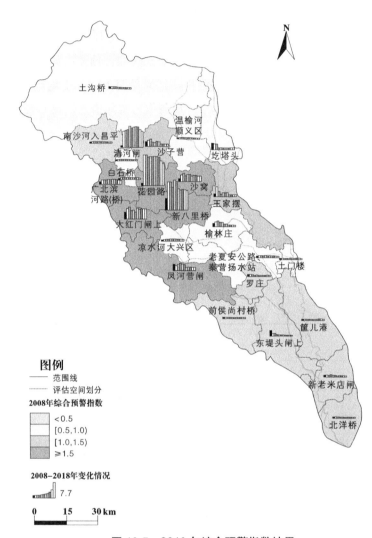

图 10-5　2018 年综合预警指数结果

表 10-5　2018 年综合预警指数

年份	土沟桥	南沙河入昌平	圪塔头	沙子营	清河闸	广北滨河路（桥）	温榆河顺义区	白石桥	花园路	鼓楼外大街	沙窝	王家摆	新八里桥
2018	0.55	0.26	0.77	1.21	0.60	2.05	0.52	0.91	8.00	11.20	3.01	1.38	10.08

年份	大红门闸上	凉水河大兴区	榆林庄	凤河营闸	前侯尚村桥	东堤头闸上	老夏安公路、秦营扬水站	罗庄	筐儿港	土门楼	新老米店闸	北洋桥	
2018	4.99	0.85	0.67	1.73	0.42	0.41	0.76	0.48	0.42	0.58	0.45	0.44	

10.4　基于双向调控的排警措施

对橙色及红色警情控制单元的先行指标中的压力来源进行分析，并将各控制单元分为 4 组；由图 10-6 可以看出，流域内各控制单元的减排重点主要集中在人口控制、生活用水上，尤其是新八里桥和大红门闸还应进一步控制点源污染中 NH_3-N 和 TP 的入河量，减排压力较大。此外，凤河营闸控制单元需要适当降低 TP 的排放强度，沙窝和王家摆控制单元需要分别适当减少工业用水量和工业废水排放量（直排）。

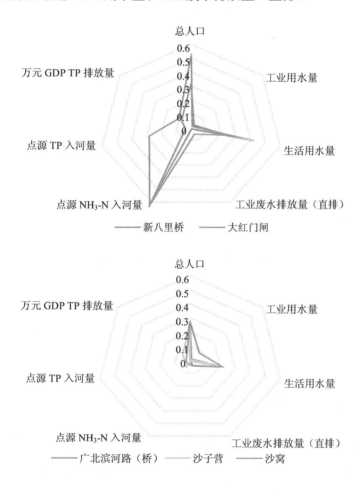

图 10-6　各控制单元压力指标分布情况

　　对橙色及红色警情控制单元的先行指标中的承载力来源进行分析，并将各控制单元分为 4 组；由图 10-7 可以看出，现阶段除沙子营控制单元的 3 个承载力指标分布较均衡外，其他控制单元需要从各方面补短板，提高自身的承载能力。具体而言，新八里桥、大红门闸和凤河营闸控制单元的污水处理厂建设情况较好，但植被覆盖和相应的水质净化能力较差；广北滨河路（桥）和沙窝控制单元的林草覆盖率较高，王家摆控制单元的水质净化能力较好，但污水处理能力较差，应进一步加强；此外，花园路和鼓楼外大街控制单元在中心城区，各方面的承载能力均不足，但结合自身区域的发展情况，在无法额外增加污水处理设施的情况下，着重提升自然生态系统的建设，增加植被覆盖面积，优化土地利用格局，提升污染截留、水质净化能力。

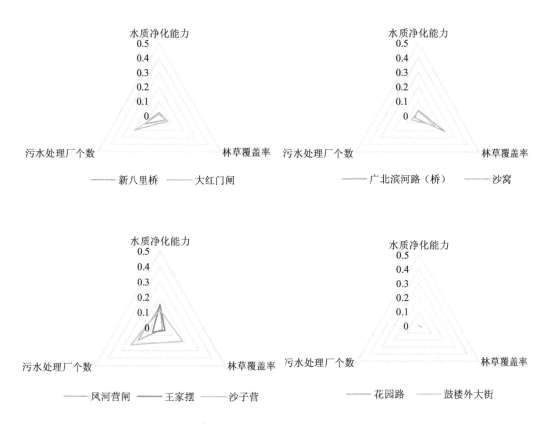

图 10-7　各控制单元承载力承载状态指标分布情况

第 11 章

按行政单元基于人工神经网络的北运河流域
水环境承载力承载状态短期预警

本研究采用人工神经网络方法，通过构建水环境承载力承载状态预警指标体系（包括输入层、输出层指标），建立 BP 神经网络模型，以北运河流域内的行政单元为研究区，对 2008—2017 年的水环境承载力承载状态进行模拟，并对 2018 年流域的水环境承载力承载状态进行预警，最终从双向调控角度给出排警措施。

11.1 水环境承载力承载状态预警指标体系构建

本研究中的预警指标体系主要包括反映警情的指标和警情指标两部分，根据北运河流域的特点和研究区的划分，选择相关指标。水环境承载力承载状态受多种因素共同影响，从社会属性来看，主要有人口、经济发展水平、工业污染排放水平等；从自然属性来看，主要有水资源量、降水量等。指标要素不仅要反映水环境承载力承载状态的影响因素、特点，具有独立性，还要考虑数据的可得性。基于此，本研究模型模拟主要涉及 13 个反映警情的指标（见表 11-1）。

表 11-1 输入指标

要素层	指标	单位
社会经济发展规模、结构	人口	万人
	GDP	亿元
	第三产业占比	%
	节能环保支出占比	%

要素层	指标	单位
污染排放强度	人均水耗	m³
	万元 GDP 水耗	m³
	万元 GDP COD 排放量	t
	万元 GDP NH₃-N 排放量	t
	万元 GDP TP 排放量	t
污染净化	年降水量	mm
	污水处理量	m³
	水资源总量	万 m³
	地表水资源量	万 m³

警情指标即水环境承载力承载状态表征指标。根据实际数据获取情况，本研究主要从水资源承载状态和水环境容量承载状态两方面综合考虑，可以借鉴环境承载力理论来构建，根据环境承载力理论，各要素环境承载率可由污染物排放量与可利用环境容量之比获得。水环境容量通常是通过水质模型推导计算，但是在缺乏流域各行政单元水环境容量时，直接计算水环境承载力大小及承载率比较困难。本研究提出了构建水环境容量指数的想法。水环境容量指数顾名思义就是表征水环境容量大小的指数，旨在在不计算具体水环境容量的情况下，用影响水环境容量大小的相关指标来表征水环境容量的大小，从而可以对比各区域水环境容量的相对大小，在流域行政管理方面具有一定的实际意义。

11.1.1　水环境容量指数构建

水环境容量相对大小可以由地表水资源量、断面水功能目标及上游来水水质浓度决定。水资源量越大，断面水功能目标对应的污染物浓度越高，水环境容量越大；上游来水污染物浓度越高，水环境容量越小。据此，构建水环境容量指数的计算公式，如下所示：

$$W = \frac{Q \times c_1}{c_0} \tag{11-1}$$

式中：W——水环境容量指数；

$\quad Q$——地表水资源量，万 m³；

$\quad c_1$——断面水功能目标对应的污染物浓度，mg/L；

$\quad c_0$——上游来水污染物浓度，mg/L。

在本研究中，选择 COD、NH₃-N、TP 三个因子作为研究对象，分别构建 COD 环境容量指数、NH₃-N 环境容量指数和 TP 环境容量指数，如下所示：

$$W_{COD} = \frac{Q_{地表水} \times c_{1-COD}}{c_{0-COD}} \tag{11-2}$$

$$W_{NH_3-N} = \frac{Q_{地表水} \times c_{1-NH_3-N}}{c_{0-NH_3-N}} \qquad (11-3)$$

$$W_{TP} = \frac{Q_{地表水} \times c_{1-TP}}{c_{0-TP}} \qquad (11-4)$$

式中：Q ——流域内各地区的地表水资源量，万 m^3；

c_1 ——流域内各地区的断面水功能目标对应的污染物质量浓度，mg/L；

c_0 ——流域内各地区内的所有断面污染物平均质量浓度，mg/L。

11.1.2 水环境承载指数构建

可以通过水环境承载率（或称开发利用强度）来评价某一区域水环境承载力承载状态，承载率是指区域环境承载量（各要素指标的现实取值）与该区域环境承载量阈值（各要素指标上限值）的比值，即相对应的发展变量（人类活动强度，也可理解为人类活动给水系统带来的压力）与水环境承载力（水环境承载力各分量的上限值）的比值；环境承载量阈值可以是容易得到的理论最佳值或预期要达到的目标值（标准值）。

单要素水环境承载率（I_k）的表达式为

$$I_k = \frac{ECQ_k}{ECC_k} \qquad (11-5)$$

式中：k ——某单一水环境要素；

I ——水环境承载率；

ECQ ——水环境承载量（Environmental Carrying Quantity）；

ECC ——水环境承载力（Environmental Carrying Capacity）。

依据水环境要素对人类生存与活动影响的重要程度，选用水资源承载率、COD 承载率、NH₃-N 承载率作为表征区域水环境承载力的指标，则各分量承载率评价公式如下：

$$COD承载率 = \frac{COD排放量}{COD可利用环境容量} \qquad (11-6)$$

$$NH_3\text{-}N承载率 = \frac{NH_3\text{-}N排放量}{NH_3\text{-}N可利用环境容量} \qquad (11-7)$$

$$TP承载率 = \frac{TP排放量}{TP可利用环境容量} \qquad (11-8)$$

$$水资源承载率 = \frac{用水总量}{水资源可利用量} \qquad (11-9)$$

基于以上理论，结合水环境容量指数，构造 COD 承载指数、NH₃-N 承载指数、TP 承载指数和水资源承载力承载指数来反映流域内各地区水环境承载力承载状态的相对大小，指数构造如下所示：

$$COD承载力超载指数 I_{COD} = \sqrt{\frac{COD排放量}{COD容量指数}} = \sqrt{\frac{P_{COD} \times c_{0-COD}}{Q_{地表水} \times c_{l-COD}}} \qquad (11-10)$$

$$NH_3\text{-}N承载力超载指数 I_{NH_3\text{-}N} = \sqrt{\frac{NH_3\text{-}N排放量}{NH_3\text{-}N容量指数}} = \sqrt{\frac{P_{NH_3\text{-}N} \times c_{0-NH_3\text{-}N}}{Q_{地表水} \times c_{l-NH_3\text{-}N}}} \qquad (11-11)$$

$$TP承载力超载指数 I_{TP} = \sqrt{\frac{TP排放量}{TP容量指数}} = \sqrt{\frac{P_{TP} \times c_{0-TP}}{Q_{地表水} \times c_{l-TP}}} \qquad (11-12)$$

$$水资源承载力超载指数 I_{水资源} = \sqrt{\frac{用水总量}{水资源总量}} \qquad (11-13)$$

式中：P_{COD}、$P_{NH_3\text{-}N}$、P_{TP}——流域内各地区的 COD 排放量、NH_3-N 排放量和 TP 排放量，t。

由于用于构建指数的指标在数量级上差距较大，为了使输出指数更加合理、减小模型训练误差，对指数进行开平方处理。

根据水环境承载力指数表征的内涵，承载力指数越小表示水环境承载力承载状态越优，承载力指数值越大表示超载状态越严重。

11.2 BP 神经网络模型构建与验证

11.2.1 构建模型的类型

在运用 BP 神经网络构建预警模型时，本研究分别尝试构建单变量模型和多变量模型。单变量模型即利用警情指标（水环境承载力超载指数）本身的历史数据构建模型，输入历史水环境承载力超载指数，则输出未来水环境承载力超载指数；而多变量模型除警情指标即水环境承载力超载指数这个指标外，同时将系统中的其他影响警情的指标纳入考虑范围内，除输入历史的水环境承载力超载指数外，还加入了反映警情的指标，输出则与单变量模型一致，为未来的水环境承载力超载指数。

在时间序列神经网络模型的构建过程中，输入层神经元个数（即输入步长 m）、输出层神经元个数（即输出步长 n）的选择非常重要。如果输入步长选择过大，模型中的输入数据就会过多，冗余无关的历史数据可能就会引入模型中；如果输入步长太小，可能无法反映变化趋势。同样，n 的选择也会直接影响预测的精度。通过综合考虑和多次尝试，最终选择 $m=3$、$n=1$，选取 2008—2017 年北运河流域主要涉及的 19 个地区（门头沟区在北运河流域上游，但涉及范围很小，因此没有纳入预警范围）的水环境承载力预警指数构建训练样本。依据输入步长为 3、输出步长为 1 构造训练样本，从而得到

2011—2017 年一共 133 组样本。进而将 2011—2016 年的 114 组数据作为训练数据,利用十折交叉验证划分训练集和验证集,进行参数优选;2017 年的 19 组数据作为测试集用来检验训练后的神经网络的输出误差。分别构建 COD 承载状态预警模型、NH₃-N 承载状态预警模型、TP 承载状态预警模型和水资源承载状态预警模型。

对于单变量模型而言,用前三年的水环境承载力承载指数预测后一年的水环境承载力承载指数,从而判断水环境承载力承载状态,样本构造方式见表 11-2。

表 11-2　单变量样本构造方式

输入层	输出层	类型
x_{2008}, x_{2009}, x_{2010}	x_{2011}	
x_{2009}, x_{2010}, x_{2011}	x_{2012}	
x_{2010}, x_{2011}, x_{2012}	x_{2013}	
x_{2011}, x_{2012}, x_{2013}	x_{2014}	训练集和验证集
x_{2012}, x_{2013}, x_{2014}	x_{2015}	
x_{2013}, x_{2014}, x_{2015}	x_{2016}	
x_{2014}, x_{2015}, x_{2016}	x_{2017}	测试集

注:x 为 COD(NH₃-N、TP、水资源)承载力超载指数。

对于多变量模型而言,用前三年的水环境承载力承载指数及影响警情的指标预测后一年的水环境承载力承载指数。系统的输入值过多,会使 BP 神经网络在验证的时候数据集不能很好地拟合数据,所以本研究分别构建了 COD 承载状态预警模型、NH₃-N 承载状态预警模型、TP 承载状态预警模型和水资源承载状态预警模型四套预警模型。模型输入指标和输出指标见表 11-3。

表 11-3　各模型的输入指标和输出指标

模型	指标类别	指标名称
		COD 承载指数
		总人口
		GDP
		第三产业占比
COD 承载状态预警模型	输入指标	万元 GDP COD 排放量
		地表水资源量
		降水量
		节能环保支出占比
		污水处理厂处理规模
	输出指标	COD 承载指数

模型	指标类别	指标名称
NH₃-N 承载状态预警模型	输入指标	NH_3-N 承载指数
		总人口
		GDP
		第三产业占比
		万元 GDP NH_3-N 排放量
		地表水资源量
		降水量
		节能环保支出占比
		污水处理厂处理规模
	输出指标	NH_3-N 承载指数
TP 承载状态预警模型	输入指标	TP 承载指数
		总人口
		GDP
		第三产业占比
		万元 GDP TP 排放量
		地表水资源量
		降水量
		节能环保支出占比
		污水处理厂处理规模
	输出指标	TP 承载力超载指数
水资源承载状态预警模型	输入指标	水资源承载指数
		总人口
		GDP
		第三产业占比
		万元 GDP 水耗
		人均水耗
		水资源总量
		节能环保支出占比
		降水量
	输出指标	水资源承载指数

每个模型选取 8 个反映警情的指标，因此多变量模型样本的构造方式见表 11-4。

表 11-4 多变量样本构建方式

输入层	输出层	类型
y_{m2008}，y_{m2009}，y_{m2010}，x_{2008}，x_{2009}，x_{2010}	x_{2011}	
y_{m2009}，y_{m2010}，y_{m2011}，x_{2009}，x_{2010}，x_{2011}	x_{2012}	
y_{m2010}，y_{m2011}，y_{m2012}，x_{2010}，x_{2011}，x_{2012}	x_{2013}	
y_{m2011}，y_{m2012}，y_{m2013}，x_{2011}，x_{2012}，x_{2013}	x_{2014}	训练集和验证集
y_{m2012}，y_{m2013}，y_{m2014}，x_{2012}，x_{2013}，x_{2014}	x_{2015}	
y_{m2013}，y_{m2014}，y_{m2015}，x_{2013}，x_{2014}，x_{2015}	x_{2016}	
y_{m2014}，y_{m2015}，y_{m2016}，x_{2014}，x_{2015}，x_{2016}	x_{2017}	测试集

注：y 为各模型中反映警情的指标，$m=1$，2，…，8；x 为 COD（NH_3-N、TP、水资源）承载力超载指数。

11.2.2 单变量模型构建与训练

根据 Takens 嵌入定理，当系统中没有其他噪声时，单个时间序列长度只要足够长且能够较好地体现混沌系统内部演化的规律，采用单变量的时间序列就能达到较好的模拟效果。因此，本研究首先构建单变量神经网络模型，模型的输入与输出均选择水环境承载指数，即利用其自身的历史数据构建 BP 神经网络预警模型。

11.2.2.1 模型构建与训练

根据上文中选择 BP 神经网络参数和结构的方法、原则，在 MATLAB 中构建三层 BP 神经网络。模型输入为前三年的承载力超载指数，输出为后一年的承载力超载指数，所以模型的输入节点数为 3、输出节点数为 1。隐含层节点数的选择非常重要，考虑研究问题的复杂性和非线性因素，本研究在十折交叉验证的基础上利用试错法来选择隐含层的节点个数，即选取输出误差最小时对应的隐含层节点数。具体操作方法是将隐含层节点数由 5 个逐步增加到 30 个，逐一进行训练，平均绝对误差见表 11-5。

表 11-5 不同隐含层节点数的平均绝对误差

隐含层节点数	COD 承载状态预警模型误差	NH_3-N 承载状态预警模型误差	TP 承载状态预警模型误差	水资源承载状态预警模型误差
5	0.228 6	0.195 8	0.317 6	0.138 5
6	0.148 4	0.343 2	0.187 1	0.206 6
7	0.246 2	0.382 1	0.366 3	0.127 9
8	0.146 1	0.360 3	0.349 3	0.263 7
9	0.162 4	0.242 3	0.189 8	0.162 7
10	0.220 4	0.429 3	0.309 6	0.218 1

隐含层节点数	COD 承载状态预警模型误差	NH₃-N 承载状态预警模型误差	TP 承载状态预警模型误差	水资源承载状态预警模型误差
11	0.294 8	0.311 3	0.274 6	0.200 2
12	0.204 3	0.463 2	0.462 3	0.263 1
13	0.252 4	0.275 9	0.316 8	0.115 4
14	0.266 3	0.265 3	0.445 5	0.370 1
15	0.219 3	0.106 0	0.445 9	0.269 1
16	0.288 8	0.465 4	0.437 5	0.171 8
17	0.239 9	0.261 3	0.267 6	0.311 5
18	0.194 5	0.490 8	0.578 3	0.192 2
19	0.246 5	0.634 9	0.442 9	0.331 9
20	0.416 5	0.379 7	0.466 9	0.154 7
21	0.151 1	0.526 2	0.301 7	0.163 2
22	0.359 5	0.559 4	0.490 1	0.239 2
23	0.279 9	0.593 6	0.496 5	0.199 1
24	0.242 9	0.562 0	0.439 7	0.123 4
25	0.299 6	0.663 9	0.301 4	0.320 1
26	0.319 3	0.805 4	0.297 2	0.353 1
27	0.351 2	0.507 9	0.460 7	0.326 1
28	0.387 9	0.278 1	0.397 6	0.134 3
29	0.175 6	0.441 6	0.415 3	0.195 6
30	0.471 9	0.553 5	0.377 5	0.137 3

由表 11-5 可知，COD 承载状态预警模型、NH₃-N 承载状态预警模型、TP 承载状态预警模型和水资源承载状态预警模型分别在隐含层节点数为 8 个、15 个、9 个和 13 个时对应的误差最小，因此选择这几个数作为模型训练的隐含层节点数。

经过反复训练，最终的模型主要参数见表 11-6。

表 11-6　各单变量模型主要参数

预警模型	隐含层节点数	隐含层传递函数	输出层传递函数	训练函数
COD 承载力	8	logsig	purelin	trainlm
NH₃-N 承载力	15	tansig	purelin	trainlm
TP 承载力	9	tansig	purelin	trainlm
水资源承载力	13	tansig	purelin	trainlm

在训练中，目标误差选择 0.000 1，学习步长选择 0.01，在 MATLAB 中的相关参数设置见图 11-1。

```
%设置学习步长
net20.trainParam.lr = 0.01;
%设置动量项系数
net20.trainParam.mc = 0.9 ;
%设置显示数据间隔
net20.trainParam.show = 50;
%设置训练次数
net20.trainParam.epochs = 5000;
%设置收敛误差
net20.trainParam.goal=0.0001;
```

图 11-1　单变量模型在 MATLAB 中的相关参数设置

利用训练好的预警模型对训练样本进行仿真，模型输出值（预测值）与真实值对比见图 11-2～图 11-5。

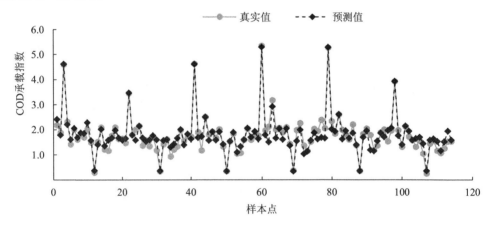

图 11-2　COD 承载状态预警模型训练样本预测值与真实值

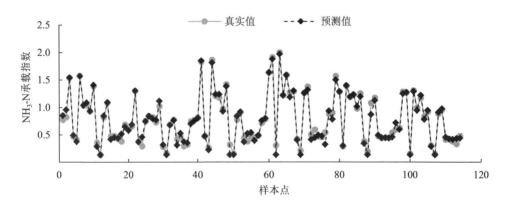

图 11-3　NH_3-N 承载状态预警模型训练样本预测值与真实值

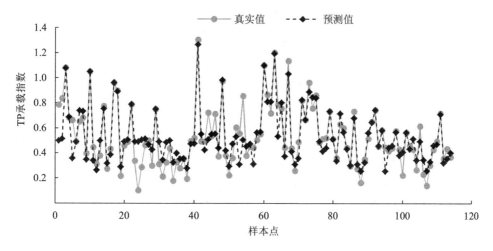

图 11-4　TP 承载状态预警模型训练样本预测值与真实值

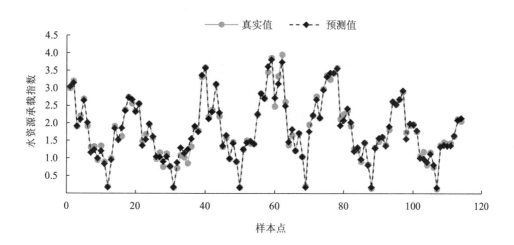

图 11-5　水资源承载状态预警模型训练样本预测值与真实值

由图 11-2～图 11-5 可知，训练得到的模型对训练样本的拟合程度较高，平均绝对误差分别为 10.60%、8.80%、14.45% 和 5.17%，预测值趋势和真实值趋势基本一致。接下来，将训练好的模型保存后，利用函数 $Y = \text{sim}（\text{net}，P\text{-test}）$ 对 2017 年的样本进行检验。

11.2.2.2　模型检验

（1）COD 承载状态预警模型检验

利用训练好的单变量 COD 承载状态预警模型对检验样本进行仿真，得到 COD 承载指数，见表 11-7。

表 11-7 COD 承载状态预警模型输出结果与真实值

样本	真实值	预测值	相对误差/%	实际警度	预报警度
1#	1.736 6	1.631 7	6.036 5	重警	重警
2#	2.124 6	1.648 0	22.429 6	重警	重警
3#	3.541 0	4.232 2	19.519 9	重警	重警
4#	2.271 1	1.727 4	23.941 0	中警	中警
5#	1.501 7	1.663 9	10.804 1	轻警	中警
6#	2.442 0	0.493 2	79.802 8	重警	无警
7#	1.171 2	1.637 1	39.772 6	轻警	中警
8#	1.296 5	1.585 1	22.585 6	轻警	轻警
9#	1.144 9	1.461 9	27.686 7	轻警	轻警
10#	1.553 8	1.669 0	7.409 4	中警	重警
11#	0.856 2	1.224 6	43.031 2	无警	轻警
12#	0.250 1	0.389 9	55.872 1	无警	无警
13#	1.455 2	1.617 7	11.168 8	轻警	中警
14#	1.620 5	1.483 7	8.446 0	轻警	轻警
15#	1.599 5	1.558 8	2.546 5	中警	中警
16#	1.069 5	0.972 0	9.115 9	轻警	轻警
17#	1.399 5	1.189 2	15.021 5	轻警	轻警
18#	1.935 2	1.648 6	14.808 5	中警	中警
19#	2.054 8	1.638 7	20.249 6	中警	中警

对比图见图 11-6。

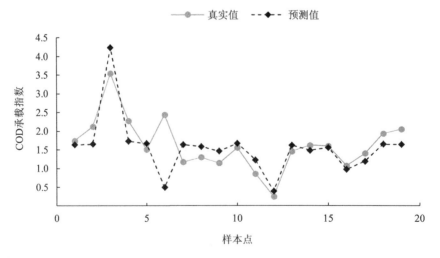

图 11-6 COD 承载状态预警模型预测值与真实值

结果显示，构建的预警模型精度较高，根据 COD 承载状态预警模型的输出结果，预测值与真实值之间的绝对误差最大值为 1.95，最小值为 0.041，均方根误差（RMSE）为 0.55，相关系数（R）为 0.71，检验样本的平均绝对误差百分比（MAPE）为 23.15%。进行对比后发现，5#、6#、7#、10#、11# 和 13# 样本进行警度转换后，预报警度与实际警度不一致，其余样本均一致，因此模型预报警度的准确率为 68.42%。

（2）NH$_3$-N 承载状态预警模型检验

利用训练好的 NH$_3$-N 承载状态预警模型对检验样本进行仿真，得到 NH$_3$-N 承载指数，见表 11-8。

表 11-8　NH$_3$-N 承载状态预警模型输出结果与真实值

样本	真实值	预测值	相对误差/%	实际警度	预报警度
1#	0.590 6	1.070 4	81.236 8	轻警	中警
2#	0.618 4	1.077 4	74.214 4	轻警	中警
3#	1.335 2	1.181 6	11.505 0	重警	重警
4#	1.303 4	1.083 4	16.875 5	重警	重警
5#	0.205 8	0.132 8	35.474 5	无警	无警
6#	1.390 3	1.216 5	12.503 6	重警	重警
7#	0.611 2	0.768 1	25.682 1	轻警	中警
8#	0.894 8	1.048 7	17.200 2	中警	中警
9#	0.651 6	1.302 9	99.965 2	轻警	重警
10#	0.842 1	0.620 0	26.368 5	重警	中警
11#	0.226 6	0.132 8	41.385 9	无警	无警
12#	0.136 5	0.132 8	2.681 1	无警	无警
13#	0.830 3	0.884 5	6.523 8	中警	中警
14#	0.924 4	0.777 7	15.866 5	中警	中警
15#	0.430 6	0.412 4	4.219 0	轻警	轻警
16#	0.463 3	0.342 6	26.066 3	轻警	轻警
17#	0.278 9	0.382 6	37.190 9	轻警	轻警
18#	0.277 1	0.132 8	52.068 8	轻警	轻警
19#	0.503 3	0.443 5	11.882 4	轻警	无警

对比图见图 11-7。

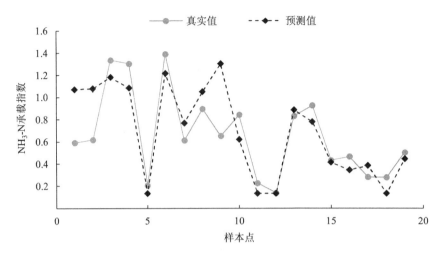

图 11-7　NH₃-N 承载状态预警模型预测值与真实值

根据 NH₃-N 承载状态预警模型的输出结果，预测值与真实值之间的绝对误差最大值为 0.65，最小值为 0.003 7，均方根误差（RMSE）为 0.26，相关系数（R）为 0.81，检验样本的平均绝对误差百分比（MAPE）为 31.52%。单变量 NH₃-N 承载力预警模型整体拟合趋势较好，但有个别输出与实际值相差较大。进行警度转换后发现，1#、2#、7#、9#、10# 和 19# 样本预报警度与实际警度不一致，其余样本均一致，因此模型预报警度的准确率约为 68.42%。

（3）TP 承载状态预警模型检验

利用训练好的 TP 承载状态预警模型对检验样本进行仿真，得到 TP 承载指数，见表 11-9。

表 11-9　TP 承载力预警模型输出结果与真实值

样本	真实值	预测值	相对误差/%	实际警度	预报警度
1#	0.403 4	0.254 4	36.939 6	中警	轻警
2#	0.421 8	0.476 0	12.847 0	中警	中警
3#	0.583 5	1.195 5	104.880 2	重警	重警
4#	0.481 1	0.541 9	12.632 8	中警	中警
5#	0.210 6	0.174 4	17.190 6	无警	无警
6#	0.627 8	0.660 4	5.192 3	重警	中警
7#	0.339 3	0.428 1	26.165 3	轻警	中警
8#	0.314 7	0.247 4	21.398 5	轻警	轻警
9#	0.218 7	0.172 8	20.982 8	无警	无警
10#	0.548 4	0.352 9	35.646 0	重警	轻警
11#	0.174 5	0.146 9	15.834 3	无警	无警

样本	真实值	预测值	相对误差/%	实际警度	预报警度
12#	0.124 8	0.137 3	10.011 9	无警	无警
13#	0.302 4	0.231 6	23.400 0	轻警	轻警
14#	0.412 6	0.402 8	2.378 0	中警	轻警
15#	0.440 8	0.235 2	46.641 9	中警	轻警
16#	0.590 9	0.861 4	45.777 4	重警	重警
17#	0.311 1	0.317 5	2.049 0	轻警	轻警
18#	0.444 2	0.560 8	26.268 4	重警	重警
19#	0.349 4	0.670 9	92.035 2	中警	重警

对比图见图 11-8。

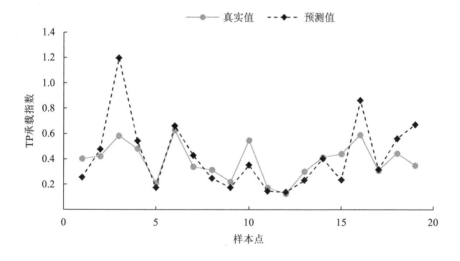

图 11-8　TP 承载状态预警模型预测值与真实值

　　根据 TP 承载状态预警模型的输出结果，预测值与真实值之间的绝对误差最大值为 0.61，最小值为 0.006 4，均方根误差（RMSE）为 0.19，相关系数（R）为 0.75。检验样本的平均绝对误差百分比（MAPE）为 29.38%。与 NH$_3$-N 承载力预警模型相似，个别输出与实际值相差较大。进行对比后发现，1#、6#、7#、10#、14#、15#和 19#样本进行警度转换后，预报警度与实际警度不一致，其余样本均一致，因此此模型预报警度的准确率为 63.16%。

　　（4）水资源承载状态预警模型检验

　　通过训练好的水资源承载状态预警模型对检验样本进行仿真，得到水资源承载指数，见表 11-10。

表 11-10　水资源承载状态预警模型输出结果与真实值

样本	真实值	预测值	相对误差/%	实际警度	预报警度
1#	2.663 8	2.680 5	0.629 1	重警	重警
2#	2.869 5	3.824 4	33.275 1	重警	重警
3#	1.720 6	1.833 6	6.568 9	中警	中警
4#	1.960 4	2.991 6	52.600 1	中警	重警
5#	1.963 9	2.309 0	17.571 2	轻警	轻警
6#	1.711 4	1.208 9	29.361 1	中警	轻警
7#	0.991 2	0.880 4	11.184 2	轻警	轻警
8#	1.067 6	1.711 0	60.256 9	轻警	中警
9#	0.801 9	0.445 8	44.410 0	无警	无警
10#	1.243 5	1.426 4	14.703 8	中警	中警
11#	0.657 6	0.978 1	48.735 5	无警	轻警
12#	0.138 1	0.147 2	6.629 7	无警	无警
13#	1.395 1	1.269 2	9.021 4	轻警	轻警
14#	1.267 1	0.311 2	75.437 0	中警	中警
15#	1.336 6	1.345 8	0.693 8	轻警	轻警
16#	1.476 0	0.419 9	71.555 4	轻警	轻警
17#	1.746 3	0.525 8	69.894 1	中警	轻警
18#	2.794 7	1.813 5	35.109 7	重警	重警
19#	2.799 2	2.335 8	16.555 8	重警	重警

对比图见图 11-9。

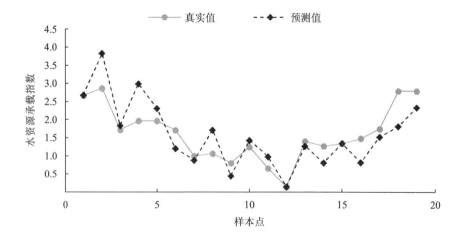

图 11-9　水资源承载状态预警模型预测值与真实值

根据水资源承载状态预警模型的输出结果，预测值与真实值之间的绝对误差最大值为 1.03，最小值为 0.009 2，均方根误差（RMSE）为 0.51，相关系数（R）为 0.82，检验样本的平均绝对误差百分比（MAPE）为 25.28%。均方根误差和平均绝对误差百分比较小，预测值与真实值的线性相关程度较高，模型拟合效果较好。4#、6#、8#、11# 和 17# 样本进行警度转换后，预报警度与实际警度不一致，其余样本均一致，因此模型预报警度的准确率为 73.68%。

通过以上分析可以看出，单变量模型仿真能够反映承载状态的演化趋势，但承载力承载指数预测的精度和警度预报的正确率还有待提高，个别模型还有异常值出现，因此本研究将建立更为复杂也更为有效的多变量预警模型。

11.2.3　多变量模型构建与训练

单变量模型对时间序列要求比较严格，但在实际情况下，通常无法获取足够长度的时间序列数据，长度往往都是有限的，且包含有局限性和不确定性的信息，无法反映系统的复杂性。另外，时间序列数据通常包含一定量的噪声，这不能准确反映混沌系统的内部演化。最重要的是，在复杂的混沌系统中有多个变量，并且不同的变量相互影响和相互制约。在时间序列长度相同的情况下，拥有多个变量的时间序列包含着更为丰富的动态信息，同时多变量时间序列还可以克服噪声对预测精度的影响，因此多变量时间序列比单变量时间序列更能准确反映系统内部的演化规律。

11.2.3.1　模型构建与训练

根据上文叙述的参数确定方法和原则，本研究选择三层 BP 神经网络，即一个输入层、一个输出层和一个隐含层，通过反复训练，选取 BP 神经网络输出误差最小的相关参数。COD 承载状态预警模型、NH_3-N 承载状态预警模型、TP 承载状态预警模型和水资源承载状态预警模型输入为前三年的 8 项反映警情的指标数据和前三年的承载指数，故构建的 BP 神经网络输入层节点数为 27，输出分别为对应的后一年 COD 承载指数、NH_3 承载指数、TP 承载指数和水资源承载指数，因为各模型的输出节点数都为 1。同样选择试错法来确定隐含层节点数，结果见表 11-11。

表 11-11　不同隐含层节点数的误差

隐含层节点数	COD 承载状态预警模型误差	NH_3-N 承载状态预警模型误差	TP 承载状态预警模型误差	水资源承载状态预警模型误差
5	0.521 3	0.363 6	0.864 3	0.208 7
6	0.452 4	0.376 7	0.570 9	0.314 1
7	0.253 4	0.472 3	0.336 8	0.225 2

隐含层节点数	COD 承载状态预警模型误差	NH₃-N 承载状态预警模型误差	TP 承载状态预警模型误差	水资源承载状态预警模型误差
8	0.296 7	0.541 9	0.419 7	0.169 4
9	0.258 6	0.300 2	0.424 3	0.240 9
10	0.543 7	0.534 3	0.535 9	0.186 6
11	0.218 7	0.491 2	0.383 2	0.230 2
12	0.350 6	0.210 5	0.394 5	0.155 8
13	0.165 9	0.202 4	0.337 6	0.342 6
14	0.242 5	0.477 8	0.389 1	0.193 6
15	0.191 6	0.248 4	0.576 4	0.234 6
16	0.274 6	0.332 4	0.400 4	0.183 5
17	0.228 2	0.326 5	0.610 7	0.234 2
18	0.187 5	0.368 9	0.433 4	0.234 5
19	0.153 2	0.292 4	0.347 6	0.263 7
20	0.325 1	0.259 5	0.322 9	0.285 0
21	0.282 7	0.483 7	0.363 8	0.211 4
22	0.183 5	0.405 6	0.326 3	0.207 3
23	0.603 1	0.200 2	0.374 7	0.175 4
24	0.191 6	0.323 7	0.395 3	0.185 3
25	0.134 7	0.429 4	0.589 5	0.215 5
26	0.257 9	0.356 4	0.383 5	0.293 6
27	0.184 6	0.410 2	0.315 4	0.134 6
28	0.241 5	0.249 3	0.423 7	0.204 2
29	0.311 3	0.473 4	0.244 8	0.230 2
30	0.252 4	0.312 6	0.292 6	0.140 4

由表 11-11 可知，COD 承载状态预警模型、NH₃-N 承载状态预警模型、TP 承载状态预警模型和水资源承载状态预警模型分别在隐含层节点数为 25 个、23 个、29 个和 27 个时对应的误差最小，因此选择这几个数作为模型训练的隐含层节点数。

经过反复训练，最终选择的模型主要参数见表 11-12。

表 11-12　各多变量模型主要参数

预警模型	隐含层节点数	隐含层传递函数	输出层传递函数	训练函数
COD 承载状态	25	tansig	tansig	trainlm
NH₃-N 承载状态	23	tansig	tansig	trainlm
TP 承载状态	29	tansig	tansig	trainlm
水资源承载状态	27	tansig	tansig	trainlm

与单变量模型相同，目标误差依然选择 0.000 1，学习步长选择 0.01，其他参数见图 11-10。

```
%设置学习步长
net.trainParam.lr = 0.01;
%设置动量项系数
net.trainParam.mc = 0.9 ;
%设置显示数据间隔
net.trainParam.show = 50;
%设置训练次数
net.trainParam.epochs = 50000;
%设置收敛误差
net.trainParam.goal=0.0001;
```

图 11-10　多变量模型在 MATLAB 中的相关参数设置

利用训练好的预警模型对训练样本进行仿真，模型预测值与真实值对比见图 11-11～图 11-14。

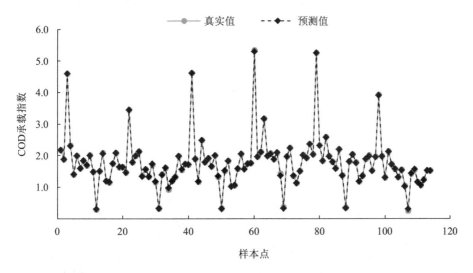

图 11-11　COD 承载状态预警模型训练样本预测值与真实值

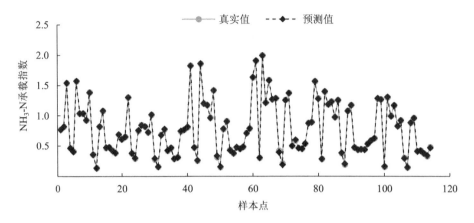

图 11-12　NH₃-N 承载状态预警模型训练样本预测值与真实值

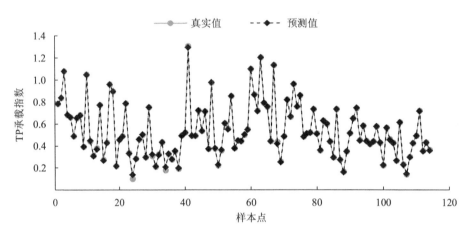

图 11-13　TP 承载状态预警模型训练样本预测值与真实值

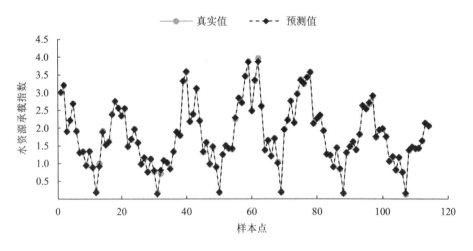

图 11-14　水资源承载状态预警模型训练样本预测值与真实值

由图 11-11～图 11-14 可知，多变量神经网络模型对训练样本的拟合程度更高，平均相对误差分别为 0.79%、0.78%、0.94% 和 1.26%，预测值和真实值基本一致。接下来，同样将训练好的模型保存后，利用函数 $Y = \text{sim}$（net，P-test）对 2017 年的样本进行检验。

11.2.3.2　模型检验

（1）COD 承载状态预警模型检验

利用训练好的多变量 COD 承载力预警模型对检验样本进行仿真，系统最终计算结果见表 11-13。

表 11-13　COD 承载状态预警模型输出结果与真实值

样本	真实值	预测值	相对误差/%	实际警度	预报警度
1#	1.736 6	1.432 9	17.488 9	重警	中警
2#	2.124 6	1.913 8	9.918 9	重警	重警
3#	3.541 0	4.192 8	18.406 9	重警	重警
4#	2.271 1	2.249 5	0.951 1	中警	中警
5#	1.501 7	2.004 5	33.481 0	轻警	中警
6#	2.442 0	2.427 1	0.607 6	重警	重警
7#	1.171 2	1.522 3	29.974 3	轻警	轻警
8#	1.296 5	1.487 9	14.760 6	轻警	轻警
9#	1.144 9	1.055 9	7.778 0	轻警	轻警
10#	1.553 8	1.185 4	23.713 2	中警	中警
11#	0.856 2	1.024 3	19.632 7	无警	轻警
12#	0.250 1	0.344 7	37.787 5	无警	无警
13#	1.455 2	1.122 5	22.858 5	轻警	轻警
14#	1.620 5	1.382 4	14.698 3	轻警	轻警
15#	1.599 5	1.360 3	14.952 2	中警	中警
16#	1.069 5	1.286 9	20.324 5	轻警	轻警
17#	1.399 5	1.473 3	5.276 9	轻警	轻警
18#	1.935 2	1.487 9	23.114 3	中警	中警
19#	2.054 8	1.399 5	31.890 9	中警	轻警

对比图见图 11-15。

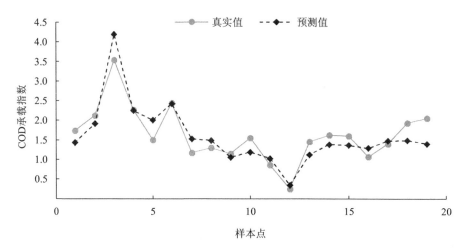

图 11-15　COD 承载状态预警模型预测值与真实值

　　根据模型输出结果,预测值与真实值之间的绝对误差最大值为 0.66,最小值为 0.015,大多数输出结果误差较小,均方根误差(RMSE)为 0.33,相关系数(R)为 0.90,检验样本的平均绝对误差百分比(MAPE)为 18.30%,均方根误差和平均绝对误差百分比较小,预测值与真实值的线性相关程度较高,模型拟合效果较好。在对模型的性能指标进行分析后,将承载指数转化为预警等级进行检验。进行对比后发现,1#、5#、11# 和 19# 样本将承载指数转换为警度后,预报警度与实际警度不一致,其余均一致,因此模型预报警度的准确率为 78.95%。

　　(2)NH₃-N 承载状态预警模型检验

　　利用训练好的多变量 NH₃-N 承载状态预警模型对检验样本进行仿真,系统最终计算结果见表 11-14。

表 11-14　NH₃-N 承载状态预警模型输出结果与真实值

样本	真实值	预测值	相对误差/%	实际警度	预报警度
1#	0.590 6	0.778 3	31.777 4	轻警	中警
2#	0.618 4	0.662 0	7.044 9	轻警	中警
3#	1.335 2	1.325 5	0.724 8	重警	重警
4#	1.303 4	1.994 4	53.016 3	重警	重警
5#	0.205 8	0.224 9	9.254 7	无警	无警
6#	1.390 3	1.995 1	43.497 4	重警	重警
7#	0.611 2	0.724 2	18.492 6	轻警	中警
8#	0.894 8	0.699 3	21.843 7	中警	中警
9#	0.651 6	1.082 2	66.100 5	轻警	中警
10#	0.842 1	0.655 6	22.147 0	重警	重警

样本	真实值	预测值	相对误差/%	实际警度	预报警度
11#	0.226 6	0.245 0	8.127 5	无警	无警
12#	0.136 5	0.137 2	0.536 4	无警	无警
13#	0.830 3	0.944 0	13.692 0	中警	中警
14#	0.924 4	0.639 7	30.796 5	中警	中警
15#	0.430 6	0.416 4	3.292 9	轻警	轻警
16#	0.463 3	0.441 8	4.646 0	轻警	轻警
17#	0.278 9	0.405 9	45.536 8	轻警	轻警
18#	0.277 1	0.245 3	11.467 2	轻警	轻警
19#	0.503 3	0.439 9	12.596 1	轻警	无警

对比图见图 11-16。

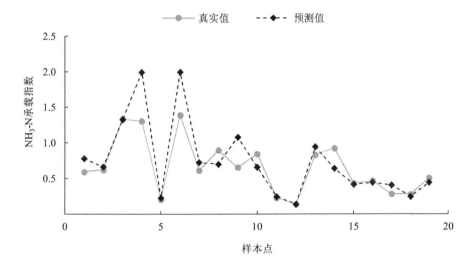

图 11-16　NH₃-N 承载状态预警模型预测值与真实值

根据模型输出结果，预测值与真实值之间的绝对误差最大值为 0.69，最小值为 0.000 73，均方根误差（RMSE）为 0.25，相关系数（R）为 0.90，检验样本的平均绝对误差百分比（MAPE）为 21.29%，整体拟合度有了明显的提升。1#、2#、7#、9# 和 19# 样本进行警度转换后，预报警度与实际警度不一致，模型预报警度的准确率为 73.68%。

（3）TP 承载状态预警模型检验

利用训练好的多变量 TP 承载状态预警模型对检验样本进行仿真，系统最终计算结果见表 11-15。

表 11-15　TP 承载状态预警模型输出结果与真实值

样本	真实值	预测值	相对误差/%	实际警度	预报警度
1#	0.403 4	0.439 6	8.995 3	中警	中警
2#	0.421 8	0.324 3	23.126 4	中警	轻警
3#	0.583 5	0.767 8	31.574 0	重警	重警
4#	0.481 1	0.280 7	41.664 3	中警	轻警
5#	0.210 6	0.179 8	14.607 2	无警	无警
6#	0.627 8	0.926 7	47.613 9	重警	重警
7#	0.339 3	0.324 8	4.275 4	轻警	轻警
8#	0.314 7	0.337 7	7.317 1	轻警	轻警
9#	0.218 7	0.217 0	0.758 5	无警	无警
10#	0.548 4	0.551 5	0.565 3	重警	中警
11#	0.174 5	0.279 9	60.377 1	无警	轻警
12#	0.124 8	0.171 1	37.034 7	无警	无警
13#	0.302 4	0.388 8	28.602 8	轻警	轻警
14#	0.412 6	0.518 1	25.570 7	中警	中警
15#	0.440 8	0.466 5	5.830 4	中警	中警
16#	0.590 9	0.809 0	36.910 8	重警	重警
17#	0.311 1	0.414 8	33.315 1	轻警	轻警
18#	0.444 2	0.536 4	20.771 9	重警	重警
19#	0.349 4	0.369 5	5.749 4	中警	中警

对比图见图 11-17。

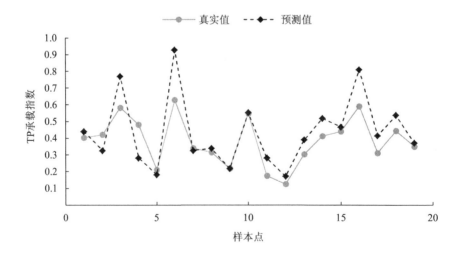

图 11-17　TP 承载状态预警模型预测值与真实值

根据模型输出结果，预测值与真实值之间的绝对误差最大值为 0.30，最小值为 0.003 1，均方根误差（RMSE）为 0.12，相关系数（R）为 0.87，检验样本的平均绝对误差百分比（MAPE）为 22.88%，预测值与真实值的线性相关程度有了较大提升。2[#]、4[#]、10[#] 和 11[#] 样本进行警度转换后，预报警度与实际警度不一致，其余均一致，因此模型预报警度的准确率为 78.95%。

（4）水资源承载力预警模型检验

利用训练好的多变量水资源承载状态预警模型对检验样本进行仿真，系统最终计算结果见表 11-16。

表 11-16　水资源承载状态预警模型输出结果与真实值

样本	真实值	预测值	相对误差/%	实际警度	预报警度
1[#]	2.663 8	2.425 6	8.939 4	重警	中警
2[#]	2.869 5	3.167 8	10.393 5	重警	重警
3[#]	1.720 6	1.748 7	1.637 0	中警	中警
4[#]	1.960 4	2.238 7	14.195 1	中警	中警
5[#]	1.963 9	2.058 0	4.788 9	轻警	轻警
6[#]	1.711 4	2.056 9	20.187 1	中警	中警
7[#]	0.991 2	1.087 9	9.757 2	轻警	轻警
8[#]	1.067 6	1.323 1	23.930 9	轻警	轻警
9[#]	0.801 9	1.133 5	41.346 0	无警	轻警
10[#]	1.243 5	1.518 8	22.133 8	中警	中警
11[#]	0.657 6	0.783 1	19.079 0	无警	无警
12[#]	0.138 1	0.186 6	35.179 2	无警	无警
13[#]	1.395 1	1.328 9	4.744 0	轻警	轻警
14[#]	1.267 1	0.758 2	40.164 8	中警	轻警
15[#]	1.336 6	1.268 7	5.076 1	轻警	轻警
16[#]	1.476 0	1.390 2	5.816 5	轻警	轻警
17[#]	1.746 3	2.593 0	48.481 0	中警	重警
18[#]	2.794 7	2.987 9	6.915 4	重警	重警
19[#]	2.799 2	2.978 3	6.399 9	重警	重警

对比图见图 11-18。

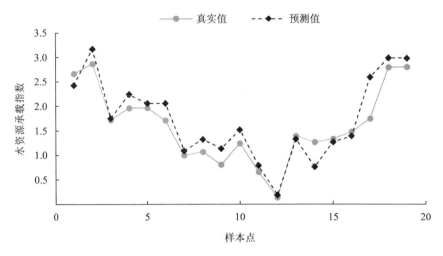

图 11-18　水资源承载状态预警模型预测值与真实值

根据模型输出结果，预测值与真实值之间的绝对误差最大值为 0.85，最小值为 0.002 8，均方根误差（RMSE）为 0.30，相关系数（R）为 0.94，检验样本的平均绝对误差百分比（MAPE）为 17.32%，均方根误差和平均绝对误差百分比明显变小。1#、9#、14#和17#样本进行警度转换后，预报警度与实际警度不一致，其余均一致，因此模型预报警度的准确率为 78.95%。

由历史性检验可知，各预警模型的拟合效果较好，总体误差在 20%左右。总体来说，构建的模型仿真效果可信，能够很好地预测各承载力超载指数，达到建模目的，可以成立。由于所构建的复杂系统本身存在许多的不确定因素，各区域发展过程中，个别年份会因为政策变化、突发环境灾害甚至是统计口径的变化，使模型内出现相对误差高的情况，这是正常现象。

11.2.4　模型性能对比

将单变量预警模型与多变量预警模型的性能指标进行对比，得到表 11-17 和图 11-19～图 11-22，可以发现多变量预警模型的各项性能指标明显比单变量预警模型高，均方根误差和平均绝对误差百分比均比单变量预警模型有所减少，各模型均方根误差平均下降了 30.47%，各模型平均绝对误差平均下降了 7.39 个百分点，说明模型预测值与真实值之间的绝对偏离和相对偏差程度减小。相反地，相关系数有提高，各模型相关系数提高了 17.13%，说明模型预测值与真实值的线性相关程度增强，分类正确率平均提高了 9.21 个百分点，模型学习能力增强。这是因为在复杂系统中，多变量预警模型更好地利用了变量之间的相互耦合关系，增加了重构的信息量，从而模型的输入有了很多约束条件，模型能够有效地克服系统内部随机性带来的影响，提高了模型的泛化能力。

表 11-17　预警模型性能指标对比

模型	仿真类型	RMSE	MAPE/%	R	CATS/%
COD 承载状态 预警模型	单变量神经网络	0.55	23.15	0.71	68.42
	多变量神经网络	0.33	18.30	0.90	78.95
NH$_3$-N 承载状态 预警模型	单变量神经网络	0.26	31.52	0.81	68.42
	多变量神经网络	0.25	21.29	0.90	73.68
TP 承载状态 预警模型	单变量神经网络	0.19	29.38	0.75	63.16
	多变量神经网络	0.12	22.88	0.87	78.95
水资源承载状态 预警模型	单变量神经网络	0.51	25.28	0.82	73.68
	多变量神经网络	0.30	17.32	0.94	78.95

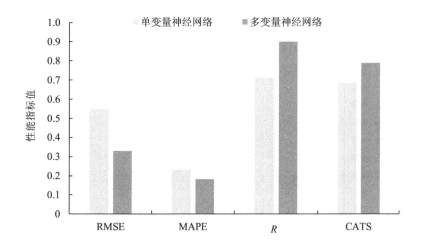

图 11-19　COD 承载状态预警模型性能对比

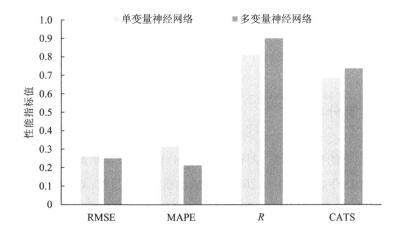

图 11-20　NH$_3$-N 承载状态预警模型性能对比

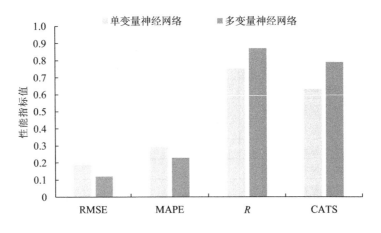

图 11-21　TP 承载状态预警模型性能对比

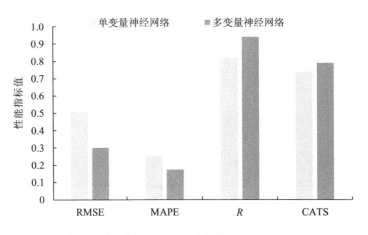

图 11-22　水资源承载状态预警模型性能对比

由上述分析可知，多变量预警模型在水环境承载状态预警上有更大的优越性，所建立的模型能很好地反映水环境承载指数，多变量预警模型更适合用来进行水环境承载状态预警研究。

11.3　预警结果分析

利用最终保存好的神经网络，对研究区 2018 年的水环境承载指数进行预测，输入指标为前三年（即 2015 年、2016 年和 2017 年）的承载力超载指数、GDP、人口等 27 项指标，预测 2018 年各地区的 COD 承载指数、NH₃-N 承载指数、TP 承载指数和水资源承载指数，结果见表 11-18。

表 11-18　2018 年各地区承载指数预测结果

地区	COD 承载指数	NH₃-N 承载指数	TP 承载指数	水资源承载指数
东城区	1.273 6	0.301 5	0.345 5	3.326 9
西城区	1.902 5	0.882 8	0.486 2	3.732 1
朝阳区	4.600 1	1.717 3	0.767 6	2.466 9
丰台区	4.270 9	1.513 5	0.326 5	2.702 0
石景山区	1.026 8	0.175 7	0.172 5	2.874 6
海淀区	2.599 7	1.845 9	0.802 1	2.202 5
通州区	0.877 6	1.323 2	0.315 1	2.044 2
顺义区	1.282 9	1.116 2	0.319 7	0.969 0
昌平区	1.266 7	0.517 0	0.212 8	0.610 3
大兴区	1.140 1	1.173 2	0.818 0	2.325 8
怀柔区	0.613 8	0.223 4	0.169 8	1.128 8
延庆区	0.380 0	0.144 5	0.185 8	0.202 7
安次区	1.047 1	0.219 0	0.187 0	2.142 5
广阳区	1.993 0	1.248 8	0.611 0	1.589 6
香河县	0.961 5	0.508 5	0.315 2	1.996 6
武清区	1.278 0	0.464 7	0.529 3	1.706 5
北辰区	1.656 0	0.615 8	0.212 3	2.244 0
红桥区	1.356 3	0.419 2	0.809 6	3.200 3
河北区	1.034 6	0.772 7	0.251 1	3.117 8

以上是各地区不同水环境承载力分量（包括水环境容量与水资源承载力等）的水环境承载指数，本研究将结合内梅罗指数法和短板法得到水环境承载力的综合预警等级。内梅罗指数法克服了平均值法各要素分摊的缺陷，兼顾了各要素的平均值和最高值，可以突出超载最严重的要素的影响和作用。根据卡顿提出的最小法则，环境承载力是由最不充足且不便获取的物资确定的，这也就是短板效应。因此在本研究中，先用内梅罗指数法计算水环境容量承载指数，对水环境容量承载指数进行预警等级划分后，根据短板效应取水环境容量承载状态预警等级和水资源承载状态预警等级中较严重的预警等级，得到水环境承载状态综合预警等级。水环境容量承载指数计算结果见表 11-19。

表 11-19　2018 年各地区水环境容量承载指数

地区	水环境容量承载指数	地区	水环境容量承载指数	地区	水环境容量承载指数
东城区	1.008	顺义区	1.111	香河县	0.800
西城区	1.551	昌平区	1.012	武清区	1.050
朝阳区	3.656	大兴区	1.110	北辰区	1.309
丰台区	3.346	怀柔区	0.495	红桥区	1.136
石景山区	0.795	延庆区	0.317	河北区	0.878
海淀区	2.216	安次区	0.816		
通州区	1.108	广阳区	1.676		

11.3.1　COD 承载力预警结果

根据上述预警等级划分方法确定 COD 承载状态预警警度，结果见表 11-20。

表 11-20　COD 承载状态警度划分表

警限标准			$I<0.76$	$0.76{\leqslant}I<1.31$	$1.31{\leqslant}I<2.25$	$I{\geqslant}2.25$
变化过程	变差	$k>0$	黄色预警区	橙色预警区	红色预警区	红色预警区
	变好	$k{\leqslant}0$	绿色无警区	黄色预警区	橙色预警区	

根据警度划分表，得到 2018 年北运河流域各地区的 COD 承载状态警度，见表 11-21、图 11-23 和图 11-24。

表 11-21　COD 承载状态预警结果

地区	COD 承载指数	变化趋势（k）	警度	警示灯颜色
东城区	1.273 6	>0	中警	橙色
西城区	1.902 4	>0	重警	红色
朝阳区	4.600 1	<0	重警	红色
丰台区	4.270 9	<0	重警	红色
石景山区	1.026 7	<0	轻警	黄色
海淀区	2.599 6	<0	重警	红色
通州区	0.877 6	<0	轻警	黄色
顺义区	1.282 9	<0	轻警	黄色
昌平区	1.266 6	<0	轻警	黄色
大兴区	1.140 1	>0	中警	橙色
怀柔区	0.613 7	<0	无警	绿色
延庆区	0.380 0	<0	无警	绿色
安次区	1.047 1	<0	轻警	黄色
广阳区	1.992 9	<0	中警	橙色
香河县	0.961 4	>0	中警	橙色
武清区	1.278 0	<0	轻警	黄色
北辰区	1.656 0	<0	中警	橙色
红桥区	1.356 2	>0	重警	红色
河北区	1.034 6	<0	轻警	黄色

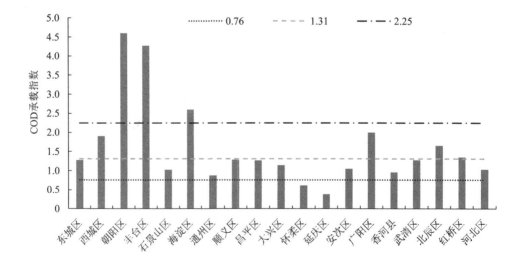

图 11-23　COD 承载指数分布图

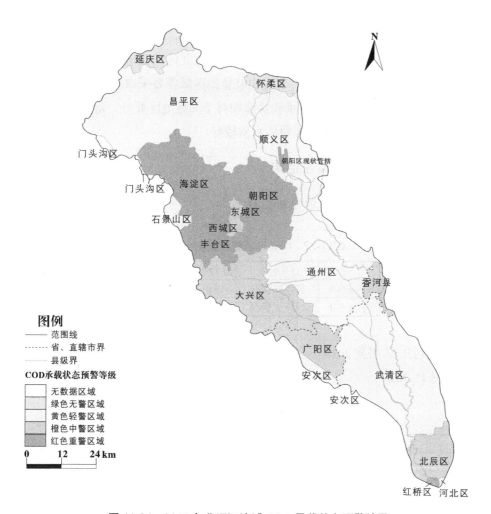

图 11-24 2018 年北运河流域 COD 承载状态预警结果

结果显示，朝阳区、海淀区、丰台区、西城区和红桥区 COD 承载状态亮起了红灯，发出了重警的信号，情况紧急。其中，朝阳区、海淀区、丰台区、西城区属于北京市中心城区，人口稠密、产业集中，城市化水平较高，是北京市内发展程度较高、速度较快的区域，因而 COD 排放水平很高，水环境质量受社会活动影响较大。近年来 COD 排放主要来自点源，朝阳区和丰台区超过七成，海淀区超过六成。红桥区 COD 排放主要集中在城镇面源，且近几年承载指数有上升的趋势，超载加剧，所以落在了红色预警区，同样需要重点关注。东城区、大兴区、广阳区、香河县和北辰区落在了橙色预警区，发出了中警的信号，COD 承载状态比较严重。其中，东城区人口密度较高，COD 排放几乎全部来自城镇生活，水质较差，此外区域水资源量较小，水环境容量有限，造成了 COD 承载力超载。大兴区 COD 排放量较大，污染物来源主要是农业和城镇生活排放，而且大兴区位于凉水河下游，区域污染程度较高。香河县、广阳区和北辰区 COD 排放则主要来自面源。大兴区和香河县承载指数有上升趋势，值得注意。昌平区、顺义区、石景山区、武清区、通州区、河北区和安次区 COD 承载状态相比北运河流域中的中警和重警区域轻一些，COD 承载状态有变好的趋势，对发出轻警的区域需要采取相关措施以防止往更坏的方向发展。延庆区、怀柔区 COD 承载状态相对于其他地区要好，落在了绿色无警区，这两个区位于北运河流域上游地区，整体水质较好。

11.3.2 NH_3-N 承载状态预警结果

NH_3-N 承载状态预警的警度划分见表 11-22。

表 11-22 NH_3-N 承载状态警度划分表

警限标准			$I<0.27$	$0.27\leqslant I<0.61$	$0.61\leqslant I<1.37$	$I\geqslant1.37$
变化过程	变差	$k>0$	黄色预警区	橙色预警区	红色预警区	红色预警区
	变好	$k\leqslant0$	绿色无警区	黄色预警区	橙色预警区	

根据警度划分表，得到2018年北运河流域各地区的NH_3-N 承载状态警度，见表 11-23、图 11-25 和图 11-26。

表 11-23 NH_3-N 承载状态预警结果

地区	NH_3-N 承载指数	变化趋势（k）	警度	警示灯颜色
东城区	0.301 5	<0	轻警	黄色
西城区	0.882 8	<0	中警	橙色
朝阳区	1.717 3	<0	重警	红色
丰台区	1.513 5	>0	重警	红色
石景山区	0.175 7	<0	无警	绿色
海淀区	1.845 9	<0	重警	红色
通州区	1.323 2	<0	中警	橙色
顺义区	1.116 2	<0	中警	橙色
昌平区	0.517 0	<0	轻警	黄色
大兴区	1.173 2	>0	重警	红色
怀柔区	0.223 4	<0	无警	绿色
延庆区	0.144 5	<0	无警	绿色
安次区	0.219 0	<0	无警	绿色
广阳区	1.248 8	<0	中警	橙色
香河县	0.508 5	<0	轻警	黄色
武清区	0.464 7	<0	轻警	黄色
北辰区	0.615 8	<0	中警	橙色
红桥区	0.419 2	<0	轻警	黄色
河北区	0.772 7	<0	中警	橙色

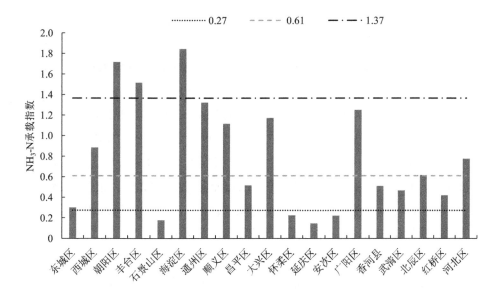

图 11-25　NH₃-N 承载指数分布图

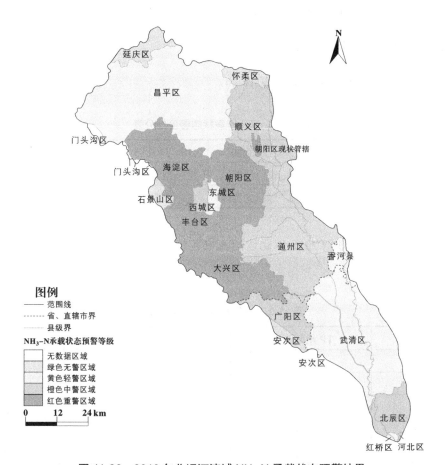

图 11-26　2018 年北运河流域 NH₃-N 承载状态预警结果

由以上预警结果可知，对于 NH$_3$-N 承载力而言，朝阳区、海淀区、丰台区和大兴区发出了重警的信号，落在了红色预警区。其中，朝阳区、海淀区和丰台区的城市发展水平高，NH$_3$-N 排放量较大，大部分来自城镇生活污水排放，小部分来自区域内污水处理厂排放，对区域 NH$_3$-N 承载状态影响较大。大兴区的 NH$_3$-N 排放主要来自城镇生活、农业和污水处理厂，区域内水质较差。西城区、顺义区、通州区、北辰区、广阳区和河北区的 NH$_3$-N 承载力发出了中警的信号。位于中心城区的东城区的 NH$_3$-N 排放主要来自生活面源排放；顺义区和通州区离北京中心较远，发展水平不及中心城区高，NH$_3$-N 排放主要来自面源，除了城镇生活污染排放外，农业面源排放量较大，面源污染较为严重。北辰区、广阳区和河北区的 NH$_3$-N 排放同样来自面源，其中生活污水和农业污染排放占较大比例，面源污染严重，因而 NH$_3$-N 承载状态不容乐观。东城区、昌平区、香河县、武清区和红桥区等落到了黄色预警区，发出了轻警的信号。这些地区的 NH$_3$-N 排放水平相对较低，且连续三年以上的水环境承载状态指数回归直线的斜率为负，NH$_3$-N 超载状态趋缓，因此划到了轻警区。石景山区、怀柔区、延庆区和安次区落在了绿色无警区域，NH$_3$-N 承载状态相比其他区域来说较好。

11.3.3 TP 承载状态预警结果

TP 承载状态预警的警度划分见表 11-24。

表 11-24 TP 承载状态警度划分表

警限标准			$I<0.20$	$0.20 \leqslant I<0.35$	$0.35 \leqslant I<0.58$	$I \geqslant 0.58$
变化过程	变差	$k>0$	黄色预警区	橙色预警区	红色预警区	红色预警区
	变好	$k \leqslant 0$	绿色无警区	黄色预警区	橙色预警区	

根据警度划分表，得到 2018 年北运河流域各地区的 TP 承载状态警度，见表 11-25、图 11-27、图 11-28。

表 11-25 TP 承载状态预警结果

地区	TP 承载指数	变化趋势（k）	警度	警示灯颜色
东城区	0.345 5	<0	中警	橙色
西城区	0.486 2	<0	中警	橙色
朝阳区	0.767 6	<0	重警	红色
丰台区	0.326 5	<0	轻警	黄色
石景山区	0.172 5	<0	无警	绿色

地区	TP 承载指数	变化趋势（k）	警度	警示灯颜色
海淀区	0.802 1	<0	重警	红色
通州区	0.315 1	<0	轻警	黄色
顺义区	0.319 7	<0	轻警	黄色
昌平区	0.212 8	<0	轻警	黄色
大兴区	0.818 0	<0	重警	红色
怀柔区	0.169 8	<0	无警	绿色
延庆区	0.185 8	<0	无警	绿色
安次区	0.187 0	<0	无警	绿色
广阳区	0.611 0	<0	重警	红色
香河县	0.315 2	<0	轻警	黄色
武清区	0.529 3	<0	中警	橙色
北辰区	0.212 3	<0	轻警	黄色
红桥区	0.809 6	>0	重警	红色
河北区	0.251 1	>0	中警	橙色

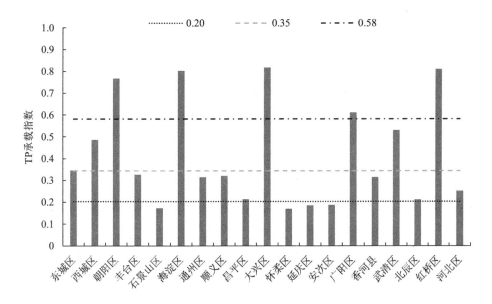

图 11-27 TP 承载指数分布图

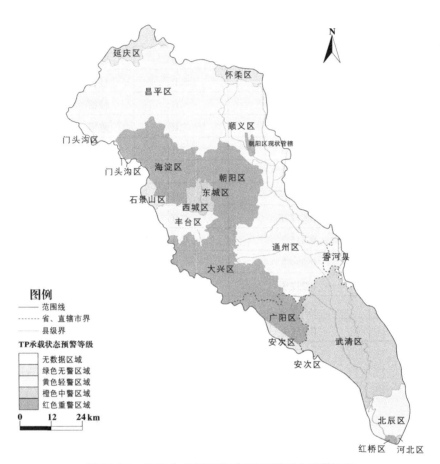

图 11-28 2018 年北运河流域 TP 承载状态预警结果

由图 11-28 预警结果可知，朝阳区、海淀区、大兴区、广阳区和红桥区属于红色预警区，发出了重警信号。其中，朝阳区和海淀区发展水平高、发展速度快，TP 排放水平高，TP 承载力超载依然严重，TP 排放主要来自区域内城镇生活污水和污水处理厂。大兴区和广阳区面源污染比较严重，TP 排放绝大部分来自农业面源，主要是畜禽养殖和种植业。西城区、东城区、武清区和河北区属于橙色预警区，发出了中警信号。西城区和东城区的发展水平较高，TP 排放主要来自城镇生活污水。武清区和河北区的 TP 排放主要集中在农业，其次是城镇生活排放，农业面源污染较为严重，水质较差。丰台区、通州区、顺义区、香河县、昌平区、北辰区落在了黄色轻警区，承载状态好转，且处于黄色轻警区的几个地区承载指数是下降趋势。延庆区、怀柔区、石景山区和安次区则属于绿色无警区，TP 排放水平较低，情况较好。

11.3.4　水资源承载状态预警结果

水资源承载状态预警的警度划分见表 11-26。

表 11-26　水资源承载状态警度划分表

警限标准			$I<1.19$	$1.19 \leqslant I<2.14$	$2.14 \leqslant I<3.08$	$I \geqslant 3.08$
变化过程	变差	$k>0$	黄色预警区	橙色预警区	红色预警区	红色预警区
	变好	$k \leqslant 0$	绿色无警区	黄色预警区	橙色预警区	

根据警度划分表，得到 2018 年北运河流域各地区的水资源承载状态警度，见表 11-27、图 11-29 和图 11-30。

表 11-27　水资源承载状态预警结果

地区	水资源承载指数	变化趋势（k）	警度	警示灯颜色
东城区	3.326 9	<0	重警	红色
西城区	3.732 1	<0	重警	红色
朝阳区	2.466 9	<0	中警	橙色
丰台区	2.702 0	<0	中警	橙色
石景山区	2.874 6	<0	中警	橙色
海淀区	2.202 5	<0	中警	橙色
通州区	2.044 2	<0	轻警	黄色
顺义区	0.969 0	<0	无警	绿色
昌平区	0.610 3	<0	无警	绿色
大兴区	2.325 8	>0	重警	红色
怀柔区	1.128 8	<0	无警	绿色
延庆区	0.202 7	<0	无警	绿色
安次区	2.142 5	<0	轻警	黄色
广阳区	1.589 6	>0	中警	橙色
香河县	1.996 6	<0	轻警	黄色
武清区	1.706 5	<0	轻警	黄色
北辰区	2.244 0	<0	中警	橙色
红桥区	3.200 3	>0	重警	红色
河北区	3.117 8	>0	重警	红色

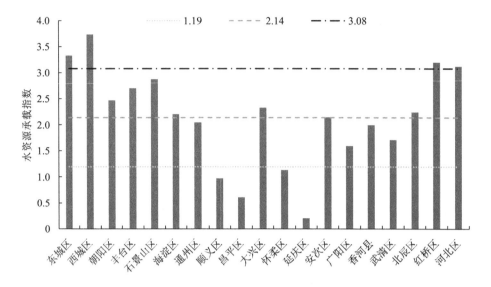

图 11-29 水资源承载指数分布图

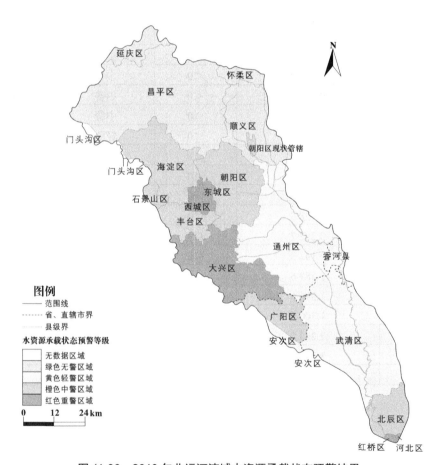

图 11-30 2018 年北运河流域水资源承载状态预警结果

由预警结果可知，对水资源承载状态而言，东城区、西城区、大兴区、红桥区和河北区发出了重警的信号；朝阳区、海淀区、石景山区、丰台区、广阳区和北辰区发出了中警的信号。从图11-30可以看出，北京中心城区水资源情况比较危急，主要原因是这些地区的水资源紧缺，同时人口密度较大，生活用水量大，水体受到人类活动影响较大，因此水资源承载力超载状况严重。红桥区和河北区相对来说水资源量很少，主要是生活用水，造成水资源紧张，且这两个地区连续三年以上的水环境承载指数回归直线的斜率为正，有超载加剧的可能，因此划到了红色预警区。通州区、武清区水资源量相对丰富，人均水资源量较大，因此落在了黄色预警区；位于上游的怀柔区、延庆区、昌平区、顺义区则相对来说水资源承载情况最好。

11.3.5　水环境承载状态综合预警等级

水环境承载力综合预警的警度划分见表8-5。水环境容量承载状态预警的警度划分见表11-28。

表11-28　水环境容量承载状态预警结果

地区	水环境容量超载指数	变化趋势 k	警度	警示灯颜色
东城区	1.008	<0	轻警	黄色
西城区	1.551	>0	中警	橙色
朝阳区	3.656	>0	重警	红色
丰台区	3.346	<0	重警	红色
石景山区	0.795	<0	轻警	黄色
海淀区	2.216	<0	重警	红色
通州区	1.108	<0	轻警	黄色
顺义区	1.111	<0	轻警	黄色
昌平区	1.012	<0	轻警	黄色
大兴区	1.110	<0	轻警	黄色
怀柔区	0.495	<0	无警	绿色
延庆区	0.317	<0	无警	绿色
安次区	0.816	<0	轻警	黄色
广阳区	1.676	<0	中警	橙色
香河县	0.800	<0	中警	橙色
武清区	1.050	<0	轻警	黄色
北辰区	1.309	<0	中警	橙色
红桥区	1.136	>0	中警	橙色
河北区	0.878	<0	中警	橙色

根据上述预警等级划分方法，对水环境容量承载指数进行警度划分，见表 11-29。

根据短板效应，取水环境容量预警等级和水资源承载状态预警等级中的严重者，得到最终的水环境承载状态综合预警等级（见表 11-29）和综合预警结果（见图 11-31）。

表 11-29　水环境承载状态综合预警等级

地区	警度	警示灯颜色
东城区	重警	红色
西城区	重警	红色
朝阳区	重警	红色
丰台区	重警	红色
石景山区	中警	橙色
海淀区	重警	红色
通州区	轻警	黄色
顺义区	轻警	黄色
昌平区	轻警	黄色
大兴区	重警	红色
怀柔区	无警	绿色
延庆区	无警	绿色
安次区	轻警	黄色
广阳区	中警	橙色
香河县	中警	橙色
武清区	轻警	黄色
北辰区	中警	橙色
红桥区	重警	红色
河北区	重警	红色

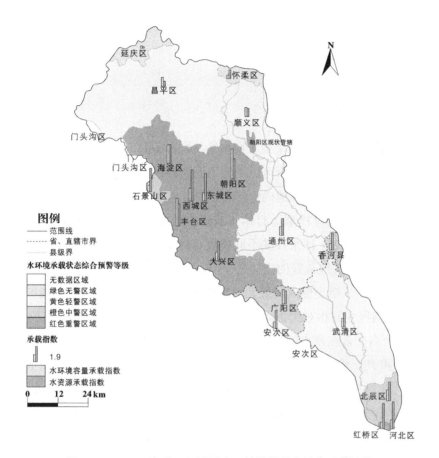

图 11-31　2018 年北运河流域水环境承载状态综合预警结果

　　综合各个水环境承载力要素，最终得到水环境承载状态综合预警等级。朝阳区、海淀区、西城区、东城区、丰台区、大兴区、河北区和红桥区落在了红色重警区域；石景山区、广阳区、北辰区和香河县处于橙色中警区域；昌平区、顺义区、通州区、武清区和安次区处于黄色轻警区域；怀柔区和延庆区处于绿色无警区域。结合上文，水环境承载力各个分量预警结果表明，北运河流域上游地区水环境承载状态较好，中下游地区相对较差。

　　由预警结果可知，北运河流域有一半以上地区处于重警或中警的状态，水环境承载力超载状态严重，如果不加以调控，水环境承载状态将持续超载，甚至会让流域的水环境往衰败的方向发展。面对如此严峻的形势，必须采取相应的排警措施。

11.4 基于双向调控的排警措施

11.4.1 模型各项指标灵敏度分析

在研究排警措施时，本研究采用了前推法（Forward），即结合预警结果和灵敏度分析提出排警措施。利用灵敏度分析可以考察不同指标的变化对系统运行的影响程度，进而可以帮助决策者更加有方向性地确定排警措施。在神经网络中，灵敏度分析可以通过调整参数来研究参数变化对模型运行结果或研究对象的影响。本研究采用平均影响值（Mean Impact Value，MIV）法来反映不同参数对神经网络模型的影响程度。MIV 是神经网络评价中评价变量相关性最好的指标之一，可以用它来反映 BP 神经网络中权值矩阵的变化情况。MIV 是用来确定输入神经元对输出神经元影响的大小的一个指标，其绝对值的大小代表了影响程度的相对大小。计算方法是在模型训练终止后，保存网络，将训练样本 P 中每一个自变量在原来的基础上分别增加或减少相同的百分比，进而构成两个新的训练样本 P_1 和 P_2，然后分别将 P_1 和 P_2 输入训练好的模型中并运行，得到两个新的预测结果 T_1 和 T_2，求出两者的差值，即得到了该变量变动后对输出产生的影响变化值（Impact Value，IV），最后将 IV 按训练样本个数求平均值，得到该自变量对应于因变量的模型输出的 MIV。依次类推，按照上面的计算步骤计算出每个自变量的 MIV 值，最后将所有自变量根据 MIV 值的大小进行排序，最终会得到一张各自变量对模型输出影响程度相对重要性的位次表，根据次位表可以判断输入特征对于模型结果的影响程度。

将 COD 承载状态预警模型、NH$_3$-N 承载状态预警模型、TP 承载状态预警模型和水资源承载状态预警模型中各输入变量分别在原来的基础上增加或减少 20%，分别计算各自变量的 MIV 值，进行排序，得到各自变量对各预警模型影响程度的位次表，分别见表 11-30 和表 11-31。

表 11-30　水环境容量各分量承载状态预警模型输入指标的 MIV 值位次表

COD 承载状态预警模型指标	MIV	NH$_3$-N 承载状态预警模型指标	MIV	TP 承载状态预警模型指标	MIV
降水量	1.112 7	降水量	0.672 2	降水量	0.647 0
第三产业占比	0.589 2	第三产业占比	0.300 5	第三产业占比	0.215 7
节能环保支出占比	0.184 7	节能环保支出占比	0.119 8	节能环保支出占比	0.096 9
总人口	0.155 0	总人口	0.106 8	总人口	0.066 8
地表水资源总量	0.090 7	GDP	0.074 3	GDP	0.064 3
污水处理厂处理规模	0.077 6	地表水资源总量	0.073 9	地表水资源总量	0.033 7
GDP	0.074 8	污水处理厂处理规模	0.031 0	污水处理厂处理规模	0.018 4
万元 GDP COD 排放量	0.012 8	万元 GDP NH$_3$-N 排放量	0.016 0	万元 GDP TP 排放量	0.011 3

表 11-31　水资源承载状态预警模型输入指标的 MIV 值位次表

水资源承载状态预警模型	MIV
降水量	0.599 3
第三产业占比	0.279 2
总人口	0.096 1
节能环保支出占比	0.082 7
GDP	0.076 5
人均水耗	0.073 5
水资源总量	0.065 3
万元 GDP 水耗	0.057 7

根据上述结果绘制 MIV 值排序图，见图 11-32。

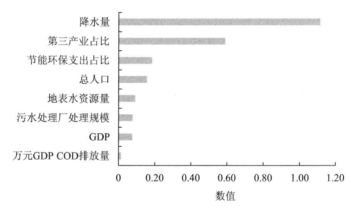

（a）COD承载状态预警模型输入指标MIV

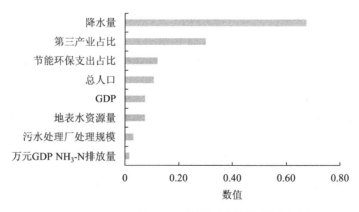

（b）NH$_3$-N承载状态预警模型输入指标MIV

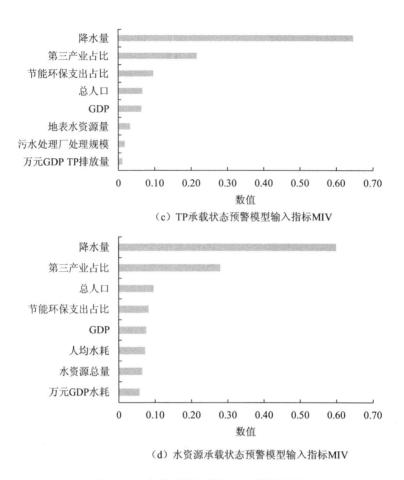

（c）TP承载状态预警模型输入指标MIV

（d）水资源承载状态预警模型输入指标MIV

图 11-32 各模型输入指标 MIV 值排序图

由图 11-32 可知，对 COD 承载状态预警模型、NH_3-N 承载状态预警模型和 TP 承载状态预警模型而言，降水量、第三产业占比、节能环保支出占比这三项指标对神经网络模型的影响排在前三，即对输出的警情指标影响较大。对水资源承载状态预警模型而言，降水量、第三产业占比、总人口以及节能环保支出占比和 GDP 这 5 项指标对神经网络模型的影响较为明显。

11.4.2　2008—2018 年北运河流域水环境承载状态时序变化分析

对各地区的承载指数的时序变化进行分析，分析水环境承载状态的走势。根据预警警度，将地区分为红色重警区、橙色中警区、黄色轻警区和绿色无警区并进行分析。

11.4.2.1　COD 承载状态时序变化分析

对北运河流域各地区 2008—2018 年的 COD 承载指数进行分析，得到图 11-33。

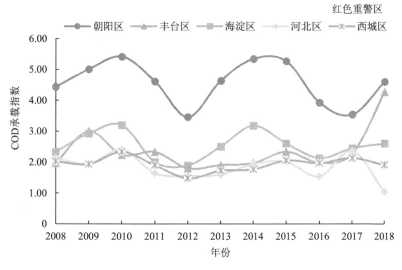

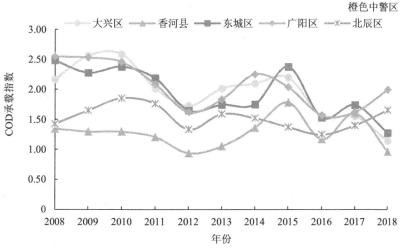

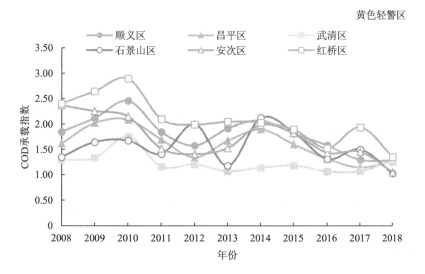

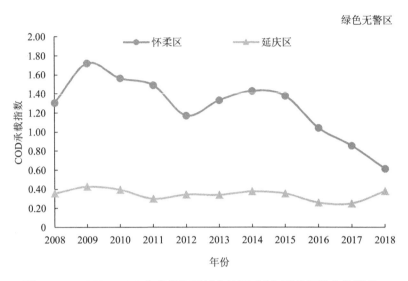

绿色无警区

图 11-33　2008—2018 年北运河流域各地区 COD 承载指数变化情况

可以看出，2008—2018 年北运河流域 COD 承载水平波动较大，大部分地区呈"M"形曲线，2010 年、2014 年出现较大幅度上升，2012 年出现了一定幅度的下降。这主要是因为 2012 年为丰水年，水资源量增加进而水环境容量变大，所以 COD 承载状况有所好转，COD 承载指数下降。相反地，2010 年和 2014 年降水量少，水资源减少进而导致水环境容量减小，在排放量没有相应减少的情况下，COD 承载指数上升，承载状态加重。$NH_3\text{-}N$ 承载指数、TP 承载指数和水资源承载指数在 2012 年和 2014 年出现下降和上升的原因与此类似，下文不再赘述。根据 2018 年预警结果，落在红色重警区的几个地区中，朝阳区的 COD 承载指数水平一直较高，说明朝阳区的 COD 超载情况一直比较严重。此外，朝阳区和丰台区虽然在 2015 年后指数有大幅度下降，但是在 2017 年后又出现了大幅上升，主要变化来源于 COD 排放量的增加。根据 2018 年预警结果，落在橙色中警区的地区的 COD 承载指数变化呈波浪状，说明 COD 承载状态比较不稳定。其中，大兴区 2018 年的预警结果比 2017 年上升了 20%，需要引起注意，防止超载持续加剧。根据 2018 年预警结果，发出轻警信号的几个地区 COD 承载指数在这些年整体呈波动下降趋势，通过一定的排警手段，这些地区很有希望进入绿色无警区。位于绿色无警区的怀柔区虽然历史水平不低，但是 2014—2018 年下降幅度较大，到 2018 年下降到了 0.5 左右。

11.4.2.2　$NH_3\text{-}N$ 承载状态时序变化分析

北运河流域各地区 2008—2018 年的 $NH_3\text{-}N$ 承载指数时序变化见图 11-34。

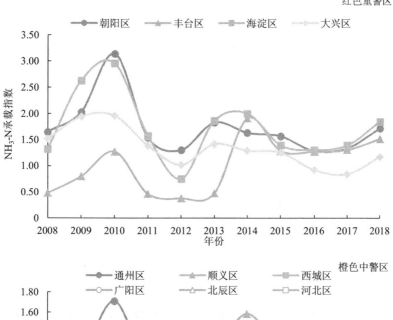

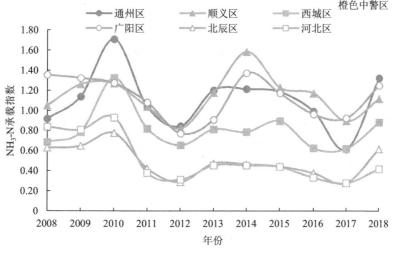

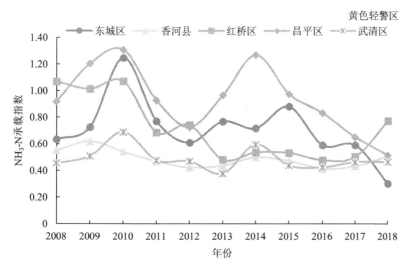

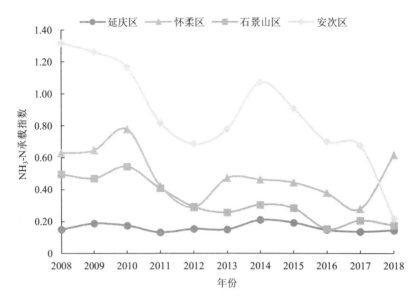

绿色无警区

图 11-34 2008—2018 年北运河流域各地区 NH₃-N 承载指数变化情况

由图 11-34 可知，2018 年预警结果位于红色重警区的朝阳区、海淀区的 NH₃-N 承载指数历史水平较高，在 2014 年后呈缓慢下降趋势，说明 NH₃-N 超载状态逐渐变好，区域治理取得了一定成效。丰台区的 NH₃-N 承载指数则总体呈上升趋势，超载加剧。处于橙色中警区的几个地区承载指数波动较大，且 2018 年预测的 NH₃-N 承载指数均比 2017 年有一定的上升，超载情况加重。位于黄色轻警区的东城区和昌平区超载指数水平高于其他地区，2014 年后呈下降趋势；香河县在 2012 年前承载指数较高，之后波动下降，但是 2018 年预警结果又有上升趋势。位于绿色无警区的安次区的 NH₃-N 承载指数历史水平较高，但后几年快速下降到较低水平，石景山区和延庆区的 NH₃-N 承载指数一直较低，这几个地区相对于其他地区来说 NH₃-N 承载状态处于无警状态。

11.4.2.3 TP 承载状态时序变化分析

北运河流域各地区 2008—2018 年的 TP 承载指数时序变化见图 11-35。

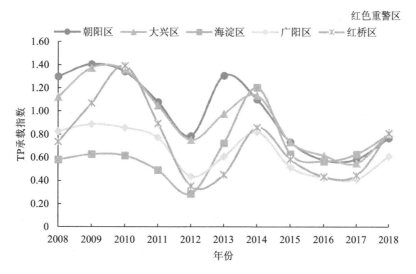

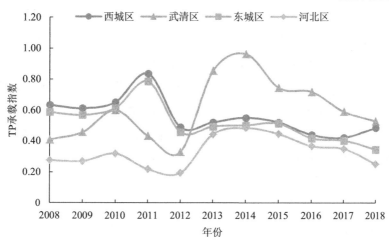

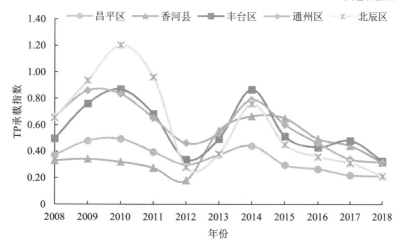

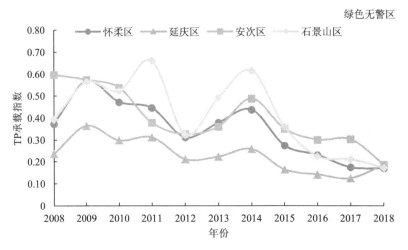

图 11-35　2008—2018 年北运河流域各地区 TP 承载指数变化情况

由图 11-35 可知，2018 年 TP 承载状态预警结果位于红色重警区的朝阳区、海淀区、大兴区、红桥区和广阳区总体波动幅度较大，说明 TP 承载状态变化较大，且根据 2018 年预警结果，这几个地区的承载指数均有轻微的上升。位于橙色中警区的武清区在 2012 年后 TP 承载指数有较大幅度上升，说明超载形势加剧，指数在 2014 年后开始下降。落在黄色轻警区的五个地区 TP 承载指数在 2009—2014 年波动幅度较大，在 2014 年后皆呈缓慢下降趋势。位于绿色无警区的地区的 TP 承载指数较小，除石景山区在 2010—2015 年波动较大外，其余地区指数呈低水平上的平稳下降状态。

11.4.2.4　水资源承载状态时序变化分析

北运河流域各地区 2008—2018 年的水资源承载指数时序变化见图 11-36。

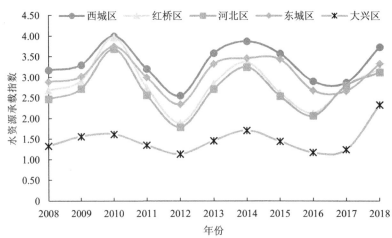

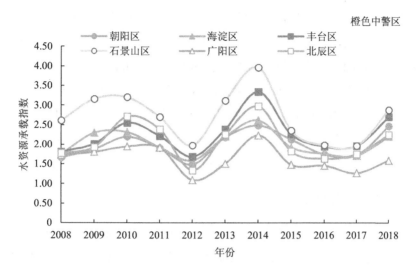

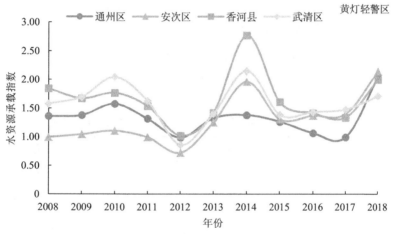

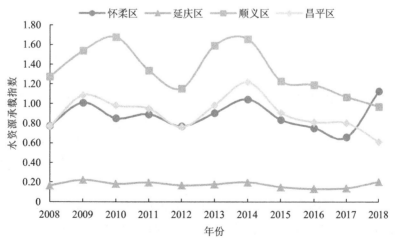

图 11-36　2008—2018 年北运河流域各地区水资源承载指数变化情况

从图 11-36 可以看出，2018 年水资源承载状态预警结果落在红色重警区的地区的承载指数水平整体较高，大多在 2~4 波动，且波动幅度比较一致。大兴区、红桥区和河北区三年以上的水资源承载指数回归直线的斜率为正，说明有轻微的上升趋势。位于橙色中警区的几个地区中，石景山区承载指数的水平略高于其他五个地区，整体波动幅度也比较一致，但是在 2018 年都有轻微的上升。位于黄色轻警区的几个地区的 2018 年超载指数均有较大幅度上升，需要注意防止往更加严重的方向发展。位于绿色无警区的顺义区、怀柔区和昌平区波动幅度较大，延庆区承载指数一直较小，处于低水平的平稳状态。

11.4.3 排警措施的制定

MIV 值位次表对排警措施的制定指明了一定的方向，同时影响水环境承载状态的原因是多方面的，因此在 MIV 位次表的基础上，再结合各地区的水环境承载状态时序和相关政策，制定相关决策会更加合理可行。双向调控可以从提高水环境承载力和降低社会经济活动对水环境的压力两个方面入手，进一步可以从流域的水环境全过程控制角度将措施细分为前端、过程和末端三个方面来考虑调控措施，本研究提出了改善北运河流域水环境承载状态的双向调控措施，具体见表 11-32。

表 11-32 北运河流域水环境承载状态排警双向调控措施

原则	分类	按生命周期细分	具体措施
双向调控	提高水环境承载力	前端	从外区域调水
		过程	通过水利设施蓄水
		末端	雨水回用
			提高污水处理量
			完善截污管网，提高污水再生回用率
	降低社会经济活动对水环境的压力	前端	调整经济增速
			调整人口规模
			产业经济结构转型升级
			加大环保投入
		过程	推进生产生活节水、提高污水回用率
			推行清洁生产，减少生产污染物排放
		末端	提高污水收集处理率
			节水回用，减少生活污染物排放

表 11-32 中提出了提升北运河流域水环境承载力的整体方向和策略。为了更好地提升区域水环境承载力承载水平，必须对各地区的现状进行客观、合理、科学的分析，明确不同地区的水环境承载力的差距，比较优势和不足，遵循习近平总书记提出的"节水优

先、空间均衡、系统治理、两手发力"的治水方针，找出提升各地区水环境承载力的准确途径。

处于红色重警区与橙色中警区的地区的水环境承载力超载比较严重，在行政管理中需要重点治理。

朝阳区、海淀区：属于北京中心城区，区域经济发展速度快，人口稠密，产业密集，区域第三产业占比已经达到很高水平，在流域内的水环境承载力常年超载严重，主要问题在于区域污染物排放量大，集中在城镇生活污水、污水处理厂排放，其次是水资源较为紧张。工作重心可以放在减少生活污水直排，积极开展水污染防治工作，成立水污染综合治理领导小组，实行"谁污染，谁补偿"经济补偿机制，督促属地落实责任上；同时开展追根溯源工作，摸排排水口，加强执法和监管力度；继续大力实行河长制，制定本区域水质评定目标，量化考核；加大专项投入，大力加强节水理念宣传，取得社会共识。逐步减缓区域水环境承载力超载状况，使区域水环境承载力与经济社会发展逐步适应。

西城区、东城区、丰台区：水环境承载力超载的主要原因是水资源短缺，区域内人口多，生活用水量大，供需矛盾仍然突出。其次，区域内生活污水排放是主要的污染来源。工作重心可以放在水资源的高效利用上，严格落实区域用水总量控制和行业用水效率控制，进一步强化计划用水和定额管理，制订区域的用水计划，深入推行河长制，加强督查工作；西城区可以加大力度推行街巷长制，协助推进河长制工作体系建设；开展清理河道行动，对重点河段进行整治，减轻水体污染。

大兴区：水环境承载力超载的主要原因是区域内水体污染严重。一方面，大兴区位于凉水河下游，水体水质较差，另一方面，2013 年以来，随着疏解整治力度的不断加大以及回迁房、保障房的建设，人口快速由城区向郊区聚集，由建成区向非建成区转移，导致污水产生量大大超过规划预期；此外，区域内"散乱污"企业、畜禽养殖等的污水直接入河的现象还时有发生，尚未得到全面的控制，面源污染较为严重。工作重心可以放在调控经济发展方式、加快产业经济结构转型升级、调整人口规模上；加快推进农村治污工作，解决好农村地区污染收集和处理问题，在农村推行节水宣传；加快农业高效节水建设，推进雨养农业（单纯依靠天然降水为水源的农业生产）、水肥一体及测土配方，鼓励使用低污染化肥，加强农用排水沟渠的生态恢复，减少多余养分的输入，提高农业排涝水的自净能力；向工业企业推行清洁生产，减少生产污染物排放，解决区域性工业环境污染问题。

河北区、红桥区：河北区和红桥区位于北运河水系的下游，区域来水水质较差，污染物主要来自城镇面源，还存在雨污合流及部分排污口治理效果反复的现象，造成超设计负荷，污水直接溢流至河道的情况经常发生；部分支流排污口由于治理后清掏不及时，时常会出现治理效果反复的现象。合流的排水体系及合流口的管理、日常的污水直排以及降雨天处理厂站严重超负荷的现状，造成河道水质在降雨天恶化明显，给北运河有限的水系水环境承载力带来了巨大的挑战；同时，区域内的水资源量比较紧张。工作重心可以放在加强日常巡查、全面推进水污染治理、改善水环境质量上；做好雨污混接点排查改造工作，严防生活污水通过雨水口门向河道排放的现象发生；做好雨水管道和雨污合流管道的精细化管理工作；同时加大执法力度，持续开展专项整治行动。

石景山区：整体来看区域水质较好，污染物排放主要来自城镇面源，水资源较短缺，用水量较大，主要是工业用水和生活用水。区域第三产业占比约为 70%，还有提升的空间。工作重点可以放在加快产业经济结构转型升级上，对工业结构和布局进行调整，加强工业节水技术改造；同时推进河长制及"清四乱"专项行动。

广阳区、北辰区和香河县：污染物排放主要来自生活面源与农业面源，区域内农业面源污染较为严重，用水大部分都是农业用水。工作重点可以放在农业面源污染治理上，推行农业高效节水建设，鼓励使用低污染化肥，提高农业排涝水的自净能力；对固定污染源进行清理整顿，整治"散乱污"企业。

第 12 章

按控制单元基于人工神经网络的北运河流域
水环境承载力承载状态短期预警

本研究采用人工神经网络方法，通过构建水环境承载力承载状态预警指标体系（包括输入层、输出层指标），建立 BP 神经网络模型，以北运河流域内的控制单元为研究区，对 2008—2017 年的水环境承载力进行模拟，并对 2018 年流域的水环境承载力承载状态进行预警，最终从双向调控角度给出流域未来水环境承载力排警措施。

12.1 水环境承载力承载状态预警指标体系构建

本研究中的预警指标体系主要包括反映警情的指标和警情指标两部分，根据北运河流域的特点和研究区的划分，选择相关指标。水环境承载力承载状态受多种因素共同影响，从社会属性来看，主要有人口、经济发展水平、工业污染排放水平等；从自然属性来看，主要有水资源量、降水量等。指标要素不仅要反映水环境承载力承载状态的影响因素、特点，具有独立性，还要考虑数据的可得性。基于此，本研究模型模拟主要涉及 12 个反映警情的指标（见表 12-1）。

表 12-1　输入指标

要素层	指标	单位
人类活动强度	总人口	万人
	GDP	亿元
	第三产业占比	%

要素层	指标	单位
污染排放和资源利用强度	人均水耗	m³
	万元 GDP 水耗	t
	万元 GDP COD 排放量	t
	万元 GDP NH₃-N 排放量	t
	万元 GDP TP 排放量	t
负荷削减能力	污水处理率	%
	年降水量	mm
	地表水资源总量	万 m³
	环保支出占比	%

警情指标即水环境承载力承载状态表征指标，根据实际数据的获取情况，本研究主要从水资源量承载状态和水环境容量承载状态两个方面综合考虑，可以借鉴环境承载力理论来构建，根据水环境承载力理论，各要素水环境承载率可由污染物排放量与可利用水环境容量之比获得。

（1）各分量承载率

在拥有水环境容量数据的情况下，可采用承载率评价水环境承载力承载状态。承载率是指区域水环境承载量（各要素指标的现实取值）与该区域环境承载量阈值（各要素指标上限值）的比值，环境承载量阈值可以是容易得到的理论最佳值或预期要达到的目标值（标准值）。用承载率指标进行水环境承载力承载状态的评价，可以清晰地看出某地区水环境发展现状与理想值或目标值的差距，评价环境承载的压力现状。

单要素水环境承载率（I_k）的表达式为

$$I_k = \frac{ECQ_k}{ECC_k} \tag{12-1}$$

式中：k——某单一水环境要素；

    I——水环境承载率；

    ECQ——水环境承载量（Environmental Carrying Quantity）；

    ECC——水环境承载力（Environmental Carrying Capacity）。

依据水环境要素对人类生存与活动影响的重要程度，选用水资源承载率、COD 承载率、NH₃-N 承载率作为表征区域水环境承载力的指标，各分量承载率评价公式如下：

$$COD承载率 = \frac{COD排放量}{COD可利用环境容量} \tag{12-2}$$

$$NH_3\text{-}N承载率 = \frac{NH_3\text{-}N排放量}{NH_3\text{-}N可利用环境容量} \tag{12-3}$$

$$TP承载率 = \frac{TP排放量}{TP可利用环境容量} \tag{12-4}$$

$$水资源承载率 = \frac{用水总量}{水资源可利用量} \qquad (12\text{-}5)$$

其中，水资源可利用量是该地区水资源总量扣除水体生态环境需水量，由供水设施提供的可利用水量。

（2）区域综合水环境承载率

区域综合水环境承载率的计算采用内梅罗指数法，内梅罗指数法克服了平均值法各要素分担的缺陷，兼顾了单要素污染指数平均值和最大值，可以突出超载最严重的要素的影响和作用，计算公式如下：

$$\begin{cases} R_{\mathrm{e}} = \sqrt{\dfrac{\overline{P}^2 + P_{\max}{}^2}{2}} \\[2mm] \overline{P} = \dfrac{1}{n}\sum_{i=1}^{n} P_i \\[2mm] P_i = \dfrac{E_i}{C_i} \end{cases} \qquad (12\text{-}6)$$

式中：R_{e}——区域综合水环境承载率；

$\overline{P}$——各要素承载率的平均值；

$P_{\max}$——各要素承载率的最大值；

P_i——第 i 种要素承载率；

E_i——第 i 种要素现实值；

C_i——第 i 种要素上限值。

12.2　BP 神经网络模型构建与验证

12.2.1　构建模型的类型

在运用 BP 神经网络构建预警模型时，本研究分别尝试了构建单变量模型和多变量模型。单变量模型即利用警情指标（水环境承载率）本身的历史数据构建模型，输入历史水环境承载率，输出未来水环境承载率；而多变量模型除警情指标即水环境承载率这个指标外，同时将系统中的其他影响警情的指标纳入考虑范围内，除历史水环境承载率之外还加入了反映警情的指标，输出则与单变量模型一致，为未来的水环境承载率。

在时间序列神经网络模型的构建过程中，输入层神经元个数（即输入步长 m）、输出层神经元个数（即输出步长 n）的选择非常重要。如果输入步长选择过大，模型中的输入数据就会过多，冗余无关的历史数据可能就会引入模型中，如果输入步长太小，可能无法反映变化趋势。同样，n 的选择也会直接影响预测的精度。通过综合考虑和多次尝试，

最终选择 $m=3$、$n=1$，选取 2008—2017 年北运河流域主要涉及的 25 个控制单元的水环境承载率构建训练样本。依据输入步长为 3、输出步长为 1 构造训练样本，从而得到 2011—2017 年一共 175 组样本。进而将 2011—2016 年的 150 组数据作为训练数据，利用十折交叉验证划分训练集和验证集，进行参数优选；2017 年的 25 组数据作为测试集用来检验训练后的神经网络的输出误差。分别构建 COD 承载力预警模型、NH₃-N 承载力预警模型、TP 承载力预警模型和水资源承载力预警模型。

对于单变量模型而言，用前三年的水环境承载率预测后一年的水环境承载率，从而判断水环境承载力超载状态，样本构建方式见表 12-2。

表 12-2 单变量样本构建方式

输入层	输出层	类型
x_{2008}，x_{2009}，x_{2010}	x_{2011}	
x_{2009}，x_{2010}，x_{2011}	x_{2012}	
x_{2010}，x_{2011}，x_{2012}	x_{2013}	
x_{2011}，x_{2012}，x_{2013}	x_{2014}	训练集和验证集
x_{2012}，x_{2013}，x_{2014}	x_{2015}	
x_{2013}，x_{2014}，x_{2015}	x_{2016}	
x_{2014}，x_{2015}，x_{2016}	x_{2017}	测试集

注：x 为 COD（NH₃-N、TP、水资源）承载率。

对于多变量模型而言，即输入为前三年的水环境承载率及影响警情的指标，输出为后一年的水环境承载率。系统的输入值过多，会使 BP 神经网络在验证的时候数据集不能很好地拟合数据，所以在本研究中分别构建了 COD 承载力预警模型、NH₃-N 承载力预警模型、TP 承载力预警模型和水资源承载力预警模型四套预警模型。模型输入指标和输出指标见表 12-3。

表 12-3 各模型的输入指标和输出指标

模型	指标类别	指标名称
COD 承载力预警模型	输入指标	总人口
		GDP
		第三产业占比
		环保支出占比
		年降水量
		地表水资源总量
		污水处理率
		万元 GDP COD 排放量
		COD 承载率
	输出指标	COD 承载率

模型	指标类别	指标名称
NH₃-N 承载力承载状态预警模型	输入指标	总人口
		GDP
		第三产业占比
		环保支出占比
		年降水量
		地表水资源总量
		污水处理率
		万元 GDP NH$_3$-N 排放量
		NH$_3$-N 承载率
	输出指标	NH$_3$-N 承载率
TP 承载力承载状态预警模型	输入指标	总人口
		GDP
		第三产业占比
		环保支出占比
		年降水量
		地表水资源总量
		污水处理率
		万元 GDP TP 排放量
		TP 承载率
	输出指标	TP 承载率
水资源承载力承载状态预警模型	输入指标	总人口
		GDP
		第三产业占比
		环保支出占比
		年降水量
		地表水资源总量
		万元 GDP 水耗
		人均水耗
		水资源承载率
	输出指标	水资源承载率

每个模型中选取了 8 个反映警情的指标，因此多变量模型样本的构建方式见表 12-4。

表 12-4　多变量样本构建方式

输入层	输出层	类型
y_{m2008}，y_{m2009}，y_{m2010}，x_{2008}，x_{2009}，x_{2010}	x_{2011}	
y_{m2009}，y_{m2010}，y_{m2011}，x_{2009}，x_{2010}，x_{2011}	x_{2012}	
y_{m2010}，y_{m2011}，y_{m2012}，x_{2010}，x_{2011}，x_{2012}	x_{2013}	
y_{m2011}，y_{m2012}，y_{m2013}，x_{2011}，x_{2012}，x_{2013}	x_{2014}	训练集与验证集
y_{m2012}，y_{m2013}，y_{m2014}，x_{2012}，x_{2013}，x_{2014}	x_{2015}	
y_{m2013}，y_{m2014}，y_{m2015}，x_{2013}，x_{2014}，x_{2015}	x_{2016}	
y_{m2014}，y_{m2015}，y_{m2016}，x_{2014}，x_{2015}，x_{2016}	x_{2017}	测试集

注：y 为各模型中反映警情的指标，$m=1$，2，…，8；x 为 COD（NH$_3$-N、TP、水资源）承载率。

12.2.2　单变量模型构建与训练

根据 Takens 嵌入定理，当系统中没有其他噪声时，单个时间序列长度只要足够长且能够较好地体现混沌系统内部演化的规律，采用单变量的时间序列就能达到较好的模拟效果。因此，在本研究中首先构建单变量神经网络模型，模型的输入与输出均选择水环境承载率，即利其自身的历史数据构建 BP 神经网络预警模型。

12.2.2.1　模型构建与训练

根据上文中选择 BP 神经网络参数和结构的方法、原则，在 MATLAB 中构建三层 BP 神经网络。模型输入为前三年的承载率，输出为后一年的承载率，所以模型的输入节点数为 3、输出节点数为 1。隐含层节点数的选择非常重要，考虑研究问题的复杂性和非线性因素，本研究在十折交叉验证的基础上利用试错法来选择隐含层的节点个数，即选取输出误差最小时对应的隐含层节点数。具体操作方法是将隐含层节点数由 5 个逐步增加到 30 个，逐一进行训练。COD 承载力预警模型、NH$_3$-N 承载力预警模型、TP 承载力预警模型和水资源承载力预警模型分别在隐含层节点数为 15 个、8 个、10 个和 13 个时对应的误差最小，选择这几个数作为模型训练的隐含层节点数。经过反复训练，最终的模型主要参数见表 12-5。

表 12-5　各单变量模型主要参数

预警模型	隐含层节点数	隐含层传递函数	输出层传递函数	训练函数
COD 承载力	15	logsig	purelin	trainlm
NH$_3$-N 承载力	8	tansig	purelin	trainlm
TP 承载力	10	tansig	purelin	trainlm
水资源承载力	13	tansig	purelin	trainlm

在训练中，目标误差选择 0.000 1，学习步长选择 0.01，在 MATLAB 中的相关参数设置见图 12-1。

```
%设置学习步长
net20. trainParam. lr = 0.01;
%设置动量项系数
net20. trainParam. mc = 0.9 ;
%设置显示数据间隔
net20. trainParam. show = 50;
%设置训练次数
net20. trainParam. epochs = 5000;
%设置收敛误差
net20. trainParam. goal=0.0001;
```

图 12-1 单变量模型在 MATLAB 中的相关参数设置

利用训练好的预警模型对训练样本进行仿真，模型输出值（预测值）与真实值对比见图 12-2～图 12-5。

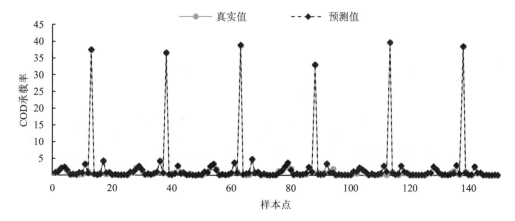

图 12-2 COD 承载力承载状态预警模型训练样本预测值与真实值

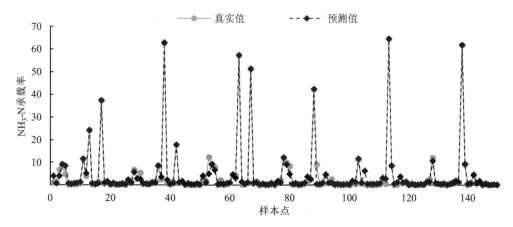

图 12-3 NH₃-N 承载力承载状态预警模型训练样本预测值与真实值

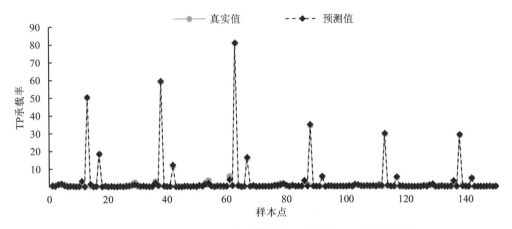

图 12-4　TP 承载力承载状态预警模型训练样本预测值与真实值

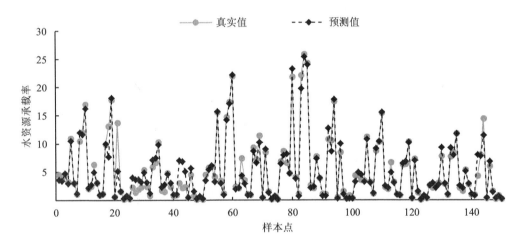

图 12-5　水资源承载力承载状态预警模型训练样本模型预测值与真实值

由图 12-2～图 12-5 可知，训练得到的模型对训练样本的拟合程度较高，均方根误差（RMSE）分别为 0.03、1.6、0.16 和 1.64，预测值趋势和真实值趋势基本一致。接下来，将训练好的模型保存后，利用函数 $Y = \text{sim}$（net，P-test）对 2017 年的样本进行检验。

12.2.2.2　模型检验

（1）COD 承载力承载状态预警模型检验

由于承载率的数据集中存在部分极小的值，这导致对应的绝对百分比误差非常大，而实际上绝对误差是非常小的；另外数据集中也存在部分极大的承载率值，导致相对误差较大，但实际上相对误差较小。因此，综合考虑平均绝对百分比误差（MAPE）、平均绝对误差（MAE）、均方根误差（RMSE）、均方根对数误差（RMSLE）以及绝对百分比误差模型预测值、真实值的结果可视化，相对地评价各个模型效果。

利用训练好的单变量 COD 承载力承载状态预警模型对检验样本进行仿真，得到 COD 承载率，见表 12-6。

表 12-6　COD 承载力承载状态预警模型输出结果与真实值

样本	真实值	预测值	相对误差/%	绝对误差	均方根误差	均方根对数误差
1#	0.839 729 99	0.105 2	87	0.735	0.540	0.049
2#	0.890 536 24	1.547 6	74	0.657	0.432	0.017
3#	2.798 737 41	1.439 1	49	1.360	1.849	0.037
4#	2.265 855 19	8.036 5	255	5.771	33.300	0.195
5#	0.984 335 92	0.911 5	7	0.073	0.005	0.000
6#	0.206 911 56	0.492 5	138	0.286	0.082	0.009
7#	0.293 327 47	0.064 2	78	0.229	0.052	0.007
8#	0.170 887 37	0.229 1	34	0.058	0.003	0.000
9#	0.728 671 47	0.343 2	53	0.385	0.149	0.012
10#	1.266 904 35	1.053 2	17	0.214	0.046	0.002
11#	3.761 928 94	8.093 6	115	4.332	18.763	0.079
12#	0.205 284 27	0.176 0	14	0.029	0.001	0.000
13#	49.349 815 7	36.854 2	25	12.496	156.140	0.015
14#	1.220 420 68	1.719 7	41	0.499	0.249	0.008
15#	0.242 663 78	0.090 5	63	0.152	0.023	0.003
16#	0.258 863 04	1.093 8	323	0.835	0.697	0.049
17#	2.985 379 47	1.693 2	43	1.292	1.670	0.029
18#	0.965 766 06	0.058 1	94	0.908	0.824	0.072
19#	0.943 838 43	0.662 7	30	0.281	0.079	0.005
20#	0.017 280 17	0.199 4	1 054	0.182	0.033	0.005
21#	0.228 757 77	0.063 4	72	0.165	0.027	0.004
22#	0.009 646 48	0.060 0	522	0.050	0.003	0.000
23#	0.012 444 72	0.058 9	373	0.046	0.002	0.000
24#	0.189 877 77	0.487 7	157	0.298	0.089	0.009
25#	0.008 918 84	0.146 7	1 545	0.138	0.019	0.003

对比图见图 12-6。

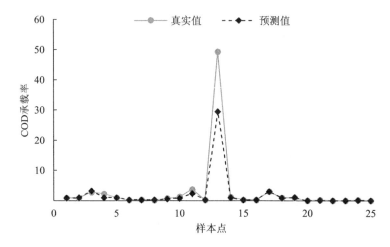

图 12-6 COD 承载力承载状态预警模型预测值与真实值

结果显示，构建的预警模型基本符合实际趋势，根据 COD 承载力预警模型的输出结果，预测值与真实值之间的绝对误差最小值为 0.029，平均为 1.2，均方根误差（RMSE）为 2.9，均方根对数误差（RMSLE）为 0.15。

（2）NH_3-N 承载力承载状态预警模型检验

利用训练好的 NH_3-N 承载力承载状态预警模型对检验样本进行仿真，得到 NH_3-N 承载率，见表 12-7。

表 12-7　NH_3-N 承载力承载状态预警模型输出结果与真实值

样本	真实值	预测值	相对误差/%	绝对误差	均方根误差	均方根对数误差
1#	2.137 2	0.857 8	60	1.279	1.637	$5.178×10^{-2}$
2#	1.526 2	3.847 4	152	2.321	5.388	$8.011×10^{-2}$
3#	14.487 1	8.498 6	41	5.989	35.862	$4.508×10^{-2}$
4#	1.376 3	2.047 2	49	0.671	0.450	$1.166×10^{-2}$
5#	0.774 9	1.108 0	43	0.333	0.111	$5.580×10^{-3}$
6#	0.231 5	1.353 9	485	1.122	1.260	$7.916×10^{-2}$
7#	0.634 7	0.327 4	48	0.307	0.094	$8.179×10^{-3}$
8#	0.254 5	0.181 1	29	0.073	0.005	$6.856×10^{-4}$
9#	1.085 0	0.269 8	75	0.815	0.665	$4.638×10^{-2}$
10#	1.918 0	3.057 5	59	1.140	1.298	$2.050×10^{-2}$
11#	2.516 1	1.301 8	48	1.214	1.475	$3.385×10^{-2}$
12#	1.210 1	1.684 0	39	0.474	0.225	$7.118×10^{-3}$
13#	80.023 6	60.480 8	24	19.543	381.921	$1.437×10^{-2}$

样本	真实值	预测值	相对误差/%	绝对误差	均方根误差	均方根对数误差
14#	11.249 7	26.034 9	131	14.785	218.602	1.182×10^{-1}
15#	0.417 7	0.511 0	22	0.093	0.009	7.662×10^{-4}
16#	1.326 8	2.456 8	85	1.130	1.277	2.955×10^{-2}
17#	5.261 3	7.009 0	33	1.748	3.054	1.143×10^{-2}
18#	1.647 7	2.146 7	30	0.499	0.249	5.623×10^{-3}
19#	2.147 3	1.772 8	17	0.375	0.140	3.027×10^{-3}
20#	0.121 0	1.520 4	1 157	1.399	1.958	1.238×10^{-1}
21#	3.639 3	0.777 3	79	2.862	8.191	1.736×10^{-1}
22#	0.030 8	0.422 6	1 272	0.392	0.154	1.957×10^{-2}
23#	0.033 9	0.913 1	2 594	0.879	0.773	7.143×10^{-2}
24#	0.386 4	1.205 7	212	0.819	0.671	4.067×10^{-2}
25#	0.022 3	0.155 9	599	0.134	0.018	2.845×10^{-3}

对比图见图 12-7。

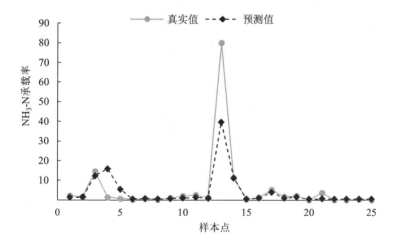

图 12-7　NH_3-N 承载力承载状态预警模型预测值与真实值

根据 NH_3-N 承载力承载状态预警模型的输出结果，预测值与真实值之间的绝对误差最小值为 0.073，平均为 2.4，均方根误差（RMSE）为 5.1，均方根对数误差（RMSLE）为 0.2。

（3）TP 承载力承载状态预警模型检验

利用训练好的 TP 承载力承载状态预警模型对检验样本进行仿真，得到 TP 承载率，见表 12-8。

表 12-8 TP 承载力承载状态预警模型输出结果与真实值

样本	真实值	预测值	相对误差/%	绝对误差	均方根误差	均方根对数误差
1#	1.462 6	0.951 0	35	0.512	0.262	1.023×10^{-2}
2#	0.901 5	0.444 8	51	0.457	0.209	1.423×10^{-2}
3#	1.872 8	1.730 8	8	0.142	0.020	4.847×10^{-4}
4#	1.201 1	1.304 1	9	0.103	0.011	3.945×10^{-4}
5#	0.610 1	0.487 9	20	0.122	0.015	1.175×10^{-3}
6#	0.028 5	0.092 6	225	0.064	0.004	6.894×10^{-4}
7#	0.388 5	0.600 1	54	0.212	0.045	3.795×10^{-3}
8#	0.035 7	0.098 1	175	0.062	0.004	6.456×10^{-4}
9#	0.151 1	0.125 4	17	0.026	0.001	9.616×10^{-5}
10#	0.262 3	0.151 3	42	0.111	0.012	1.598×10^{-3}
11#	2.059 4	2.482 8	21	0.423	0.179	3.169×10^{-3}
12#	0.143 8	0.968 4	573	0.825	0.680	5.558×10^{-2}
13#	37.877 0	24.595 6	35	13.281	176.396	3.295×10^{-2}
14#	1.049 9	0.614 2	41	0.436	0.190	1.077×10^{-2}
15#	0.056 0	0.091 6	64	0.036	0.001	2.073×10^{-4}
16#	0.271 1	0.241 9	11	0.029	0.001	1.019×10^{-4}
17#	5.975 2	4.645 9	22	1.329	1.767	8.432×10^{-3}
18#	0.257 0	0.254 4	1	0.003	0.000	8.086×10^{-7}
19#	0.406 6	0.449 0	10	0.042	0.002	1.664×10^{-4}
20#	0.022 2	0.091 3	311	0.069	0.005	8.070×10^{-4}
21#	0.310 6	0.158 4	49	0.152	0.023	2.874×10^{-3}
22#	0.008 8	0.084 7	863	0.076	0.006	9.925×10^{-4}
23#	0.001 8	0.081 8	4 444	0.080	0.006	1.113×10^{-3}
24#	0.123 9	0.151 4	22	0.028	0.001	1.102×10^{-4}
25#	0.004 3	0.082 3	1 814	0.078	0.006	1.055×10^{-3}

对比图见图 12-8。

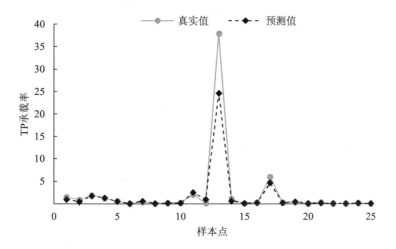

图 12-8　TP 承载力承载状态预警模型预测值与真实值

根据 TP 承载力承载状态预警模型的输出结果，预测值与真实值之间的绝对误差最小值为 0.003，平均为 0.74，均方根误差（RMSE）为 2.6，均方根对数误差（RMSLE）为 0.07。

（4）水资源承载力承载状态预警模型检验

利用训练好的水资源承载力承载状态预警模型对检验样本进行仿真，得到水资源承载率，见表 12-9。

表 12-9　水资源承载力承载状态预警模型输出结果与真实值

样本	真实值	预测值	相对误差/%	绝对误差	均方根误差	均方根对数误差
1#	3.909 4	5.637 6	44	1.728	2.987	$1.716×10^{-2}$
2#	2.748 2	3.141 8	14	0.394	0.155	$1.881×10^{-3}$
3#	2.726 3	4.502 1	65	1.776	3.153	$2.865×10^{-2}$
4#	2.827 4	3.855 2	36	1.028	1.056	$1.067×10^{-2}$
5#	7.833 4	15.547 3	98	7.714	59.504	$7.431×10^{-2}$
6#	2.527 7	3.411 9	35	0.884	0.782	$9.435×10^{-3}$
7#	0.826 7	0.949 3	15	0.123	0.015	$7.959×10^{-4}$
8#	7.129 6	18.804 6	164	11.675	136.306	$1.495×10^{-1}$
9#	8.091 3	22.423 5	177	14.332	205.412	$1.689×10^{-1}$
10#	11.622 2	14.766 5	27	3.144	9.887	$9.332×10^{-3}$
11#	1.864 4	2.367 7	27	0.503	0.253	$4.942×10^{-3}$
12#	1.494 5	1.861 7	25	0.367	0.135	$3.557×10^{-3}$
13#	4.940 3	4.261 6	14	0.679	0.461	$2.776×10^{-3}$
14#	2.426 0	3.357 8	38	0.932	0.868	$1.092×10^{-2}$
15#	0.894 0	0.977 8	9	0.084	0.007	$3.535×10^{-4}$
16#	0.790 1	0.847 5	7	0.057	0.003	$1.879×10^{-4}$
17#	3.779 8	6.892 8	82	3.113	9.691	$4.745×10^{-2}$
18#	4.825 7	12.373 1	156	7.547	56.963	$1.302×10^{-1}$

样本	真实值	预测值	相对误差/%	绝对误差	均方根误差	均方根对数误差
19#	8.742 3	20.777 7	138	12.035	144.851	$1.220×10^{-1}$
20#	0.333 5	0.452 2	36	0.119	0.014	$1.371×10^{-3}$
21#	4.878 5	4.541 1	7	0.337	0.114	$6.590×10^{-4}$
22#	1.378 0	1.510 9	10	0.133	0.018	$5.578×10^{-4}$
23#	0.166 9	0.233 9	40	0.067	0.004	$5.879×10^{-4}$
24#	0.788 5	0.884 5	12	0.096	0.009	$5.156×10^{-4}$
25#	0.246 0	0.200 6	18	0.045	0.002	$2.598×10^{-4}$

对比图见图 12-9。

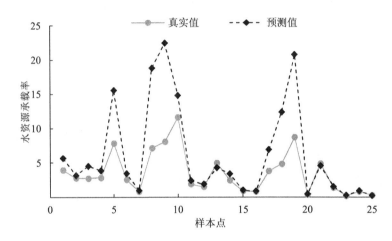

图 12-9 水资源承载力承载状态预警模型预测值与真实值

根据水资源承载力承载状态预警模型的输出结果，预测值与真实值之间的绝对误差最小值为 0.045，平均为 2.7，均方根误差（RMSE）为 5.03，均方根对数误差（RMSLE）为 0.17。

通过以上分析可以看出，单变量模型仿真能够反映承载率的发展趋势，同时承载率预测的精确度还有待提高，尤其是水资源承载力承载状态预警模型还不够理想。

12.2.3 多变量模型构建与训练

单变量模型对时间序列要求比较严格，但是在实际情况下，通常无法获取足够长度的时间序列数据，长度往往都是有限的，且包含有局限性和不确定性的信息，无法反映系统的复杂性。另外，时间序列数据通常包含一定量的噪声，这不能准确反映混沌系统的内部演化。最重要的是，在复杂的混沌系统中有多个变量，并且不同的变量相互影响和相互制约。在时间序列长度相同的情况下，拥有多个变量的时间序列包含更丰富的动态信息，同时多变量时间序列还可以克服噪声对预测精度的影响，因此多变量时间序列比单变量时间序列更能准确反映系统内部的演化规律。

12.2.3.1　模型构建与训练

根据上文叙述的参数确定方法和原则,本研究选择三层 BP 神经网络,即一个输入层、一个输出层和一个隐含层,通过反复训练,选取 BP 神经网络输出误差最小时的相关参数。COD 承载力预警模型、NH₃-N 承载力预警模型、TP 承载力预警模型和水资源承载力预警模型输入为前三年的 8 项反映警情的指标数据和前三年的承载率,故构建的 BP 神经网络输入层节点数为 27,输出分别为对应的后一年 COD 承载率、NH₃-N 承载率、TP 承载率和水资源承载率,因为各模型的输出节点数都为 1。同样选择试错法来确定隐含层节点数。COD 承载力预警模型、NH₃-N 承载力预警模型、TP 承载力预警模型和水资源承载力预警模型分别在隐含层节点数为 23 个、23 个、25 个和 25 个时对应的误差最小,故选择这几个数作为模型训练的隐含层节点数(见表 12-10)。

表 12-10　各多变量模型主要参数

预警模型	隐含层节点数	隐含层传递函数	输出层传递函数	训练函数
COD 承载力	23	tansig	tansig	trainlm
NH₃-N 承载力	23	tansig	tansig	trainlm
TP 承载力	25	tansig	tansig	trainlm
水资源承载力	25	tansig	tansig	trainlm

与单变量模型相同,目标误差依然选择 0.000 1,学习步长选择 0.01,其他参数见图 12-10。

```
%设置学习步长
net. trainParam. lr = 0.01;
%设置动量项系数
net. trainParam. mc = 0.9 ;
%设置显示数据间隔
net. trainParam. show = 50;
%设置训练次数
net. trainParam. epochs = 50000;
%设置收敛误差
net. trainParam. goal=0. 0001;
```

图 12-10　多变量模型在 MATLAB 中的相关参数设置

利用训练好的预警模型对训练样本进行仿真,模型预测值与真实值对比见图 12-11～图 12-14。

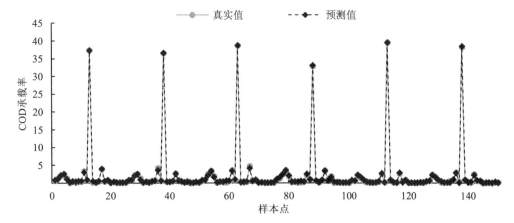

图 12-11 COD 承载力承载状态预警模型训练样本预测值与真实值

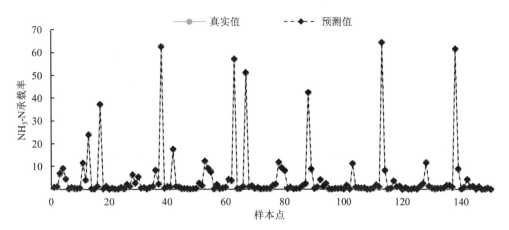

图 12-12 NH₃-N 承载力承载状态预警模型训练样本预测值与真实值

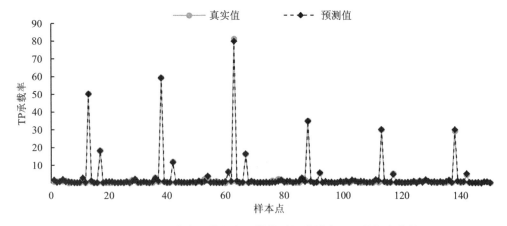

图 12-13 TP 承载力承载状态预警模型训练样本预测值与真实值

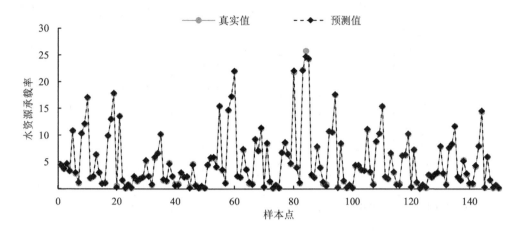

图 12-14　水资源承载力承载状态预警模型训练样本预测值与真实值

由图 12-11～图 12-14 可知，多变量神经网络模型对训练样本的拟合程度更高，平均绝对误差分别为 0.02、0.01、0.13 和 0.01，预测值和真实值基本一致。接下来，同样将训练好的模型保存后，利用函数 $Y = \mathrm{sim}$（net，$P\text{-test}$）对 2017 年的样本进行检验。

12.2.3.2　模型检验

（1）COD 承载力承载状态预警模型检验

利用训练好的多变量 COD 承载力预警模型对检验样本进行仿真，系统最终计算结果见表 12-11。

表 12-11　COD 承载力承载状态预警模型输出结果与真实值

样本	真实值	预测值	相对误差/%	绝对误差	均方根误差	均方根对数误差
1#	0.839 729 99	0.818	3	0.022	0.000	2.663×10^{-5}
2#	0.890 536 24	0.951 7	7	0.061	0.004	1.912×10^{-4}
3#	2.798 737 41	3.199 6	14	0.401	0.161	1.898×10^{-3}
4#	2.265 855 19	0.984 7	57	1.281	1.641	4.679×10^{-2}
5#	0.984 335 92	1.001 9	2	0.018	0.000	1.465×10^{-5}
6#	0.206 911 56	0.275 8	33	0.069	0.005	5.812×10^{-4}
7#	0.293 327 47	0.237 1	19	0.056	0.003	3.726×10^{-4}
8#	0.170 887 37	0.212 9	25	0.042	0.002	2.344×10^{-4}
9#	0.728 671 47	0.570 8	22	0.158	0.025	1.730×10^{-3}
10#	1.266 904 35	0.782 3	38	0.485	0.235	1.091×10^{-2}
11#	3.761 928 94	2.352 7	37	1.409	1.986	2.322×10^{-2}
12#	0.205 284 27	0.279 7	36	0.074	0.006	6.770×10^{-4}

样本	真实值	预测值	相对误差/%	绝对误差	均方根误差	均方根对数误差
13#	49.349 815 70	29.441 1	40	19.909	396.357	4.776×10^{-2}
14#	1.220 420 68	0.961 4	21	0.259	0.067	2.902×10^{-3}
15#	0.242 663 78	0.226 9	6	0.016	0.000	3.074×10^{-5}
16#	0.258 863 04	0.243 9	6	0.015	0.000	2.697×10^{-5}
17#	2.985 379 47	3.013 6	1	0.028	0.001	9.391×10^{-6}
18#	0.965 766 06	0.847 3	12	0.118	0.014	7.287×10^{-4}
19#	0.943 838 43	1.036 4	10	0.093	0.009	4.082×10^{-4}
20#	0.017 280 17	0.021 1	22	0.004	0.000	2.649×10^{-6}
21#	0.228 757 77	0.105 3	54	0.123	0.015	2.115×10^{-3}
22#	0.009 646 48	0.015 9	65	0.006	0.000	7.191×10^{-6}
23#	0.012 444 72	0.022 3	79	0.010	0.000	1.770×10^{-5}
24#	0.189 877 77	0.153 0	19	0.037	0.001	1.870×10^{-4}
25#	0.008 918 84	0.028 0	214	0.019	0.000	6.621×10^{-5}

对比图见图 12-15。

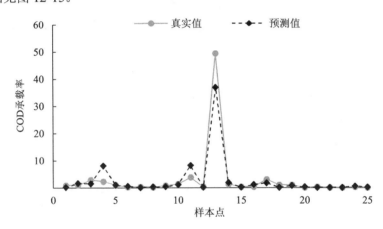

图 12-15　COD 承载力承载状态模型预测值与真实值

结果显示，构建的预警模型精度较高，预测值与真实值之间的绝对误差最小值为 0.004，平均为 0.9，大多数输出结果误差较小，均方根误差（RMSE）为 4，平均绝对百分比误差（MAPE）为 34%，均方根对数误差（RMSLE）为 0.075。

（2）NH_3-N 承载力预警模型检验

利用训练好的多变量 NH_3-N 承载力预警模型对检验样本进行仿真，系统最终计算结果见表 12-12。

表 12-12　NH₃-N 承载力承载状态预警模型输出结果与真实值

样本	真实值	预测值	相对误差/%	绝对误差	均方根误差	均方根对数误差
1#	2.137 2	1.727 3	19	0.410	0.168	3.698×10⁻³
2#	1.526 2	0.663 1	57	0.863	0.745	3.296×10⁻²
3#	14.487 1	17.237	19	2.750	7.562	5.039×10⁻³
4#	1.376 3	1.214 8	12	0.162	0.026	9.343×10⁻⁴
5#	0.774 9	0.840 9	9	0.066	0.004	2.514×10⁻⁴
6#	0.231 5	0.453 1	96	0.222	0.049	5.164×10⁻³
7#	0.634 7	0.709 4	12	0.075	0.006	3.766×10⁻⁴
8#	0.254 5	0.363 4	43	0.109	0.012	1.307×10⁻³
9#	1.085 0	0.619 6	43	0.465	0.217	1.203×10⁻²
10#	1.918 0	0.758 8	60	1.159	1.344	4.834×10⁻²
11#	2.516 1	1.808 4	28	0.708	0.501	9.526×10⁻³
12#	1.210 1	1.426 5	18	0.216	0.047	1.646×10⁻³
13#	80.023 6	64.279 1	20	15.745	247.889	8.805×10⁻³
14#	11.249 7	10.265 8	9	0.984	0.968	1.322×10⁻³
15#	0.417 7	0.437 6	5	0.020	0.000	3.665×10⁻⁵
16#	1.326 8	0.806 3	39	0.521	0.271	1.209×10⁻²
17#	5.261 3	3.630 1	31	1.631	2.661	1.718×10⁻²
18#	1.647 7	1.335 1	19	0.313	0.098	2.977×10⁻³
19#	2.147 3	2.125 9	1	0.021	0.000	8.780×10⁻⁶
20#	0.121 0	0.218 9	81	0.098	0.010	1.322×10⁻³
21#	3.639 3	0.855 1	77	2.784	7.752	1.585×10⁻¹
22#	0.030 8	0.195 6	535	0.165	0.027	4.149×10⁻³
23#	0.033 9	0.198 8	486	0.165	0.027	4.130×10⁻³
24#	0.386 4	0.428 3	11	0.042	0.002	1.672×10⁻⁴
25#	0.022 3	0.197	783	0.175	0.031	4.694×10⁻³

对比图见图 12-16。

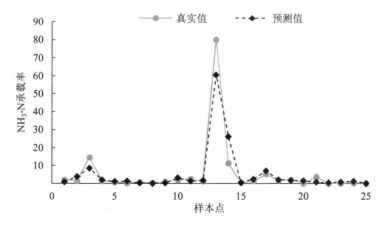

图 12-16　NH₃-N 承载力承载状态预警模型预测值与真实值

根据模型输出结果，预测值与真实值之间的绝对误差最小值为 0.02，平均为 1.19，均方根误差（RMSE）为 3.2，均方根对数误差（RMSLE）为 0.11。

（3）TP 承载力承载状态预警模型检验

利用训练好的多变量 TP 承载力承载状态预警模型对检验样本进行仿真，系统最终计算结果见表 12-13。

表 12-13　TP 承载力预警模型输出结果与真实值

样本	真实值	预测值	相对误差/%	绝对误差	均方根误差	均方根对数误差
1#	1.462 6	1.671 4	14	0.209	0.044	1.249×10^{-3}
2#	0.901 5	0.666 9	26	0.235	0.055	3.270×10^{-3}
3#	1.872 8	1.817 3	3	0.056	0.003	7.178×10^{-5}
4#	1.201 1	0.787 8	34	0.413	0.171	8.158×10^{-3}
5#	0.610 1	0.362 2	41	0.248	0.061	5.272×10^{-3}
6#	0.028 5	0.380 1	1 234	0.352	0.124	1.631×10^{-2}
7#	0.388 5	0.418 5	8	0.030	0.001	8.618×10^{-5}
8#	0.035 7	0.296 5	731	0.261	0.068	9.514×10^{-3}
9#	0.151 1	0.285 0	89	0.134	0.018	2.284×10^{-3}
10#	0.262 3	0.356 3	36	0.094	0.009	9.730×10^{-4}
11#	2.059 4	1.278 2	38	0.781	0.610	1.640×10^{-2}
12#	0.143 8	0.166 8	16	0.023	0.001	7.476×10^{-5}
13#	37.877	38.524 3	2	0.647	0.419	5.143×10^{-5}
14#	1.049 9	0.361 7	66	0.688	0.474	3.156×10^{-2}
15#	0.056 0	0.409 0	630	0.353	0.125	1.569×10^{-2}
16#	0.271 1	0.352 8	30	0.082	0.007	7.319×10^{-4}
17#	5.975 2	3.176 9	47	2.798	7.830	4.960×10^{-2}
18#	0.257 0	0.250 3	3	0.007	0.000	5.387×10^{-6}
19#	0.406 6	0.260 8	36	0.146	0.021	2.259×10^{-3}
20#	0.022 2	0.334 4	1 406	0.312	0.097	1.340×10^{-2}
21#	0.310 6	0.262 7	15	0.048	0.002	2.615×10^{-4}
22#	0.008 8	0.132 0	1 400	0.123	0.015	2.504×10^{-3}
23#	0.001 8	0.150 3	8 250	0.149	0.022	3.604×10^{-3}
24#	0.123 9	0.430 6	248	0.307	0.094	1.098×10^{-2}
25#	0.004 3	0.117 4	2 630	0.113	0.013	2.148×10^{-3}

对比图见图 12-17。

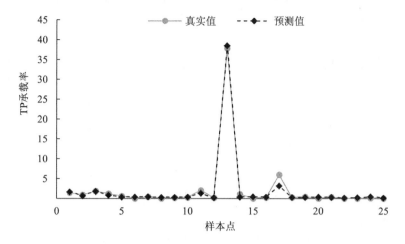

图 12-17　TP 承载力承载状态预警模型预测值与真实值

根据模型输出结果，预测值与真实值之间的绝对误差最小值为 0.007，平均为 0.34，均方根误差（RMSE）为 0.64，均方根对数误差（RMSLE）为 0.08。

（4）水资源承载力承载状态预警模型检验

利用训练好的多变量水资源承载力承载状态预警模型对检验样本进行仿真，系统最终计算结果见表 12-14。

表 12-14　水资源承载力承载状态预警模型输出结果与真实值

样本	真实值	预测值	相对误差/%	绝对误差	均方根误差	均方根对数误差
1#	3.909 4	1.092 0	72	2.817	7.938	1.372×10^{-1}
2#	2.748 2	2.698 3	2	0.050	0.002	3.388×10^{-5}
3#	2.726 3	3.698 0	36	0.972	0.944	1.013×10^{-2}
4#	2.827 4	1.802 9	36	1.025	1.050	1.831×10^{-2}
5#	7.833 4	9.647 1	23	1.814	3.290	6.578×10^{-3}
6#	2.527 7	2.113 2	16	0.415	0.172	2.947×10^{-3}
7#	0.826 7	1.627 4	97	0.801	0.641	2.492×10^{-2}
8#	7.129 6	9.516 0	33	2.386	5.695	1.250×10^{-2}
9#	8.091 3	12.277 9	52	4.187	17.528	2.706×10^{-2}
10#	11.622 2	21.591 7	86	9.970	99.391	6.391×10^{-2}
11#	1.864 4	3.153 0	69	1.289	1.660	2.603×10^{-2}
12#	1.494 5	3.208 8	115	1.714	2.939	5.161×10^{-2}
13#	4.940 3	5.878 1	19	0.938	0.879	4.053×10^{-3}
14#	2.426 0	4.403 7	82	1.978	3.911	3.917×10^{-2}

样本	真实值	预测值	相对误差/%	绝对误差	均方根误差	均方根对数误差
15#	0.894 0	0.725 6	19	0.168	0.028	1.635×10^{-3}
16#	0.790 1	2.036 8	158	1.247	1.554	5.269×10^{-2}
17#	3.779 8	2.548 7	33	1.231	1.516	1.673×10^{-2}
18#	4.825 7	2.652 6	45	2.173	4.722	4.111×10^{-2}
19#	8.742 3	10.089 9	15	1.348	1.816	3.166×10^{-3}
20#	0.333 5	0.558 9	68	0.225	0.051	4.600×10^{-3}
21#	4.878 5	5.933 9	22	1.055	1.114	5.142×10^{-3}
22#	1.378 0	3.406 5	147	2.029	4.115	7.176×10^{-2}
23#	0.166 9	0.497 3	198	0.330	0.109	1.172×10^{-2}
24#	0.788 5	0.609 0	23	0.180	0.032	2.110×10^{-3}
25#	0.246 0	0.182 0	26	0.064	0.004	5.244×10^{-4}

对比图见图 12-18。

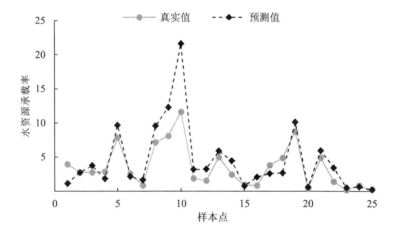

图 12-18 水资源承载力承载状态预警模型预测值与真实值

根据模型输出结果，预测值与真实值之间的绝对误差最小值为 0.05，平均为 1.6，均方根误差（RMSE）为 2.5，均方根对数误差（RMSLE）为 0.15。

各预警模型的拟合效果较好，总体来说构建的模型仿真效果可信，模型能够很好地预测各承载率，达到建模目的，可以成立。由于所构建的复杂系统本身存在许多的不确定因素，各区域发展过程中，个别年份会因为政策变化、突发环境灾害甚至是统计口径的变化，使模型内出现相对误差高的情况，这是正常现象。

12.2.4　模型性能对比

将单变量预警模型与多变量预警模型的性能指标进行对比，得到表 12-15。可以发现多变量预警模型效果明显比单变量预警模型效果更为理想。多变量预警模型的平均绝对误差均比单变量预警模型有所减少，平均减少了 1.14。均方根误差、平均绝对百分比误差以及均方根对数误差也基本上比单变量预警模型有所减少。模型预测值与真实值之间的绝对偏离程度和相对偏差减小，模型学习能力增强。这是因为在复杂系统中，多变量预警模型更好地利用了变量之间的相互耦合关系，增加了重构的信息量，从而模型的输入有了很多约束条件，模型能够有效地克服系统内部随机性带来的影响，提高了模型的泛化能力。

表 12-15　预警模型性能指标对比

模型	仿真类型	MAPE/%	MAE	RMSE	RMSLE
COD 承载力预警模型	单变量神经网络	2.11	1.25	2.93	0.15
	多变量神经网络	0.34	0.98	4.00	0.07
NH_3-N 承载力预警模型	单变量神经网络	2.95	2.41	5.15	0.20
	多变量神经网络	1.00	1.19	3.28	0.11
TP 承载力预警模型	单变量神经网络	3.57	0.74	2.68	0.07
	多变量神经网络	6.81	0.34	0.64	0.08
水资源承载力预警模型	单变量神经网络	0.51	2.75	5.03	0.17
	多变量神经网络	0.60	1.61	2.53	0.15

综上可知，多变量预警模型在水环境承载力预警上有更大的优越性，所建立的模型能很好地反映水环境承载率，多变量模型更适合用来进行水环境承载力预警研究。

12.3　预警结果分析

利用最终保存好的神经网络，对研究区 2018 年的水环境承载率进行预测，输入指标为前三年（即 2015 年、2016 年和 2017 年）的承载率、GDP、人口等 27 项指标，预测得到 2018 年各控制单元的 COD 承载率、NH_3-N 承载率、TP 承载率和水资源承载率，见表 12-16。

表 12-16 2018 年各控制单元水环境承载力各分量承载率预测结果

控制单元	COD 承载率	NH₃-N 承载率	TP 承载率	水资源承载率
土沟桥	0.946 0	14.805	1.461 8	1.069 3
南沙河入昌平	0.649 1	2.150 9	0.342 0	5.646 1
圪塔头	3.352 2	6.945 4	1.055 2	2.993 1
沙子营	1.413 2	0.372 0	0.572 8	3.767 0
清河闸	0.446 8	0.482 3	0.152 8	16.564 4
广北滨河路（桥）	0.322 0	0.228 6	0.554 3	3.373 5
温榆河顺义区	0.211 0	0.191 7	0.255 2	0.656 5
白石桥	0.315 0	0.436 2	0.101 6	9.811 4
花园路	0.373 6	0.549 0	0.111 2	14.280 5
鼓楼外大街	0.353 5	1.683 4	0.313 8	21.376 8
沙窝	3.125 7	0.719 8	1.584 8	1.720 2
王家摆	4.383 9	0.371 3	0.958 6	14.021 9
新八里桥	39.021 7	51.944 3	36.191 7	4.106 8
大红门闸上	1.018 2	4.533 1	0.418 8	5.085 4
凉水河大兴区	0.453 3	0.112 8	0.320 3	2.015 9
榆林庄	5.166 3	0.837 0	0.414 7	9.743 8
凤河营闸	3.265 1	0.518 4	2.267 3	5.238 9
前侯尚村桥	7.169 9	1.596 9	1.286 1	0.347 9
东堤头闸上	0.744 4	0.484 9	0.104 2	19.261 0
老夏安公路、秦营扬水站	1.971 4	0.540 1	0.188 4	3.000 0
罗庄	0.283 9	0.865 2	0.081 6	21.054 9
筐儿港	0.156 6	0.175 4	0.084 9	3.282 7
土门楼	0.445 2	0.366 8	0.203 9	0.654 3
新老米店闸	0.687 0	0.386 4	0.154 4	0.491 2
北洋桥	0.261 0	0.245 8	0.073 0	0.236 9

以上是各控制单元不同水环境承载力分量的水环境承载率，本研究将结合内梅罗指数法和短板法得到水环境承载力的综合预警等级。水环境容量承载率计算结果见表 12-17。

表 12-17 2018 年各控制单元水环境容量承载率

控制单元	水环境容量承载率	控制单元	水环境容量承载率	控制单元	水环境容量承载率
土沟桥	11.227	鼓楼外大街	1.313	东堤头闸上	0.613
南沙河入昌平	1.692	沙窝	2.554	老夏安公路、秦营扬水站	1.532
圪塔头	5.593	王家摆	3.380	罗庄	0.677
沙子营	1.143	新八里桥	47.407	筐儿港	0.158
清河闸	0.426	大红门闸上	3.501	土门楼	0.396
广北滨河路（桥）	0.471	凉水河大兴区	0.383	新老米店闸	0.565
温榆河顺义区	0.238	榆林庄	3.954	北洋桥	0.230
白石桥	0.368	凤河营闸	2.714		
花园路	0.458	前侯尚村桥	5.596		

12.3.1　COD 承载力承载状态预警结果

根据上述预警等级划分方法确定 COD 承载力承载状态预警警度，结果见表 12-18。

表 12-18　COD 承载力承载状态警度划分表

警限标准			$I<0.2$	$0.2{\leqslant}I<1.2$	$1.2{\leqslant}I<2.8$	$I{\geqslant}2.8$
变化过程	变差	$k>0$	黄色预警区	橙色预警区	红色预警区	红色预警区
	变好	$k{\leqslant}0$	绿色无警区	黄色预警区	橙色预警区	

根据警度划分表，得到 2018 年北运河流域各控制单元的 COD 承载力承载状态警度，见表 12-19 和图 12-19。

表 12-19　COD 承载力承载状态预警结果

控制单元	COD 承载率	变化趋势（k）	警示灯颜色
土沟桥	0.946 0	<0	黄色
南沙河入昌平	0.649 1	>0	橙色
圪塔头	3.352 2	<0	红色
沙子营	1.413 2	<0	橙色
清河闸	0.446 8	>0	橙色
广北滨河路（桥）	0.322 0	<0	黄色
温榆河顺义区	0.211 0	>0	橙色
白石桥	0.315 0	<0	黄色
花园路	0.373 6	<0	黄色
鼓楼外大街	0.353 5	>0	橙色
沙窝	3.125 7	>0	红色
王家摆	4.383 9	>0	红色
新八里桥	39.021 7	>0	红色
大红门闸上	1.018 2	<0	黄色
凉水河大兴区	0.453 3	>0	橙色
榆林庄	5.166 3	<0	红色
凤河营闸	3.265 1	>0	红色
前侯尚村桥	7.169 9	>0	红色
东堤头闸上	0.744 4	>0	橙色
老夏安公路、秦营扬水站	1.971 4	<0	橙色
罗庄	0.283 9	<0	黄色
筐儿港	0.156 6	<0	绿色
土门楼	0.445 2	>0	橙色
新老米店闸	0.687 0	<0	黄色
北洋桥	0.261 0	<0	黄色

图 12-19　2018 年北运河流域 COD 承载力承载状态预警结果

　　结果显示，COD 承载力超载较严重的红色重警区、橙色中警区集中在流域中游，而超载状态较轻的控制单元大多位于流域上游或流域下游。圪塔头、沙窝、新八里桥、王家摆、榆林庄、凤河营闸、前侯尚村桥的 COD 承载力超载状态亮起了红灯，发出了重警的信号，情况紧急。其中，新八里桥的超载风险最为严重，COD 承载率预测值高达39.021 7，这是由于该控制单元的污水处理厂较多，COD 排放量很大，导致对应的 COD 承载率也远高于其他控制单元。流域中游地区人口稠密、产业集中，发展程度较高、速度较快，因而 COD 排放量很大，水环境质量受社会活动影响较大。圪塔头、沙窝、新八里桥、王家摆、凤河营闸的 COD 排放量主要来自点源，主要是污水处理厂排放量大，其次是工业企业废水排放。而前侯尚村桥的 COD 排放量主要来自城镇面源，并且 COD 承载率有逐年升高的趋势。中游也有部分控制单元落在了黄色轻警区，白石桥、花园路、广北滨河路（桥）的 COD 污染排放压力较小，均没有污水处理厂的污水排放，第三产业占比高，工业企业废水排放量也较低。大红门闸上虽然受到 COD 污染排放的压力，但是该控制单元水资源总量相对较高，水环境容量较大。罗庄的 COD 污染排放量少，只存在较少的工业企业废水排放与面源污染。因此这几个控制单元都落在了黄色轻警区。上游土沟桥控制单元人口密度相对较小，人类活动也相对较少，并且水域面积占比相对上中游地区较高，水环境容量较大，COD 承载率有逐年降低的趋势。下游控制单元（如新老米电闸、北洋桥、筐儿港）的水域面积占比大，水资源总量高，并且 COD 承载率有下降的趋势，因此超载风险都较低。

12.3.2　NH₃-N 承载力承载状态预警结果

NH$_3$-N 承载力承载状态预警的警度划分见表 12-20。

表 12-20　NH$_3$-N 承载力承载状态警度划分表

警限标准			$I<0.3$	$0.3 \leq I<1.4$	$1.4 \leq I<6.4$	$I \geq 6.4$
变化过程	变差	$k>0$	黄色预警区	橙色预警区	红色预警区	红色预警区
	变好	$k \leq 0$	绿色无警区	黄色预警区	橙色预警区	

根据警度划分表，得到 2018 年北运河流域各控制单元的 NH$_3$-N 承载力承载状态警度，见表 12-21 和图 12-20。

表 12-21　NH$_3$-N 承载力预警结果

控制单元	NH₃-N 承载率	变化趋势（k）	警示灯颜色
土沟桥	4.805 0	<0	橙色
南沙河入昌平	2.150 9	>0	红色
圪塔头	6.945 4	>0	红色
沙子营	0.372 0	<0	黄色
清河闸	0.482 3	<0	黄色
广北滨河路（桥）	0.228 6	<0	绿色
温榆河顺义区	0.191 7	>0	黄色
白石桥	0.436 2	<0	黄色
花园路	0.549 0	<0	黄色
鼓楼外大街	1.683 4	>0	红色
沙窝	0.719 8	<0	黄色
王家摆	0.371 3	<0	黄色
新八里桥	51.944 3	>0	红色
大红门闸上	4.533 1	>0	红色
凉水河大兴区	0.112 8	>0	黄色

控制单元	NH₃-N 承载率	变化趋势（k）	警示灯颜色
榆林庄	0.837 0	>0	橙色
凤河营闸	0.518 4	<0	黄色
前侯尚村桥	1.596 9	>0	红色
东堤头闸上	0.484 9	>0	橙色
老夏安公路、秦营扬水站	0.540 1	>0	橙色
罗庄	0.865 2	>0	橙色
筐儿港	0.175 4	>0	黄色
土门楼	0.366 8	>0	橙色
新老米店闸	0.386 4	<0	黄色
北洋桥	0.245 8	>0	黄色

图 12-20　2018 年北运河流域 NH₃-N 承载力承载状态预警结果

由以上预警结果可知，对于 NH_3-N 承载力而言，超载风险较为严重的红色、橙色区域主要集中在中游地区。较严重的红色重警区为南沙河入昌平、圪塔头、鼓楼外大街、新八里桥、大红门闸上、前侯尚村桥。上游的土沟桥虽然水环境容量较大，但同时受到较大的排污压力，尤其是污水处理厂 NH_3-N 排放量较大，导致该控制单元的承载率相对较大，但同时承载率有降低的趋势，因此落在了橙色中警区。圪塔头第一产业、第二产业占比较高，农业用水量大，氮肥施用量大，导致水系统压力较大，另外该控制单元的污水处理厂 NH_3-N 排放量也较大，承载率有增大的趋势，因而落在了红色重警区。南沙河入昌平的水环境容量较小，导致 NH_3-N 承载率相应较高，并且承载率有增大的趋势，也落在了红色重警区。新八里桥的超载风险最为严重，承载率预测值高达 51.944 3，仍是由于该控制单元的污水处理厂较多，NH_3-N 排放量很大，导致对应的 NH_3-N 承载率远高于其他控制单元。鼓楼外大街近年来 NH_3-N 承载率增高，主要来自面源污染压力，也落在了红色重警区。中游广北滨河路（桥）的 NH_3-N 污染排放压力小，没有污水处理厂排放，第三产业占比高，其 NH_3-N 承载率较小，并且有减小的趋势，因此落在了绿色无警区。黄色轻警区域分布在中游部分 NH_3-N 承载力超载状态相对较好的控制单元与下游控制单元。近年来，中游黄色轻警区许多控制单元环保支出占比增大，污染排放压力有所减小，NH_3-N 承载率相对较低，大部分也处于减小的趋势。下游控制单元由于充沛的水资源而水环境容量较大，污染压力也相对较小，因而在黄色轻警区。

12.3.3　TP 承载力承载状态预警结果

TP 承载力承载状态预警的警度划分见表 12-22。

表 12-22　TP 承载力承载状态警度划分表

警限标准			$I<0.15$	$0.15{\leqslant}I<1.0$	$1.0{\leqslant}I<2.3$	$I{\geqslant}2.3$
变化过程	变差	$k>0$	黄色预警区	橙色预警区	红色预警区	红色预警区
	变好	$k{\leqslant}0$	绿色无警区	黄色预警区	橙色预警区	

根据警度划分表，得到 2018 年北运河流域各控制单元的 TP 承载力承载状态警度，见表 12-23 和图 12-21。

表 12-23 TP 承载力承载状态预警结果

控制单元	TP 承载率	变化趋势（k）	警示灯颜色
土沟桥	1.461 8	＞0	红色
南沙河入昌平	0.342 0	＞0	橙色
圪塔头	1.055 2	＜0	橙色
沙子营	0.572 8	＜0	黄色
清河闸	0.152 8	＜0	黄色
广北滨河路（桥）	0.554 3	＞0	橙色
温榆河顺义区	0.255 2	＞0	橙色
白石桥	0.101 6	＜0	绿色
花园路	0.111 2	＜0	绿色
鼓楼外大街	0.313 8	＞0	橙色
沙窝	1.584 8	＜0	橙色
王家摆	0.958 6	＜0	黄色
新八里桥	36.191 7	＜0	红色
大红门闸上	0.418 8	＜0	黄色
凉水河大兴区	0.320 3	＜0	黄色
榆林庄	0.414 7	＞0	橙色
凤河营闸	2.267 3	＜0	橙色
前侯尚村桥	0.286 1	＞0	橙色
东堤头闸上	0.104 2	＜0	绿色
老夏安公路、秦营扬水站	0.188 4	＞0	橙色
罗庄	0.081 6	＜0	绿色
筐儿港	0.084 9	＞0	黄色
土门楼	0.203 9	＞0	橙色
新老米店闸	0.154 4	＞0	橙色
北洋桥	0.073 0	＞0	黄色

图 12-21　2018 年北运河流域 TP 承载力承载状态预警结果

由以上预警结果可知，TP 承载力超载风险较为严重的红色、橙色区域主要集中在上中游地区。上游的土沟桥近年来 TP 承载率不断上升，主要是点源污染逐年增加，污水处理厂 TP 排放量增加，其 TP 承载率相对较高。新八里桥仍是超载风险最为严重的控制单元，承载率预测值高达 36.191 7，该控制单元的污水处理厂较多，TP 排放量很大，导致对应的 TP 承载率远高于其他控制单元。白石桥和花园路这两个控制单元受到的点源污染几乎为 0，面源污染也较低，TP 承载率一直处于较低的值，因而落在了绿色无警区。罗庄历年的 TP 承载率都较低并且有降低的趋势，主要也是由于其点源污染几乎为 0，面源污染较低，落在了绿色无警区。东堤头闸上的 TP 承载率有降低的趋势，并且其水环境容量相对较大，也落在了绿色无警区。下游的新老米店闸虽然 TP 承载率不高，但是近年来有上升的趋势，环保支出占比有所减少，面源污染有所增加，因此落在了橙色中警区。中游的大片橙色中警区主要是由于农业面源、畜禽养殖和种植业的发展以及城镇生活污水。

12.3.4 水资源承载力承载状态预警结果

水资源承载力承载状态预警的警度划分见表 12-24。

表 12-24 水资源承载力承载状态警度划分表

警限标准			$I<0.7$	$0.7 \leqslant I<2.7$	$2.7 \leqslant I<9.6$	$I \geqslant 9.6$
变化过程	变差	$k>0$	黄色预警区	橙色预警区	红色预警区	红色预警区
	变好	$k \leqslant 0$	绿色无警区	黄色预警区	橙色预警区	

根据警度划分表，得到 2018 年北运河流域各控制单元的水资源承载力承载状态警度，见表 12-25 和图 12-22。

表 12-25 水资源承载力承载状态预警结果

控制单元	水资源承载率	变化趋势（k）	警示灯颜色
土沟桥	1.069 3	<0	黄色
南沙河入昌平	5.646 1	<0	橙色
圪塔头	2.993 1	<0	橙色
沙子营	3.767 0	>0	红色
清河闸	16.564 4	<0	红色
广北滨河路（桥）	3.373 5	<0	橙色
温榆河顺义区	0.656 5	<0	绿色
白石桥	9.811 4	<0	红色
花园路	14.280 5	<0	红色
鼓楼外大街	21.376 8	<0	红色
沙窝	1.720 2	>0	橙色
王家摆	14.021 9	<0	红色
新八里桥	4.106 8	<0	橙色
大红门闸上	5.085 4	<0	橙色
凉水河大兴区	2.015 9	<0	黄色
榆林庄	9.743 8	<0	红色
凤河营闸	5.238 9	<0	橙色
前侯尚村桥	3.347 9	<0	橙色
东堤头闸上	19.261 0	<0	红色
老夏安公路、秦营扬水站	3.000 0	<0	橙色
罗庄	21.054 9	<0	红色
筐儿港	3.282 7	<0	橙色
土门楼	0.654 3	<0	绿色
新老米店闸	0.491 2	<0	绿色
北洋桥	0.236 9	<0	绿色

图 12-22　2018 年北运河流域水资源承载力承载状态预警结果

由预警结果可知，对于水资源承载力而言，承载力超载风险较为严重的红色、橙色区域主要集中在中游地区，上游、下游水资源承载状态较好。中游地区水资源紧缺，同时人口密度较大，生活用水量大，水体受到人类活动影响较大，因此水资源承载力超载状况较为严重，尤其是处于红色重警区的控制单元，其中沙子营、清河闸、白石桥、花园路、鼓楼外大街均处于北京中心城区，人口密集，城市化水平高，生活用水量大，水资源相对较少。位于中下游的罗庄、东堤头闸上的人均水耗较高，东堤头闸上第一产业、第二产业占比较高，农业用水量大，这两个控制单元的水资源承载率历年都处于较高的水平，这两个控制单元都处于红色重警区。中游凉水河大兴区的水资源承载率呈历年降低的趋势，第三产业发展，农业用水有所降低，因此落在了黄色轻警区。上游地区（如土沟桥）人口密度相对较小，人类活动较少，水资源压力也较小，下游地区（如新老米店闸、北洋桥）水资源量相对丰富，人均水资源量较大，因此落在了绿色无警区。中游地区的土门楼、温榆河顺义区近年来水资源承载率都呈下降趋势，土门楼的水资源承载率历年都处于较低的水平，该控制单元水资源量比较充沛，这两个控制单元都处于绿色无警区。

12.3.5 水环境承载力承载状态综合预警等级

水环境承载力综合预警的警度划分见表 8-5。根据上述预警等级划分方法，对水环境容量承载率进行警度划分，见表 12-26。

表 12-26　水环境容量承载力承载状态预警结果

控制单元	水环境容量承载率	变化趋势（k）	警示灯颜色
土沟桥	3.779	<0	橙色
南沙河入昌平	1.692	>0	红色
圪塔头	5.593	>0	红色
沙子营	1.143	<0	黄色
清河闸	0.426	<0	黄色
广北滨河路（桥）	0.471	<0	黄色
温榆河顺义区	0.238	>0	黄色
白石桥	0.368	<0	黄色
花园路	0.458	<0	黄色
鼓楼外大街	1.313	>0	橙色
沙窝	2.554	<0	橙色
王家摆	3.380	<0	橙色
新八里桥	47.407	<0	红色
大红门闸上	3.501	>0	红色
凉水河大兴区	0.383	>0	橙色
榆林庄	3.954	>0	红色
凤河营闸	2.714	<0	橙色
前侯尚村桥	5.501	>0	红色
东堤头闸上	0.613	>0	橙色
老夏安公路、秦营扬水站	1.532	>0	红色
罗庄	0.677	>0	橙色
筐儿港	0.158	>0	黄色
土门楼	0.396	>0	橙色
新老米店闸	0.565	<0	黄色
北洋桥	0.230	>0	黄色

根据短板效应，取水环境容量承载状态预警等级和水资源承载力承载状态预警等级中的严重者，得到最终的水环境承载力综合预警等级（见表 12-27）和综合预警结果（见图 12-23）。

表 12-27　水环境承载力承载状态综合预警等级

控制单元	警示灯颜色	控制单元	警示灯颜色	控制单元	警示灯颜色
土沟桥	橙色	鼓楼外大街	红色	东堤头闸上	红色
南沙河入昌平	红色	沙窝	橙色	老夏安公路、秦营扬水站	红色
圪塔头	红色	王家摆	红色	罗庄	红色
沙子营	红色	新八里桥	红色	筐儿港	橙色
清河闸	红色	大红门闸上	红色	土门楼	橙色
广北滨河路（桥）	橙色	凉水河大兴区	橙色	新老米店闸	黄色
温榆河顺义区	黄色	榆林庄	红色	北洋桥	黄色
白石桥	红色	凤河营闸	橙色		
花园路	红色	前侯尚村桥	红色		

图 12-23　2018 年北运河流域水环境承载力承载状态综合预警结果

综合各个水环境承载力要素，最终得到水环境承载力承载状态综合预警等级，承载力超载较为严重的控制单元集中在中上游区域，环境最好的是下游两个控制单元（新老米店闸、北洋桥）以及中上游地区的温榆河顺义区，这3个控制单元属于黄色轻警区。红色重警区集中在中游地区。由预警结果可知，北运河流域有一半以上控制单元处于重警或中警的状态，水环境承载力超载状况严重，应加以调控，避免水环境承载力持续超载。

12.4 基于双向调控的排警措施

12.4.1 模型各项指标灵敏度分析

在研究排警措施时，本研究采用了前推法（Forward），即结合预警结果和灵敏度分析提出排警措施。将 COD 承载力承载状态预警模型、NH₃-N 承载力承载状态预警模型、TP 承载力承载状态预警模型和水资源承载力承载状态预警模型中各输入变量分别在原来的基础上增加或减少20%，分别计算各自变量的 MIV 值，进行排序，得到各自变量对各预警模型影响程度的位次表，见表 12-28。

表 12-28　水环境容量各分量承载力预警模型输入指标的 MIV 值位次表

COD 承载力承载状态预警模型指标	MIV	NH₃-N 承载力承载状态预警模型指标	MIV	TP 承载力承载状态预警模型指标	MIV
污水处理率	1.373 2	降水量	5.584 8	第三产业占比	4.524 1
降水量	0.718 8	污水处理率	3.923 5	降水量	2.034 9
第三产业占比	0.554 9	第三产业占比	3.651 6	污水处理率	0.970 3
总人口	0.265 2	GDP	1.520 3	总人口	0.790 1
万元 GDP COD 排放量	0.249 9	总人口	1.173 3	万元 GDP TP 排放量	0.633 6
环保支出占比	0.229 1	万元 GDP NH₃-N 排放量	1.129 7	GDP	0.567 0
GDP	0.137 7	环保支出占比	1.009 4	环保支出占比	0.320 5
地表水资源总量	0.039 0	地表水资源总量	0.466 6	地表水资源总量	0.148 1

表 12-29　水资源承载力承载状态预警模型输入指标的 MIV 值位次表

水资源承载力承载状态预警模型	MIV	水资源承载力承载状态预警模型	MIV
降水量	4.038 7	总人口	0.721 4
第三产业占比	2.233 7	地表水资源总量	0.455 9
人均水耗	0.984 0	万元 GDP 水耗	0.453 1
环保支出占比	0.814 0	GDP	0.339 8

根据上述结果绘制 MIV 值排序图，见图 12-24。

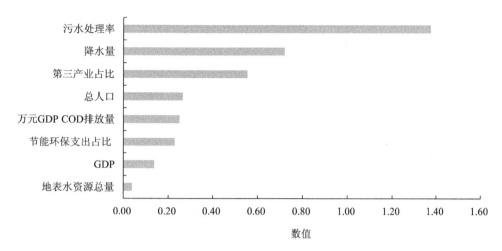

（a）COD承载力承载状态预警模型输入指标MIV

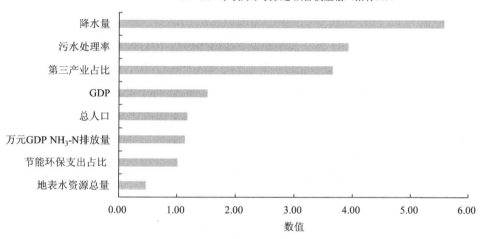

（b）NH$_3$-N承载力承载状态预警模型输入指标MIV

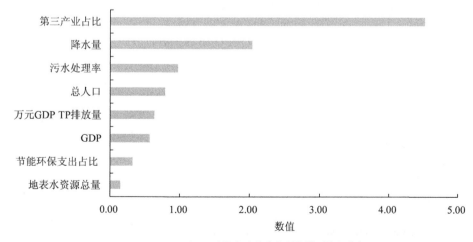

（c）TP承载力承载状态预警模型输入指标MIV

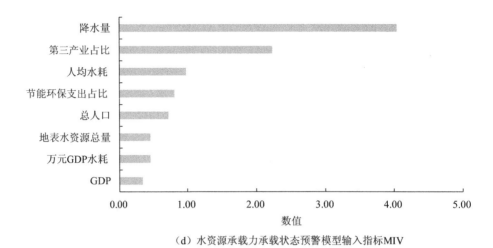

（d）水资源承载力承载状态预警模型输入指标MIV

图 12-24　各模型输入指标 MIV 值排序图

由图 12-24 可知，对 COD 承载力承载状态预警模型、NH$_3$-N 承载力承载状态预警模型和 TP 承载力承载状态预警模型而言，降水量、第三产业占比、污水处理率这 3 项指标对神经网络模型的影响排在前三，即对输出的警情指标影响较大。对水资源承载力预警模型而言，降水量、第三产业占比、人均水耗以及环保支出占比这 4 项指标对神经网络模型的影响较为明显。

12.4.2　2008—2018 年北运河流域水环境承载力承载状态时序变化分析

对各控制单元的承载率的时序变化进行分析，分析水环境承载力承载状态的走势。根据预警警度，将控制单元分为红色重警区、橙色中警区、黄色轻警区和绿色无警区并进行分析。

12.4.2.1　COD 承载力承载状态时序变化分析

对北运河流域各区域 2008—2018 年的 COD 承载率进行分析，得到图 12-25。

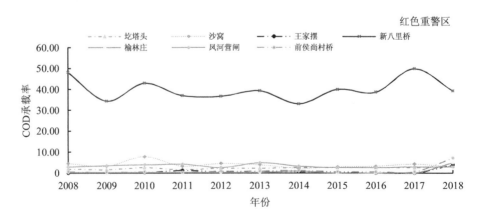

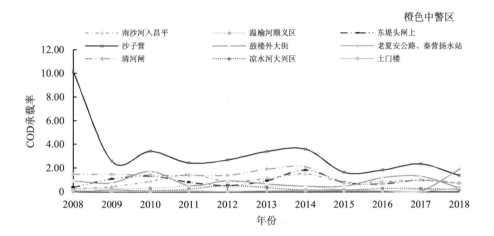

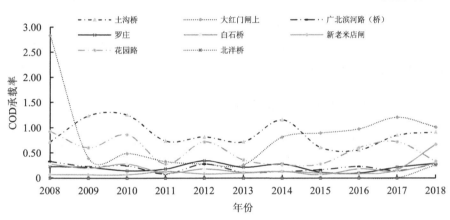

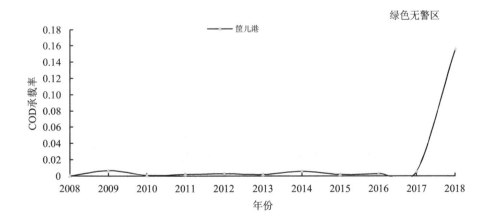

图 12-25 2008—2018 年北运河流域各控制单元 COD 承载率变化情况

由图 12-25 可以看出，2008—2018 年北运河流域 COD 承载力超载水平波动较大，大部分区域呈"M"形曲线，2009—2010 年、2013—2014 年出现一定幅度上升，主要是受降水量的影响，降水量减少，进而导致水环境容量减少，在排放量没有相应减少的情况下，COD 承载率上升，超载状态加重。水资源量增加的年份的水环境容量变大，COD 超载状况有所好转，COD 承载率下降。2008—2009 年虽然降水量增加，但承载率大幅下降，主要是由于 COD 排放量增加。在红灯重警区的几个控制单元中，新八里桥的 COD 承载率水平一直较高，远高于其他控制单元，COD 超载状态比较严重，虽然年际有所波动但是总体变化不大。处在红色重警区的几个控制单元超载状况没有得到明显改善，在 2016 年后还有一定幅度的上升，主要由于 COD 排放量的增加。根据 2018 年预警结果，落在橙色中警区的控制单元的 COD 承载率变化呈波浪状，COD 承载力承载状态比较不稳定。其中老夏安公路、秦营扬水站 2018 年的预警结果远高于 2017 年的承载率，需注意以防止超载持续加剧。根据 2018 年预警结果发出轻警信号的几个控制单元的 COD 承载率在这些年整体态势较好，保持在较低的水平。筐儿港的预警结果相对而言远高于历史值，这是由于筐儿港的承载率一直处于非常低的状态，由于精度问题，预警结果即使非常低也可能出现这样相对高出很多的情况，但是不影响该控制单元是无警区的整体情况。

12.4.2.2　NH₃-N 承载力承载状态时序变化分析

北运河流域各控制单元 2008—2018 年的 NH$_3$-N 承载率时序变化见图 12-26。

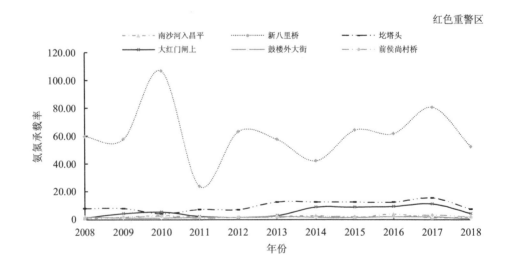

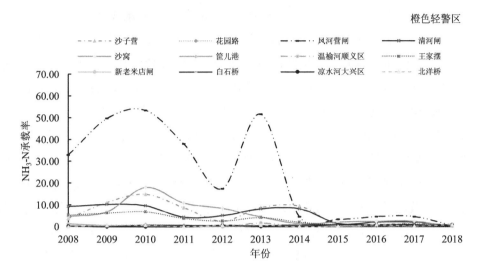

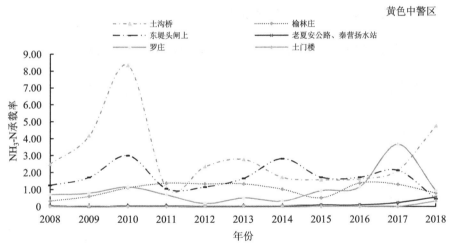

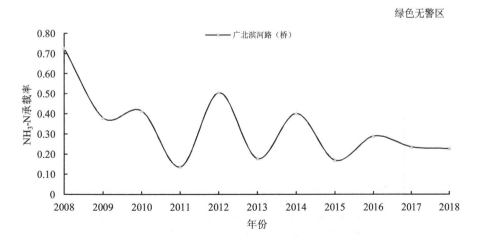

图 12-26　2008—2018 年北运河流域各控制单元 NH₃-N 承载率变化情况

由图 12-26 可知，2009—2010 年、2013—2014 年 NH_3-N 承载率出现一定幅度上升，主要是由于降水量的减少，导致水环境容量减少，在排放量没有相应减少的情况下，NH_3-N 承载率上升，超载状态加重。水资源量增加的年份的水环境容量变大，NH_3-N 超载状况有所好转，NH_3-N 承载率下降。2018 年预警结果中，位于红色重警区的新八里桥 NH_3-N 承载率历史水平较高，远高于其他控制单元。其次，圪塔头、南沙河入昌平在 2016 年后的 NH_3-N 承载率水平较高，但 2018 年的预警结果有所下降。其他处于红色重警区的控制单元 2018 年预警结果均比 2017 年有一定的减少，但整体来看没有太大变化。处于橙色中警区的几个控制单元的承载率波动较大，尤其是土沟桥的承载状态不太稳定，2018 年有上升的趋势。位于黄色轻警区的凤河营闸在 2013 年后承载状态得到了明显的改善，主要是因为 NH_3-N 排放量明显减少。近年来黄色轻警区的控制单元承载状态呈现较为稳定并且降低的趋势。位于绿色无警区的广北滨河路（桥）的承载状态是较稳定的，一直处在较低的状态。

12.4.2.3　TP 承载力承载状态时序变化分析

北运河流域各控制单元 2008—2018 年的 TP 承载率时序变化见图 12-27。

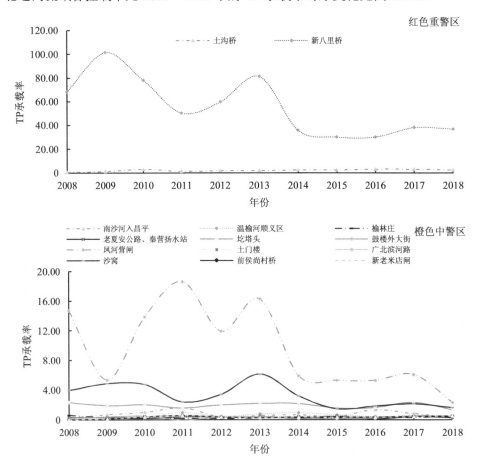

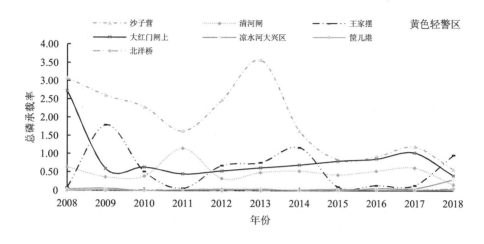

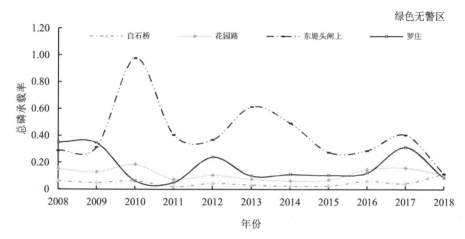

图 12-27　2008—2018 年北运河流域各控制单元 TP 承载率变化情况

由图 12-27 可知,2018 年 TP 承载率预警结果位于红色重警区的新八里桥仍远高于其他控制单元,一直处于严重的超载状态,承载率在 2014 年后趋于稳定的状态。土沟桥的承载率波动不大,但一直处于超载状态。位于橙色中警区的大部分控制单元的 TP 承载率在 2009—2014 年波动幅度较大,2014 年后承载率趋于稳定的状态,总体情况有所改善,2018 年的预警结果都趋于减少。落在黄色轻警区的控制单元的 TP 承载率变化波动幅度较大,但总体情况近年来有所改善,呈下降趋势。位于绿色无警区的控制单元的 TP 承载率都较小,在 2013 年后总体呈下降趋势。

12.4.2.4　水资源承载力承载状态时序变化分析

北运河流域各控制单元 2008—2018 年的水资源承载率时序变化见图 12-28。

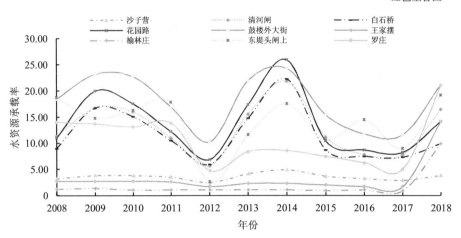

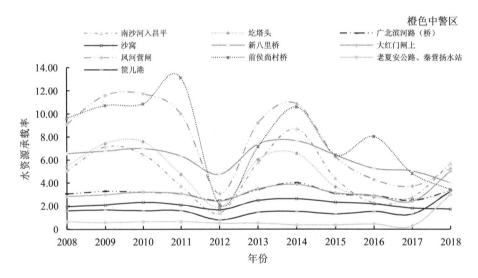

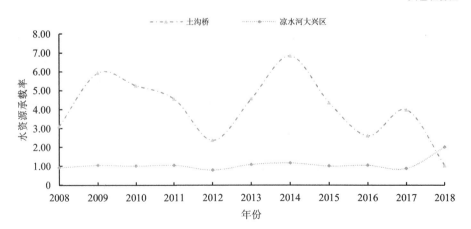

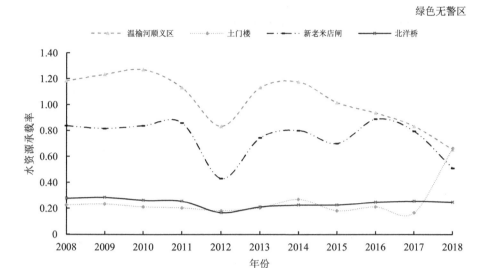

图 12-28　2008—2018 年北运河流域各控制单元水资源承载率变化情况

从图 12-28 可以看出，2018 年水资源承载率预警结果落在红色重警区的控制单元承载率水平整体较高，近几年都普遍呈现升高的趋势。位于橙色中警区的大部分控制单元的水资源承载率也在 2018 年呈现升高的趋势，少部分变化不大或是稍有减少。落在红色重警区和橙色中警区的控制单元都值得引起重视，在原本超载的状态下都有向更严重的方向发展的态势。位于黄色轻警区的土沟桥的水资源承载率波动较大，近年来有下降的趋势，状况有所改善，凉水河大兴区的水资源承载状态较为稳定，但承载率有上升的趋势。位于绿色无警区的大部分控制单元的承载状态都比较稳定并且有下降的趋势，但土门楼在 2018 年的水资源承载率有所增加。

12.4.3　排警措施的制定

MIV 值位次表为缓解水环境承载力超载状态的排警措施的制定指明了一定的方向，同时影响水环境承载力承载状态的原因是多方面的，因此在 MIV 位次表的基础上，再结合各控制单元的水环境承载力超载状态时序和相关政策，制定相关决策会更加合理可行。双向调控可以从提高水环境承载力和降低社会经济活动对水环境的压力两个方面入手，进一步可以从流域的水环境全过程控制角度将措施细分为前端、过程和末端 3 个方面考虑调控措施，本研究提出了改善北运河流域水环境承载力超载状态的双向调控措施，具体见表 12-30。

表 12-30 缓解北运河流域水环境承载力超载状态双向调控措施

原则	分类	按生命周期细分	具体措施
双向调控	提高水环境承载力	前端	从外区域调水
		过程	通过水利设施蓄水
		末端	雨水回用
			提高污水处理量
			完善截污管网，提高污水再生回用率
双向调控	降低社会经济活动对水环境的压力	前端	调整经济增速
			调整人口规模
			产业经济结构转型升级
			加大环保投入
		过程	推进生产生活节水、提高污水回用率
			推行清洁生产，减少生产污染物排放
		末端	提高污水收集处理率
			节水回用，减少生活污染物排放

表 12-30 中提出了提升北运河流域水环境承载力的整体方向和策略。为了更好地提升区域水环境承载力承载水平，必须对各控制单元的现状进行客观、合理、科学的分析，明确不同控制单元的水环境承载力的差距，比较优势和不足，遵循习近平总书记提出的"节水优先、空间均衡、系统治理、两手发力"的治水方针，找出提升各控制单元水环境承载力的准确途径。

处于红色重警区与橙色中警区的控制单元的水环境承载力超载比较严重，在管理中需要重点治理。

中心城区区域经济发展速度快，人口稠密，产业密集，区域第三产业占比已经达到很高水平，在流域内的水环境承载力常年超载严重，主要问题在于区域污染物排放量大，集中在城镇生活污水、污水处理厂排放，其次是水资源较为紧张。工作重心可以放在减少生活污水直排，积极开展水污染防治工作，成立水污染综合治理领导小组，实行"谁污染，谁补偿"经济补偿机制，督促属地落实责任上；同时开展追根溯源工作，摸排排水口，加强执法和监管力度；继续大力实行河长制，制定本区域水质评定目标，量化考核；加大专项投入，大力加强节水理念宣传，取得社会共识。逐步减缓区域水环境承载力超载状况，使区域水环境承载力与经济社会发展逐步适应。另外污染物排放主要来自城镇面源，水资源较短缺，用水量较大，主要是工业用水和生活用水。区域第三产业占比约为 70%，还有提升的空间。工作重点可以放在加快产业经济结构转型升级，对工业结构和布局进行调整，加强工业节水技术改造上；同时推进河长制及"清四乱"专项行动。

非中心城区污染物排放主要来自生活面源与农业面源，区域内农业面源污染较为严重，用水大部分都是农业用水。工作重点可以放在农业面源污染治理上，推行农业高效节水建设，鼓励使用低污染化肥，提高农业排涝水的自净能力；对固定污染源进行清理整顿，整治"散乱污"企业。

中下游地区水环境承载力超载的主要原因在于水资源短缺，区域内人口多，生活用水量大，供需矛盾仍然突出。其次，区域内生活污水排放是主要的污染来源。工作重心可以放在水资源的高效利用上，严格落实区域用水总量控制和行业用水效率控制，进一步强化计划用水和定额管理，制订区域的用水计划，深入推行河长制，加强督查工作，可以加大力度推行街巷长制，协助推进河长制工作体系建设；开展清理河道行动，对重点河段进行整治，减轻水体污染。

第 13 章

基于系统动力学的北运河流域水环境承载力承载状态中长期预警

本研究通过构建北运河流域系统动力学模型，对流域系统边界和水环境承载力各子系统（社会经济、水环境、水资源、水生态）进行分析，绘制因果反馈回路图，在此基础上编写模型方程、设定参数，并对模型进行有效性检验及灵敏度分析。然后，结合情景设计，对北运河流域 2018—2025 年的水环境承载状况进行模拟仿真及预警，并给出排警决策。

13.1 技术方法体系

采用中长期预警方法，将水环境承载力承载状态预警框架设计为：确定水环境承载力及其承载状态的精确定义，选择关键指标，识别危险，安排子系统并了解其相互作用。预测状态用于构建模型并预测每个系统的未来。分析警情信号的作用是确定未来是否会出现警兆。为了量化超载状态并评估即将出现的警兆，制定了不同的警报级别。最后，在上述研究的基础上，通过选择合理的措施来消除风险，消除预警情况。

13.1.1 明确警义

北运河流域人口稠密，经济发达，但水生态、水资源和水环境承载率都是超载状态，远未实现绿色可持续发展。为此，人们采取了很多措施，为了分析这些措施。长期预警的定义应该是预测承载率是否能够达到其目标，以及社会子系统和环境子系统在未来是否协调。

13.1.2　识别警源

考察北运河流域实际，发现全流域近半数的水量来源于再生水和景观河道退水，这对流域内所有社会经济活动均有负面影响，本研究关注北运河流域水环境承载力对人类的影响，因此将北运河全流域作为研究区，包括安庆区、北辰区、昌平、朝阳区、大兴区、东城区、丰台区、广阳区、海淀区、河北区、红桥区、怀柔区、门头沟区、石景山区、顺义区、通州区、武清区、香河县、西城区、延庆区等地。

本研究预测的时间序列为 2018—2025 年，时间步长为 1 年。本研究将北运河流域看作社会、经济、水环境、水资源、水生态 5 个子系统有机结合而成的复杂巨系统，其中社会子系统、经济子系统隶属社会经济部分，而水资源子系统、水环境子系统、水生态子系统隶属生态环境部分。根据系统预测结果分析水环境是否超载、水环境与社会经济是否协调，从而识别警源。

社会经济和水环境数据中存在大量内在机理难以表征但与时间序列高度相关的变量，利用 Python 和 R 语言，选择适当的统计学模型并预测未来值，以表函数为系统动力学模型赋值。主要预测方式包括一次回归、滑动平均、鲁棒周期、指数回归、对数回归、二次回归等，各子系统所用到的各表函数预测方式见表 13-1，其中某些变量刚开始呈增加（减少）态势，后在政策措施等的影响下变为减少（增加）态势，对这些变量依据转折点后的数据进行预测。

表 13-1　采用时间序列预测的变量

子系统	变量	预测方法	备注
社会	总人口	LR	
	城镇人口	LR	
经济	GDP 总量	LR	
	第二产业 GDP	LR	
	第三产业 GDP	LR	
水生态	水质净化能力	MA	
	水源涵养量	MA	
	NDVI	LR	
	水产品产量	LR（ATP）	ATP
	农药施用量	LR	
水资源	人均生活用水量	MA	
	第一产业耗水量	LR	
	地表水资源总量	STL	
	地下水资源总量	STL	
	第二产业万元 GDP 耗水量	LR	

子系统	变量	预测方法	备注
水环境	第一产业 COD 排放量	LR	
	第一产业 NH$_3$-N 排放量	LR	
	第一产业 TN 排放量	ER	
	第一产业 TP 排放量	ER	
	生活 COD 排放量	LR（ATP）	ATP
	生活 NH$_3$-N 排放量	LR（ATP）	ATP
	生活 TN 排放量	LR（ATP）	ATP
	生活 TP 排放量	LoR	
	污水处理厂 COD 排放量	MA	
	污水处理厂 NH$_3$-N 排放量	MA	
	污水处理厂 TP 排放量	ER	
	第二产业 COD 排放量	MA	
	第二产业 NH$_3$-N 排放量	MA（ATP）	ATP
	污水处理能力	LR	
	污水处理厂处理能力	ER	
	再生水量	LR（ATP）	ATP
	环保投资	QR	
	COD 浓度	STL	
	NH$_3$-N 浓度	STL	
	TP 浓度	LoR（ATP）	ATP

注：表中 LR 表示一次回归（Linear Regression）、MA 表示滑动平均（Moving Average）、STL 表示鲁棒周期（Seasonal and Trend Decomposition Using Loess）、ER 表示指数回归（Exponential Regression）、LoR 表示对数回归（Logarithmic Regression）、QR 表示二次回归（Quadratic Regression）。某些变量刚开始呈增加（减少）态势，后在政策措施等的影响下变为减少（增加）态势，对这些变量依据转折点后的数据预测，备注为 ATP（After the Turning Point）。

13.1.3 预测警情

（1）子系统构建

所构建的基于系统动力学的水环境承载力超载状态模拟系统是由经济子系统、社会子系统、水生态子系统、水资源子系统、水环境子系统构成的（见图 13-1），其中社会子系统、经济子系统用于表征社会经济情况，水生态子系统、水资源子系统、水环境子系统用于表征水环境情况，各子系统间以直接和间接的反馈作用相互影响，各子系统分别输出量化指数，其中水生态子系统、水资源子系统、水环境子系统还会分别输出承载状态警度。水环境承载力超载状态模拟系统是对各子系统的综合集成，通过分析各量化指数评价水环境和社会经济的耦合协调度，分析水生态警度、水质警度、水资源承载力承载状态警度，预测水环境承载力超载状态警度，结合耦合协调度与超载状态警度输出警灯。

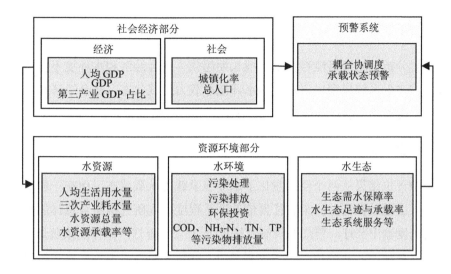

图 13-1　子系统间的关系

（2）模型检验

基于系统动力学构建的模型大多存在一定误差。为明确误差是否处于可接受的范围内，可通过输入以往某一年的数据，对后几年做出预测并将预测结果与实际值进行对比来判别系统动力学模型是否合理。由于环境子系统和社会子系统均存在影响因素多且复杂的问题，不可能像物理、化学实验那样达到相当精确的预测程度，一般认为预测值与实际值的误差不大于 15%即为合理。

（3）未来情景模拟

根据以上方法和所建模型，分别预测各子系统量化指数，具体包括对水环境子系统、水资源子系统、水生态子系统的预测和对未来社会经济方面的预测。其中，社会子系统应考虑总人口、城镇化率等，经济子系统应考虑 GDP、三次产业 GDP 占比等，水环境子系统应综合考虑 COD、NH_3-N、TN、TP 排放量等，水生态子系统应考虑水生态足迹与承载率、生态需水保障率等，水资源子系统应考虑人均生活用水量、三次产业耗水量、水资源总量等。

13.1.4　判别警兆

在以往的水环境承载力承载状态预警研究中，大多数依据承载率大小进行警兆判别，这一判别方法存在一定漏洞，如一个承载力略大于水环境压力而社会经济高度发展的地区相较于承载力远大于压力但极度贫困的地区更符合人类需要，因此本研究将结合承载率大小和承载力与社会环境发展是否协调两个方面因素来实现警兆判别。

13.1.5 评判警情

依据以上分析，将来可能存在水环境长期超载、社会经济和水环境不能协调发展的警兆，故需构建母系统模型以定量分析水环境承载力超载状态、社会经济和水环境协调程度，从而实现对整个北运河流域水环境承载力超载警情的评价。

13.1.6 界定警度

上述警情评价结果从两个侧面量化了水环境承载力承载状态，而在一般的承载状态预警工作中，需通过警情分级来表征警情的严重程度。本研究拟结合总体的超载状态警度和耦合协调度输出警灯，警灯的规制方法见表 13-2。警灯严重程度依蓝灯、绿灯、黄灯、橙灯、红灯递增，其中蓝灯表明没有警情，红灯表明警情十分严重，最终形成的母系统系统动力学流图见图 13-2。

表 13-2 警情信号灯规制

警情分级	耦合协调度			
	[0，0.3)	[0.3，0.5)	[0.5，0.7)	[0.7，1.0)
安全	红色	黄色	绿色	蓝色
轻警	红色	橙色	黄色	绿色
中警	红色	橙色	橙色	黄色
重警	红色	红色	橙色	橙色
巨警	红色	红色	红色	红色

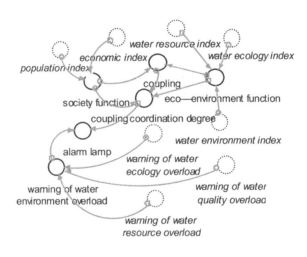

图 13-2 水环境承载力超载状态母系统系统动力学流图

13.1.7　排除警情

根据警度界定结果，分析是否存在警情。警情的出现可能有两种情况，一是水环境承载率过高，分水环境、水生态、水资源 3 个子系统进行研究，可能的原因有水资源供给不足、水生态破坏严重、水环境污染重等，根据具体问题提出相应对策；二是水环境情况与社会经济情况不相匹配，可能的原因有经济发达而环境治理能力相对滞后、环境保护良好但过于贫困等，可选择合适当地经济发展与环境治理现状的措施加以整治。

13.2　社会-经济-水生态-水资源-水环境子系统构建

本研究将北运河流域看作社会、经济、水生态、水资源、水环境 5 个子系统有机结合而成的复杂巨系统，其中社会子系统、经济子系统隶属社会经济部分，水资源子系统、水环境子系统、水生态子系统隶属资源环境部分。

13.2.1　社会子系统

通过时间序列分析预测城镇人口和总人口，据此求得城镇化率和农村人口，人口指数由城镇化率和总人口构成。社会子系统系统动力学流图见图 13-3。首先对负向指标正向化，然后采用 3σ 方法界定二者各自的最大值和最小值，再进行归一化，具体如式（13-1）～式（13-3）所示，将各指标归一化后的数值在 Python 中采用熵权法分配权重，加和求得最终结果。其他子系统各指标的正向化、最值确定、归一化、权重分配均采用此方法。社会子系统中，总人口为负向指标，需进行正向化。

$$x_i' = \frac{1}{x_i} \tag{13-1}$$

$$\sigma = \sqrt{\frac{1}{N}\sum_{i=1}^{N}\left(x_i' - \bar{X}\right)^2} \tag{13-2}$$

$$x_i'' = \frac{x_i' - 3\sigma}{6\sigma} \tag{13-3}$$

式中：x_i——某负向指标第 i 个指标值；

　　　x_i'——某负向指标第 i 个指标值正向化后的值或某正向指标第 i 个指标值；

　　　$\bar{X}$——x_i' 的均值；

　　　N——某指标数据量；

　　　σ——某指标标准差；

　　　x_i''——某指标第 i 个指标值归一化后的结果。

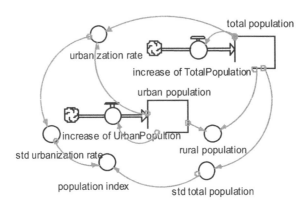

图 13-3 社会子系统系统动力学流图

13.2.2 经济子系统

通过时间序列分析预测 GDP 总量、第二产业 GDP 和第三产业 GDP，据此求得第一产业 GDP 和第三产业占比；用 GDP 总量结合社会子系统求得的总人口，可得人均 GDP。经济指数由人均 GDP、GDP、第三产业占比构成，这三者均为正向指标，无须正向化，首先确定最值，然后进行归一化、权重分配，加和求得最终结果。经济子系统系统动力学流图见图 13-4。

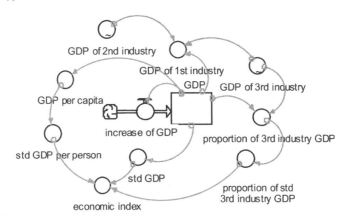

图 13-4 经济子系统系统动力学流图

13.2.3 水生态子系统

水生态承载率包括水域生态足迹承载率（EFCR）和生态需水保障率。如式（13-4）所示，通过内梅罗指数法进行组合（寇文杰等，2012）。该指数在加权过程中不仅考虑了平均值，还考虑了极值。EFCR 是生态足迹的延伸，生态足迹是陆地区域的经典生态评估方法。生态需水保障率来源于之前关于水生态评估的研究（雀丹等，2018）。EFCR 是水域生态足迹和生态承载力的商，前者在以往直接关注区域生态承载力的研究中已有记载，而后者是流域生态承载力的产物和一个因子。以往的研究已经记录了北运河流域的生态承载力，但大多数研究没有考虑渤海提供的承载力。然而，渤海所承载的北运河流域生态足迹不容忽视。考虑到水域的生态承载力与水域的净初级生产力（NPP）密切相关，引入一个因子：首先，为北运河流域提供承载力的渤海区域的面积被指定为式（13-5）中的 SA；其次，计算出渤海为北运河流域提供的总 NPP，如式（13-6）所示；最后，可以指定系数，如式（13-7）所示。这样就可以计算出水域的实际生态足迹承载力，如式（13-8）所示。

$$R=\sqrt{\frac{[\mathrm{MAX}(I_i,I_j)]^2+[\mathrm{AVG}(I_i,I_j)]^2}{2}} \tag{13-4}$$

$$\mathrm{SA}=\frac{C}{\mathrm{TC}}\times\mathrm{TSA} \tag{13-5}$$

$$\mathrm{STNPP}=\mathrm{SANPP}\times\mathrm{SA} \tag{13-6}$$

$$f=\frac{\mathrm{TNPP+STNPP}}{\mathrm{TNPP}} \tag{13-7}$$

$$\mathrm{REFCC}=f\cdot\mathrm{EFCC} \tag{13-8}$$

$$I_i=\frac{\mathrm{EF}}{\mathrm{REFCC}} \tag{13-9}$$

式中：I_i——水域生态足迹承载率；

　　　I_j——生态需水保障率；

　　　R——水生态承载率；

　　　REFCC——水域的真实生态足迹承载力；

　　　EFCC——不考虑附近渤海水产品的水域生态足迹承载力；

　　　EF——水域生态足迹；

　　　f——水域生态足迹的因子；

　　　TNPP——流域内河流提供的总 NPP；

　　　STNPP——附近海域提供的总 NPP；

　　　SANPP——渤海每单位面积的平均 NPP；

　　　SA——向研究区域提供水产品的附近海域的面积；

　　　C——研究区域的海岸线长度；

　　　TC——渤海区域的总海岸线长度；

　　　TSA——提供水产品的渤海区域面积。

水生态子系统系统动力学流图如图 13-5 所示。

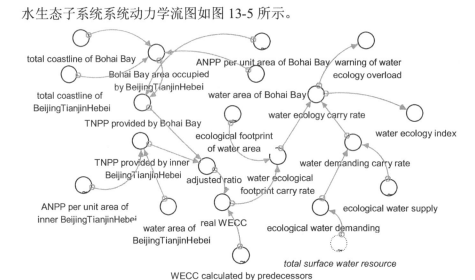

图 13-5　水生态子系统系统动力学流图

13.2.4　水资源子系统

通过时间序列分析预测人均生活用水量、第一产业耗水量、地表水资源总量、地下水资源总量、第二产业万元 GDP 耗水量。基于第二产业万元 GDP 耗水量和第二产业 GDP 求得第二产业 GDP 耗水量，基于人均生活用水量和总人口求得生活用水总量，将第二产业耗水量、生活用水总量和第一产业耗水量加和得到总耗水量。基于地表水资源总量和地下水资源总量求得总水资源量，同时基于生活用水总量、总水资源量和再生水量求得水资源承载率。基于第一产业耗水量和第一产业 GDP 求得第一产业万元 GDP 耗水量。

对水资源承载率分级得到水资源预警，考虑到北运河流域水资源短缺现状，水资源警度的界定也应适当放宽。本研究认为当水资源承载率在[0，0.8）时为安全，[0.8，1.6）时为轻警，[1.6，2）时为中警，[2，2.5）时为重警，[2.5，+∞）时为巨警。采用熵权法构建水资源指数，包括水资源承载情况和水资源利用指数两个分量，对水资源承载率正向化、确定最值、进行归一化后分配权重求得水资源承载情况，用归一化后的单位水资源农业 GDP 产量、单位水资源工业 GDP 产量和人均用水情况分配权重求得水资源指数。水资源子系统动力学流图见图 13-6。

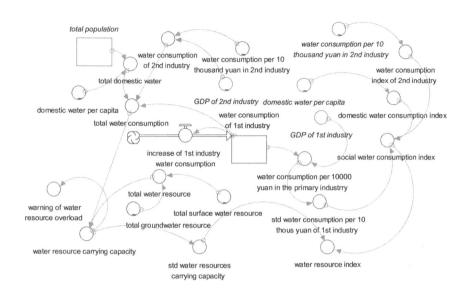

图 13-6 水资源子系统系统动力学流图

13.2.5 水环境子系统

通过时间序列分析，预测第一产业、第二产业、第三产业和生活源的 COD 排放量、NH₃-N 排放量、TN 排放量、TP 排放量，污水处理厂的 COD 排放量、NH₃-N 排放量、TP 排放量，污水处理厂年处理量，污水处理厂处理能力，再生水量，环保投资以及河流 COD 浓度、NH₃-N 浓度、TP 浓度。基于生活源、第一产业、第二产业、污水处理厂 COD 排放量求得总 COD 排放量，基于生活源、第一产业、第二产业、污水处理厂 NH₃-N 排放量求得总 NH₃-N 排放量，基于生活源、第一产业 TN 排放量求得 TN 排放量，基于生活源、第一产业、污水处理厂 TP 排放量求得 TP 排放量，基于环保投资和 GDP 求得环保投资占 GDP 的比重，基于河流 COD 浓度和河流最大允许 COD 浓度求得 COD 承载率，基于河流 NH₃-N 浓度和河流最大允许 NH₃-N 浓度求得 NH₃-N 承载率，基于河流 TP 浓度和河流最大允许 TP 浓度求得 TP 承载率，将 COD 承载率、NH₃-N 承载率、TP 承载率的最大值作为水环境承载率以突出短板法则带来的问题。

采用层次分析法、熵权法构建水环境指数，准则层包括污染排放、环境现状、污染处理和环保投资 4 个部分，指标层中污染排放包括 COD 排放量、NH₃-N 排放量、TN 排放量、TP 排放量，环境现状包括 COD 浓度、NH₃-N 浓度、TP 浓度，污染处理包括污水处理厂年处理量、污水处理厂处理能力、再生水量，环保投资包括流域内环保支出、流域内环保投资占 GDP 的比重等。水环境预警方法采用水环境承载率分级得到，由于北运河水质较差，因此采用较为宽松的超载状态分级方法，本研究认为当水环境承载率在

［0，1.5）时为安全，［1.5，2.5）时为轻警，［2.5，3.5）时为中警，［3.5，4.5）时为重警，
［4.5，+∞）时为巨警。水环境子系统系统动力学流图见图 13-7。

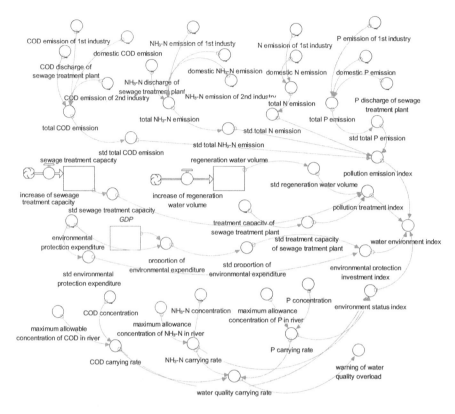

图 13-7 水环境子系统系统动力学流图

13.3 北运河流域社会-经济-水生态-水资源-水环境模型模拟仿真

13.3.1 参数设置

方程参数为系统的整体运行提供支持，模型中的参数有初始值、常数值、函数、表函数等。对那些随时间变化不甚显著的参数亦近似地取为常数值，在模型中比较多地使用了表函数，有效地处理了很多非线性问题。本研究中参数的确定主要运用以下几种方法。

（1）趋势外推法

根据过去和现在的发展趋势推断未来的发展，用于对科技、经济和社会发展的预测。趋势外推的基本假设是未来是过去和现在连续发展的结果。当预测对象依时间变化呈现某种上升或下降趋势，且能找到一个合适的函数曲线反映这种变化趋势时，就可以用趋

势外推法进行预测。利用历史统计数据和趋势外推法确定参数取值，如三次产业中各行业能源消耗强度、污染物排放强度等。

（2）平均值法

对于部分随时间变化不显著的参数，依据尽量简化模型的原则，均取平均值作为常数值，如单位面积道路需水量等，根据数据之间的数量关系采取平均值法进行赋值。

（3）直接确定法

应用统计资料、调查资料来确定参数，充分利用统计年鉴中数据作为初始值，如人口初始值、三次产业中各行业工业增加值初始值等，或根据各项相关规划等资料的数据，确定模型中相应参数值。

13.3.2　数据来源

本研究中模型参数的数据资料主要来源于《北京年鉴》《廊坊经济统计年鉴》《天津统计年鉴》《河北农村统计年鉴》《北京农村年鉴》《中国区域经济统计年鉴》《天津市北辰年鉴》《天津武清年鉴》《天津市水资源公报》以及环境统计数据、中国科学院资源环境科学与数据中心（http://www.resdc.cn/）以及地理空间数据云（http://www.gscloud.cn/）。根据年鉴可知，所有的数据都来源于国家统计局或地方统计局，这意味着尽管数据可能存在误差，仍然是可以开放获得的最高质量的数据。地理数据都是基于具有高分辨率的遥感影像解译得到的。本研究涵盖的时期为 2008—2017 年。

13.4　北运河流域水环境承载力分析与预警

13.4.1　模型检验

表 13-3 为社会子系统与经济子系统模拟仿真模型检验结果，总人口最大误差（RE）为 3.91%，GDP 最大误差为 6.60%。表 13-4 为水资源与环境子系统模拟仿真模型检验结果，COD 浓度最大误差为 16.93%，地表水资源量最大误差为 32.62%。从子系统中选取具有代表性的指标，分析历史数据（真实值）与仿真结果（预测值）的相对误差。结果表明，大部分相对误差小于 15%，这证实了模型的可靠性。

表 13-3　社会子系统与经济子系统模拟仿真模型验证结果

年份	总人口/万人			GDP/万元		
	真实值	预测值	RE/%	真实值	预测值	RE/%
2008	1 536.11	1 586.84	3.30	96 072 361.10	89 732 427.83	6.60

年份	总人口/万人			GDP/万元		
	真实值	预测值	RE/%	真实值	预测值	RE/%
2009	1 570.94	1 628.37	3.66	105 558 808.79	106 463 439.55	0.86
2010	1 691.88	1 669.91	1.30	121 899 344.87	123 194 451.27	1.06
2011	1 750.33	1 711.44	2.22	139 985 591.62	139 925 462.99	0.04
2012	1 797.46	1 752.98	2.47	154 577 516.01	156 656 474.71	1.34
2013	1 841.34	1 794.51	2.54	169 744 549.89	173 387 486.43	2.15
2014	1 875.31	1 836.05	2.09	187 177 121.70	190 118 498.15	1.57
2015	1 888.78	1 877.58	0.59	201 656 045.81	206 849 509.87	2.58
2016	1 898.42	1 919.12	1.09	226 640 738.02	223 580 521.59	1.35
2017	1 886.94	1 960.65	3.91	246 907 727.77	240 311 533.31	2.67

表 13-4　水资源与水环境子系统模拟仿真模型验证结果

年份	COD 浓度/（mg/L）			地表水资源量/万 m³		
	真实值	预测值	RE/%	真实值	预测值	RE/%
2008	45.78	46.49	1.54	64 327.37	73 138.79	13.70
2009	48.72	44.84	7.98	49 443.03	56 235.71	13.74
2010	41.03	43.19	5.26	44 916.92	45 042.75	0.28
2011	35.52	41.53	16.93	56 295.16	60 516.86	7.50
2012	41.91	39.88	4.82	73 332.94	75 495.79	2.95
2013	39.95	38.23	4.29	46 332.45	58 592.71	26.46
2014	37.43	36.58	2.26	35 740.50	47 399.75	32.62
2015	38.68	34.93	9.68	55 310.44	62 873.86	13.67
2016	32.72	33.28	1.71	71 149.38	77 852.79	9.42
2017	28.86	31.63	9.62	62 324.97	61 949.71	0.60

13.4.2　警度界定与预警结果

（1）超载状态与发展趋势分析

在社会经济部分中，社会子系统预测结果表明，总人口呈现稳步增加趋势，而城镇化率基本保持稳定，人口指数呈现逐年下降趋势。经济子系统预测结果表明，人均 GDP、GDP 总量均稳步增长，第三产业占比基本保持稳定，经济指数稳步增加（见图 13-8）。

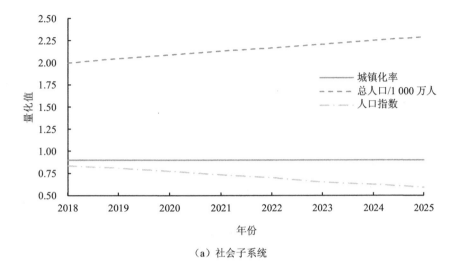

（a）社会子系统

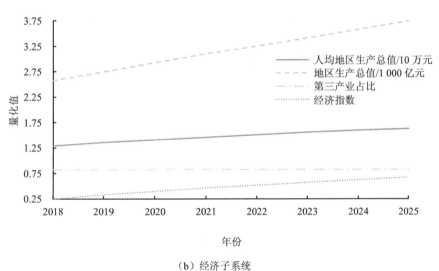

（b）经济子系统

图 13-8　社会子系统、经济子系统预测结果

　　在水资源与水环境部分中，水生态子系统预测结果表明（见图 13-9），生态系统维持逐年提升，生态系统服务长期上下波动，从而使水生态承载指数呈缓慢上升趋势。水环境子系统预测结果表明（见图 13-10），污染排放、污染处理、环保投资、环境现状等都呈现向好发展趋势，因而水环境承载指数逐年上升。水资源子系统预测结果表明（见图 13-11），社会经济耗水情况逐年好转，水资源短缺问题波动好转，因而水资源承载指数波动上升。

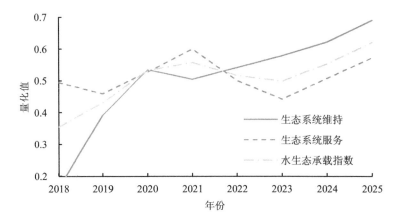

图 13-9　水生态子系统预测结果

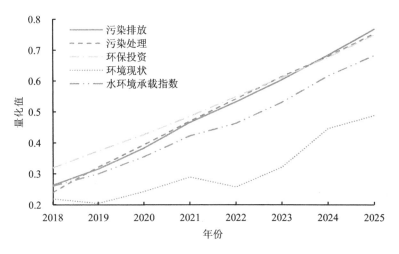

图 13-10　水环境子系统预测结果

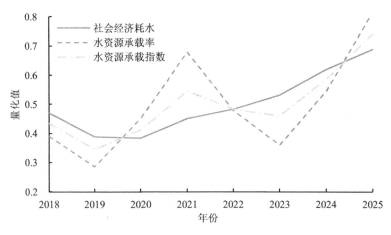

图 13-11　水资源子系统预测结果

基于以上结果，预测 2018—2025 年水环境子系统、水生态子系统、水资源子系统超载状态，结果见图 13-12。可知水环境子系统超载状态最为严重，水资源子系统超载状态较为轻微。除水资源子系统超载状态呈波动好转外，水环境子系统、水生态子系统超载状态均随时间变化稳步好转，且水生态子系统恢复较快，而水环境子系统恢复较慢。到 2025 年，预计水资源子系统与水生态子系统将恢复到轻警，水环境子系统恢复到中警，但都一直处于超载状态。

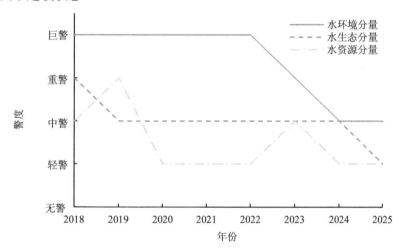

图 13-12　水环境、水生态、水资源分量超载状态预警

（2）社会经济与水环境发展协调性分析

依据以上分析可知，人口指数呈恶化趋势，原因在于人口不断增加，其他各子系统量化指数均有良性发展趋势，因此社会子系统难以与水环境协调发展，而经济子系统能够与水环境协调发展。

警度打分方法见表 13-5，以此方法分别对水环境子系统、水资源子系统、水生态子系统超载状态警度打分，将所得分值求平均值，把与平均值最接近的分值对应的警度作为母系统超载状态警度。

表 13-5　警度打分方法

警度	得分	警度	得分
安全	1	重警	4
轻警	2	巨警	5
中警	3		

借鉴崔丹等（2018）的经济社会与水生态耦合量度方法，构造社会经济与水环境耦合协调度。社会经济功效由人口指数和经济指数构成，水环境功效由水资源指数、水环境指数、水生态指数构成，二者均采用几何平均求得。再定义系统耦合度，将社会经济功效和水环境功效相耦合，耦合公式见式（13-9）。由于耦合度仅能反映系统耦合作用的强度和发展趋势，未能反映系统整体的功效水平和协调水平，故在耦合度的基础上，构造耦合协调度模型，以反映耦合作用的协调水平。耦合协调度公式如式（13-10）所示。

$$C = \left[\frac{U_1 U_2}{\left(\dfrac{U_1 + U_2}{2} \right)^2} \right]^2 \tag{13-9}$$

$$\begin{cases} D = \sqrt{C \times T} \\ T = aU_1 + bU_2 \end{cases} \tag{13-10}$$

式中：C——系统耦合度，且 $C \in [0,1]$，C 越接近于 1，则系统耦合越好，越趋向于有序发展，越能使人满意；越接近于 0，则系统耦合越差，趋向无序和衰退，越不使人满意；

U_1——社会经济功效；

U_2——水环境功效；

D——整个系统的耦合协调度；

T——社会经济与水环境耦合协调度，T 值反映了系统整体的协调水平；

a、b——作为待定系数，可调和子系统在整体系统中的重要程度，一般认为社会经济发展与水环境同等重要，故取 $a=b=0.5$。

依据以上分析，即可实现对全流域的水环境承载力承载状态、社会经济与水环境耦合协调程度的量化评价。

（3）预警结果分析

社会经济与水环境耦合协调度预测结果见图 13-13，可知社会经济功效和水环境功效都存在向好发展趋势，其中水环境功效最初不如社会经济功效，但是优化速度更快，耦合协调度也逐渐向好发展。

综合水环境承载力超载状态警度和社会经济与水环境耦合协调度，输出的报警结果见表 13-6。可知在惯性发展情景下，随着超载状态警度的逐渐好转和耦合协调度的向好发展，警情信号也逐年好转，到 2025 年可以恢复到绿灯。

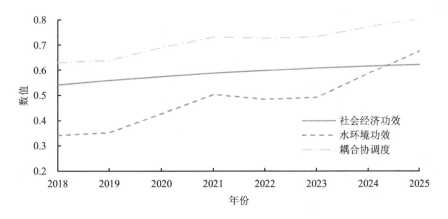

图 13-13　社会经济与水环境耦合协调度

表 13-6　预测警灯

年份	超载状态预警	耦合协调度	警灯
2018	重警	0.654 258	橙灯
2019	重警	0.669 212	橙灯
2020	重警	0.680 664	橙灯
2021	重警	0.709 458	橙灯
2022	重警	0.738 098	橙灯
2023	重警	0.771 236	橙灯
2024	中警	0.784 193	黄灯
2025	中警	0.790 901	黄灯

13.4.3　排警决策建议

（1）缓解水环境压力

水环境压力将稳步下降，但由于持续严重的污染，水环境压力在很长一段时间内仍会很高，需要采取措施减轻压力。而且尽管 NH_3-N 污染仍较多，但随着污水处理厂处理能力的增强，对环境的影响将逐步减少。TP 和 COD 的排放仍是未来需要长期面临的问题，主要是由于前者不易降解，而后者源于持续的生活污染排放。因此，流域内定期清理淤泥以减少 TP 沉积以及控制合流式污水溢流以降低 COD 的产生都是至关重要的。

流域的水域生态足迹仍然较大，生态承载力难以承受。此外，由于社会持续大量用水，生态需水量保证率仍将维持在较低水平。虽然取水量将逐渐下降，但由于城市人口密度大，承载率将长期居高不下。故从长远来看，地区限制人口的迁入和建设卫星城会有所帮助。

（2）提高水环境承载力

虽然流域的水环境承载率将逐步下降，但总体上仍将处于超载状态。首先，水资源总量短缺是一个严重的问题，特别是在干旱年份，应考虑增加输送水、净化海水和接收雨水量等措施。其次，仍需充分利用污水处理厂，并在老城区进行污水管网扩建和改造。此外，导致水生态承载力长期超负荷的原因与压力大和承载力小都有关。根据斑块廊道基础理论，应建设生态廊道，因为连通断面可以显著增加生物量，从而提高水生态承载力。

（3）协调社会经济与环境的关系

只要保持环境的可持续，社会经济与环境之间的关系就会得到改善。因此，必须制定和实施加强社会经济与环境协调的机制。根据上述讨论，北运河流域的双向调控排警措施见表 13-7。

表 13-7　双向调控排警措施

角度	措施		
	减压	增容	促进协同
水生态	生态补偿	生态廊道	维持现有协同机制
水环境	定期清淤、控制合流制溢流	扩建污水管网	
水资源	迁入限制、卫星城	调水、净水和再生水	

第四篇

机制设计与系统开发

第 14 章

北运河流域水环境承载力监测预警机制设计

为确保北运河流域水环境承载力监测预警工作顺利实施，在综合考虑流域水环境承载力监测预警系统组成、工作流程与利益相关方等的基础上，构建北运河流域水环境承载力监测预警机制，具体包括预警工作协调机制、分工协作机制、考核监督机制、奖惩机制与双向调控响应机制等；从水环境承载力动态评估与预警角度，建立健全流域河长制责任体系与考核奖惩机制，从水环境承载力监测预警角度，为北运河流域落实河长制提供支撑。

14.1 北运河流域水环境承载力监测预警系统

14.1.1 监测预警系统组成

流域水环境承载力预警是在流域水环境承载力动态监测的基础上，利用科学的预警技术方法，对流域水环境承载力超载状态提前进行预判，并提出相应警告；在此基础上，为避免严重超载而导致损失，针对不同警度水平，提出排警措施。

流域水环境承载力监测预警工作涉及监测、预判、警告与排警等技术工作，以及根据预警结果，对流域水系统进行监督与考核等管理工作。前者是由技术人员完成的，后者则由管理部门实施。

（1）流域水环境承载力监测

流域水环境承载力监测的目的在于通过各种手段获取流域水环境承载力预警所需要的数据信息。社会经济形势预警需要的信息是社会经济系统运行数据。同样，流域水环境承载力预警所需的信息不仅涉及流域水环境质量监测信息，而且包括整个流域水系统的运行数据，涉及社会经济水系统和自然水资源、水环境与水生态系统；不仅涉及水域，还涉及陆域，包括水资源量、水环境容量、用水、排水与水生态指标。

本研究将流域水环境承载力预警分为两种类型：一是面向流域水环境承载力监管的，基于行政单元统计数据的水环境承载力预警；二是面向流域水系统规划的，基于控制单元的水环境承载力预警。前者基于行政单元统计数据，其监测即获取流域水系统运行信息的途径是统计数据，包括乡镇、区县与地市社会经济统计年鉴、环境统计年报、水资源年报和气象、水文与土地利用数据信息。这些信息涉及统计、生态环境、水务、气象与自然资源部门。后者基于水污染控制单元，其预警结果服务于流域水系统规划，这就需要建立水文与水环境质量模型，并核算各控制单元的水资源供给能力、水环境容量、水资源需求与水污染物排放；因此预警信息需要更科学精细，必要时还需要进行现场试验。

与面向流域水环境承载力监管的水环境承载力预警中采用基于行政单元统计数据的水环境容量指数不同，面向流域水系统规划的基于控制单元的水环境承载力预警需要计算各控制单元的水环境容量；因此，要建立流域水环境质量模型，这就需要计算设计流量，而设计流量是依据 10 年逐日水文数据确定的；点面源、水资源与水生态数据可按网格（网格大小取决于研究区大小）核算，也可按控制单元核算。由此可见，面向流域水系统规划的基于控制单元的水环境承载力预警信息获取尽管涉及的部门与前者类似，但是要求的科学性与数据精度更高，监测（数据获取）工作也更复杂，需要投入的人力、物力与时间更多。

（2）流域水环境承载力预警

水环境承载力预警应包括明确警义、识别警源、预测警情、判别警兆、评判警情、划分警限及界定警度、排除警情等多个步骤。

明确警义，即对超载状态的判别，综合分析水环境承载力承载本底和承载状态的发展趋势，界定不同承载状态，明确哪种状态下应当报警；本研究将警情定义为超载状态的不理想，包括水环境承载力超载、未能充分利用水环境承载力，以及水环境和社会经济发展不耦合、不协调等不正常情况。

在明确警义之后，需要对警源进行识别。警源即警情的来源，识别警源是预警方法的起点，水环境承载力预警警源主要是不合理的人类活动，是给水系统带来巨大压力的警情来源或风险源。本研究通过系统分析，依据系统动力学建模对水环境承载力超载状态进行预测，基于系统内的因果反馈回路来识别警源，一是为预测警情时模型的建立提供基础，二是对警度界定后的排警提供帮助。

警情是预警系统的信息来源，警情的预测是水环境承载力预警体系的核心，也是系统运行的前提，应根据不同的目的选取合适的方法，如短期预警方法或中长期预警方法等。本研究依据系统动力学建模对水环境承载力超载状态进行预测，即预测警情。

然后需要对警兆进行分析判别。警兆即警情的预兆，也可以说警兆是警情演变的一种初始形态，即水环境承载力超载警情爆发的先兆，可基于水环境承载力风险评估与动态模拟结果，对其承载状态和趋势进行分析，并判别警兆。

基于警兆判别结果对预测得到的警情进行评判，通过统一、客观的方法来量化表征警情，进而划分警限及界定警度。

警度即警情危急的程度，在确定预报警度时，警情并不能直接转化为预报的警度，而是要在划分警度、界定警限后，通过警限转化为警度，从而达到预报警度的目的。警限的确定不仅需要根据系统化的理论，还应结合研究区域的规划情况。

最后，一旦报警，就需要采取排警措施来消除警情，在确定排警决策时，不仅要考虑警情和警度，更要对警源进行分析，同时结合警兆来提出有效缓解警情的对策。

（3）基于水环境承载力预警的流域水系统监督考核

基于水环境承载力预警的流域水系统监督考核中，第一，需要制定科学的制度规范，不仅需要依据上级制定的制度细则，明确各部门在考核中的权责，同时应明确任务实施细节、工作流程、时间节点等内容，确保考核工作顺利推进。第二，需要明确考核目标及重点，结合预警工作实际情况构建科学的指标体系，并不断根据实际情况以考核周期为标准对指标进行微调。第三，需要对考核实践过程加强监督管理，依托大数据平台实现实时监测，建立水环境承载力预警的大数据平台。第四，细化责任人员的奖惩措施，明确权责，实施绩效考核制度，将考核结果纳入考评体系，作为干部任免奖惩的重要依据之一；通过编制明确的权责清单，制定相关细则，健全完善定责、分责、追责的制度，树立有效的绿色发展政绩导向。第五，注重考核中社会力量的广泛参与过程，通过诸如引入公众评审团制度、积极借助媒体平台等方式将公众参与引入考核过程中，切实发挥舆论引导作用，扩大考核的影响面，接受社会各界的广泛监督。

（4）基于水环境承载力预警的应急响应排警

水环境承载力预警的最终目的在于排除警情，根据流域水环境承载力预警结果，结合流域或区域现状和现有的环保政策，在"增容与减压"双向调控与"守、退、补"理念指导下，根据不同流域（区域）的管治需求，提出排警策略及分区调控措施：对于承载状态良好、没有出现警情的地区，特别是上游源头水与水源地，需守住水生态底线；对于临近超载的地区，应尽量腾退生态空间，留出承载余量，防治水生态系统健康状态恶化；对于已严重超载地区，从提高水环境承载力与降低人类活动对水系统带来的压力（即双向调控）角度，采取补救措施，极大地恢复流域自然水生态系统。

水环境承载力超载警情多数是上游发生而下游发现，应急的最初响应者不明确，控制警源与应急响应相对独立，水环境承载力应急响应工作应基于水环境承载力预警机制对水环境承载力超载警情进行警源识别、警度界定及警限划分；为了在发生超载警情时能及时、有效地开展应急响应工作，应制定详细、科学、可行的应急预案。

14.1.2 监测预警工作流程

图 14-1 是流域水环境承载力监测预警工作流程。

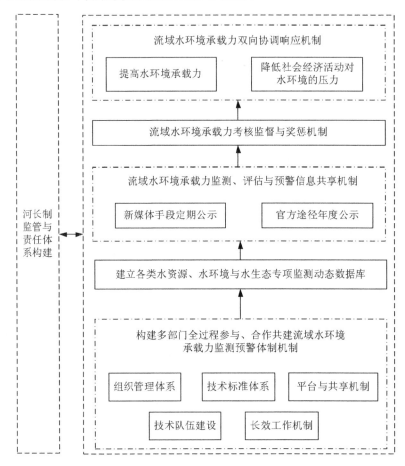

图 14-1 流域水环境承载力监测预警工作流程

14.2 北运河流域水环境承载力监测预警机制

14.2.1 建立流域水环境承载力协同预警与工作协调机制

流域水环境承载力监测预警是一项涉及要素繁杂、管理部门众多的系统工程；因此，充分发挥流域行政监管、发展改革、水务、生态环境、自然资源、市场监管、经贸信息、住房建设等相关部门专业优势，构建各部门全过程参与、合作共建流域水环境承载力监测预警体制机制。探索构建一套整合集成流域水资源、水环境与水生态的水环境承载力监测、动态评估与预警体系（包括指标体系、评价模型与预警模型等），对流域水环境承载力进行定量评估与预警；在此基础上，从双向调控角度设计排警调控措施，并确保措施顺利实施。

首先，各参与单位根据要求，确定工作联系人。工作联系人对工作实施过程中有关问题进行协调与沟通，协助牵头单位对整个流域水环境承载力监测预警工作的推进提供必要的技术服务与数据支持等，为工作的顺利有序开展提供保障。其次，统一、完善数据标准。依据国家标准规范和流域水环境、水资源与水生态的具体情况，拟定出针对流域水环境承载力监测、评估与预警的协同规范，方便各部门进行标准化实时数据采集、加工、存储、协同及分析应用。最后，数据协同共享。各部门的分布式数据完成后，需进行共享交换或信息协同服务，提升流域水环境承载力监测、评估与预警的协同共享水平。

在评估与预警过程中，根据各类评估、预警要素及涉及的权重综合集成，得到流域水环境承载力监测、评估与预警综合评价结论。将各单项评价、预警与综合评价、预警结论进行协同会商与校验，并与各行政单元或控制单元的流域水环境承载力评估与预警结论进行纵向会商与校验，建立一体化监测、评估与预警机制，对超载或橙色以上预警的成因进行综合分析，提出可行的双向调控等排警措施，从而提高监测、评估与预警的科学性、合理性与针对性。

14.2.2　建立流域水环境承载力监测、评估与预警信息共享机制

系统协调整合流域行政监管、发展改革、水务、生态环境、自然资源、市场监管、经贸信息、住房建设等部门各类水资源、水环境与水生态专项监测系统，统筹构建流域水环境承载力监测、评估与预警平台，建立动态数据库，对基础信息实现动态监测，实现流域水环境的综合监管和决策支持。所有参与部门共享流域水环境承载力监测信息与评级及预警成果，并应用于指导各自的流域水环境监管工作，提升水资源、水环境与水生态监管质量和效率。同时，通过数据库更新，实现对流域水环境承载力大小、承载状态与开发利用潜力的动态评估，以及流域水环境承载力预警工作的定量化、常态化与规范化，对流域水环境承载力变化情况进行定期监控，及时发现问题并提出预警（见表 14-1）。

表 14-1　各相关部门流域水环境承载力动态数据库负责部分

资源环境要素	所涉部门	负责数据
水资源	水利部门	水资源调查评价（地表水与地下水）数据
	自然资源部门	一部分地下水调查评价数据
	农业部门	农业灌溉和淡水养殖数据
	生态环境部门	河流断面水质及水环境污染物排放量监测与评价数据

资源环境要素	所涉部门	负责数据
水环境	水利部门	饮用水、地表水及地下水监测管理数据
	自然资源部门	地下水监测管理数据
	生态环境部门	污水及废水监测管理数据
	城市建设部门	饮用水监测管理、污水处理设施数据
水生态	自然资源部门	耕地和建设用地管理数据
	林业部门	林地、宜林地和湿地管理数据
	农业部门	草地、农田水利用地、宜农滩涂管理数据
	水利部门	河流湖库水面、水利设施及水域岸线、海岸滩涂管理数据
	生态环境部门	自然保护区管理数据

14.2.3 建立流域水环境承载力评估与预警结果定期发布与公示机制

（1）建立流域水环境承载力指数日常发布与公示机制

通过各种新媒体（网站、微信公众号与手机 App 等）手段，定期向社会发布流域水环境承载力动态评估指数与预警结果，一方面使相关流域水环境行政管理部门及时了解流域水环境承载力的动态情况与发展潜势，使其及时发现问题，有针对性地解决问题；另一方面面向社会公众定期公布流域水环境承载力动态评估指数与预警结果，利用信息化手段，促进公众参与流域水环境监管，将公众视为监督主体，在获取动态评估与预警信息基础上，参与流域水环境监督管理。

（2）通过官方途径公布流域水环境承载力评估指数与预警年度报告

每年定期通过流域行政管理或生态环境管理部门，发布本年度流域水环境承载力动态评估指数与预警结果年度报告，以年度报告为载体，为公众了解本年度动态评估与预警结果提供有效途径，为流域水环境监管、产业结构与布局优化调整，以及项目选址与基础设施建设规划等提供科学依据。

14.2.4 建立流域水环境承载力考核监督与奖惩机制

（1）考核监督与奖惩机制建设

为了缓解日益严重的水资源紧缺和水环境污染问题，确保流域水环境承载力不超载，可以持续为人类生活、生产活动提供支撑，根据水环境承载力承载状态，将水环境承载力分为 5 个预警等级，从高到低分别是红色、橙色、黄色、蓝色、绿色。按照不同预警等级进行考核监督。对于红色预警区，针对具体的超载因素，管理者应严格控制各项工程及项目的申请，必须依法限制、停产整顿严重破坏水环境承载力、非法排污和破坏生态资源的企业，同时应当依法依规采取一定数额的罚款、责令停业甚至关闭等措施来缓解区域资源环境承载力超载问题。对于绿色非预警区，可以根据当地具体情况建立相应的生态保护补偿机制及发展权补偿制度，鼓励各地区大力发展符合当地主体功能定位的产业，并增大绿色金融投资力度。总之，根据超载的程度，将实施不同程度的惩罚或激励措施。

（2）考核监督标准与目标设置

根据流域水环境承载力预警结果，结合流域各个考核监管地区实际情况，应给出其考核监督标准与目标：对于不超载（绿色及以下）的区域，应做到维持现状，在确保水环境质量不进一步退化的情况下发展；对于超载（黄色及以上）区域，应首先对警源进行分析，确定流域水环境承载力超载的主要因素，给出降低区域水环境压力的考核监督标准与目标。

（3）严格执行考核程序，实施严格奖惩制度

根据所设置的考核监督标准与目标，结合地区社会经济发展状况，在双向调控与"守、退、补"理念指导下，从提高水环境承载力和降低社会经济活动给水环境带来的压力两个方面入手给出相应的排警对策，综合考虑对策的可行性与成本后进行筛选，确定可以满足考核监督标准与目标的双向调控排警对策。另外，对排警对策进行系统仿真模拟，考察警情是否得到缓解，若排警对策效果不佳，则应进一步讨论并制定新的措施，对警情进行排除。严格对上述预警与排警的整个过程进行监督，分阶段按照考核监督标准进行考核；一旦通过考核，则实施最严格的奖惩制度。

基于各区域的水环境承载力预警考核监督目标，建立对应的监督考核方案与奖惩机制：一是应明确考核监督与奖惩制度的政府责任人与相关部门负责人；二是针对排警对策制定对应的监督考核指标体系并赋分，针对具体排警对策落实情况，对各相关部门负责人进行考核打分；三是建立动态问责机制，对考核打分情况与排警效果进行综合评判，对考核结果差的地区和相关部门负责人进行问责，实行不得提拔使用或转以重要职务等措施。

针对不同的预警结果与警情变化情况，应根据严重程度区别对待：在对负责领导干部进行考核时，对于区域水环境承载力预警结果由不超载恶化为超载的区域，应实行"一票否决制"；由不超载恶化为临界超载的区域，可要求相应负责人对地区水环境承载力进行限期恢复，若不能恢复至无警状态，则亦应实行"一票否决制"；由低超载状态恶化至高预警结果的可参照前一方式分析实际情况后确定处理方案。同时，对于考核监督目标完成情况也应建立相应的奖惩机制。对于考核监督目标完成度低、考核结果差的地区、部门，应落实相关问责机制，对该地区及相关部门负责人进行约谈或予以警告，对存在违法违规行为的，可依法依规追究其责任。

14.2.5 建立流域水环境承载力双向协调响应机制

排警决策基于对警源、警兆、警度的分析，同时应考虑手段的可行性和成本。在实际操作中，可从双向调控角度提出水环境承载力超载状态的缓解对策，一方面需要提高水环境承载力，另一方面需要降低社会经济发展带来的压力，考虑研究区的特性，对可行的手段进行筛选。进一步，可以从流域的水环境全过程控制角度将措施细分为前端、过程和末端 3 个方面。本研究提出了改善北运河流域水环境承载力超载状态的双向调控措施。作为提升北运河流域水环境承载力的整体方向和策略，为各地区提升水环境承载力提供了准确途径。

为保障流域水环境承载力超载状态双向调控措施落实，需建立健全相关保障体系：首先，应建立安全领导机构，加强安全组织领导。由地方政府负责进行安全保障体系建设和管理，统筹规划，自然资源、水利、生态环境、城建等部门建设和管理本部门管辖的水环境承载力相关部分；根据实际，逐步将饮用水水源保护目标责任制度纳入现行的生态环境保护目标责任制一起检查考核。同时要充分发挥人大、政协的检查和舆论的监督作用，检查和监督各级政府及有关部门饮用水水源保护目标责任制的落实情况。其次，应增加水管理投入，提高应急应变能力。各级财政每年都要在预算中安排专项资金，针对各地区进行精准治理，采取相应的双向调控措施。最后，应制定政策措施，提高环境管理水平。在已有的水法和水污染防治法的基础上，建立和健全流域水环境承载力统一管理的、具有较强可操作性的法律体系，并强化法律的实施。建立专项资金，将其用于流域水环境承载力的安全保障、监测预警与应急响应体系的建设。

14.3 基于流域水环境承载力预警的河长制监管与责任体系构建

从水环境承载力动态评估与预警角度，建立健全流域河长制责任体系与考核奖惩机制；从水环境承载力监测预警角度，为北运河流域落实河长制提供支撑。

河长制，即由我国各级党政主要负责人担任河长，负责组织领导相应河湖的管理和保护工作的制度。全面推行河长制，是以保护水资源、防治水污染、改善水环境、修复水生态为主要任务，全面建立省级、市级、县级、乡级四级河长体系，构建责任明确、协调有序、监管严格、保护有力的河湖管理保护机制，为维护河湖健康生命、实现河湖功能永续利用提供制度保障。

河长制工作的主要任务包括 6 个方面：一是加强水资源保护，全面落实最严格水资源管理制度，严守"三条红线"；二是加强河湖水域岸线管理保护，严格水域、岸线等水生态空间管控，严禁侵占河道、围垦湖泊；三是加强水污染防治，统筹水上、岸上污染治理，排查入河湖污染源，优化入河排污口布局；四是加强水环境治理，保障饮用水水源安全，加大黑臭水体治理力度，实现河湖环境整洁优美、水清岸绿；五是加强水生态修复，依法划定河湖管理范围，强化山水林田湖系统治理；六是加强执法监管，严厉打击涉河湖违法行为。其中第一个方面包括严守水资源开发利用控制、用水效率控制、水功能区限制纳污三条红线，强化地方各级政府责任，严格考核评估和监督。

上述"三条红线"中，水资源开发利用控制上限就是水环境中水资源供给能力分量，水功能区限制纳污能力上限就是水环境容量分量；由此可见，流域水环境承载力监测预警与河长制第一项主要任务密切相关。而这项任务的后续工作即"实行水资源消耗总量和强度双控行动，防止不合理新增取水，切实做到以水定需、量水而行、因水制宜。坚持节水优先，全面提高用水效率，水资源短缺地区、生态脆弱地区要严格限制发展高耗水项目，加快实施农业、工业和城乡节水技术改造，坚决遏制用水浪费。严格水功能区管理监督，根据水功能区划确定的河流水域纳污容量和限制排污总量，落实污染物达标排放要求，切实监管入河湖排污口，严格控制入河湖排污总量"。就是流域水环境承载力预警工作中排警措施制定、实施与监管所需要考虑的重要内容。

流域水环境承载力动态评估与预警工作对于河长制的完善有支撑作用：一是基于河长制体系，实现了多部门协作机制的建立，促进各相关部门水资源、水环境与水生态专项监测信息共享，统筹构建流域水环境承载力监测、评估与预警平台，建立动态数据库，对基础信息实现动态监测，实现流域水环境的综合监管和决策支持；二是基于流域水环境承载力监测预警体系，搭建一套完整的考核监管与奖惩机制，将流域水环境承载力评估结果直接与河长工作考核挂钩，推动地方政府对流域水环境承载力进行调控；三是基于流域水环境承载力双向调控机制的构建，对流域水环境警情进行解析，并提供切实可行的高效调控措施与建议，对流域水环境承载力的改善有重要意义，同时为河长制中考核目标的制定提供科学依据。

第 15 章

北运河流域水环境承载力评估和预警系统设计与开发

党中央、国务院高度重视信息化工作。习近平总书记指出，没有信息化就没有现代化。《中共中央关于制定国民经济和社会发展第十四个五年规划和二〇三五年远景目标的建议》明确提出持续改善环境质量的重大任务，并要求加强数字社会、数字政府建设，提升公共服务、社会治理等数字化、智能化水平。生态环境部党组书记孙金龙强调，必须加强对现代感知手段和大数据的运用，特别是要加强对大数据的分析、研究，整合、唤醒、打通沉睡的生态环境保护数据资源，不断提高生态环境治理效能。

流域水环境承载力评估和预警系统是对北运河流域水环境承载力动态评估与预警技术体系研究成果的信息化承载与支撑。在先进的信息技术、数据处理技术支撑下，大幅提升水环境承载力动态评估与预警技术体系的运行能力、社会价值转化能力等的同时，通过系统的可持续运行，逐步形成以"持续健康水系统"为主线的知识积累、数据积累、应用实践积累，促进产学研的转化。

15.1 建设目标

实现流域水环境承载力动态评估与预警技术方法体系的云化。围绕各类方法的利用，通过信息技术、数据处理技术手段，提升源数据清洗、加工、处理和入库的效率及可靠性；将各类模型参数的组织、调整以及输入输出过程规范化、简单化，提升流域水环境承载力动态评估与预警技术方法的利用效率；然后，通过时空数据相结合的方式，同时兼有 PC 端及移动端（支持在微信公众号的调用）的可视化手段，将流域水环境承载力动态评估与预警成果提供给专业研究人员、水环境治理人员以及社会公众，以充分发挥研究成果的社会价值。

15.2　系统框架

15.2.1　基于云计算的构成框架

由"1+1+4"体系构成的流域水环境承载力评估和预警平台见图 15-1。

图 15-1　基于云计算的构成框架

①1 个生态环境时空数据中心（DaaS）：面向各类生态环境时空数据，建立标准化资源目录体系，辅助进行数据的采集、清洗、加工与融合，同时为各类应用提供基于生态环境数据的分析、处理等服务。

②1 套生态环境应用支撑平台（PaaS）：指支撑上层应用的一系列工具，如 GIS/3D 支撑引擎、可视化引擎、工作流定制引擎、报表配置工具、列表表单开发工具等。

③1 个生态环境专有云（IaaS）：提供计算、存储资源，并为各类应用的服务器端提供运行容器。

④4 类流域水环境承载力应用（SaaS）：在生态环境专有云及时空数据中心的支持下，实现基于行政单元的流域水环境承载力评估系统、基于行政单元的流域水环境承载力预警系统、基于控制单元的流域水环境承载力评估系统、基于控制单元的流域水环境承载力预警系统。

15.2.2　平台运行逻辑框架

图 15-2 是平台运行逻辑框架。

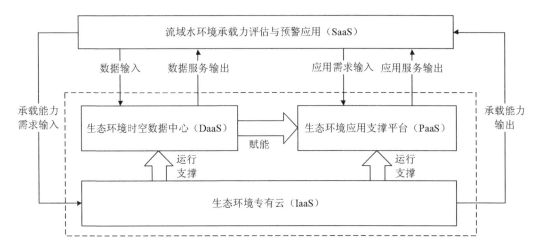

图 15-2 平台运行逻辑框架

生态环境专有云、生态环境时空数据中心和生态环境应用支撑平台共同构成生态环境空间数据平台的应用承载平台，能够整合、搭载和生成流域水环境承载力评估与预警应用。

生态环境专有云不仅为生态环境时空数据中心和生态环境应用支撑平台提供运行支持，同时可通过服务的方式为各类生态环境应用输出承载能力。各类生态环境应用在运行过程中也可以向生态环境专有云反馈能力需求。

生态环境时空数据中心是数据的容器和能力输出方，不仅为生态环境应用支撑平台赋能，同时以服务的方式为流域水环境承载力评估与预警应用等各类生态环境应用输出所需数据。各类生态环境承载力应用在运行过程中将产生的应用数据沉淀至生态环境时空数据中心。

生态环境应用支撑平台不仅能够支撑各类流域水环境承载力评估与预警应用，同时在服务的过程中采集应用需求。

生态环境空间数据平台不仅通过 IaaS、DaaS、PaaS 支撑各类生态环境数据的利用和应用，同时在不断吸取数据和经验，是一个有机、生态的可持续发展平台。

15.2.3 平台应用支撑体系

生态环境应用支撑体系（见图 15-3）从平台实际应用的角度体现了各核心部分之间的支撑关系。

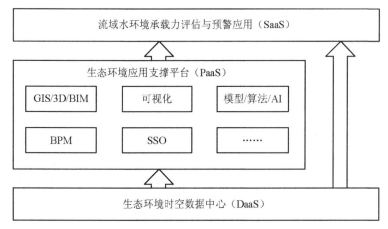

图 15-3　流域水环境承载力评估与预警应用支撑体系

15.2.4　流域水环境承载力评估与预警应用框架

图 15-4 是流域水环境承载力评估与预警应用框架。

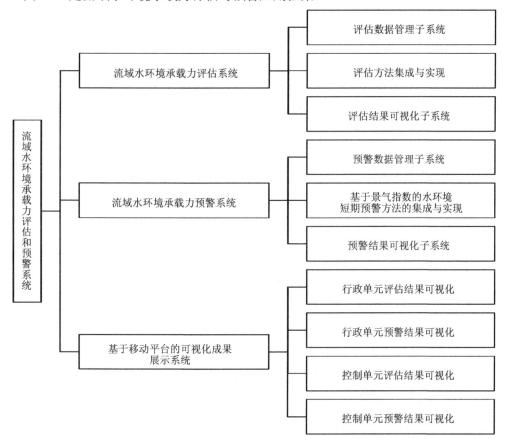

图 15-4　流域水环境承载力评估与预警应用框架

15.3 技术路线

15.3.1 ETL 技术应用

ETL 用来描述将数据从来源端经过抽取（extract）、交互转换（transform）、加载（load）至目的端的过程。ETL 采用元数据管理方法，集中进行管理；接口、数据格式、传输有严格的规范；尽量不在外部数据源安装软件；数据抽取系统流程自动化，并有自动调度功能；抽取的数据及时、准确、完整；可以提供同各种数据系统的接口，系统适应性强；提供软件框架系统，系统功能改变时，应用程序很少改变便可适应变化；可扩展性强。

15.3.2 数据中台技术

数据中台是在政企数字化转型过程中，对各业务单元业务与数据的沉淀，构建包括数据技术、数据治理、数据运营等数据建设、管理、使用体系，实现数据赋能。数据中台是新型信息化应用框架体系中的核心，其核心价值在于：①解耦复杂源数据与多元业务应用。②全域可复用的数据资产中心与数据能力中心，提供清洁、透明、智慧的数据资产与高效、易用的数据能力，实现业务数字化运营。③数据管理者、数据分析师、数据开发者一站式协同工作。④快速构建端到端的智能数据系统，消除数据孤岛，统一数据标准，加快数据变现，促进数字化转型。

15.3.3 空间中台技术

随着环保业务范围的扩展，数据种类增多，服务内容已不限于地理空间框架等数据，服务群体进而扩大，一方面是接入的政府业务部门增多，另一方面，公众和企业用户也在不断增加，使系统并发量和数据量不断增大，这就需要地理空间框架向云平台迈进，有效解决大数据存储和高效、安全访问的问题。另外，原有地理空间框架主要考虑的是空间维度，空间中台扩展了专题维度，增加了时间维度，专题、空间、时间构成了空间中台的三大要素。

（1）地理时空数据统一管理

结合数据中台能力，提供海量时空数据存储、全文检索、地图服务发布和更新功能。

（2）GIS 空间分析服务

实现矢量数据、栅格数据的空间分析功能（空间拓扑、缓冲区、坡度分析、光照分析）。

（3）时空数据可视化

以多种地理数据为基础，实现多样化的空间数据表达。

15.3.4　云端一体化 GIS 技术

云计算是一种全新的理念，是一种基于网络、面向服务的计算模式或计算的使用模式，融合与发展了虚拟化、网络、面向服务、高效计算和智能科学等新兴信息技术，将服务器、存储、数据、平台、应用等各类计算资源虚拟化、服务化，构成虚拟化计算资源的服务云池，并进行统一的、集中的高效管理和经营，使用户通过云端就能随时按需获取计算资源服务，完成高效、低耗、低成本的计算活动。

在运行环境层面，云计算平台实现软硬件信息化资源的集约化部署，提高基础软硬件资源的利用率。

在平台应用层面，云平台借助云计算技术，将平台相关的数据、服务、应用等资源进行集中管理与按需分发，灵活适应桌面端、网页端、移动端、二维客户端、三维客户端等在内的多种应用终端，形成一云多端的服务模式，为生态环境应用提供随需应变、动态伸缩、高性能比的资源服务。

15.3.5　云功能分区按需提供服务

云功能分区（也可以称为"云分区"）是按需定制的功能分区的集合，为应用层提供标准、灵活的云服务。对每个功能分区，都是基于基础平台产品和应用框架进行具体分区功能的开发和实现，基础平台即基础的空间平台产品；应用框架则基于网关进行扩展，提供一系列满足地理信息应用的 API，应用组件将通过这些标准的 API 进行数据交换、通信等工作，并通过应用框架把自身提供的 API 发布出去，供其他功能分区调用。

平台在应用服务层面，采用功能分区的理念，结合时空信息特性与业务应用需求，建立了不同数据与功能服务组成的云分区，每个分区通过标准的 API 对外提供服务。

15.4　主要建设成果

15.4.1　PC 端

满足各类用户通过各类电脑使用本系统的需要。PC 端系统通过门户将各个子系统进行组织。为了方便用户更为清晰、方便地结合实际工作场景对系统进行使用，将流域水环境承载力评估系统和流域水环境承载力承载状态预警系统分别按照行政单元和控制单元进行细分，每部分又依照实际工作中评估和预警的步骤规范形成数据管理、方法集成与实现以及结果可视化展示几个子系统，从而形成四大板块，共 12 个子系统，对流域水环境承载力评估和预警工作形成全面的覆盖（见图 15-5）。

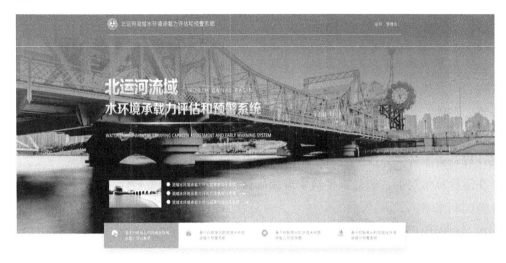

图 15-5 PC 端系统门户

15.4.1.1 各板块“数据管理子系统”功能简介

以“北运河流域水环境承载力动态评估数据管理子系统（行政单元）”为例。

①编码管理。维护管理流域所涉及的行政单元的编码数据（见图 15-6）。

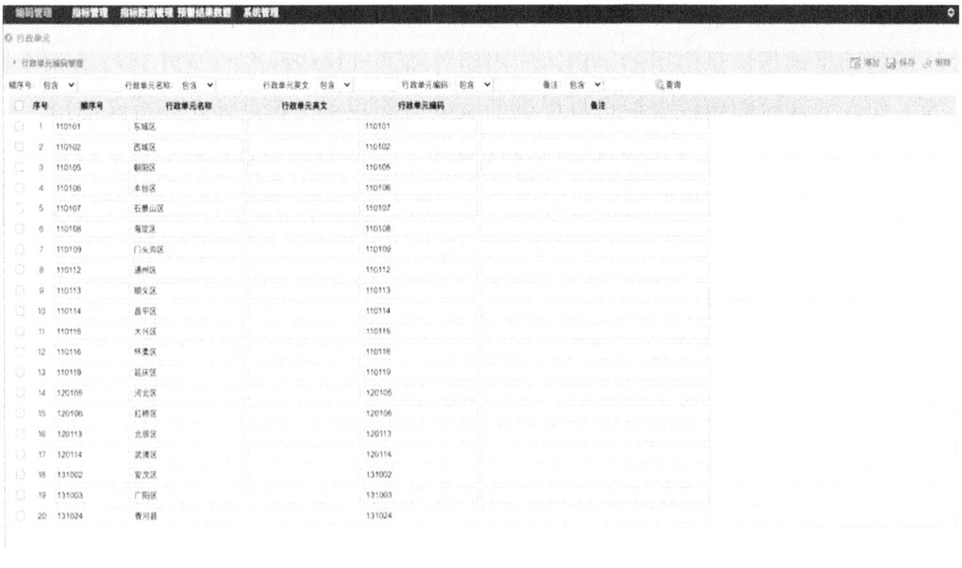

序号	顺序号	行政单元名称	行政单元英文	行政单元编码	备注
1	110101	东城区		110101	
2	110102	西城区		110102	
3	110105	朝阳区		110105	
4	110106	丰台区		110106	
5	110107	石景山区		110107	
6	110108	海淀区		110108	
7	110109	门头沟区		110109	
8	110112	通州区		110112	
9	110113	顺义区		110113	
10	110114	昌平区		110114	
11	110115	大兴区		110115	
12	110116	怀柔区		110116	
13	110119	延庆区		110119	
14	120105	河北区		120105	
15	120106	红桥区		120106	
16	120113	北辰区		120113	
17	120114	武清区		120114	
18	131002	安次区		131002	
19	131003	广阳区		131003	
20	131024	香河县		131024	

图 15-6 编码管理

②指标管理。将研究所涉及的包含但不限于人口、社会、经济、环境等各个方面的指标项纳入管理（见图 15-7）。

图 15-7　指标管理

③指标数据管理。将各项指标所对应的实际数据，按照年份（时）、区域（行政单元、控制单元）（空）进行归集管理（见图 15-8）。

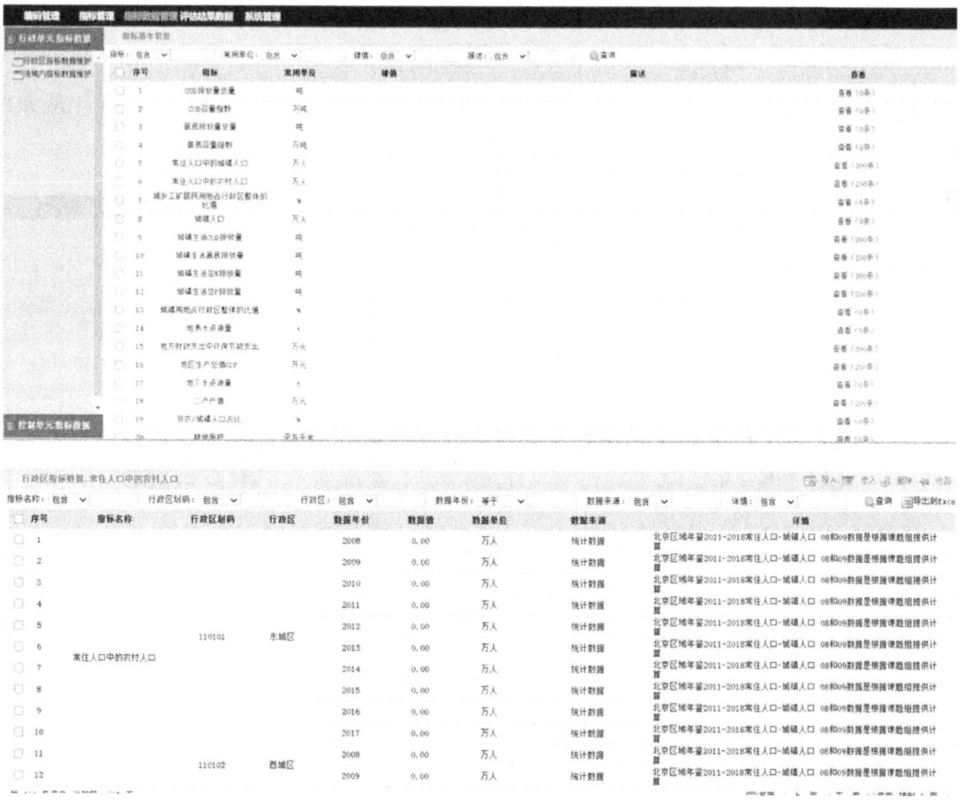

图 15-8　指标数据管理

④结果数据管理。利用数据中台，对各类源数据进行采集、处理、加载，形成数据资产，为后续进行多维度分析和应用奠定基础（见图 15-9）。

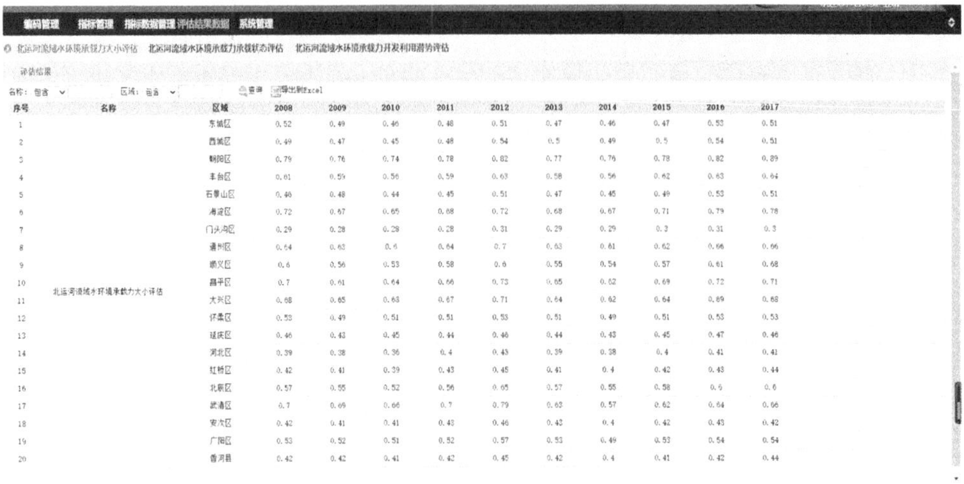

序号	名称	区域	2008	2009	2010	2011	2012	2013	2014	2015	2016	2017
1	北运河流域水环境承载力大小评估	东城区	0.52	0.49	0.46	0.48	0.51	0.47	0.46	0.47	0.53	0.51
2		西城区	0.49	0.47	0.45	0.48	0.54	0.5	0.49	0.5	0.54	0.51
3		朝阳区	0.79	0.76	0.74	0.78	0.82	0.77	0.76	0.78	0.82	0.89
4		丰台区	0.61	0.59	0.56	0.59	0.63	0.58	0.56	0.62	0.63	0.64
5		石景山区	0.46	0.48	0.44	0.45	0.51	0.47	0.45	0.49	0.53	0.51
6		海淀区	0.72	0.67	0.65	0.68	0.72	0.68	0.67	0.71	0.79	0.78
7		门头沟区	0.29	0.28	0.28	0.28	0.31	0.29	0.29	0.3	0.31	0.3
8		通州区	0.64	0.63	0.6	0.64	0.7	0.63	0.61	0.62	0.66	0.66
9		顺义区	0.6	0.56	0.53	0.58	0.6	0.55	0.54	0.57	0.61	0.68
10		昌平区	0.7	0.61	0.64	0.66	0.73	0.65	0.62	0.69	0.72	0.71
11		大兴区	0.68	0.65	0.63	0.67	0.71	0.64	0.62	0.64	0.69	0.68
12		怀柔区	0.53	0.49	0.51	0.51	0.53	0.51	0.49	0.51	0.53	0.53
13		延庆区	0.46	0.43	0.45	0.44	0.46	0.44	0.43	0.45	0.47	0.46
14		河北区	0.39	0.38	0.36	0.4	0.43	0.39	0.38	0.4	0.41	0.41
15		红桥区	0.42	0.41	0.39	0.43	0.45	0.41	0.4	0.42	0.43	0.44
16		北辰区	0.57	0.55	0.52	0.56	0.65	0.57	0.55	0.58	0.6	0.6
17		武清区	0.7	0.69	0.66	0.7	0.79	0.63	0.57	0.62	0.64	0.66
18		安次区	0.42	0.41	0.41	0.43	0.46	0.43	0.4	0.42	0.43	0.42
19		广阳区	0.53	0.52	0.51	0.52	0.57	0.53	0.49	0.53	0.54	0.54
20		香河县	0.42	0.42	0.41	0.42	0.45	0.42	0.4	0.41	0.42	0.44

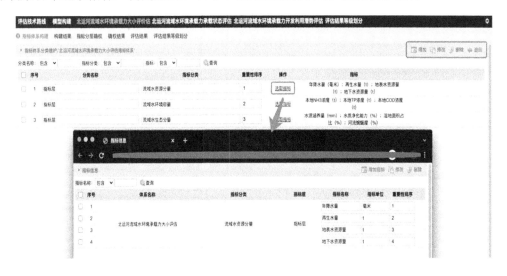

图 15-9　结果数据管理

15.4.1.2 “流域水环境承载力评估方法集成与实现”功能简介

以“行政单元”为例。

①指标体系构建。基于水环境系统，综合人口、经济、社会等多个因素，从系统指标项集合中选取指标，构建合理、科学、系统的指标体系（见图 15-10）。

图 15-10　指标体系构建

②构建结果。整体展示指标体系构建结果，便于整合思路、进一步调整优化指标体系结构（见图 15-11）。

图 15-11 构建结果

③指标分层确权。对于已建立的指标体系，设定各层级指标的权重（见图 15-12）。

图 15-12 指标分层确权

④确权结果。整体展示指标体系各层级指标的权重结果，并可以按照当前权重，通过系统算法自动完成分级评估，并展示评估结果，并可以将当前结果与之前已保存结果进行比对，通过数据变化调整优化权重数据（见图 15-13）。

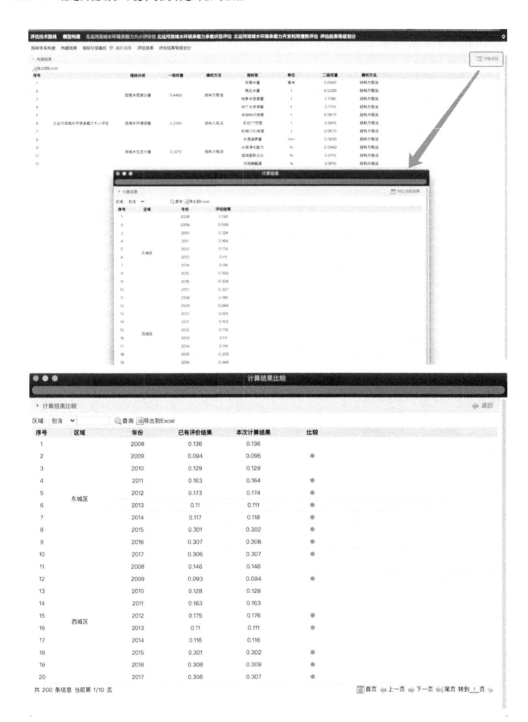

图 15-13　确权结果及比较

⑤评估结果。直观展示最终评估结果（见图 15-14）。

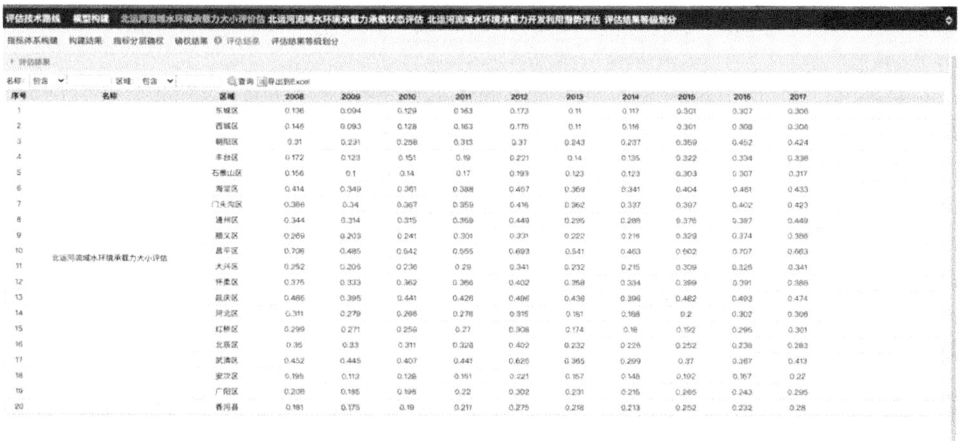

序号	名称	区域	2008	2009	2010	2011	2012	2013	2014	2015	2016	2017
1		东城区	0.136	0.094	0.129	0.163	0.173	0.11	0.117	0.301	0.307	0.306
2		西城区	0.146	0.093	0.128	0.163	0.175	0.11	0.116	0.301	0.308	0.306
3		朝阳区	0.31	0.231	0.258	0.313	0.37	0.243	0.237	0.359	0.452	0.424
4		丰台区	0.172	0.123	0.151	0.19	0.221	0.14	0.135	0.322	0.334	0.338
5		石景山区	0.156	0.1	0.14	0.17	0.193	0.123	0.123	0.303	0.307	0.317
6		海淀区	0.414	0.349	0.361	0.388	0.457	0.369	0.341	0.404	0.461	0.433
7		门头沟区	0.366	0.34	0.367	0.359	0.416	0.362	0.337	0.397	0.402	0.423
8		通州区	0.344	0.314	0.315	0.369	0.449	0.295	0.288	0.376	0.387	0.449
9		顺义区	0.269	0.203	0.241	0.301	0.331	0.222	0.216	0.329	0.374	0.388
10	北运河流域水环境承载力大小评估	昌平区	0.706	0.485	0.642	0.565	0.693	0.541	0.463	0.602	0.707	0.663
11		大兴区	0.252	0.206	0.236	0.29	0.341	0.232	0.215	0.309	0.326	0.341
12		怀柔区	0.375	0.333	0.362	0.366	0.402	0.358	0.334	0.399	0.391	0.386
13		延庆区	0.486	0.395	0.441	0.426	0.496	0.436	0.396	0.482	0.493	0.474
14		河北区	0.311	0.279	0.266	0.278	0.316	0.161	0.168	0.2	0.302	0.308
15		红桥区	0.299	0.271	0.258	0.27	0.308	0.174	0.18	0.192	0.296	0.301
16		北辰区	0.35	0.33	0.311	0.328	0.402	0.232	0.228	0.252	0.238	0.283
17		武清区	0.452	0.445	0.407	0.441	0.626	0.365	0.299	0.37	0.367	0.413
18		安次区	0.195	0.113	0.128	0.151	0.221	0.157	0.148	0.192	0.167	0.22
19		广阳区	0.208	0.185	0.198	0.22	0.302	0.231	0.216	0.265	0.243	0.295
20		香河县	0.181	0.175	0.19	0.211	0.275	0.218	0.213	0.252	0.232	0.28

图 15-14　评估结果

⑥评估结果等级划分。为定量、定性研究水环境承载力承载状态，将评估结果进行等级划分，维护各等级名称，指定各等级的数值区间及其对应的指示灯和 GIS 渲染、图例的颜色。结构化存储的等级分级数据直接作用于可视化子系统中的地图渲染效果（见图 15-15）。

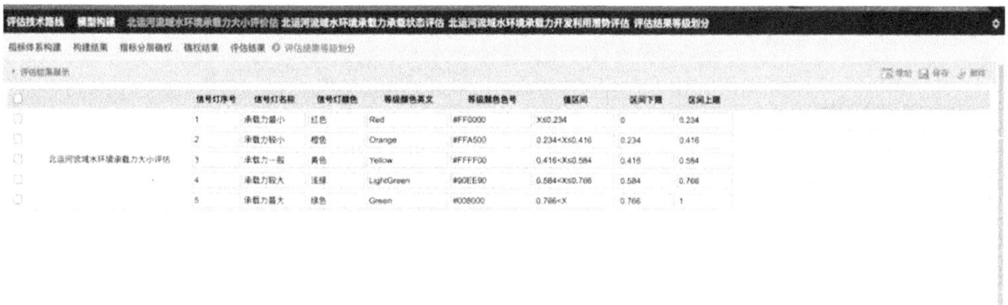

	信号灯序号	信号灯名称	信号灯颜色	等级颜色英文	等级颜色色号	值区间	区间下限	区间上限
	1	承载力最小	红色	Red	#FF0000	X≤0.234	0	0.234
	2	承载力较小	橙色	Orange	#FFA500	0.234<X≤0.416	0.234	0.416
北运河流域水环境承载力大小评估	3	承载力一般	黄色	Yellow	#FFFF00	0.416<X≤0.584	0.416	0.584
	4	承载力较大	浅绿	LightGreen	#90EE90	0.584<X≤0.766	0.584	0.766
	5	承载力最大	绿色	Green	#008000	0.766<X	0.766	1

图 15-15　评估结果等级划分

15.4.1.3　“流域水环境承载力承载状态预警方法集成与实现”功能简介

以“行政单元”（基于景气指数）为例。

①指标体系构建。基于水环境系统，综合人口、经济、社会等多个因素，从系统指标项集合中选取指标，构建合理、科学、系统的指标体系（见图 15-16）。

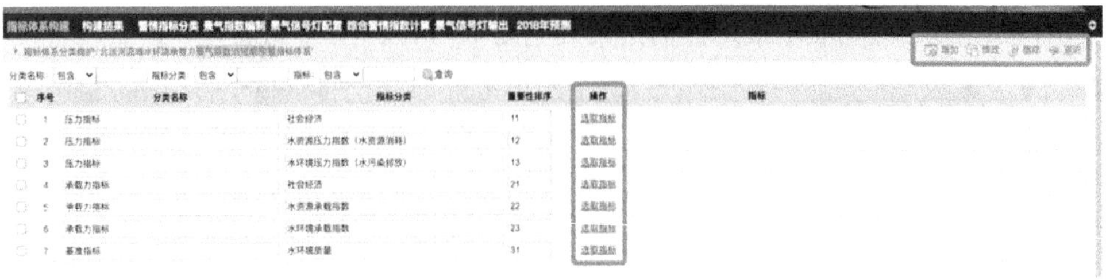

图 15-16　指标体系构建

②构建结果。整体展示指标体系构建结果，便于整合思路、进一步调整优化指标体系结构（见图 15-17）。

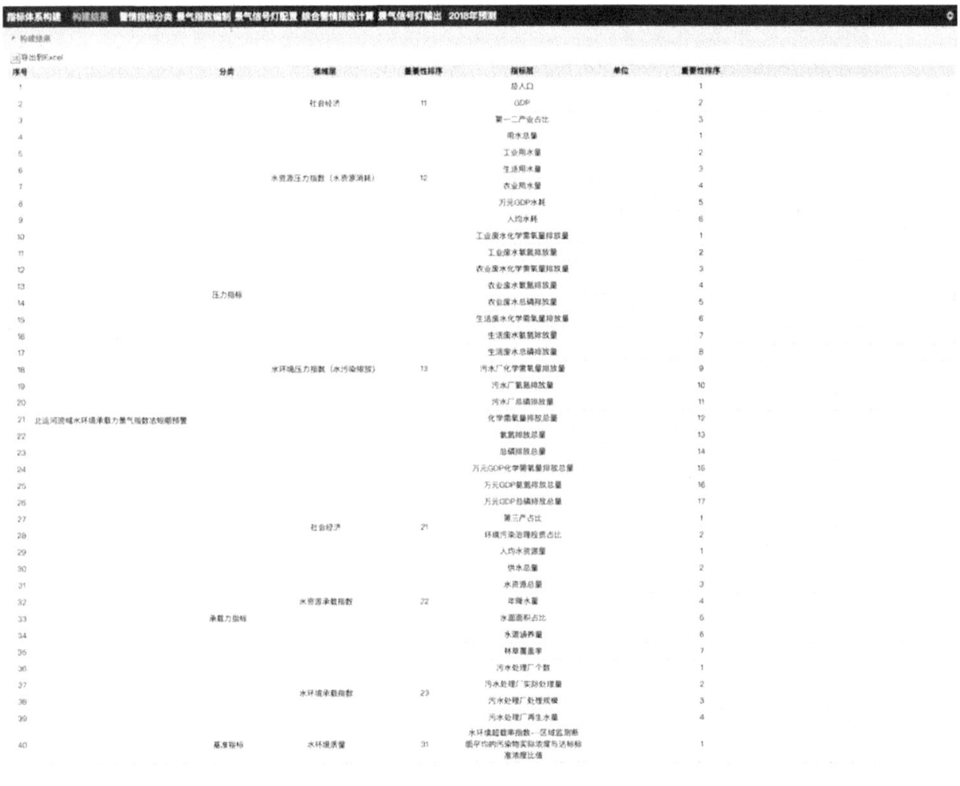

图 15-17　构建结果

③警情指标分类。对于已建立的指标体系，确定并录入各指标的时差及相关系数，系统按照已设定算法（时差相关系数法）自动根据录入的时差及相关系数数值，将指标分为扩散指数（DI）和合成指数（CI）两种（见图 15-18）。

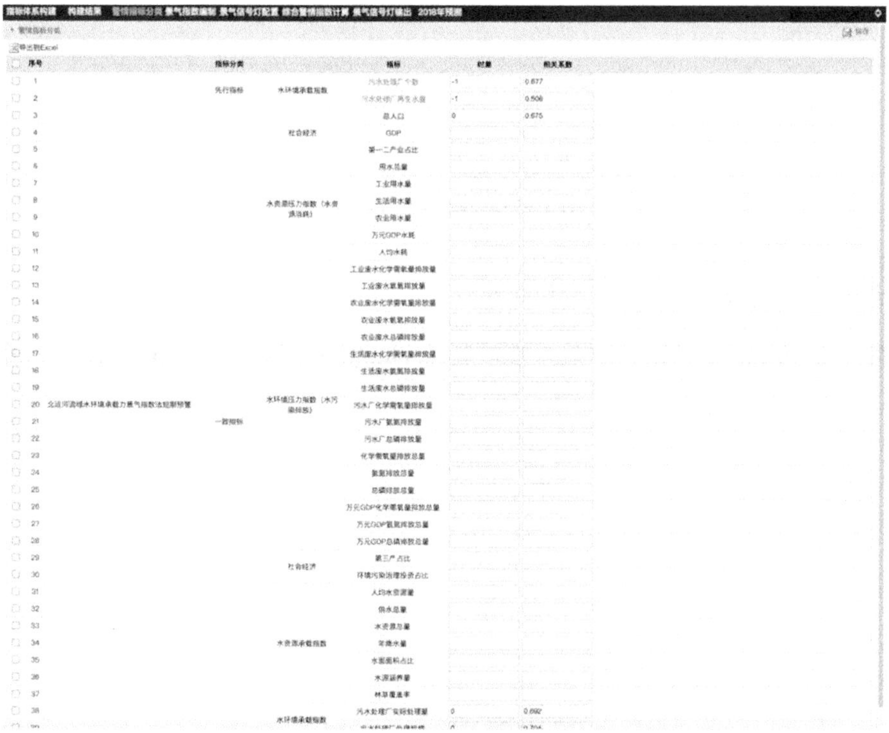

指标体系构建　构建结果　警情指标分类　景气指数编制　景气信号灯配置　综合警情指数计算　景气信号灯输出　2018年预测

警情指标分类

导出到Excel

序号		指标分类		指标	时差	相关系数
1				污水处理厂个数	-1	0.677
2		先行指标	水环境承载指数	污水处理厂再生水量	-1	0.506
3				总人口	0	0.675
4			社会经济	GDP		
5				第一二产业占比		
6				用水总量		
7				工业用水量		
8			水资源压力指数（水资源消耗）	生活用水量		
9				农业用水量		
10				万元GDP水耗		
11				人均水耗		
12				工业废水化学需氧量排放量		
13				工业废水氨氮排放量		
14				农业废水化学需氧量排放量		
15				农业废水氨氮排放量		
16				农业废水总磷排放量		
17				生活废水化学需氧量排放量		
18				生活废水氨氮排放量		
19				生活废水总磷排放量		
20	北运河流域水环境承载力景气指数法短期预警		水环境压力指数（水污染排放）	污水厂化学需氧量排放量		
21		一致指标		污水厂氨氮排放量		
22				污水厂总磷排放量		
23				化学需氧量排放总量		
24				氨氮排放总量		
25				总磷排放总量		
26				万元GDP化学需氧量排放总量		
27				万元GDP氨氮排放总量		
28				万元GDP总磷排放总量		
29			社会经济	第三产占比		
30				环境污染治理投资占比		
31				人均水资源量		
32				供水总量		
33				水资源总量		
34			水资源承载指数	年降水量		
35				水面面积占比		
36				水源涵养量		
37				林草覆盖率		
38			水环境承载指数	污水处理厂实际处理量	0	0.692

图 15-18　警情指标分类

④景气指数编制。整体展示指标体系各指标的景气指数编制结果（见图 15-19）。

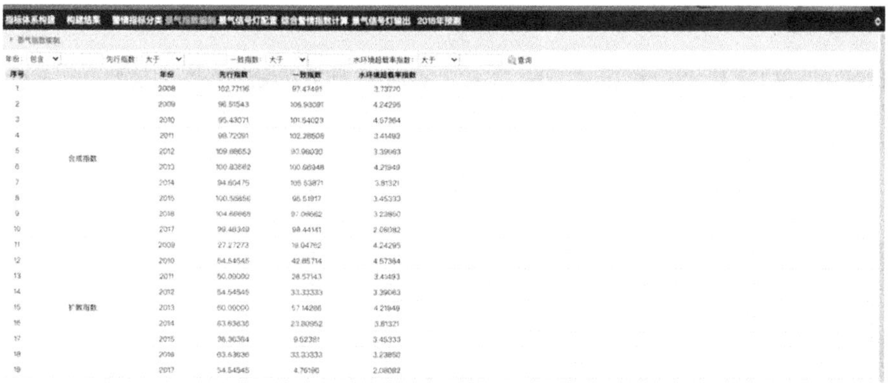

指标体系构建　构建结果　警情指标分类　景气指数编制　景气信号灯配置　综合警情指数计算　景气信号灯输出　2018年预测

景气指数编制

年份：包含　先行指数：大于　一致指数：大于　水环境超载率指数：大于　查询

序号		年份	先行指数	一致指数	水环境超载率指数
1		2008	102.77116	97.47491	3.73770
2		2009	96.51543	106.93091	4.24295
3		2010	95.43071	101.54023	4.57364
4		2011	98.72091	102.28508	3.41493
5	合成指数	2012	109.88653	93.98030	3.39063
6		2013	100.83862	100.68348	4.21949
7		2014	94.60475	105.53871	3.81321
8		2015	100.55656	95.51917	3.45333
9		2016	104.66668	97.08662	3.23850
10		2017	99.48349	98.44141	2.08082
11		2009	27.27273	19.04762	4.24295
12		2010	54.54545	42.85714	4.57364
13		2011	50.00000	28.57143	3.41493
14		2012	54.54545	33.33333	3.39063
15	扩散指数	2013	60.00000	57.14286	4.21949
16		2014	63.63636	23.80952	3.81321
17		2015	36.36364	9.52381	3.45333
18		2016	63.63636	33.33333	3.23850
19		2017	54.54545	4.76190	2.08082

图 15-19　景气指数编制

⑤景气信号灯配置。综合警情指数是压力警情指数与承载力警情指数的比值，所以以 1 作为恰不超载状态，以 0.5 为一档，构建预限，在功能界面维护各界限名称，指定各界限的数值区间及其对应的指示灯和 GIS 渲染、图例的颜色。结构化存储的等级分级数据直接作用于可视化子系统中的地图渲染效果（见图 5-20）。

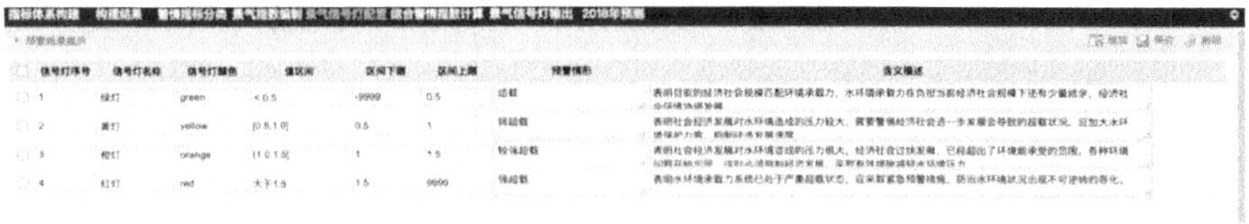

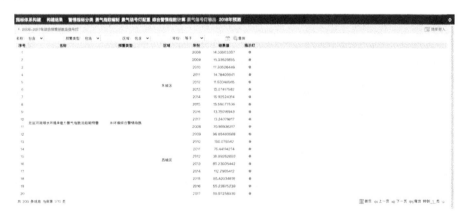

图 15-20　景气信号灯配置

⑥综合警情指数计算。展示警情指数计算结果（见图 15-21）。

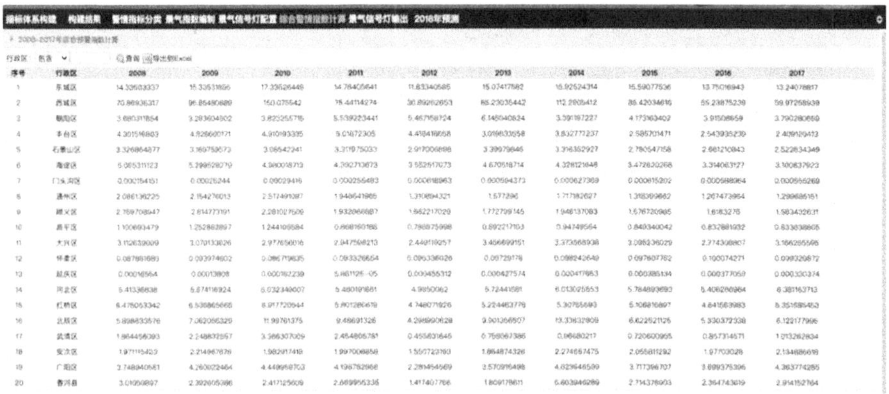

图 15-21　综合警情指数计算

⑦景气信号灯输出。按照信号灯配置界限，对综合警情指数计算结果进行信号灯展示（见图 15-22）。

图 15-22　景气信号灯输出

⑧下一年度预测。根据预测模型，对下一年度的综合警情指数进行预测结果展示（见图 15-23）。

序号		行政区	2018年
1	北运河流域水环境承载力景气指数短期预警	东城区	12.75
2		西城区	65.15
3		朝阳区	3.67
4		丰台区	2.28
5		石景山区	2.39
6		海淀区	2.9
7		门头沟区	0
8		通州区	1.33
9		顺义区	1.55
10		昌平区	0.63
11		大兴区	3.61
12		怀柔区	0.1
13		延庆区	0
14		河北区	7.52
15		红桥区	5.91
16		北辰区	7.04
17		武清区	1.2
18		安次区	2.3
19		广阳区	5.14
20		香河县	3.59

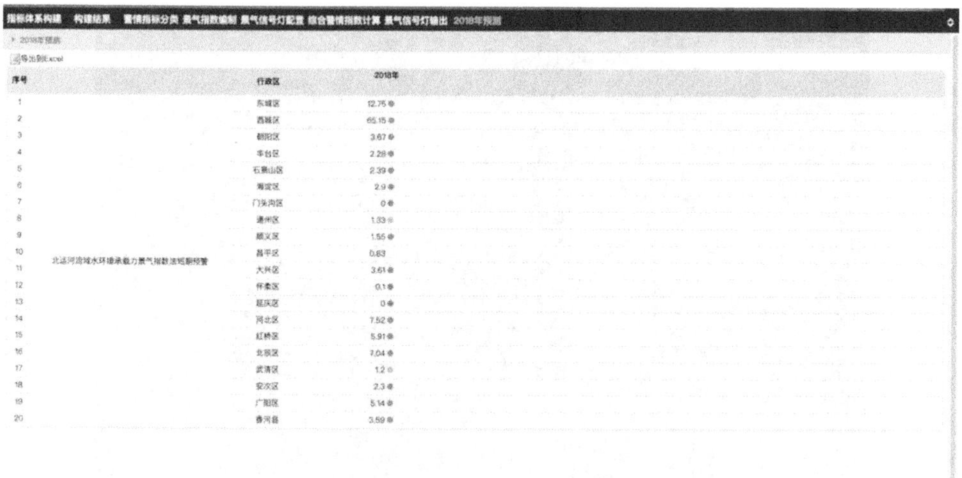

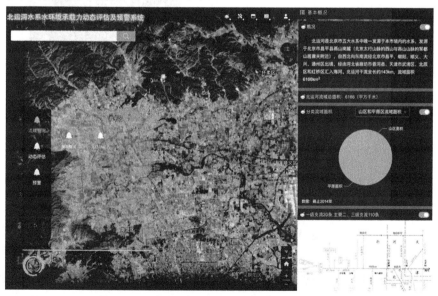

图 15-23　下一年度预测

15.4.1.4　各板块“结果可视化子系统”功能简介

①流域基本概况。包括概况、分类流域面积、北运河水系结构、流域水量、闸坝、北运河段闸坝基本情况等。分类流域面积包括主要河闸控制面积、山原和平原区流域面积、行政区流域面积等。北运河水系结构包括北京、河北和天津内的情况。北运河段闸坝包括每个闸坝的基本情况（见图 15-24）。

图 15-24　流域基本概况

②流域人口经济概况。包括基本概况、流域内各行政区人口、非农人口占比、流域各行政单元 GDP、人均 GDP、流域内第三产业占比、流域内环保投资占比等（见图 15-25）。

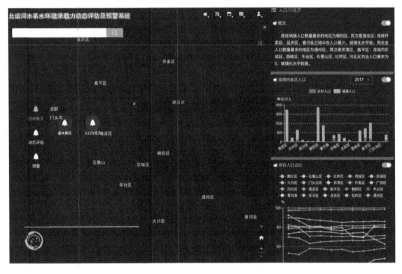

图 15-25　流域人口经济概况

③北运河流域水环境承载力大小动态评估。包括分别基于行政单元和控制单元的北运河流域水环境承载力大小动态评估指标体系、指标数据的可视化图表展示分析，评估结果图表展示，地图渲染展示（见图 15-26）。

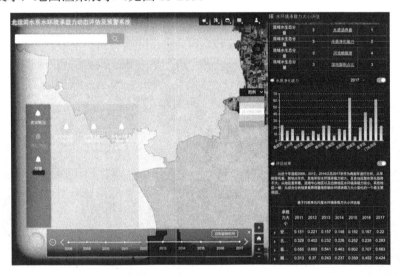

图 15-26　水环境承载力大小动态评估

④北运河流域水环境承载力承载状态动态评估。包括分别基于行政单元和控制单元的北运河流域水环境承载力承载状态动态评估指标体系、指标数据的可视化图表展示分

析，评估结果图表展示，地图渲染展示（见图15-27）。

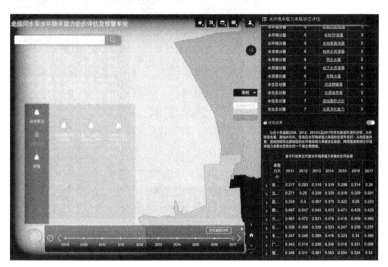

图 15-27 水环境承载力承载状态动态评估

⑤北运河流域水环境承载力开发利用潜力动态评估。包括分别基于行政单元和控制单元的北运河流域水环境承载力开发利用潜力动态评估指标体系、指标数据的可视化图表展示分析，评估结果图表展示，地图渲染展示（见图15-28）。

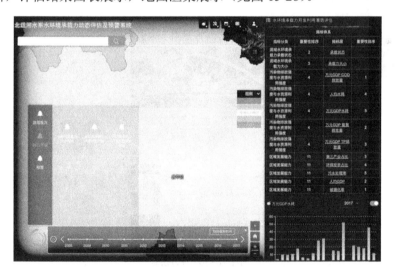

图 15-28 水环境承载力开发利用潜力动态评估

⑥北运河流域水环境承载力景气指数法短期预警。包括分别基于行政单元和控制单元的北运河流域水环境承载力景气指数法短期预警指标体系、指标数据的可视化图表展示分析，评估结果图表展示，地图渲染展示（见图15-29）。

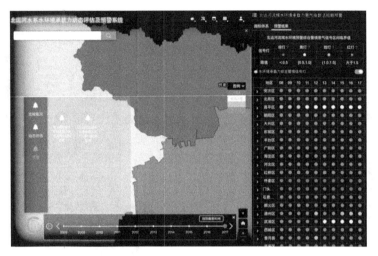

图 15-29　水环境承载力景气指数法短期预警

15.4.2　移动端

将流域水环境承载力动态评估与预警系统及相关研究成果发布于微信公众号，不仅方便各界人士通过智能手机、平板电脑等移动设备访问系统、查阅相关资料，更有助于科研成果的普及、社会交流，并推进落地转化（见图 15-30）。

图 15-30　移动端

①流域概况。从流域的基本概况、社会经济以及水生态环境几个方面全方位展示北运河流域的现状（见图 15-31～图 15-33），同时反映研究背景及研究意义。基本概况分为区域基本情况、流域信息和流域降水情况三部分。社会经济主要展示了人口情况、GDP、环保投资占比等经济数据情况，以及土地利用情况。

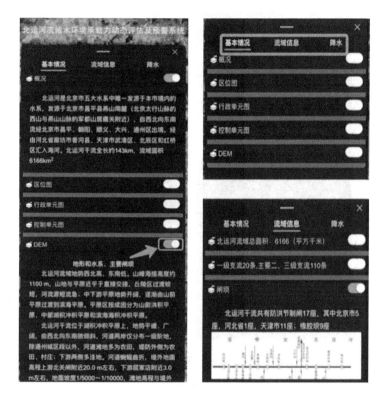

图 15-31　基本概况

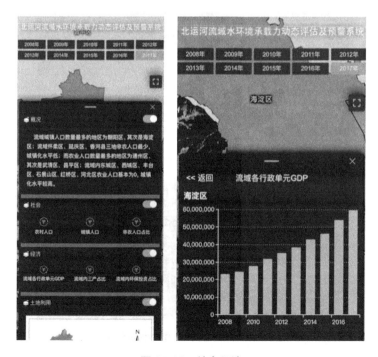

图 15-32　社会经济

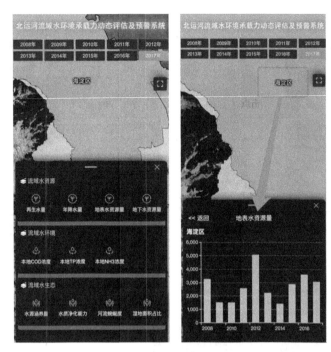

图 15-33　水生态环境

②动态评估子系统。以行政单元为例（见图 15-34～图 15-36）。

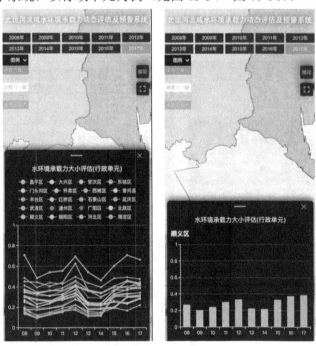

图 15-34　水环境承载力大小动态评估

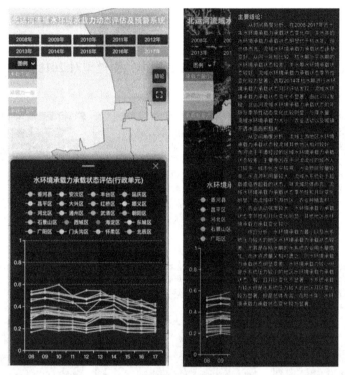

图 15-35 水环境承载力承载状态动态评估

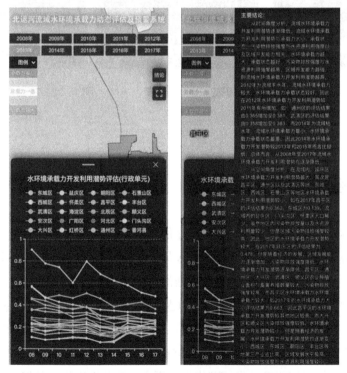

图 15-36 水环境承载开发利用潜力动态评估

③预警子系统。以行政单元（基于景气指数）为例，包括各行政单元 2008—2017 年的综合景气指数，直观反映其趋势变化；预测模型有效性验证，从预测值与实际值之间的拟合程度直观反映预测模型的预测效果；根据预测模型对 2018 年的综合警情指数进行预测（见图 15-37 和图 15-38）。

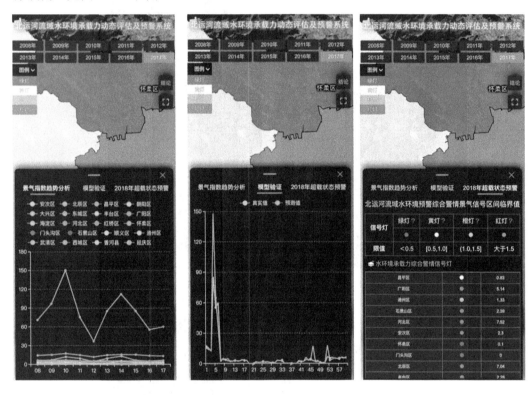

图 15-37　景气指数趋势分析及　　　　　图 15-38　2018 年水环境承载力综合
　　　　　　模型验证　　　　　　　　　　　　　　　　警情信号灯的情况

15.5　技术经济效益

首先，北运河流域水环境承载力动态评估与预警技术体系的研究和系统建设，对于从事流域水环境承载力评估和预警的科研人员、环境治理人员等来讲，意味着大幅度的工作效率提升。可以让他们从烦琐的源数据治理、入库、计算、结果评价等工作中解放出来，有更多的精力专注于分析、研判，以及对各类算法模型的优化升级。

其次，信息技术和数据处理技术的承载，能够形成面向流域水环境承载力评估和预警相关数据的持续性积累，形成数据资产，这不仅对算法模型的不断提升优化有帮助，也会对更加宏观的水环境治理决策提供标准化程度更高、完备性更强、数据质量更好的支持。

再次，微信公众号的融合应用，充分打开了公众参与的大门，对流域水环境承载力评估和预警相关知识的普及，以及实现面向水环境治理的多方"共建、共治"有着相当的社会价值。

最后，从更直接的经济价值角度考虑，随着流域水环境承载力评估和预警逐步地、更广泛地作为国家各级生态环境主管部门及其他相关部门进行环境治理、监督管理、辅助决策的手段，基于云计算体系构建的系统，将能够低成本、高效地助力体系的落地和推广。

15.6　应用创新

（1）流域水环境承载力评估和预警的云化应用

无论是面向科研人员、生态环境治理人员等的电脑端应用，还是面向公众的移动端应用，本系统的研究、开发与利用，实现了传统的科研成果转化形式的突破。通过云计算技术，不仅能够将身处各方的科研工作者、政府监管人员联系在一起、协同工作，大幅提升工作效率，也能够通过微信公众号这种新媒体及社交载体，将科研成果通过云端移动应用，更加方便、快捷地进行推广，从而一方面实现科学知识的快速普及，另一方面能够更加深入地让公众参与其中，实现流域水环境的"共建、共治"。

（2）时空数据中台的深度利用

本系统的设计与实现，不仅是对"北运河流域水环境承载力动态评估与预警技术体系研究"方法与成果的信息技术承载与利用，整个开发过程深度利用了研发单位所提供的数据中台，将本次科研成果所要求的各类标准化指标体系通过数据中台进行了标准化构建与管理；同时将所需源数据通过数据中台所提供的各类支撑进行清洗、加工、处理，从而成为流域水环境承载力动态评估与预警技术体系所要求的各类数据，并进入生态环境时空数据中心进行统一管理；而且通过数据中台，实现了系统化的资源编目，将成果数据通过微服务的方式对外发布，极大提升了数据利用的效率。

（3）时空数据可视化辅助分析

通过云端一体化 GIS 技术、高性能渲染技术以及数据中台所提供的微服务体系，使北运河流域水环境承载力动态评估与预警技术体系研究成果得到更为有效的展示与利用，使复杂的科研成果能够更简单地为社会大众所理解和接受。

15.7　成果总结

（1）流域水环境承载力评估和预警过程自动化

实现了从指标体系建立，到模型数据采集、治理与管理，再到行政单元、控制单元的空间数据入库及管理，直至评估与预警结果数据输出、管理与利用的全过程云端自动化。不仅满足了项目示范内容的落地应用，也为未来更为广泛的推广及社会价值转化打下了坚实的基础。

（2）与微信公众号的融合应用

将移动端应用成果集成至微信公众号，并将科研成果以公众更为理解和接受的方式进行了呈现，在大幅提升系统应用便捷性的同时，也充分拓宽了成果推广和普及的渠道，是助力产学研转化、提升社会价值的有效手段。

15.8　存在问题与不足

本系统的建设虽然提供了一整套围绕"流域水环境承载力动态评估与预警"，从源数据采集直至最终利用的云化和中台化的体系，但距离真正意义的常态化动态评估和预警，以及能够将这套体系更为广泛地应用于各个大大小小的流域，从而有效地服务于国家各级生态环境部门，仍具有一定的距离。

需要进一步构建面向源数据获取的标准化体系。这个体系不仅要涵盖数据的内容和规格，为了更好地保证数据的时效性、完整性、完备性，还要基于本次建设成果中所构建的数据融合与适配体系，进一步推出标准化数据采集接口，并制定数据获取的管理规范，从而能够面向各级部门，使数据的常态化集成整合成为可能。

附件 1

ICS 13.020.10

CCS Z00/09

团　　　　　　　体　　　　　　　标　　　　　　　准

T/CSES 125—2023

水环境承载力评估技术导则

Technical guidelines for water environment carrying capacity assessment

（发布稿）

2023-12-20 发布　　　　　　　　　　　　　　　　2023-12-20 实施

中国环境科学学会　　发布

前 言

本文件按照 GB/T 1.1—2020《标准化工作导则 第 1 部分：标准化文件的结构和起草规则》的规定起草。

请注意本文件的某些内容可能涉及专利。本文件的发布机构不承担识别专利的责任。

本文件由北京师范大学环境学院提出。

本文件由中国环境科学学会归口。

本文件主要起草单位：北京师范大学、中国环境科学研究院、生态环境部环境规划院、中国科学技术信息研究所、济南市环境研究院（济南市黄河流域生态保护促进中心）。

本文件主要起草人：曾维华、李瑞、王东、宋永会、王立婷、解钰茜、姚瑞华、马俊伟、陈岩、刘仁志、于会彬、吴波、栾朝旭、曹若馨、张文静、高涵、李佳颖、张瑞珈、冷卓纯、张鹏。

引 言

为贯彻《中华人民共和国水污染防治法》《生态文明体制改革总体方案》等法律法规文件，规范和指导水环境承载力评估，制定本文件。

1 范围

本文件规定了水环境承载力评估的总体原则、评估程序、评估对象与评估范围、评估指标体系、数据获取与处理、评估方法和分级评估标准。

本文件适用于江河、湖泊、水库、运河、渠道等已划定水功能区的区域或国家、省（自治区、直辖市）、设区的市等行政区域的水环境承载力评估。

流域、子流域与水污染控制单元水环境承载力评估工作可参照本文件执行。

2 规范性引用文件

下列文件中的内容通过文中的规范性引用而构成本文件必不可少的条款。其中，注日期的引用文件，仅该日期对应的版本适用于本文件；不注日期的引用文件，其最新版本（包括所有的修改单）适用于本文件。

GB 3838 地表水环境质量标准

GB 8978 污水综合排放标准

HJ 2.3 环境影响评价技术导则 地表水环境

HJ/T 91 地表水和污水监测技术规范

3 术语和定义

下列术语和定义适用于本文件。

3.1 水环境承载力 water environment carrying capacity

在一定时期内，一定技术经济条件下，在某一水系统功能结构不被破坏前提下，水环境可持续为人类活动提供支持能力的阈值。

3.2 水环境承载力大小 magnitude of water environment carrying capacity

自然水系能够为人类活动提供的支撑能力的阈值量化结果，表征水环境承载力绝对大小。

3.3 水环境承载力承载状态 status of water environment carrying capacity

社会经济活动给自然水系带来的压力与水环境承载力相比的程度。

3.4 承载率 carrying rate

社会经济活动给自然水系带来的压力与对应的水环境承载力分量指标的比值，可以反映水环境承载力承载状态。

3.5 水环境承载力开发利用潜力 development and utilization potential of water environment carrying capacity

水系可为社会经济活动提供的开发利用潜在能力，可从水环境承载力大小、水环境承载力承载状态与区域发展能力（即社会经济投入与科技水平）等方面表征。

4 总体原则

4.1 系统性原则

根据水环境承载力的内涵，评估指标的选取应能反映社会经济活动对自然水系的压力，以及自然水系对社会经济活动的支持能力。

4.2 代表性原则

选取代表性强、客观性强的指标构建水环境承载力评估体系，避免指标重复。

4.3 可行性原则

水环境承载力评估数据应便于获取且真实可靠，评估方法简单且可操作。

4.4 适应性原则

充分考虑不同区域、不同时间尺度上的差异性，适当结合当地的实际情况与特征，因地制宜地丰富完善评估指标。

5 评估程序

水环境承载力评估按图 1 所示的程序进行。

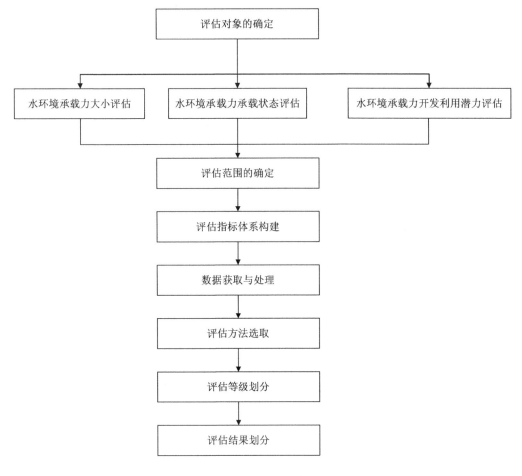

图1 评估程序

6 评估对象与评估范围的确定

6.1 评估对象

6.1.1 根据水环境承载力评估的目的确定水环境承载力评估对象,构建相应的评估指标体系。

6.1.2 水环境承载力评估对象包括以下三类:

 a)水环境承载力大小,可用于指导国土空间规划布局。

 b)水环境承载力承载状态,可用于流域(区域)水系统规划与管理。

 c)水环境承载力开发利用潜力,可指导国土空间规划布局。

6.2 评估范围

6.2.1 水环境承载力评估范围应包括空间范围和时间范围。

6.2.2 水环境承载力评估的空间范围可为各级行政区域和各流域控制单元。

6.2.3 水环境承载力评估的时间范围可选择以年或季节为时间尺度。其中，年际评估的时间尺度至少5年以上；季节性评估的时间尺度按照水域特点可以分为平水期、枯水期、丰水期。

7 评估指标体系构建

7.1 一般规定

7.1.1 宜根据不同的水环境承载力评估对象构建相应的评估指标体系。

7.1.2 水环境承载力评估指标体系宜由指标层和分指标层构成。

7.2 水环境承载力大小评估指标体系

水环境承载力大小评估指标体系指标层宜由水环境容量分量、水资源分量、水生态分量组成。分指标层指标的选择宜符合表1的规定。

表1 水环境承载力大小评估指标体系

指标层	分指标层
水环境容量分量（A）	本地COD环境容量/环境容量指数（A1）[1]
	本地NH_3-N环境容量/环境容量指数（A2）[1]
	本地TP环境容量/环境容量指数（A3）[1]
水资源分量（B）	降水量（B1）
	再生水量（B2）
	地表水量（B3）[2]
	地下水量（B4）[2]
水生态分量（C）	湿地面积占比（C1）
	水源涵养能力（C2）
	水质净化能力（C3）
	河流蜿蜒度（C4）
	河流纵向连通性（C5）

注1：评估单元为流域控制单元时，推荐使用环境容量；评估单元为行政区域时，推荐使用环境容量指数；有条件获取更多污染物数据时，可进一步增加其他污染物环境容量指标。

注2：地表水量（B3）（含调水量）和地下水量（B4）存在重复计算的，重复计算的部分需要剔除。

7.3 水环境承载力承载状态评估指标体系

水环境承载力承载状态评估指标体系指标层宜由水系统压力与水环境承载力大小组

成。分指标层指标的选择宜符合表 2 的规定。

表 2　水环境承载力承载状态评估指标体系

指标层	分指标层	
水系统压力	点源排放量（D）	COD 点源排放量（D1）
		NH₃-N 点源排放量（D2）
		TP 点源排放量（D3）
	面源排放量（E）	COD 面源排放量（E1）
		NH₃-N 面源排放量（E2）
		TP 面源排放量（E3）
	水资源利用量（F）	生活用水量（F1）
		工业用水量（F2）
		农业用水量（F3）
		生态环境用水量（F4）
	上游来水压力（G）	上游来水 COD 量（G1）
		上游来水 NH₃-N 量（G2）
		上游来水 TP 量（G3）
水环境承载力大小	同表 1	

注：若表 1 水环境容量分量（A）中增加其他污染物环境容量/环境容量指数指标，宜在表 2 中增加其他污染物的点源排放量（D）、面源排放量（E）、上游来水压力（G）。

7.4　水环境承载力开发利用潜力评估指标体系

水环境承载力开发利用潜力评估指标体系指标层宜由水环境承载力大小、水环境承载力承载状态、污染物排放强度与水资源利用强度和区域发展能力组成。分指标层指标的选择宜符合表 3 的规定。

表 3　水环境承载力开发利用潜力评估指标体系

指标层	分指标层	
水环境承载力大小	同表 1	
水环境承载力承载状态	同表 2	
污染物排放强度与水资源利用强度（H）	水资源	人均综合用水量（H1）
		万元 GDP 水耗（H2）
	水污染物	万元 GDP COD 排放量（H3）
		万元 GDP NH₃-N 排放量（H4）
		万元 GDP TP 排放量（H5）
区域发展能力（I）	城镇化率（I1）	
	人均 GDP（I2）	
	第三产业占比（I3）	
	环保投资占比（I4）	
	污水处理率（I5）	

注：若表 1 水环境容量分量（A）中增加其他污染物环境容量/环境容量指数指标，宜在表 3 中增加其他污染物排放强度指标。

8 数据获取与处理

8.1 数据获取

收集数据进行水环境承载力评估时，宜满足表 1、表 2、表 3 的规定，指标含义与计算方法参见附录 A。

8.2 数据标准化处理

数据标准化处理时可选择最小-最大标准化或 Z-score 标准化，并宜符合以下规定：

a）最小-最大标准化

按照数值是否越大越优原则，将指标划分为正向指标和负向指标。对于正向指标，应按照公式（1）进行标准化处理；对于负向指标，应按照公式（2）进行标准化处理。

$$x_i = \frac{X_i - X_{\min}}{X_{\max} - X_{\min}} \tag{1}$$

$$x_i = \frac{X_{\max} - X_i}{X_{\max} - X_{\min}} \tag{2}$$

式中：x_i——指标 X_i 标准化处理以后的数值，其大小在[0，1]范围内；

$X_{\max}$，$X_{\min}$——X_i 数据集中的最大值与最小值。

b）Z-score 标准化

所有指标可依次按照公式（3）、公式（4）和公式（5）进行标准化处理。

$$x_i = \frac{X_i - \bar{X}}{S} \tag{3}$$

$$\bar{X} = \frac{1}{n}\sum_{i=1}^{n} X_i \tag{4}$$

$$S = \sqrt{\frac{1}{n-1}\sum_{i=1}^{n}\left(X_i - \bar{X}\right)^2} \tag{5}$$

式中：x_i——指标 X_i 标准化处理以后的数值，其大小在[0，1]范围内；

$\bar{X}$——X_i 数据集的平均值；

S——X_i 数据集的标准差。

9 评估方法选取

9.1 一般规定

9.1.1 宜根据评估目的、评估对象选择适宜的评估方法。

9.1.2 水环境承载力典型的评估方法包括短板法、内梅罗指数法、向量模法、线性加权求和法、指数加权求积法、隶属度函数法等。

9.2 短板法

9.2.1 短板法适用于水环境承载力大小和水环境承载力承载状态的评估。

9.2.2 按照公式（6）计算。

$$\begin{cases} \text{当}P_i\text{为正向指标：} P = \min(P_1, P_2, \cdots, P_n) \\ \text{当}P_i\text{为负向指标：} P = \max(P_1, P_2, \cdots, P_n) \end{cases} \quad (6)$$

式中：P ——水环境承载力大小或水环境承载力承载状态的评估结果；

$\quad\quad\ P_i$ ——第i个指标的评估结果；

$\quad\quad\ n$ ——指标的个数。

9.3 内梅罗指数法

9.3.1 内梅罗指数法适用于水环境承载力承载状态评估。

9.3.2 按照公式（7）和公式（8）计算。

$$P = \sqrt{\frac{\overline{P}^2 + P_{\max}^{\ 2}}{2}} \quad (7)$$

$$\overline{P} = \frac{1}{n}\sum_{i=1}^{n} P_i \quad (8)$$

式中：P ——水环境承载力承载状态评估结果；

$\quad\quad\ \overline{P}$ ——承载率的平均值；

$\quad\quad\ P_{\max}$ ——承载率的最大值；

$\quad\quad\ P_i$ ——第i个指标的承载率。

9.4 向量模法

9.4.1 向量模法适用于水环境承载力大小评估。

9.4.2 按照公式（9）计算。

$$P = \left| \sqrt{\sum_{i=1}^{n} \left(W_i \overline{E_{ij}} \right)^2} \right| \quad (9)$$

式中：P ——水环境承载力大小评估结果；

$\quad\quad\ W_i$ ——第i个指标的权重，常见权重确定方法见附录 B；

$\quad\quad\ E_{ij}$ ——第j个水平年或第j个分区中的第i个指标；

$\quad\quad\ \overline{E_{ij}}$ ——E_{ij} 标准化后的结果，标准化方法见 8.2。

9.5 线性加权求和法

9.5.1 线性加权求和法适用于水环境承载力承载状态和水环境承载力开发利用潜力的评估。

9.5.2 按照公式（10）计算。

$$P = \sum_{i=1}^{n} w_i x_i \qquad (10)$$

式中：P——水环境承载力承载状态或水环境承载力开发利用潜力的评估结果；

w_i——第 i 个指标的权重，常见权重确定方法见附录 B；

x_i——第 i 个指标的标准化结果。

9.6 指数加权求积法

9.6.1 指数加权求积法适用于水环境承载力承载状态和水环境承载力开发利用潜力的评估。

9.6.2 按照公式（11）计算。

$$P = \prod_{i=1}^{n} x_i w_i \qquad (11)$$

式中：P——水环境承载力承载状态或水环境承载力开发利用潜力的评估结果；

w_i——第 i 个指标的权重，常见权重确定方法见附录 B；

x_i——第 i 个指标的标准化结果。

9.7 隶属度函数法

9.7.1 隶属度函数法适用于水环境承载力大小、水环境承载力承载状态和水环境承载力开发利用潜力的评估。

9.7.2 按照公式（12）计算。

$$B = W \times R \qquad (12)$$

式中：B——隶属度函数结果；

W——指标权重集，$W = (w_1, w_2, w_3, ..., w_n)$，常见权重确定方法见附录 B；

R——隶属度矩阵。

10 评估分级标准

10.1 一般规定

评估分级标准分为评估指标分级标准和评估结果分级标准。根据评估指标分级标准，可以确定评估结果分级标准。

10.2 评估指标分级标准

通过与流域（区域）自身或者与相邻或相似地区进行比较，选取评估指标的最大值和最小值，分别作为评估指标的上限和下限，并将指标上限和下限五等分，确定评估指标的不同等级。

10.3 评估结果分级标准

10.3.1 对水环境承载力大小而言，宜按照评估结果分为承载力低、承载力较低、承载力中等、承载力较高、承载力高，共 5 个等级。

10.3.2 对水环境承载力承载状态而言，宜按照评估结果分为承载状态良好、承载状态一般、临界超载、一般超载、严重超载，共 5 个等级。

10.3.3 对水环境承载力开发利用潜力而言，宜按照评估结果分为开发利用潜力小、开发利用潜力较小、开发利用潜力一般、开发利用潜力较大、开发利用潜力大，共 5 个等级。

附录 A
（资料性）
指标含义与计算方法

A.1 水环境容量分量（A）

A.1.1 本地 COD 环境容量/环境容量指数（A1）

含义：本地 COD 环境容量特指在满足水环境质量的要求下，水体容纳污染物 COD 的最大负荷量。本地 COD 环境容量指数是指在无法计算水环境容量时，利用河流或湖泊断面水环境质量与目标期望值的差距衡量当前水环境所能容纳的污染物 COD 负荷量。

计算方法：参照《全国水环境容量核定技术指南》和公式（A.1）。

A.1.2 本地 NH_3-N 环境容量/环境容量指数（A2）

含义：本地 NH_3-N 环境容量特指在满足水环境质量的要求下，水体容纳污染物 NH_3-N 的最大负荷量。本地 NH_3-N 环境容量指数是指在无法计算水环境容量时，利用河流或湖泊断面水环境质量与目标期望值的差距衡量当前水环境所能容纳的污染物 NH_3-N 负荷量。

计算方法：参照《全国水环境容量核定技术指南》和公式（A.1）。

A.1.3 本地 TP 环境容量/环境容量指数（A3）

含义：本地 TP 环境容量特指在满足水环境质量的要求下，水体容纳污染物 TP 的最大负荷量。本地 TP 环境容量指数是指在无法计算水环境容量时，利用河流或湖泊断面水环境质量与目标期望值的差距衡量当前水环境所能容纳的污染物 TP 负荷量。

计算方法：参照《全国水环境容量核定技术指南》和公式（A.1）。

$$A = \frac{QC_s}{C_0} \tag{A.1}$$

式中：A ——水环境容量指数，m^3；

C_s ——断面水功能目标对应的污染物浓度，mg/L；

C_0 ——上游来水污染物浓度，mg/L；

Q ——过境河流断面地表水资源量或湖泊水资源量，m^3。

数据来源：中国（地区）统计年鉴、中国（地区）水资源公报。

A.2 水资源分量（B）

A.2.1 降水量（B1）

含义：一定时间内，从天空降落到地面上的液态或固态（经融化后）水，未经蒸发、渗透、流失而在水平面上积聚的深度。

数据来源：中国（地区）水资源公报。

A.2.2 再生水量（B2）

含义：污废水经适当处理后，达到一定的水质标准，满足某种使用要求，可以回用于景观用水、农田灌溉、园林绿化、工业（冷却水、锅炉水工艺用水）等的水量（m³）。

计算方法：

$$B2 = 再生雨水 + 再生废水 \qquad (A.2)$$

数据来源：中国（地区）统计年鉴、中国（地区）水资源公报。

A.2.3 地表水量（B3）

含义：陆地表面上动态水和静态水的总量，主要包括河流、湖泊、沼泽、冰川、冰盖等各种液态和固态的水体（m³）。

计算方法：

$$B3 = 河流水 + 湖泊水 + 沼泽水 + 冰川水 + 冰盖水 \qquad (A.3)$$

数据来源：中国（地区）统计年鉴、《中国环境统计年鉴》、中国（地区）水资源公报、分布式水文模型模拟。

A.2.4 地下水量（B4）

含义：地下水面以下饱和含水层中的水量（m³）。

计算方法：

$$B4 = 渗入水 + 凝结水 + 初生水 + 埋藏水 \qquad (A.4)$$

数据来源：中国（地区）统计年鉴、《中国环境统计年鉴》、中国（地区）水资源公报、分布式水文模型模拟。

A.3 水生态分量（C）

A.3.1 湿地面积占比（C1）

含义：地表过湿或经常积水，生长湿地生物的地区面积占区域总面积的比例（%）。

计算方法：

$$C1 = \frac{土地利用类型为湿地的栅格数 \times 单位栅格面积}{所有土地利用类型的栅格总数} \times 100 \qquad (A.5)$$

数据来源：中国科学院地理科学与资源研究所资源环境科学与数据中心网站（https://www.resdc.cn/）。

A.3.2 水源涵养能力（C2）

含义：生态系统通过其特有的结构与水相互作用，对降水进行截留、渗透、蓄积，并通过蒸发实现对水流、水循环的调控的能力（mm）。

计算方法：

$$C2 = \min\left(1, \frac{249}{流速系数}\right) \times \min\left(1, \frac{0.9 \times TI}{3}\right) \times \min\left(1, \frac{土壤饱和导水率}{300}\right) \times 年产水量 \quad （A.6）$$

$$年产水量 = 年降水量 - 年蒸发量 - 表面径流量 \quad （A.7）$$

数据来源：国家（地区）统计局网站、中国科学院地理科学与资源研究所资源环境科学与数据中心网站（https：//www.resdc.cn/）。

A.3.3 水质净化能力（C3）

含义：陆域生态系统截留面源污染的能力，主要与土地利用类型相关（%）。

计算方法：

$$C3 = \frac{\sum（某个斑块的水质净化能力 \times 某个斑块的面积）}{\sum 某个斑块的面积} \quad （A.8）$$

数据来源：国家（地区）统计局网站、中国科学院地理科学与资源研究所资源环境科学与数据中心网站（https：//www.resdc.cn/）。

A.3.4 河流蜿蜒度（C4）

含义：河段两端点之间河流弯曲弧线长度与河段两端点之间河流直线长度的比值(%)。

计算方法：

$$C4 = \frac{河段两端点之间河流弯曲弧线长度}{河段两端点之间河流直线长度} \times 100 \quad （A.9）$$

数据来源：中国科学院地理科学与资源研究所资源环境科学与数据中心网站（https：//www.resdc.cn/）。

A.3.5 河流纵向连通性（C5）

含义：单位长度河流上已建和在建的拦河建筑物的数量（座/km）。

计算方法：

$$C5 = \frac{某一河流上已建和在建的拦河建筑物的数量}{河流的长度} \quad （A.10）$$

A.4 点源排放量（D）

A.4.1 COD 点源排放量（D1）

含义：评估区内由固定排放点排放的 COD 总量（t）。

计算方法：

$$D1 = \sum 某固定排放点COD排放量 \quad （A.11）$$

数据来源：中国（地区）统计年鉴、中国（地区）国民经济和社会发展统计公报、国家（地区）统计局网站。

A.4.2 NH₃-N 点源排放量（D2）

含义：评估区内由固定排放点排放的 NH₃-N 总量（t）。

计算方法：

$$D2 = \sum 某固定排放点NH_3\text{-}N排放量 \tag{A.12}$$

数据来源：中国（地区）统计年鉴、中国（地区）国民经济和社会发展统计公报、国家（地区）统计局网站。

A.4.3 TP 点源排放量（D3）

含义：评估区内由固定排放点排放的 TP 总量（t）。

计算方法：

$$D3 = \sum 某固定排放点TP排放量 \tag{A.13}$$

数据来源：中国（地区）统计年鉴、中国（地区）国民经济和社会发展统计公报、国家（地区）统计局网站。

A.5 面源排放量（E）

A.5.1 COD 面源排放量（E1）

含义：评估区内由土壤泥沙颗粒、氮磷等营养物质、农药、各种大气颗粒物等组成，通过地表径流、土壤侵蚀、农田排水等方式进入水、土壤或大气环境的 COD 总量（t）。

计算方法：

$$E1 = \sum 某非固定排放点COD排放量 \tag{A.14}$$

数据来源：中国（地区）统计年鉴、中国（地区）国民经济和社会发展统计公报、国家（地区）统计局网站。

A.5.2 NH₃-N 面源排放量（E2）

含义：评估区内由土壤泥沙颗粒、氮磷等营养物质、农药、各种大气颗粒物等组成，通过地表径流、土壤侵蚀、农田排水等方式进入水、土壤或大气环境的 NH₃-N 总量（t）。

计算方法：

$$E2 = \sum 某非固定排放点NH_3\text{-}N排放量 \tag{A.15}$$

数据来源：中国（地区）统计年鉴、中国（地区）国民经济和社会发展统计公报、国家（地区）统计局网站。

A.5.3 TP 面源排放量（E3）

含义：评估区内由土壤泥沙颗粒、氮磷等营养物质、农药、各种大气颗粒物等组成，通过地表径流、土壤侵蚀、农田排水等方式进入水、土壤或大气环境的 TP 总量（t）。

计算方法：

$$E3 = \sum 某非固定排放点TP排放量 \tag{A.16}$$

数据来源：中国（地区）统计年鉴、中国（地区）国民经济和社会发展统计公报、国家（地区）统计局网站。

A.6 水资源利用量（F）

A.6.1 生活用水量（F1）

含义：人类日常生活所需用的水量，包括城镇生活用水和农村生活用水。城镇生活用水由居民用水和公共用水（含服务业、餐饮业、货运邮电业及建筑业等的用水）组成，农村生活用水除居民生活用水外还包括牲畜用水（t）。

计算方法：

$$F1 = 城镇生活用水 + 农村生活用水 \tag{A.17}$$

数据来源：中国（地区）统计年鉴、《中国环境统计年鉴》、中国（地区）水资源公报。

A.6.2 工业用水量（F2）

含义：工业生产过程中使用的生产用水及厂区内职工生活用水的总量。生产用水主要用途是：①原料用水，直接作为原料或作为原料的一部分而使用的水；②产品处理用水；③锅炉用水；④冷却用水等（t）。

计算方法：

$$F2 = 原料用水 + 产品处理用水 + 锅炉用水 + 冷却用水 \tag{A.18}$$

数据来源：中国（地区）统计年鉴、《中国环境统计年鉴》、中国（地区）水资源公报。

A.6.3 农业用水量（F3）

含义：用于灌溉和农村牲畜的用水总量（t）。

计算方法：

$$F3 = 灌溉用水 + 农村牲畜用水 \tag{A.19}$$

数据来源：中国（地区）统计年鉴、《中国环境统计年鉴》、中国（地区）水资源公报。

A.6.4 生态环境用水量（F4）

含义：保护、修复或建设给定区域的生态与环境需要人为供给的水量（t）。

数据来源：中国（地区）统计年鉴、《中国环境统计年鉴》、中国（地区）水资源公报。

A.7 上游来水压力（G）

A.7.1 上游来水 COD 量（G1）

含义：评估区上游来水中 COD 总量（t）。

计算方法：

$$G1 = 上游来水中COD浓度 \times 上游来水量 \qquad (A.20)$$

数据来源：中国（地区）统计年鉴、国家（地区）统计局网站。

A.7.2 上游来水 NH_3-N 量（G2）

含义：评估区上游来水中 NH_3-N 总量（t）。

计算方法：

$$G2 = 上游来水中NH_3\text{-}N浓度 \times 上游来水量 \qquad (A.21)$$

数据来源：中国（地区）统计年鉴、国家（地区）统计局网站。

A.7.3 上游来水 TP 量（G3）

含义：评估区上游来水中 TP 总量（t）。

计算方法：

$$G3 = 上游来水中TP浓度 \times 上游来水量 \qquad (A.22)$$

数据来源：中国（地区）统计年鉴、国家（地区）统计局网站。

A.8 污染物排放强度与水资源利用强度（H）

A.8.1 人均综合用水量（H1）

含义：评估区内每人的耗水量（m^3/人）。

计算方法：

$$H1 = \frac{评估区内年用水量}{评估区内总人口} \qquad (A.23)$$

数据来源：中国（地区）统计年鉴、国家（地区）统计局网站。

A.8.2 万元 GDP 水耗（H2）

含义：评估区内每万元 GDP 的耗水量（m^3/万元）。

计算方法：

$$H2 = \frac{评估区内年用水量}{评估区内以万元计的GDP} \qquad (A.24)$$

数据来源：中国（地区）统计年鉴、国家（地区）统计局网站。

A.8.3 万元 GDP COD 排放量（H3）

含义：评估区内每万元 GDP 所产生的 COD 总量（t/万元）。

计算方法：

$$H3 = \frac{评估区内COD排放总量}{评估区内以万元计的GDP} \qquad (A.25)$$

数据来源：中国（地区）统计年鉴、国家（地区）统计局网站。

A.8.4 万元 GDP NH₃-N 排放量（H4）

含义：评估区内每万元 GDP 所产生的 NH₃-N 总量（t/万元）。

计算方法：

$$H4 = \frac{评估区内NH_3\text{-}N排放总量}{评估区内以万元计的GDP}$$（A.26）

数据来源：中国（地区）统计年鉴、国家（地区）统计局网站。

A.8.5 万元 GDP TP 排放量（H5）

含义：评估区内每万元 GDP 所产生的 TP 总量（t/万元）。

计算方法：

$$H5 = \frac{评估区内TP排放总量}{评估区内以万元计的GDP}$$（A.27）

数据来源：中国（地区）统计年鉴、国家（地区）统计局网站。

A.9 区域发展能力（I）

A.9.1 城镇化率（I1）

含义：城镇人口占总人口（包括农业人口与非农业人口）的比重（%）。

计算方法：

$$I1 = \frac{评估区内城镇人口}{评估区内总人口} \times 100$$（A.28）

数据来源：中国（地区）统计年鉴、国家（地区）统计局网站。

A.9.2 人均 GDP（I2）

含义：评估区在核算期内（通常是一年）实现的 GDP 与这个地区的常住人口（或户籍人口）的比值（万元/人）。

计算方法：

$$I2 = \frac{评估区内GDP}{评估区内常住人口（或户籍人口）}$$（A.29）

数据来源：中国（地区）统计年鉴、国家（地区）统计局网站。

A.9.3 第三产业占比（I3）

含义：评估区内各类服务或商品 GDP 占评估区 GDP 的比重（%）。

计算方法：

$$I3 = \frac{评估区内各类服务或商品GDP}{评估区GDP} \times 100$$（A.30）

数据来源：中国（地区）统计年鉴、国家（地区）统计局网站。

A.9.4 环保投资占比（I4）

含义：为解决现实的或潜在的环境问题、协调人类与环境的关系、保障经济社会的持续发展而支付的资金占评估区 GDP 的比重（%）。

计算方法：

$$I4 = \frac{评估区内各类环保支出}{评估区GDP} \times 100 \qquad (A.31)$$

数据来源：中国（地区）统计年鉴、《中国生态环境统计年报》、中国（地区）国民经济和社会发展统计公报和国家（地区）统计局网站。

A.9.5 污水处理率（I5）

含义：经过处理的生活污水量、工业废水量占污水排放总量的比重（%）。

计算方法：

$$I5 = \frac{经过处理的生活污水量 + 经过处理的工业废水量}{评估区内污水排放总量} \times 100 \qquad (A.32)$$

数据来源：中国（地区）统计年鉴、《中国生态环境统计年报》、中国（地区）国民经济和社会发展统计公报和国家（地区）统计局网站。

附录 B

（资料性）

常见权重确定方法

经过建立流域（区域）水环境承载力评估体系、数据标准化处理之后，需要选定合适的权重确定方法，主要包括层次分析法、结构方程法、熵权法等。

B.1 层次分析法

a）建立层次结构

将决策的目标、考虑的因素和决策对象按照其相互关系分为最高层、中间层和最低层，画出层次结构图。

b）构造判断矩阵

采用一致矩阵法确定各层次各因素之间的权重，即不把所有因素放在一起比较，而是两两进行比较，判断矩阵是表示本层所有因素针对上一层某一因素的相对重要性进行比较。

$$A = \left[a_{ij}\right] = \begin{bmatrix} a_{11} & a_{12} & \cdots & a_{1n} \\ a_{21} & a_{22} & \cdots & a_{2n} \\ \vdots & \vdots & & \vdots \\ a_{n1} & a_{n2} & \cdots & a_{nn} \end{bmatrix} \tag{B.1}$$

式中：A——比较同一层中的因素相对于上一层次某个因素的重要性的判断矩阵；

a_{ij}——第 i 个因素相对于第 j 个因素的重要度，其值大于 0，则 $a_{ij} = 1/a_{ji}$，i，$j = 1$，2，$\cdots$，n。

c）计算单排序权向量并做一致性检验

为确保判断的一致性，需要进行一致性检验，使得 CR＜0.1，公式为：

$$\text{CI} = \frac{\lambda_{\max}}{n-1} \tag{B.2}$$

$$\text{CR} = \frac{\text{CI}}{\text{RI}} \tag{B.3}$$

式中：CI——一致性指标；

$\lambda_{\max}$——最大特征根；

CR——一致性比率；

RI——随机一致性指标，n 与 RI 的关系如表 B.1 所示。

表 B.1　随机一致性指标 RI

n	1	2	3	4	5	6	7	8	9	10	11
RI	0	0	0.58	0.90	1.12	1.24	1.32	1.41	1.45	1.49	1.51

当 CR 值小于 0.1，A 的不一致程度在容许范围之内，通过一致性检验，可用其归一化特征向量作为权向量 W_i，否则需要重新构造判断矩阵。

$$W_i = \frac{\sqrt[m]{a_{i1} \cdot a_{i2} \cdots a_{im}}}{\sum_{i=1}^{m} \sqrt[m]{a_{i1} \cdot a_{i2} \cdots a_{im}}} \qquad （B.4）$$

d）计算总排序权向量并做一致性检验

计算最低层对最高层总排序的权向量并做一致性检验。

$$CR = \frac{a_1 CI_1 + a_2 CI_2 + \cdots + a_m CI_m}{a_1 RI_1 + a_2 RI_2 + \cdots + a_m RI_m} \qquad （B.5）$$

当 CR 值小于 0.1，符合一致性检验，否则需要重新考虑判断矩阵。

B.2 结构方程法

结构方程模型（Structural Equation Model，SEM）是一种基于变量的协方差矩阵来分析变量之间关系的统计方法，是验证性因子模型与因果模型的结合。SEM 整合了路径分析与多元回归等方法，能够处理多个因变量，能够进行流域（区域）水环境承载力影响因子的路径分析。

结构方程模型分为测量方程和结构方程，其中测量方程是观察观测变量与潜变量之间的关系，结构方程通过路径关系图直观描述潜变量之间的关系。测量方程以因子分析的方式展示、描述潜变量与观测指标之间的关系；结构方程则通过一种路径关系图直观地描述潜变量之间的关系。在结构方程模型中，无法直接测量的变量用潜变量表征；可直接测量的变量用观测变量来表征。

e）测量模型

$$X = \Lambda_X \zeta + \delta \qquad （B.6）$$

$$Y = \Lambda_Y \eta + \varepsilon \qquad （B.7）$$

式中：ζ、η ——外生潜变量矩阵和内生潜变量矩阵；

$\quad\quad X$、Y ——ζ、η 的测量变量矩阵；

$\quad\quad \Lambda_X$、Λ_Y ——X、Y 和 ζ、η 之间的关系测量系数矩阵；

$\quad\quad \delta$、ε ——方程残差矩阵。其中，δ 与 ζ、η 及 ε 不存在相关性，ε 与 η、ζ 及 δ 也不存在相关性。

f）结构模型

$$\boldsymbol{\eta} = \boldsymbol{B}\boldsymbol{\eta} + \boldsymbol{\Gamma}\boldsymbol{\zeta} + \boldsymbol{\zeta} \tag{B.8}$$

式中： $\boldsymbol{B}$ ——描述内生潜变量间关系的系数矩阵；

$\boldsymbol{\Gamma}$ ——描述外生潜变量对内生潜变量影响关系的系数矩阵。

在流域（区域）水环境承载力模型假设基础上，运用测量模型和结构方程进行迭代计算，可以求解各影响因子对水环境承载力的影响路径以及贡献值。

g）权重确定

结构方程可以分析单项指标对总体的作用以及单项指标之间的相互关系，利用结构方程确定各变量之间的相关作用系数，进而确定各指标的权重。可通过构建水环境承载力大小以及水环境承载力承载状态结构方程，确定潜变量与观察变量之间的关系，确定各指标权重，最后确定水环境承载力大小与承载状态，如公式 B.9 所示。

$$P = \sum_{i=1}^{n} \omega_i x_i \tag{B.9}$$

$$\omega_i = \frac{|\lambda_i|}{\sum_{i=1}^{n} |\lambda_i|} \tag{B.10}$$

式中： P ——流域（区域）水环境承载力评估结果；

ω_i ——第 i 个指标的权重；

λ_i ——第 i 个指标的路径系数；

x_i ——第 i 个指标的标准化结果；

n ——指标个数。

B.3 熵权法

熵权法是一种根据各项指标观测值所提供的信息的大小（即信息熵）来确定指标权重的客观赋权方法。指标的离散程度越大，该指标对综合评估的影响越大，则其权重也就越大。可利用熵权法确定水环境承载力评估指标权重，然后确定流域（区域）水环境承载力大小、承载状态以及开发利用潜力，如公式 B.11 所示。

$$P_i = \sum_{j=1}^{m} (w_j x_{ij}) \tag{B.11}$$

$$w_j = \frac{1 - E_j}{\sum_{j=1}^{m} (1 - E_j)} \tag{B.12}$$

$$E_j = -\frac{1}{\ln n}\sum_{i=1}^{n}(\delta_{ij}\ln\delta_{ij}) \tag{B.13}$$

$$\delta_{ij} = \frac{x_{ij}}{\sum_{i=1}^{n}x_{ij}} \tag{B.14}$$

式中：P_i ——第 i 个评估单元或第 i 年流域（区域）水环境承载力评估结果，$i=1,2,3,\cdots,n$；

w_j ——第 j 个指标的权重，$j=1,2,3,\cdots,m$；

E_j ——第 j 个评估单元或第 j 年流域（区域）的信息熵，当 $\delta_{ij}=0$，令 $E_j=0$；

δ_{ij} ——指标标准化的占比；

x_{ij} ——指标标准化结果；

m ——指标个数；

n ——评价对象个数。

附件 2

水环境承载力评估技术导则

Technical guidelines for water environment carrying capacity assessment

（发布稿）

编制说明

标准编制组

二〇二三年十月

1 工作简况

1.1 任务来源

本标准依托于水体污染控制与治理科技重大专项（水专项）"北运河流域水质目标综合管理示范研究"（2018ZX07111003）。

水环境承载力是表征水系统所能承受的社会经济活动压力的阈值，是指导流域（区域）水系统规划与管理工作的重要依据。2015 年 9 月，中共中央、国务院印发的《生态文明体制改革总体方案》中明确提出"规划编制前应当进行资源环境承载能力评价，以评价结果作为规划的基本依据。"《水污染防治行动计划》及新修订的《中华人民共和国水污染防治法》分别要求"建立水资源、水环境承载能力监测评价体系""组织开展流域环境资源承载能力监测、评价"。环境承载力已成为生态文明体制改革的重要抓手，水环境承载力是环境承载力的主要组成（分量）部分之一。

但目前我国流域（区域）水环境承载力评价仍存在概念不清、评价对象不明确、指标选取不够全面系统、评价标准与权重制定不合理等问题；到目前为止，尚未形成一整套公认的可推广且科学的流域（区域）水环境承载力评价技术方法体系及其规范。因此，亟需在科学界定区域水环境承载力概念及内涵、明确评价对象及目的的基础上，完善流域（区域）水环境承载力评价技术方法体系，制定形成可推广且科学的流域（区域）水环境承载力评价规范，科学分析流域（区域）水环境承载力评价的时空变化特征，为健全流域（区域）水环境监管考核与调控机制提供科学支撑。

1.2 标准制定的必要性、原则与技术路线

1.2.1 标准制定的必要性

2015 年 9 月，中共中央、国务院印发的《生态文明体制改革总体方案》中明确提出以资源环境承载力能力评价结果作为规划的基本依据。为贯彻执行国家《生态文明体制改革总体方案》，新修订的《中华人民共和国水污染防治法》要求"组织开展流域环境资源承载能力监测、评价"。环境承载力已成为生态文明体制改革的重要抓手，而水环境承载力是环境承载力的主要组成（分量）部分之一。

虽然国家各相关部委出台了相关政策文件，高度重视区域水环境承载力评估工作，但是现阶段水环境承载力评估工作概念界定不清、缺乏对水环境承载力的系统认知，评估对象或目的不明确、指标体系构建缺乏针对性与目的性，评估指标体系庞杂、指标选取与权重确定过程过于主观片面、缺乏具有物理意义的客观量化技术方法，评估时间尺度单一、无法反映水环境承载力的季节性变化特征。因此，亟待提出被广泛认可、可推广的流域（区域）水环境承载力评估技术规范。

为规范水环境承载力评估工作，科学界定水环境承载力概念及内涵、明确评估对象，

提出水环境承载力评估技术方法体系，编制本文件。

1.2.2 标准制定的原则

标准编制组以水体功能目标为导向，本着科学性、普遍适用性和实用性的原则，致力于实现流域（区域）水环境承载力的评估。

（1）科学性

充分利用相关领域的科学原理，熟悉国内外相关领域的研究进展，吸取多年来相关工作所取得的成果和经验。

（2）普遍适用性

充分考虑国内现有的技术和装备水平以及社会经济承受能力，选择合适的研究方法和评估指标，适用于在大多数地区开展工作。

（3）实用性

规范内容详尽，工作流程简洁，便于实施与监督。

1.2.3 标准制定的路线

从理清水资源、水环境与水生态相关关系角度入手，科学界定水环境承载力及其承载体、承载对象与超载等概念内涵与外延；根据流域（区域）水环境承载力评估指标体系，从流域（区域）水环境承载力大小量化、承载状态评估与开发利用潜力评估 3 个角度，统筹流域（区域）水环境、水资源与水生态，建立流域（区域）水环境承载力评估指标体系；最后，集成水环境承载力量化与多属性综合评估方法，建立流域（区域）水环境承载力评估技术方法体系。

1.3 工作过程

1.3.1 制定工作计划

本标准编制单位承担团体标准的编制工作后，第一时间组成标准编制组和工作团队，认真学习领会国家关于资源环境承载能力监测预警的管理要求和文件精神，收集了水环境承载力评估相关的基础资料，并制定了工作计划。

1.3.2 梳理研究进展

通过整理文献与当前水环境承载力评估的方式，对水环境承载力评估相关内容进行梳理分析。2016 年，编制组对国内外相关概念展开了研究，并汇集分析，为标准的编写提供了重要的依据。流域（区域）水环境承载力评估工作总体分为评估指标体系构建、水环境承载力大小量化、水环境承载力承载状态评估、水环境承载力开发利用潜力评估。

1.3.3 初稿起草

2017 年 6 月至 12 月，在开展文献查阅、现场调查和专家咨询的基础上，按照 GB/T 1.1—2020《标准化工作导则 第 1 部分：标准化文件的结构和起草规则》的编制规则，起草完成了《流域水环境承载力动态评估技术指南》文本及编制说明草案。

1.3.4 标准立项

2021 年 6 月，编制组召开了标准编制工作启动会，进行了团体标准立项情况的汇报，开展了本标准的立项讨论。会上，《流域水环境承载力动态评估技术指南》文本及编制说明草案通过中国环境科学学会团体标准立项审查。

会后根据专家意见，编制组进行了逐条修改和完善，形成《流域水环境承载力动态评估技术指南（编制组讨论稿）》。经过专家讨论，建议将标准名称修改为《水环境承载力动态评估技术指南》。

1.3.5 专家咨询

2021 年 11 月，召开《水环境承载力动态评估技术指南（编制组讨论稿）》专家评审会，专家组建议进一步修改完善《水环境承载力动态评估技术指南》文本及编制说明。专家建议《水环境承载力动态评估技术指南》改为《水环境承载力评估技术导则》。

2022 年 6 月至 9 月，编制组内部针对专家提出的格式、概念内涵辨析等问题进行了进一步修改，形成征求意见稿；经专家函询同意后，进入公开征求意见阶段。

1.3.6 公开征求意见

2022 年 9 月 30 日至 2022 年 10 月 25 日，中国环境科学学会和北京师范大学环境学院组织开展了《水环境承载力评估技术导则》公开征求意见。共邀请 22 位专家，收集了 162 条意见。2022 年 11 月至 2023 年 7 月，对《水环境承载力评估技术导则》文本及编制说明进行了大篇幅的修改。

1.3.7 技术审查

2023 年 9 月 12 日，中国环境科学学会举办了《水环境承载力评估技术导则》技术审查会，共邀请了 5 位专家。会上，专家与编制组针对适用范围、术语定义等内容展开讨论，最终一致认为《水环境承载力评估技术导则》定位准确、适用范围清晰、结构设置合理、内容表述规范，具有良好的可操作性，征求意见处理恰当。专家组通过对标准的审查，建议按照专家审查意见修改完善后上报。会后，编制组历时一个月完成了对送审稿的修改，形成报批稿。

1.3.8 正式发布

根据《中国环境科学学会标准管理办法》的相关规定，批准《水环境承载力评估技术导则》（T/CSES 125—2023）标准，并予发布。以上标准自 2023 年 12 月 20 日起实施。

2 相关实证案例

2.1 基于结构方程法的北运河流域水环境承载力大小评估

采用结构方程模型，对北运河流域水环境承载力大小进行评估。评估结果显示（如表 1、图 1 所示），2008—2017 年，北运河流域水环境承载力大小呈现波动性变化，除个别年份外，呈现逐渐增大的趋势。其中，2012 年水环境承载力较大，2014 年水环境承载力较小，主要原因在于 2012 年的降水量大、地表水资源量以及地下水资源量较大，水资源供给能力较强；地表水量越充足，流域水环境容量越大，则容纳的污染物量越多；地表径流量大，则陆域涵养水源的能力越强，生态服务功能越高；相反，2014 年为枯水年，水环境承载力较小。2015—2017 年水环境承载力呈现逐渐增大的趋势，原因在于随着环境管理举措的实施，地表水水质明显改善，水环境纳污能力增强，水质净化能力与水源涵养能力增加，则水环境承载力也逐渐增大。在空间上，昌平区位于流域上游，水量丰富，污染物浓度低，林草覆盖度高，水源涵养与水质净化能力高，水环境承载力最大；北运河干流经过海淀区、顺义区、通州区等地区，这些地区地表水资源量与地下水资源量较为丰富，水源涵养能力较强，水环境承载力较大；而流域中心西城区、东城区以及安次区、广阳区等流域边缘地区的水资源供给能力弱、水环境纳污能力小，水环境承载力最小。

表 1　2008—2017 年北运河流域水环境承载力大小评估结果

地区	2008 年	2009 年	2010 年	2011 年	2012 年	2013 年	2014 年	2015 年	2016 年	2017 年
安次区	0.195	0.113	0.128	0.151	0.221	0.157	0.148	0.192	0.167	0.220
北辰区	0.350	0.330	0.311	0.328	0.402	0.232	0.226	0.252	0.238	0.283
昌平区	0.708	0.485	0.542	0.555	0.693	0.541	0.463	0.602	0.707	0.663
朝阳区	0.310	0.231	0.258	0.313	0.370	0.243	0.237	0.359	0.452	0.424
大兴区	0.252	0.205	0.236	0.290	0.341	0.232	0.215	0.309	0.326	0.341
东城区	0.136	0.094	0.129	0.163	0.173	0.110	0.117	0.301	0.307	0.306
丰台区	0.172	0.123	0.151	0.190	0.221	0.140	0.135	0.322	0.334	0.338
广阳区	0.208	0.185	0.198	0.220	0.302	0.231	0.215	0.265	0.243	0.295
海淀区	0.414	0.349	0.361	0.388	0.457	0.369	0.341	0.404	0.461	0.433
河北区	0.311	0.279	0.266	0.278	0.315	0.181	0.188	0.200	0.302	0.308
红桥区	0.299	0.271	0.259	0.270	0.308	0.174	0.180	0.192	0.295	0.301
怀柔区	0.375	0.333	0.362	0.366	0.402	0.358	0.334	0.399	0.391	0.388
门头沟区	0.366	0.340	0.367	0.359	0.416	0.362	0.337	0.397	0.402	0.423
石景山区	0.156	0.100	0.140	0.170	0.193	0.123	0.123	0.303	0.307	0.317
顺义区	0.269	0.203	0.241	0.301	0.331	0.222	0.216	0.329	0.374	0.386
通州区	0.344	0.314	0.315	0.359	0.449	0.295	0.288	0.376	0.397	0.449
武清区	0.452	0.445	0.407	0.441	0.625	0.365	0.299	0.370	0.367	0.413
西城区	0.146	0.093	0.128	0.163	0.175	0.110	0.116	0.301	0.308	0.306
香河县	0.181	0.175	0.190	0.211	0.275	0.218	0.213	0.252	0.232	0.280
延庆区	0.486	0.395	0.441	0.428	0.496	0.436	0.396	0.482	0.493	0.474

表 2　水环境承载力大小评估等级划分表

分级标准	$X \leq 0.234$	$0.234 < X \leq 0.416$	$0.416 < X \leq 0.584$	$0.584 < X \leq 0.766$	$X > 0.766$
等级	承载力最小	承载力较小	承载力一般	承载力较大	承载力最大
颜色	红	橙	黄	浅绿	深绿

图 1　2008—2017 年北运河流域水环境承载力大小评估结果（略）

2.2　基于结构方程法的北运河流域水环境承载力大小季节评估

采用结构方程模型，对北运河流域分季节的水环境承载力大小进行评估。评估结果（如表 3、图 2 所示）显示，对于大部分地区而言，水环境承载力大小与承载状态的季节性变化较为显著。

其中，丰水期的承载力大小明显高于枯水期，主要原因在于降水量较高的季节的地表水资源量以及地下水资源量丰富，而且水源涵养能力增强、水面面积增加、水环境承载力较大。相反，在降水量较低的枯水期，水资源总量低，水环境容量较小，水环境承载力较小。

表 3　2017 年北运河流域水环境承载力季节性评估结果

地区	枯水期	平水期	丰水期
安次区	0.182	0.153	0.234
北辰区	0.233	0.208	0.274
昌平区	0.542	0.533	0.706
朝阳区	0.354	0.353	0.425
大兴区	0.270	0.247	0.372
东城区	0.276	0.269	0.308
丰台区	0.276	0.299	0.351
广阳区	0.255	0.221	0.307
海淀区	0.360	0.358	0.454
河北区	0.293	0.286	0.301
红桥区	0.286	0.278	0.294
怀柔区	0.305	0.298	0.387
门头沟区	0.322	0.310	0.420
石景山区	0.251	0.275	0.330
顺义区	0.347	0.339	0.425
通州区	0.372	0.343	0.493
武清区	0.345	0.296	0.397
西城区	0.276	0.269	0.308
香河县	0.236	0.200	0.289
延庆区	0.327	0.311	0.470

图 2　2017 年北运河流域水环境承载力大小季节性评估结果（略）

2.3　基于结构方程法的北运河流域水环境承载力承载状态评估

采用结构方程模型，对北运河流域水环境承载力承载状态进行评估。评估结果（如表 4、表 5、图 4 所示）显示，2008—2017 年，除个别年份外，北运河流域水环境承载力承载状态呈现逐渐变好趋势。其中，在 2010—2017 年间，2017 年水环境承载力承载状态最好，2014 年水环境承载力承载状态最差。主要原因在于随着污染物排放量的降低，水质改善效果明显，则相较于其他年份，水环境承载力承载状态呈现逐渐变好的趋势，部分地区的水环境承载力承载状态为承载状态一般或临界超载。而 2014 年为枯水年，水质较差，水环境承载力较小，相较于 2012 年（丰水年）而言，水环境承载力承载状态差，大部分地区呈现临界超载、一般超载的状态。在空间上，水系统压力较大的大兴区、顺义区、朝阳区等地区为一般超载状态；流域上游的昌平区等地区处于临界超载或者承载状态一般状态；水系统压力较小、水环境承载力较小的西城区、东城区等地区的水环境承载力承载状态逐渐变好，处于临界超载状态。

表 4　2008—2017 年北运河流域水环境承载力承载状态评估结果

地区	2008 年	2009 年	2010 年	2011 年	2012 年	2013 年	2014 年	2015 年	2016 年	2017 年
安次区	0.310	0.341	0.331	0.317	0.293	0.318	0.318	0.299	0.314	0.280
北辰区	0.265	0.271	0.277	0.271	0.250	0.329	0.329	0.318	0.329	0.291
昌平区	0.289	0.356	0.351	0.334	0.300	0.367	0.375	0.322	0.260	0.253
朝阳区	0.536	0.560	0.599	0.497	0.547	0.543	0.472	0.471	0.426	0.425
大兴区	0.513	0.536	0.521	0.497	0.472	0.521	0.479	0.418	0.409	0.365
东城区	0.324	0.338	0.322	0.308	0.306	0.328	0.323	0.247	0.239	0.237
丰台区	0.384	0.402	0.386	0.347	0.346	0.369	0.416	0.323	0.340	0.365
广阳区	0.355	0.369	0.358	0.343	0.314	0.339	0.338	0.316	0.331	0.298
海淀区	0.343	0.374	0.386	0.346	0.311	0.361	0.363	0.354	0.324	0.330
河北区	0.236	0.246	0.248	0.244	0.233	0.300	0.296	0.293	0.266	0.244
红桥区	0.244	0.251	0.253	0.249	0.237	0.304	0.300	0.298	0.270	0.248
怀柔区	0.218	0.231	0.221	0.220	0.209	0.223	0.230	0.208	0.209	0.209
门头沟区	0.208	0.216	0.207	0.210	0.191	0.209	0.217	0.197	0.196	0.189
石景山区	0.332	0.354	0.331	0.316	0.314	0.342	0.337	0.240	0.239	0.233
顺义区	0.448	0.479	0.455	0.433	0.430	0.465	0.450	0.391	0.363	0.335
通州区	0.508	0.525	0.510	0.488	0.465	0.501	0.497	0.450	0.416	0.371
武清区	0.467	0.472	0.480	0.444	0.345	0.460	0.480	0.435	0.458	0.405
西城区	0.346	0.366	0.344	0.327	0.327	0.352	0.346	0.245	0.240	0.239
香河县	0.327	0.336	0.321	0.308	0.291	0.315	0.317	0.285	0.298	0.267
延庆区	0.168	0.198	0.183	0.187	0.165	0.185	0.198	0.170	0.166	0.172

表5 水环境承载力承载状态评估等级划分表

分级标准	$X \leqslant 0.248$	$0.248 < X \leqslant 0.412$	$0.412 < X \leqslant 0.584$	$X > 0.584$
等级	承载状态一般	临界超载	一般超载	严重超载
颜色	绿	黄	橙	红

图3 2008—2017年北运河流域水环境承载力承载状态评估结果（略）

2.4 北京市丰台区水环境承载力承载状态评估

利用内梅罗指数法进行区域水环境承载率的计算，得到丰台区2008—2013年区域水环境承载率（如表6、图5、图6所示）。

可以看出，丰台区水环境承载力承载状态一直为超载状态，这主要是由于水污染物排放量远远超出了水环境容量。不过随着末端处理措施的普及，丰台区水环境综合承载率一直在下降，说明丰台区的各种环保举措是切实有效的。

表6 丰台区2008—2013年区域水环境承载率

指标		2008年	2009年	2010年	2011年	2012年	2013年
单要素承载率	水资源承载率	0.98	1.05	1.14	1.13	1.17	1.22
	COD承载率	2.42	2.30	2.20	2.13	2.03	1.75
	氨氮承载率	3.57	3.45	3.33	3.12	2.82	2.54
综合承载率	最大值	3.57	3.45	3.33	3.12	2.82	2.54
	平均值	2.32	2.27	2.22	2.13	2.01	1.84
	内梅罗指数	3.01	2.92	2.83	2.67	2.45	2.22

图4 丰台区水环境综合承载率分布图（略）

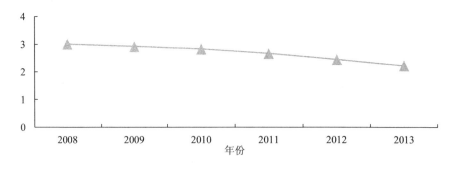

图5 丰台区水环境综合承载率变化图

2.5 基于熵权法的北运河流域水环境承载力开发利用潜力评估

评估结果（如表 7、表 8、图 7 所示）显示，2008—2017 年，北运河流域水环境承载力开发利用潜力呈现逐渐减小的趋势。随着社会经济的发展、经济发展水平的提高，流域污染物排放强度与水资源利用强度在逐渐降低，流域水环境承载力开发利用潜力也在逐渐降低。在空间上，水环境承载力越大、承载状态越好、污染物排放强度与水资源利用强度越大、区域开发能力越强，则流域水环境承载力开发利用潜力越大。因此，流域内社会经济发展水平较低的延庆区、昌平区、通州区等地区由于污染物排放强度大，相较于社会经济发展强度较大的地区而言，其开发利用潜力也较大；西城区、东城区、朝阳区、丰台区等地区第三产业占比高，污染物排放强度与水资源利用强度低，其水环境承载力开发利用潜力较小；安次区、广阳区、香河县等地区的污染物排放强度与水资源利用强度一般，区域发展能力较低，因此水环境承载力开发利用潜力较小。

表 7　2008—2017 年北运河流域水环境承载力开发利用潜力评估结果

地区	2008 年	2009 年	2010 年	2011 年	2012 年	2013 年	2014 年	2015 年	2016 年	2017 年
安次区	0.265	0.216	0.211	0.207	0.223	0.203	0.172	0.150	0.111	0.139
北辰区	0.284	0.274	0.266	0.258	0.280	0.207	0.198	0.193	0.186	0.204
昌平区	0.563	0.461	0.488	0.462	0.505	0.458	0.383	0.405	0.424	0.362
朝阳区	0.196	0.154	0.178	0.171	0.192	0.128	0.123	0.167	0.197	0.182
大兴区	0.229	0.216	0.229	0.241	0.244	0.204	0.182	0.205	0.202	0.201
东城区	0.108	0.082	0.092	0.108	0.100	0.058	0.071	0.147	0.146	0.139
丰台区	0.173	0.165	0.177	0.163	0.168	0.132	0.160	0.233	0.211	0.238
广阳区	0.266	0.257	0.248	0.248	0.268	0.238	0.208	0.162	0.158	0.180
海淀区	0.236	0.220	0.223	0.216	0.226	0.194	0.179	0.189	0.211	0.176
河北区	0.208	0.197	0.188	0.196	0.206	0.149	0.150	0.150	0.188	0.195
红桥区	0.225	0.205	0.191	0.194	0.203	0.146	0.145	0.148	0.183	0.187
怀柔区	0.359	0.338	0.330	0.325	0.330	0.303	0.277	0.280	0.271	0.260
门头沟区	0.570	0.467	0.426	0.402	0.377	0.356	0.347	0.335	0.334	0.322
石景山区	0.158	0.129	0.144	0.149	0.150	0.122	0.104	0.190	0.182	0.185
顺义区	0.234	0.195	0.201	0.218	0.221	0.169	0.151	0.187	0.199	0.191
通州区	0.451	0.398	0.374	0.365	0.381	0.301	0.286	0.305	0.273	0.250
武清区	0.459	0.437	0.388	0.358	0.383	0.270	0.229	0.252	0.241	0.253
西城区	0.105	0.082	0.090	0.100	0.096	0.061	0.061	0.139	0.140	0.133
香河县	0.351	0.372	0.347	0.292	0.313	0.267	0.278	0.262	0.244	0.221
延庆区	0.903	0.778	0.744	0.603	0.797	0.681	0.621	0.580	0.511	0.478

表 8　水环境承载力开发利用潜力评估等级划分表

分级标准	X≤0.081	0.081<X≤0.361	0.361<X≤0.637	0.637<X≤0.919	X>0.919
等级	开发利用潜力最小	开发利用潜力较小	开发利用潜力一般	开发利用潜力较大	开发利用潜力最大
颜色	红	橙	黄	浅绿	深绿

图 6　2008—2017 年北运河流域水环境承载力开发利用潜力评估结果（略）

2.6　北京市丰台区水环境承载力开发利用潜力评估

基于丰台区水环境承载力开发利用潜力评估多测度体系，综合整理得到丰台区水环境承载力开发利用潜力评估结果（如表 9、图 8 所示）。

其中，区域水环境承载率、区域水资源利用与污染物排放强度是逆向指标，数值越大则承载率越大，水资源利用与污染物排放强度越大，也就是环境压力越大，开发利用水平越低；数值越小则承载率越小，水资源利用与污染物排放强度越小，也就是环境压力越小，开发利用水平越高。发展能力指数是正向指标，数值越大则发展能力越强。承载率超过 1 表示已经超载，数值越大则超载越严重，数值（−1）表示超载的倍数；水资源利用与污染物排放强度与发展能力指数超过 1，表示已经超过全国平均值，数值越大则超过全国平均值越多，数值表示是全国平均水平的几倍。

从表 9 可以看出，对于 2008—2013 年的丰台区来说，随着时间的推进，丰台区的区域水环境承载率、水资源利用与污染物排放强度呈现降低趋势，区域发展能力总体呈上升趋势，且发展能力上升趋势较为平稳。评估指数也总体呈现上升趋势，在 2010 年有 1 个小低谷，之后评估指数值快速上升，到 2013 年达到最高，同时也放缓了增长趋势。

表 9　2008—2013 年丰台区水环境承载力开发利用潜力评估

年份	区域水环境承载率（−）	水资源利用与污染物排放强度（−）	区域发展能力（+）	水环境承载力综合评估指数
2008	3.01	1.43	0.99	0.2160
2009	2.92	1.36	1.03	0.6144
2010	2.83	1.46	1.07	0.4237
2011	2.67	1.41	1.06	0.7172
2012	2.45	1.29	1.11	0.9168
2013	2.22	1.40	1.15	0.9236

图 7　丰台区区域发展能力评估图（略）

3 国内外研究进展

3.1 国外相关研究进展

3.1.1 美国

1948 年，美国根据《联邦水污染控制法》（Federal Water Pollution Control Act）首次制定了《水污染控制法》并于 1972 年进行了重大修订、重组和扩展。从 1972 年开始在美国全国范围内实行水污染排放许可证制度，并在该过程中不断完善和改进排污许可证制度的技术路线和方法。1972—1976 年，实施第一轮许可证制度，主要采用以判断为依据的方法，即最佳专业判断（BU）方法。该方法在充分收集工业行业可利用的数据和资料的基础上，经过技术分析做出判断。当时，在确定污染物削减量中使用这种方法所占的比例达到 75%，最终得到美国水法的承认。同时，美国针对工业行业及其子行业实施排放限值准则（ELGS）的方法。该方法在以后的阶段得到很快的推广，美国陆续颁布了各行业的排放限值准则，逐步代替了以判断为依据的方法。1977 年，《水污染控制法》被命名为《清洁水法》（Clean Water Act，CWA），该法是一项联邦立法，旨在规范排放到美国水域的污染物和规范地表水质量标准。国家污染物排放削减系统（National Pollutant Discharge Elimination System，NPDES）将《清洁水法》的一般要求转化为适合每个排放口的具体规定，约束了工业、市政以及其他设施的污水排放。NPDES 规定了直接向水体排放污染物的工厂排放各种污染物的浓度限值（允许排放量）。相关标准包括美国环境保护局颁布的对特定种类工业污染物的排放标准以及对水体的水质标准。但是由于与市政下水道系统相连的个人住宅使用的私人化粪池系统无需 NPDES 许可证便可以排放，因此仍会有地面排放问题。NPDES 许可证排放标准包括基于技术的排放标准、基于水质的排放标准和基于健康的排放标准。基于技术的排放标准分为最佳实用技术（Best Practicable Technology，BPT）排放标准、最佳控制技术（BCT）排放标准、最佳可行技术（Best Available Technology，BAT）排放标准和新点源绩效（NSPS）排放标准；如果遵循基于技术的排放标准未能满足受纳水体水质要求，则必须使用更为严格的基于水质的排放标准。

在美国，环境容量术语较少有人使用，与之相当的是同化容量（assimilating capacity）或最大容许排污负荷，即在设计流量（7Q10，30Q10）条件下核算的满足水功能目标的最大容许排放量。20 世纪 70 年代初，美国部分地区开始尝试建立动态的排污标准以及开展有关季节性总量控制（Seasonal Discharge Programs，SDP）的研究，对污染源的污染物排放行为进行动态管理。低流量 7Q10 法为水文设计中使用的平均周期，即 10 年内 90% 保证率下最枯连续 7 天的平均水量作为河流最小环境流量设计值，常被用作点源污染管理方法以确定满足 NPDES 许可的点源污染物允许排放水平。2018 年 10 月，NPDES 更新了《低流量统计工具手册》（Low Flow Statistical Tools Handbook）。这种基于概率的统计被用于确定河流设计流量条件和评价污染排放限值（即允许排放量）对水质的影响。给定相同的污染物负荷，较低的水流导致稀释更少、污染物浓度更高——因此低流量 7Q10 可以作为设定允许排放量的基准。

1972 年，美国首次提出了最大日负荷总量（Total Maximum Daily Loads，TMDLs）概念框架，但没有合适的模型条件适用于任何流域以实施 TMDLs 计划。美国于 1983 年 12 月正式立法，实施以水质限制为基础的排放总量控制，同时制定了 TMDLs 的立法，为 TMDLs 控制计划的实施奠定了法律基础。《清洁水法》303d 条款中提到基于水质的污染物总量控制方法，该方法标准主要由各州制定，考虑流量和季节变化，计算水体对各污染物的吸收容量，进行污染负荷分配。1984 年前后，美国环境保护局推出系列的总量分配技术支持文件——《总量负荷分配技术指南》，并推广了相当多的水质计算软件。1992 年，提出了制定分配计划的规划，为各州及地方政府的总量分配工作提供了明确的技术指导，使总量分配的工作在美国全国各地全面开展。这一阶段，美国水污染物排放总量控制的主要污染物为 BOD、DO 与氨氮等，重点治理有机污染。TMDLs 可以理解为在不超过水质标准的条件下，水体能接纳某种污染物的最大日负荷量；包括将最大日负荷分解到不同污染源，同时还要考虑各种不确定性因素的影响，从而制定科学合理的流域管理计划。2001 年，美国国家科学研究委员会确定了 TMDLs 计划的科学基础以及 TMDLs 的评估方法，并将适应性管理和使用适应性分析过程结合到 TMDLs 计划中，包括点源污染和非点源污染。TMDLs 计划针对美国各州受损水体目录（303d List）中的各类水体，主要是河流和湖泊以及少量的海湾等。近年来，美国的 TMDLs 计划开始从相对简单的单个水体转向多个水体、多种污染物的流域尺度。该计划包括点源污染负荷分配（Waste-load Allocation，WLA）、非点源污染负荷分配（Load Allocation，LA），同时考虑不确定性因素导致的安全阈值（Margin of Safety，MOS）以及季节性变化。

2009 年，美国环境保护局对现行的《清洁水法》进行修正，拟定《清洁水法行动计划》（The Clean Water Act Action Plan），旨在解决当时严重的水污染问题、加强对各州的监管力度和问责制以及提高透明度。过去，《清洁水法》的执行主要集中在工厂和污水处理厂的点污染源上，2009 年起受监管范围从 10 万个传统的点源扩大到 100 万个分散源，其中包括雨水径流和畜牧业水污染源等。2020 年，美国环境保护局进一步考虑修订《清洁水法》，要求对任何可能排放到美国水域的项目必须颁发水质认证，以确保排放符合适用的水质要求。

3.1.2 欧盟

欧洲的水污染情况相对世界大多数地区而言并非很严重，但是由于长期的工业开发利用以及社会经济发展，其水体仍然受到了不可忽视的影响，而且南欧和北欧面临的水问题各不相同。20 世纪 70 年代以来，欧洲相继出台了一系列相关的水政策，其目的就是缓解并逐步消除人类活动对水体的影响，保证民众和环境健康。

欧洲第一批水法集中在 1970—1980 年，主要是关于游泳、渔业、饮用等的特定用水的水质标准。20 世纪 90 年代开始的第二批水相关立法更加关注从源头控制市政污水、农业退水和大型工业污染排放对水体的污染。欧洲理事会于 1996 年颁布实施的《综合污染防治指令》（IPPC）在最佳可行技术（BAT）的基础上提出污染排放控制标准，主要是针对大型工业设施对水体、大气及土壤的污染进行控制。2000 年《水框架指令》的颁布实施标志着欧盟的水政策进入综合和全方位管理的新阶段。《水框架指令》从流域尺度提出流域水管理的基本步骤和程序，其总体目标是保护水生态良好。

欧盟对水环境容量的定义更接近从水量角度研究水环境的水资源供给能力，类似的概念如"可持续利用水量"（sustainable utilization of water）、"可获得的水量"（available water resources）等。"可持续发展"（sustainable development）一词最早出现在 1969 年由 33 个非洲国家在世界自然保护联盟（International Union for Conservation of Nature，IUCN）签署的文件中。欧洲议会（European Parliament）和欧盟理事会（Council of the European Union）于 2013 年通过了第七次环境行动计划（The 7th EAP），该计划针对集约化农业生产活动造成水环境污染负荷不断增加的问题，为进一步加强水资源保护提供了机会。

在过去的几十年里，欧洲许多地区的水资源管理主要集中在防洪、航运、确保农业和城市排水角度。如今，水资源管理更倾向于生态问题与自然过程。英国在制定有机污染指标及悬浮物排放标准时参考了稀释容量的概念。

3.1.3 日本

日本早在 1958 年就开始实施《水质保护法》《工业污水限制法》等水质管理法律，主要以浓度控制为核心，但收效甚微。20 世纪 60 年代末，日本为了改善水和大气环境质量状况，提出了污染物排放总量控制，即把一定区域内的大气和水中的污染物总量控制在一定允许范围内，这个"允许限度"实质上就是环境容量。1973 年，日本批准了《濑户内海环境保护特别措施法》，提出 COD 总量概念，同时提出了制定污染物削减指导方针。1978 年开始在东京湾、伊势湾、濑户内海等实施总量控制计划，首次以政府令的形式指定污染负荷削减项目。制定并实施总量控制的流域和地域由内阁总理大臣审定，并由其制定项目的削减目标量。

之后，日本环境省委托研究机构提出《1975 年环境容量计算法的研究调查》报告，使环境容量的应用逐渐得到推广，环境容量成为污染物总量控制的理论基础，逐渐形成了日本的环境总量控制制度。日本环境省于 1977 年提出了水质污染总量控制方法，与此同时法律规定的浓度标准继续使用，以 COD 为对象，开始了总量控制的工作。在采取总量控制的过程中，日本环境省、相关部门、地方公共团体携手合作，建立了总体协调机制，主要措施包括整治城市下水系统和独立式净化槽、提高污水处理效率、优先向水质总量减排重点地区提供补偿金等。

3.2 我国相关研究进展

我国与本标准相类似的有关标准、文件主要包括《资源环境承载能力和国土空间开发适宜性评价技术规程》（DB36/T 1357—2020）、《水生态承载力评估技术指南（征求意见稿）》、《流域生态健康评估技术指南（试行）》、《河流水生态环境质量评价技术指南（试行）》等。其中，《资源环境承载能力和国土空间开发适宜性评价技术规程》重点关注国土空间开发的适宜性；《水生态承载力评估技术指南（征求意见稿）》目的在于通过生态承载力评估，科学量化流域或区域水生态系统对人类社会活动的承载状态；《流域生态健康评估技术指南（试行）》旨在从流域尺度进行生态环境现状调查、问题分析和综合评估，全面识别人类活动对流域生态系统的影响范围和程度，为流域生态环境保护和可持续发展提供技术支撑；《河流水生态环境质量评价技术指南（试行）》规定了河流水生态质量评价的河流类型，使用生物评价方法和评价标准、生境评价方法和评价标准、水质评价方法以及综合三要素的水生态质量综合评价方法，为河流水生态环境保护和可持续发展提供技术支撑。

本标准解决了水环境承载力概念界定不够清楚、缺乏对水环境承载力的系统认识、评估对象或目的尚且不够明确、指标体系构建过于随意而缺乏针对性和目的性、评估指标体系庞杂且指标选取与权重确定过程过于主观片面导致评价结果可解释性不足、评估分级标准划分缺乏科学依据导致评估结果可比性差等问题，科学界定了水环境承载力的概念及内涵并明确了水环境承载力评估对象及目的，在明确评估对象的基础上，合理构建了水环境承载力评估指标体系，科学确定权重并制定了可推广的水环境承载力技术规范，制定了科学的评估分级标准，加强了评估结果的合理性和可比性，规范了水环境承载力评估技术体系，制定了可推广、可复制的技术规范。

相较于其他有关标准，本标准首次明确提出水系统应包含水资源、水生态、水环境3个子系统，并针对目前环境管理中对水环境的评估仅限于狭义的水质评估或水环境容量评估而不能全面反映水系统承载力的问题，提出了解决方案。此外，相比于其他有关标准，本标准不但全面考虑了水资源分量、水环境分量和水生态分量，而且各分量的指标均从承载力和压力两方面选取，并且所选取的指标均在常规监测范围内、容易获取。

4 标准制定的必要性

4.1 支持我国重点流域水生态环境保护政策

水环境承载力评估是资源环境承载力监测预警工作的基础，是水污染物总量控制等工作的前提，也是制定流域或区域水环境规划与实施科学高效的水环境管理的重要科学依据。

《生态文明体制改革总体方案》《水污染防治行动计划》要求建立水资源、水环境承载能力监测评价体系，实行承载能力监测预警，充分考虑水资源、水环境承载能力，优化空间布局。广泛开展流域水环境承载力核算与评估，据此识别流域水系统短板与超载问题，提出弥补短板、解决问题的对策，确保流域协调持续发展，已成为当前流域水系统监管的重要工作内容。

4.2 新形势下对流域水环境规划与管理的需求

水环境承载力评估是水环境规划与管理的基础，也是制定水污染控制规划、实施水污染防治措施的依据。

当前我国环境管理的核心是改善环境质量。承载力是衡量人类社会经济活动强度与环境开发利用强度是否协调的重要指标。通过研究流域水环境承载力，可以科学评估流域水环境承载力承载状态，判断一定时期内水系统与流域内社会经济、人口发展的协调程度。此外，水环境承载力承载状态还是流域内建设项目环境影响评价和环境基础设施建设的重要参考，是经济发展模式、产业结构调整与转型和空间布局优化等的科学依据之一，从而为流域、区域实施污染物排放总量控制、排污许可证制度和排污权交易等现代环境管理制度提供决策依据和科学支撑。

2020 年 10 月，生态环境部印发《关于开展水环境承载力评价工作的通知》，旨在做好重点流域水生态环境保护"十四五"规划编制工作，根据不同承载状态提出差异化管控措施。本标准的发布与实施必将推动我国环境影响评价、环境规划与管理等方面水环境承载力评估工作的规范化与标准化，提高其科学性与精准性；同时还将确保我国资源承载能力监测预警工作的科学性、规范性和可操作性，引导各地按照资源环境承载能力谋划社会经济发展。

4.3 流域管理层面对水环境容量核算与评估的迫切需求

随着我国社会经济的快速发展，人类活动对流域水环境的压力日益增大，很多区域的水环境都超过了水环境承载力可支撑的阈值，由此导致了流域水质恶化、水资源短缺及水生态系统功能退化等一系列问题，严重危及流域水系统的可持续发展。本标准的编制将为区县及以上行政单元水环境承载力评估预警与自然资源资产负债表编制的开展提供科学技术支撑。

5 标准主要内容说明

5.1 范围

本文件规定了水环境承载力评估的总体原则、评估程序、评估对象与评估范围、评估指标体系、数据获取与处理、评估方法和分级评估标准。

本文件适用于江河、湖泊、水库、运河、渠道等已划定水功能区的区域或国家、省

（自治区、直辖市）、设区的市等行政区域的水环境承载力评估。

流域、子流域与水污染控制单元水环境承载力评估工作也可参照本文件执行。

5.2 术语与定义

本文件列明了水环境承载力及其相关术语的定义的进一步说明。

水环境承载力（water environment carrying capacity）即某一时期，某种环境状态下，在一定技术经济条件下，某一水系统功能结构不被破坏前提下，水环境可持续为人类活动提供支持能力的阈值。依据水环境承载力的评估对象不同，进一步将水环境承载力划分为水环境承载力大小、水环境承载力承载状态以及水环境承载力开发利用潜力。

水环境承载力大小（magnitude of water environment carrying capacity）是指自然水系统能够为人类活动提供的支撑能力的大小，其大小仅与自然子系统有关，与社会经济子系统无关。一般而言，水资源越丰富、水环境质量越好、水生态状况越优的流域（区域）的水环境承载力越大，反之越小。

水环境承载力承载状态（status of water environment carrying capacity）是指社会经济子系统给自然水系统带来的压力与水环境承载力大小相比的程度，其数值的大小与社会经济子系统以及自然子系统有关。一般而言，水环境承载力越大、污染物排放总量越小、水资源用水量越小、流域或水系上游来水状况越好的流域（区域）的水环境承载力承载状况越好；反之越差。

承载率（carrying rate）是指人类活动给自然水系统带来的压力与对应的水环境承载力分量指标的比值。

水环境承载力开发利用潜力（development and utilization potential of water environment carrying capacity）是指在社会经济子系统的支持下水环境承载力的可开发利用潜力。一般而言，水环境质量越好、社会经济子系统压力越小、污染物排放强度与水资源利用强度越小、区域发展能力越强的流域（区域）的水环境承载力开发利用潜力越大；反之越小。

5.3 评估工作总体原则与工作程序

水环境承载力评估主要是评估流域（区域）水系统对人类社会经济活动的承载的阈值，包括水环境子系统、水资源子系统与水生态子系统对社会经济子系统的支持力，也包括社会经济子系统对其他 3 个子系统的压力。通过水环境承载力评估可以识别影响水环境承载力的关键因子，根据水环境评估结果以及利于水系统特点调控的社会经济行为，达到充分利用水环境承载力、保证流域水系统健康和社会经济可持续健康发展等目的。又因为水系统具有动态变化的特点，水环境承载力也具有时空变化的特点，通过对流域（区域）水环境承载力进行动态评估，可以比较不同时期、不同空间尺度下流域（区域）水环境承载力动态变化，为环境管理提供更加科学可靠的参考依据。水环境承载力评估程序大致分为以下几个步骤：评估对象的确定、评估范围的确定、评估指标体系构建、评估方法选取、评估等级划分、评估结果划分（如图 8 所示）。

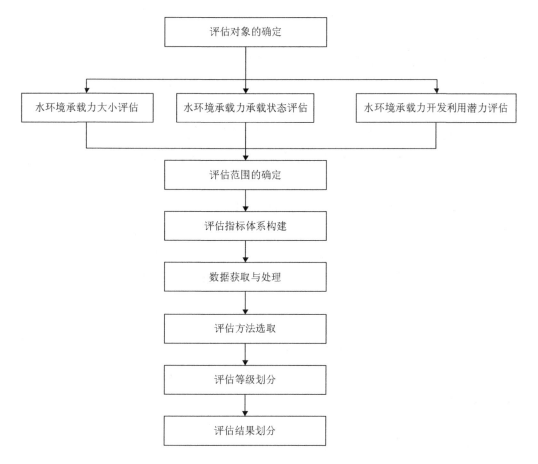

图 8　水环境承载力评估程序

按照水环境承载力评估程序，在水环境承载力评估过程中需要遵循以下几个原则。

系统性原则：根据水环境承载力的内涵，评估指标的选取应能反映社会经济活动对自然水系统的压力，以及自然水系统对社会经济活动的支持能力。

代表性原则：选取代表性强、客观性强的指标构建水环境承载力评估体系，避免指标重复。

可行性原则：水环境承载力评估数据应便于获取且真实可靠，评估方法简单且可操作。

适应性原则：充分考虑不同区域、不同时间尺度上的差异性，适当结合当地的实际情况与特征，因地制宜地丰富完善评估指标。

5.4　评估目的与范围

5.4.1　评估目的及对象

通过对流域（区域）的水环境承载力进行评估，识别流域（区域）水资源、水生态、水环境特点，发现在社会经济发展过程中影响水环境承载力的主要因素，通过控制社会经济污染物排放、提高水资源利用效率等一系列调控措施，提高水环境承载力大小，减少水环境承载力超载状况。

根据评估对象不同，可以将水环境承载力评估划分为承载力大小评估、承载状态评估与开发利用潜力评估。水环境承载力大小评估的评估对象是流域（区域）天然水系统能够为人类活动提供的支撑能力，是自然水系统的属性评估，与社会水系统给自然水系统带来的压力无关；根据水环境承载力概念内涵，可以从水资源供给、水环境容量与水生态服务功能角度构建水环境承载力大小评估指标体系。水环境承载力承载状态的评估对象是水系统社会经济子系统人类活动给自然水系统带来的压力（污染物排放、水资源利用、生态环境破坏等）超过自然水系统提供的水环境承载力的程度，可以从水系统压力、承载力两个角度构建评估指标体系。水环境承载力开发利用潜力的评估对象是流域（区域）提高承载力与减轻人类活动压力的能力，可以从水环境承载力大小、水环境承载力承载状态、污染物排放强度与水资源利用强度、区域发展能力4个角度构建开发利用潜力评估指标体系。

5.4.2 评估范围

（1）空间范围

流域（区域）水环境承载力评估的空间范围可以为整个流域或区域，以行政单元[省（自治区、直辖市），地市，区县]为评价单元。将流域或区域划分为不同评价单元后进行评估更能体现区域空间的差异性特征。

（2）时间范围

在时间尺度上，水环境承载力评估可分为年际动态评估、季节性动态评估和月际动态评估。其中，区域年际评估的时间尺度至少5年以上；区域季节性评估的时间尺度按照水域特点可以分为平水期、枯水期、丰水期共3个时期。

5.5 评估指标体系构建

5.5.1 水环境承载力大小

社会经济的发展离不开自然系统的支持，水系统为人类社会经济活动提供水资源、容纳和消减生活生产的废物，维持社会经济以及自然系统的稳定，满足社会经济可持续健康发展的需求。一方面，承载力影响因子与区域内的自然条件相关，水量丰盈、水质情况良好、陆域林草覆盖率高、水生态服务功能高的流域（区域）的水环境承载力大。另一方面，承载力影响因子与社会条件相关，随着人们对社会经济可持续健康发展的需求越来越高，对水系统的要求也升高，如水质目标提高、生态需水保证、水资源利用能力增加、流域（区域）物种多样性恢复等，使得水环境容量降低、可利用水资源量减少、水系统支持能力下降，水环境承载力也相应减小。因此，承载力大小受社会经济发展目标与自然条件的共同约束，其约束关系如图9所示。

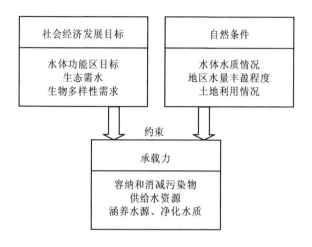

图 9　承载力约束条件

水环境承载力大小与水系统承载力因子相关。本标准推荐从水环境容量分量、水资源分量、水生态分量 3 个方面构建水环境承载力大小评估指标体系，具体评估指标体系如表 10 所示。

表 10　水环境承载力大小评估指标体系

指标层	分指标层
水环境容量分量（A）	本地 COD 环境容量/容量指数（A1）[1]
	本地 NH_3-N 环境容量/容量指数（A2）[1]
	本地 TP 环境容量/容量指数（A3）[1]
水资源分量（B）	降水量（B1）
	再生水量（B2）
	地表水量（B3）[2]
	地下水量（B4）[2]
水生态分量（C）	湿地面积占比（C1）
	水源涵养能力（C2）
	水质净化能力（C3）
	河流蜿蜒度（C4）
	河流纵向连通性（C5）

[1] 评估单元为流域控制单元时，推荐使用环境容量；评估单元为行政控制单元时，推荐使用环境容量指数；有条件获取更多污染物数据时，可进一步增加其他污染物环境容量指标。

[2] 地表水量（B3）（含调水量）和地下水量（B4）存在重复计算的，重复计算的部分需要剔除。

5.5.2　水环境承载力承载状态

社会经济发展需求是水系统压力的主要来源。在社会经济发展驱动力的作用下，污染物排放量与排放强度、用水量与用水强度、生态空间挤占等行为使得水系统压力越来越大，水环境承载力承载状态越来越差。与此同时，随着技术进步、环保意识增加、环保投资增加、各种节水和治污措施实施，污染物入河量减少、水资源利用效率增加，使得水系统的压力不断降低，水环境承载力承载状态逐渐向好。因此，社会经济发展对水系统的压力是双向的，如图 10 所示。

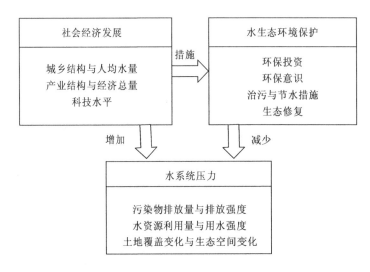

图 10　水系统压力来源分析

　　依据水环境承载力的概念和内涵，水环境承载力的本质反映了自然系统与社会经济系统的承载阈值，当社会经济系统对水环境、水资源与水生态的开发利用超过了水系统的承载能力，水环境承载力承载状态为超载，因此水环境承载力大小与压力之间的关系反映了水环境承载力承载状态，如图 11 所示。然而，由于水环境承载力具有时空动态变化的特征、具有可调控性，因此随着社会经济的发展以及生态环境保护措施的施行，水系统的压力也将逐步降低，承载能力不断提高，承载状态得到改善。

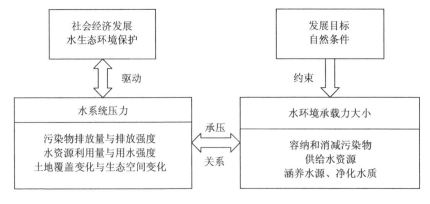

图 11　水环境承载力承载状态影响因子分析

水环境承载力承载状态不仅与水系统承载力因子相关，还与压力因子相关，因此可以从压力与承载力大小两个角度构建水环境承载力承载状态评估指标体系。本标准推荐从水系统压力和水环境承载力大小两个方面构建水环境承载力承载状态评估指标体系，具体评估指标体系如表 11 所示。

表 11　水环境承载力承载状态评估指标体系

指标层	分指标层	
水系统压力	点源排放量（D）	COD 点源排放量（D1）
		NH₃-N 点源排放量（D2）
		TP 点源排放量（D3）
	面源排放量（E）	COD 面源排放量（E1）
		NH₃-N 面源排放量（E2）
		TP 面源排放量（E3）
	水资源利用量（F）	生活用水量（F1）
		工业用水量（F2）
		农业用水量（F3）
		生态环境用水量（F4）
	上游来水压力（G）	上游来水 COD 量（G1）
		上游来水 NH₃-N 量（G2）
		上游来水 TP 量（G3）
水环境承载力大小	同表 10	

5.5.3　水环境承载力开发利用潜力

在水环境承载力大小及承载状态研究的基础上，水环境承载力开发利用潜力评估指标体系可以从水环境承载力大小、水环境承载力承载状态、污染物排放强度与水资源开发利用强度、区域发展能力等 4 个方面进行构造。推荐的评估指标体系如表 12 所示。

表 12　水环境承载力开发利用潜力评估指标体系

指标层	分指标层	
水环境承载力大小	同表 10	
水环境承载力承载状态	同表 11	
污染物排放强度与水资源利用强度（H）	水资源	人均综合用水量（H1）
		万元 GDP 水耗（H2）
	水污染物	万元 GDP COD 排放量（H3）
		万元 GDP NH₃-N 排放量（H4）
		万元 GDP TP 排放量（H5）
区域发展能力（I）	城镇化率（I1）	
	人均 GDP（I2）	
	第三产业占比（I3）	
	环保投资占比（I4）	
	污水处理率（I5）	

5.6   数据获取与处理

收集数据时，应保证数据的权威性、准确性、时效性。在分析数据之前，为了解决不同数据之间量纲不同的问题，需要对数据进行标准化处理。数据标准化方法有很多，最常用的有最小-最大标准化、Z-score 标准化等。

5.6.1   最小-最大标准化

按照数值是否越大越优原则，将指标划分为正向指标和负向指标。对于正向指标，应按照公式（1）进行标准化处理；对于负向指标，应按照公式（2）进行标准化处理。

$$x_i = \frac{X_i - X_{\min}}{X_{\max} - X_{\min}} \tag{1}$$

$$x_i = \frac{X_{\max} - X_i}{X_{\max} - X_{\min}} \tag{2}$$

式中：x_i——指标 X_i 标准化处理以后的数值，其大小在[0，1]范围内；

$X_{\max}$，$X_{\min}$——X_i 数据集中的最大值与最小值。

5.6.2   Z-score 标准化

所有指标都可以依次按照公式（3）、公式（4）和公式（5）进行标准化处理。

$$x_i = \frac{X_i - \bar{X}}{S} \tag{3}$$

$$\bar{X} = \frac{1}{n} \sum_{i=1}^{n} X_i \tag{4}$$

$$S = \sqrt{\frac{1}{n-1} \sum_{i=1}^{n} \left(X_i - \bar{X} \right)^2} \tag{5}$$

式中：x_i ——指标 X_i 标准化处理以后的数值，其大小在[0，1]范围内；

$\bar{X}$ ——X_i 数据集的平均值；

S ——X_i 数据集的标准差。

5.7   评估方法

常见的评估方法包括短板法、内梅罗指数法、向量模法、线性加权求和法、指数加权求积法、隶属度函数法。其中，短板法适用于水环境承载力大小和水环境承载力承载状态的评估；内梅罗指数法适用于水环境承载力承载状态评估；向量模法适用于水环境承载力大小评估；线性加权求和法和指数加权求积法适用于水环境承载力承载状态和水环境承载力开发利用潜力的评估；隶属度函数法适用于水环境承载力大小、水环境承载力承载状态和水环境承载力开发利用潜力的评估。

5.7.1   短板法

短板法适用于水环境承载力大小和水环境承载力承载状态的评估。

短板法源于木桶理论，即木桶的整体效应是由最短木板来决定的，短板的尺寸越小，整体效应越差。水环境承载力的最关键指标限制了大小以及承载状态，因此可以采用短板法评估水环境承载力大小与水环境承载力承载状态。具体评估方法如公式（6）所示。

$$\begin{cases} 当P_i为正向指标： P = \min(P_1, P_2, \cdots, P_n) \\ 当P_i为负向指标： P = \max(P_1, P_2, \cdots, P_n) \end{cases} \quad (6)$$

式中： P ——水环境承载力大小或水环境承载力承载状态评估结果；

P_i ——第 i 个指标评估结果；

n ——影响因子个数。

5.7.2 内梅罗指数法

内梅罗指数法适用于水环境承载力承载状态评估。内梅罗指数法克服了平均值法各要素分担的缺陷，兼顾了单要素污染指数的平均值和最高值，可以突出水环境承载力承载状态中最主要的影响指标。具体评估方法如公式（7）和公式（8）所示。

$$P = \sqrt{\frac{\overline{P}^2 + P_{\max}^2}{2}} \quad (7)$$

$$\overline{P} = \frac{1}{n}\sum_{i=1}^{n} P_i \quad (8)$$

式中： P ——水环境承载力承载状态评估结果；

$\overline{P}$ ——承载率的平均值；

P_{max} ——承载率的最大值；

P_i ——第 i 种指标的承载率。

5.7.3 向量模法

向量模法适用于水环境承载力大小评估，具体求解方法为：

假设有 m 个水平年，或者对于同一水平年有 m 个不同的分区，在这两种情况下都会有 m 个水环境承载力大小评估值，设 m 个评价值为 $E_j(j = 1, 2, 3, \cdots, m)$，再设每个评价值 E_j 包括 n 个具体指标确定的分量，即 $E_{ij} = (E_{1j}, E_{2j}, E_{3j}, \cdots, E_{nj})$，具体评估方法如下式所示。

$$P = \left| \sqrt{\sum_{i=1}^{n} \left(W_i \overline{E_{ij}} \right)^2} \right| \quad (9)$$

式中： P ——水环境承载力大小评估结果；

W_i ——第 i 个指标的权重，常见权重确定方法见附录 B；

E_{ij} ——第 j 个水平年或第 j 个分区中的第 i 个指标；

$\overline{E_{ij}}$ —— E_{ij} 归一化后的结果，归一化方法见 6.3.2。

5.7.4 线性加权求和法

线性加权求和法适用于水环境承载力承载状态和水环境承载力开发利用潜力的评估。具体评估方法如下式所示。

$$P = \sum_{i=1}^{n} w_i x_i \qquad (10)$$

式中: P ——评价结果;

w_i ——第 i 个指标的权重,常见权重确定方法见附录 B;

x_i ——第 i 种指标标准化结果。

确定权重的方法主要有层次分析法、结构方程法、熵权法等。

(1)层次分析法

a)建立层次结构

将决策的目标、考虑的因素和决策对象按照它们的相互关系分为最高层、中间层和最底层,绘出层次结构图。

b)构造判断矩阵

采用一致矩阵法确定各层次各因素之间的权重,即不把所有因素放在一起比较,而是两两进行比较,判断矩阵是表示本层所有因素针对上一层某一因素的相对重要性进行比较。

$$A = [a_{ij}] = \begin{bmatrix} a_{11} & a_{12} & \cdots & a_{1n} \\ a_{21} & a_{22} & \cdots & a_{2n} \\ \vdots & \vdots & & \vdots \\ a_{n1} & a_{n2} & \cdots & a_{nn} \end{bmatrix} \qquad (11)$$

式中: A ——对同一层因素相对于上一层次的重要性进行两两比较的判断矩阵;

a_{ij} ——第 i 个因素相对于第 j 个因素的重要度,其值大于 0,则 $a_{ij} = 1/a_{ji}$, i, $j = 1$, 2, $\cdots$, n。

c)计算单排序权向量并做一致性检验

为了避免判断偏离一致性过大,需要进行一致性检验,使得 CR<0.1,公式为:

$$CI = \frac{\lambda_{max}}{n-1} \qquad (12)$$

$$CR = \frac{CI}{RI} \qquad (13)$$

式中: CI ——一致性指标;

λ_{max} ——最大特征根;

CR ——一致性比率;

RI ——随机一致性指标, n 与 RI 的关系如表 B.1 所示。

表 13   随机性一致性指标 RI

n	1	2	3	4	5	6	7	8	9	10	11
RI	0	0	0.58	0.90	1.12	1.24	1.32	1.41	1.45	1.49	1.51

当 CR 值小于 0.1 则认为 A 的不一致程度在容许范围之内，有满意的一致性，通过一致性检验，可用其归一化特征向量作为权向量 W_i，否则需要重新构造判断矩阵。

$$W_i = \frac{\sqrt[m]{a_{i1} \cdot a_{i2} \cdots a_{im}}}{\sum_{i=1}^{m} \sqrt[m]{a_{i1} \cdot a_{i2} \cdots a_{im}}} \tag{14}$$

d）计算总排序权向量并做一致性检验

计算最下层对最上层总排序的权向量并做一致性检验。

$$CR = \frac{a_1 CI_1 + a_2 CI_2 + \cdots + a_m CI_m}{a_1 RI_1 + a_2 RI_2 + \cdots + a_m RI_m} \tag{15}$$

当 CR 值小于 0.1 则符合一致性检验，否则需要重新考虑判断矩阵。

（2）结构方程法

结构方程模型（Structural Equation Model，简称 SEM）是一种基于变量的协方差矩阵来分析变量之间关系的一种统计方法，是验证性因子模型与因果模型的结合。不仅如此，SEM 整合了路径分析与多元回归等方法，能够处理多个因变量，能够进行流域/区域水环境承载力影响因子的路径分析。

结构方程模型分为测量方程和结构方程，其中测量方程是观察测变量与潜变量之间的关系，结构方程通过路径关系直观图描述潜变量之间的关系。结构方程模型结构分为测量模型和结构模型两个部分，分别是测量方程和结构方程。测量方程以因子分析的方式展示与描述潜变量与测量指标之间的关系；结构方程则通过一种路径关系图直观地描述潜变量之间的关系。在结构方程模型中，无法直接测量的变量用潜变量表征；可直接测量的变量用测量变量来表征。

a）测量模型

$$X = \Lambda_x \zeta + \delta \tag{16}$$

$$Y = \Lambda_y \eta + \varepsilon \tag{17}$$

式中：ζ、η——外生潜变量矩阵和内生潜变量矩阵；

X、Y——ζ、η 的测量变量矩阵；

Λ_x、Λ_y——X、Y 和 ζ、η 之间的关系测量系数矩阵；

δ、ε——方程残差矩阵。其中，δ 与 ζ、η 及 ε 不存在相关性，ε 与 η、ζ 及 δ 也不存在相关性。

b）结构模型

$$\boldsymbol{\eta} = \boldsymbol{B\eta} + \boldsymbol{\Gamma\zeta} + \boldsymbol{\zeta} \tag{18}$$

式中：$\boldsymbol{B}$——内生潜变量间关系的内生潜变量系数矩阵；

$\boldsymbol{\Gamma}$——外源潜变量对内生潜变量影响关系的外生潜变量系数矩阵。

在流域（区域）水环境承载力模型假设基础上，运用测量模型和结构方程进行迭代计算，可以求解各影响因子对水环境承载力的影响路径以及贡献值。

c）权重确定

结构方程可以分析单项指标对总体的作用以及单项指标之间的相互关系，利用结构方程确定各个变量之间的相关作用系数，进而确定各个指标的权重。因此可以通过构建水环境承载力大小以及水环境承载力状态结构方程，确定潜变量与观察变量之间的关系，确定各指标权重，最后确定水环境承载力大小与承载状态，如式所示。

$$P = \sum_{i=1}^{n} \omega_i x_i \tag{19}$$

$$\omega_i = \frac{|\lambda_i|}{\sum_{i=1}^{n} |\lambda_i|} \tag{20}$$

式中：P——流域（区域）水环境承载力评估结果；

ω_i——第 i 个指标的权重；

λ_i——第 i 个指标的路径系数；

x_i——第 i 个指标的标准化结果；

n——指标个数。

（3）熵权法

熵权法是一种根据各项指标观测值所提供的信息的大小，即信息熵来确定指标权重的客观赋权方法。指标的离散程度越大，该指标对综合评估的影响越大，则其权重也就越大。因此可以利用熵权法确定水环境承载力评估指标权重，然后确定流域/区域水环境承载力大小、状态以及开发利用潜力评估，如式所示。

$$P_i = \sum_{j=1}^{m} (\omega_j x_{ij}) \tag{21}$$

$$\omega_j = \frac{1 - E_j}{\sum_{j=1}^{m} (1 - E_j)} \tag{22}$$

$$E_j = -\frac{1}{\ln n} \sum_{i=1}^{n} (\delta_{ij} \ln \delta_{ij}) \tag{23}$$

$$\delta_{ij} = \frac{x_{ij}}{\sum_{i=1}^{n} x_{ij}} \tag{24}$$

式中：P_i ——第 i 个评估单元或第 i 年流域（区域）水环境承载力评估结果，$i = 1, 2, 3, \cdots, n$；

ω_j ——第 j 个指标的权重，$j = 1, 2, 3, \cdots, m$；

E_j ——第 j 个评估单元或第 j 年流域（区域）的信息熵，当 $\delta_{ij} = 0$，令 $E_j = 0$；

δ_{ij} ——指标标准化的占比；

x_{ij} ——指标标准化结果；

n ——指标个数。

5.7.5　指数加权求积法

指数加权求积法适用于水环境承载力承载状态和水环境承载力开发利用潜力的评估。

$$P = \prod_{i=1}^{n} x_i^{w_i} \tag{25}$$

式中：P ——水环境承载力承载状态或水环境承载力开发利用潜力的评估结果；

w_i ——第 i 个指标的权重，常见权重确定方法见附录 B；

x_i ——第 i 个指标的标准化结果。

5.7.6　隶属度函数法

隶属度函数法是根据模糊数学的原理进行综合评估，评估模型如下式所示，常见的隶属度函数法包括模糊数学方法、突变级数法等。

$$\boldsymbol{B} = \boldsymbol{W} \times \boldsymbol{R} \tag{26}$$

式中：$\boldsymbol{B}$ ——隶属度函数结果；

$\boldsymbol{W}$ ——指标权重集，$\boldsymbol{W} = (w_1, w_2, w_3, \cdots, w_n)$，常见权重确定方法见附录 B；

$\boldsymbol{R}$ ——隶属度矩阵。

5.8　评估等级划分

为了更好比较流域（区域）水环境承载力的基本情况，可以将水环境承载力评估结果进行等级划分。评估分级标准分为评估指标分级标准和评估结果分级标准，根据评估指标分级标准可以确定评估结果分级标准，为定量或定性研究水环境承载力状况提供科学依据。流域（区域）水环境承载力评估指标分级标准值的拟定遵循以下原则：

（1）对于目前公认的单项分级指标，可以参考国家标准对数据进行分级；

（2）对于无参考的指标，可以与流域（区域）自身或者与相邻或相似地区进行比较，选取评估指标的最大值和最小值，分别作为评估指标的上限和下限，然后进行相应分级。

可以将评估指标分为最好、较好、一般、较差、最差 5 个等级。除了评估指标分级标准影响评估结果的分级，不同的评估方法对应的评估结果分级标准也有所差异，可以根据评估指标的节点数值，按照与水环境承载力评估相同的方法确定最终的评估结果分级标准。

这里举例说明部分评估指标分级标准（如表 14 所示）。

表 14 部分评估指标分级标准

指标	单位	最好	较好	一般	较差	最差
COD 浓度	mg/L	$X_1 \leq 15$	$15 < X_1 \leq 20$	$20 < X_1 \leq 30$	$30 < X_1 \leq 40$	$40 < X_1$
NH$_3$-N 浓度	mg/L	$X_2 \leq 0.5$	$0.5 < X_2 \leq 1$	$1 < X_2 \leq 1.5$	$1.5 < X_2 \leq 2$	$2 < X_2$
TP 浓度	mg/L	$X_3 \leq 0.1$	$0.1 < X_3 \leq 0.2$	$0.2 < X_3 \leq 0.3$	$0.3 < X_3 \leq 0.4$	$0.4 < X_3$
城镇化率	%	$X_4 \geq 95$	$95 > X_4 \geq 70$	$70 > X_4 \geq 50$	$50 > X_4 \geq 25$	$X_4 > 25$
第三产业占比	%	$X_5 \geq 70$	$70 > X_5 \geq 55$	$55 > X_5 \geq 40$	$40 > X_5 \geq 30$	$X_5 > 30$
环保投资占比	%	$X_6 \geq 1.7$	$1.7 > X_6 \geq 1.2$	$1.2 > X_6 \geq 0.7$	$0.7 > X_6 \geq 0.2$	$X_6 > 0.2$

5.9 评估结果划分

对流域（区域）水环境承载力大小而言，宜按照评估结果分为承载力最低、承载力较低、承载力中等、承载力较高、承载力最高，共 5 个等级；对水环境承载力承载状态而言，宜按照评估结果分为承载状态良好、承载状态一般、临界超载、一般超载、严重超载，共 5 个等级；对水环境承载力开发利用潜力而言，宜按照评估结果分为开发利用潜力最小、开发利用潜力较小、开发利用潜力一般、开发利用潜力较大、开发利用潜力最大，共 5 个等级。

划分方法常用五级等差划分、控制图法、全国样本扩充分级法等。其中，五级等差划分是将量化值从最大值到最小值的范围等分成 5 个区间，并拟定不同区间所对应的状态；控制图法即 3σ 法，确定分级标准的前提是假定评估结果服从正态分布，比较其期望值 X 与标准差 σ 之间的偏离程度，将 $\mu \pm 3\sigma$ 作为分级界限；全国样本扩充分级法是采用同样的评估方法，对全国范围内具有代表性的流域（区域）的水环境承载力进行评估，根据其数值分布，合理地划定具有普适性的承载力分级标准。

全面系统分析水环境承载力评估结果，发现水环境承载力大小与承载状态的时空演化分布规律，识别水环境承载力超载原因，开展水环境承载力大小、承载状态与开发利用潜力分区；在此基础上，为流域（区域）水环境承载力可持续开发利用提出具体建议。

6 标准实施的环境效益与经济技术分析

通过水环境承载力评估，能识别水环境质量的超载状态与致因，以便提出具有针对性的减排、增容双向调控策略。此外，即便在同一流域，由于上下游水文、气象条件以及社会经济发展水平存在差异，其水环境承载力大小、承载状态与开发利用潜力也不同，因此有必要根据流域水环境承载力分布状况，制定差异化的分区调控策略。

7 标准实施建议

一是根据水环境承载力评估结果，基于河长制，实现多部门协作机制的建立，促进各相关部门水资源、水环境与水生态专项监测信息共享，统筹构建流域水环境承载力监测、评估与预警平台，建立动态数据库，对基础信息实现动态监测，实现流域水环境的综合监管和决策支持；二是将水环境承载力评估结果直接与河长工作考核挂钩，推动地方政府对流域水环境承载力进行调控；三是基于水环境承载力评估对流域水环境警情进行解析，并提供切实可行的高效调控措施建议，对流域水环境承载力的改善有重要意义，同时也为河长制中考核目标的制定提供科学依据。

8 其他需要说明的事项

利用本标准所推荐的方法，在水体污染控制与治理科技重大专项（水专项）"北运河流域水质目标综合管理示范研究"项目的支撑下，在北运河流域开展了基于行政单元（区域）的北运河流域水环境承载力动态评估，判断了不同行政单元的水环境承载力承载状态。

附件3

ICS 13.020.10
CCS Z00/09

团 体 标 准

T/CSES 126—2023

水环境承载力预警技术导则

Technical guidelines for early warning of water environment carrying capacity

（发布稿）

2023-12-20 发布　　　　　　　　　　2023-12-20 实施

中国环境科学学会　发布

前　言

本文件按照 GB/T 1.1—2020《标准化工作导则　第 1 部分：标准化文件的结构和起草规则》的规定起草。

请注意本文件的某些内容可能涉及专利。本文件的发布机构不承担识别专利的责任。

本文件由北京师范大学环境学院提出。

本文件由中国环境科学学会归口。

本文件起草单位：北京师范大学、生态环境部环境规划院、中国环境科学研究院、中国科学技术信息研究所、中国原子能科学研究院。

本文件主要起草人：曾维华、解钰茜、蒋洪强、高红杰、胡官正、王立婷、马俊伟、曹若馨、张静、吴文俊、谢阳村、续衍雪、靳方园、李佳颖、张瑞珈、冷卓纯。

引　言

为全面支撑水环境承载能力预警体制机制建设，规范和指导水环境承载力预警，制定本文件。

1　范围

本文件规定了水环境承载力预警的总体要求、工作流程、预警内容、预警方法及技术要求。

本文件适用于流域（区域）水环境承载力的短期预警（年度预警）。

2　规范性引用文件

下列文件中的内容通过文中的规范性引用而构成本文件必不可少的条款。其中，注日期的引用文件，仅该日期对应的版本适用于本文件；不注日期的引用文件，其最新版本（包括所有的修改单）适用于本文件。

GB 3838　地表水环境质量标准

3　术语与定义

下列术语和定义适用于本文件。

3.1 水环境承载力 water environment carrying capacity

在一定时期内，一定技术经济条件下，在某一水系统功能结构不被破坏前提下，水环境可持续为人类活动提供支持能力的阈值。

3.2 预警 early warning

根据水环境承载力承载状态的发展趋势，或观测得到超载的可能性前兆，对未来水环境承载力承载状态进行预判，提前向相关部门发出警告，报告危险情况，从而最大限度地减轻危害所造成的损失的行为。

3.3 警源 warning source

对水系统（包括水环境、水生态和水资源）带来巨大压力的风险源，如不合理的经济社会活动。

3.4 警兆 warning sign

水环境承载力超载警情爆发的先兆，是警情演变时的一种初始形态，用于预示警情的发生。

3.5 警情 warning situation

水环境承载力超载状况。

3.6 警度 warning degree

警情偏离预警界限的程度，也是警情的严重或危急程度。

3.7 警限 warning limit

用于划分警度的阈值。

3.8 警情指标 warning indicator

表征水环境承载力超载状况的指标，是标准化后的压力指标和承载力指标。

3.9 先行指标 leading indicator

领先于水环境承载力承载状态变动的指标，用来预测未来水环境承载力承载状态变化态势。

3.10 一致指标 coincidence indicator

与水环境承载力承载状态变动一致的指标，用来监测并反映水环境承载力承载状态变化的当前态势。

3.11 景气指数 prosperity index

综合反映水环境承载力承载状态及其发展趋势的一种指标，亦称景气度。

3.12 扩散指数 diffusion index

评价和衡量景气指数的波动和变化状态，反映了社会经济对水环境的影响状态。

3.13 合成指数 composite index

综合反映各敏感性指标的波动幅度，包括景气循环的变化趋势和拐点、社会经济指标变化程度、社会经济对水环境的影响程度。

3.14　基准指标　benchmark indicator

通过时差相关分析划分警情指标（先行指标和一致指标）的基准。

3.15　综合预警指数　composite early warning index

基于所选取的先行指标构造综合预警指数，能够全面反映水环境承载力所面临的风险，从而进行全面预警。

4　总体要求

4.1　预警应遵循"增容与减压"双向调控方法，根据不同的区域管理需求制定排警及分区调控措施。

4.2　在进行水环境承载力预警时，应遵循以下原则：

a）水环境承载力内涵表达原则

应选取反映水环境承载力内涵的指标，即经济社会对水环境的压力以及水环境对经济社会的支持能力。

b）变动的协调性原则

水环境承载力承载状态的周期性波动与各指标之间的协同变动有关。各指标的变动应与水环境承载力承载状态的总体变动协调。

c）变动的灵敏可靠性原则

应选取灵敏可靠的指标来提高水环境承载力监测预警的功能，水环境承载力承载状态的轻微变化就会导致该指标的巨大变化。

d）变动的代表性原则

为避免指标的重复和冗杂，应选取代表性强的指标表征水环境承载力分量。

e）变动的稳定性原则

应选取指标值在合理范围内变化的指标，减少统计的不稳定性及数据的不可靠性。

f）指标数据的及时性原则

为克服各类数据的监测、统计及发布流程的时滞性，应尽量选择公布及时的指标。

4.3　预警技术流程由识别警源、判别警兆、评判警情、界定警度、预测警情与排除警情构成。技术流程见图1。

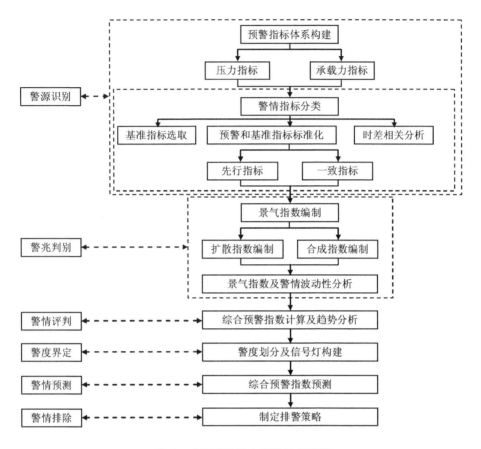

图 1 水环境承载力预警技术流程

5 警源识别与警兆判别

5.1 预警指标体系构建

5.1.1 水环境承载力预警需对其承载状态进行预判和警告，这涉及到压力指标和承载力指标。

5.1.2 宜选择可获取相关数据的指标。

5.1.3 水环境承载力预警指标体系见表 1，指标数据的获取及计算方法参见附录 A。

表 1 水环境承载力预警指标体系

一级指标	二级指标	三级指标	一级指标	二级指标	三级指标
压力指标	社会经济子系统压力指标	总人口（P1）	承载力指标	社会经济子系统承载力指标	第三产业占比（C1）
		GDP（P2）			节能环保支出占比（C2）
		第一、二产业占比（P3）			
	水资源子系统压力指标（水资源消耗）	用水总量（P4）		水资源子系统承载力指标	年降水量（C3）
		工业用水量（P5）			
		生活用水量（P6）			
		农业用水量（P7）			水资源总量（C4）
		生态环境用水量（P8）			
		万元 GDP 水耗（P9）			地表水资源量（C5）
		人均水耗（P10）			地下水资源量（C6）
	水环境子系统压力指标（水污染排放）	工业废水 COD 排放量（P11）		水环境子系统承载力指标	污水处理厂污水处理率（C7）
		工业废水 NH_3-N 排放量（P12）			
		农业废水 COD 排放量（P13）			
		农业废水 NH_3-N 排放量（P14）			污水处理厂处理规模（C8）
		农业废水 TP 排放量（P15）			
		生活污水 COD 排放量（P16）			
		生活污水 NH_3-N 排放量（P17）			再生水利用率（C9）
		生活污水 TP 排放量（P18）			
		污水处理厂 COD 排放量（P19）			
		污水处理厂 NH_3-N 排放量（P20）			COD 水环境容量指数（C10）
		污水处理厂 TP 排放量（P21）			
		COD 排放总量（P22）			
		NH_3-N 排放总量（P23）			NH_3-N 水环境容量指数（C11）
		TP 排放总量（P24）			
		万元 GDP COD 排放总量（P25）			
		万元 GDP NH_3-N 排放总量（P26）			TP 水环境容量指数（C12）
		万元 GDP TP 排放总量（P27）			

5.2 警情指标分类

5.2.1 基准指标宜选取能反映水环境质量或水环境承载力承载状态的指标。选择表征水环境质量的指标时，应符合 GB 3838 规定的水环境质量评价及相应限值。

5.2.2 流域（区域）没有单独进行河流水质达标率统计时，按照公式（1）～（3）计算水环境综合承载率指数，将其作为基准指标。

$$\mathrm{CWECRI} = \sqrt{\frac{\left[\left(\mathrm{RI}_{\mathrm{WE}} + \mathrm{RI}_{\mathrm{WR}}\right)/2\right]^2 + \left[\max\left(\mathrm{RI}_{\mathrm{WE}}, \mathrm{RI}_{\mathrm{WR}}\right)\right]^2}{2}} \tag{1}$$

$$\mathrm{RI}_{\mathrm{WR}} = \frac{U_{\mathrm{WR}}}{Q_{\mathrm{WR}}} \tag{2}$$

$$\mathrm{RI}_{\mathrm{WE}} = \frac{\left(\dfrac{\overline{C}_{\mathrm{COD}}}{C_{\mathrm{S\text{-}COD}}} + \dfrac{\overline{C}_{\mathrm{NH_3\text{-}N}}}{C_{\mathrm{S\text{-}NH_3\text{-}N}}} + \dfrac{\overline{C}_{\mathrm{TP}}}{C_{\mathrm{S\text{-}TP}}}\right)}{3} \tag{3}$$

式中：CWECRI —— 水环境综合承载率指数；

  $\mathrm{RI}_{\mathrm{WR}}$ —— 水资源承载率指数；

  $\mathrm{RI}_{\mathrm{WE}}$ —— 水环境承载率指数；

  U_{WR} —— 用水总量，m^3；

  Q_{WR} —— 水资源总量，m^3；

  $\overline{C}_{\mathrm{COD}}$、$\overline{C}_{\mathrm{NH_3\text{-}N}}$、$\overline{C}_{\mathrm{TP}}$ —— 流域（区域）内河流监测断面平均的 COD、$\mathrm{NH_3\text{-}N}$ 和 TP 污染物实际浓度（用水质监测数据计算），mg/L；

  $C_{\mathrm{S\text{-}COD}}$、$C_{\mathrm{S\text{-}NH_3\text{-}N}}$、$C_{\mathrm{S\text{-}TP}}$ —— 对应污染物在该流域（区域）内水功能区平均的水质目标浓度，mg/L。

5.2.3　预警指标（压力指标和承载力指标）和基准指标按照公式（4）标准化。

$$T \text{ 或 } Y = \frac{X - X_{\min}}{X_{\max} - X_{\min}} \tag{4}$$

式中：$X_{\max}$ —— 某指标 X（压力、承载力或基准指标）的上限值；

  $X_{\min}$ —— 某指标 X（压力、承载力或基准指标）的下限值；

  T —— 标准化后的压力（或承载力）指标，即警情指标；

  Y —— 标准化后的基准指标。

5.2.4　警情指标分类宜采用时差相关分析法，即计算警情指标相对于标准化后的基准指标的时差相关系数 R_l 及先行或滞后阶数。根据相关性最大时所对应的阶数，将警情指标分为先行指标和一致指标。

5.2.5　时差相关系数 R_l 按照公式（5）计算。

$$R_l = \frac{\sum\limits_{t=1}^{n_t}\left(T_{t+l} - \overline{T}\right)\left(Y_t - \overline{Y}\right)}{\sqrt{\sum\limits_{t=1}^{n_t}\left(T_{t+l} - \overline{T}\right)^2 \sum\limits_{t=1}^{n_t}\left(Y_t - \overline{Y}\right)^2}} \tag{5}$$

式中：l —— 移动的期数（年、月、日等），正值表示前移（滞后），负值表示后移（先行），

零值表示未移动（一致）；

t —— 时间（年、月、日等）；

n_t —— 指标总数；

$\bar{T}$ —— T 的平均值；

$\bar{Y}$ —— Y 的平均值。

5.2.6 在 R_l 值中，选择其最大值所对应的 l 即为警情指标 X 与基准指标 Y 最接近的移动期数。若 R_l 在 $l=0$ 时最大，说明 X 是 Y 的一致指标；若 R_l 在 $l<0$ 时最大，说明 X 是 Y 的先行指标，即警兆指标，可以作为追溯并识别警源的重要参考。

5.3 景气指数编制

5.3.1 景气指数分为扩散指数（DI）和合成指数（CI）。

5.3.2 扩散指数（DI）按照公式（6）计算。

$$\mathrm{DI}_t = \left[\frac{\sum\limits_{i=1}^{n} I_\mathrm{P}\left(X_i^t \geq X_i^{t-1}\right) + \sum\limits_{i=1}^{n} I_\mathrm{S}\left(X_i^{t-1} \geq X_i^t\right)}{n} \right] \times 100 \tag{6}$$

式中：X_i^t —— 第 i 个警情指标 t 时刻的波动值；

n —— 指标总数；

I_S —— 承载力指标的数量；

I_P —— 压力指标的数量；

DI_t —— 扩散指数。其本质是在某一时刻（年、月、日），所有指标中增长指标的数量占比。当扩散指数大于等于 50，说明半数及以上警情指标处于景气状态；当扩散指数小于 50，说明半数以上警情指标处于不景气状态。根据先行扩散指数对一致扩散指数的领先程度（设为时差 t），可以认为先行扩散指数所预测的承载状态改变将在 t 年后出现。

5.3.3 合成指数（CI）按照以下步骤计算：

a）根据指标原时间序列，对称变化率 $C_{i(t)}$ 按照公式（7）计算。

$$C_{i(t)} = \frac{X_i^t - X_i^{t-1}}{\frac{1}{2}\left(X_i^t + X_i^{t-1}\right)} \times 100 \tag{7}$$

式中：$C_{i(t)}$ —— 对称变化率。

b）标准化因子 A_i 和标准化变化率 $S_{i(t)}$ 按照公式（8）和公式（9）计算。

$$A_i = \sum \frac{\left|C_{i(t)}\right|}{n-1} \qquad (8)$$

$$S_{i(t)} = \frac{C_{i(t)}}{A_i} \qquad (9)$$

式中：A_i —— 标准化因子；

$S_{i(t)}$ —— 标准化变化率；

n —— 标准化期间的年数。

c）平均变化率 $R_{(t)}$ 按照公式（10）计算。

$$R_{(t)} = \frac{\sum S_i W_i}{\sum W_i} \qquad (10)$$

式中：$R_{(t)}$ —— 平均变化率；

W_i —— 第 i 项指标的权重，由各指标的时差相关系数决定。

d）令 $\overline{I}_{(0)} = 100$（即无波动），初始合成指数 $I_{(t)}$ 和合成指数 $CI_{(t)}$ 按照公式（11）和公式（12）计算。

$$I_{(t)} = I_{(t-1)} \times \frac{200 + R_{(t)}}{200 - R_{(t)}} \qquad (11)$$

$$CI_{(t)} = 100 \times \frac{I_{(t)}}{\overline{I}_{(0)}} \qquad (12)$$

式中：$I_{(t)}$ —— 初始合成指数；

$CI_{(t)}$ —— 合成指数。

e）综合合成指数 $CI_{(t)\text{int}}$ 按照公式（13）计算。

$$CI_{(t)\text{int}} = \frac{CI_{(t)P}}{CI_{(t)S}} \qquad (13)$$

式中：$CI_{(t)\text{int}}$ —— 综合合成指数；

$CI_{(t)P}$ —— 压力合成指数；

$CI_{(t)S}$ —— 承载力合成指数。

f）当 $CI_{(t)\text{int}}$ 上升，说明水环境污染物增加，反之亦然。

g）当 $CI_{(t)\text{int}} \geq 100$ 时，处于景气状态；当 $CI_{(t)\text{int}} < 100$ 时，处于不景气状态。

h）先行合成指数相对一致合成指数的领先时差为 t，可以认为先行合成指数所预测的承载状态改变将在 t 年后出现。

6 警情评判与警度界定

6.1 警情评判

宜采用综合预警指数进行警情评判。按照公式（14）和公式（15）计算。

$$\text{EWI}_{(P\text{或}S)} = \sum_{i=1}^{m} \text{Coe}_i T_i \tag{14}$$

$$\text{CEWI} = \frac{\text{EWI}_{(P)}}{\text{EWI}_{(S)}} \tag{15}$$

式中：T_i —— 第 i 个警情指标（先行指标）；

Coe_i —— 第 i 个警情指标（先行指标）的权重，即时差相关系数的占比；

$\text{EWI}_{(P\text{或}S)}$ —— 压力（或承载力）预警指数；

CEWI —— 综合预警指数；

m —— 压力（或承载力）先行指标的个数。

6.2 警度界定

6.2.1 警限应根据水环境管理要求、水环境功能等实际情况确定。警度划分方法参见附录 B。

6.2.2 本文件以 1 作为超载状态与不超载状态的临界，以 0.5 为一档，构建预警界限，并以不同颜色的预警信号灯表示。"绿""黄""橙""红" 4 种颜色分别代表整个承载状态中"无警""轻警""中警""重警" 4 种情形。参见附录 B 表 B.1。

7 警情预测与警情排除

7.1 警情预测

宜采用综合预警指数进行警情预测。按照公式（16）计算。

$$\text{CEWI}_{t+1} = \text{CEWI}_t \times \frac{\left[1 + \dfrac{(\text{RCI}_{t+1}+1)(\text{CEWI}_t - \text{CEWI}_{t-1})}{\text{CEWI}_t + \text{CEWI}_{t-1}} \right]}{\left[1 - \dfrac{(\text{RCI}_{t+1}+1)(\text{CEWI}_t - \text{CEWI}_{t-1})}{\text{CEWI}_t + \text{CEWI}_{t-1}} \right]} \tag{16}$$

式中：CEWI_{t+1} —— $t+1$ 时刻的综合预警指数；

CEWI_t —— t 时刻的综合预警指数；

CEWI_{t-1} —— $t-1$ 时刻的综合预警指数；

RCI_{t+1} —— $t+1$ 时刻先行指标综合合成指数的平均变化率。

7.2 制定排警措施

7.2.1 根据水环境承载力预警结果和"增容与减压"双向调控方法，按照不同的区域管理需求制定排警及分区调控措施。

7.2.2 不同承载状态下，可采取的排警策略包括：

    a）对于无警地区，特别是上游源头水与水源地，应守住水生态底线；

    b）对于轻警地区，应尽量腾退生态空间，留出承载余量；

    c）对于中警或重警地区，应采取"增容与减压"调控措施，即提高水环境承载力与降低人类活动对水系统的压力。

7.2.3 宜通过敏感性分析筛选出对综合预警指数影响较大的先行压力指标和先行承载力指标，从社会经济、水资源、水环境等三个方面提出具体的双向调控排警措施。备选双向调控排警措施参见附录 C。

附录 A

（资料性）

指标含义

A.1 压力指标（P）

● 社会经济子系统压力指标

a）总人口（P1）

含义：流域（区域）内常住人口总数（万人）。

计算方法：人口普查、人口抽样调查或人口变动情况抽查。

数据来源：国家（地区）统计局网站、中国（地区）统计年鉴。

b）GDP（P2）

含义：流域（区域）内地区生产总值，是一个流域（区域）所有常住单位在一定时期内生产活动的最终成果（亿元）。

计算方法：GDP 核算的方法一般有三种，包括生产法、支出法和收入法。生产法简单来说是计算各个国民经济部门生产商品、服务的增加值之和；支出法为消费、投资、政府购买和净出口的总和；收入法为各个单位工资、利息、利润、租金、间接税和折旧总和。

数据来源：国家（地区）统计局网站、中国（地区）统计年鉴。

c）第一、二产业占比（P3）

含义：流域（区域）内第一产业和第二产业 GDP 占第一产业、第二产业和第三产业总 GDP 的比重。其中第一产业主要指生产食材以及其他一些生物材料的产业，包括种植业、林业、畜牧业、水产养殖业等直接以自然物为生产对象的产业（泛指农业）；第二产业主要指加工制造产业；第三产业是指第一产业、第二产业以外的其他行业（现代服务业或商业），主要包括交通运输业、通信产业、商业、餐饮业、金融业、教育、公共服务等非物质生产部门（%）。

计算方法：

$$P3 = \frac{第一产业GDP + 第二产业GDP}{第一产业GDP + 第二产业GDP + 第三产业GDP} \times 100\% \qquad (A.1)$$

数据来源：国家（地区）统计局网站、中国（地区）统计年鉴。

● 水资源子系统压力指标

水资源子系统压力指标是从不同行业水资源消耗角度构建的。

d）用水总量（P4）

含义：流域（区域）内所有用水户所使用的水量之和，通常是由供水单位提供，也可以由用水户直接从江河、湖泊、水库（塘）或地下的取水量获得（t）。

计算方法：

$$P4 = 生活用水量 + 工业用水量 + 农业用水量 + 生态环境用水量 \qquad (A.2)$$

数据来源：中国（地区）统计年鉴、《中国环境统计年鉴》、中国（地区）水资源公报。

e）工业用水量（P5）

含义：流域（区域）内工业生产过程中使用的生产用水及厂区内职工生活用水的总量。生产用水主要用途是：①原料用水，直接作为原料或作为原料的一部分而使用的水；②产品处理用水；③锅炉用水；④冷却用水等（t）。

计算方法：

$$P5 = 原料用水 + 产品处理用水 + 锅炉用水 + 冷却用水 \qquad (A.3)$$

数据来源：中国（地区）统计年鉴、《中国环境统计年鉴》、中国（地区）水资源公报。

f）生活用水量（P6）

含义：流域（区域）内人类日常生活所需用的水量，包括城镇生活用水和农村生活用水。城镇生活用水由居民用水和公共用水（含服务业、餐饮业、货运邮电业及建筑业等的用水）组成，农村生活用水除居民生活用水外还包括牲畜用水（t）。

计算方法：

$$P6 = 城镇生活用水 + 农村生活用水 \qquad (A.4)$$

数据来源：中国（地区）统计年鉴、《中国环境统计年鉴》、中国（地区）水资源公报。

g）农业用水量（P7）

含义：流域（区域）内用于灌溉和农村牲畜的用水总量（t）。

计算方法：

$$P7 = 灌溉用水 + 农村牲畜用水 \qquad (A.5)$$

数据来源：中国（地区）统计年鉴、《中国环境统计年鉴》、中国（地区）水资源公报。

h）生态环境用水量（P8）

含义：流域（区域）内的人工生态环境补水量（t），仅包括人为措施供给的城镇环境用水和河湖、湿地补水，而不包括降水、径流自然满足的水量。

计算方法：

$$P8 = 城镇环境用水 + 河湖湿地补水 \qquad (A.6)$$

数据来源：中国（地区）统计年鉴、《中国环境统计年鉴》、中国（地区）水资源公报。

i）万元 GDP 水耗（P9）

含义：流域（区域）内平均每万元 GDP 耗水量（t/万元）。

计算方法：

$$P9 = \frac{流域（区域）内总年用水量}{流域（区域）内以万元计的GDP} \qquad (A.7)$$

数据来源：中国（地区）统计年鉴、国家（地区）统计局网站、《中国环境统计年鉴》或按公式计算。

j）人均水耗（P10）

含义：流域（区域）内平均每人每年耗水量（t）。

计算方法：

$$P10 = \frac{流域（区域）内总年用水量}{流域（区域）内总人口} \qquad (A.8)$$

数据来源：中国（地区）统计年鉴、国家（地区）统计局网站、《中国环境统计年鉴》或按公式计算。

● 水环境子系统压力指标

水环境子系统压力指标是从水污染排放角度进行构建的。

k）工业废水 COD 排放量（P11）

含义：流域（区域）内的工业废水中 COD 的总量（t）。

计算方法：

$$P11 = \frac{样品中COD总量}{样品总体积} \times 工业废水总排放量 \qquad (A.9)$$

数据来源：《中国环境统计年鉴》。

l）工业废水 NH_3-N 排放量（P12）

含义：流域（区域）内的工业废水中 NH_3-N 的总量（t）。

计算方法：

$$P12 = \frac{样品中NH_3\text{-}N总量}{样品总体积} \times 工业废水总排放量 \qquad (A.10)$$

数据来源：《中国环境统计年鉴》。

m）农业废水 COD 排放量（P13）

含义：流域（区域）内的农业废水中 COD 的总量（t）。

计算方法：

$$P13 = \frac{样品中COD总量}{样品总体积} \times 农业废水总排放量 \qquad （A.11）$$

数据来源：《中国环境统计年鉴》。

n）农业废水 NH_3-N 排放量（P14）

含义：流域（区域）内的农业废水中 NH_3-N 的总量（t）。

计算方法：

$$P14 = \frac{样品中NH_3\text{-}N总量}{样品总体积} \times 农业废水总排放量 \qquad （A.12）$$

数据来源：《中国环境统计年鉴》。

o）农业废水 TP 排放量（P15）

含义：流域（区域）内的农业废水中 TP 的总量（t）。

计算方法：

$$P15 = \frac{样品中TP总量}{样品总体积} \times 农业废水总排放量 \qquad （A.13）$$

数据来源：《中国环境统计年鉴》。

p）生活污水 COD 排放量（P16）

含义：流域（区域）内的生活污水中 COD 的总量（t）。

计算方法：

$$P16 = \frac{样品中COD总量}{样品总体积} \times 生活污水总排放量 \qquad （A.14）$$

数据来源：《中国环境统计年鉴》。

q）生活污水 NH_3-N 排放量（P17）

含义：流域（区域）内的生活污水中 NH_3-N 的总量（t）。

计算方法：

$$P17 = \frac{样品中NH_3\text{-}N总量}{样品总体积} \times 生活污水总排放量 \qquad （A.15）$$

数据来源：《中国环境统计年鉴》。

r）生活污水 TP 排放量（P18）

含义：流域（区域）内的生活污水中 TP 的总量（t）。

计算方法：

$$P18 = \frac{样品中TP总量}{样品总体积} \times 生活污水总排放量 \qquad （A.16）$$

数据来源：《中国环境统计年鉴》。

s）污水处理厂 COD 排放量（P19）

含义：流域（区域）内的污水处理厂污水中 COD 的总量（t）。

计算方法：

$$P19 = \frac{样品中COD总量}{样品总体积} \times 污水处理厂污水总排放量 \qquad (A.17)$$

数据来源：《中国环境统计年鉴》。

t）污水处理厂 NH_3-N 排放量（P20）

含义：流域（区域）内的污水处理厂污水中 NH_3-N 的总量（t）。

计算方法：

$$P20 = \frac{样品中NH_3\text{-}N总量}{样品总体积} \times 污水处理厂污水总排放量 \qquad (A.18)$$

数据来源：《中国环境统计年鉴》。

u）污水处理厂 TP 排放量（P21）

含义：流域（区域）内的污水处理厂污水中 TP 的总量（t）。

计算方法：

$$P21 = \frac{样品中TP总量}{样品总体积} \times 污水处理厂污水总排放量 \qquad (A.19)$$

数据来源：《中国环境统计年鉴》。

v）COD 排放总量（P22）

含义：流域（区域）内的工业、农业、生活与污水处理厂废污水中 COD 的总量（t）。

计算方法：

$$P22 = 工业废水COD排放量 + 农业废水COD排放量 + 生活污水COD排放量 + \\ 污水处理厂COD排放量 \qquad (A.20)$$

数据来源：《中国环境统计年鉴》。

w）NH_3-N 排放总量（P23）

含义：流域（区域）内的工业、农业、生活与污水处理厂废污水中 NH_3-N 的总量（t）。

计算方法：

$$P23 = 工业废水NH_3\text{-}N排放量 + 农业废水NH_3\text{-}N排放量 + \\ 生活污水NH_3\text{-}N排放量 + 污水处理厂NH_3\text{-}N排放量 \qquad (A.21)$$

数据来源：《中国环境统计年鉴》。

x）TP 排放总量（P24）

含义：流域（区域）内的工业、农业、生活与污水处理厂废污水中 TP 的总量（t）。

计算方法：

$$P24 = 农业废水TP排放量 + 生活污水TP排放量 + 污水处理厂TP排放量 \quad （A.22）$$

数据来源：《中国环境统计年鉴》。

y）万元 GDP COD 排放总量（P25）

含义：流域（区域）内每万元 GDP 所产生的 COD 的总量（t/万元）。

计算方法：

$$P25 = \frac{流域（区域）内COD排放总量}{流域（区域）内以万元计的GDP} \quad （A.23）$$

数据来源：按公式计算。

z）万元 GDP NH$_3$-N 排放总量（P26）

含义：流域（区域）内每万元 GDP 所产生的 NH$_3$-N 的总量（t/万元）。

计算方法：

$$P26 = \frac{流域（区域）内NH_3\text{-}N排放总量}{流域（区域）内内以万元计的GDP} \quad （A.24）$$

数据来源：按公式计算。

aa）万元 GDP TP 排放总量（P27）

含义：流域（区域）内每万元 GDP 所产生的 TP 的总量（t/万元）。

计算方法：

$$P27 = \frac{流域（区域）内TP排放总量}{流域（区域）内以万元计的GDP总量} \quad （A.25）$$

数据来源：按公式计算。

A.2 承载力指标（C）

● 社会经济子系统承载力指标

a）第三产业占比（C1）

含义：流域（区域）内第三产业 GDP 占第一产业、第二产业和第三产业总 GDP 的比重。其中第一产业主要指生产食材以及其他一些生物材料的产业，包括种植业、林业、畜牧业、水产养殖业等直接以自然物为生产对象的产业（泛指农业）；第二产业主要指加工制造产业；第三产业是指第一产业、第二产业以外的其他行业（现代服务业或商业），主要包括交通运输业、通信产业、商业、餐饮业、金融业、教育、公共服务等非物质生产部门（%）。

计算方法：

$$C1 = \frac{第三产业GDP}{第一产业GDP + 第二产业GDP + 第三产业GDP} \times 100\% \quad （A.26）$$

数据来源：国家（地区）统计局网站、中国（地区）统计年鉴。

b）节能环保支出占比（C2）

含义：流域（区域）内为解决现实的或潜在的环境问题、协调人类与环境的关系、保障经济社会的持续发展而支付的资金与流域（区域）GDP 的比值（%）。

计算方法：

$$C2 = \frac{流域（区域）内各类节能环保支出}{流域（区域）内GDP} \times 100\% \quad (A.27)$$

数据来源：中国（地区）统计年鉴、《中国环境统计年报》、《国民经济和社会发展统计公报》和国家（地区）统计局网站。

● 水资源子系统承载力指标

水资源子系统承载力指标是从水资源来源、构成角度构建的。

c）年降水量（C3）

含义：流域（区域）内从天空中降落到地面上的液态或固态（经融化后）水，未经蒸发、渗透、流失而在水平面上积聚的深度，称作降水量。一年中月降水量的总和就是年降水量（mm）。

计算方法：通常用雨量器测定，每天定时（8 点和 20 点）观测两次。

数据来源：中国气象数据网、中国（地区）统计年鉴、《中国环境统计年鉴》、中国（地区）水资源公报。

d）水资源总量（C4）

含义：流域（区域）内降水所形成的地表和地下的产水量以及外调水量之和（m³）。

计算方法：

$$C4 = 地表水资源量 + 地下水资源量 + 外调水量 \quad (A.28)$$

数据来源：中国（地区）统计年鉴、《中国环境统计年鉴》、中国（地区）水资源公报。

e）地表水资源量（C5）

含义：流域（区域）内陆地表面上动态水和静态水的总量，主要包括河流、湖泊、沼泽、冰川、冰盖等各种液态和固态的水体（m³）。

计算方法：

$$C5 = 河流水 + 湖泊水 + 沼泽水 + 冰川水 + 冰盖水 \quad (A.29)$$

数据来源：中国（地区）统计年鉴、《中国环境统计年鉴》、中国（地区）水资源公报。

f）地下水资源量（C6）

含义：流域（区域）内地下水面以下饱和含水层中的水量（m³）。

计算方法：

$$C6 = 渗入水 + 凝结水 + 初生水 + 埋藏水 \qquad (A.30)$$

数据来源：中国（地区）统计年鉴、《中国环境统计年鉴》、中国（地区）水资源公报。

● 水环境子系统承载力指标

水环境子系统承载力指标是从污水处理规模、处理率、再生水利用率等角度进行构建的，可以作为水环境对污染物承载水平的有效度量。此外，通过构建水环境容量指数，对水环境容量相对大小进行表征，水环境容量相对大小可以由地表水资源量、断面水功能目标及上游来水污染物浓度决定。水资源量越大，断面水功能目标对应的污染物浓度越高，水环境容量指数越大；上游来水污染物浓度越高，水环境容量指数越小。

g）污水处理厂污水处理率（C7）

含义：流域（区域）内经过处理的生活污水、工业废水量占污水排放总量的比重（%）。

计算方法：

$$C7 = \frac{污水处理量}{污水排放总量} \times 100\% \qquad (A.31)$$

数据来源：国家（地区）统计局网站、《中国城市建设统计年鉴》、地区水务统计年鉴、生态环境部门网站。

h）污水处理厂处理规模（C8）

含义：流域（区域）内所有污水处理厂所能处理的污水最大量（m^3）。

计算方法：

$$C8 = \sum 某一污水处理厂最大处理量 \qquad (A.32)$$

数据来源：国家（地区）统计局网站、《中国城市建设统计年鉴》、地区水务统计年鉴、生态环境部门网站。

i）再生水利用率（C9）

含义：指经污水处理后实际回用的总水量占污水排放量的比例（%）。

计算方法：

$$C9 = \frac{再生水利用量}{污水排放量} \times 100\% \qquad (A.33)$$

数据来源：国家（地区）统计局网站、《中国城市建设统计年鉴》、地区水务统计年鉴、生态环境部门网站。

j）COD 水环境容量指数（C10）

含义：COD 水环境容量指数（代表相对大小）可以由地表水资源量、断面水功能目标对应的 COD 浓度及上游来水 COD 浓度决定。

计算方法：

$$C10 = \frac{地表水资源量 \times 断面水功能目标对应的COD浓度}{上游来水COD浓度} \tag{A.34}$$

数据来源：根据公式计算。其中，流域（区域）内水功能目标所对应的污染物浓度（mg/L）及所有断面污染物平均浓度（mg/L）由流域（区域）生态环境部门提供。

k）NH$_3$-N 水环境容量指数（C11）

含义：NH$_3$-N 水环境容量指数（代表相对大小）可以由地表水资源量、断面水功能目标对应的 NH$_3$-N 浓度及上游来水 NH$_3$-N 浓度决定。

计算方法：

$$C11 = \frac{地表水资源量 \times 断面水功能目标对应的NH_3\text{-}N浓度}{上游来水NH_3\text{-}N浓度} \tag{A.35}$$

数据来源：根据公式计算。其中，流域（区域）内水功能目标所对应的污染物浓度（mg/L）及所有断面污染物平均浓度（mg/L）由流域（区域）生态环境部门提供。

l）TP 水环境容量指数（C12）

含义：TP 水环境容量指数（代表相对大小）可以由地表水资源量、断面水功能目标对应的 TP 浓度及上游来水 TP 浓度决定。

计算方法：

$$C12 = \frac{地表水资源量 \times 断面水功能目标对应的TP浓度}{上游来水TP浓度} \tag{A.36}$$

数据来源：根据公式计算。其中，流域（区域）内水功能目标所对应的污染物浓度（mg/L）及所有断面污染物平均浓度（mg/L）由流域（区域）生态环境部门提供。

附录 B
（资料性）
警度划分方法

B.1 警限的划分

B.1.1 系统化方法

通过对大量的历史数据进行定性分析，总结各类预警方法的经验，根据各种并列的原则或者标准对警限进行研究，综合多个方面的意见再进行适当调整，从而得出科学的结论。主要包括以下几种原则：多数原则（根据定性分析的结果，超过三分之二以上的数据区间作为有警和无警的分界）、均数原则（在假设研究对象的现状水平低于历史水平的情况下，将历史数据的平均值作为无警的界限）、半数或中数原则（将一半以上处于无警状态的样本数据作为警限）、少数原则（将少数表现为无警状态的指标界限作为无警的界限）、负数原则（将零增长或增长为负的数值作为有警的标准）及参数原则（参考与研究对象相关指标的标准值来确定警限）等。

B.1.2 校标法

校标法确定警限就是将预警管理取得较好成效的国家或地区作为标准，并将其所获得的结果作为警限划分的标准。这种确定警限的方法局限性较大，不同区域的情况不尽相同，在使用该法时需要结合当地的具体情况进行适当的修正，以符合本地的实际。校标法属于对比判断法。

B.1.3 专家确定法

在许多预警方法体系研究中，主要是根据实践中的经验来确定警限，基于此提出了专家确定法。主要是依靠各领域专家的智慧和丰富的实践经验来确定水环境承载力预警的警限，主观性很强，警限的合理程度取决于专家自身专业水平及判断能力。

B.1.4 控制图法

控制图法（Control Chart）即 3σ 法，是一种常用的质量管理方法，其确定警限的原理来自控制图报警系统，其利用系统中的异常点来运作。控制图法是质量管理的核心，其基本原理是：假设被考察的质量指标 X 服从正态分布 N，当产品的生产工序处于正常状态时，其产品的指标 X 应以 99.73% 的概率落在 $[\mu-3\sigma, \mu+3\sigma]$ 范围内。如果 X 落在 $[\mu-3\sigma, \mu+3\sigma]$ 范围外，则认为工序受到了干扰，处于异常状态，此时系统发出警报，提醒操作者采取措施来排除异常情况。在实际操作中，控制图法可采用 $\bar{X}$-R 中心线控制图法、$\bar{X}$-R 中位数或极差控制图法等。控制图法确定警限的前提是假定预警指标服从正态分布，比较其预警期望值 X 与标准差 σ 之间的偏离程度，测算 $[\mu-3\sigma, \mu+3\sigma]$，以此作为预警区间的警戒线。该方法判断结果相对客观且操作可行。预警等级的确定要与研究区实际情况结合，不同情景下警度代表不同的意义。在某些情况下，水环境承载力超载状态的发展趋势也是确定警度所需要考虑的。发展趋势向好说明该区域有警度变低的潜力；如果水环境承载力超载情况持续加剧，则需要加大预警力度，给予重点关注，这些也是预警需要体现的内容，应该在划分警度时得以体现。

B.2 预警警度划分

将水环境承载力承载状态分为 4 个等级，结合交通信号灯设计原理，设置 4 个预警警度，分别用绿灯、黄灯、橙灯和红灯表示。

表 B.1 水环境承载力警度划分

警限标准	$(-\infty, a)$	$[a, b)$	$[b, c)$	$[c, +\infty)$
水环境承载力承载状态	不超载	轻度超载	中度超载	重度超载
警度	无警	轻警	中警	重警
警示灯颜色	绿色（0，176，80）	黄色（255，255，0）	橙色（176，89，17）	红色（255，0，0）

"绿灯"表示流域（区域）内水环境承载力承载状态良好，水环境足以支撑目前的社会经济活动，经济社会与环境协调发展，是比较满意的状态。

"黄灯"表示流域（区域）内水环境承载力轻微超载，但是水环境承载力超载状态是趋缓的，应采取一定的措施让水环境持续向好、消除警情，最终回到无警状态。

"橙灯"表示流域（区域）内水环境承载力处于较为严重的超载状态，必须采取有效的措施来减轻环境压力，改善超载状况，防止情况进一步恶化。

"红灯"表示流域（区域）内水环境承载力超载状态处于危险水平，水环境可能会进入失调、衰败的状态，应采取紧急预警措施，防止水环境状况出现不可逆转的恶化。

附录C

（资料性）

备选双向调控排警措施

备选双向调控排警措施见表C.1。

表C.1　备选双向调控排警措施

调控角度	分类	存在问题	调控方案
减压	社会经济	城市化严重	城市化进程放缓
		人口增长过快	疏解人口，建设卫星城
	水资源	水资源利用量大	制定和实施生产生活节水方案
	水环境	污染排放严重	推行清洁生产，减少生产污染物排放
			完善截污管网，控制合流制污水溢流
增容	社会经济	第一、二产业占比较高	调整产业结构，增加第三产业占比
		人工建筑设施占比高	增加自然用地比例，提高植被覆盖度
		经济与生态不相适应	加大节能环保投入
	水资源	水资源短缺	增加区域外水源调水，通过水利设施蓄水，雨水回用
		水资源利用率低	加强节水技术的研发与应用，提高再生水利用比例
	水环境	污染治理能力弱	增设污水处理厂或尾水处理设施，并扩建污水管网
			提高污水处理厂处理能力
			提高污水再生回用率
			建立健全"河长制"责任体制与考核奖惩机制

附件 4

水环境承载力预警技术导则

Technical guidelines for early warning of water environment carrying capacity

（发布稿）

编制说明

标准编制组

二〇二三年十月

1 工作简介

1.1 任务来源

本标准依托于水体污染控制与治理科技重大专项（水专项）"北运河流域水质目标综合管理示范研究"（2018ZX07111003）。

水环境承载力是表征水系统所能承受的社会经济活动压力的阈值，是指导流域（区域）水系统规划与管理工作的重要依据。自党的十八届三中全会提出建立资源环境承载能力监测预警机制以来，国家相关部门不断加强承载力监测预警的研究，水环境承载力监测预警已成为保障经济社会与环境协调发展的重要抓手。水环境污染防治已进入以前瞻性预防为主、防治结合的综合治理阶段，水环境承载力预警显得尤为重要。但目前我国水环境承载力预警工作尚处于探索阶段；到目前为止，尚未形成一整套公认的可推广且科学的流域（区域）水环境承载力预警技术方法体系及其规范。

因此，亟需制定形成可推广且科学的水环境承载力预警规范，科学分析并预判流域（区域）水环境承载力承载状态趋势，为健全流域（区域）水环境监管考核与调控机制提供科学支撑。

1.2 主要工作过程

本标准编制单位成立了标准编制组，并召开了多次研讨会，讨论并确定了开展标准编制工作的原则、程序、步骤和方法。标准编制组成员在前期研究的基础上，按照GB/T 1.1—2020《标准化工作导则　第 1 部分：标准化文件的结构和起草规则》的编制规则，形成了本标准文本和编制说明。本标准编制主要工作过程如下。

1.2.1 制定工作计划

本标准编制单位承担团体标准的编制工作后，第一时间组成标准编制组和工作团队，认真学习领会国家关于资源环境承载能力监测预警的管理要求和文件精神，收集了水环境承载力预警相关的基础资料，并制定了工作计划。

1.2.2 研究进展梳理

2019 年 12 月，通过整理文献与当前水环境承载力预警的方式，对水环境承载力预警相关内容进行梳理分析。对国内外相关研究进展与相关标准展开了研究，并汇集分析，为标准的编写提供了重要的依据。

1.2.3 明确编制要求

2020 年 4 月，编制组对标准的编制进行了初步的分析，确定了标准的基本大纲。

1.2.4 初稿起草

2020 年 6 月至 2020 年 12 月，在开展文献查阅、现场调查和专家咨询的基础上，完成了《流域水环境承载力预警技术指南（初稿）》及编制说明（初稿）。

1.2.5 标准立项

2021 年 6 月,编制组召开了标准编制工作启动会,进行了团体标准立项情况的汇报,通过中国环境科学学会团体标准立项审查。会后根据专家意见逐条修改和完善,形成《流域水环境承载力预警技术指南（编制组讨论稿)》。经过专家讨论建议,将标准名称修改为《水环境承载力预警技术指南》。

1.2.6 专家咨询

2021 年 11 月,召开《水环境承载力预警技术指南（编制组讨论稿)》技术审查会,专家组一致认为本标准的适用范围具体、思路清晰、可操作性强,可为我国流域、区域水环境承载力预警工作提供支撑。专家建议《水环境承载力预警技术指南》改为《水环境承载力预警技术导则》。

2022 年 6 月至 9 月,编制组进一步完善。经专家函询同意后,进入公开征求意见阶段。

1.2.7 公开征求意见

2022 年 9 月 30 日至 2022 年 10 月 25 日,中国环境科学学会和北京师范大学环境学院组织开展了《水环境承载力预警技术导则》公开征求意见。共邀请 22 位专家,收集了 106 条意见。2022 年 11 月至 2023 年 7 月,针对专家意见进行了大篇幅的修改。

1.2.8 技术审查

2023 年 9 月 12 日,中国环境科学学会举办了《水环境承载力预警技术导则》技术审查会,共邀请了 5 位专家。会上,专家与编制组针对适用范围、术语定义等内容展开讨论,最终一致认为《水环境承载力预警技术导则》定位准确、适用范围清晰、结构设置合理、内容表述规范,具有良好的可操作性,征求意见处理恰当。会后,编制组历时一个月完成了对送审稿的修改,形成报批稿。

1.2.9 正式发布

根据《中国环境科学学会标准管理办法》的相关规定,批准《水环境承载力预警技术导则》（T/CSES 126—2023)标准,并予发布。以上标准自 2023 年 12 月 20 日起实施。

2 水环境承载力预警相关实证案例

2.1 北运河流域行政单元水环境承载力预警

对北运河流域各行政单元的水环境承载力进行预警,景气指数分析结果显示:先行扩散指数领先一致扩散指数 0～1 年,表现出较好的先行性;一致扩散指数除在 2013 年达到峰值以外,均处于不景气状态,水环境承载力承载状态转好,且在 2013 年后持续下降并在 2015 年跌入谷值,与水环境承载率指标在 2013 年后逐年变小的趋势基本吻合;先行扩散指数在 2010 年后（除 2015 年)一直处于 50 及以上,说明先行指标处于景气状态,但先行指数有继续下降的趋势,说明下一年水环境持续变差的风险在减小。合成指数分析结果显示：先行综合合成指数及一致综合合成指数波动性较好，先行综合合成指数领先一致综合合成指数 1~2 年，表现出较好的先行性；一致综合合成指数在 2012 年和 2015 年都下降到较低点，且 2015 年以后都小于 100，说明在这些时期，水环境承载力提升较快，与水环境承载率指数变化情况相符合；一致综合合成指数在 2009 年和 2014 年都达到了较高值，且数值均在 100 以上，说明社会经济对水环境的压力增长速度大于水环境承载力提升的速度；先行综合合成指数在 2017 年下降到了 100 以下，预示着 2018 年的水环境承载状态将会出现一定程度的好转。

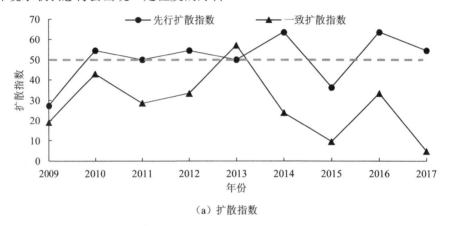

（a）扩散指数

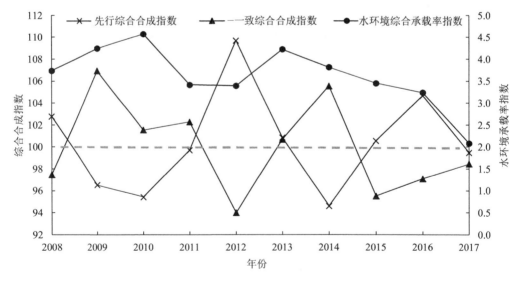

（b）合成指数

图 1　景气指数结果

综合预警结果显示，除门头沟区、延庆区和怀柔区由于在流域内包含的区域各指标数据过小导致计算结果较小而不参加分析外，北运河流域其他区域都有超载风险或已严重超载。对比2017年，昌平区、东城区、朝阳区、丰台区、石景山区、海淀区和顺义区的水环境承载力承载状态都有所改善，但整体变化不大，预警等级未降低，而其他10个地区的水环境承载力承载状态都出现了恶化，北运河流域水环境承载力承载状态不容乐观。从空间分布上看，北运河流域干流上游和中游区域的水环境承载力承载状态好于下游及中游人口密度大、水资源消耗多的城区和工业或农业污染排放量大的地区，主要是由于上游地区植被覆盖多、水源涵养量大、人为干扰少，且干流径流量大、水量充足，使得这些区域的社会经济压力较小或水环境承载力较大。

图2 2018年北运河流域水环境承载力预警结果（略）

通过对橙色及红色警情地区的先行指标进行分析，提出双向调控排警措施。压力来源分析显示，东城区、西城区、通州区、大兴区、朝阳区、海淀区和丰台区需要重点控制人口、生活用水量及生活污水TP的排放，尤其是朝阳区、丰台区和海淀区生活源的减排压力较大，并且朝阳区和丰台区需抓紧减少污水处理厂中氨氮及COD的排放。尽管流域内其他区域的减排重点也主要集中在人口控制、生活用水量和生活源污染排放等方面，但减排压力较小。此外，北辰区和香河县应更关注工业源的减排，尽快采取措施降低工业用水量，减少工业废水氨氮的排放。承载力来源分析显示，现阶段通州区、海淀区、丰台区和武清区的污水处理厂建设较充足，朝阳区和丰台区的污水资源化工作较好，再生水量相较于其他地区高。但目前，各地区林草覆盖度和地表水资源量都严重不足，尤其是中心城区（如东城区、西城区、北辰区、河北区等）城市化严重、植被覆盖较少，且与经济欠发达的安次区、广阳区和香河县等地区一样，地区内的污水处理能力不足，导致下一年承载力较差，应采取措施全面提升承载力。

2.2 京津冀地区水环境承载力预警

对京津冀地区水环境承载力进行预警，景气指数分析结果显示：先行扩散指数和一致扩散指数都表现出一定的波动性，2010年后，先行指数领先一致扩散指数的时间为1~2年，先行扩散指数表现出一定的先行性；先行扩散指数在2016年表现为下降趋势且远小于50，说明一致扩散指数在预测年（2017年）也将表现出继续下降的趋势，水环境承载力承载状态将会持续变好。先行综合合成指数领先一致综合合成指数的时间为0~2年，说明指标选取是比较科学合理的，先行合成指数表现出较好的先行性。一致综合合成指数经历了先下降后增长的一个过程：在2010年最低，与水环境质量变化情况基本吻合；先行综合合成指数在2016年下降，预示着2017年的水质将会出现一定程度的好转。

综合预警结果显示，2017年北京市、天津市及河北省水环境承载力承载状态较好；2004—2016年，北京市和河北省的水环境承载力综合警情指数都呈现下降趋势；其中，北京市水环境承载力承载状态自2005年以后一直处于弱载，河北省虽然在2015年以后才摆脱了超载的境况，但总体上承载状态改善幅度较大。此外，天津市的水环境承载力承载状态在近十几年间仍有波动，主要是由于用水总量仍在增加，且2006年、2015年和2016年的环境污染治理投资占比下降明显，未能与经济发展规模保持同步增长，未来还需警惕社会经济发展压力的回升，需进一步加大环保治理的力度。

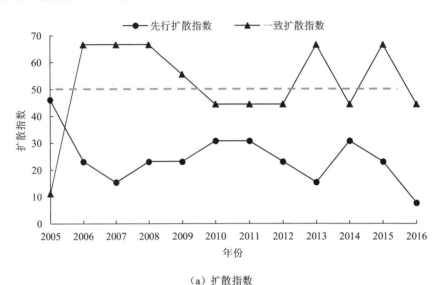

（a）扩散指数

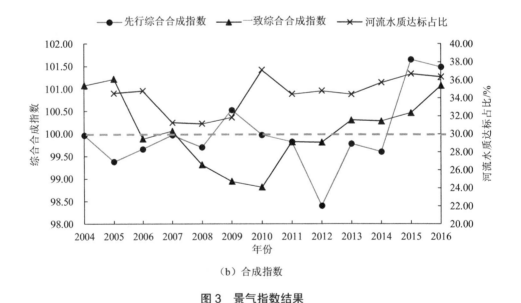

（b）合成指数

图3　景气指数结果

图4　2017年京津冀地区水环境承载力预警结果（略）

通过对先行指标中的压力来源进行分析，京津冀地区整体上还需进一步调整产业结构，降低第一产业、第二产业占比（主要是天津市和河北省），并减少农业用水量及工业废水氨氮排放量；河北省应减少用水量，尤其是农业用水量；此外，北京市、天津市、河北省均需继续提倡节水，降低人均用水量，并提高用水效率，降低万元 GDP 水耗。承载力来源分析结果显示，现阶段京津冀地区的污水处理率较高，但天津市和河北省还应继续加大再生水利用量，加强污水资源化力度；河北省相较于其他 2 个地区，降水量较充沛、供水量充足，北京市和天津市由于天然禀赋而淡水资源不足，还需在节水的同时，积极寻求其他区域水源的跨境补给；此外，对于环境污染治理投资，除北京市外，天津市和河北省明显不足，导致京津冀地区的环境污染治理投资占比较低，今后应提升环境污染治理投资量，进而全面提升承载能力。

2.3 黄河流域行政单元水环境承载力预警

对黄河流域行政单元水环境承载力进行预警，景气指数分析结果显示：先行扩散指数领先于一致扩散指数 1～3 年，表现出良好的先行性。一致扩散指数反映了当前水环境承载力承载状态变化趋势，一致扩散指数仅在 2011 年和 2020 年超过 50，处于景气状态，其余时间均处于不景气状态，整体呈下降趋势，说明黄河流域水环境承载力承载状态有所改善。先行扩散指数能够提前预判水环境承载力承载状态的变化趋势，除 2019 年、2020 年，先行扩散指数的数值都处于 50 及以下，处于不景气状态，但在 2019 年、2020 年超过 50，预示着 2021 年水环境承载力承载状态会变差。先行综合合成指数领先一致综合合成指数 0～2 年。一致综合合成指数在 2010 年至 2015 年大于 100，其余年份数值均小于 100，说明黄河流域水环境承载力在此期间处于超载状态。但从 2013 年开始，一致综合合成指数显著下降，并从 2016 年开始，一致综合合成指数小于 100，预示着一致综合合成指数在 2021 年将会呈上升趋势，说明 2021 年的水环境承载力承载状态有变差风险。

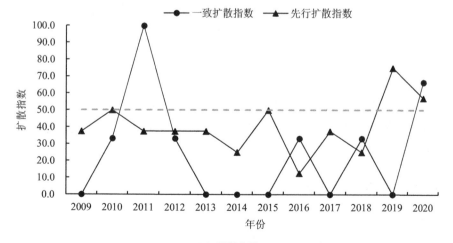

（a）扩散指数

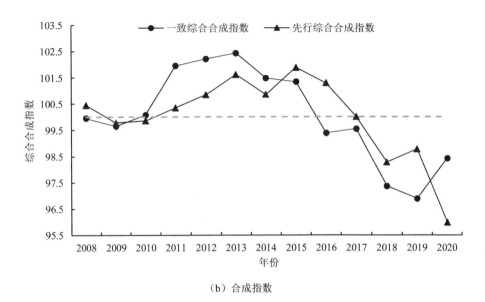

（b）合成指数

图5 景气指数结果

预警结果显示：总体而言，整个黄河流域水环境承载力向好发展。但内蒙古的水环境承载力承载状态都有所变差；山西有所好转但仍处于超载状态，应该对水资源保护加以重视；青海、甘肃、宁夏、陕西、河南、山东有所好转，但不能掉以轻心，要继续重视水资源和水环境的保护。

图6 2020年黄河流域水环境承载力预警结果（略）

通过对黄色、橙色及红色警情地区的先行指标中的压力和承载力来源进行分析，从压力来源分析，处于超载区的陕西和河南需要重点控制污水排放量。同时，陕西、山西、河南都需要降低人均用水量、减轻人口的压力，并且三省还需抓紧减少总用水量，采取以供定需的措施。超载区的 3 个省除了减少污废水排放量和用水量之外，还需要格外重视经济发展与水环境保护的关系。从承载力来源分析，现阶段陕西较其他两省人均水资源量相对丰富，其亿元 GDP 污水处理厂座数也相对充足。但目前三省的人均水资源量、污水处理厂和工业废水治理设施都严重不足，尤其是河南水资源量不足、污水处理能力不够，导致下一年承载力较差，应采取措施全面提升承载力，且应该加大污水、废水的处理力度，提高水环境承载力。

3 国内外研究进展和相关政策

3.1 国内外研究进展

国外在水环境预警相关研究中对生态预警方面的研究较多，水污染、水安全方面预警亦有，但是对水环境承载力预警的研究还不多见；国内学者在不同的领域从不同的角度对承载力预警进行了丰富的研究，但是部分研究中预警思路还是局限于评价思路，且大部分研究最终停留在现状评价的阶段，实际上是现状警情评价。总体来说在水环境领域中，预警研究仍处于起步阶段，真正意义上的水环境承载力预警研究还不多，有很大的研究空间。现今水环境承载力预警研究大多还停留在现状评价方面，沿用评价的方法来进行水环境承载力预警研究，仅对现状进行分析，缺乏后期的处理，没有做到对未来水环境承载力超载状态的预判。这并未真正体现预警的内涵，预警应该是建立在对未来的情况进行预判的基础上，对未来的环境超载状态进行警情评判，并有针对性地提出排除警情的响应对策。在水环境承载力警义界定方面，大多将水环境容量超载或水资源量供不应求等单要素状况作为警情，比较片面，没有进行最终的综合考虑；在警度量化上，难以对警情指标采取合适的评判方法，评判时只考虑了承载率单一指标，没有考虑系统水环境承载力超载状态的变化趋势；在确定警限方面，往往都是通过文献调研或者是专家经验来获取，主观性较强，没有结合研究区的具体规划情况。

此外，现有水环境承载力预警技术的关注点主要集中在水资源和水环境方面，缺乏对陆域生态系统因素的考量，对水环境承载力进行系统性综合预警的研究较少。而水系统是一个包括水资源、水环境和水生态（本文件中只限于陆域生态）3 个子系统的复合系统；水环境承载力应包含水资源承载力、水环境容量与水生态承载力 3 个分量，是一综合承载力概念。分别将水资源短缺或水环境质量超标或容量不足而超载界定为警情，不能全面客观地反映流域水系统的超载状态。

3.2 相关政策

在相关标准方面，尽管目前国内外对水环境承载力预警有技术标准出台，且近年我国学者已广泛开展资源环境承载力预警技术方法与机制研究，我国各相关部委积极探索建立了各自的监测预警机制，出台了若干技术指导文件，但在目前的技术文件中并没有从已有预警概念、内涵及其理论方法入手，且受数据资料与技术方法限制，很多预警工作仍停留在现状评价层面，将预警与警情现状评价概念相混淆，缺乏对未来承载力承载状态的预判，没有实现真正意义上的预警。由于承载力预警概念内涵与警义不清，很多研究（包括发改、国土、水利与海洋等相关部门出台的资源环境承载力预警相关指导性政策文件）所建承载力"预警"指标体系大多借鉴可持续发展状态综合评价，无法判断是可持续发展状态（能力）评价，还是承载力预警。具体如下。

3.2.1 国家发改委等 13 部委《资源环境承载能力监测预警技术方法（试行）》（发改规划〔2016〕2043 号）

该技术方法阐述了资源环境承载能力监测预警的基本概念、技术流程、集成方法与类型划分等技术要点，但其核心是通过资源环境超载状态评价，对区域可持续发展状态进行预判，而不是在未来超载状态预判基础上，提出超载状态警告。图 7 为资源环境承载能力预警（2016 版）技术路线。

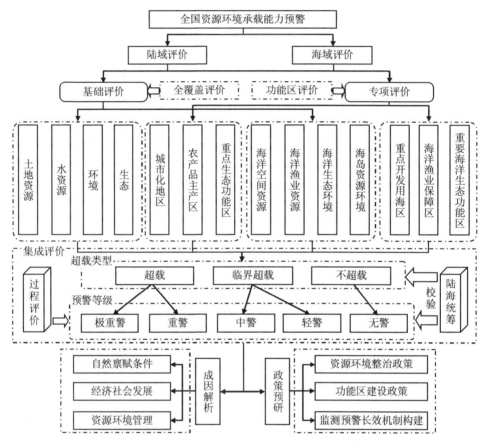

图 7　资源环境承载能力预警（2016 版）技术路线

3.2.2　水利部办公厅《关于做好建立全国水资源承载能力监测预警机制工作的通知》（办资源〔2016〕57 号）及《全国水资源承载能力监测预警技术大纲（修订稿）》

该技术大纲界定了水资源承载能力、承载负荷（压力）的核算方法及承载状态的评价方法，主要阐述了水资源承载能力评价的相关内容，而不是水资源承载能力监测预警技术方法。图 8 为水资源承载能力评价总体技术路线。

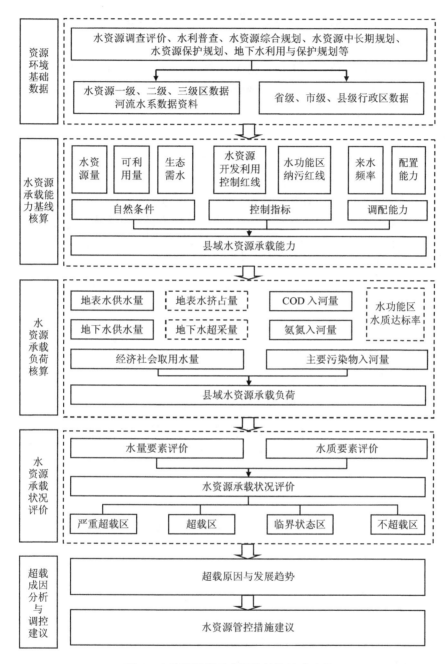

图8 水资源承载能力评价总体技术路线

3.2.3 国土资源部办公厅《国土资源环境承载力评价技术要求（试行）》（国土资厅函〔2016〕1213号）

该技术要求在"土地部分"的土地综合承载力评价是在区域资源禀赋、生态条件和环境本底调查等基础上，通过识别国土开发的资源环境短板要素，开展综合限制性和适宜性评价，水资源承载指数和水环境质量指数仅作为综合承载能力评价的一部分；"地质部分"虽然提及了地下水资源承载能力预警，但本质是对自然单元地下水的水量（水位与控制水位或历史稳定水位）与水质（劣Ⅴ类断面占比）的承载本底和承载状态的发展趋势进行分析及评价，也混淆了评价与预警。图 9 为国土资源环境承载力评价与监测预警（地质部分）技术路线。

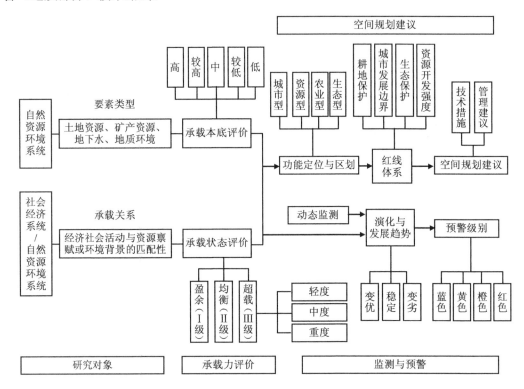

图 9　国土资源环境承载力评价与监测预警（地质部分）技术路线

3.2.4　国家海洋局《海洋资源环境承载能力监测预警指标体系和技术方法指南》

该指南主要包括对现状超载状态的单要素及综合评价，对近 5 年或 5 年以上的二级指标评估结果开展趋势分析，并对具有显著恶化趋势的控制性指标进行预警，或采用灰色模型法对下一年度控制性指标的超载风险进行预警。尽管涉及趋势分析与对显著恶化趋势指标的短期预测，但警义不清、不成体系，缺乏判别警兆、评判警情、界定警度与排除警情等，未能实现系统化的综合预警。图 10 为海洋资源环境承载能力评价与监测预警技术路线。

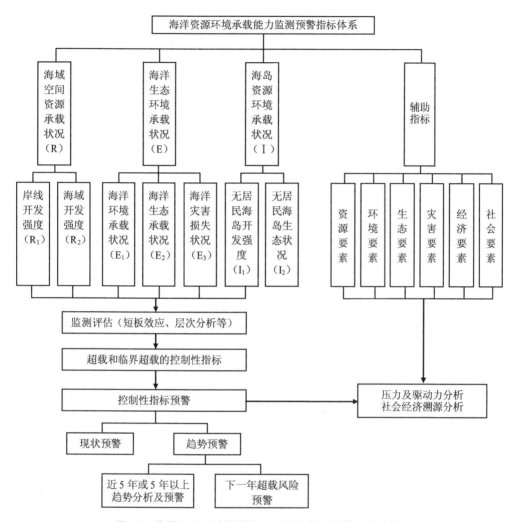

图 10 海洋资源环境承载能力评价与监测预警技术路线

3.2.5 生态环境部《关于开展水环境承载力评价工作的通知》（环办水体函〔2020〕538 号）
和《水环境承载力评价方法（试行）》

该评价方法提出了水质时间达标率和水质空间达标率两个评价指标以及所构造的综合承载力指数的计算方法，及承载状态（超载、临界超载、未超载）判定标准，主要是通过水质达标情况反映水环境承载力超载情况，也未涉及水环境承载力预警相关内容。图 11 为水环境承载力评价方法技术路线。

整体来看，水环境承载力预警无论是从相关理论研究还是相应技术方法指南与标准方面都尚未完善，从预警内涵到相应技术方法仍存在诸多不足之处，亟需构建真正意义上的水环境承载力预警技术导则来填补空白。为避免上述技术文件中存在的问题，本次编写的水环境承载力预警技术导则相较上述有关技术文件，解决了水环境承载力预警概念混淆、缺乏对未来超载状态的预判、预警工作不成体系等问题，在已有研究形成的预警体系框架的指导下，涵盖了识别警源、判别警兆、评判警情、界定警度、预测警情、排除警情等 6 个阶段，构建了基于景气指数的短期预警技术方法，为流域或区域水系统持续健康发展与水系统管理提供技术支撑。

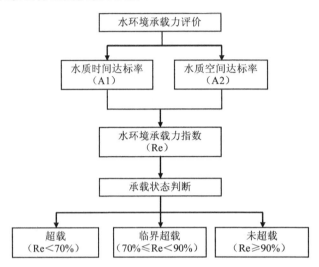

图 11 水环境承载力评价方法技术路线

4 标准制定的必要性

　　我国水环境管治已由末端污染修复治理为主逐步转变为前瞻性预防为主、防治结合，水环境承载力预警显得尤为重要，国家各相关部委出台相关政策文件，对流域水环境承载力预警工作高度重视。然而我国现有水环境承载力预警大多停留在评价层面，预警概念内涵不清，警限与警度划分不科学，预警技术方法体系尚处于探索阶段，亟需建立水环境承载力预警技术体系，促进流域（区域）水系统协调发展，为提升可持续发展形势分析能力与流域（区域）水系统管理能力提供技术支撑。

5 标准制定的原则与技术思路

5.1 标准制定的原则

　　标准编制组以水体功能目标为导向，本着科学性、普遍适用性和实用性的原则，致力于实现流域（区域）水环境承载力的预警。

5.1.1 科学性

　　充分利用相关领域的科学原理，熟悉国内外相关领域的研究进展，吸取多年来相关工作所取得的成果和经验。

5.1.2 普遍适用性

充分考虑国内现有的技术和装备水平以及社会经济承受能力，选择合适的研究方法和预警指标，适用于在大多数地区开展工作。

5.1.3 实用性

规范内容详尽，工作流程简洁，便于实施与监督。

5.2 标准制定的技术思路

在涵盖识别警源、判别警兆、评判警情、界定警度、预测警情与排除警情等 6 个阶段的预警体系框架指导下，构建基于景气指数的短期预警技术方法。该方法依据经济周期性及其导致的水环境压力的波动性，首先在基准警情与影响警情指标体系构建基础上，利用时差相关分析法，将指标划分为先行指标与一致指标，识别警源；进一步基于景气指数（包括扩散指数与合成指数）的波动，对流域（区域）水环境承载力超载趋势进行分析，判别警兆；然后利用构建的综合预警指数对未来承载状态进行定量预测，评判警情，并通过划分警限并界定警度，进行预警；最后，根据预警结果，制定排警策略。

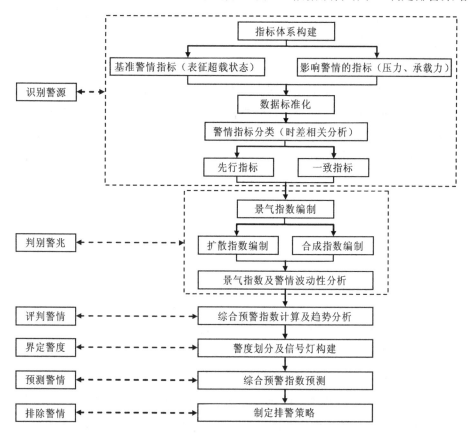

图 12 技术路线

6 标准主要内容说明

6.1 预警指标体系构建

对于水环境承载力系统，随着经济的周期波动，人类经济活动对水环境造成的压力表现出一定的周期性波动趋势，这种"水环境承载周期性"是水环境承载力预警系统研究的主要理论基础。水环境承载力预警的波动特征能够通过指标的变动体现出来，而指标的变化也是水环境承载力承载状态的微观体现。因此，指标作为测量水环境承载力承载状态变化的指示器，在水环境承载力预警研究中起着至关重要的作用。基于水环境承载力的概念，可从水资源承载力以及水环境承载力两个方面选取水环境承载对经济活动变动敏感的指标，构建水环境承载力预警景气指标体系，如社会经济规模、结构，水资源量及用水量，污染排放及处理，生态系统水源涵养服务等，并同时考虑数据的可获取情况。

此外，由于景气波动的传导和扩散不会同时发生，所以需要选取基准指标，作为后续划分警情指标（先行指标、一致指标）的依据。基准指标选取的基础和依据主要是该指标记录时间需足够、周期性好、比较稳定。对应到水环境承载力预警，结合实际情况，选取能反映水环境承载力承载状态的指标作为基准指标，如可表征水环境质量的指标（水质指标）。

6.2 警情指标分类

在水环境承载力系统运行中，不同变量不是同时变动的，反映在指标上就是指标的变动存在时间上的先后顺序。例如，有些指标变动与水环境承载力承载状态变动是一致的，有些指标变动是领先于水环境承载力承载状态变动的，因此构建的警情指标可以分为一致指标和先行指标。划分先行指标、一致指标的方法有时差相关分析法、KL 信息量法、峰谷图形分析法和峰谷对应分析法（BB 算法），其中时差相关分析法为定量方法，具有简单易行的特点，所以建议选用此方法。

6.3 景气指数编制

景气指数可综合反映各指标的情况，分为扩散指数（DI）和合成指数（CI）两种。

扩散指数用以评价和衡量景气指标的波动和变化状态，反映社会经济对水环境的影响状态。扩散指数是扩散指标与半扩散指标之和占指标总数的加权百分比，其本质是在某一时刻（年、月、日），所有指标中增长指标的数量占比。当扩散指数大于等于 50 时，说明半数以上警情指标处于景气状态，即半数以上指标较上一时刻有所增长，半数以上压力指标增长或承载力指标下降；当扩散指数小于 50 时，说明半数以上警情指标处于不景气状态，即半数以上指标较上一时刻有所减小，半数以上压力指标下降或承载力指标增长；先行扩散指数对一致扩散指数的领先时间周期设为时差 t，可以认为先行扩散指数所预测的承载状态改变将在 t 年后出现。

合成指数是将各敏感性指标的波动幅度综合起来的指数，不仅能反映景气循环的变化趋势、判断变化的拐点，还可以表征社会经济等指标的整体变化程度，反映社会经济对水环境的影响程度。当合成指数上升，说明社会经济对环境影响大，水环境污染物有增加的可能，反之亦然。100 是合成指数的临界值，当合成指数大于 100 时，说明处于景气状态；当合成指数小于 100 时，说明处于不景气状态。先行合成指数对一致合成指数的领先时间周期设为时差 t，可以认为先行合成指数所预测的承载状态改变将在 t 年后出现。合成指数不仅能对水环境承载力承载状态进行预警，还可以预测承载状态波动水平。

6.4 综合预警指数构建及计算

水环境承载力预警指标体系中每一个指标只能反映水环境承载力某一方面所面临的风险，而要进行全面预警，必须构建综合预警指数。首先，选取能够反映综合承载情况的先行指标（压力或承载力指标），并采用极值法将指标标准化，将每个指标对应的时差相关系数与其同类型（压力或承载力）指标相关系数之和的比值作为各指标权重；然后，分别计算先行压力指标的预警指数及先行承载力指标的预警指数，并以比值作为综合预警指数。从而确定景气信号灯的输出。

6.5 预警界限构建

预警信号灯是选取重要的先行指标作为信号灯指标的基础，从这些指标出发评判经济发展对水环境承载力承载状态的影响，给出承载状态的判断。借鉴交通信号灯的方法，预警信号灯系统用绿、黄、橙、红等 4 种颜色分别代表整个承载状态中"无警""轻警""中警""重警"等 4 种情形，所以预警信号灯给人的印象直观易懂；当预警信号灯为黄色时，可以预先知道承载状态已经偏离了正常运行的情形，从而可以提前采取一些调控手段防止"超载"情形的发生。

综合预警指数是压力预警指数与承载力预警指数的比值，所以 1 作为恰不超载状态，以 0.5 为一档，构建预警界限。

6.6 综合预警指数预测

为了全面预测水环境承载力所面临的风险，宜采用综合预警指数进行警情预测。在综合预警指数的预测模型中，下一时刻的综合预警指数与下一时刻的合成指数变化率及前两时刻的综合预警指数有关；且由于合成指数变化率呈周期性变化，下一时刻的合成指数变化率可用时间序列模型进行预测。

6.7 制定排警措施

排警决策要基于对警源、警兆、警度的分析，同时应考虑手段的可行性和措施成本。在实际操作中，可从双向调控角度提出水环境承载力超载状态的缓解对策，从提高水环境承载力和降低社会经济活动对水环境的压力两个方面入手，从流域的水环境全过程控制角度将调控措施细分为前端、过程和末端三个方面，考虑研究区的特性，对可行的手段进行筛选；进一步，可基于排警决策情景对排警后的系统进行模拟仿真，考察警情是否能得到排除。理论上，如排警决策的实施无法使系统回到安全（无警）的状态，应该采取进一步的措施。而在实际操作中，可采取的措施往往受到社会经济发展以及时间、空间上的限制，此时需对排警的结果进行详细的分析和讨论，并提出对今后决策的展望。

7 标准实施的环境效益与经济技术分析

《水环境承载力预警技术导则》的发布与推广应用，将提升国家与地方、流域与区域水环境监管决策、水污染控制与水环境治理产业的发展水平，以及流域或区域水环境规划与水系统建设能力，为促进我国水环境精准管理提供技术支撑作用。此外，若通过将流域或区域水环境承载力预警技术纳入国家、地方与流域水污染防治年度计划制订过程中，根据水环境承载力预警结果，在双向调控理念指导下，从社会经济发展规模结构与用水规模结构优化调控、增容与减排"两手抓、两手硬"手段、确保生态基流的水质水量联合调度技术以及人工湿地与河道生态修复等水生态干预措施等方面，提出排警方案，最大限度地将人类生活活动与生产活动控制在水环境承载力范围之内，减缓流域或区域水环境承载力超载程度，促进流域或区域水系统持续、健康、安全发展。

通过发布《水环境承载力预警技术导则》，进行宣传培训，对技术进行产业化推广，提升我国流域或区域水环境承载力预警理念的技术创新能力与市场竞争力。不仅可以提升我国流域或区域水环境监管与水环境规划水平，促进水系统健康、安全、持续发展，还将创造可观的直接与间接经济效益和社会效益。

8 标准实施建议

8.1 明确流域（区域）水环境承载力具体问题，构建科学合理的预警指标体系

应针对研究区的具体水环境问题，在明确水环境承载力预警概念内涵与警义基础上，从水环境承载力承载状态（人类活动给水系统带来的压力超过水系统自身承载力的程度）角度出发，兼顾组成水系统的水资源、水环境，构建科学合理的、可以客观表征水环境承载力预警的水环境承载力预警指标体系。

8.2 建立健全预警指标的监测与发布机制，确保水环境承载力预警的时效性

警情指标及基准指标的时效性是影响预警准确性的关键，需通过信息化手段、相关管理部门联合调度等机制健全预警指标的监测，并制定及时发布的方案等，确保预警指标对水环境承载力承载状态及时、有效的预测及警报。

9 其他需要说明的事项

无

参考文献

阿尔夫雷德·赫特纳，1983. 地理学：它的历史、性质和方法[M]. 王兰生，译. 北京：商务印书馆.

白辉，刘雅玲，陈岩，等，2016. 层次分析法与向量模法在水环境承载力评价中的应用——以胶州市为例[J]. 环境保护科学，42（4）：60-65.

包晓斌，1997. 流域生态经济区划的应用研究[J]. 自然资源，19（5）：8-13.

鲍全盛，王华东，曹利军，1996. 中国河流水环境容量区划研究[J]. 中国环境科学，16（2）：87-91.

曹若馨，张可欣，曾维华，2021. 基于 BP 神经网络的水环境承载力预警研究——以北运河为例[J]. 环境科学学报，41（5）：2005-2017.

车秀珍，王越，袁博，2015. 深圳建立资源环境承载力监测预警机制探析[J]. 特区经济，（10）：29-30.

陈晨，2018. 长兴县水资源承载力预警方法研究[D]. 扬州：扬州大学.

陈守煜，李亚伟，2004. 基于模糊迭代聚类的水资源分区研究[J]. 辽宁工程技术大学学报：自然科学版，23（6）：848-851.

陈文婷，夏青，苏婧，等，2021. 基于时差相关分析与模糊神经网络的白洋淀流域水环境承载力评价预警[J]. 环境工程，40（6）：261-271.

陈晓雨婧，2019. 甘肃省资源环境承载力评估预警研究[D]. 北京：中央民族大学.

崔丹，陈馨，曾维华，2018. 水环境承载力中长期预警研究——以昆明市为例[J]. 中国环境科学，38（3）：1174-1184.

崔东文，2018. 水循环算法-投影寻踪模型在水环境承载力评价中的应用——以文山州为例[J]. 三峡大学学报自然科学版，40（4）：15-21.

崔凤军，1998. 城市水环境承载力及其实证研究[J]. 自然资源学报，（1）：58-62.

崔海升，2014. 基于系统动力学模型的哈尔滨市水资源承载力预测研究[D]. 哈尔滨：哈尔滨工业大学.

戴靓，陈东湘，吴绍华，等，2012. 水资源约束下江苏省城镇开发安全预警[J]. 自然资源学报，27（12）：2039-2047.

丁菊莺，宋秋波，2019. 水资源承载能力监测预警机制建设初探——以海河流域为例[J]. 海河水利，（3）：1-5.

董世魁，刘自学，贠旭疆，2002. 我国草地农业可持续发展及关键问题探讨[J]. 草业科学，（4）：46-49.

董文，张新，池天河，2011. 我国省级主体功能区划的资源环境承载力指标体系与评价方法[J]. 地球信息科学学报，13（2）：177-183.

段雪琴，赖旭，韩振超，等，2019.资源环境承载力监测预警长效机制制度化研究[J]. 资源节约与环保，
　　（11）：2.

樊杰，王亚飞，汤青，等，2015. 全国资源环境承载能力监测预警（2014 版）学术思路与总体技术流程
　　[J]. 地理科学，35（1）：1-10.

樊杰，周侃，等，2017.全国资源环境承载能力预警（2016 版）的基点和技术方法进展[J]. 地理科学进
　　展，（3）：266-276.

封志明，杨艳昭，闫慧敏，等，2017. 百年来的资源环境承载力研究：从理论到实践[J]. 资源科学，39
　　（3）：379-395.

付会，2009. 海洋生态承载力研究[D]. 青岛：中国海洋大学.

傅伯杰，刘国华，陈利顶，等，2001. 中国生态区划方案[J]. 生态学报，21（1）：1-6.

高吉喜，2001. 可持续发展理论探索：生态承载力理论、方法与应用[M]. 北京：中国建材工业出版社.

高丽云，2014. 河源市江东新区水环境容量及污染防治对策研究[D]. 成都：西南交通大学.

高伟，刘永，和树庄，2018. 基于 SD 模型的流域分质水资源承载力预警研究[J]. 北京大学学报：自然
　　科学版，54（3）：7.

高小超，2012. 环鄱阳湖区城市化进程中的水环境质量预警研究[D]. 南昌：南昌大学.

高晓薇，刘培斌，王国青，等，2016. 北运河（北京段）水污染特征时空变化模拟[J]. 水利水电技术，
　　47（12）：73-77.

郭怀成，唐剑武，1995. 城市水环境与社会经济可持续发展对策研究[J]. 环境科学学报，（3）：363-369.

郭婧，荆红卫，李金香，等，2012. 北运河系地表水近 10 年来水质变化及影响因素分析[J]. 环境科学，
　　33（5）：1511-1518.

郭文献，2014. 北运河水量管理生态影响综合评价研究[J]. 中国农村水利水电，（9）：31-34.

韩奇，谢东海，陈秋波，2006. 社会经济-水安全 SD 预警模型的构建[J]. 热带农业科学，（1）：31-34，84.

韩旭，2008. 青岛市生态系统评价与生态功能分区研究[D]. 上海：东华大学.

韩宇平，王富强，赵若，等，2014. 北运河河流生态需水分段法研究[J]. 华北水利水电大学学报（自然
　　科学版），35（2）：25-29.

洪阳，叶文虎，1998. 可持续环境承载力的度量及其应用[J]. 中国人口·资源与环境，（3）：57-61.

胡荣祥，徐海波，任小松，等，2012. BP 神经网络在城市水环境承载力预测中的应用[J]. 人民黄河，（08）：
　　79-81.

胡圣，夏凡，张爱静，等，2017. 丹江口水源区水生态功能一二级分区研究[J]. 长江流域资源与环境，
　　26（8）：1208-1217.

胡学峰，2006. 天津市水环境生态安全评价与预警研究[D]. 天津：天津师范大学.

黄海凤，林春绵，姜理英，等，2004. 丽水市大溪水环境承载力及对策研究[J]. 浙江工业大学学报，32
　　（2）：157-162.

黄睿智，2018. 南宁市水环境承载力评价[J]. 科技和产业，18（3）：45-49.

吉利娜，于海柱，刘勇，等，2016. 北运河2010—2011年水资源量调查成果分析[J]. 北京水务，（3）：3.

贾嵘，蒋晓辉，薛惠峰，等，2000. 缺水地区水资源承载力模型研究[J]. 兰州大学学报，（2）：114-121.

贾振邦，赵智杰，李继超，等，1995. 本溪市水环境承载力及指标体系[J]. 环境保护科学，21（3）：8-11.

贾紫牧，陈岩，王慧慧，等，2017. 流域水环境承载力聚类分区方法研究——以湟水流域小峡桥断面上游为例[J]. 环境科学学报，37（11）：4383-4390.

贾紫牧，曾维华，王慧慧，等，2018. 流域水环境承载力综合评价分区研究——以湟水流域小峡桥断面上游为例[J]. 生态经济，34（4）：169-174，203.

蒋晓辉，2002. 自然-人工二元模式下河川径流变化规律和合理描述方法研究[D]. 西安：西安理工大学.

蒋晓辉，黄强，惠泱河，等，2001. 陕西关中地区水环境承载力研究[J]. 环境科学学报，21（3）：312-317.

蒋勇军，况明生，李林立，等，2003. GIS支持下的重庆市自然灾害综合区划[J]. 长江流域资源与环境，12（5）：485-490.

解钰茜，吴昊，崔丹，等，2019. 基于景气指数法的中国环境承载力预警[J]. 中国环境科学，39（1）：442-450.

金菊良，陈梦璐，郦建强，等，2018. 水资源承载力预警研究进展[J]. 水科学进展，29（4）：131-144.

荆红卫，张志刚，郭婧，2013. 北京北运河水系水质污染特征及污染来源分析[J]. 中国环境科学，33（2）：319-327.

寇文杰，林健，陈忠荣，等，2012. 内梅罗指数法在水质评价中存在问题及修正[J]. 南水北调与水利科技，10（4）：39-41，47.

劳国民，2007. 流域水功能区划及水环境容量研究[D]. 南京：河海大学.

雷宏军，刘鑫，陈豪，等，2008. 郑州市水环境承载力研究[J]. 中国农村水利水电，（7）：15-19.

李炳元，李矩章，王建军，1996. 中国自然灾害的区域组合规律[J]. 地理学报，51（1）：1-11.

李海辰，王志强，廖卫红，等，2016. 中国水资源承载能力监测预警机制设计[J]. 中国人口·资源与环境，（S1）：316-319.

李如忠，2006. 基于指标体系的区域水环境动态承载力评价研究[J]. 中国农村水利水电，（9）：42-46.

李艳梅，曾文炉，周启星，2009. 水生态功能分区的研究进展[J]. 应用生态学报，20（12）：3101-3108.

李雨欣，薛东前，宋永永，2021. 中国水资源承载力时空变化与趋势预警[J]. 长江流域资源与环境，30（7）：1574-1584.

梁静，吕晓燕，于鲁冀，等，2017. 基于环境容量的水环境承载力评价与预测——以郑州市为例[J]. 环境工程，35（11）：159-162，167.

梁雪强，2003. 南宁市水环境承载力变化趋势的研究[C]//广西环境科学学会2002—2003年度学术论文集. 南宁：广西壮族自治区科学技术协会：3.

刘冰，胡亚明，2018. 凡河流域水生态功能分区与管理方案研究[J]. 环境保护与循环经济，38（9）：50-51.

刘昌明，陈效国，2001 .黄河流域水资源演化规律与可再生性维持机理研究和进展[M].郑州：黄河水利
　　出版社.

刘臣辉，申雨桐，周明耀，等，2013. 水环境承载力约束下的城市经济规模量化研究[J]. 自然资源学报，
　　28（11）：1903-1910.

刘丹，王烜，曾维华，等，2019. 基于 ARMA 模型的水环境承载力超载预警研究[J]. 水资源保护，35
　　（1）：52-55，69.

刘殿生，1995. 资源与环境综合承载力分析[J]. 环境科学研究，（5）：7-12.

刘仁志，汪诚文，2009. 环境承载力评价技术研究[J]. 应用基础与工程科学学报，17（S1）：92-101.

刘素平，2011 . 辽河流域三级水生态功能分区研究[D]. 沈阳：辽宁大学.

刘廷玺，刘小燕，史小红，等，2002.通辽地区总水资源动态模拟评价[J].内蒙古农业大学学报，23（2）：
　　110-114.

刘文来，2019. 巢湖流域水生态功能分区与管理[J]. 安徽农学通报，25（4）：113-115.

刘子刚，郑瑜，2011. 基于生态足迹法的区域水生态承载力研究——以浙江省湖州市为例[J]. 资源科学，
　　33（6）：1083-1088.

鲁佳慧，唐德善，2019. 基于 PSR 和物元可拓模型的水资源承载力预警研究[J]. 水利水电技术，50（1）：
　　62-68.

罗贞礼，2005. 土地承载力研究的回顾与展望[J]. 国土资源导刊，（2）：25-27.

马涵玉，黄川友，殷彤，等，2017. 系统动力学模型在成都市水生态承载力评估方面的应用[J]. 南水北
　　调与水利科技，15（4）：101-110.

毛汉英，余丹林，2001. 区域承载力定量研究方法探讨[J]. 地球科学进展，（4）：549-555.

孟悦，苗长春，李垒，等，2016. 北运河干流入河排水口调查与评价[J]. 给水排水，（S1）：17-19.

苗东升，1990. 系统科学原理[M]. 北京：中国人民大学出版社.

缪萍萍，石维，张浩，等，2017. 河北省城市水环境承载力预警机制研究[C]//2017（第五届）中国水生
　　态大会论文集.

牛文元，1989. 自然资源开发原理[M]. 郑州：河南大学出版社.

牛文元，1994. 持续发展导论[M]. 北京：科学出版社.

牛文元，1999. 可持续发展：21 世纪中国发展战略的必然选择[J]. 中国科技论坛，（5）：14-16.

牛文元，2002. 可持续发展之路——中国十年[J]. 中国科学院院刊，（6）：413-418.

牛文元，2004. 中国可持续发展战略报告（年度报告）[M]. 北京：科学出版社.

牛文元，2007. 中国可持续发展总论[M]. 北京：科学出版社.

牛文元，2012. 中国可持续发展的理论与实践[J]. 中国科学院院刊，27（3）：280-289.

欧阳志云，王效科，苗鸿，1999. 中国陆地生态系统服务功能及其生态经济价值的初步研究[J]. 生态学
　　报，（5）：19-25.

片冈直树，林超，2005. 日本的河川水权、用水顺序及水环境保护简述[J]. 水利经济，23（4）：8-9.

蒲晓东，2007.我国节水型社会评价指标体系以及方法研究[D]. 南京：河海大学：21-28.

任波，2008. 基于"水-生态-社会"相协调的区域节水型社会评价体系研究[D]. 呼和浩特：内蒙古农业大学.

任永泰，李丽，2011. 哈尔滨市水资源预警模型研究（Ⅰ）——基于时差相关分析法的区域水资源预警指标体系构建[J]. 东北农业大学学报，42（8）：136-141.

史毅超，唐德善，孟令爽，等，2018. 基于改进可变模糊方法的区域水资源承载力预警模型[J]. 水电能源科学，36（1）：36-39.

孙然好，程先，陈利顶，2017. 基于陆地-水生态系统耦合的海河流域水生态功能分区[J]. 生态学报，37（24）：8445-8455.

孙然好，汲玉河，尚林源，等，2013. 海河流域水生态功能一级二级分区[J]. 环境科学，34（2）：509-516.

孙晓，刘旭升，李锋，等，2016. 中国不同规模城市可持续发展综合评价[J]. 生态学报，（17）：5590-5600.

谭立波，许东，2014. 辽河流域水环境预警研究[J]. 中国农学通报，30（35）：154-157.

唐剑武，叶文虎，1998. 环境承载力的本质及其定量化初步研究[J]. 中国环境科学，18（3）：227-230.

唐文秀，2010. 汾河流域水环境承载力的研究[D]. 西安：西安理工大学.

汪宏清，邵先国，范志刚，等，2006. 江西省生态功能区划原理与分区体系[J]. 江西科学，24（4）：154-159.

王刚，齐珺，潘涛，等，2016. 北运河流域（北京段）主要污染物减排措施效果评估[J]. 环境污染与防治，38（6）：39-45.

王浩，陈敏建，秦大庸，等，2000. 西北地区水资源合理配置和承载能力研究（96-912-01-04）报告[R]. 北京：中国水利水电科学研究院.

王浩，陈敏建，秦大庸，等，2003. 西北地区水资源合理配置和承载能力研究[M].郑州：黄河水利出版社.

王浩，贾仰文，2016. 变化中的流域"自然-社会"二元水循环理论与研究方法[J].水利学报，47（10）：1219-1226.

王浩，王成明，王建华，等，2004. 二元年径流演化模式及其在无定河流域的应用[J]. 中国科学 E 辑：技术科学，S1：42-48.

王慧敏，仇蕾，2007. 资源-环境-经济复合系统诊断预警方法与应用[M]. 北京：科学出版社.

王俭，孙铁珩，李培军，等，2005. 环境承载力研究进展[J]. 应用生态学报，16（4）：768-772.

王建华，江东，2005. 黄河流域二元水循环要素反演研究[M]. 北京：科学出版社.

王金南，于雷，万军，等，2013. 长江三角洲地区城市水环境承载力评估[J]. 中国环境科学，33（6）：1147-1151.

王晶，2018. 栖霞市资源环境承载力评价与土地利用分区研究[D]. 泰安：山东农业大学.

王丽婧，李小宝，郑丙辉，等，2016. 基于过程控制的流域水环境安全预警模型及其应用[C]//2016 中国环境科学学会学术年会论文集（第一卷）.

王留锁，2018. 基于多目标优化模型的水环境承载力提升对策——以阜新市清河门区为例[J]. 环境保护与循环经济，38（6）：5.

王平，2000.基于地理信息系统的自然灾害区划的方法研究[J].北京师范大学学报：自然科学版，36（3）：410-416.

王平，史培军，1999.自下而上进行区域自然灾害综合区划的方法研究：以湖南省为案例[J].自然灾害学报，（3）：54-60.

王强，包安明，易秋香，2012.基于绿洲的新疆主体功能区划可利用水资源指标探讨[J].资源科学，34（4）：613-619.

王学山，牟春晖，张祖陆，2005.区域自然灾害综合区划的二次聚类法及其在山东省的应用[J].干旱区研究，22（4）：491-496.

王艳艳，毕星，2013.沿海区域承载力预警及对策——以天津市为例[J].河南科学，（11）：1986-1991.

文俊，2006.区域水资源可持续利用预警系统研究[M].北京：中国水利水电出版社.

吴国栋，高俊国，刘大海，2017.山东半岛蓝色经济区海域承载力评价[J].海岸工程，36（2）：63-70.

吴绍洪，1998.综合区划的初步设想——以柴达木盆地为例[J].地理研究，17（4）：367-374.

吴志强，蔚芳，等，2004.可持续发展中国人居环境评价体系[M].北京：科学出版社.

夏军，王渺林，王中根，等，2005.针对水功能区划水质目标的可用水资源量联合评估方法[J].自然资源学报，20（5）：752-760.

谢高地，曹淑艳，2011.中国生态资源的可持续利用与管理[J].环境保护与循环经济，（1）：4-7.

谢高地，曹淑艳，冷允法等，2012.中国可持续发展功能分区[J].资源科学，（9）：1600-1609.

徐海峰，2010.枣庄市水环境功能区划与环境容量的研究[D].天津：天津大学.

徐建新，张巧利，雷宏军，等，2013.基于情景分析的城市湖泊流域社会经济优化发展研究[J].环境工程技术学报，（2）：138-146.

徐美，2013.湖南省土地生态安全预警及调控研究[D].长沙：湖南师范大学.

徐美，刘春腊，2020.湖南省资源环境承载力预警评价与警情趋势分析[J].经济地理，40（1）：10.

徐志青，刘雪瑜，袁鹏，等，2019.南京市水环境承载力动态变化研究[J].环境科学研究，32（4）：557-564.

薛洪岩，2020.水环境承载力预警研究——以武汉市为例[D].武汉：华中师范大学.

薛敏，高伟，2021.水资源输入型城市水环境承载力预警模型构建与应用——以昆明市为例[J].水利科技与经济，27（6）：17-25.

闫云平，2013.西藏景区旅游承载力评估与生态安全预警系统设计与实现[D].北京：中国地质大学（北京）.

杨丽花，佟连军，2013.基于 BP 神经网络模型的松花江流域（吉林省段）水环境承载力研究[J].干旱区资源与环境，（9）：138-143.

杨渺，甘泉，叶宏，等，2017.四川省资源环境承载力预警模型构建[J].四川环境，36（1）：144-151.

杨艳，邓伟明，何佳，等，2018.基于水环境承载力的城市分区管控研究——以安宁市为例[J].环境与发展，30（11）：234-235.

尹民，杨志峰，崔保山，2005．中国河流生态水文分区初探[J]．环境科学学报，25（4）：423-428．

游进军，王浩，牛存稳，等，2016．多维调控模式下的水资源高效利用概念解析[J]．华北水利水电大学学报（自然科学版），37（6）：1-6．

余春祥，2004．可持续发展的环境容量和资源承载力分析[J]．中国软科学，（2）：129，130-133．

袁进春，1986．环境管理信息系统的研究现状和发展趋势[J]．环境科学，8（5）：75．

袁明，2010．区域水资源短缺预警模型的构建及实证研究[D]．扬州：扬州大学．

曾琳，张天柱，曾思育，等，2013．资源环境承载力约束下云贵地区的产业结构调整[J]．环境保护，41（18）：43-45．

曾维华，霍竹，刘静玲，等，2011．环境系统工程方法[M]．北京：科学出版社．

曾维华，解钰茜，王东，等，2020．流域水环境承载力预警技术方法体系[J]．环境保护，48（19）：9-16．

曾维华，王华东，薛纪渝，等，1991．人口、资源与环境协调发展关键问题之一——环境承载力研究[J]．中国人口·资源与环境，（2）：33-37．

曾维华，王华东，薛纪渝，等，1991．人口、资源与环境协调发展关键问题之一——环境承载力研究[J]．中国人口·资源与环境，（2）：33-37．

曾维华，王华东，薛纪渝，等，1998．环境承载力理论及其在湄洲湾污染控制规划中的应用[J]．中国环境科学，（S1）：71-74．

曾维华，薛英岚，贾紫牧，2017．水环境承载力评价技术方法体系建设与实证研究[J]．环境保护，45（24）：17-24．

曾维华，杨月梅，2008．环境承载力不确定性多目标优化模型及其应用——以北京市通州区区域战略环境影响评价为例[J]．中国环境科学，28（7）：667-672．

张国庆，2018．辽宁省水资源承载力预警模型研究[J]．水利规划与设计，（8）：75-78，130．

张乐勤，2019．基于TOPIS最优的资源环境承载能力预警判别与趋势预测[J]．河南大学学报（自然科学版），49（2）：38-48．

张姗姗，张落成，董雅文，等，2017．基于水环境承载力评价的产业选择——以扬州市北部沿湖地区为例[J]．生态学报，37（17）：5853-5860．

张文霞，2008．清远市生态功能区划研究[D]．广州：中山大学．

张向武，赵晓丽，易玲，等，2022．长江三角洲地区资源环境承载力评价与分析[J]．湖北农业科学，61（3）：47-52．

张许诺，2018．基于数据融合技术的松花江流域水生态功能分区研究[D]．哈尔滨：哈尔滨工业大学．

张妍，尚金城，于相毅，2003．吉林省水资源可持续利用研究[J]．水科学进展，（4）：389-393．

赵然杭，曹升乐，高辉国，2005．城市水环境承载力与可持续发展策略研究[J]．山东大学学报工学版，35（2）：90-94．

赵同谦，欧阳志云，王效科，等，2003．中国陆地地表水生态系统服务功能及其生态经济价值评价[J]．自然资源学报，（4）：443-452.

赵琰鑫，徐敏，陈岩，2015. 北海市水环境容量核算与分区总量控制对策研究[J]. 环境污染与防治，37（3）：69-75.

支小军，杨书奇，2020. 资源环境承载力预警研究进展评述[J]. 新疆农垦经济，（3）：80-86.

周丰，刘永，黄凯，等，2007. 流域水环境功能区划及其关键问题[J]. 水科学进展，18（2）：216-222.

周伟，袁国华，罗世兴，2015. 广西陆海统筹中资源环境承载力监测预警思路[J]. 中国国土资源经济，335（10）：8-12.

朱宇兵，2009. 广西北部湾经济区环境承载力预警系统研究[J]. 东南亚纵横，（7）：61-64.

Bouma J，Stoorvogel J，Alphen B J V，et al.，1999. Pedology, precision agriculture, and the changing paradigm of agricultural research[J]. Soil Science Society of America Journal，63（6）：1763-1768.

Ding L，Chen K L，Cheng S G，et al.，2015. Water ecological carrying capacity of urban lakes in the context of rapid urbanization: a case study of East Lake in Wuhan[J]. Physics and Chemistry of the Earth，（89-90）：104-113.

Ding X W，Zhang J J，Jiang G H，et al.，2017. Early warning and forecasting system of water quality safety for drinking water source areas in Three Gorges Reservoir Area，China[J]. Water，9（7）：465.

Dokas I M，Karras D A，Panagiotakopoulos D C，2009. Fault tree analysis and fuzzy expert systems: Early warning and emergency response of landfill operations[J]. Environmental Modelling & Software，24（1）：8-25.

Hu Z N，Chen Y N，Yao L M，et al.，2016. Optimal allocation of regional water resources: from a perspective of equity-efficiency tradeoff[J]. Resources，Conservation and Recycling，109：102-113.

Huang K，Tang H P，Guo H L，2011. A watershed's environmental-economic optimization and management framework based on environmental carrying capacity[J]. Advanced Materials Research，291-294：1786-1789.

Imani M，Hasan M M，Bittencourt L F，et al.，2021. A novel machine learning application: Water quality resilience prediction model [J]. Science of The Total Environment，768：144459.

Jin T，Cai S B，Jiang D X，et al.，2019. A data-driven model for real-time water quality prediction and early warning by an integration method [J]. Environmental Science and Pollution Research，26：30374-30385.

Knedlik T，2014. The impact of preferences on early warning systems—The case of the European Commission's Scoreboard[J]. European Journal of Political Economy，34：157-166.

Küçükarslan N，Erdoğan A，Güven A，et al.，2004. Early warning environmental radiation monitoring system[C]//Radiation Safety Problems in the Caspian Region. Berlin：Springer：33-41.

Li N，Yang H，Wang L C，et al.，2016. Optimization of industry structure based on water environmental carrying capacity under uncertainty of the Huai River Basin within Shandong Province，China[J]. Journal of Cleaner Production，12：4594-4604.

Li Y，Hu C，Sun Y，et al.，2011. System dynamics based simulation and forecast of the water resource carrying capacity of Liaoning Coastal Economic Zone[C]//EPLWW3S 2011：2011 International Conference on Ecological Protection of Lakes-wetlands-watershed and Application of 3S Technology：544-547.

Plate E J，2008. Early warning and flood forecasting for large rivers with the lower Mekong as example[J]. Journal of Hydro-environment Research，1（2）：80-94.

Printer G G，1999.The Danube accident emergency warning system[J]. Water Science and Technology，40（10）：27-33.

Puzicha H，1994. Evaluation and avoidance of false alarm by controlling Rhine water with continuously working biotests[J]. Water Science and Technology，29（3）：207-209.

Rijsberman M A，van de Ven F H M，2000. Different approaches to assessment of design and management of sustainable urban water systems[J]. Environmental Impact Assessment Review，20（3）：333-345.

Sim H P，Burn D H，Tolson B A，2009. Probabilistic design of a riverine early warning source water monitoring system[J]. Canadian Journal of Civil Engineering，36（6）：1095-1106.

Van Katwijk M M，Van der Welle M E W，Lucassen E C H E，et al.，2011. Early warning indicators for river nutrient and sediment loads in tropical seagrass beds：A benchmark from a near-pristine archipelago in Indonesia[J]. Marine Pollution Bulletin，62（7）：1512-1520.

Wang W Y，Zeng W H，2013. Optimizing the regional industrial structure based on the environmental carrying capacity：An inexact fuzzy multi-objective programming model[J]. Sustainability，5（12）：5391-5415.

White G F，2019. Natural hazards research[M]//Directions in geography. London：Routledge：193-216.

Xu X F，Xu Z H，Peng L M，et al.，2010. Water resources carrying capacity forecast of Jining based on non-linear dynamics model[C]//2010 International Conference on Energy，Environment and Development（ICEED2010）：1742-1747.

Yong P，1998. Data-based mechanistic modeling of engineering systems [J]. Journal of Vibration and Control，4（1）：5-28.

Yue Q，Hou L M，Wang Tong，et al.，2015. Optimization of industrial structure based on water environmental carrying capacity in Tieling City[J]. Water Science and Technology，71（8）：1255-1262.

图1-1　北运河流域地理位置及水系

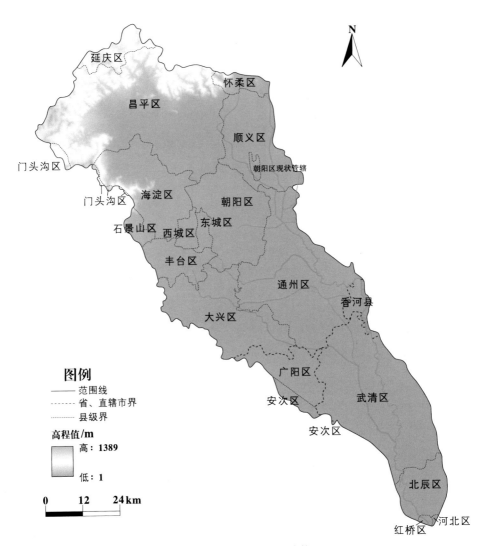

延庆区

怀柔区

昌平区

顺义区

门头沟区

朝阳区现状管辖

门头沟区　海淀区

朝阳区

石景山区　　东城区

西城区

丰台区

通州区

香河县

大兴区

广阳区

安次区

武清区

安次区

北辰区

红桥区　　河北区

图例

——　范围线

- - -　省、直辖市界

······　县级界

高程值/m

高：1389

低：1

0　　12　　24 km

图 1-2　北运河流域地形地貌

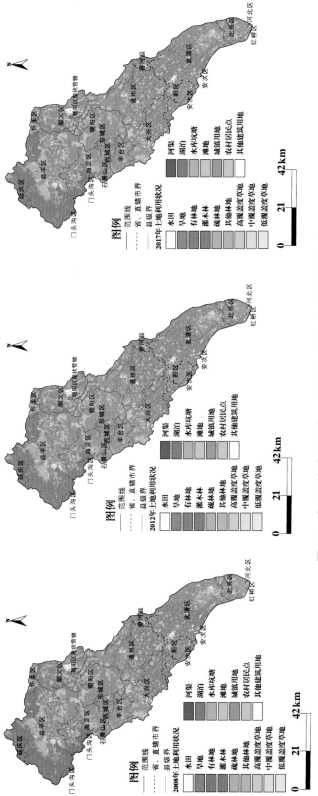

图 1-4 北运河流域 2008 年、2012 年、2017 年土地利用状况

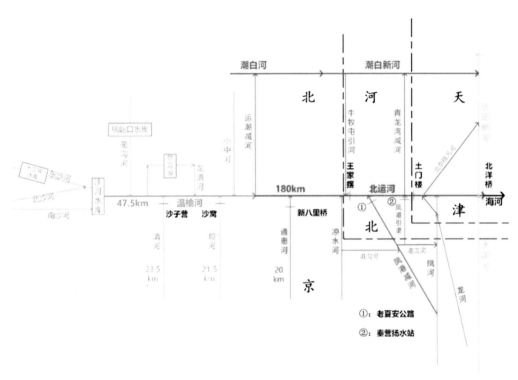

图 1-5　北运河水系概化图

注：摘自《京津冀区域水环境质量改善一体化方案》。

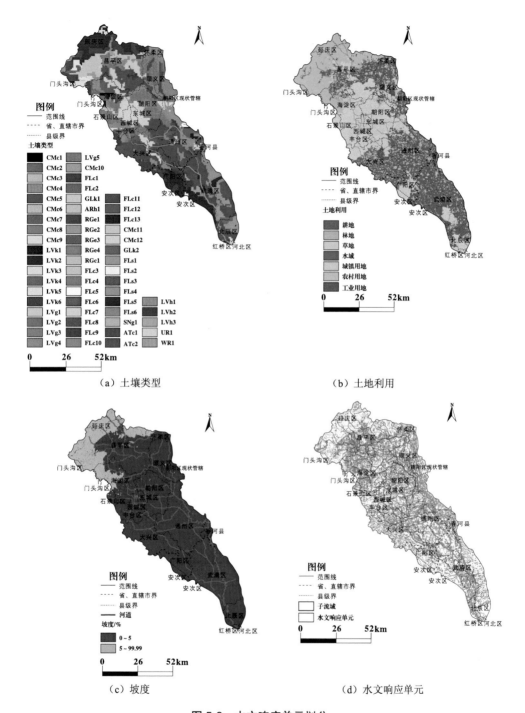

（a）土壤类型

（b）土地利用

（c）坡度

（d）水文响应单元

图 5-8　水文响应单元划分

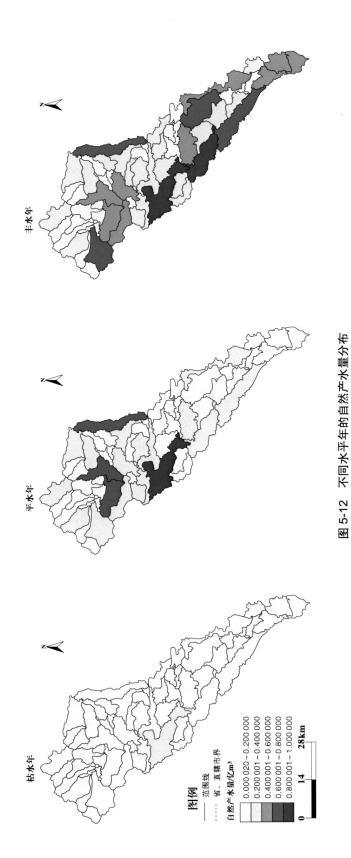

图 5-12　不同水平年的自然产水量分布

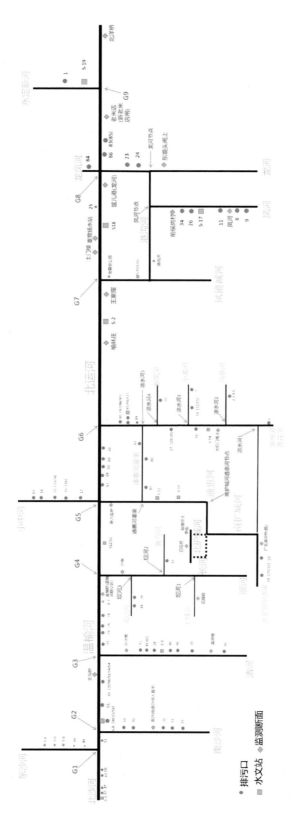

图 5-16　北运河流域概化图

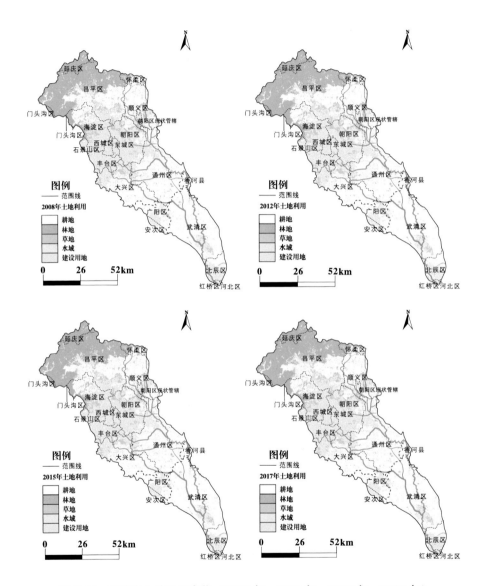

图 5-35　流域内土地利用变化（2008 年、2012 年、2015 年、2017 年）

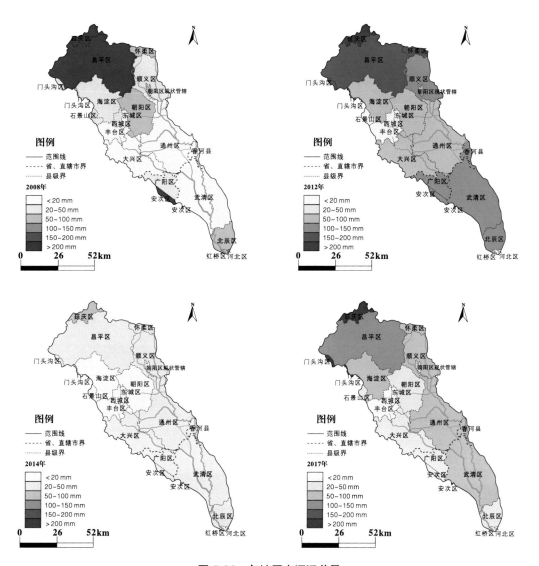

图 5-36　各地区水源涵养量

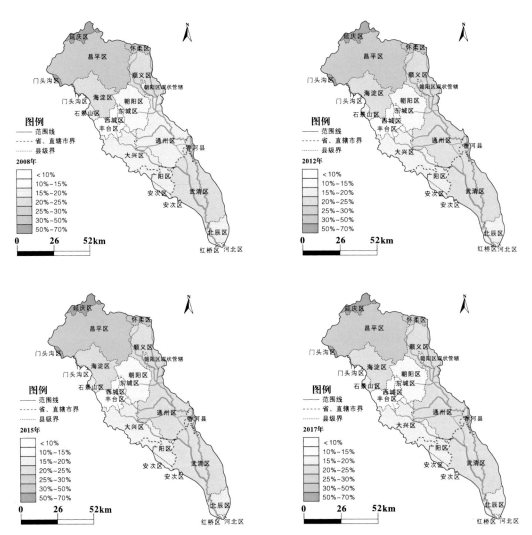

图 5-37　各地区水质净化能力

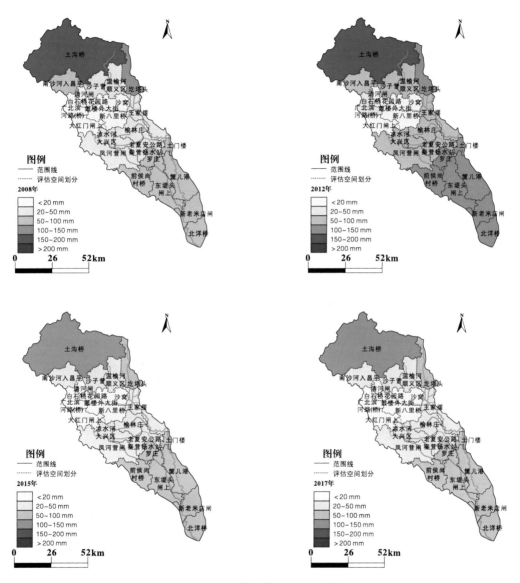

图 5-38　各控制单元水源涵养量

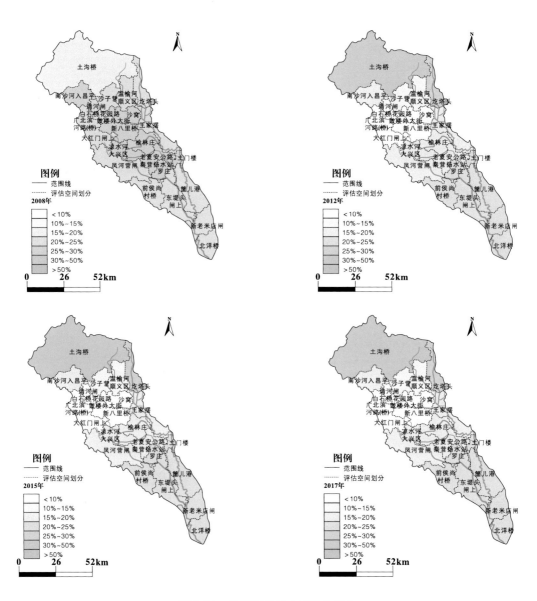

图 5-39　各控制单元水质净化能力

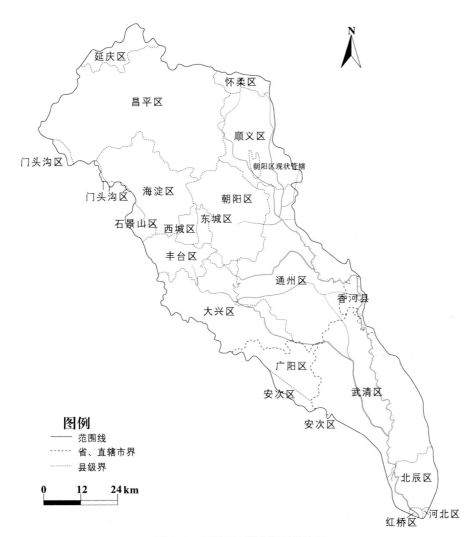

图例

—— 范围线

------ 省、直辖市界

········· 县级界

0　12　24 km

图 6-1　北运河流域空间划分结果

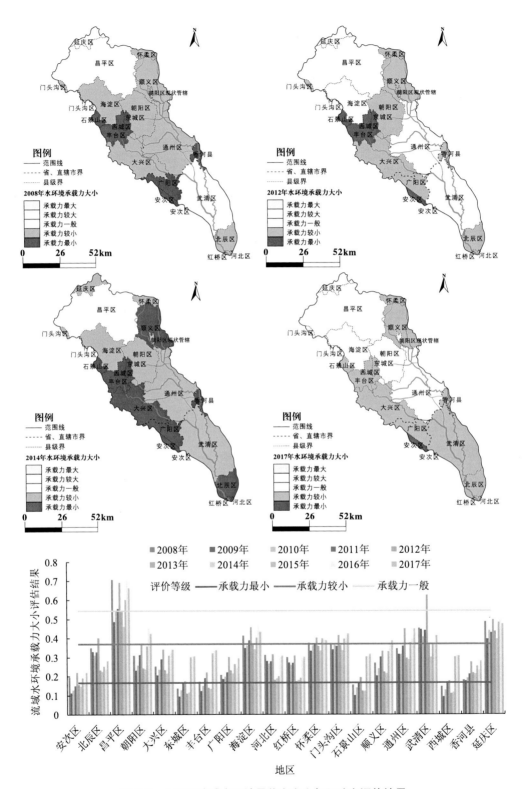

图6-3 北运河流域水环境承载力大小年际动态评估结果

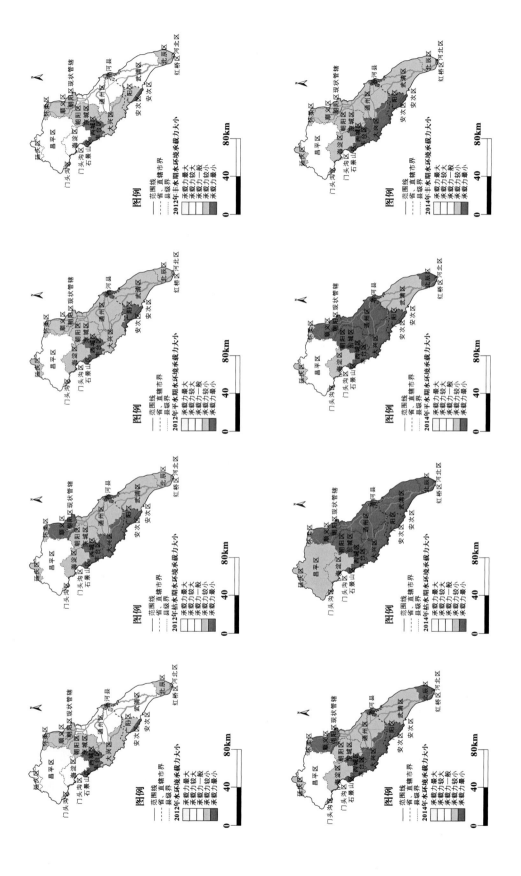

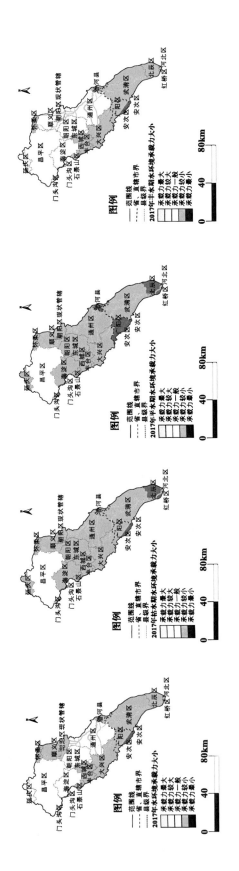

图6-4 北运河流域水环境承载力大小季节性动态评估结果

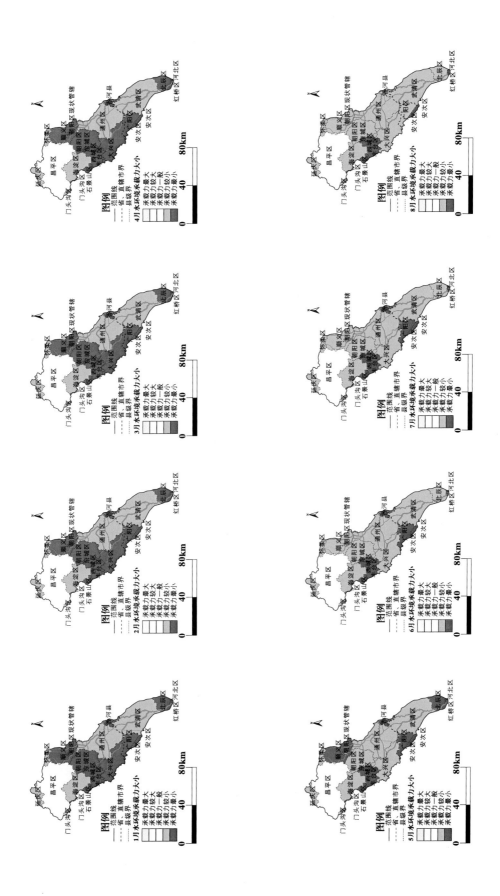

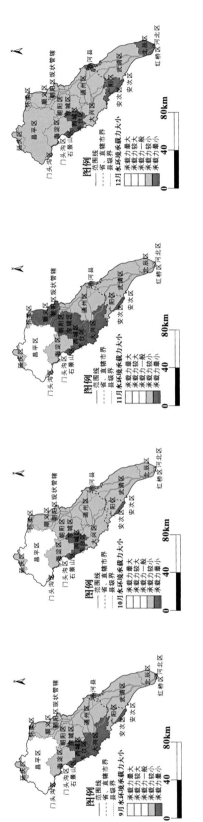

图6-5 2014 年北运河流域水环境承载力大小月际动态评估结果

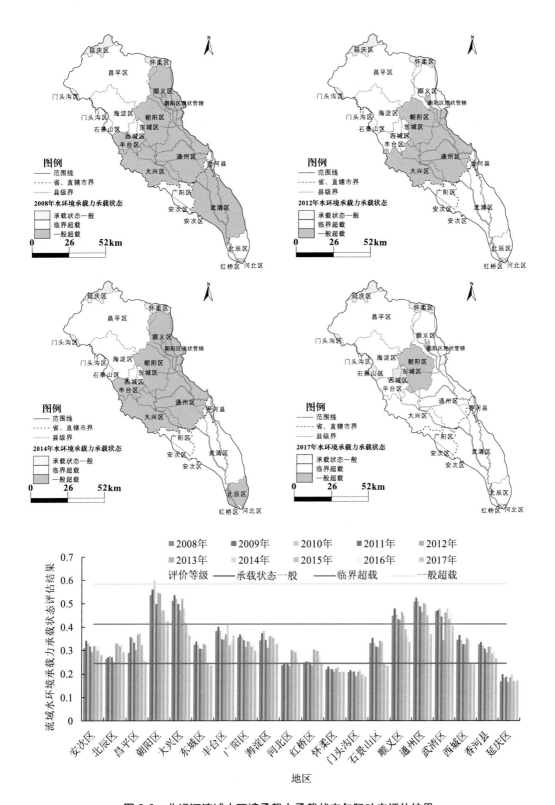

图 6-8 北运河流域水环境承载力承载状态年际动态评估结果

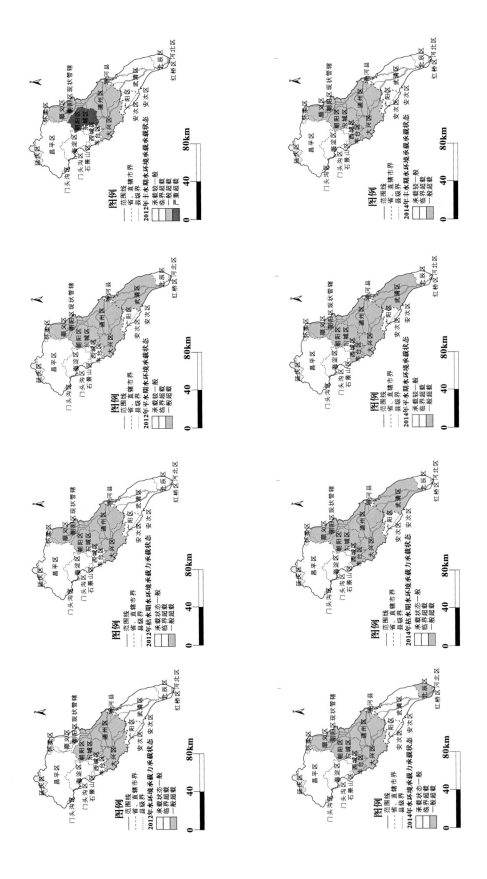

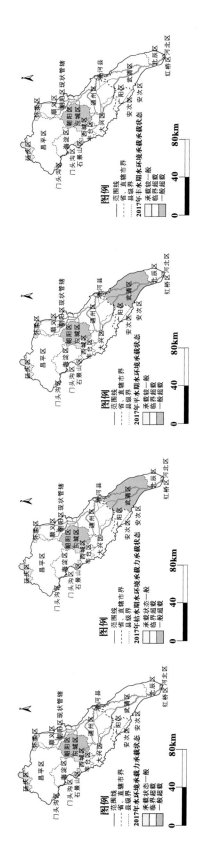

图6-9 北运河流域水环境承载力承载状态季节性评估结果

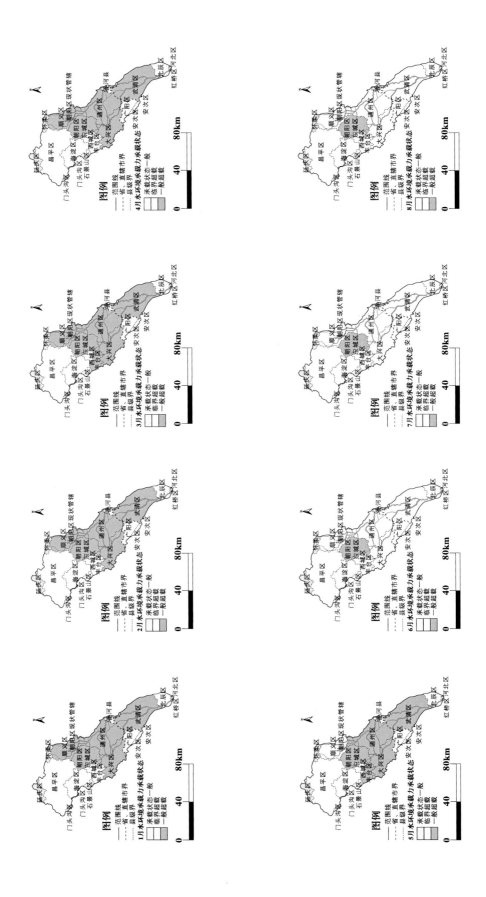

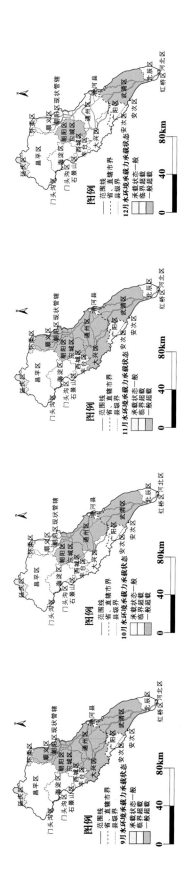

图6-10 2014年北运河流域水环境承载力承载状态月际动态评估结果

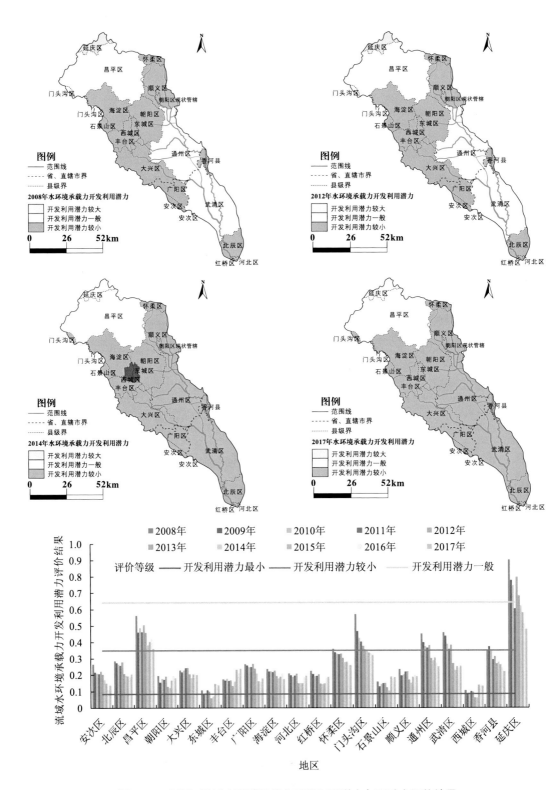

图6-11 北运河流域水环境承载力开发利用潜力年际动态评估结果

N

图例
—— 范围线
········ 评估空间划分

0   12   24 km

图 7-1　北运河流域空间划分结果

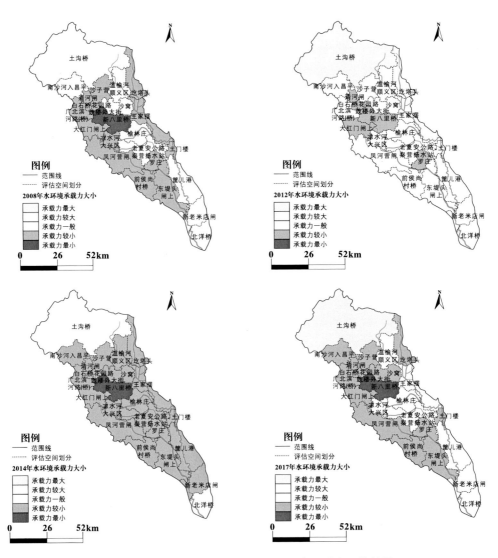

图 7-3 北运河流域水环境承载力大小年际动态评估结果

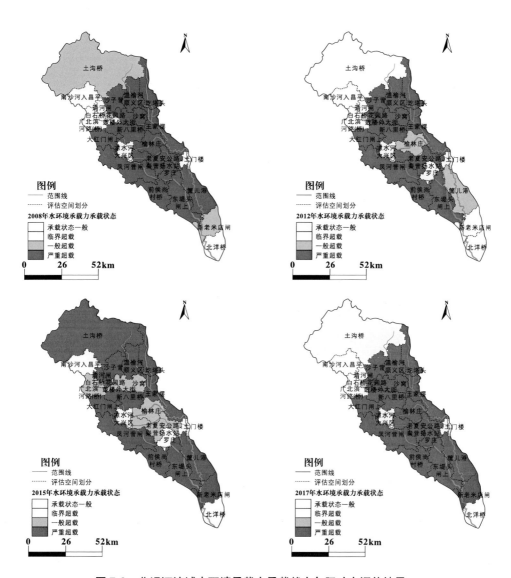

图 7-9　北运河流域水环境承载力承载状态年际动态评估结果

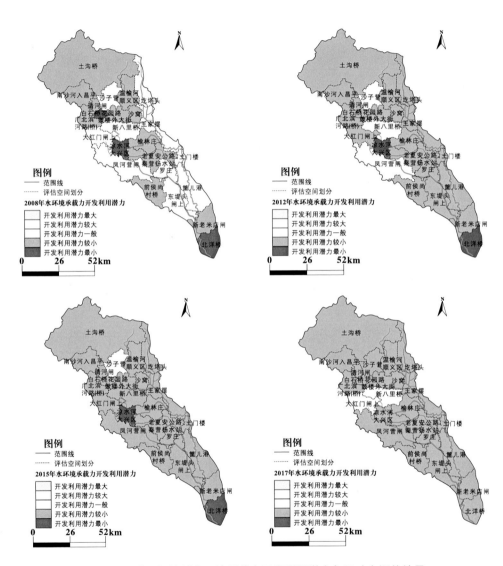

图 7-13　北运河流域水环境承载力开发利用潜力年际动态评估结果

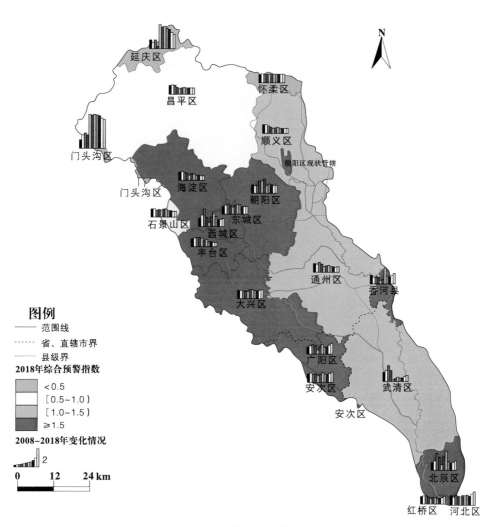

图例
—— 范围线
------ 省、直辖市界
·········· 县级界

2018年综合预警指数
<0.5
[0.5~1.0)
[1.0~1.5)
≥1.5

2008-2018年变化情况

0 12 24 km

图 9-5 2018 年综合预警指数结果

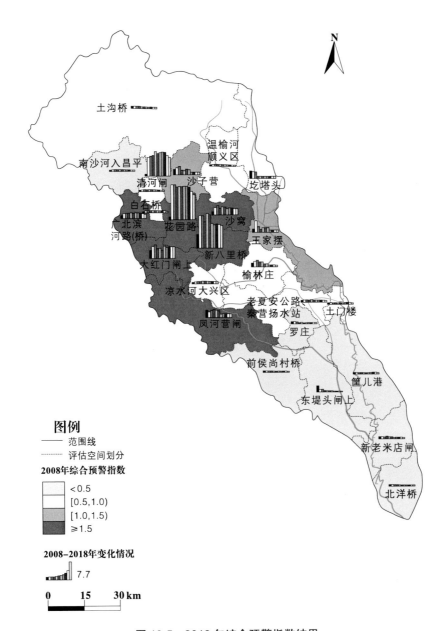

图 10-5　2018 年综合预警指数结果

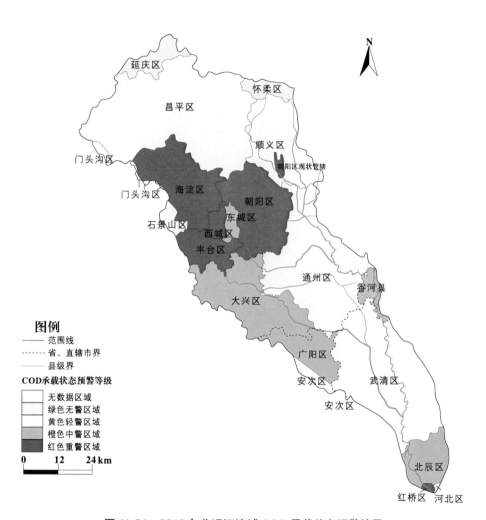

图 11-24　2018 年北运河流域 COD 承载状态预警结果

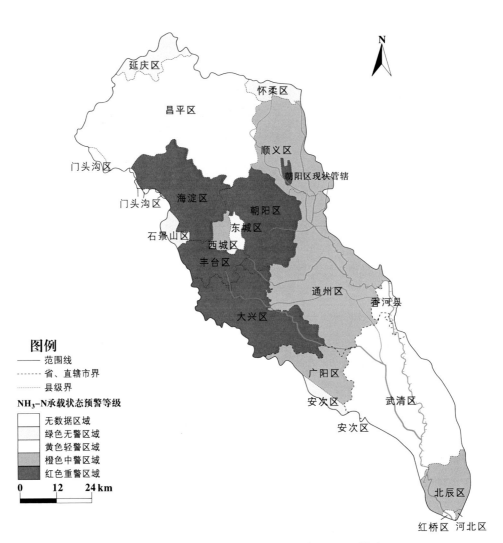

图 11-26   2018 年北运河流域 NH$_3$-N 承载状态预警结果

图例
—— 范围线
----- 省、直辖市界
······ 县级界

NH$_3$-N承载状态预警等级
无数据区域
绿色无警区域
黄色轻警区域
橙色中警区域
红色重警区域

0   12   24 km

N

延庆区

怀柔区

昌平区

顺义区

门头沟区

朝阳区现状管辖

海淀区

门头沟区

朝阳区

石景山区

东城区

西城区

丰台区

通州区

香河县

大兴区

广阳区

安次区

武清区

安次区

北辰区

红桥区   河北区

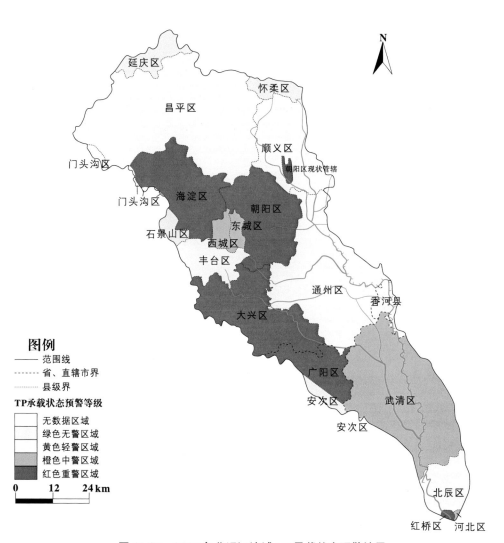

图 11-28　2018 年北运河流域 TP 承载状态预警结果

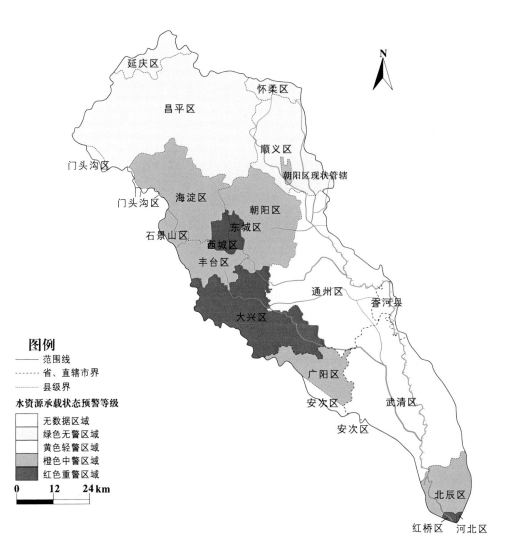

图例
—— 范围线
------- 省、直辖市界
········· 县级界
水资源承载状态预警等级
  无数据区域
  绿色无警区域
  黄色轻警区域
  橙色中警区域
  红色重警区域
0   12   24 km

图 11-30　2018 年北运河流域水资源承载状态预警结果

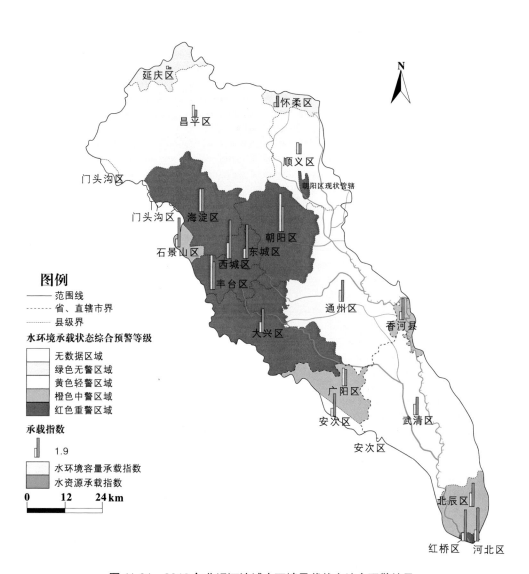

图例

——— 范围线
- - - - 省、直辖市界
········· 县级界

水环境承载状态综合预警等级

- 无数据区域
- 绿色无警区域
- 黄色轻警区域
- 橙色中警区域
- 红色重警区域

承载指数

1.9

水环境容量承载指数

水资源承载指数

0   12   24 km

图 11-31   2018 年北运河流域水环境承载状态综合预警结果

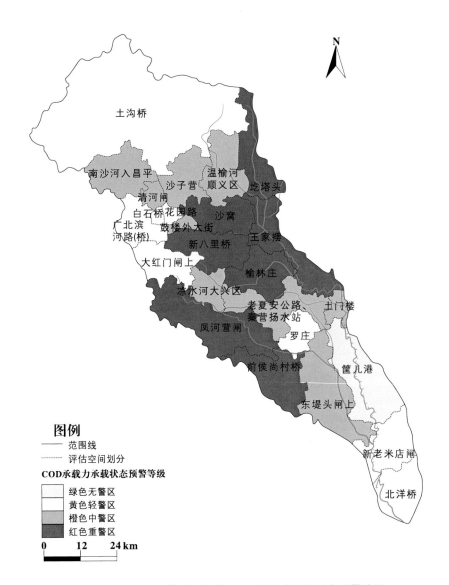

N

图例
—— 范围线
.... 评估空间划分
COD承载力承载状态预警等级
绿色无警区
黄色轻警区
橙色中警区
红色重警区

0　　　12　　　24 km

图 12-19　2018 年北运河流域 COD 承载力承载状态预警结果

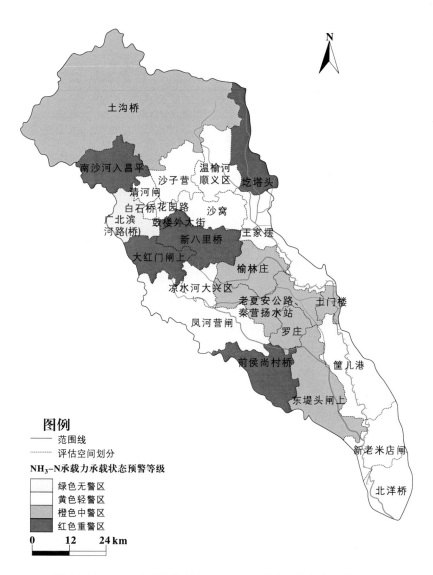

图 12-20　2018 年北运河流域 NH₃-N 承载力承载状态预警结果

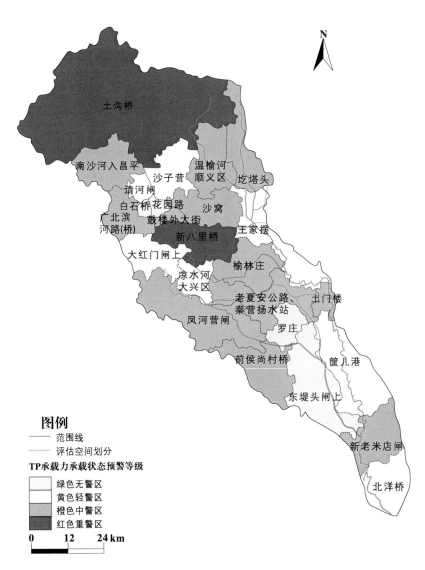

图 12-21　2018 年北运河流域 TP 承载力承载状态预警结果

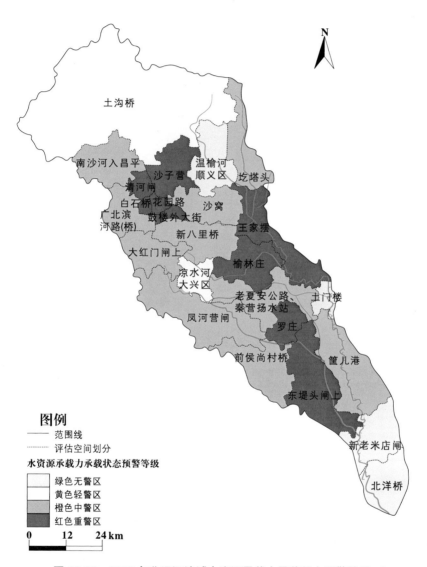

图例

—— 范围线

········ 评估空间划分

水资源承载力承载状态预警等级

绿色无警区

黄色轻警区

橙色中警区

红色重警区

0　　12　　24 km

图 12-22　2018 年北运河流域水资源承载力承载状态预警结果

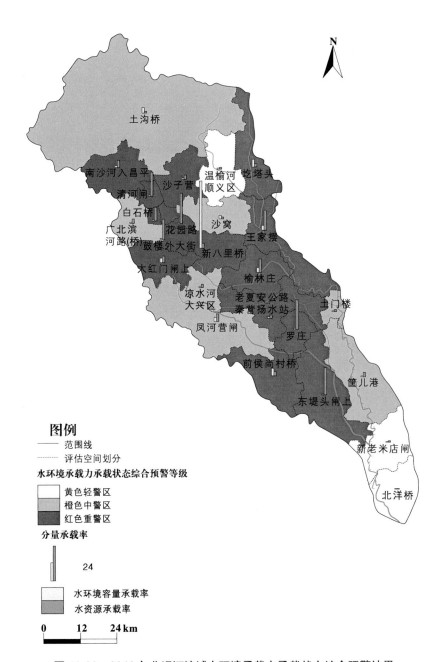

N

图例

—— 范围线
······ 评估空间划分

水环境承载力承载状态综合预警等级

☐ 黄色轻警区
☐ 橙色中警区
■ 红色重警区

分量承载率

▯ 24

☐ 水环境容量承载率
☐ 水资源承载率

0   12   24 km

图 12-23 2018 年北运河流域水环境承载力承载状态综合预警结果